氧化锌压敏陶瓷制造及应用
（第二版）

王振林　李盛涛　著

科学出版社

北京

内 容 简 介

本书内容主要包括氧化锌压敏陶瓷、避雷器元器件制造材料、配方、工艺及其工艺装备、产品设计和性能测试方法等,书中对我国氧化锌避雷器和压敏电阻器科研成果、生产技术进行了系统总结,特别在次晶界形成机理、烧成冷却速度和热处理工艺作用机理、压敏陶瓷几何效应等方面具有独特见解和创新。

本书可供电子陶瓷元器件的研究人员,特别是从事压敏电阻器、避雷器专业设计和生产的工程技术人员参考;也可作为高等院校无机材料、电气工程、电子电器等相关专业师生教学和科研的参考书。

图书在版编目 CIP 数据

氧化锌压敏陶瓷制造及应用/王振林,李盛涛著. —2 版. —北京:科学出版社,2017
   ISBN 978-7-03-051028-0

  Ⅰ. 氧…　Ⅱ. ①王…　②李…　Ⅲ. 氧化锌压敏陶瓷-研究　Ⅳ. TM283

中国版本图书馆 CIP 数据核字(2016)第 303910 号

责任编辑:裴　育 / 责任校对:桂伟利
责任印制:赵　博 / 封面设计:陈　敬

科 学 出 版 社 出版
北京东黄城根北街 16 号
邮政编码:100717
http://www.sciencep.com

北京中石油彩色印刷有限责任公司印刷
科学出版社发行　各地新华书店经销
*
2009 年 7 月第　一　版　　开本:720×1000 1/16
2017 年 1 月第　二　版　　印张:35 1/4
2024 年 6 月第三次印刷　　字数:711 000

定价:245.00 元
(如有印装质量问题,我社负责调换)

第二版前言

自 2009 年《氧化锌压敏陶瓷制造及应用》一书由科学出版社出版,至今已过去七年,其间有很多专业技术人员和高等院校师生阅读该书,并多次联系作者和出版社,希望能够补充领域内近年来的最新研究进展等相关内容。因此,为了满足读者需要,作者决定由科学出版社进行再版。

本次再版,作者对第一版图书进行了仔细的校对、修改及整理,删除了一些原材料和工艺装备的内容。鉴于近十年以来,我国超高压交、直流输电工程已经有了很大的发展,高速铁路更是发展迅猛,同时,氧化锌避雷器及压敏电阻器行业在配方、工艺及其工艺装备等方面也发生了很多新变化,尤其是氧化锌压敏电阻片的综合电气性能明显提高,故将这些新变化、新发展加入本书。本书分为三篇共 8 章,李盛涛负责前四章的撰写;王振林负责后四章的撰写以及全书的校对、修改和统稿。

本书的出版得到了避雷器和压敏电阻器行业的生产厂家、原材料供应厂家、测试装备制造厂家的资助。在此,特向宁波镇海国创高压电气有限公司、温州避泰电气科技有限公司、飞舟电力科技有限公司、西安恒翔电子新材料有限公司、昆山万丰电子有限公司、温州天极电气有限公司、成都大禹功能材料有限公司、西安电友科技有限公司、咸阳耀华铋业有限公司、西安信征电子材料有限公司、西安振新电子科技有限公司、西安白金子现代陶瓷有限责任公司等表示衷心的感谢。

感谢王建文高级工程师为本书提供了压敏电阻工艺部分的资料及压敏电阻器行业变化的信息,以及高压试验专家谭幼谦高级工程师对避雷器电气性能测试部分中存在的不妥之处予以斧正。特别感谢本专业化工专家雷慧绪对无机添加剂部分氧化物,以及皮恢阶高级工程师对有机原材料中的部分化学反应和结构式予以斧正。

书籍是人类进步的阶梯,期望本书继续作为我国氧化锌避雷器和压敏电阻器行业不断发展进步的阶梯,为我国压敏陶瓷行业的发展做出应有的贡献,为压敏陶瓷行业的进步略尽绵薄之力。

针对书中存在的不妥与疏漏之处,作者真诚地欢迎广大专家和读者提出宝贵意见,并请按照以下电子邮箱与作者联系,作者对此表示诚挚的感谢。

李盛涛 sli@mail.xjtu.edu.cn

王振林 3031155079@qq.com

作 者

2016 年 5 月于西安

第一版前言

自 20 世纪 60 年代末氧化锌压敏陶瓷问世以来,以氧化锌压敏电阻片为核心元件组装而成的氧化锌避雷器、浪涌保护器、压敏电阻器和片式压敏电阻器,作为过电压保护器已在全世界电力系统、电子线路、微电子线路中得到了广泛应用,被誉为当今过电压保护器的一场革命。

1985 年,西安高压电瓷厂、抚顺电瓷厂和西安电瓷研究所联合引进了日本日立公司的氧化锌避雷器制造技术和主要工艺装备。该项技术的引进,不仅满足了我国电力工业迅速发展和降低绝缘水平对氧化锌避雷器的需要,而且促进了压敏电阻器的技术进步,同时带动了相关的原材料、工艺装备制造和电气性能测试设备制造业的发展和技术水平的提高。经过 20 多年的发展,我国已成为氧化锌避雷器的生产和应用大国;压敏电阻器技术水平有了很大提高,生产规模不断扩大。产品已大量出口东亚、东南亚、中东、美洲和非洲等地区。

我国特高压交、直流输电工程的建设,对氧化锌避雷器提出了更高的要求。国外一些知名公司已研发出性能更加优异的氧化锌避雷器,已有多家公司在我国投资生产。面对这种日益激烈的竞争形势,我国不少避雷器制造厂家正在研究性能更好的氧化锌压敏电阻片。同时,随着电子、电信工业的迅速发展,国内外对氧化锌压敏电阻器性能要求越来越高、需求量越来越大,氧化锌压敏电阻器的生产面临着产品性能提高和价格降低的双重压力。因此,许多从事氧化锌压敏陶瓷及其相应产品研发的科技工作者,期待有一本氧化锌压敏陶瓷电阻制造及应用方面的专著。

为此,作者撰写本书。本书是作者对国内外氧化锌压敏陶瓷理论研究的成果,特别是对近 20 多年来西安交通大学从事压敏陶瓷理论研究的成果和实践经验较为全面、系统的总结,也是对我国氧化锌避雷器和压敏电阻器生产经验和技术发展的概括。在学术思想方面有所创新,如对于次晶界的形成机理、烧成冷却速度和热处理工艺对非线性的影响、压敏电阻片的几何效应等,都有新的独特见解。向读者奉献一本既有理论价值,又有实际应用价值的著作,是作者的出发点和落脚点。

全书分为三篇共 8 章。第一篇为氧化锌压敏陶瓷基础理论和电气性能,分为四章。主要论述氧化锌压敏陶瓷非线性形成的机理、宏观性能与微观结构之间的关系、电气特性、热处理效应等内容。这四章汇集了西安交通大学电气工程学院20 多年来的研究成果。第二篇为氧化锌压敏陶瓷电阻片制造工艺,分为两章。第5 章为氧化锌压敏陶瓷原材料的性能、作用及应用;第 6 章为氧化锌压敏电阻片的性能、制造工艺和工艺装备。其中很多内容来源于作者未公开发表的研究成果和实践经验。第三篇为氧化锌压敏陶瓷元器件的制造及其应用,分为两章。分别论述氧化锌压敏电阻器和避雷器的制造工艺、性能、试验和应用。全书力求结构严谨,文字简练,图文并茂。

氧化锌压敏陶瓷的非线性性能来源于晶界效应,晶界效应已成为电子材料中一个重要分支;对于其他电子材料产品,如力压敏、热敏、湿敏、气敏、化学敏、生物敏等,压敏电阻的非线性理论最具有代表性。所以,其理论对于以上电子元器件的研究发展具有普遍意义。无疑,本书对于我国电子陶瓷赶超世界先进水平具有重要的参考价值。

全书的初稿由王振林主笔,花费了多年时间撰写而成;李盛涛拟定了写作提纲,提供了第一篇的相关研究成果资料,并且对全书进行了修改、润色、校对和定稿。

本书得到了许多从事原材料、配方工艺工作的技术专家的大力支持和帮助。感谢咸阳耀华铋业有限公司总经理郭金鹏高级工程师、西安电瓷研究所谢清云高级工程师、四川顺达新材料技术发展中心总经理曾志伟、咸阳795厂韩长生高级工程师、上海九凌冶炼研究所所长张建华、上海电瓷厂王崇新等,为本书提供了很有价值的图片和资料。特别感谢原西安高压电瓷厂谭幼谦高级工程师为第6章测试技术部分做了认真的校对和修改;西安市西无二电子信息集团有限公司敏感器件公司总经理王建文高级工程师不仅提供了许多相关图片和资料,而且对第7章的初稿进行了校对和修改。作者对他们的大力支持表示诚挚的感谢。

从20世纪80年代初开始,西安交通大学刘辅宜教授带领课题组长期进行氧化锌压敏陶瓷的基础理论和应用研究,许多硕士和博士研究生付出了辛勤劳动,如洪德祥、郭汝艳、谭宜成、张美蓉、张海恩、宋晓兰、施红阳、李有云、申海涛、贾广平等。作者对他们表示诚挚的敬意和深深的谢意!

本书还引用了许多其他作者在书刊中发表的相关论文,其出处列入每章文后的参考文献中,作者对他们表示诚挚的谢意。

作者王振林的夫人江贵杰老师,为本书文稿的打字、绘图和整理工作,付出了辛勤劳动,并给予大力的支持。博士生杨雁、硕士生倪凤燕为书稿的绘图和整理,做了许多工作。对此,特致以深深的敬意。

由于作者知识面和文笔水平有限,书中难免存在不妥之处,作者真诚地欢迎各位专家和读者对此提出宝贵意见,批评斧正,交流学习,以便本书再版时得到修正。

作　者

2009年5月于西安

目　　录

第二版前言

第一版前言

第一篇　氧化锌压敏陶瓷基础理论和电气性能

第1章　氧化锌压敏陶瓷基础理论 ………………………………………… 3

1.1　概述 ……………………………………………………………… 3
1.1.1　氧化锌压敏电阻的演变历史与发展 ……………………… 3
1.1.2　氧化锌压敏陶瓷的制备方法 ……………………………… 4
1.1.3　应用领域的拓展 …………………………………………… 6

1.2　氧化锌压敏陶瓷的物理化学和显微结构 ………………………… 8
1.2.1　氧化锌压敏陶瓷产生压敏性的物理基础 ………………… 8
1.2.2　氧化锌压敏陶瓷产生压敏性的化学基础 ………………… 9
1.2.3　氧化锌压敏陶瓷产生压敏性的显微结构 ………………… 10

1.3　氧化锌压敏陶瓷显微结构中的物相 ……………………………… 12
1.3.1　主晶相——氧化锌晶粒 …………………………………… 12
1.3.2　晶界层 ……………………………………………………… 13
1.3.3　晶界层含有的物相 ………………………………………… 15

1.4　晶界势垒与导电机理 ……………………………………………… 15
1.4.1　导电机理需要解释的基本现象 …………………………… 15
1.4.2　不同电场区域具有代表性的导电理论模型 ……………… 16
1.4.3　耗尽层 ……………………………………………………… 25
1.4.4　块体模型 …………………………………………………… 27
1.4.5　压敏电阻的等价电路 ……………………………………… 27

1.5　晶界势垒的形成 …………………………………………………… 28
1.5.1　晶界势垒的形成与烧成冷却过程的关系 ………………… 28
1.5.2　晶界势垒与添加剂的关系 ………………………………… 31

1.6　氧化锌压敏陶瓷的晶界势垒高度和宽度 ………………………… 35
1.6.1　漏电流与温度的关系 ……………………………………… 35
1.6.2　漏电流与归一化电压的关系及其对耗尽区宽度的估计 … 37

参考文献 ………………………………………………………………… 40

第 2 章　氧化锌压敏陶瓷的电气性能与测试方法 ·········· 43

　2.1　电压-电流特性 ················· 43

　　2.1.1　全电压-电流特性 ·············· 43

　　2.1.2　小电流区的交流和直流电压-电流特性············· 45

　　2.1.3　温度特性 ··················· 46

　　2.1.4　几何效应 ··················· 46

　2.2　介电特性及损耗机理的研究············· 47

　　2.2.1　氧化锌压敏陶瓷材料的介电谱 ········· 49

　　2.2.2　阻性电流与电容和压敏电压乘积的关系······· 54

　　2.2.3　介电特性与显微结构的关系理论探讨······· 54

　　2.2.4　阻性电流与荷电率的关系 ··········· 56

　2.3　响应特性·················· 56

　　2.3.1　响应现象 ··················· 56

　　2.3.2　等值电路与响应特性的微观机理········· 59

　2.4　耐受能量冲击特性··············· 60

　　2.4.1　能量吸收能力 ················ 60

　　2.4.2　压敏电阻的可靠性 ·············· 63

　　2.4.3　失效模式 ··················· 72

　2.5　寿命及其预测················· 72

　2.6　氧化锌压敏陶瓷蜕变机理的实际研究········· 76

　　2.6.1　氧化锌压敏陶瓷经受电流冲击后伏安特性蜕变规律的实际测试研究······ 76

　　2.6.2　利用热刺激电流对氧化锌压敏陶瓷蜕变机理的研究········· 83

　　2.6.3　氧化锌压敏陶瓷体内冲击时受热过程的研究 ······· 89

　　2.6.4　晶界温升梯度对界面态的影响 ········· 91

　　2.6.5　氧化锌压敏陶瓷遭受冲击时的蜕变机理 ······· 94

　参考文献·················· 100

第 3 章　氧化锌压敏陶瓷的烧结原理及压敏功能结构的形成············· 103

　3.1　液相烧结与固相烧结 ·············· 103

　　3.1.1　氧化锌压敏陶瓷的烧结特点 ·········· 103

　　3.1.2　液相的形成 ················· 104

　　3.1.3　液相传质 ··················· 105

　　3.1.4　晶界相的分布 ················ 107

　3.2　致密化过程 ················· 109

　　3.2.1　坯体的致密化规律 ·············· 111

　　3.2.2　影响致密化的因素 ·············· 111

　　3.2.3　致密化理论分析 ·················· 113
　3.3　ZnO-Bi₂O₃ 二元系统陶瓷的形成机理 ·········· 115
　　3.3.1　ZnO-Bi₂O₃ 二元系统相图 ············· 115
　　3.3.2　ZnO-Bi₂O₃ 二元系统的烧成收缩和重量损失 ······ 116
　　3.3.3　ZnO-Bi₂O₃ 二元系统的晶粒尺寸和气孔 ········ 118
　3.4　其他二元和三元系统的形成机理 ············· 120
　　3.4.1　二元系统 ·················· 120
　　3.4.2　三元和多元系统 ················ 122
　3.5　典型多元氧化锌压敏陶瓷形成机理的基础研究 ······· 126
　　3.5.1　晶相组成与相间反应 ·············· 126
　　3.5.2　晶相共生关系的分析 ·············· 131
　　3.5.3　添加剂的作用 ················· 134
　　3.5.4　实际应用性研究 ················ 134
　3.6　晶粒中的次晶界 ··················· 143
　　3.6.1　氧化锌晶粒中的次晶界现象 ············ 143
　　3.6.2　影响次晶界的因素 ··············· 144
　　3.6.3　次晶界的形成机制 ··············· 145
　　3.6.4　次晶界和主晶界对电气性能的影响 ········· 149
　3.7　对氧化锌压敏陶瓷晶界相研究的最新进展 ········· 153
　参考文献 ······················· 159

第 4 章　氧化锌压敏陶瓷的热处理效应和高温热释电现象 ····· 161
　4.1　氧化锌压敏陶瓷的热处理效应 ·············· 161
　　4.1.1　热处理工艺对氧化锌压敏陶瓷性能的影响 ······ 162
　　4.1.2　热处理气氛对氧化锌压敏陶瓷性能的影响 ······ 165
　　4.1.3　氧在氧化锌压敏陶瓷体中扩散重要性的实验证明 ··· 167
　　4.1.4　热处理对氧化锌压敏陶瓷压敏性能长期稳定性及对交流漏电流两种
　　　　　分量的影响 ·················· 169
　　4.1.5　氧化锌压敏电阻热处理机理的理论分析 ······· 181
　4.2　高温热释电现象 ··················· 189
　　4.2.1　Bi₂O₃ 系和 Pr₂O₃ 系氧化锌压敏陶瓷材料的高温热释电现象 ··· 190
　　4.2.2　升温对氧化锌压敏陶瓷材料的高温热释电电流的影响 ·· 190
　　4.2.3　热历史对 Bi₂O₃ 系和 Pr₂O₃ 系氧化锌压敏陶瓷材料的高温
　　　　　热释电 I-T 曲线的影响 ·············· 191
　　4.2.4　氧化锌压敏陶瓷材料的高温热释电现象的分析讨论 ···· 192

参考文献 ························ 194

第二篇　氧化锌压敏陶瓷电阻片制造工艺

第5章　氧化压敏陶瓷制造用原材料及其质量控制 ……………………………………… 199

　5.1　氧化锌 ……………………………………………………………………………… 199

　　5.1.1　氧化锌的一般性质 ……………………………………………………………… 199

　　5.1.2　氧化锌的半导体性质 …………………………………………………………… 200

　　5.1.3　氧化锌的制造方法 ……………………………………………………………… 201

　　5.1.4　氧化锌在氧化锌压敏陶瓷的作用、选择与质量控制 ………………………… 202

　5.2　添加物原料 ………………………………………………………………………… 206

　　5.2.1　常用添加物原料的一般理化性能 ……………………………………………… 206

　　5.2.2　添加物原料的热性能 …………………………………………………………… 207

　　5.2.3　添加物原料的X射线衍射分析 ………………………………………………… 212

　　5.2.4　添加物原料的pH、粒度分布与颗粒形貌 ……………………………………… 214

　　5.2.5　添加物原料的作用 ……………………………………………………………… 220

　　5.2.6　添加物原料的技术要求与质量控制 …………………………………………… 223

　5.3　有机原材料 ………………………………………………………………………… 227

　　5.3.1　聚乙烯醇 ………………………………………………………………………… 227

　　5.3.2　分散剂 …………………………………………………………………………… 232

　　5.3.3　消泡剂 …………………………………………………………………………… 238

　　5.3.4　润滑剂 …………………………………………………………………………… 239

　　5.3.5　陶瓷粉体成型专用润滑剂 ……………………………………………………… 240

　　5.3.6　多功能有机综合添加剂 ………………………………………………………… 241

　　5.3.7　增塑剂 …………………………………………………………………………… 242

　　5.3.8　乙基纤维素 ……………………………………………………………………… 243

　　5.3.9　三氯乙烯 ………………………………………………………………………… 243

　5.4　其他材料 …………………………………………………………………………… 243

　参考文献 ………………………………………………………………………………… 248

第6章　氧化锌避雷器陶瓷电阻片的制造工艺 ……………………………………………… 249

　6.1　氧化锌陶瓷压敏电阻配方与工艺设计原则 ……………………………………… 249

　　6.1.1　根据用途设计配方 ……………………………………………………………… 249

　　6.1.2　根据添加物的作用选择不同添加物成分及添加量 …………………………… 249

　　6.1.3　配方与制造工艺的配合 ………………………………………………………… 265

　　6.1.4　典型的避雷器用氧化锌压敏电阻片的生产工艺流程与工艺装备 …………… 271

　6.2　添加剂原料的细化处理与氧化锌混合粉料的制备 ……………………………… 272

　　6.2.1　添加剂配料与细化处理 ………………………………………………………… 272

6.2.2　添加剂细磨粒度对压敏电阻器主要电气性能的影响 …………… 279

6.2.3　制备氧化锌与添加剂混合浆料的胶体物理化学基础 …………… 281

6.3　氧化锌与添加剂混合喷雾造粒粉料的制备 ………………………… 287

6.3.1　氧化锌与添加剂混合浆料的制备 ………………………………… 288

6.3.2　喷雾干燥 ……………………………………………………………… 292

6.4　粉料含水与坯体成型 …………………………………………………… 300

6.4.1　含水 …………………………………………………………………… 300

6.4.2　干压成型坯体原理及其重要性 …………………………………… 302

6.4.3　坯体干压成型对粉料应具备特性的要求 ………………………… 304

6.4.4　液压机的加压方式与粉体液压机的选择 ………………………… 305

6.4.5　坯体密度与成型工艺参数的选择 ………………………………… 308

6.4.6　干压成型用模具 ……………………………………………………… 311

6.5　氧化锌压敏陶瓷的排结合剂与预烧 ………………………………… 313

6.5.1　排除结合剂 …………………………………………………………… 313

6.5.2　坯体的预烧 …………………………………………………………… 315

6.6　无机高阻层 ………………………………………………………………… 318

6.6.1　高阻层的粉料配方 …………………………………………………… 318

6.6.2　高阻层浆料的制备与涂敷工艺 …………………………………… 324

6.7　玻璃釉 ……………………………………………………………………… 326

6.8　氧化锌压敏陶瓷的烧成 ………………………………………………… 328

6.8.1　烧成制度的确定应考虑的几个因素 ……………………………… 328

6.8.2　烧成窑炉及钵具 ……………………………………………………… 330

6.8.3　烧成制度 ……………………………………………………………… 331

6.8.4　烧成过程的环境气氛 ………………………………………………… 335

6.9　磨片与清洗 ………………………………………………………………… 337

6.10　热处理 …………………………………………………………………… 339

6.10.1　热处理对压敏电阻器性能的影响 ………………………………… 340

6.10.2　热处理提高压敏电阻器抗老化及其他性能的原因 …………… 342

6.11　喷镀铝电极 ……………………………………………………………… 347

6.12　有机绝缘涂层 …………………………………………………………… 352

6.13　对国内外氧化锌电阻片的解剖分析 ………………………………… 355

6.13.1　对国内外氧化锌电阻片配方成分及性能的解剖分析 ………… 355

6.13.2　对国内外氧化锌电阻片化学成分及瓷体微观结构的分析鉴定 …… 360

6.13.3　对分析结果的讨论 ………………………………………………… 368

6.13.4　近十年我国氧化锌电阻片性能水平的提高现状、原因分析和存在的
主要问题 ……………………………………………………………… 373

参考文献 ……………………………………………………………………………… 375

第三篇　氧化锌压敏陶瓷元器件的制造及其应用

第7章　氧化锌压敏电阻器制造及其应用 …………………………………… 379

7.1　氧化锌压敏电阻器的原理及应用 ……………………………………… 379

　　7.1.1　氧化锌压敏电阻器的命名 ………………………………………… 379

　　7.1.2　压敏电阻器的压敏原理、应用及发展趋势 ……………………… 379

　　7.1.3　我国压敏电阻器工业的发展概况 ………………………………… 381

　　7.1.4　多层贴装片式压敏电阻器的研究与生产 ………………………… 383

　　7.1.5　我国压敏技术的现状和产品水平 ………………………………… 384

7.2　氧化锌压敏电阻器的分类和主要性能参数 …………………………… 386

　　7.2.1　压敏电阻器的分类 ………………………………………………… 386

　　7.2.2　压敏电阻器性能的主要参数 ……………………………………… 388

7.3　氧化锌压敏电阻器的生产工艺及工艺装备 …………………………… 389

　　7.3.1　单片式氧化锌压敏电阻器的配方与生产工艺 …………………… 389

　　7.3.2　多层片式压敏电阻器的配方与生产工艺 ………………………… 394

7.4　氧化锌压敏电阻器芯片的几何效应及其应用 ………………………… 399

　　7.4.1　氧化锌压敏电阻器芯片几何效应问题的提出 …………………… 399

　　7.4.2　圆片式氧化锌压敏陶瓷几何效应规律及影响因素 ……………… 400

　　7.4.3　氧化锌压敏陶瓷电气性能产生几何效应的机理 ………………… 403

　　7.4.4　圆片式氧化锌压敏陶瓷几何效应控制及改善途径 ……………… 411

7.5　过电压保护器及其应用 ………………………………………………… 412

　　7.5.1　产品型号命名方法及分类 ………………………………………… 412

　　7.5.2　各种压敏电阻器的特点及其应用 ………………………………… 413

　　7.5.3　氧化锌压敏电阻器应用及注意事项 ……………………………… 416

　　7.5.4　过电压保护器结构及性能参数 …………………………………… 419

　　7.5.5　雷电过电压保护器的应用与选择 ………………………………… 421

7.6　防雷工程 ………………………………………………………………… 426

7.7　多层片式压敏电阻器及其应用 ………………………………………… 427

　　7.7.1　多层片式压敏电阻器的性能特点、分类与选择 ………………… 428

　　7.7.2　多层片式压敏电阻器的应用概况 ………………………………… 430

　　7.7.3　多层片式压敏电阻器的主要应用领域 …………………………… 432

　　7.7.4　多层片式压敏电阻器的应用发展趋势 …………………………… 436

7.8　氧化锌压敏电阻器的主要性能试验及试验方法 ……………………… 437

　　7.8.1　常规试验 …………………………………………………………… 437

　　　7.8.2　抽查试验 ·· 437

第8章　氧化锌避雷器制造及其应用 ···························· 442

　8.1　概述 ·· 442

　　　8.1.1　避雷器的发展演变历史 ··························· 442

　　　8.1.2　我国氧化锌避雷器的研发及运行概况 ········· 445

　　　8.1.3　进口 ASEA 500kV 氧化锌避雷器退出运行后的解剖分析 ··· 447

　　　8.1.4　压敏电阻器的主要特性 ··························· 451

　　　8.1.5　氧化锌避雷器的特点 ····························· 456

　8.2　氧化锌避雷器的设计 ····································· 458

　　　8.2.1　氧化锌避雷器的主要特性参数 ················· 458

　　　8.2.2　氧化锌避雷器的产品分类 ······················ 461

　　　8.2.3　氧化锌避雷器的型号 ····························· 461

　　　8.2.4　氧化锌避雷器的标准及对产品的技术要求 ···· 462

　　　8.2.5　氧化锌避雷器的结构设计 ······················ 470

　　　8.2.6　主要元件的选择与计算 ························· 474

　8.3　氧化锌避雷器的装配 ····································· 479

　8.4　氧化锌避雷器的试验及试验方法 ····················· 482

　　　8.4.1　引言 ·· 482

　　　8.4.2　氧化锌避雷器的交流电压试验 ················· 483

　　　8.4.3　氧化锌避雷器的直流电压(电流)试验 ········· 492

　　　8.4.4　氧化锌避雷器的冲击电流冲击电压试验 ······ 494

　　　8.4.5　交流大容量试验 ·································· 505

　　　8.4.6　联合试验 ·· 508

　　　8.4.7　密封及机械强度试验 ···························· 514

　　　8.4.8　其他试验 ·· 517

　　　8.4.9　有机外套无间隙氧化锌避雷器的试验 ········· 522

　　　8.4.10　氧化锌电阻片主要电气性能测试装备 ········ 525

　8.5　氧化锌避雷器的应用 ····································· 527

　　　8.5.1　配电和电站用氧化锌避雷器 ··················· 527

　　　8.5.2　我国超高压交流电力的建设与发展 ··········· 529

　　　8.5.3　我国直流输电的发展及新技术应用概况 ······ 531

　　　8.5.4　线路型氧化锌避雷器 ···························· 532

　　　8.5.5　110～500kV GIS 用罐式氧化锌避雷器 ········· 535

　　　8.5.6　设备内藏式氧化锌避雷器 ······················ 536

8.5.7 线路绝缘子避雷器的开发与应用 ················· 542

8.5.8 电气化铁道用氧化锌避雷器 ··················· 543

8.5.9 用氧化锌避雷器限制超高压电网合闸过电压 ········· 546

8.5.10 并联和串联补偿电容器的保护 ················· 546

8.5.11 在静止无功补偿装置中的应用 ················· 547

8.5.12 对超导磁体猝熄保护的应用 ··················· 548

参考文献 ·· 549

第一篇　氧化锌压敏陶瓷基础理论和电气性能

第1章 氧化锌压敏陶瓷基础理论

1.1 概　　述

1.1.1 氧化锌压敏电阻的演变历史与发展

1. ZnO 压敏电阻的发现背景

压敏材料的发现和利用是从单晶的压敏性开始的,从 20 世纪初到第二次世界大战前后陆续发现了金属与半导体(如硒(Se)、氧化亚铜(Cu_2O)等)的接触、碳化硅(SiC)晶粒与氧化膜接触 pn 结、单晶硅 pn 结等具有压敏特性。最初只是利用其单向导电性制成整流器,1930 年将 SiC 用于制造避雷器。由于这些半导体压敏元器件的非线性和能量吸收能力有限,不能满足电力系统和电子线路过电压保护的需要,迫切需要研究开发非线性伏安特性优异、能量吸收能力大的压敏材料和器件。

2. ZnO 压敏陶瓷材料的发现概况

氧化锌(ZnO)压敏陶瓷具有非线性伏安特性,最先发现于 20 世纪 60 年代初的苏联。后来,日本松下电器产业株式会社(Matsushita Electric Industrial Co. Ltd.,以下简称松下电器)的 Matsuoka 等发现了 ZnO-Bi_2O_3 系压敏陶瓷。因为他们最先申请发明与制造专利,所以 Matsuoka 被公认为 ZnO 压敏陶瓷的发现人。

1967 年 7 月,Matsuoka 等在研究金属电极-ZnO 陶瓷界面"结型"压敏电阻时,无意中发现添加氧化铋(Bi_2O_3)的 ZnO 压敏陶瓷具有非线性伏安特性;其后进一步实验又发现,在以上二元系陶瓷中再添加少量的三氧化二锑(Sb_2O_3)、三氧化二钴(Co_2O_3)、二氧化锰(MnO_2)、三氧化二铬(Cr_2O_3)等氧化物时,这种陶瓷的非线性系数可以达到 50 左右,其伏安特性类似于两个背靠背串联的齐纳二极管,但其通流能力远远优于 SiC 材料,其击穿电压(压敏电压)可以通过改变体型元件尺寸方便地加以调节,并且可以采用传统陶瓷工艺制造。

3. ZnO 压敏电阻制造技术走向世界与发展

1968 年日本松下电器研制的 ZNR 型压敏电阻器开始制造,并首先用于彩色电视机中;1970 年研制出用于高压的 ZNR,发表了有关 300V~30kV 用压敏电阻器的新闻公报,这表明其制造技术已初步成熟;1971 年北海道 ZNR 生产线开工;1973 年将 ZNR 应用于高压和低压领域中,并在电气学会发表无间隙避雷器的研究报告;1978 年研制出汽车用 ZNR 浪涌吸收器,随后又研制出低压 ZNR 浪涌用、高能 ZNR 浪涌用、新干线线路及机车两用的 ZNR 浪涌吸收器;1984 年研制出低压用新系列 ZNR 浪涌吸收器,真空断路器用、防静电用、电力电缆用 ZNR 和耐雷电浪涌吸收器。这些表明压敏电阻器和避雷器制造技术已经充分成熟。

从 1971 年向美国 GE 公司转让技术开始至 1983 年,日本松下电器已先后向日本的明电舍、三菱、日立和 NGK 碍子公司等多家公司,以及美国的西屋、瑞典的 ASEA、瑞士的 BBC 和德国的西门子等十几家公司转让技术。可以说,在迄今拥有 ZnO 压敏电阻制造技术的国家中,除苏联外最初几乎都是从日本松下电器及其所转让的公司引进的。

从 1967 年日本松下电器开创 ZnO 压敏电阻技术的新纪元以来,已经经历了40 多年的光辉历程。回顾这 40 多年的历史可以看到,高压电力系统的避雷器和低压电子的压敏电阻器的应用相当广泛,在全世界的应用范围几乎涵盖了所有电力设备和电子设备。在电子陶瓷材料科学领域,已经形成了一门利用晶界效应,并且不断发展的具有代表性的新型材料的边缘学科。

1.1.2　氧化锌压敏陶瓷的制备方法

除了多层片式压敏电阻器以外,ZnO 压敏陶瓷基本上是按照传统陶瓷的工艺方法制备。即先将 ZnO 以外的各种添加剂细磨到一定粒度,然后与 ZnO、硝酸铝($Al(NO_3)_3 \cdot 9H_2O$)及有机成分等混合制备成浆料,通过喷雾干燥制成粉粒料,再经过干压成型、烧成、热处理、涂敷电极等工序,制备成为具有所需非线性的电阻片。

近年来,随着对 ZnO 压敏陶瓷性能要求的不断提高,为了从根本上改善材料成分的均匀性,研究了各种工艺方法制备添加剂混合粉料,但其后工序没有太大改变。

虽然在成型方面等静压、热等静压方法的研究已取得一些成效,在烧成方面采用微波烧结、红外烧结等也有不少报道,但尚未见到其应用于规模化生产的报道。ZnO 压敏陶瓷的工艺方法概况见表 1.1。

1. ZnO 压敏陶瓷的制造工艺

合成 ZnO 和其他添加剂原料的方法有:溶胶-凝胶法、溶液和胶体蒸发法、溶液蒸发分解法、湿化学法、热喷雾分解法和胶体间接合成法。这些研究期望达到合成成分高度均匀、可控颗粒形状与尺寸超细,以制备综合性能优异的陶瓷材料的目的。在工艺上主要研究料浆制备、粉粒干压成型技术、瓷片和电极接触以及侧面绝缘保护等问题。各个工艺环节研究的目的都是为了提高陶瓷体均匀性及加强侧面绝缘,这些也一直是当今和今后工艺研究的主要课题。

表 1.1　ZnO 压敏陶瓷的工艺方法

工艺	项目或方法	作用
原料	通常颗粒尺寸:约 1μm	
	细颗粒:<0.1μm	均匀性
	大颗粒:>50μm	促进晶粒生长
细磨混合	通常方法:球磨或搅拌磨	
	溶胶-凝胶法	均匀性
	脲工艺	均匀性
	溶液气相分解	均匀性
	气相氧化金属锌	均匀性
成型	通常方法:干压成型	
	冷等静压成型	均匀性
	薄片	叠层压敏电阻器
	流延	叠层压敏电阻器
烧结	通常方法:空气中烧结	
	热处理	稳定性
	热压成型	均匀性
	微波烧结	均匀性
	热等静压成型	均匀性

2. 液相掺杂法的应用

我国提出的溶液法、部分溶液法(即液相掺杂法)可以提高 ZnO 压敏电阻片显微结构均匀性、添加剂分布的均匀性,从而提高其电气性能,特别是非线性特性和耐受能量冲击能力。虽然这种方法已提出 20 年,但是由于料浆制备及喷雾造粒等工艺过程的难度,直到近几年才在工业生产中应用。液相掺杂法的应用,既可以降低 Co 和 Mn 等价格贵的元素的用量,又可以提高非线性系数和能量耐受能力,8/20μs 通流能力可以达到 5~6kA·cm^{-2}。用液相掺杂法制备的瓷片密度大、气孔率低,通流能力是传统法的 2 倍,如表 1.2 所示。

表 1.2　液相掺杂法和传统法制备压敏电阻片的电气性能比较(ϕ10)

测试参数		传统法	液相掺杂法
密度 ρ /(g·cm^{-3})		5.42	5.55
气孔率/%		3.2	0.9
漏电流 I_L/μA		0.26	0.24
非线性系数 α		58	67
电位梯度 E_{1mA}/(V·mm^{-1})		263	304
($\Delta U_{1mA}/U_{1mA}$)/%	(1250A)	4.4(通过)	0(通过)
	(2500A)	击穿	3.1(通过)

1.1.3　应用领域的拓展

如前所述,ZnO 电压敏陶瓷最初是从日本松下电器压敏电阻器的应用开始的。随着日本松下电器及其技术转让企业的研究,很快改进了配方和工艺,使 ZnO 电压敏陶瓷的应用领域得到了迅速拓展。20 世纪 80 年代起,ZnO 电压敏陶瓷材料的应用性研究逐渐走进了企业。迄今为止,主要的理论研究工作大多都是在日本和美国进行的。我国在近 20 年来也对此进行了大量研究,并且取得了很有价值的成果。

1. 主要理论研究课题

(1) 以解释宏观性能为目的的导电模型和显微结构的研究(20 世纪 60～70 年代);

(2) 以材料与产品开发为目的的配方机理和烧结工艺的研究(70～80 年代);

(3) ZnO 压敏陶瓷材料非线性网络拓扑模型的研究(80～90 年代);

(4) ZnO 压敏陶瓷复合粉体制备的研究(80～90 年代);

(5) 纳米材料在 ZnO 压敏陶瓷中的应用研究(90 年代至 21 世纪初);

(6) ZnO 压敏陶瓷缺陷结构及老化机理的研究(21 世纪初至今)。

从 20 世纪 70 年代末到 80 年代,基础理论研究取得了重大进展。据不完全统计,截至 1998 年,公开发表的论文和专利说明书等已达 700 多篇,其中有关基础研究的约占一半。

2. 应用性的研制开发

在基础研究成果的推动下,20 世纪 80～90 年代压敏陶瓷的材料开发速度大大加快,目前已取得的主要成果有:

(1) ZnO 压敏陶瓷的电位梯度已从最初的 20～150V·mm^{-1} 扩展到 5～400V·mm^{-1} 的几十个系列,可以应用于从低压的集成电路到高压、超/特高压输变电系统;

(2) 开发出大尺寸元件,直径达到 136mm,2ms 方波冲击电流达到 2500A,脉冲能量耐受能力平均可达到 300J·cm^{-3} 左右;

(3) 多层片式压敏电阻器以及汽车用 85～120℃工作温度下的高能元件的开发和应用;

(4) 视在介电常数小于 500 的高频元件;

(5) 具有电压敏-电容双功能电磁兼容(EMC)元件;

(6) 毫秒级三角波能量密度 750J·cm^{-3} 以上的低压高能元件;

(7) 老化特性好、电能容量大、陡波响应快的无 Bi 系统的 ZnO 压敏元件;

（8）化学共沉淀法和热喷雾分解法压敏电阻复合粉体制备技术；

（9）高能电阻的开发应用及压敏电阻的微波烧结技术；

（10）无晶界势垒 ZnO 大功率线性电阻器的开发和应用。

3. 在电力系统的应用

迄今为止，ZnO 避雷器已成为保护性能最好、发展最快的过电压保护装置，其主要作用是吸收雷电和操作等过电压的冲击能量，防止过电压进入输变电站和用户，避免损坏电力设备及用电设备。具体有以下方面的应用：

（1）交直流电站和配电系统的过电压保护；

（2）敞开式和 GIS 变电站用避雷器；

（3）并联和串联补偿电容器用避雷器；

（4）发电机和电动机过电压用避雷器；

（5）输电线路用避雷器和内藏于绝缘子、开关、变压器等的避雷器；

（6）用于限制中性点未直接接地的变压器过电压的避雷器；

（7）大型发动机转子回路，灭磁过程的过电压保护和能量吸收的保护器；

（8）超高压交直流断路器开断时系统中的能量吸收器；

（9）电气化铁路机车和用于供电系统的避雷器；

（10）地铁直流供电系统用避雷器。

4. ZnO 压敏电阻器在电器、电子、建筑、通信和军事等领域中的应用

在当今电子信息高速发展的时代，ZnO 压敏电阻器作为过电压保护器已广泛应用于电器、电子、建筑、通信和军事等领域，具有代表性的应用有以下几个方面。

（1）在各种家用电器中，如电视机、电冰箱、空调、洗衣机等，用于过电压保护的通用型压敏电阻器，主要作用是吸收操作过电压引起的冲击能量。

（2）在低压配电系统中，用于低压配电系统的感应过电压和操作过电压的防护，采用浪涌型 ZnO 压敏电阻器和过电压保护器。例如，用于电子、通信、计算机等的防雷工程。

（3）用于通信电源、建筑系统的感应过电压防护，采用浪涌型 ZnO 压敏电阻器和过电压保护器，如电压开关型 SPD 类。它安装在通信局（站）建筑物外雷电保护区 0 区的 SPD，可最大限度地消除电网后续电流，有限压型 SPD 和混合型电源 SPD 两种类型。限压型 SPD 一般由 ZnO 压敏电阻（MOV）及半导体放电管（SAD）等元器件组成，是安装在雷电保护区建筑物内的 SPD；混合型电源 SPD 是由 SAD 与 MOV 组成混合型电源的 SPD。

（4）气象、邮电、金融、公安、民航等系统 220V/380V 交流电源或直流电源用过电压保护器及防雷箱。例如，用于电话、交换机、计算机等。

（5）铁路、航空等信号系统用过电压保护器。

(6) 多层片式压敏电阻器,主要应用领域为汽车、电子、通信、计算机、消费类电子产品和军用电子产品等,特别适用于 LCD、键盘、I/O 接口、IC、MOSFET、CMOS、传感器、霍尔元件、激光二极管、前置放大器、声频电路等电路中的过电压保护和静电放电保护;在许多领域中可代替较大的表面贴装瞬态电压抑制器——齐纳二极管,用于协助各种终端产品实现电磁兼容性。

1.2　氧化锌压敏陶瓷的物理化学和显微结构

1.2.1　氧化锌压敏陶瓷产生压敏性的物理基础

　　研究人员对压敏电阻的物理原理进行了极其广泛的研究,提出了许多种解释 ZnO 压敏电阻导电机理的物理模型。这些物理模型都是基于硅(Si)和锗(Ge)半导体的研究结果,也就是将高纯单晶元素半导体中所观察到的"结"现象,用于解释压敏电阻的导电机理。尽管这些研究加深了人们对压敏电阻的物理机制的认识,但问题依然存在,例如,为什么多晶性是 ZnO 压敏陶瓷中压敏现象的核心问题?这些模型还不能对晶界的许多具体结构问题作出解释,也不能预测成分或生产工艺的变化对压敏电阻性能的影响。迄今为止,能带模型对于提高压敏电阻的性能还没有多大用处,一方面是因为它还没有建立起压敏电阻的电性能与物理性质之间的联系;另一方面是对这种陶瓷晶界的结构缺乏更细致的了解。过去提高压敏电阻的性能一直是靠经验,但近几年建立起来的有关压敏电阻势垒的晶界缺陷模型,极大地推动了压敏电阻在稳态电场应力下稳定性的提高。

　　越来越丰富的实验结果为物理学家提供了理论研究基础,压敏电阻的物理机制研究非常活跃。20 世纪 70～80 年代,一些理论论文详细研究了其导电机理,其研究概况见表 1.3。

表 1.3　关于 ZnO 压敏电阻导电机理的研究概况

年份	模　　型
1971	空间电荷限制电流(Matsuoka)
1975	穿越薄层的隧道电流(Levinson,Philipp) 穿越 Schottky 势垒的隧道电流(Levine)
1976	穿越 Schottky 势垒的隧道电流(Morris,Bernascone 等)
1977	穿越异质结 Schottky 势垒的隧道电流(Emtage)
1978	穿越异质结 Schottky 势垒的隧道电流(Eda) 穿越匀质结的隧道电流(Einzinger)
1979	穿越 Schottky 势垒的隧道效应(Hower,Gupta) 受空穴增强的穿越 Schottky 势垒的隧道电流(Mahan,Levinson,Philipp)

年份	模　型
1982	异质结中的旁路效应(Eda)
1984	空穴诱导击穿效应(Pike)
1986	异质结中的旁路效应(Levinson,Philipp) 空穴诱导击穿(Blater,Greuter)
1987	空间电荷诱导电流(Suzuoki 等)

由此可以清楚地认识到 ZnO 压敏电阻的非线性是一种晶界现象,在相邻晶粒边界处的耗尽层中存在着电荷载流子的势垒。而在两个晶粒之间未必需要一层绝缘层将两个晶粒机械地分隔开来。位于晶界界面上负的表面电荷(电子陷阱)被位于界面晶粒两侧耗尽层中的正电荷所补偿。目前认为热发射和隧道电流是主要的传输机制,证据表明少数载流子(空穴)是存在的,但对其作用还难以确定。

1.2.2　氧化锌压敏陶瓷产生压敏性的化学基础

纯净的 ZnO 是非化学计量比的 n 型半导体,其伏安特性是线性的。为了使其具有非线性,必须在 ZnO 中添加多种氧化物。其中最主要的是 Bi_2O_3(可用 Pr_6O_{11} 代替,这里不讨论)和其他添加剂。可以认为,是 Bi_2O_3 使 ZnO 压敏陶瓷具有电压敏性能的基础,如果没有它是难以做成压敏电阻的。掺杂这些氧化物后就在晶粒中和晶界上形成了原子缺陷(atomic defects)和施主型缺陷,支配着晶界耗尽层的能级状态。最先提出掺杂 Bi 的缺陷模型是考虑到氧在 ZnO 压敏陶瓷产生非线性特性中所起的作用,受主和受主型缺陷则支配着晶间层能级状态。有关的缺陷的种类有:V_{Zn}'、V_{Zn}''、V_O'、V_O''、Zn_i'、Zn_i''、D_{Zn}''和 D_i'。其中,D_{Zn}''和 D_i' 分别为所有掺杂的施主原子和受主原子。

通过对于 ZnO 中缺陷平衡状态的研究,Einzinger 证明,由于缺陷产生的势垒可能源于缺陷向晶界的不等量迁移,可以产生缺陷诱导电位势垒,而不必要像 Matsuoka 所指出的要有一个物理间隔层才能形成势垒。现已证明,最主要是在施主掺杂的情况下($[D] \approx 10^{18} cm^{-3}$),使晶界上富含 Zn 空位$[V_{Zn}]$(受主)的浓度高,而O 空位$[V_O]$(施主)的浓度低,这是在烧结的冷却过程中形成的(图 1.1)。这样的掺杂结果使

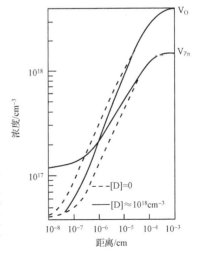

图 1.1　晶界区域 O 空位和 Zn 空位的浓度曲线

得晶界处$[V_{Zn}]$(受主)过剩,且$[V_O]$(施主)不足,从而在耗尽层上建立起势垒(势垒高度 $\phi=0.7eV$)。这就消除了在晶界必须有粒间间隔层必要性。图 1.1 展示了晶界区域中 O 空位和 Zn 空位的浓度曲线,图中表示纯 ZnO 晶粒和非本征掺杂 ZnO 晶粒的两种情形。

Schwing 和 Hoffman 以及 Sukkar 和 Tudler 等也研究了施主掺杂对$[V_{Zn}]$和$[V_O]$浓度的影响。依据这些研究结果,可以把有关压敏电阻的化学问题归结如下:

ZnO 压敏陶瓷晶界处存在的空间电荷层是在烧成冷却过程中形成的。在存在深能级施主 $D_{Zn}^{\cdot}$ 的情况下,晶界区中杂质施主的浓度增大,本征施主缺陷 $Zn_i^{\cdot}$、$Zn_i^{\cdot\cdot}$、$V_O^{\cdot}$ 和 $V_O^{\cdot\cdot}$ 的浓度减小,本征受主缺陷 $V_{Zn}^{\prime}$、$V_{Zn}^{\prime\prime}$ 与之相反。这些受主缺陷通过与位于晶粒中电子的结合,在晶粒边界处的电子被显著耗尽,从而形成耗尽区。

上述这些结论,结合 ZnO 压敏电阻的稳定性与不稳定性现象的广泛研究,建立了 ZnO 压敏电阻晶界缺陷模型,后面我们还要讨论这种模型。

1.2.3　氧化锌压敏陶瓷产生压敏性的显微结构

至此,讨论了 ZnO 压敏陶瓷的物理、化学方面的问题。可以认为,其显微结构构成的基本单元(building block),可以作为理解所有这些特性的载体。因此,对于显微结构的讨论不能离开相关特性的讨论。

已经对 ZnO 压敏陶瓷的显微结构,尤其对晶界进行了广泛的研究,其主要发现汇总于图 1.2。ZnO 压敏陶瓷中存在四种基本化合物,分别是:ZnO、尖晶石、焦绿石和几种富 Bi 相。图中指明了这四种化合物存在的部位。当然可能还存在着一些微量的、用常规技术难以检测到的其他晶相。烧结体的化学式是相当复杂的,由于在每个晶相中肯定还有掺杂元素,这就使化学式更加复杂。例如,在 ZnO 相中的主掺杂元素有 Co 和 Mn,而在邻近晶界的部位 Bi 和 Sb 的浓度相当高。尖晶

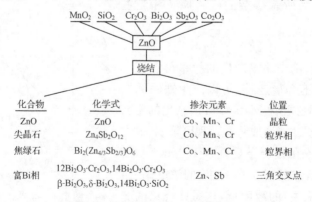

图 1.2　ZnO 压敏电阻的显微成分

石和焦绿石相中则均匀地掺杂有 Mn、Cr 和 Co。这些掺杂元素对于各个晶相的影响仍有待研究。

在商用 ZnO 压敏电阻中典型的 ZnO 晶粒尺寸大多在 $10\sim20\mu m$,而且许多晶粒是孪晶,这些孪晶是在存在 Sb_2O_3 的情况下才出现的;而在纯 ZnO 压敏陶瓷的显微结构中则没有孪晶。Sb_2O_3 和 SiO_2 的存在能阻止晶粒生长;TiO_2 和 BaO 则起着加速晶粒生长的作用;尖晶石和焦绿石相起着抑制晶粒生长的作用。在温度较低时生成焦绿石,而在温度较高时生成尖晶石。如果用碱将晶粒浸融掉,剩下的晶界相将呈现三维网状结构,在电性能上这种三维网状结构是绝缘的。

随着对于显微结构及其化学构成认识的积累和深化,加上对于电性能的认识,提出了 ZnO 压敏陶瓷的显微结构-电气性能的假设模型。ZnO 压敏陶瓷的基本构成单元是烧结形成的 ZnO 晶粒,在显微结构中各种化学元素的分布造成,在邻近晶界的部位上电阻率相当高($\rho_{gb}=10^{10}\sim10^{12}\,\Omega\cdot cm$),而在晶粒内部电阻率相当低($\rho_{gb}=1\sim10\Omega\cdot cm$)。其显微结构及其电气特性的图解见图 1.3。从晶界到晶粒中产生了电阻率的突降现象,这种电阻率的突降出现在 $50\sim100nm$ 内,该区间称作耗尽层。这样,在每个晶界处,在晶界的两侧各有一个耗尽层伸向晶粒。正是因为晶粒中有这样的耗尽层存在才产生了压敏性,这是这种陶瓷体的体效应。

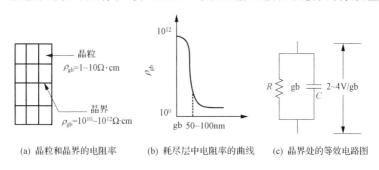

(a) 晶粒和晶界的电阻率　　　(b) 耗尽层中电阻率的曲线　　　(c) 晶界处的等效电路图

图 1.3　显微结构及其电气特性的图解

由于晶界两侧各有一个耗尽层存在,ZnO 压敏陶瓷没有极性,就像背靠背串联的二极管那样。既然晶界附近的区域是电子耗尽的,那么当施加电压时电压主要降落在耗尽层上。晶界击穿电压的典型值为每个晶界 $2\sim4V$。晶界处的等效电路如图 1.3(c)所示。当在压敏电阻上施加一定电压且工作在预击穿区时,流过元件的电流完全由晶界决定,外施交流电压时,该电流由阻性成分和容性成分构成。在后面还要讨论这些电流成分在确定压敏电阻长期稳定性方面的作用。参看 I-V 特性曲线可以得出显微结构与电性能的关系为:小电流线性区($<10^{-4}A\cdot cm^{-2}$)受晶界电阻和电容支配;大电流线性区($>10^{3}A\cdot cm^{-2}$)则由晶粒电阻决定;而中间的非线性区,对于应用来说是最重要的区段,它是间接地受晶粒和晶界的电阻率之差支配的。ZnO 压敏陶瓷的显微结构与 I-V 特性的关系为调控压敏陶瓷的电性能提供了一个重要的手段。

除了元件的非线性依赖于显微结构外,压敏电压也与显微结构相关联,关系式为

$$U_b = U_{gb} N_g t \tag{1-1}$$

$$E_{0.5mA} = U_{gb} N_g \tag{1-2}$$

式中,U_b 为压敏电压;U_{gb} 为单个晶界的击穿电压;N_g 为单位厚度的晶界数;t 为厚度,单位 mm;$E_{0.5mA}$ 为在电流密度是 $0.5mA \cdot cm^{-2}$ 时单位厚度的压敏电压(称为电位梯度)。

这样可以通过调整参数 $N_g \approx (d_g)^{-1}$ 来改变电位梯度,其中 d_g 为晶粒尺寸。ZnO 压敏陶瓷的视在介电常数也受着晶粒尺寸的影响,它随晶粒尺寸增大而增大。一般晶界的视在电容量约为每个晶界 $0.18 \mu F \cdot cm^{-2}$。

1.3　氧化锌压敏陶瓷显微结构中的物相

在 $ZnO\text{-}Bi_2O_3$ 二元系压敏陶瓷中含有六角形 ZnO 结晶相和四方形 Bi_2O_3 结晶相,将 ZnO 腐蚀掉后,可以揭示出 ZnO 颗粒周围存在的由 Bi_2O_3 形成的三维网络。对 $ZnO\text{-}Bi_2O_3$ 多元压敏陶瓷进行类似的腐蚀试验,也揭示出相同的晶界形态。晶界层包含有结晶态和无定型态的富 Bi 相。除 ZnO 颗粒外,多元压敏陶瓷还包含两种结晶相:$Zn_7Sb_2O_{12}$ 尖晶石相和 $Zn_2Bi_3Sb_3O_{14}$ 焦绿石相。尖晶石中含有较多的 Cr、Mn、Co 和 Ni,从显微结构中看到它像八面体,其结晶尺寸为 $2 \sim 4 \mu m$,常位于 ZnO 晶界。焦绿石填充于多晶粒结的空隙,少部分被 ZnO 晶粒包围。

对 ZnO 压敏陶瓷的显微结构已经有较为详细的研究和论述,概括如下。

(1) 固溶有少量 Co、Mn 和 Ni 的 ZnO 晶粒。

(2) 以 $Zn_7Sb_2O_{12}$ 成分为基础,固溶有较多 Cr、Mn、Co 和 Ni 的尖晶石晶粒。

(3) ZnO 晶粒粒间的富 Bi 相,主要包括:

① 主要位于 ZnO 晶粒的三个及多个晶粒结处的 Bi_2O_3。

② 有时也存在主要位于三角结处的 $Zn_2Sb_3Bi_3O_{14}$ 焦绿石。

③ 位于 ZnO/ZnO 晶粒边界的无定型富 Bi 薄膜(约 2nm 厚),也位于其他结晶相边界。

④ 偏析于 ZnO/ZnO 边界的 Bi 偏析(单层约 0.5nm)层,它与第二富 Bi 相无任何联系。

1.3.1　主晶相——氧化锌晶粒

ZnO 晶粒是 ZnO 压敏陶瓷中的主晶相,它占据陶瓷体的绝大部分体积(通常为 90% 以上)。通过高温处理过程的掺杂作用,晶粒成为电阻率很低的半导体,在

电阻片中起导电、导热和吸收能量的作用,与晶粒相关的重要性质是其几何特性和电阻率。在晶粒的表面层,即"晶粒—晶界—晶粒"基本电压敏功能单元的核心部位,情况相当复杂,还有许多问题待进一步研究。

1. 晶粒的几何特性

晶粒的几何特性主要是指几何形状、晶向、晶粒尺寸以及瓷体内大量晶粒的均匀性。ZnO 晶粒晶体结构与单晶体相同,属六方晶系,晶格常数 $a=3.24\text{Å}$, $c=5.19\text{Å}$。但在瓷体中,每个晶粒的几何形状并不规则,目前的制造工艺技术还难以控制。晶粒的晶向在瓷体内的排列取向是随机的,因此瓷体的性能没有方向性。日本研究了一种能使 ZnO 晶粒在某一晶向优先发育的技术,可以制成各相异性的压敏电阻器。

ZnO 晶粒的几何尺寸是一个重要的显微结构参数,它与压敏电压、电容量和耐受浪涌冲击能力等性能有着很密切的关系。晶粒尺寸主要决定于原料粒度、配方组成、烧成温度和保温时间等。高压型压敏陶瓷的平均晶粒尺寸在 $10\sim15\mu m$ 范围,而低压型则大很多,可达到 $50\sim200\mu m$。晶粒尺寸可直接用光学显微镜或扫描电镜观测确定。

2. 晶粒的电阻率

鉴于晶粒表层的情况很复杂,所以这里所说的晶粒电阻率不包括表面层在内。电阻率是晶粒的一个重要参数,它直接决定着压敏电阻片大电流区的伏安特性。其电阻率越大,大电流时压敏电阻片的电压就越大,即限压比就越高,这是在 ZnO 压敏电阻片制造中最不希望的。

符合化学计量比的 ZnO 在室温时禁带宽度约为 3.2eV,大约是 Si 的 3 倍,因此其自由电子浓度极小,近于绝缘体;但压敏电阻瓷体中的 ZnO 晶粒是半导体,其电阻率很低,属于 n 型半导体。晶体由绝缘体变为半导体的过程,称为"半导化"过程。ZnO 压敏陶瓷的半导体化是在高温烧结时形成的,它包括两个过程:一是还原过程;二是掺杂过程。有时也采用扩散杂质的方法达到半导体化的目的。

如前所述,瓷体中的 ZnO 通过高温烧结过程,由于某些与 Zn 离子半径相近的添加剂离子会固溶于 ZnO 中,一般固溶有 Al、Co、Mn、Cr 和 Ni 等,其固溶量与配方组成、制备工艺,特别是与烧结温度、保温时间和冷却速度,以及这些添加剂离子本身的特性有关。这些外来离子的固溶,既会改变 ZnO 晶粒的几何形状,也会改变其电阻率。

1.3.2　晶界层

晶界层,也称为粒界层或粒间层,它是指位于相邻晶粒之间,其物相组成和性能均与晶粒不同的结构层。对于晶界层的认识应从化学构成、结构形态、分布和电学性能等方面探讨。这里先讨论前几个问题,电学性能在导电机理部分讨论。应当指出,对晶界层的认识迄今还没有完全统一,在某些方面尚有争议。

晶界物质是由加入 ZnO 的添加剂及其反应生成物构成的。在烧结含有多种添加剂的 ZnO 时,添加剂的一部分进入主晶粒 ZnO 形成固溶体;一部分在冷却时偏析在晶粒边界,即形成富 Bi 晶界层或像尖晶石一类夹杂的晶粒。

晶界物质的结构形态,也是由配方和工艺决定的,一般认为有结晶型和无定型两种。由于晶界层的性质和分布与对电压敏功能的解释有着密切关系,所以有必要简单叙述人们对其认识的过程。20 世纪 70 年代初多元掺杂的高非线性 ZnO 压敏陶瓷问世时,晶界层被认为是大体上均匀包围着整个 ZnO 晶粒的,其厚度约为 $1\mu m$。后来,通过以下更加精密的实验研究,否定了这种观点。

(1) 通过电子显微镜观察,发现晶界层的物质主要集中在三四个晶粒相邻的晶界区中,随着离开该区域距离的增加,晶界物质的厚度逐渐变薄;用倾斜电子束法测得最薄处的厚度仅为 25Å 左右。

(2) 采用俄歇电子能谱法测定含 Bi 系统 ZnO 压敏陶瓷晶界处 Bi 的相对浓度,证实 Bi 主要集中在距晶粒 20Å 的薄层内。这样薄的晶界只能看做吸附层,而不能看做分离相。

(3) 晶格干涉技术的分析结果也表明,晶粒间接触处不存在连续的晶界相薄层。

(4) 运用选择腐蚀技术将 ZnO 晶粒溶蚀掉,可获得晶界材料的残骸骨架,再用扫描电镜观察分析残骸,发现在原来晶粒位置上留下的空腔上有孔洞相通。很显然,孔洞相通处正是晶粒直接接触的地方,这也可证实 ZnO 晶粒不是被连续的晶界层所包围的。

(5) 通过 Bi_2O_3 对 ZnO 晶粒润湿性的测定证明,高温时富 Bi 相并不能完全润湿 ZnO 晶粒,因而可以判断在 Bi 系 ZnO 压敏陶瓷中,富 Bi 相不是沿着晶界渗透连续的晶界相薄膜。

根据以上多方面研究结果,现已完全否定了晶界层连续包围晶粒的模型,可以用图 1.4 所示的模型来描述 ZnO 晶界层的分布特征。在颗粒边界的显微结构相当复杂,可以粗略地将其结构划分为三个区域:

(1) 在(A)区,颗粒边界拥有比较厚(约 1000nm)的富 Bi_2O_3 晶界层。

(2) 在(B)区,颗粒边界拥有比较薄(1~

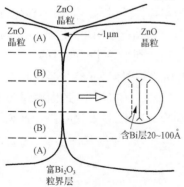

图 1.4　ZnO 压敏电阻主成分 Bi_2O_3 晶界的显微结构示意图

100nm)的富 Bi_2O_3 晶界层,介于(A)和(C)区之间。

（3）在(C)区,颗粒边界是以颗粒直接接触为特征的,颗粒间没有晶界层,在这些颗粒边界的界面区到几纳米内可以检测出 Bi、Co 和过量的氧离子。含 Bi 层 20～100Å。该区不能视作分离相,而仅存在一个过渡层。

这三个区域所占面积比例与添加剂的成分、数量及生产工艺因素有密切关系。

1.3.3　晶界层含有的物相

在 ZnO 压敏陶瓷中除了主晶相与晶界相外,通常还有其他晶相。例如,在五元掺杂(Bi、Co、Mn、Cr、Sb)的 ZnO 压敏陶瓷中,都存在固溶有 Cr、Co 和 Mn 的尖晶石相。这种尖晶石是具有面心立方结构的 $Zn_7Sb_2O_{12}$ 尖晶石相($a=8.55$Å),以及其他晶格常数比较小的尖晶石相,如 $ZnCr_2O_4$、$MnCr_2O_4$、$CoCr_2O_4$ 等。有时,因冷却速度的不同,可能会残存有少量 $Zn_2Bi_3Sb_3O_{14}$ 焦绿石相。如果配方中有 SiO_2,还会有硅酸锌(Zn_2SiO_4)。

这些结晶体主要存在于三个或四个以上 ZnO 晶粒的交汇处,也有少量挤在两个 ZnO 晶粒之间或镶嵌在 ZnO 晶粒之中。这些附加的晶相虽然对压敏陶瓷的非线性没有直接影响,但在宏观性能上,对其电压敏电压、大电流冲击特性及稳定性都有一定影响。原因是在高温烧成冷却过程,它与主晶相和晶界共存,影响到烧结过程添加剂在各物相中的分布;同时因为它生长在晶界上影响到晶界相的迁移,抑制 ZnO 晶粒的生长,对晶粒尺寸起控制作用。

1.4　晶界势垒与导电机理

ZnO 压敏陶瓷的非线性源于晶界势垒,晶界势垒的形成、晶界势垒与添加剂的关系是本节要讨论的核心问题。

由于 ZnO 压敏陶瓷是一种多晶氧化物半导体,与普通半导体相比,其工作的物理原理要复杂得多。虽然人们对其导电机理已经进行了很多研究,并且已提出了多种理论模型,对压敏陶瓷的许多特性得出了比较合理的解释,但是尚未达到完善化的程度,还有不少争议。了解压敏陶瓷的工作原理,首先要弄清"晶粒—晶界—晶粒"这种基本电压敏功能单元的导电机理,因为整个瓷体的宏观特性是由其中大量电压敏功能单元特性的体积效应累积统计的结果。

1.4.1　导电机理需要解释的基本现象

导电机理应能从理论上充分说明 ZnO 压敏陶瓷的各种基本特性,ZnO 压敏陶瓷的基本特性有:

（1）伏安特性在极其广阔的电流密度范围内(约 $10^{-8}\sim10^3$A·cm^{-2})具有非

线性,高非线性区的非线性系数可达 50～100,甚至更高,而且非线性与添加剂成分、数量及工艺密切相关。整个伏安特性可分为三个特征区:小电流区(预击穿区)、高非线性区(击穿区或工作区)和翻转区(大电流区或上升区)。

(2)在预击穿区内,压敏电阻具有负温度系数特征,其漏电流随温度升高而增加。即该区域的电压敏性能对温度很敏感。

(3)击穿区的特性对温度不太敏感。基本电压敏功能单元的击穿电压 U_{gb} 值($U_{gb} \approx U_b/n$,其中 U_b 为压敏电压,n 为电阻片厚度方向上平均串联晶粒数目),对添加剂的组成、总量和烧成温度不太敏感。ZnO-Bi$_2$O$_3$ 配方体系的 U_{gb} 值在 2～3V,而 ZnO-稀土氧化物-Co$_2$O$_3$ 配方体系的 U_{gb} 值约为 1.4V。

(4)压敏陶瓷的电容量与偏压有关,在击穿区,电容量随偏压增大而减小;在击穿点,电容量降为最小值;进入击穿区后,电容量又急剧增大。

(5)在直流或交流电压连续作用下,或经浪涌电流冲击后,预击穿区的伏安特性会出现老化现象,而且老化现象的基本形式是低阻化。在同样的电压或电流应力下,温度升高老化加剧,直流电压或单极性浪涌电流冲击会使伏安特性变得不对称。

此外,还有其他宏观现象,如介电谱的特征、热刺激电流谱特征等,但以上五个方面的特性是主要的。

1.4.2　不同电场区域具有代表性的导电理论模型

从显微结构的讨论可知,压敏陶瓷的体效应是许多电压敏单元串并联的集合体,每个单元都是由两个相邻的晶粒及其间的晶界组成的。晶粒的平均尺寸在几到几十微米范围内,其电阻率很低;而晶界的情况相当复杂,其厚度在晶粒的不同部位是极不相同的,可以在几十埃米到数微米范围内变动。导电机理要回答的问题是:当压敏电阻加上电压后,外施电压在体内是怎样分布的?电流是怎样传导的?

关于陶瓷体内电压的分布仍存在争议,因为晶粒是电阻率很低的半导体,它们当然不会承受很高的电压,小电流下的电压只能降落在晶界上,也就是说,压敏电阻在小电流时的高阻状态是由晶粒间的物理性质决定的。可以认为电流通过低阻晶粒时的传导过程是比较简单的,它与半导体发生的过程是一样的。所以导电机理的核心问题是:电流如何通过晶粒—晶粒界面和晶界层?为了搞清楚这个问题,必须研究以下几个问题:

(1)产生非线性伏安特性的空间位置是在晶界层,还是在晶粒与晶界层的界面上?

(2)晶界层是接近绝缘状态高阻性物质还是低阻性物质?

(3)非线性是怎样产生的?

研究导电机理都是针对这几个问题开展讨论的。已经提出的几种理论模型都是从半导体与介质的导电理论模型中延伸发展而来的。

针对上述需要解释说明的问题分述如下。

1. 低电场区的导电机理

ZnO 压敏陶瓷在低电场区的导电模型有：雪崩击穿机理、空间电荷限制电流机理、双 Schottky 势垒的热激发等模型。

雪崩击穿机理一般用于解释半导体"结"的击穿过程，与该过程相关的 I-V 特性在拐点处的变化特别快，有时非线性系数大于 1000。但雪崩击穿电压具有正温度系数，而 ZnO 压敏陶瓷的压敏电压具有负温度系数，很显然，用雪崩击穿机理解释 ZnO 压敏陶瓷导电过程是不合适的。

空间电荷限制电流机理（space charge limited current，SCLC），是由 Matsuoka 提出的。他提出非线性起源于在晶界形成的高阻晶界层，并且认为晶界层厚度为几微米。随着施加电压的增大晶界层中的陷阱捕获电子，当电压达到一定值时，陷阱被电子充满，电流急剧上升，形成非线性现象。此时的电压称为陷阱填充极限电压 U_r 为

$$U_r = \frac{eN_t d^2}{\varepsilon_0 \varepsilon_r} \tag{1-3}$$

可见，该电压 U_r 与晶界层厚度 d 的平方、电子电荷 e 及陷阱密度 N_t 成正比，与真空介电常数 ε_0 和相对介电常数 ε_r 成反比。SCLC 导电机理虽然能够解释高的非线性系数，但是它建立在晶界层是较厚的高阻层的假设基础上，而现在已证明实际的晶界层是很薄的，可以断定不会形成较厚的高阻层；另外它忽略了晶界层中的电子注入问题，因此 SCLC 用于解释 ZnO 压敏陶瓷的导电机理不尽合理。

分析表明，基于双 Schottky 势垒的热激发模型用于解释低电场区的导电机理更为合理。不过，对其机理的解释的基础不同，有的是以存在晶界层，而有的是以不存在晶界层为基础。热激发射是指电子在电场及环境温度的作用下获得热能，当获得的热能量达到一定值时电子可以越过晶界势垒到达晶粒表面的现象。

1）双 Schottky 势垒的电子热激发射

当在双 Schottky 势垒两侧施加电压 U 时，能带结构发生变形，如图 1.5 所示，右侧施加电压的正极，为反偏压侧，左侧为正偏压侧；右侧势垒为反向 Schottky 势垒，左侧势垒为正向 Schottky 势垒。若左侧势垒上的电压为 U_1，右侧势垒上的电压为 U_2，则

$$U = U_1 + U_2 \tag{1-4}$$

图 1.5 表示出施加电压时引起的能带变形，E_{CL} 和 E_{CR} 分别为左侧和右侧的导带；E_{FGL} 和 E_{FGR} 分别为左侧和右侧的费米能级；E_F 为零电压时右侧的费米能级；E_{FB} 为晶界层的费米能级；L_L 和 L_R 分别为左侧和右侧耗尽层的宽度。

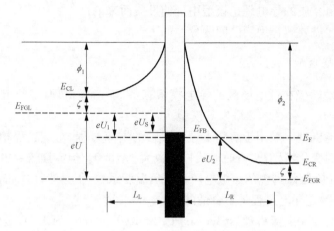

图 1.5 施加电压时引起的能带结构变形

图 1.5 中,eU_S 为左侧的费米能级 E_{FGL} 与晶界费米能级 E_{FB} 的差值。在如图所示的电压极性下,左侧势垒处于正偏压,势垒高度有所降低,降低量为 $\phi_0 - \phi_1$;右侧势垒高度因反偏压而有所增加,增加量为 $\phi_2 - \phi_0$。其中,ϕ_1 和 ϕ_2 是在外加电压作用时左侧和右侧的晶界势垒高度,分别为

$$\phi_1 = \phi_0 - eU_1 \tag{1-5}$$

$$\phi_2 = \phi_0 + eU_2 \tag{1-6}$$

式中,ϕ_0 为施加电压为零时的 Schottky 势垒高度。一般认为在正偏电压 U_1 很小时,所有的电压基本上都作用在反偏侧。

在低电场区域,在外电压作用下,左右两侧 ZnO 晶粒的电子由于热激发射进入晶界,热激能为相应侧的势垒高度。设从左侧流入晶界的电流密度为 J_L,从右侧流入晶界的电流密度为 J_R,如图 1.6 所示,其大小可表示为

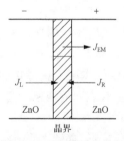

图 1.6 低电场区在外加电压下电荷流动示意图

$$J_L = J_0 \exp\left(-\frac{\phi_1 + \zeta}{kT}\right) \tag{1-7}$$

$$J_R = J_0 \exp\left(-\frac{\phi_2 + \zeta}{kT}\right) \tag{1-8}$$

式中,J_0 为常数;ζ 为右侧导带与费米能级之差,基本上是恒定的;k 为玻尔兹曼常量;T 为热力学温度。因为电压主要施加在右侧的反偏 Schottky 势垒上,故有 $J_R \ll J_L$。

由于电子热激发射,电子主要由左侧 ZnO 晶粒向晶界注入,越过势垒的电子被界面能级俘获。被俘获的电子的一部分将因热激发被界面能级释放,在电场作用下,越过势垒后流进反偏的右侧 ZnO 晶粒。一般不考虑被俘获电子因热激发被

界面能级释放而越过势垒流入正偏侧。ZnO 晶粒产生的电流密度 J_{EM} 可以用下式表示,其热激发能为晶界势垒高度 ϕ_B。

$$J_{EM} = J_{EM0} \exp\left(-\frac{\phi_B}{kT}\right) \tag{1-9}$$

$$\phi_B = \phi_1 + \zeta + eU_S \tag{1-10}$$

其中,J_{EM0} 为常数。流过的总电流密度 J 正比于被界面俘获的电子数与界面能级释放的电子数之差,为

$$J = 2J_0 \exp\left(-\frac{\phi_0 + \zeta}{kT}\right) \tanh\left(\frac{eU}{2kT}\right) \tag{1-11}$$

图 1.7 所示电流与电压的特性曲线与根据式(1-11)的计算结果相比较,二者比较接近。

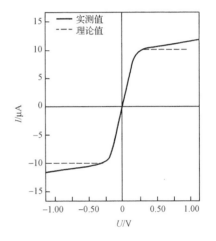

图 1.7　双 Schottky 势垒的电流-电压特性

按以上观点解释低电场预击穿区的导电机理,正在被许多研究者认可。

另外,式(1-11)也可以用其他较广泛应用的表达形式:

$$J = J_0 \exp\left(-\frac{\phi_0 - \beta\sqrt{E}}{kT}\right) \tag{1-12}$$

式中,β 为常数,且有

$$\beta = \sqrt{e^3/(4\pi\varepsilon_0\varepsilon_r)} \tag{1-13}$$

其中,ε_r 为相对介电常数;E 为电场强度。该式更简明地表达了电流密度 J 与 Schottky 势垒高度、电场强度 E 及温度 T 的直接关系。

式(1-11)和式(1-12)表明,温度和电场强度越高,电子获得的能量就越大,都将使电子通过势垒更容易,电流也就越大。这也说明 ZnO 压敏陶瓷材料电阻具有负温度特征。

2) 电子的二步导电传输机理

Mahan 等认为,单电子热发射机理只能解释低电场区的导电机理,但不能很好地解释对于低电场区向击穿区过渡的部分。当电场接近中电场区时,电流随电压的变化不平滑,出现了异常现象,如图 1.8 所示。这种异常现象没有在实验中发现。其原因是:从单纯的电子热发射机理到中电场区域的隧道电流机理中间没有过渡阶段。

为此,Mahan 等提出将电荷的传输过程用图 1.9 所示的二步传输过程来描述:电子从 ZnO 晶粒到晶界层面为第一步(J_{1L} 和 J_{1R}),这与图 1.6 所示的过程一

样;通过界面到达邻近的 ZnO 晶粒为第二步(J_{2L} 和 J_{2R}),同样也考虑到被俘获电子因热激发被界面能级释放越过势垒后流进反偏 ZnO 晶粒的情况。

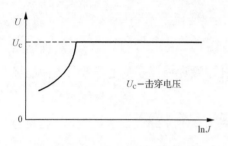

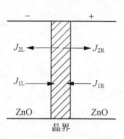

图 1.8　电流随电压变化的异常现象　　图 1.9　在施加电压作用下电荷的二步传输过程

在低电场区域,各电流主要是由于热激发射产生的。随着电压升高,当电场接近击穿场强,即接近中电场时,反偏的右侧势垒变得很窄,电子从晶界层进入反偏的右侧 ZnO 晶粒时,不再全部是电子通过较窄势垒的隧道效应。电场越接近击穿场强,因隧道效应进入右侧的电子就越多。隧道效应是指电场强度达到一定值时,电子将直接通过势垒的现象。这时电子运动产生的电流密度 J_{2R} 为热电子发射产生的电流密度和隧道效应产生的电流密度的加权平均值为

$$J_{1L} = J_0 \exp(-\beta\phi_1) \tag{1-14}$$

$$J_{1R} = J_0 \exp(-\beta\phi_2) \tag{1-15}$$

$$J_{2L} = J_0 \exp(-\beta\phi_B) \tag{1-16}$$

$$J_{2R} = J_0 S_N \exp(-\beta\phi_B)\Lambda(\phi_2) \tag{1-17}$$

其中

$$\Lambda(\phi_2) = A^{-1}\int_0^{\phi_B} \exp(\beta P)\exp[-W(P,\phi_2)]\mathrm{d}P \tag{1-18}$$

$$A = \int_0^{\phi_B} \exp(\beta P)\exp[-W(P,\phi_B)]\mathrm{d}P \tag{1-19}$$

$$S_N = \{\exp[-\beta(\phi_1-\phi_B)] + \exp[-\beta(\phi_2-\phi_B)]\}/2 \tag{1-20}$$

$$W(P,\phi_2) = W_0\{\sqrt{\phi_2 P} - (\phi_2-E)\times\ln[(\sqrt{\phi_2}+\sqrt{P})/\sqrt{\phi_2-P}]\} \tag{1-21}$$

$$\beta = 1/(kT)$$

其中,W_0、β 为常数;S_N 为施加电压时的界面电荷 Q_B 之比;$\Lambda(\phi_2)$ 为从界面势垒顶端($P=0$)到界面势垒高度($P=\phi_B$)的积分,表示界面能量;$\exp(W)$ 是电子隧道效应通过势垒时的概率;A 为归一化积分。式(1-16)和式(1-17)表示从界面流入两侧 ZnO 晶粒的电流密度 J_{2L}、J_{2R} 的大小与归一化的负界面电荷 S_N 成比例。

这时流入右侧的电流密度 J_R 为

$$J_R = J_{2R} - J_{1R} = J_0\exp(-\beta\phi_B)\{S_N\Lambda(\phi_2) - \exp[-\beta(\phi_2-\phi_B)]\} \tag{1-22}$$

当作用电压 $eU \geqslant kT \approx 0.03\text{eV}$ 时,式(1-22)中的第二项可以忽略。采用二步传输模型得到的电流随电压平滑增加,光滑过渡到中电场区,不会发生如图 1.8 所示的异常现象。

2. 中电场区的导电机理

前面讨论的以电子热激发电流为主的电流只存在于低电场区域。当施加电压超过某一数值,即反偏势垒的场强超过某一临界值时,晶界界面能级集中俘获的电子基本上不再通过热激发形式越过势垒形成传导电流。对于 ZnO 压敏电阻的 $I\text{-}V$ 特性在中电场区域导电机理的解释迄今还没有完全肯定的结论。已有的模型可以说明压敏电阻高非线性的导电机理大致可分为两种:隧道电流机理和势垒消失机理。

隧道电流机理是指电子由于隧道效应通过晶界界面高阻层产生电流的机理,而隧道效应表示电场强度达到一定值时,电子将直接通过势垒的现象。势垒消失机理认为,施加电压使界面能级捕获电子,造成界面能级呈现饱和状态,导致势垒高度消失。也有其他观点认为形成的势垒不是双 Schottky 势垒,而是由于 SIS 结(即半导体—绝缘体—半导体)形成的。

下面介绍比较有说服力的两种观点:隧道电流机理和势垒消失机理。

1) 隧道电流机理

隧道电流机理经历了晶界层隧道电流机理、Schottky 隧道电流机理、双 Schottky 隧道电流机理及空穴生成隧道电流机理等几个演变过程。

(1) 晶界层隧道电流机理。

晶界层隧道电流说是 Levinson 等基于晶界属于高阻层的假设提出来的,它是以双 Schottky 势垒为前提的。

ZnO 晶粒属于半导体,当存在高阻晶界层时,外施电压主要降落在图 1.10 所示的晶界层上。晶界层中的电场随着外施电压的增加而增大,如果晶界层厚度约为 $0.1\mu\text{m}$,该电场可以达到 $10^6\text{V} \cdot \text{cm}^{-1}$。这时,可以发生电子隧道效应,产生通过晶界层的隧道电流。隧道电流受外施电

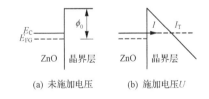

(a) 未施加电压　　(b) 施加电压 U

图 1.10　晶界层隧道电流的形成

I_T—隧道电流;I—电子因隧道效应通过晶界层

压影响很大,从而形成高非线性的伏安特性。但是,由于这种观点的基本假设是晶界层属于高阻层,而一般认为厚度 $0.01\mu\text{m}$ 左右的晶界层很难形成高阻层,这种论点有待进一步证实。

（2）双 Schottky 隧道电流机理。

为了克服晶界层隧道电流机理存在的问题,提出了晶界双 Schottky 势垒形成高阻层的论点,这种论点能够解释高非线性的导电机理。

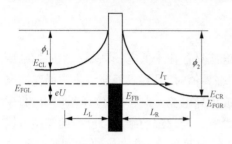

图 1.11　贯穿反偏 Schottky
势垒的隧道电流模型

如前所述,若对双 Schottky 势垒施加较低电压,就会通过由式(1-11)或式(1-12)所表示的电流。当施加电压较高时,如图 1.11 所示,右侧的势垒电场强度可以用下式计算:

$$E = \sqrt{\frac{eN_D(\phi_0 + eU)}{2\varepsilon_0\varepsilon_r}} \tag{1-23}$$

这时,被晶界的界面能级捕获的电子就以隧道电流的形式通过,如果隧道电流 I_r 基于 Fowler-Nordheim 的场致发射电流公式,则可以用下式表示:

$$I_r = K_T\exp\left[-\delta\sqrt{\frac{2\varepsilon_0\varepsilon_r}{eN_D(\phi_0 + eU)}}\right] \tag{1-24}$$

式中,$\delta = C(e\phi_0)^{3/2}$;$K_T$、$C$ 为常数。根据式(1-23)、式(1-24)可以简化为隧道电流的表达式:

$$J = J_0\exp\left[-\frac{a\phi_0^{3/2}}{E}\right] \tag{1-25}$$

式中,a、J_0 为常数。式(1-25)中的电流密度受电场强度 E 影响很大,外施电压增加会使电流密度急剧上升。式(1-25)能很好地解释中电场区压敏电阻的高非线性系数。

（3）空穴生成隧道电流机理。

前面介绍的电子穿越双 Schottky 势垒的机理都不能解释当单个晶界的外施电压只有 3.5V 时,非线性系数 α 可以超过 50 的实验现象,因此提出以下有关空穴生成隧道电流机理的观点。

Mahan 等推断,当电子流由于隧道效应从晶界进入反偏侧的导带时,一些电子将获得足够的动能撞击价带,在反偏侧靠近界面处的价带形成电子-空穴对,即当增大外施电压使反偏侧的导带 E_{CR} 低于同侧晶界势垒的价带 E_{VR} 顶部的位置时,就会在该价带顶部附近生成空穴,如图 1.12 所示。

在外施电压 U 的作用下,作用在正偏势垒上的电压很小,可以略去,所以外施电压基本上都加在右侧势垒上,使右侧的晶界势垒高度 $\phi_2 = \phi_0 + eU$。要生成空穴,

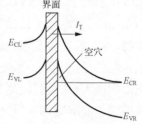

图 1.12　空穴生成模型

则右侧的晶界势垒高度应大于导带与价带之间的禁带宽度 E_G,即

$$\phi_2 = \phi_0 + eU > E_G \tag{1-26}$$

因此,能产生空穴的外施电压 U 可用下式表示:

$$U > \frac{E_G - \phi_0}{e} = 3.2\mathrm{V} - 0.8\mathrm{V} = 2.4\mathrm{V} \tag{1-27}$$

式中,ϕ_0 为零电压作用时的势垒高度,即当外施电压高于每个晶界 2.4 V 时,电子就可以获得足够的能量撞击价带产生空穴。因为空穴具有正电荷,所以能中和界面能级的负电荷,并使右侧耗尽层的宽度急剧减小。这样,使来自界面能级的隧道电流进一步增大,引起非线性系数的增加。如果采用这样生成的空穴激发的隧道电流模型,就能解释非线性系数达到 50~100 的导电机理。

2）晶界势垒消失机理

（1）界面能带满带说。

如图 1.11 所示,随着外施电压 U 的增加,晶界两侧的电位差增大,界面的费米能级上升,势垒高度激减,电流急剧上升,可以用下式表示电压 U 作用下的势垒高度:

$$\phi_U = \phi_0 S_N^2 \left(1 - \frac{eU}{\Delta\phi_0 S_N^2}\right)^2 \tag{1-28}$$

电流密度可以表示为

$$J = J_0 \left[\exp\left(-\frac{\phi_U}{kT}\right) - \exp\left(-\frac{\phi_U - eU}{kT}\right)\right] \tag{1-29}$$

式中,S_N 为外施电压的函数,如果假设界面能级不变,则 $S_N = 1$。如果按式(1-29),当 $eU = \Delta\phi_0$ 时,$\phi_U = 0$,即这时势垒消失,电流激增。设 $\phi_0 = 0.8\mathrm{eV}$,则 $eU = 3.2\mathrm{eV}$ 时,几乎每个晶界的电压相等,这可以部分地说明 ZnO 压敏电阻中电场区的非线性特性,不过不能说明低电场区的低非线性。

（2）空穴生成说。

空穴生成机理的观点是 Pike 根据图 1.13 所示的双 Schottky 势垒提出的。从前面的分析可知,没有外施电压时,在晶界形成了很多俘获电子带负电荷的表面态。这种俘获电荷带负电荷的表面态被双 Schottky 势垒结构中的相同数量的正电荷包围。在外施电压的作用下,右侧反偏势垒增高,左侧正偏势垒降低,能级形态发生变形,这里考虑到了费米能级及价带能级的变形。

为了弥补单一利用电子运动不能解释高非线性系数的不足,提出晶界空穴的生成来修正势垒模型,以提高非线性。随着外施电压的增加,因热激发越过正偏势垒的一部分电子没有被界面能级俘获而运动到右侧势垒,如图 1.13 中 1 所示。这些电子随着势垒的下降被充分加速,撞击 ZnO 晶粒内的禁带,生成空穴和自由电子对,如图 1.13 中 2 所示。生成的空穴带有正电荷,带正电荷的空穴被晶界吸引

与界面态能级的电子进行复合,如图 1.13 中 3 所示,造成界面能级的电荷减少,导致势垒高度激减,最终消失。因此电流急剧上升,引起高非线性 I-V 特性。

图 1.14 给出了通过外施电压使势垒高度减小的情况,实线为计算结果,虚线为满足 $\phi_B + eU > 3.2eV$ 条件的范围。在虚线右侧将生成空穴消除势垒,当施加在每个晶界上的电压约为 3.5V 时,势垒消失。该观点能定性说明 I-V 非线性特性,还能说明非线性系数超过 50 的导电机理。

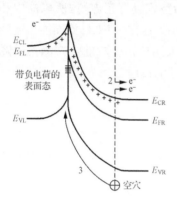

图 1.13　利用热电子产生空穴

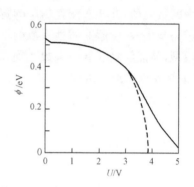

图 1.14　势垒高度随施加电压的变化

(3) 空穴产生的证明。

如上所述,隧道电流机理的空穴生成说和晶界势垒消失机理的空穴生成说,都是以空穴的生成来解释高非线性系数的。近年来还报道了这两种学说共同努力来确认空穴存在的研究成果。这就是采用几种观测 ZnO 压敏电阻在击穿区的电致发光的方法。

从前面介绍的有关空穴生成的导电机理可知,在电压作用下,根据不同原因生成空穴,空穴被晶界吸收与界面能级的电子复合。电致发光是空穴与电子复合时释放的能量造成的,该能量以光声子散射的形式释放,即在较高的电压作用下,在 ZnO 晶界出现了发光现象。通过观测电致发光可以证实空穴的生成。Pike 观测到空穴与电子结合时所释放的相当于能带宽度为 390nm 的电致发光,从而证实了空穴的存在。虽然尚不能确定是隧道电流机理还是势垒消失机理,但是可以说,已指明了进一步研究的方向。

3. 高电场区的导电机理

当施加大电流时,伏安特性趋于线性的欧姆特性,即成为非线性电阻的翻转区。根据电阻值取决于半导体 ZnO 晶粒的体积电阻率,ZnO 晶粒的载流子浓度为 $10^{17} \sim 10^{18} cm^{-3}$,这使其电阻率低于 $0.3\Omega \cdot cm$。在该区域非线性系数 α 急剧减小为接近于 1,即非线性消失,其性能相当于一个低阻的线性电阻。

从导电机理来分析,在进入高电场区后,ZnO 非线性电阻的所有耗尽层都已消失,晶界层已全部导通,因此基本上由 ZnO 晶粒决定其特性。由此可见,在高电场区 ZnO 压敏电阻的伏安特性不再是晶界特性的反映,而是直接被 ZnO 的电阻效应所控制。

根据以上分析,高电场区的电流密度可表示为

$$J = E/\rho \tag{1-30}$$

式中,E 为电场强度;ρ 为晶粒的电阻率。

1.4.3　耗尽层

迄今,对 ZnO 压敏电阻的导电机理还不是十分清楚,有些是学术界长期争论的课题。但是,前述中的很多模型的基础是在颗粒与颗粒紧密接触区形成了耗尽层,这被公认为各种模型中形成电压敏性的出发点。这种耗尽层的存在决定于压敏电阻的形成和添加剂的特性,其厚度很薄($\leqslant$1nm),具有缺乏电荷载流子的特征。为了说明其特征及其形成理论,通过如下理论模型加以说明。

1. Schottky 势垒模型

通常,大多数 ZnO 压敏电阻模型把耗尽层描述成像 Schottky 势垒一样。这一名称通常是指当半导体与金属接触在一起时形成的区域。金属的费米能级(E_{FM})比半导体的费米能级(E_{FS})低,所以半导体中的平均电子能比金属大。当材料发生理想的接触时,电子将从半导体向金属转移其平均电子的能量差,直至平均电子能相等。电子从 n 型半导体向金属转移,离开半导体留下一些正施主离子,形成电子的耗尽层。就半导体而言,金属因接受电子而带负电荷。

图 1.15 说明,实际上 Schottky 势垒和半导体之间的势垒能量相当。具有 $E = E_{FM}$ 能级的自由电子从金属向半导体转移,决定于势垒 ϕ_B。在 $E = E_C$ 下,自由电子从半导体向金属移动,显然是势垒 ϕ_B 的作用。

将这一模型转换成压敏电阻位于两个

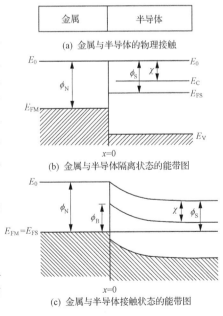

图 1.15　表示 Schottky 势垒的示意图

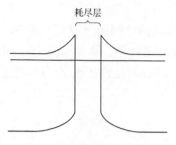

图 1.16 ZnO 压敏电阻
晶粒边界的能带图

互相接触的 ZnO 颗粒表面的耗尽层,可以描述成背对背连接的 Schottky 势垒(图 1.16)。ZnO 压敏电阻的这种 Schottky 势垒高度的典型值约为 0.7eV。

2. 原子缺陷模型

Schottky 势垒模型可以用与晶粒边界物理相关的原子缺陷模型描述。该模型的基本原理是耗尽层由如下两部分构成的。

(1) 正电荷缺陷构成空间固定的稳定部分,这些是三价的置换离子,称为施主离子,如 D_{Zn}(D 可以是 Bi、Sb 等)和固有的氧空穴 $V_O^{\cdot}$ 和 $V_O^{\cdot\cdot}$。

(2) 正电荷缺陷构成可移动的介稳定部分,这些是单电荷和双电荷的固有填隙锌 $Zn_i^{\cdot}$ 和 $Zn_i^{\cdot\cdot}$。正电荷缺陷从晶粒边界两侧扩展到邻近的晶粒,并被位于晶粒界面带负电荷缺陷层的缺陷补偿,这些主要是固有的 Zn 空穴 V_{Zn}' 和 V_{Zn}''。有关耗尽层中稳定成分和介稳定成分的主要特征是由于离子的空间定位不同:置换离子和空穴位于晶格位置,而填隙 Zn 位于纤维 Zn 矿晶格的填隙位置,如图 1.17 所示。所以,填隙 Zn 离子可以迅速从填隙位置迁移至结构内;而在大多晶格位置的主晶格离子或置换的离子必须借助于相邻的由热力学固定的空穴移动,实际上,在压敏电阻的通常工作温度下,这些离子空间是固定的。

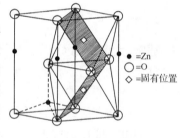

● =Zn
○ =O
◇ =固有位置

图 1.17 纤维 Zn 矿
晶格中填隙 Zn 的位置

该模型的另一特征是晶界是一种无序层(图 1.18),这种无序层有以下两个特征:①它为阴离子(O)提供了迅速扩散的途径;②它起中性空穴 $V^{\times}$ 的无限源和陷阱作用。该模型可以唯象地解释在电应力作用下压敏电阻性能蜕变的现象。

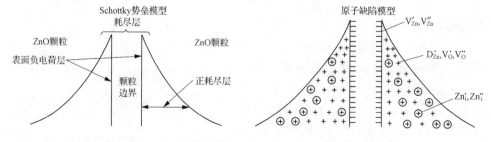

图 1.18 晶界原子缺陷模型与 Schottky 势垒模型的对比

1.4.4　块体模型

为了分析压敏电阻的宏观性能,用块体模型表现说明其显微结构是很实用的。这种模型假设元件为尺寸 d 导电的 ZnO 立方体,ZnO 彼此被厚度为 t 的绝缘势垒区隔离,如图 1.19 所示。还应该强调的是绝缘的势垒不是分离的相,但是基本上代表着位于晶界背对背的耗尽层。每个粒间势垒的击穿电压 U_{gb} 可以通过将立方体尺寸乘以宏观平均击穿电场 E_B 计算:

$$U_{gb} = E_B d \tag{1-31}$$

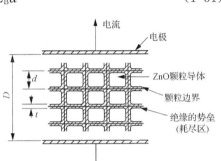

这样计算得出的数值比每个晶界真实的击穿电压低,其原因在于电流总是寻找最易通过的路径,即两电极间势垒最低的路径走。所以电流路径的颗粒数少于电极间的平均颗粒数。ZnO 压敏电阻最重要和最有意义的特征是:每个晶界的宏观击穿电压为 2~4V,说明 ZnO 电压敏材料的变化范围很宽。元件的制作工艺和成分的显著变化对 U_{gb} 的影响相对较小。

图 1.19　ZnO 压敏电阻的块体模型

块体模型表明,ZnO 压敏电阻的特征与块体的材料是密切相关的,即元件是各个 ZnO 晶界间共同具有压敏作用的多结材料。这意味着,如要求元件的击穿电压为 U_b,只要使制造的压敏电阻材料在其电极间含有适宜的串联颗粒数 n 即可。所以,为了达到规定的击穿电压,可采取在固定颗粒尺寸 d 的情况下,改变压敏电阻的厚度;或者与此相反,固定压敏电阻的厚度,改变颗粒尺寸。无论哪种情况,击穿电压均由如下公式确定:

$$U_b = nU_{gb} = \frac{DU_{gb}}{d} \tag{1-32}$$

用于保护 120V、AC 电力线路设备的压敏电阻,其具有代表性的压敏电阻器的参数值为: $U_b = 200V$, $d = 20\mu m$, $D = 1.6mm$, $n = 80$。

1.4.5　压敏电阻的等价电路

压敏电阻的晶界势垒可用以下等价电路描述。

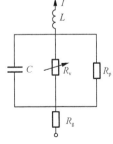

图 1.20 表示简化的 ZnO 压敏电阻的电容与决定于电压的电阻并联的等价电路。图中, R_p 为并联电阻(晶界相电阻), R_v 为非线性电阻(晶界势垒电阻), C 为电极间电容, R_g 为串联电阻(晶粒电阻), L 为接线电感。在小电流区,ZnO 压敏电阻的非线性很低,可以不考虑非线性电阻

图 1.20　简化的 ZnO 压敏电阻等价电路

R_v;串联电阻 R_g 值很小,也可以忽略不计,因此其等价电路可由大电容 C 和高电阻 R_p 并联的电路表示。在中电流区,C 和 R_p 与非线性电阻 R_v 相比,相当于开路,并且相对而言,R_g 很小,可看做短路,因此其等价电路可简化为 R_v 和 L 串联的电路。在大电流区,非线性电阻 R_v 相当于短路,串联电阻 R_g 起主要作用,相当于 ZnO 晶粒的电阻(电阻率 ρ 为 $10^{-2} \sim 10^{-1}\,\Omega \cdot m$),因此其等价电路可简化为 R_g 和 L 串联的线性电路。

1.5　晶界势垒的形成

就多元压敏电阻标准配方的烧成过程而言,Sb_2O_3 和 ZnO 及 Bi_2O_3 反应在 700℃以上生成焦绿石 $Zn_2Bi_3Sb_3O_{14}$ 和尖晶石 $Zn_7Sb_2O_{12}$。烧成时,$Zn_2Bi_3Sb_3O_{14}$ 生成富 Bi_2O_3 液相和尖晶石 $Zn_7Sb_2O_{12}$。其中尖晶石沉淀于晶界,它阻碍离子的移动,因而导致它在烧结过程抑制颗粒生长。由于 ZnO 颗粒的合并,产生的液相大多汇集于孔隙中。冷却时液相转变成 β 型或 α 型富 Bi_2O_3 晶界层。所以,如图 1.4 所示,第(A)种晶界多在烧结体中位于晶粒交界的填充的空隙处发现。在接近微粒的接触点,富 Bi_2O_3 晶界层变薄,因而成为第(B)种晶界。可以观察到所有接触点的终端没有晶界层,所以,这就是第(C)种晶界。

在高于 1300℃下 Bi_2O_3 很容易挥发,即使在通常的 1200℃烧结温度下,Bi_2O_3 也会从坯体表面挥发,所以烧结体中的 Bi_2O_3 量逐渐减少。而且,当冷却时,由于从 Bi_2O_3 液相生成的氧化物,即如 Bi_2O_3 液相包含的 Zn、Co、Mn 和 Sb 析出。当 Sb_2O_3 存在时,Bi_2O_3 液相可能会溶入大量 ZnO。因此,冷却时晶界产生 ZnO 的沉积,这两种机制都会导致烧结过程 Bi_2O_3 量的减少。晶界上留下 ZnO 和一些 Bi、Co、Mn 和 Sb 离子。Bi_2O_3 液相对 ZnO 颗粒的润湿性并不很好,所以当 Bi_2O_3 量减少时,ZnO 颗粒不能被 Bi_2O_3 液相完全包围。然而,晶界的扩散速度通常比总体高一两个数量级。因此,Bi、Co、Mn 和 Sb 容易扩散进入晶界,这就是上述三种晶界形成的机理。三种晶界的相对比例,因材料配方不同有很大差别,既决定于配方(尤其是 Bi_2O_3 含量),也决定于烧成条件等。

1.5.1　晶界势垒的形成与烧成冷却过程的关系

宋晓兰的研究证明,晶界势垒形成于 ZnO 压敏陶瓷的烧成时显微结构的形成过程,特别是决定于冷却过程。

其实验是采用 $ZnO\text{-}Bi_2O_3$ 系统,含有 Bi_2O_3、Sb_2O_3、MnO_2、Co_2O_3 等多种添加剂的配方。烧结温度为 1200℃,保温 2h。在升温制度不变的条件下,首先改变不同温区的降温速率,其次改变降温的起始温度分别为 1200℃、1050℃、950℃、800℃、600℃,快速降温速度为 600℃/min,从烧结温度降至快速降温起始点的温区内的降温速度控制为 2℃/min。

非线性系数 α 系根据试样的 I-V 特性计算得出;晶界势垒 ϕ_B 是在测量试样在欧姆区内受到恒定电压作用时的电流 I 与试样所处环境温度 T 之间的关系,绘出 $\ln I$-$1/T$ 关系曲线。在曲线任选两点根据式(1-33)计算得出 ϕ_B:

$$\phi_B = k \frac{\ln(I_2/I_1)}{(1/T_1 - 1/T_2)} \tag{1-33}$$

1. 相变对晶界非线性的作用

研究结果表明:在升温过程中,650~950℃温区是焦绿石相 $Zn_2Bi_3Sb_3O_{14}$ 通过反应式(1-34)向尖晶石相的转变温区,这一过程存在着离子迁移,属于扩散型相变过程。因此,焦绿石相向尖晶石相的转变量与在 650~950℃温区的升温速度有关。

$$2Zn_2Bi_3Sb_3O_{14} + 17ZnO \Longleftrightarrow 3Zn_7Sb_2O_{12} + 3Bi_2O_3 \tag{1-34}$$

式(1-34)所表示的反应是可逆的,在降温过程中如果冷却速度较慢,尖晶石也可以向焦绿石相转变。

Olsson 等研究了含焦绿石相的 ZnO 晶界的性能,发现含焦绿石相的 ZnO 晶界不具有非线性。因此,尖晶石向焦绿石相转变会破坏 ZnO 压敏陶瓷中晶界的非线性。

根据以上分析,将降温过程分为 1200~950℃ 和 950℃ 至室温两个温区,研究降温速度对非线性和相变的影响及相变与非线性间的关系,结果分别如表 1.4~表 1.6 所示。

表 1.4 1200~950℃温区的降温速度对试样非线性的影响

降温速度/(℃/min)	1	3	≤30(自然降温)
非线性系数 α	49.4	55.8	59.0

表 1.5 950℃至室温温区的降温速度对试样非线性的影响

降温速度/(℃/min)	1	3	5
非线性系数 α	33.9	59.0	44.2

表 1.6 950~650℃温区降温速度对试样中尖晶石含量的影响

降温速度	$ZnSb_2O_6$/%	$Zn_7Sb_2O_{12}$/%	注
5℃/min	6.5	5.0	含量用谱线的强度表示
1℃/min	3.0	2.2	

表 1.4 为温区 1200~950℃降温速度对试样非线性的作用。结果表明,在该温区内的降温速度几乎不影响试样的非线性。改变 950℃至室温温区的降温速度所得试验结果如表 1.5 所示。结果表明,降温速度降低到 1℃/min 时,试样的非线

性明显减小;而在 3℃/min 时,试样的非线性明显增大。

表 1.6 的数据表明,在 950~650℃温区的降温速度减小,试样中 $Zn_7Sb_2O_{12}$ 尖晶石相的含量减少,焦绿石相含量相应增多,同时非线性系数也减小,这说明尖晶石相向焦绿石相的转变需要一定时间,若降温快则来不及发生相变;所以只有慢速降温时才能使尖晶石相向焦绿石相转变。因此,仅从相变角度来看,降低 950~650℃温区的降温速度只能破坏高非线性晶界的形成。

2. 晶界高非线性的形成机理

在升温不变的条件下,改变快速降温的起始温度,分别为 1200℃、1050℃、950℃、800℃、600℃,快速降温速度均为 600℃/min,从烧成最高温度至快速降温起点温度区间降温速度控制为 2℃/min。经过对实验试样的性能测试,得出非线性系数 α 和晶界势垒 ϕ_B 在降温过程的变化规律,如图 1.21 所示。

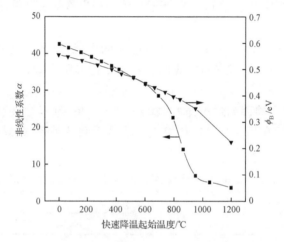

图 1.21　非线性系数 α 和晶界势垒 ϕ_B 与快速降温起始温度的关系

可以看出,从 1200℃快速降温所得试样的非线性最低($\alpha\approx5$),势垒也最低;从 1050℃与 950℃快速降温所得试样的非线性虽略有增高,但幅度不大,1050~950℃内仍不能获得高的非线性。但是可以很明显看出,从 800℃快速冷却,非线性大幅度提高,因此可以说降温过程中 950~800℃温区是 ZnO 压敏陶瓷高非线性形成的关键温区。

由于 ZnO 晶界形成与晶粒生长密切相关,在晶粒生长、Zn_i 离子扩散的同时,添加剂中的 MnO_2 等的离子也在迁移。当烧结温度较低粉粒开始聚集时,部分离子通过表面扩散(通过粉粒间的界面)分布在聚集体的表面,在主晶粒开始形成时即分布在晶界处;随着烧结温度的升高,分布在晶界处的 MnO_2 等在化学势(浓度)梯度的作用下向晶粒内部扩散,并且与 ZnO 发生如下反应:

$$MnO_2 \xrightarrow{ZnO} Mn_{Zn}^{\times} + V_{Zn}^{\times} + 2O_O \tag{1-35}$$

$$V_{Zn}^{\times} + e' \longrightarrow V_{Zn}' \tag{1-36}$$

烧成温度越高,MnO_2 扩散得越深,N_S 越小。如果烧成后从高温急速降温,则在高温下形成的这种分布将会保留下来,那么晶界势垒 ϕ_B 很低。因为延伸到晶粒内部的晶界处界面态密度 N_S 较小,而 $\phi_B \propto N_S^2$,导致 ϕ_B 降低,宏观表现为 ZnO 压敏陶瓷的非线性很小。在与此相反的情况下,由于降温速度低给离子扩散提供了较充分的时间,低温时 $Mn_{Zn}^{\times}$ 在晶粒内的溶解度降低,因此它在降温过程将向晶界迁移,这样相当于延伸到晶粒内部的晶界回复到主晶界处,使主晶界处的界面态密度大大升高,导致 ϕ_B 增大,α 增大,由此形成了具有高非线性的晶界。

为了证实以上理论分析的正确性,用波谱法分析了非饱和过渡金属氧化物在 ZnO 晶界处的分布在降温过程中的变化,以 Mn 元素为例,其结果如图 1.22 所示。

图 1.22 表明,当从 1200℃快速降温时,元素 Mn 在晶界附近的分布基本均匀;当慢速降温至 1050℃再快速降温时,晶界处 Mn 量的梯度增大,但幅度较小;当快速降温起点为 800℃时,晶界处 Mn 量的梯度进一步增大,而且增大幅度较大。这说明 Mn 元素在 1050～800℃温区比在 1200～1050℃温区向晶界偏析的量大。将图 1.21 与图 1.22 比较可见,元素 Mn 在 ZnO 晶界偏聚量越大,则获得的 ϕ_B 越高,非线性越强。因此在降温过程中以 MnO_2 为代表的非饱和过渡金属氧化物等在晶界的偏聚是势垒形成和升高的主要原因。

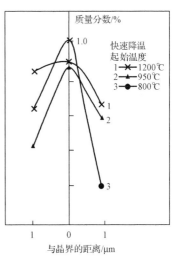

图 1.22　元素 Mn 在晶界附近的分布与快速降温起点温度间的关系

1.5.2　晶界势垒与添加剂的关系

晶界势垒与添加剂特别是非饱和过渡金属氧化物有着密切的关系。本节重点讨论非饱和过渡金属氧化物对 ZnO 压敏陶瓷非线性的作用和非线性的起源。

1. 非饱和过渡金属氧化物对 ZnO 压敏陶瓷非线性的作用

对饱和、非饱和过渡金属氧化物对 ZnO 压敏陶瓷非线性的作用已进行了许多研究。通过在 ZnO-Bi_2O_3 系统中单一添加和同时添加多元非饱和过渡金属氧化物,如 Co_2O_3、MnO_2、Cr_2O_3、NiO(或 Ni_2O_3),考察其对压敏电阻非线性的影响。

　　实验结果表明,饱和过渡金属氧化物(ZrO_2、TiO_2 等)能促进 ZnO 压敏陶瓷线性化;只有非饱和过渡金属氧化物能够提高 ZnO 压敏陶瓷的非线性;而且在单一添加的情况下,提高非线性的作用不大,只有在添加多元的情况下这种作用才十分显著。烧结温度不同,各种添加剂的效果有所不同,但其各自的作用规律基本一致。Bi_2O_3 和 Sb_2O_3 添加量一定的条件下,同时添加 Co_2O_3、MnO_2、Cr_2O_3、Ni_2O_3 时,添加量与非线性系数 α 的关系,如图 1.23 所示。可见,在 ZnO 中适当添加非饱和过渡金属氧化物都会显著提高其非线性。其中 MnO_2 的作用最强,不添加 MnO_2 的试样非线性系数很小;Co_2O_3 和 Cr_2O_3 的作用差不多,Cr_2O_3 的作用略大于 Co_2O_3;Ni_2O_3 的作用最小。表 1.7 给出了四种非饱和过渡金属氧化物对提高非线性作用的程度。表中,α_{max} 为系数最大值;α_0 为未添加该成分时的系数。但应该注意到,其各自的作用大小与其添加量之间的配合有着密切关系。

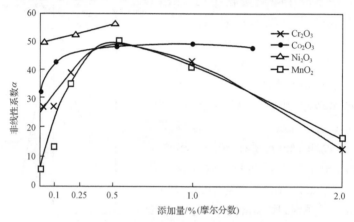

图 1.23　Co_2O_3、MnO_2、Cr_2O_3、Ni_2O_3 的添加量与非线性系数 α 的关系

表 1.7　四种氧化物提高非线性系数的程度

添加剂	Co_2O_3	MnO_2	Cr_2O_3	Ni_2O_3
$(\alpha_{max}-\alpha_0)/\alpha_0/\%$	67.3	60.3	78.9	16.1

　　为了深入分析 ZnO 压敏陶瓷产生非线性的物理根源,首先分析纯 ZnO 的性质。ZnO 中,正、负离子都具有封闭壳层的电子组态,其能带由 O^{2-} 满的 2p 能级和 Zn^{2+} 空的 4s 能级组成。当离子互相靠近形成晶体时,这些能级就形成能带,O^{2-} 满的 2p 能级和 Zn^{2+} 空的 4s 带之间的禁带宽度约为 3.2eV。从禁带宽度看,在室温下满足化学计量比的 ZnO 应该是绝缘体。但是经过高温烧结,由于发生了如下反应:

$$ZnO \longrightarrow Zn_i^{\times} + V_O^{\times} + \frac{1}{2}O_2 \qquad (1\text{-}37)$$

冷却后 ZnO 晶粒内有许多本征缺陷被冻结于其中,在室温下,填隙 $Zn_i^{\times}$ 发生

电离,即

$$Zn_i^\times \longrightarrow Zn_i^\cdot + e' \tag{1-38}$$

$$Zn_i^\cdot \longrightarrow Zn_i^{\cdot\cdot} + e' \tag{1-39}$$

因此,使 ZnO 晶粒具有 n 型电导的半导体特征,这是在晶界产生势垒的必要条件。纯 ZnO 压敏陶瓷的非线性系数很小,$\alpha < 3$。这是因为纯 ZnO 压敏陶瓷的界面态主要源于邻近晶粒的晶格错位、氧缺陷和受主杂质,所以形成的势垒很低。而优异 ZnO 压敏陶瓷的非线性系数 α 高达 $50 \sim 100$,因此其高非线性决定于添加剂,特别是非饱和过渡金属氧化物必不可少。

结合以上实验结果进一步从理论上进行如下分析。

ZnO 压敏陶瓷的晶界是一层厚度为 30Å 左右的紊乱区,其内部存在着来源于以下两个方面的界面态和电子陷阱:一是因邻近晶粒的晶格错位而形成的悬挂键,或其他界面缺陷;二是偏聚在 ZnO 晶界界面处的添加剂原子或杂质原子。因此,晶界是可得电子区,晶界和晶粒接触处可以形成势垒。应用界面区费米能级概念,则势垒的形成可用能带图表示,如图 1.24 所示。

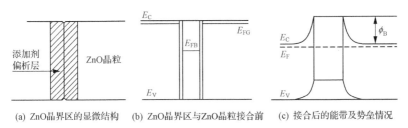

(a) ZnO晶界区的显微结构　(b) ZnO晶界区与ZnO晶粒接合前　(c) 接合后的能带及势垒情况

图 1.24　ZnO 压敏陶瓷晶界势垒形成的能带图

从图中可知,$\phi_B = E_{FG} - E_{FB}$。为了了解影响 ZnO 晶界势垒的因素,以理想的 ZnO 压敏陶瓷显微结构为基础,进行理论推导。

设晶面每一侧的界面态密度为 N_S,ZnO 晶粒内的施主浓度为 N_D,耗尽区宽度为 x_d;根据电中性条件,近似有

$$N_S = N_D x_d \tag{1-40}$$

再根据泊松方程,得

$$\frac{d^2 V}{dx^2} = \frac{N_D e}{\varepsilon_0 \varepsilon_r} \tag{1-41}$$

边界条件:$x = 0$ 时,$V = \phi_B / e$;$x = x_d$ 时,$V = 0$,$dV/dx = 0$。

可得晶界势垒高度近似为

$$\phi_B = \frac{e^2 N_S^2}{2\varepsilon_0 \varepsilon_r N_D} \tag{1-42}$$

可见势垒高度正比于界面态密度的平方。

在理想的 ZnO 压敏陶瓷中,晶界层均匀地分布于其体内,在伏安特性的击穿

区,伏安特性的经验式为

$$J = (E/C)^{\alpha} \tag{1-43}$$

其导电机理为隧道效应,有

$$J = J_0 \exp(-\nu \phi_B^{2/3}/E) \tag{1-44}$$

式中,C、ν 为常数;J、E 为电流密度和电场强度;ϕ_B 为晶界势垒高度。经过推导,有

$$\alpha \approx (\nu/E)\phi_B^{3/2} \tag{1-45}$$

将式(1-42)代入式(1-45),有

$$\alpha \approx \left(\frac{\nu}{E}\right)\left(\frac{e^2 N_S^2}{2\varepsilon_0 \varepsilon_r N_D}\right)^{3/2} \tag{1-46}$$

可见,在 ZnO 压敏陶瓷的击穿区,其非线性系数与界面态密度 N_S、施主浓度 N_D 密切相关。

2. 非饱和过渡金属氧化物的结构特征及其在 ZnO 压敏陶瓷体中的分布

非饱和过渡金属氧化物 Cr_2O_3、MnO_2、Mn_2O_3、MnO、Co_2O_3、CoO、NiO 的晶体结构、阳离子半径、阳离子化合价及核外电子排布见表 1.8。可见这些非饱和过渡金属氧化物晶体结构参数均不同于 ZnO。所以按照结晶化学中的固溶规律,添加在 ZnO 压敏陶瓷中的这些非饱和过渡金属氧化物只能与 ZnO 压敏形成有限固溶体,就一般 ZnO 压敏陶瓷而言,分布于 ZnO 晶界的浓度大于 ZnO 晶粒内部的浓度。

表 1.8　某些非饱和过渡金属氧化物晶体结构参数

氧化物	Cr_2O_3	MnO_2	Mn_2O_3	MnO	CoO	NiO	Co_2O_3	Fe_2O_3	CuO
晶体结构	刚玉	金红石	—	岩盐	岩盐	岩盐	刚玉	刚玉	岩盐
阳离子半径/Å	0.64	0.54	0.62	0.80	0.74	0.72	0.63	0.64	0.72
阳离子化合价	+3	+4	+3	+2	+2	+2	+3	+3	+2
阳离子核外电子排布	$3d^3$	$3d^3$	$3d^4$	$3d^6$	$3d^7$	$3d^8$	$3d^6$	$3d^5$	$3d^9$

3. Bi_2O_3 对非线性的贡献

试验已证明,在未添加非饱和过渡金属氧化物的情况下,ZnO-Bi_2O_3 二元陶瓷的非线性系数 α 仅为 10 左右;而在不添加 Bi_2O_3 的 ZnO 压敏陶瓷中即使添加多种非饱和过渡金属氧化物也达不到具有高非线性的效果。但是,在 ZnO-Bi_2O_3 二元陶瓷中,添加适量的多种非饱和过渡金属氧化物却能获得很高非线性效果。这说明 Bi_2O_3 本身对提高晶界势垒的作用很有限,但要获得高非线性 ZnO 压敏陶瓷,Bi_2O_3 又是必不可少的。那么如何理解 Bi_2O_3 的作用呢?

从理论和实践经验可以作如下解释:当 Bi_2O_3 不存在时,非饱和过渡金属氧化物可能大量分布在晶粒交界处和晶粒内部,而分布于晶界界面的较少,因而削弱了

其对提高晶界势垒的作用;而当有 Bi_2O_3 存在时,在烧结程中这些非饱和过渡金属氧化物即会溶入 Bi_2O_3 液相中,并随其较均匀地分布于 ZnO 晶粒与晶界界面处,当冷却时存在于界面的 Bi_2O_3 固定在晶界界面,同时在冷却过程中,过饱和效应使非饱和过渡金属氧化物元素偏析,使晶界势垒提高,因此使其提高非线性的作用得以充分发挥。所以, Bi_2O_3 在 ZnO 压敏陶瓷中起着为这些非线性功能成分的溶解、在晶界分布均匀、在冷却过程偏析于晶界的作用,从而为其构建势垒创造了条件。可以说, Bi_2O_3 的存在是构成晶界层势垒不可缺少的必备条件。

从 Bi_2O_3 的功能来讲,它和氧化镨都是能形成三维网络绝缘晶界的主要成分,也是通过其产生晶界效应的源泉。实践证明, Bi_2O_3 的存在是得到优异非线性性能的可能及基础。

1.6　氧化锌压敏陶瓷的晶界势垒高度和宽度

ZnO 晶粒间的晶界区域的耗尽层宽度可以通过 C-V 特性或 I-T 特性测量加以估计, C-V 特性只能得出外施电压为零时的耗尽层宽度。但是 C-V 特性计算得出的势垒高度往往高于 I-T 特性计算得出的 Schottky 势垒高度(或活化能),有的甚至高达 7.42eV。Alim 等测量了 ZnO 压敏陶瓷材料的介电响应特性,研究了这种势垒的复杂特性,但是难以应用和理解,因此有必要进行进一步的研究弄清势垒高度的物理意义,进而更好地理解场助热激发电流和隧道击穿电流在整个晶界区域的传输过程。

李盛涛等通过测量商用 ZnO 压敏陶瓷材料的漏电流 I 与温度 T 的关系,利用场助热激发电流的表达式计算了势垒高度,结合在电场作用下电子传导过程深入分析了该势垒高度的物理意义,认为该势垒虽然来自于反偏 Schottky 势垒,但是低于平衡状态时的势垒高度;研究了高场强和低场强时的势垒宽度及其随温度的变化规律,结合测量介电温谱,研究了势垒区域的松弛损耗过程,以便更好地理解 ZnO 压敏陶瓷材料的非线性电导过程。

1.6.1　漏电流与温度的关系

实验试样为商用的 ZnO 压敏陶瓷($\phi 19.30 \times 3.76$ mm),端电极为烧银电极。压敏电压 U_{1mA} (即击穿电压)为 700V。在外施直流电压 U 下,测量通过试样的漏电流 I。采用归一化电压 u 表征外施电压,规定其值为外施直流电压 U 与压敏电压 U_{1mA} 的比值,即 $u=U/U_{1mA}$。对于同样一个试样,在某一归一化电压 u 下,在 300~400K 内每间隔 10K 测量试样的漏电流 I;在某一温度下,在从 0.15 到 0.45 的归一化电压范围内每间隔 0.05(即 0.15、0.20、0.25、0.30、0.35、0.40、0.45)测量试样的漏电流 I。

认为归一化电压低于 0.50 时不会发生隧道击穿,这时漏电流为场助热激发电流,漏电流 I 与温度 T、晶界区电场 E 的关系可以表示为

$$I = AT^2 \exp\left(-\frac{\phi_B - \beta\sqrt{E}}{kT}\right) \tag{1-47}$$

式中,A 为常数;T 为热力学温度;k 为玻尔兹曼常量;ϕ_B 为晶界势垒高度;E 为电场强度;β 为常数,$\beta = \sqrt{e^3/(4\pi\varepsilon_0\varepsilon_r)}$,其中 e 为电子电量,1.609×10^{-19} C,ε_0 为真空介电常数,8.85×10^{-12} F/m,ε_r 为 ZnO 晶体的相对介电常数,8.5。计算出 β 值为 2.1×10^{-24},因此有

$$\ln(I/T^2) = \ln A - \frac{\phi_B - \beta\sqrt{E}}{kT} \tag{1-48}$$

或

$$\ln(I/T^2) = \ln A - \frac{\phi_{eff}}{kT} \tag{1-49}$$

式中,$\phi_{eff} = \phi_B - \beta\sqrt{E}$ 为有效晶界势垒高度。不同 u 下,$\ln(I/T^2)$ 与 $1/T$ 的关系如图 1.25 所示。

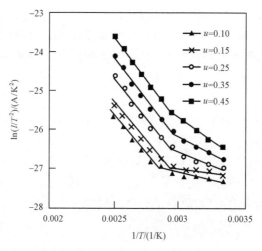

图 1.25　试样的漏电流 I 与温度 T 的关系

可以清楚地看到,漏电流 I 与温度 T 的关系可以用式(1-48)或式(1-49)来很好地表达,因此说明当归一化电压低于 0.50 时,漏电流符合场助热激发电流机制,可以求得有效晶界势垒高度。但明显地分为两个温度区,高温区的斜率明显不同于低温区的斜率,且高温区的斜率高于低温区的斜率。虽然这个现象已经有人报道过,如在直流电压作用下两种试样的低温区和高温区的势垒高度分别为 0.20eV、0.25eV 和 0.66eV、0.51eV;在交流电压作用下也观测到同样的现象,但是仅仅给出了实验结果,没有给出相应的物理解释。

对这一系列曲线进行拟合,可以得到不同 u 下的高温区有效晶界势垒高度 ϕ_{eff1} 和低温区有效晶界势垒高度 ϕ_{eff2}。ϕ_{eff1} 和 ϕ_{eff2} 与 u 的关系如图 1.26 所示。可以看到,ϕ_{eff1} 明显大于 ϕ_{eff2};ϕ_{eff1} 和 ϕ_{eff2} 都随着 u 的增大而增大,但是 ϕ_{eff1} 的增长速度慢,ϕ_{eff2} 的增长速度快。根据 $\phi_{eff}=\phi_B-\beta\sqrt{E}$ 可知,如果 ϕ_B 恒定不变,那么随着 u 的增加,ϕ_{eff} 会降低,而不会升高。试验表明,ϕ_{eff1} 高于 ϕ_{eff2},更重要的是,ϕ_{eff1} 和 ϕ_{eff2} 都随着 u 增大不断增大,而且 ϕ_{eff2} 的上升速度高于 ϕ_{eff1}。

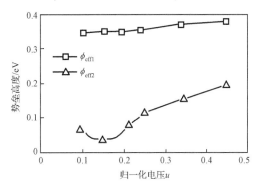

图 1.26 高温区 ϕ_{eff1} 和低温区 ϕ_{eff2} 与归一化电压 u 的关系

1.6.2 漏电流与归一化电压的关系及其对耗尽区宽度的估计

在恒定温度下,测量漏电流 I 与归一化电压 u 的关系曲线。根据式(1-47),可以得到

$$I = B\exp(b_1\sqrt{E}) \tag{1-50}$$

其中,$b_1=\beta/(kT)$。根据 u 的表达式 $u=U/U_{1mA}$,如果 U_{1mA} 对应于单个晶界的击穿电压 U_{gb},那么单个晶界上承受的实际电压应当等于 uU_{gb}。如果认为单个晶界上承受电压的宽度(即正偏和反偏耗尽层宽度的总和)为 t,那么晶界层上的平均场强可以用 uU_{gb}/t 表示。那么式(1-50)可以表示为

$$I = B\exp(b\sqrt{u}) \tag{1-51}$$

式中,$b=\dfrac{\beta}{kT}\sqrt{\dfrac{U_{gb}}{t}}$。

漏电流 I 与 u 的平方根的关系如图 1.27 所示。可以看出,I 与 u 的关系可以用式(1-51)很好地表达,这同样说明漏电流符合场助热激发电流机制。但是不是

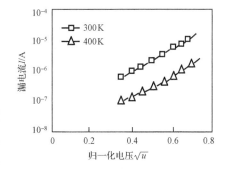

图 1.27 漏电流 I 与归一化电压 $\sqrt{u}$ 的关系

一条直线,而是一条折线,可以分为两个场强区,高场强区的斜率 b_H 高于低场强区的斜率 b_L。

晶界势垒宽度 t 可以表示为

$$t = \frac{\beta^2 U_{gb}}{k^2 T^2 b^2} \qquad (1\text{-}52)$$

式中,U_{gb} 为单个晶界的击穿电压,一般在 2.5～3.6V,取 3.2V。根据在 300～400K 内测得不同 u 下的漏电流 I 数据,通过曲线拟合,计算出高场区的斜率 b_H 和低场区的斜率 b_L,再根据式(1-52)计算得出高场强区和低场强区的正偏和反偏晶界耗尽层宽度的总和 t(势垒宽度)。势垒宽度 t 和斜率 b 与温度 T 的关系见图 1.28。总的趋势是,场强低时的 t 大于场强高时的;随着温度的升高,势垒宽度减薄,例如,低场强区的 t 从 300K 时的 233nm 下降到 400K 时的 18.7nm,高场强区的耗尽层宽度从 300K 时的 85.3nm 下降到 400K 时的 13.5nm。值得注意的是,对于低场强区来说温度在 320～350K 时势垒宽度随温度下降速度最快,而在低温区和高温区趋于恒定。

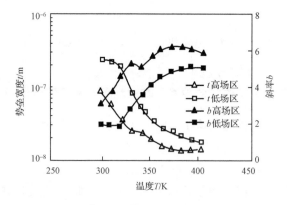

图 1.28　势垒宽度 t 和系数 b 与温度 T 的关系

1. 晶界势垒高度决定于晶界层中电子状态

在平衡状态下,ZnO 压敏陶瓷晶界区的背靠背双 Schottky 势垒如图 1.29(a) 所示,左右两边的耗尽层宽度相等,为 X_{L0} 和 X_{R0},中间是晶界界面层,它带负电荷。ZnO 晶粒是 n 型半导体,在 ZnO 晶粒之间存在无序的晶界界面层,其中存在许多电子陷阱,它们捕捉来自 ZnO 晶粒的电子,形成带负电的晶界界面层,晶界界面层中还存在着未填充的电子陷阱,在 ZnO 晶粒中形成带正电荷的空间电荷区(即电子耗尽层)。

在外施电场 E(从右指向左)作用下,假设施加在晶界上的电压为 U,在正偏 Schottky 势垒上的外施压降为 U_L,则正偏势垒高度由原来的 ϕ_B 降低到 $\phi_B - U_L$;

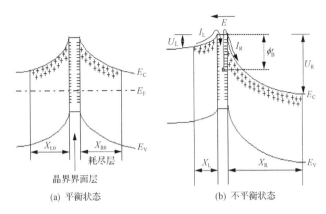

(a) 平衡状态   (b) 不平衡状态

图 1.29 位于晶界背靠背的双 Schottky 势垒的平衡状态和不平衡状态图

在反偏 Schottky 势垒上的外施压降为 U_R，则反偏势垒高度由原来的 ϕ_B 升高为 $\phi_B + U_R$。对于电子流 I_L 而言，需要克服的势垒高度为 $\phi_B - U_L$，但是对于电子流 I_R 来说，需要克服的势垒高度不是 $\phi_B + U_R$，而是 ϕ'_B。在 U 较低时，漏电流为场助热激发电流，电流从右向左流动。由于 ZnO 晶粒为 n 型半导体，载流子为多数载流子电子，电子流从左向右流动。越过正偏势垒的电子流为 I_L，这些电子流注入晶界界面层中，首先填充晶界层中未填充的电子陷阱，然后晶界层中形成电子空间电荷。这些电子空间电荷从某一能量状态就能容易地越过反偏势垒，进入 ZnO 晶粒的导带形成电子流 I_R。因此，不难理解，当 U 较低时，势垒高度 ϕ'_B 比较低，不到 0.2eV。同时还可以看到，随着 U 的提高，相对电子流 I_L 来说电子流 I_R 增大了，也就是说从晶界层中抽取电子的能力增强了，晶界层中的电子空间电荷数量减少，因此这些电子从晶界层中跳出需要克服的势垒高度也就随着 U 的增大而增大。

不难想象，当温度升高进入高温区后，电子动能增大，热激发电流增大，晶界层中的电子空间电荷数量减少，电子从晶界层中跳出的需要克服的势垒相应增大，因此高温区的势垒比低温区的势垒高。同时，由于在高温区温度对测得的势垒高度的影响作用大，U 增大不会引起势垒高度的显著增大，只有微小的增大。

2. 关于耗尽层宽度估计值的讨论

通过漏电流与外施电压的实验关系求取晶界势垒的耗尽层宽度的方法是否正确有效，一是要看本方法得到的耗尽层宽度是否与其他方法得到的数值一致；二是从图 1.28 可以看到随着温度的升高耗尽层宽度不断下降，且在 320～350K 温度区间快速下降，从实验和理论上予以解释。

获得耗尽层宽度的传统方法是通过 C-V 特性测量来求取，但是文献中大量报道的是势垒高度和施主浓度的数据，耗尽层宽度的数据相对较少，如 1.2×10^{-8}m、

$2.87×10^{-8}～3.27×10^{-8}$ m、$12.8×10^{-8}$ m,本方法测得的耗尽层宽度在 $10^{-8}～10^{-7}$ m 内。另外,通过试样的电容量或表观介电常数,假设半导电 ZnO 晶粒与电绝缘的势垒层串联,在给定 ZnO 晶粒尺寸和势垒层相对介电常数为8.5的情况下,可以估算出势垒宽度。根据 Philipp 给出的数据,假设平均晶粒尺寸为 $7.5\mu m$,得出在 $0.25～10Hz$ 下的势垒宽度随温度的变化如图1.30所示。

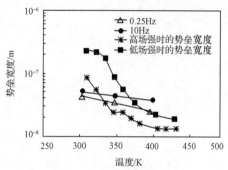

图1.30 势垒宽度随温度
变化的实验比较

的升高势垒宽度下降。

同样可以看到,势垒宽度数值与根据文献的电容量数据得到的势垒宽度数值处在同一数量级,而且都是随着温度

参 考 文 献

陈季丹,刘子玉. 1982. 电介质物理学[M]. 北京:机械工业出版社.

陈志清,谢恒堃. 1992. 氧化锌压敏陶瓷及其在电力系统中的应用[M]. 北京:水利电力出版社.

李盛涛,邹晨,刘辅宜. 2004. ZnO 压敏陶瓷晶界势垒高度和宽度的研究[J]. 电瓷避雷器,(1):17-22.

李有云,谭宜成,李盛涛,等. 1988. 改善添加剂分布均匀性的溶盐法与部分溶盐法研究[C]. 全国第二届氧化锌避雷器技术学术交流会,西安.

日本松下电器产业株式会社. 1985. 氧化锌压敏电阻器[J]. National Technical Report,31(3):354-364.

宋晓兰. 1990. 非饱和过渡金属氧化物在 ZnO 压敏陶瓷中作用的研究[D]. 西安:西安交通大学.

宋晓兰. 1993. ZnO 压敏陶瓷中的次晶界、主晶界及其对电性能的作用[D]. 西安:西安交通大学.

谭宜成,刘子玉,刘辅宜,等. 1989. 高压大通流量氧化锌避雷器阀片的制作和性能分析[J]. 西安交通大学学报,23 增刊(1):139-142.

吴维韩,何金良,高玉明. 1998. 金属氧化物非线性电阻特性和应用[M]. 北京:清华大学出版社.

袁方利,黄淑兰,李晋林,等. 1988. 液相掺杂对 ZnO 压敏电阻器性能的影响[J]. 电子元件与材料,17(3):12.

Alim M A. 1995. An analysis of the Mott-Schottky behavior in ZnO-Bi$_2$O$_3$ based varistor[J]. J. Appl. Phys.,78(7):4776-4779.

Alim M A,Hirthe R W,Seitz M A. 1988. Complex plane analysis of trapping phenomena in zinc oxide based varistor grain boundaries[J]. J. Appl. Phys.,63:2337-2345.

Blatter G,Greuter F. 1986. Carrier transport through grain boundaries in semiconductors[J]. Physical Review B,33(6):3962-3966.

Clarke D R. 1978. The microstructural location of the intergranular metal oxide phase in a zinc oxide varistor [J]. J. Appl. Phys.,49:2407-2411.

Cordaro J F,Shim Y,May J E,et al. 1986. Bulk electron traps in zinc oxide varistors[J]. J. Appl. Phys.,60 (12):4186-4190.

Eda K. 1978. Conduction mechanism of non-ohmic zinc oxide ceramics[J]. J. Appl. Phys.,49(5):2964-2972.

Eda K. 1989. Zinc oxide varistors[J]. IEEE Electrical Insulation Magazine,(5):28-41.

Einzinger R. 1979. Grain junction properties of ZnO varistors[J]. Application of Surface Science, 3(3): 390-408.

Einzinger R. 1982. Grain Boundary Phenomena in ZnO Varistors in Grain Boundary in Semiconducteurs[M]. New York: Elsevier.

Einzinger R. 1987. Metal oxide varistors annual rev[J]. Mater. Sci., 17: 299-321.

Emtage P R. 1977. The physics of zinc oxide varistors[J]. J. Appl. Phys., 48(10): 4372-4384.

Greuter F, Blatter G, et al. 1989. Conduction mechanism in ZnO varistors: An overview[J]. Ceramic Transaction, 3: 31-53.

Gupta T K. 1986. Influence of microstructure and chemistry on the electrical characteristic of ZnO varistors [J]. Tailoring Multiphase and Composite Ceramics: 493-507.

Gupta T K, Carlson W G. 1982. Barrier voltage and its effect on stability of ZnO varistors[J]. J. Appl. Phys., 53(11): 7401-7409.

Gupta T K, Straub W D. 1990. Effect of annealing on the ac leakage components of the ZnO varistors. I. Resistive current[J]. J. Appl. Phys., 68(2): 845-855.

Han S W, He J L, Cho H G, et al. 2000. Influence of chromium oxide additive on electrical characteristics of ZnO varistor[C]. Proceeding of the 6th International Conference on Properties and Applications of Dielectric Materials, Xi'an: 957-960.

Hayashi M, Haba M, et al. 1982. Degradation mechanism of zinc oxide varistors[J]. J. Appl. Phys., 53(8): 5754-5762.

Hirschwald W, et al. 1981. Zinc Oxide, Current Topics in Materials Science[M]. Amsterdam: North Holland Publ. Co.

Hower P L, Gupta T K. 1979. A barrier model for ZnO varistors[J]. J. Appl. Phys., 50: 4847-4855.

Kanai H, Imai M, et al. 1985. A high-resolution transmission electron microscope study of zinc oxide varistor [J]. Journal of Materials Science, 20(11): 3957-3966.

Kossman M S, Pettsold E G. 1961. О возможиостй изготобленйя имметричных варисторов из окиси цинкаспримесьюокиси висмута[J]. Uch. Zap. -Leningr. Gos. Pedagog. Inst. Im. A. I. Gertsena, 207: 191-197.

Kutty T R N, Ezhilvalavan S. 1996. The role of silica in enhancing the nonlinearity coefficients by modifying the trap states of zinc oxide ceramic varistors[J]. J. Phys. D: Appl. Phys., 29: 809-818.

Leite E R, Varela J A, Longo E. 1992. Barrier voltage deformation of ZnO varistors by current pulse[J]. Appl. Phys., 72(1): 147-150.

Levine J D. 1975. Theory of varistor electronic properties[J]. Crit. Rev. Solid Stat Sci., (5): 597-608.

Levinson L M, Philipp H R. 1975. The physics of metal oxide varistors[J]. J. Appl. Phys., 46(3): 1332-1341.

Levinson L M, Philipp H R. 1986. Zinc oxide varistors—An review[J]. Am. Ceram. Soc. Bull., 65(4): 639-646.

Mahan G D, Levinson L M, Philipp H R. 1978. Metal oxide varistors action—A homojunction breakdown mechanism[J]. Appl. Surf. Sci., 1: 329-341.

Mahan G D, Levinson L M, Philipp H R. 1978. Single grain junction studies of ZnO varistors-theory and experiment[J]. Applied Physics Letters, 33(9): 830-832.

Mahan G D, Levinson L M, Philipp H R. 1979. Theory of conduction in ZnO-varistors[J]. J. Appl. Phys., 50 (4): 2799-2812.

Martzloff F D, Levinson L M. 1988. Electronic Ceramic Properties, Device and Applications[M]. New York:

Surge-Protective Devices.

Matsuoka M. 1971. Non-ohmic properties of zinc oxide ceramics[J]. Jpn. Phys. ,(10):736-746.

Morris W G. 1976. Physical properties of electrical barriers in varistors[J]. J. Vac. Sci. Technol. ,13(4):
926-931.

Mukae K. 1981. Electronic properties of grain boundary[J]. Ceramics Japan,16(6):473-408.

Mukae K. 1989. Conduction mechanism of ZnO varistors[J]. Electronic Ceramics,20(3):19-25.

Mukae K,Tsuta K,Nagasawa I. 1977. Non-ohmic properties of ZnO-rare earth metal oxide-Co$_3$O$_4$ ceramics
[J]. Jpn. J. Appl. Phys. ,16(8):1361-1368.

Mukae K,Tsuda K,Nagasawa I. 1979. Capacitance-vs-voltage characteristics of ZnO varistors[J]. J. Appl.
Phys. ,50(6):4475-4476.

Neudeck G W. 1989. The PN Junction Diode[M]. New York:Addison-Wesley Publishing Company.

Olsson E,Dunlap G L. 1989. Characterization of individual interfacial barriers in ZnO varistor material[J]. J.
Appl. Phys. ,66(8):3666-3675.

Olsson E,Falk L K L,Dunlop G L,et al. 1985. The microstructure of a ZnO varistor material[J]. Materials,
(20):4091-4098.

Philipp H R,Levinson L M. 1976. Long-time polarization currents in metal-oxide varistors[J]. J. Appl. Phys. ,
47(7):3177-3181.

Pike G E,Seager C H. 1979. The DC voltage dependence of semiconductor grain boundary resistance[J]. J.
Appl. Phys. ,50(5):3414-3422.

Pike G E,Kurtz S R,et al. 1985. Electroluminescence in ZnO varistors:Evidence for hole contributions to the
breakdown mechanism[J]. J. Appl. Phys. ,57(12):5512-5518.

Schwing U,Hoffmann B. 1985. Mode experiments describing the microcontact of ZnO varistors[J]. J. Appl.
Phys. ,57(12):5372-5379.

Selim F A,Gupta T K,et al. 1980. Low-voltage ZnO varistor:Device process and defect model[J]. J. Appl.
Phys. ,51(1):765-768.

Shim Y,Cordaro J E. 1988. Effects of dopants on the deep bulk levels in the ZnO-Bi$_2$O$_3$-MnO$_2$ system[J]. J.
Appl. Phys. ,64(8):3994-3398.

Smith A,Baumard J F,et al. 1999. AC impedance measurement and V-I characteristics for Co, Mn, or Bi-
doped ZnO[J]. J. Appl. Phys. ,65(12):5119-5124.

Sukkar M H,Tuller H L. 1983. Defect equilibria in ZnO varistor materials[J]. Additives and Interfaces in
Electronic Ceramics,7:71-90.

Suzuoki Y,Ohki A,Mizutani T,et al. 1987. Electrical properties of ZnO-Bi$_2$O$_3$ thin film varistors[J]. J. Phys.
D:Appl. Phys. ,(20):11-17.

Wang W X,Wang J F,et al. 2003. Effects of In$_2$O$_3$ on (Co Nb)/doped SnO$_2$ varistors[J]. J. Phys. D:Appl.
Phys. ,36(8):1040-1043.

第 2 章　氧化锌压敏陶瓷的电气性能与测试方法

2.1　电压-电流特性

2.1.1　全电压-电流特性

ZnO 压敏电阻片最重要的特性是如图 2.1 所示的电流密度和电场强度关系的全电流特性。从其功能可以看出,当电压值低于击穿电压时,压敏电阻片接近于绝缘体;当电压值高于击穿电压后,压敏电阻片就成为导体。对设计者和应用者来说,最感兴趣的就是 ZnO 压敏电阻片这样的电气性能,即在导电状态下的高非线性伏安特性(非欧姆特性),以及在稳态工作电压下的漏电流都很小(功耗低)。

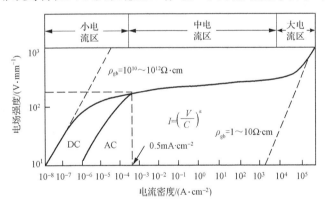

图 2.1　典型 ZnO 压敏电阻片的电流密度和电场强度关系的全电流特性

全电压-电流特性曲线可划分为三个区段:小电流区、中电流区和大电流区(也称为预击穿区、非线性区和上升区)。各区段的特点及作用分别如下。

1. 小电流区

小电流区($<10^{-4}$A·cm^{-2})的 I-V 特性几乎是线性的,也称作预击穿区。该区域的 I-V 曲线中有一个相交明显的转折点,通常称其为拐点。当外施电压低于拐点电压时,流过压敏电阻片的电流很小,一般小于 $1\mu A$·cm^{-2},电压与电流接近线性关系;当外施电压高于拐点电压时,流过压敏电阻片的电流随着外施电压的增加急剧增大,即电压与电流表现出很强的非线性关系。这时即使外施电压有很小

的增加,电流也可以有很大的增加,甚至几个数量级的增加。通常将拐点电压称为"击穿电压",这里所说的"击穿"不同于一般介质的击穿破坏,而是指 ZnO 压敏电阻的非线性 $I\text{-}V$ 特性曲线中,当电压超过该电压时电流明显增大,电阻急剧下降的现象。"击穿电压"通常按在 $0.5\text{mA} \cdot \text{cm}^{-2}$ 电流密度下测得的特征性电压为代表,即以 $E_{0.5\text{mA}}$ 来描述 ZnO 压敏电阻非线性最重要性能的特征之一。

从图 2.1 中可以看到,首先,小电流区的 $J\text{-}E$ 特性是由 ZnO 晶界层的电阻率($\rho_{\text{gb}} > 10^{10} \Omega \cdot \text{cm}$)控制的,几乎全部电压都施加在晶界层上;其次,电阻与温度的关系呈现负电阻-温度系数特征;最后,施加同样电压值的交流(AC)和直流(DC)时的电流不同,在给定的电压下,AC 电流差不多比 DC 电流大两个数量级。其原因是 AC 电压下的介质损耗,因为总的 AC 电流包括容性电流(I_{C})和阻性电流(I_{R})两部分,这是由 ZnO 晶粒之间的晶界阻抗决定的。

2. 中电流非线性区

中电流非线性区是 ZnO 压敏电阻的核心,该区段中电压的微小增大会引起电流增大几个数量级,即非线性区跨越电流的六七个数量级。正是因为这种在很宽的电流密度范围内具有很大的非线性的特点,才使 ZnO 压敏电阻完全不同于其他任何非线性电阻器,从而使它有可能应用于各种电子及电力领域。非线性的大小取决于非线性区曲线的平坦率,在这一区段,$I\text{-}V$ 曲线越平坦其性能越好。中电流区的非线性受晶界层电阻与晶界势垒控制的。电阻温度系数为很小的正值。

迄今,对于决定这一重要区段影响因素的研究,还只是得出定性的认识。添加 Bi_2O_3 对于形成非欧姆性固然很重要,但最重要的是添加非饱和过渡金属氧化物,如 Co_3O_4、MnO_2 等。采用多元添加剂,例如,Bi_2O_3、Sb_2O_3、MnO_2、Co_3O_4 等的组合添加,比起单元添加剂来能获得更大的非线性。

3. 大电流上升区

大电流上升区($> 10^3 \text{A} \cdot \text{cm}^{-2}$)也称为翻转区,$I\text{-}V$ 特性再一次趋向于线性化,就像小电流区那样。但比起非线性区来,电压随电流增大的上升速度要快得多,因此这一区段称为上升区。该区伏安特性主要受 ZnO 晶粒阻抗的控制,因此降低 ZnO 晶粒电阻率的添加剂(如 Al、Ga 等)对于拓宽电流上升区的范围具有明显的作用,一般在配方中添加微量的 $Al(NO_3)_3 \cdot 9H_2O$。

为了表述 ZnO 压敏电阻片的特性,需要能测量全部三个区域的特性。由于涉及的电流范围很宽,不可能对各个区段用同一种测量方法。通常的做法是:对于小于 $100\text{mA} \cdot \text{cm}^{-2}$ 区段的 $I\text{-}V$ 特性用直流及 60Hz 工频交流来测量;而对于大于 $1\text{A} \cdot \text{cm}^{-2}$ 区段的特性则用脉冲电流来测量,脉冲电流的典型波形为上升到峰值点的时间为 $8\mu s$,衰减到半峰值的时间为 $20\mu s$(称为 $8/20\mu s$ 雷电冲击波)测量。

2.1.2　小电流区的交流和直流电压-电流特性

ZnO 压敏电阻片的交流和直流的 *I-V* 特性有很大差别,尤其是小电流区的 *I-V* 特性,因此在这里分别进行讨论。

小电流区的交流和直流 *I-V* 特性如图 2.2 所示。从图中可以看出,直流 *I-V* 特性曲线 1 比交流 *I-V* 曲线 2 平坦,即具有较高的非线性。此外,两条曲线交会于一点,当外施电压低于该点的电压时,直流漏电流则比交流漏电流小;而当外施电压高于该点电压时,直流漏电流则比交流漏电流大。交流和直流 *I-V* 特性的不同,表明二者的导电机理是有区别的,当外施电压

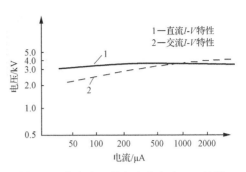

图 2.2　小电流区的交流和直流 *I-V* 特性

低于压敏电压时,直流导电机理可以归结为越过 Schottky 势垒的热电子发射,而交流的导电机理则要复杂些。

如图 2.3(a)所示,流过 ZnO 压敏电阻的交流电流可分解为容性电流和阻性电流两个分量,容性电流为超前于外施电压 90° 的正弦波电流;阻性电流为与外施电压同相的尖顶波电流。用补偿法将容性电流抵消,即可以测出阻性电流。如图 2.3(b)所示,在常温下,容性电流比阻性电流大好几倍,这是其电容性质决定的。

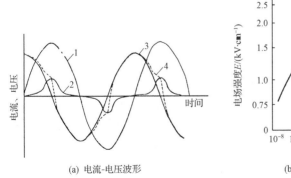

(a) 电流-电压波形

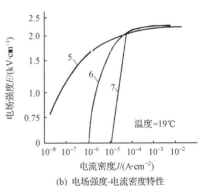

(b) 电场强度-电流密度特性

图 2.3　电流-电压波形和交流电场强度-电流密度特性

1—电压波形;2—阻性电流波形;3—容性电流波形;4—全电流波形;5—电场强度-直流电流密度特性;
6—电场强度-阻性电流密度特性;7—电场强度-容性电流密度特性

2.1.3　温度特性

在不同的电流区,其 *I-V* 特性随温度的变化规律是不同的,图 2.4 展示出 *I-V* 特性随温度的变化特征。可以看出,在不同区域显示完全不同的规律。小电流区的 *I-V* 特性与温度密切相关,其电阻-温度系数为负值,即在相同电压下电流随温度升高而增大;中电流区与温度没有明显的关系,其电阻-温度系数为微小的负值;大电流区的电阻-温度系数为正值,即在相同电压下电流随温度升高而减小。

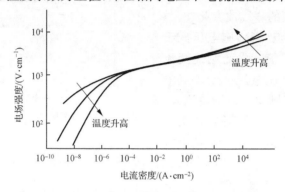

图 2.4　电场强度与电流密度特性随温度的变化特征

根据 ZnO 压敏陶瓷的非线性导电机理不难解释这些特性。流过的电流是外施电压和温度的函数,在小电流区,外施电压较低,即在压敏电压以下,其导电过程是由越过 Schottky 势垒的热电子产生,越过势垒的电子数随温度升高而增加,相应的电流按指数规律增加,呈现出负的温度系数。在中电流区外施电压高于压敏电压,导电过程由穿越隧道电流产生,隧道电流与温度关系不大,故电阻随温度变化很小。电流与温度的关系是由隧穿势垒的电子数量决定的,即是由势垒高度和宽度随温度的变化决定的,因此只有微小的负温度系数。根据半导体理论的估算,在恒定电压下,接近室温时势垒的温度系数约为 $-3 \times 10^{-4} \mathrm{K}^{-1}$,与该区的电阻温度系数很接近。在大电流区,ZnO 晶粒电阻占优势。ZnO 晶粒是 n 型半导体,其本征施主能级为 0.5eV,杂质施主能级比较深。根据实际测量,大电流区非线性系数 α 接近 1,这意味着 ZnO 晶粒间的晶界势垒实际上被短路,载流子全部参与导电,因此显示出 ZnO 晶粒的半导体特性,即电阻率呈正温度特性。这时,杂质和点阵离子热振动对载流子的散射成为阻碍导电的因素,使电阻率随温度升高而增加。电阻的正温度系数有利于改善并联电阻片之间的电流分布。

2.1.4　几何效应

由于显微结构不均匀性的存在,ZnO 压敏陶瓷的不同晶粒和晶界有很大的差异。这些差异导致了整体的 *I-V* 特性差异以及电流集中现象。对于 ZnO 压敏陶瓷的电气性能来说,压敏电压、非线性系数 α、特定脉冲电流下的残压等是关键参数。这些参数决定了压敏陶瓷器件保护设备和应用的能力。一般认为,这些参数取决于配方成分、制备工艺、烧结曲线和最终的显微结构。换言之,一旦确定了配方成分和制备工艺,压敏陶瓷的特征参数就已经被确定了。这些参数与压敏陶瓷的尺寸和形状等参数关系很小。然而,实验结果与普通观点相反,即这些本征特性随着 ZnO 压敏陶瓷厚度的变化而变化。这被定义为 ZnO 压敏陶瓷的几何效应,如图 2.5 所示。

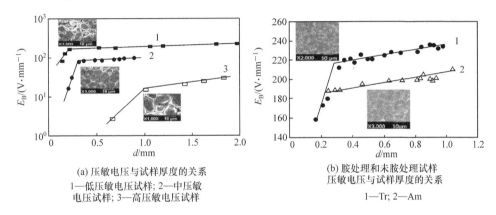

(a) 压敏电压与试样厚度的关系
1—低压敏电压试样; 2—中压敏
电压试样; 3—高压敏电压试样

(b) 胺处理和未胺处理试样
压敏电压与试样厚度的关系

1—Tr; 2—Am

图 2.5　ZnO 压敏陶瓷的几何效应

李盛涛等发现,ZnO 压敏陶瓷的厚度存在一个临界点。在临界厚度以上,压敏电压随着厚度的增加缓慢增加;而在临界厚度以下,压敏电压迅速下降。这一现象在各种配方的压敏陶瓷试样中均有发生,唯一不同的是临界厚度。宏观的几何效应起源于微观晶粒尺寸分布的不均匀性和晶粒形状的不规则性。进一步的研究建立了 ZnO 压敏陶瓷的模型,并描述了电性能和显微结构之间的关系。通过引入整体混合参数 $\sigma^2\mu$(σ 为晶粒尺寸方差;μ 为平均晶粒尺寸),李盛涛等对 ZnO 压敏陶瓷电性能的实验结果进行了表征。而且,研究还发现,胺处理试样展现出显微结构均匀性的极大提高,从而使压敏陶瓷的几何效应得到有效抑制。

总之,ZnO 压敏陶瓷的几何效应是令人信服的实验结果,它起源于显微结构的无序。通过制备工艺能够得到 ZnO 压敏陶瓷的显微结构参数,如体密度、气孔率和收缩率等,并决定了压敏陶瓷的性能。系统的分析结果表明,ZnO 压敏陶瓷存在临界几何尺寸,而临界几何尺寸与制备工艺(烧结曲线的升温和降温速率、保温时间及温度)密切相关。

2.2　介电特性及损耗机理的研究

电容 C 和介电损耗角正切 $\tan\delta$ 为测试频率、温度和外施加电压的函数。为消除元件尺寸的影响,用 ZnO 压敏陶瓷的视在介电常数随测试频率等的变化来作图,以便说明材料本身的特点,图 2.6 示出 ε_r 和 $\tan\delta$ 与测试频率的关系。由图可见,测试频率在音频范围内,ZnO 压敏陶瓷有很高的相对介电常数(约为 1200~1400)。在 30~10^5 Hz,相对介电常数 ε_r 随频率变化不大,而在 10^5~10^7 Hz 内,ε_r 有较明显的下降。与此对应,$\tan\delta$ 在 10^5~10^6 Hz 出现一个峰值。这表明在该频率范围内,由于介质极化所造成的能量损耗出现极大值,该频率段称为弥散区。ZnO 压敏陶瓷中存在许多不同松弛时间的松弛机制,极化是由这些松弛时间相差不多的多个松弛运动产生的,因此弥散区比较宽。值得注意,$\tan\delta$ 峰值与材料的组分及工艺有关,但是峰值频率与材料的组分及工艺基本无关。

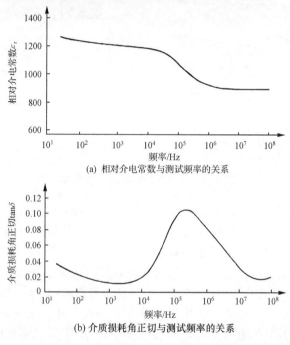

(a) 相对介电常数与测试频率的关系

(b) 介质损耗角正切与测试频率的关系

图 2.6　相对介电常数 ε_r 和 $\tan\delta$ 与测试频率的关系

　　ZnO 压敏陶瓷的介电特性不仅表明电容和介质损耗角正切($\tan\delta$)随温度、频率等因素的变化规律,并且通过极化机理的讨论,可以揭示 ZnO 压敏陶瓷的显微结构。

　　根据等值电路,电容 C 和介质损耗角 $\tan\delta$ 可表示为

$$C = \left(\frac{d}{H}\right)\frac{\varepsilon_0\varepsilon_r}{L}A = K\frac{A}{U_{1mA}} \tag{2-1}$$

$$\tan\delta = (\omega C R_p)^{-1} \tag{2-2}$$

式中,d 为晶粒尺寸;H 为电阻片厚度;ε_0 为真空介电常数;ε_r 为 ZnO 的相对介电

常数；L 为耗尽层宽度；K 为由材料决定的常数；A 为电极面积；U_{1mA} 为压敏电压。

由式(2-1)可见，电容与电极面积成正比，与压敏电压成反比，因此面积越大压敏电压越低，则电容量越大。C 和 $\tan\delta$ 可用电桥测量。

2.2.1 氧化锌压敏陶瓷材料的介电谱

Richmond 等研究了 ZnO 压敏陶瓷元件在 $10^{-1} \sim 10^7$ Hz 内小信号交流响应与频率、温度、添加剂含量、偏压的关系，认为小信号电阻是晶界区捕获自由电子的结果。虽然其模型及经验公式能解释一些实验现象，但其基本出发点只有位移电流进入耗尽区不恰当，因为只有平衡 pn 结的漂流电流和扩散电流之和才能为零，而且推导出的电阻与温度成正比，与实验事实不符合。郭汝艳研究了介电频谱及 TSC 电流，认为低频损耗机制是电导损耗和 WMS 极化，10^5 Hz 处频谱损耗峰是热离子松弛极化。

李盛涛等针对 ZnO 压敏陶瓷材料的介电和损耗特性进行了研究，试样制备采用典型电子陶瓷工艺，预处理 ZnO 粉料并改变烧结升温速度和恒温时间得到不同参数的 ZnO 压敏电阻试样。烧银电极，最终尺寸为 $\phi 23 \times 3.5$mm。

在不同温度下测量了试样的 $30 \sim 3$MHz 介电频谱。用 50Hz 电信号测量试样从液氮温度到 273K 范围的介电低温温谱。在室温下用电压 50V、频率 50Hz 信号源测量试样电容量。

采用电容补偿法测量不同频率、温度下试样的交流伏安特性，并测量了相同荷电率下试样的阻性电流，荷电率 $S = \sqrt{2}U/U_{1mA}$，其中 U 为施加交流电压有效值。

1. 介电低温温谱和频率

介电频谱和温谱是研究介质材料的极化和损耗机理的有力手段，图 2.7 为试样介电谱实测结果。在室温下，$\tan\delta$-f 曲线上 10^5 Hz 处出现了损耗峰，李盛涛等认为是热离子极化所致。当频率低于 10^2 Hz 时，即使温度升高到 $140°C$ 仍然观察不到损耗峰，一直是随着频率的降低，$\tan\delta$ 不断上升。ZnO 压敏电阻试样的低温温谱实验结果如图 2.8 所示，在 $0°C$ 以下，有两个损耗峰 α 和 β；在 $0°C$ 附近，损耗因素 $\tan\delta$ 随着温度升高而上升。为了判断这两个峰的损耗机理，根据低温谱的结果做出了柯尔-柯尔图，如图 2.9 所示。

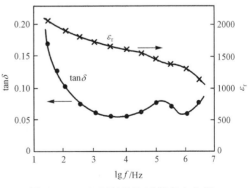

图 2.7　ZnO 压敏陶瓷试样的介电谱

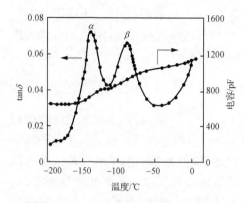 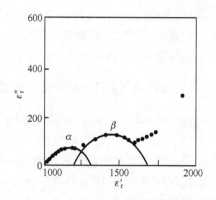

图 2.8　ZnO 压敏陶瓷试样的介电低温温谱　　　图 2.9　ZnO 压敏陶瓷试样的柯尔-柯尔图

从低温温谱的柯尔-柯尔图可见,在 $-138℃$ 和 $-87.5℃$ 处的松弛过程具有 Debye 性质,Debye 松弛的损耗因素 $\tan\delta$ 可表示为

$$\tan\delta = \left[\frac{\gamma}{\omega\varepsilon_0} + \frac{(\varepsilon_s - \varepsilon_\infty)\omega\tau}{1+(\omega\tau)^2}\right] \bigg/ \left[\frac{(\varepsilon_s - \varepsilon_\infty)}{1+(\omega\tau)^2}\right] \tag{2-3}$$

式中,γ 为直流电导率;ω 为角频率;ε_0 为真空介电常数;ε_s 为低频相对介电常数;ε_∞ 为高频相对介电常数;τ 为松弛时间,并且有

$$\tau = \tau_0 \exp\left(\frac{E}{kT}\right) \tag{2-4}$$

式中,E 为活化能;k 为玻尔兹曼常量;T 为热力学温度。介电谱损耗峰的活化能可表示为

$$E = \frac{1.317k}{1/T_{0.5} - 1/T_m} \tag{2-5}$$

其中,$T_{0.5}$ 为半峰高温度;T_m 为峰值温度。从图 2.7 可以得到,α 损耗峰有:$T_{0.5} = 124.5K$,$T_m = 135K$,所以 $E_\alpha = 0.182eV$;β 损耗峰有:$T_{0.5} = 171.7K$,$T_m = 187.5K$,所以 $E_\beta = 0.262eV$。这样,温频谱损耗峰对应于常温频谱的峰位 f_{max} 为

$$f_{max} = f_0 \exp\left[\frac{E}{k}(1/T_m - 1/T_0)\right] \tag{2-6}$$

测量低温温谱的信号频率为 50Hz,故 $f_0 = 50Hz$,取 $T = 300K$,α 损耗峰对应的 $f_{\alpha max}$ 为 $f_{\alpha max} = 2.09 \times 10^5 Hz$,$\beta$ 损耗峰对应的 $f_{\beta max}$ 为 $f_{\beta max} = 2.56 \times 10^4 Hz$。$\alpha$ 损耗峰 $f_{\alpha max}$ 和 β 损耗峰 $f_{\beta max}$ 仅相差一个数量级,两峰发生重叠,形成一个峰,因此试样的室温介电谱只在 $1 \times 10^5 Hz$ 处出现一个峰。

2. 音频损耗谱

从图 2.9 柯尔-柯尔图上可以看到音频区 ε_r'' 几乎随着 ε_r' 直线上升,不可能出现柯尔圆图。这和载流子跳跃过程对交流损耗的贡献所形成的变化规律一致,故

ZnO 压敏元件的音频阻性电流主要来源于载流子跳跃传输过程。

根据载流子跳跃传输机制,交流电导通常可以表示成直流与"真交流"电导之和。

$$\gamma(\omega) = \gamma_0 + \omega\varepsilon_r''(\omega)\varepsilon_0 \tag{2-7}$$

式中,γ_0 为直流电导;$\omega\varepsilon_r''(\omega)\varepsilon_0$ 为"真交流"电导;ω 为角频率;$\varepsilon_r''(\omega)$ 是复介电常数虚部,与频率的关系为

$$\varepsilon_r''(\omega) \propto \omega^{a-1} \tag{2-8}$$

式中,a 为常数,其范围是 $0.5 < a < 1$,这也是材料具有载流子跳跃机制的证据。式(2-8)两边取对数得

$$\lg\varepsilon_r'' = \lg\varepsilon_f'' + (a+1)\lg f \tag{2-9}$$

在不同温度下试样的 $\varepsilon_r''(\omega)$ 与频率的关系,如图 2.10 所示,可以看到音频区 $\varepsilon_r''(\omega)$ 和频率 f 的关系满足式(2-9)。根据直线关系,求得不同温度下的 a 值如表 2.1 所示。可见,不同温度下的 a 值都大于 0.5,满足载流子跳跃机制的判断 $0.5 < a < 1$。因此,ZnO 压敏电阻陶瓷的音频交流损耗机制为耗尽区的载流子跳跃传输。同时,根据式(2-7)和式(2-8)可以得到 $\gamma(f) = \gamma_0 + kf^a$。

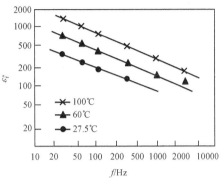

图 2.10　不同温度下试样的
$\varepsilon_r''(\omega)$ 与频率 f 的关系

表 2.1　不同温度下的 a 值

温度/℃	27.5	60	100
a	0.60	0.56	0.55

3. ZnO 压敏陶瓷缺陷结构的介电谱表征

对纯 ZnO 压敏陶瓷、二元和多元 ZnO-Bi$_2$O$_3$ 陶瓷介电响应的研究发现:纯 ZnO 压敏陶瓷在室温下 10^5 Hz 处不存在损耗峰;而二元和多元 ZnO-Bi$_2$O$_3$ 陶瓷分别存在一个和两个损耗峰。图 2.11(a)为二元 ZnO-Bi$_2$O$_3$ 陶瓷在 $-100 \sim 20$℃下的介电谱。在测量的温度和频率范围内能够观察到一个损耗峰,对应的活化能为 0.33eV,和氧空位的电子松弛极化活化能(0.35eV)接近。在多元 ZnO-Bi$_2$O$_3$ 陶瓷的介电谱中(图 2.11(b))可以观察到两个松弛峰,低频峰的活化能为 0.36eV,高频峰的活化能为 0.26eV。根据其活化能推断,这两个损耗峰分别是由氧空位和锌填隙的陷阱电子松弛过程引起的。

研究发现,在富氧气氛下进行热处理能够提高 ZnO 压敏陶瓷的耐老化性能,但热处理的温度和气氛对耐老化性能提高的影响仍不是十分清楚。因此,研究不

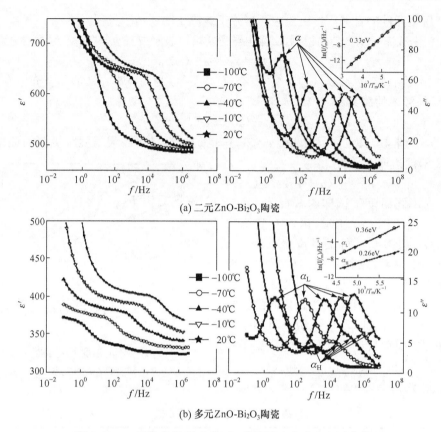

(a) 二元ZnO-Bi₂O₃陶瓷

(b) 多元ZnO-Bi₂O₃陶瓷

图 2.11　二元和多元 ZnO-Bi₂O₃ 陶瓷的介电响应和活化能

同温度和气氛对热处理的影响有助于分析 ZnO 压敏陶瓷的缺陷结构并有利于解释老化机理。为了区分氧空位和锌填隙的影响,研究了在空气、氮气和氧气气氛下热处理对 ZnO 压敏陶瓷的影响,见图 2.12。

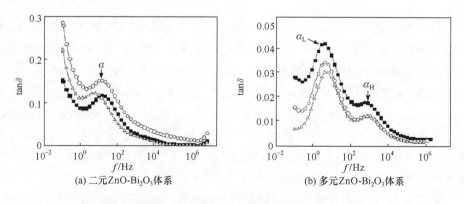

(a) 二元ZnO-Bi₂O₃体系　　　　(b) 多元ZnO-Bi₂O₃体系

图 2.12　热处理气氛对 ZnO 压敏陶瓷介电性能的影响

■—未处理试样;○—氮气处理试样;△—氧气处理试样

虽然是不同的试样,但结果显示出一些相同的特性。α_H 峰在氧化和还原气氛下下降了同样的高度,而 α_L 峰在还原气氛下比在氧化气氛下高。换言之,α_H 峰和 α_L 峰受热处理温度和气氛的影响不同。结果证明,热处理温度和气氛对 ZnO 压敏陶瓷缺陷结构的影响能够通过介电谱来区分。介电谱有助于更深刻地认识 ZnO 压敏陶瓷的缺陷结构。

李盛涛课题组通过复电模量 M'' 进一步研究了 ZnO 压敏陶瓷的缺陷结构。通过模量谱能够获得介电谱上被电导过程遮蔽的缺陷松弛峰。

从图 2.13 中可以看到,在模量谱的不同温度区间内一共能够观察到四个松弛峰。这四个松弛过程的活化能已经在内部小图中列出。峰 1 和峰 2 的活化能分别为 0.24eV 和 0.38eV,与介电谱得到的锌填隙和氧空位缺陷的活化能相同。在更高的温度下,能够观察到受添加剂影响很大的峰 3 和峰 4,其活化能分别为 0.42～0.65eV 和 0.62～0.98eV。这个结果与最近报道的晶间相(0.40～0.64eV)和晶界界面态(0.75～1.0eV)电子陷阱的活化能近似。

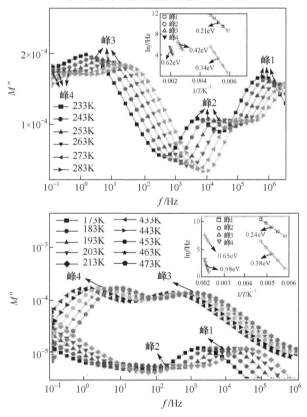

图 2.13 不同温度下试样在模量谱上的松弛过程

内部小图是 M'' 中各松弛过程的活化能

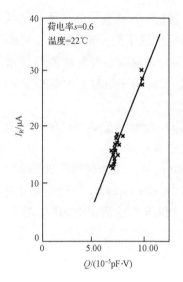

图 2.14　阻性电流的峰值与电容和压敏电压乘积的关系

2.2.2　阻性电流与电容和压敏电压乘积的关系

实验发现 ZnO 压敏元件的阻性电流与电容存在一定联系,如图 2.14 所示。在相同荷电率下,阻性电流与电容和压敏电压 U_{1mA} 乘积成正比。电容和压敏电压 U_{1mA} 乘积用 Q 表示,即 $Q=CU_{1mA}$,因此在相同荷电率下,阻性电流峰值 I_R 可用下式表示:

$$I_R = AQ + B \qquad (2\text{-}10)$$

式中,A 和 B 为常数,A 的量纲为 1/s,B 的量纲为 A。A 和 B 都随着荷电率、频率和温度变化而变化,但是 A 的数值与压敏元件无关。

用频谱法分析阻性电流,测得阻性电流基波分量的峰值 I_R,实验表明在相同荷电率下,不同频率下的阻性电流基波峰值 I_R 与 Q 值的关系,可见同样是直线,可以表示为

$$I_R = A_1 Q + B_1 \qquad (2\text{-}11)$$

式中,A_1 和 B_1 都是常数,性质与式(2-10)中常数 A 和 B 相同。构成压敏元件损耗的阻性电流基波峰值与 Q 值成正比。

2.2.3　介电特性与显微结构的关系理论探讨

综上所述,在音频电压作用下,ZnO 压敏陶瓷的导电过程表现为载流子跳跃传输机制,损耗主要由直流和"真交流"电导组成,其本质与直流传导相同,只是参加电导过程的载流子迁移率随着频率增加而增加,因此阻性电流是在耗尽区的载流子传导和扩散的结果。

根据 ZnO 压敏陶瓷的晶界层隔开的背靠背双 Schottky 势垒模型,如图 2.15 所示,阻性电流主要由类似于金属半导体之间的接触势垒的反偏压势垒决定,因此阻性电流密度可以用下式表示:

$$J_R = \gamma \frac{[2eN_d(\phi + U_1)]^{1/2}}{(\varepsilon_r \varepsilon_0)^{1/2}} \exp\left(-\frac{e\phi}{kT}\right)\left[1 - \exp\left(-\frac{eU_1}{kT}\right)\right] \qquad (2\text{-}12)$$

式中,J_R 为阻性电流密度;e 为电子电荷;N_d 为 ZnO 的施主密度;ε_r 为耗尽区的相对介电常数,其值为 8.5;ϕ 为 Schottky 势垒高度;U_1 为晶界势垒的反偏电压;k 为玻尔兹曼常量;T 为热力学温度。

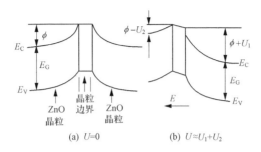

(a) $U=0$　　　　(b) $U \approx U_1+U_2$

图 2.15　ZnO 非欧姆材料的晶界层的背靠背 Schottky 势垒电导模型

考虑到所测范围,荷电率高于 0.3,$eU_1 \gg kT$,因此 $\exp\left(-\dfrac{eU_1}{kT}\right) \ll 1$,不计其作用,式(2-12)简化为

$$J_R = \gamma \frac{[2eN_d(\phi+U_1)]^{1/2}}{(\varepsilon_r\varepsilon_0)^{1/2}} \exp\left(-\frac{e\phi}{kT}\right) \tag{2-13}$$

式中,J_R 为阻性电流密度;e 为电子电荷;N_d 为 ZnO 的施主浓度;ε_r 为耗尽区的相对介电常数,其数值为 8.5;ϕ 为 Schottky 势垒高度;U_1 为晶界势垒的反偏压;k 为玻尔兹曼常量;T 为热力学温度。

再考虑到 $\gamma(f)=\gamma_0+kf^a$,式(2-13)可以表示为

$$J_R = (\gamma_0+kf^a) \frac{[2eN_d(\phi+U_1)]^{1/2}}{(\varepsilon_r\varepsilon_0)^{1/2}} \exp\left(-\frac{e\phi}{kT}\right) \tag{2-14}$$

在小电流信号作用下,电极面积为 $\overline{S}$,电极间串联晶界数为 N 的 ZnO 压敏元件的电容 C 为

$$C = \frac{\overline{S}(e\varepsilon_r\varepsilon_0 N_d)^{1/2}}{N(8\phi)^{1/2}} \tag{2-15}$$

将 $(eN_d)^{1/2}=(CN/\overline{S})[8\phi/(\varepsilon_r\varepsilon_0)]^{1/2}$ 代入式(2-13),有

$$J_R = 4(\gamma_0+kf^a) \frac{CN[\phi(\phi+U_1)]^{1/2}}{\overline{S}\varepsilon_r\varepsilon_0} \exp\left(-\frac{e\phi}{kT}\right) \tag{2-16}$$

因为阻性电流 $I_R=\overline{S}J_R$,所以有

$$I_R = 4(\gamma_0+kf^a) \frac{CN[\phi(\phi+U_1)]^{1/2}}{\varepsilon_r\varepsilon_0} \exp\left(-\frac{e\phi}{kT}\right) \tag{2-17}$$

每个晶界击穿电压为 U_{gb},那么串联晶界数为 N 的 ZnO 压敏元件的压敏电压 U_{1mA} 就是 NU_{gb},令 $Q=CU_{1mA}$,整理后,便可得到

$$I_R = 4(\gamma_0+kf^a) \frac{CN[\phi(\phi+U_1)]^{1/2}}{\varepsilon_r\varepsilon_0 U_{gb}} \exp\left(-\frac{e\phi}{kT}\right)Q \tag{2-18}$$

令

$$A = 4(\gamma_0+kf^a) \frac{[\phi(\phi+U_1)]^{1/2}}{\varepsilon_r\varepsilon_0 U_{gb}} \exp\left(-\frac{e\phi}{kT}\right) \tag{2-19}$$

则

$$I_R = AQ + B \qquad (2\text{-}20)$$

由于晶界是由背靠背的双 Schottky 势垒组成的,所以反偏压 U_1 和正偏压 U_2 之和才是外施加电压 U,但是,$U_1 \gg U_2$,$U = sU_{gb}$。可见,A 与荷电率、温度和频率有关。根据实验结果,阻性电流可以表示为

$$I_R = AQ + B \qquad (2\text{-}21)$$

理论和实验结果规律一致,因此 ZnO 非欧姆材料的音频阻性电流与 Q 值成正比。值得指出,推导过程中 A 与压敏元件尺寸无关,这与实验结果一致。A 值使这一微观参数宏观化。

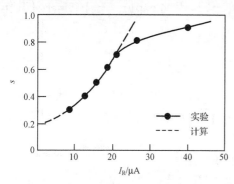

图 2.16　ZnO 压敏元件的阻性电流与荷电率的关系

2.2.4　阻性电流与荷电率的关系

ZnO 压敏元件的阻性电流与荷电率为平方根关系,如图 2.16 所示。在 50Hz 交流电压作用下,试样的交流伏安特性,当荷电率 $s = 0.7$ 时,阻性电流 I_R 与荷电率 s 的关系可以表示为

$$I_R = 32.5 \times \sqrt{s - 0.173} - 2.9$$

式中,I_R 为阻性电流的峰值,单位为 μA。这说明在电压作用下,阻性电流与荷电率的关系符合式(2-19)。当荷电率超过 0.7 时,伏安特性进入预击穿区,阻性电流应包括:传导、扩散和预击穿电流,因此不再满足平方根关系。

综上所述,在低温温谱上,$-138^\circ C$ 和 $-87.5^\circ C$ 处的损耗机制是热离子极化损耗,$0^\circ C$ 附近的损耗为载流子跳跃传输机制。常温介电谱的音频损耗也为载流子跳跃传输。ZnO 压敏元件阻性电流与元件电容和压敏电压 U_{1mA} 的乘积 Q 成正比,即 $I_R = AQ + B$。

2.3　响　应　特　性

2.3.1　响应现象

ZnO 压敏电阻的导电机理与其他半导体元件相似,故其导通极其迅速,没有明显的延时,响应速度可等于或小于 1ns。由于受测量中接线电感等因素的制约,掩盖了其本征的响应速度,通常测量的响应速度为 50ns。

　　在实用中最感兴趣的是,冲击电流波形对电阻片残压的影响。在冲击电流幅值相同的条件下,波头持续时间越短,则残压越高;在冲击电流波头时间相同的条件下,冲击电流越高,则残压也越高。定义残压升高倍数为在相同峰值电流下某一波形的最大残压与波头时间为 $8/20\mu s$ 冲击电流时的冲击残压之比。采用同一规格的电阻片,改变冲击电流波形进行测试的结果如图 2.17 所示。

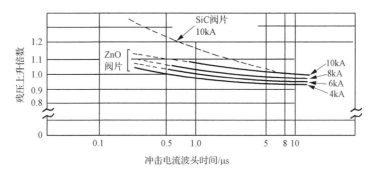

图 2.17　ZnO 压敏电阻片对冲击电流的电压响应特性

　　当峰值电流一定时,残压随波头时间的减少而升高的现象,称为过冲效应。例如,电流为 10kA 时,当波头时间减小到 $1\mu s$ 时,残压将升高 6%。由图 2.17 可见,电流增加,残压也随之增加。但是,SiC 阀片的响应特性很陡,而 ZnO 压敏电阻片的响应则平缓得多。

　　当通过短波头的冲击电流时,ZnO 压敏电阻片的残压升高可用如图 2.18 所示的电路来分析。图 2.19 示出对冲击电压的电压响应和电流响应波形。当施加高于压敏电压的矩形冲击电压(图 2.19(a))时,起始时 $t=0$,冲击电流对电容 C_p 充电,电阻片上流过一个纯容性电流 I_{ZC},I_{ZC} 随着时间按指数衰减,与介质的吸收电流相似。当电阻片两端的电压达到压敏电压时,非线性电阻 R_v

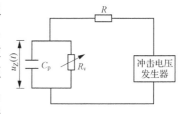

图 2.18　对冲击电流的
电压响应的分析电路

导通,电阻片开始流过电导电流,导通时延 $\tau<0.5\mathrm{ns}$,电导电流 I_{ZB} 随着时间按指数规律增加,直至稳态值。电阻片流过的总电流为容性电流 I_{ZC} 和电导电流 I_{ZB} 之和(图 2.19(b)),当总电流最小时,电阻片上对应的残压出现最大值,以后逐渐趋于稳定值(图 2.19(c))。残压与时间的关系可用下式表示:

$$u_Z(t)=U_0\left[1-\exp\left(-\frac{t}{C_pR}\right)\right] \qquad (t\leqslant\tau_0)$$

$$u_Z(t)=U_0\left[1-\exp\left(-\frac{t}{C_pR}\right)\right]-\left[\frac{u_Z(\infty)}{R_v(\infty)}\right]^2\times\left[1-\exp\left(-\frac{t-\tau_0}{\tau}\right)\right]R \quad (t>\tau_0)$$

$$(2\text{-}22)$$

其中,U_0 为外施矩形冲击电压;C_p 为电阻片等值回路的并联电容;$R_v(\infty)$ 为电阻片等值回路的非线性电阻稳态值;R 为测试回路的串联电阻;τ_0 为电导电流时延;τ 为回路时间常数。

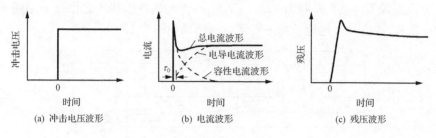

(a) 冲击电压波形　　　　(b) 电流波形　　　　(c) 残压波形

图 2.19　对冲击电压的电压响应和电流响应波形

　　残压与冲击电流上升时间和电流幅值有关,上升时间越短、电流幅值越大,则残压越高。此外,残压还受测试回路时间常数的影响。

　　ZnO 压敏电阻耐受冲击特性中电压的过冲现象,是指在很陡的冲击电流作用下,试品上的电压在波头部分,也就是在残压达到峰值以前出现的一个尖脉冲。

　　产生电压过冲的原因是当作用电压上升时,通过电阻片的电流从容性过渡到阻性需要一定的时延 τ。当然,这种时延与带间隙的 SiC 避雷器相比来说是很短的。串联间隙的动作时间和冲击电流上升陡度及过电压的极性有关。对于陡波波头作用的电压,ZnO 压敏电阻本身就存在一定的"电压-时间特性"。

　　在作用电压未达到某一定值 U_0 以前,ZnO 压敏电阻片处于低电场强度的预击穿区,流过试品的电流主要属于容性电流;当电压上升到 U_0 时,阻性电流明显表现出来,电阻片从容性过渡到阻性工作状态。图 2.20 表示这种过渡特性,T_0 就是陡波作用下的时延,图中 ΔU 表示过冲电压,是出现在过冲现象之后残压峰值 U_{ri} 和过冲以后残压 U_r 的差值,表示为 $\Delta U = U_{ri} - U_r$。

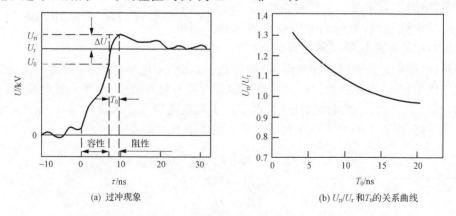

(a) 过冲现象　　　　　　(b) U_{ri}/U_r 和 T_0 的关系曲线

图 2.20　ZnO 压敏电阻片冲击电压的过冲现象

Philipp 等对包括双指数波 $0.7/1.5\mu s$、$2/5\mu s$、$4/10\mu s$、$8/20\mu s$ 以及方波 $10/300ns$ 等不同波形作用下的残压响应作了系统的试验研究,试验中对带有孔的试样采用同轴连接的分压器回路,以减小回路中杂散电感的影响。综合这些试验结果得到图 2.20(a)和(b)所示的过冲现象及 U_{ri}/U_r 和 T_0 的关系曲线。曲线表明,当波头很陡时,从容性过渡到阻性工作状态只需要极短的时间,如为 1.5kV 时,$T_0=3ns$ 左右,过冲可达 30%。典型的 T_0 值在 $10\sim 50ns$。当陡度减小,T_0 也随之增加,过冲现象也相应减小。当陡度小到一定数值,就不会发生过冲现象。

2.3.2　等值电路与响应特性的微观机理

根据 ZnO 压敏电阻的 I-V 特性的特点,可以得到如图 2.21 所示的简化等值电路。图中,R_p 为并联电阻(晶界相电阻);R_v 为非线性电阻(晶界势垒电阻);C 为电极间电容(晶界势垒电容);R_g 为串联电阻(晶粒电阻);L 为接线电感。

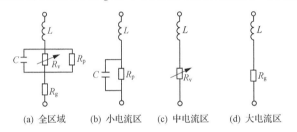

(a) 全区域　　(b) 小电流区　(c) 中电流区　(d) 大电流区

图 2.21　ZnO 非线性电阻片的等值电路

在小电流区,ZnO 压敏电阻的非线性很低,可以不考虑非线性电阻 R_v,而且串联电阻 R_g 很小,也可以不忽略不计,其等值电路可以用图 2.21(b)表征。C 和 R_p 的值与压敏电阻的配方、工艺和电阻片的尺寸有关,例如,$\phi 73\times 23mm$ 电阻片的实测电容 C 为 430pF,R_p 约为 8MΩ。

在中电流区,C 和 R_p 与 R_v 相比,相当于开路,而且相对而言,R_g 仍很小,可以看做短路,其等值电路可简化成 R_v 和 L 串联的非线性电路,如图 2.21(c)所示。

在大电流区,非线性电阻 R_v 相当于短路。串联电阻 R_g 起主要作用,它相当于 ZnO 晶粒的电阻(电阻率 ρ 为 $1\sim 10\Omega \cdot cm$),其等值电路为 R_g 和 L 串联的线性电路,如图 2.21(d)所示。

从微观机理上看,ZnO 非线性电阻对冲击电流下电压的响应,可以理解为,当施加的电流在小电流区(图 2.21(b))时,电路主要受电容 C、并联电阻 R_p 和电感 L 控制,其中,容性电流起主要作用,由于电容充电需要时间,从而引起电压响应的时延。从物理本质来看,这种残压升高现象可以认为是由于导电电子的形成需要时间(即电导电流的时延效应)所致。

当外施电压超过压敏电压后,即进入中电流区,此时电路主要由非线性电阻 R_v 控制,电流穿越晶界,即发生隧穿效应,可以说是由晶界势垒电阻起作用。

2.4　耐受能量冲击特性

2.4.1　能量吸收能力

从前面的讨论中可以得出这样的结论:ZnO 压敏电阻的主要功能是泄放浪涌冲击,将电压限制到对于被保护电气设备无害的程度。压敏电阻本身也会受到各种操作浪涌的冲击,这些操作冲击的幅值和持续时间是各不相同的。此外,这种浪涌冲击也可能以重复波的形式出现,频率为 50Hz,通常称为短时过电压。这些冲击相互之间的差别之一是持续时间,它可以从微秒级,变化到毫秒级。雷电浪涌的波形为 8/20μs,而操作浪涌的波形是 100/1000μs 或 30/60μs。另一方面,方波波形的持续时间为 2000~5000μs。

在这种情况下,压敏电阻不仅在稳态工作电压下应当热稳定(见 2.5 节),而且必须吸收时间各不相同的各种浪涌冲击,不会产生过高的温升,从而避免发生热崩溃。因此,对 ZnO 压敏电阻来说,以 J·cm^{-3} 来度量的能量吸收能力是仅次于非线性的第二个最重要的性能,但由于这一性能本身内在的原因,在以往的文献中对其的论述是很少的。

压敏电阻所吸收的能量可以从电流、电压的幅值和持续时间推算出来,即

$$W = \int_0^t CUI \, dt = CUIt \tag{2-23}$$

式中,C 是与波形相关的常数,最简单的波形为方波,这时 $C=1$。单位体积吸收的能量 E 可以表示成 $E = W/(AL)$,其中 A 和 L 分别是元件的面积和长度。具有高能量吸收密度(J·cm^{-3})的压敏电阻的优点是元件的体积可大大减小。

若注入元件的能量没有向外部环境散逸(绝热过程),则单位体积的临界能量可以从材料参数求得

$$E = \rho C_p \Delta T = \rho C_p (T_2 - T_1) \tag{2-24}$$

式中,ρ 为密度,单位为 g·cm^{-3};C_p 为比热容,单位为 J·(g·℃)$^{-1}$;ΔT(或 $T_2 - T_1$,这里 $T_2 > T_1$)为由于吸收能量引起的升温。将式(2-23)和式(2-24)整理后,得到温升 ΔT 为

$$\Delta T = T_2 - T_1 = \frac{[W/(LA)]}{\rho C_p} = \frac{[UIt/(LA)]}{\rho C_p} \tag{2-25}$$

由于漏电流可以表示为 $I = I_0 \exp[-Q/(kT)]$,其中 Q 为激活能。当温度从 T_1 升到 T_2 时,漏电流 I_2 可以表示为

$$I_2 = I_1 \exp\left[-\frac{Q}{k}\left(\frac{1}{T_1} - \frac{1}{T_2}\right)\right] \tag{2-26}$$

$$T_1 - T_2 = \frac{kT_1 T_2}{Q} \ln \frac{I_2}{I_1} \tag{2-27}$$

式中,经取对数和整理由方程(2-25)和(2-27)得

$$E = \frac{\rho C_{\mathrm{p}} k T_1 T_2}{Q} \ln \frac{I_2}{I_1} \tag{2-28}$$

式(2-28)表明压敏电阻所能吸收的能值与电阻片温升(从 T_1 升到 T_2)和漏电流增大(从 I_1 增大到 I_2)的关系,该情况如图 2.22 所示。

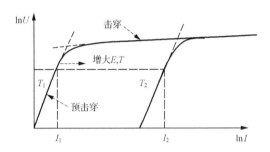

图 2.22 由于吸收能量 E 引起的 I-V 曲线变化的图示

温度从 T_1 变化到 T_2;电流从 I_1 变化到 I_2;预击穿区 $I = I_0 \exp[-\phi_{\mathrm{B}}/(kT)]$;击穿区 $I = kU^{\alpha}$

现在压敏电阻的吸收能量水平,视脉冲持续时间的不同,大体在 $200 \sim 250\mathrm{J \cdot cm^{-3}}$ 内。该吸收能量使电阻体的温度不会超过 $100\,^{\circ}\mathrm{C}$,具体温度与压敏电阻的能量密度有关。近几年来也有人报道了压敏电阻的能量密度达到 $1000\mathrm{J \cdot cm^{-3}}$,预计的温升大体在 $225 \sim 275\,^{\circ}\mathrm{C}$ 内。

在元器件连续的工作情况下,压敏电阻必须将其能量逸散到周围环境中去,迅速回到它的正常稳态工作温度 T_1(图 2.22)。对于压敏电阻吸收能量后的温度升高,存在两种极限情况:绝热过程和稳定散热过程。依据热弛豫时间 τ 与 T 的关系,通过下式很容易区分两种极限情况。

$$\tau = x^2/\alpha_{\mathrm{th}} \tag{2-29}$$

式中,x 为元件的厚度;α_{th} 为热扩散系数,其定义为

$$\alpha_{\mathrm{th}} = \frac{K}{\rho C_{\mathrm{p}}} \tag{2-30}$$

式中,K 为压敏电阻的热导率。

对于比热容弛豫时间短的浪涌,比热容是决定能量吸收能力的最重要的参数。假如浪涌持续时间比 τ 长,并假定压敏电阻产生的热量来得及逸散到周围环境中去,或者压敏电阻附加有热能渗入时,则热导率是最重要的参数。对于介于上述两种极限情况之间的中间状态,比热容和热导率都是重要的。

下面讨论与此直接有关的参数。

1. 热学参数

比热容和热导率是影响压敏电阻的能量吸收能力的最重要性能参数。近来的

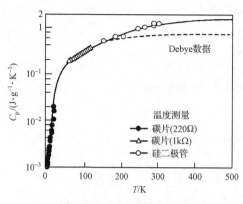

图 2.23　ZnO 压敏电阻器的
比热容与温度的关系

研究结果表明,ZnO 压敏陶瓷的比热容和热导率都相当大。温度从 1.7~300K 的比热容数据见图 2.23,其在室温下约为 0.89J·(g·K)$^{-1}$,换算成体积比为 4.98J·cm^{-3}($\rho=5.58$g·cm^{-3})。值得注意的是,温度低于 15K 时,ZnO 压敏陶瓷比纯 ZnO 有额外的比热容,这种额外的比热容可能源于压敏电阻的晶界。

根据图 2.23 给出的比热容数据,并以 130℃(≈403K)作为压敏电阻的工作极限温度,就可以计算出 ZnO 压敏电阻总的能量吸收能力,或称"焓"。工作极限温度为 130℃ 时,如果从绝对零度算起,能量吸收能力的绝对上限值约为 1215J·cm^{-3};如果从 77K 的液氮温度算起,能量吸收能力约为 1215J·cm^{-3};如果从室温算起,能量吸收能力约为 612J·cm^{-3}。不过,若把极限工作温度提高到 130℃ 以上,则能量吸收能力相应地增大。

温度范围在 1.7~320K 时压敏陶瓷的热导率见图 2.24。在大约 80K,热导率有个最大值,约为 0.65W·(cm·K)$^{-1}$,室温数值为 0.27W·(cm·K)$^{-1}$。可见若元件工作在液氮温度附近,其散热性能最佳。

2. 材料参数

这里关心的材料参数为:致密性、均匀性、晶粒尺寸、气孔率以及位于耗尽层中的缺陷。目标是力图获得陶瓷致密、密度很均匀而且气孔率很低(气孔的热导很差),晶粒尺寸均一,以及耗尽层中含有所希望的缺陷,使晶界结在侵入的浪涌冲击后保持稳定。

如果元件的制造质量不好,密度不均匀(如空隙多、不均匀等),则漏电流分布不均匀,导致了温度分布不均匀。根据不均匀样品的温度不均匀性,可以定义"不均匀系数 δ",$\delta>1$ 表示不均匀性大的样品,δ 越大越不均

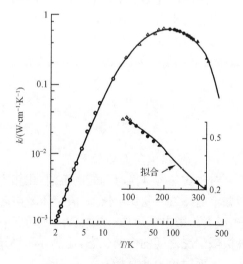

图 2.24　ZnO 压敏陶瓷从低温
到室温的热导率

匀。发生击穿损坏之前,元件耐受的最大能量密度与不均匀系数 δ 之间的关系见

图 2.25。当 $\delta=1$ 时，$T_2 \approx 165℃$ 对应的能量吸收能力约为 $700J \cdot cm^{-3}$；当 $\delta > 1.3$ 后，该值降低到 $450J \cdot cm^{-3}$。存在不均匀时，元件上产生一个热点，随着流过热点通道电流的增大，元件最后终将击穿。热点的存在可以通过涂敷在压敏电阻表面的液晶来识别，当施加浪涌时可以看到液晶改变颜色，一般击穿损坏点在热点处。如果用金刚钻把热点"挖掉"，则元件的能量的吸收能力可以从 $60J \cdot cm^{-3}$ 左右到 $225J \cdot cm^{-3}$，相当于原来的 3.75 倍。这一结果说明在压敏电阻的制造中保证烧结体均匀性的重要性。图 2.25 表示击穿以前能量吸收密度与不均匀系数的关系。

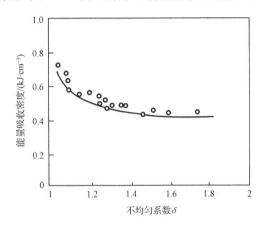

图 2.25　击穿前能量吸收密度与不均匀系数的关系

3. 试验参数

能量吸收能力不仅与材料参数和热学参数有关，还与压敏电阻的试验方法有关，即与脉冲的上升速率、脉冲持续时间和脉冲作用次数有关。即使在输入能量相同的情况下，压敏电阻对于持续时间不同的脉冲响应也是不相同的，即使二者输入的能量相同，大电流短脉冲（持续时间微秒级）比小电流值的宽脉冲（毫秒级）更有害。产生这一差别的原因在于压敏电阻的热弛豫时间 τ 相对于脉冲持续时间的关系不同。与此相似的是重复脉冲比单次脉冲更有害。图 2.26 表示重复性电流脉冲（浪涌波或方波都一样）对于压敏电压变化的百分数的影响。在重复性电流脉冲作用下压敏电阻性能明显变坏。

2.4.2　压敏电阻的可靠性

对于压敏电阻的可应用性而言，要求能做到：一只可靠的压敏电阻在其使用过程中，以及由于吸收侵入的浪涌而受到电应力的作用后，其 $I\text{-}V$ 特性能保持稳定在初始状态。

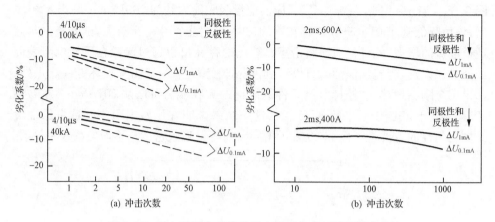

图 2.26　雷电浪涌和操作浪涌电流引起电压特性的劣化

　　为了懂得有关压敏电阻稳定性的物理学和化学,必须首先了解稳定的和不稳定的压敏电阻之间的差别,然后才有可能建立描述压敏电阻劣化的模型,以及可能找到的解决办法。

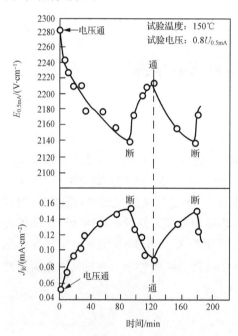

图 2.27　压敏电阻通电与断电时电压梯度和漏电流不稳定性变化规律

　　ZnO 压敏陶瓷不稳定性最简单的实验现象是:在外施电压作用下,电压梯度 $E_{0.5mA}$ 逐渐下降,电流密度 J_R 增大;当撤去外施电压后,$E_{0.5mA}$ 得到恢复,J_R 减小,如图 2.27 所示。小电流区的这种劣化是晶界结劣化的反映,是晶界势垒中存在着一种"亚稳"成分的缘故。在交流电压作用下这种劣化是对称的,但在直流电压作用下这种劣化则为不对称的,而且反向劣化比同向更严重。

1. 压敏电阻的劣化机理

　　压敏电阻劣化机理的研究一直受到重视,因为劣化关系着元件的寿命,用户十分关心。Takahashi 等和 Eda 等研究了元件在交流、直流和脉冲应力下的劣化现象。现在已经提出的劣化机理的模型有:电子俘获、偶极取向、离子迁移和氧解吸。其中,离子迁移说与实验结果更相符。基本认为:①劣化是一种晶界现象;②劣化是耗尽层中离子迁移的结果;③迁移离子主要是氧和填隙 Zn。

图 2.28 表示 ZnO 压敏电阻在加压前后 J-E 特性的对比,可见电场应力对预击穿区的影响是很显著的。在应力作用下劣化主要发生在预击穿区,而上升区则没有受到电应力的影响。因为预击穿区的特性是受晶界控制的,所以劣化是一种与晶界相关的现象。另外,低频介质损耗的增大和 C-V 特性可以进一步证明是晶界受到了电应力的影响。在电压应力作用下,观察到 J_R 和 J_C 两个电流分量都增大,但 J_R 增加得更多,该分量产生焦耳热。这一点在 2.5 节中再讨论。

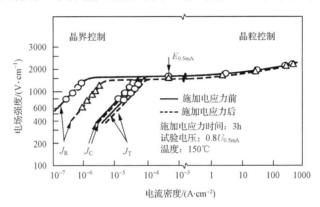

图 2.28　压敏电阻加压前后电流密度-电场强度特性的对比

外施电压作用前后的压敏陶瓷的热刺激电流(TSC)结果是离子迁移学说的有力证据。经直流电压作用后样品 TSC 曲线,如图 2.29 所示。峰值温度出现在 $160 \sim 170℃$,随着电场的增加,峰值温度向高温方向移动。单位体积的 TSC 累积电荷数(n_{TSC})与时间的关系为

$$n_{TSC} = kt^n \qquad (2\text{-}31)$$

式中,k 为速度常数;指数 n 的实测值在 $0.5 \sim 0.6$。对图 2.27 所示的 J_R 的上升和下降过程进行的动力学研究表明在造成劣化的原因中离子迁移的可能性最大。电流密度随时间上升的关系可以表示为

$$J_{Rt} - J_{R0} = kt^n \qquad (2\text{-}32)$$

式中,J_{Rt} 和 J_{R0} 分别为在时间 t 和时间 $t=0$ 时的阻性电流密度,且 $n=0.3 \sim 0.9$。当 $J_{Rt} \gg J_{R0}$ 时,式(2-32)为 $J_{Rt}=kt^n$,与式(2-31)相似。

电流密度随时间呈指数律下降:

$$J_{Rt} - J_{R\infty} = (J_{Ri} - J_{R\infty})\exp(-t/\tau)^n \qquad (2\text{-}33)$$

式中,$J_{R\infty}$ 为压敏电阻充分恢复以后的稳态电流密度;τ 为时间常数;J_{Ri} 为由实验确定的常数。

$E_{0.5mA}$ 随时间的下降也有类似的规律:

$$E_{0.5mA}(t) = E_{0.5mA}(0)\exp(-t/\tau)^n \qquad (2\text{-}34)$$

式中,$E_{0.5mA}(t)$ 和 $E_{0.5mA}(0)$ 分别为 $E_{0.5mA}$ 在时间 t 时刻的值和初始值。

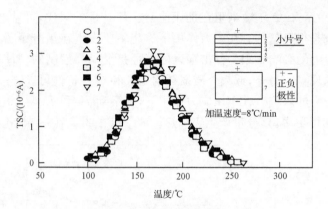

图 2.29　从压敏电阻器切割小片样品测得的 TSC 曲线
插图中的符号表示直流电压应力的极性

对于大多数压敏陶瓷来说,n 的数值为 0.5。可见可以通过上述两种方法得到 n 值,由于去掉应力后电流衰减与 TSC 电流的性质是类似的,两种方法得到的 n 值相近也就不奇怪了。

最后,为了验证迁移离子是填隙 Zn 这一假说,需要建立一种离子迁移模型。假定电流的衰减可用离子的一维传输来描述,且迁移离子都被晶界界面所吸收;同时还假定这种扩散电流是垂直于晶界界面的,在这些假设下,这种由扩散传输的电流密度可以表示为

$$J_{Rt} - J_{R\infty} = (J_{Ri} - J_{R\infty})\exp\left(\frac{Dn^2 t}{d^2}\right) \qquad (2\text{-}35)$$

比较式(2-33)和式(2-35),并考虑到 $n \approx 0.5$,则

$$D = \left(\frac{d}{\pi}\right)^2 \left(\frac{1}{t\tau}\right)^{1/2} \qquad (2\text{-}36)$$

当 $t \approx \tau$ 时,则可近似表示为

$$D = \left(\frac{d}{\pi}\right)^2 \left(\frac{1}{\tau}\right) \qquad (2\text{-}37)$$

因此,根据已知的时间常数 τ 就可以通过式(2-37)估算出迁移离子的扩散系数的量级值。假设耗尽层的厚度 d 为 100nm,则温度在 100～175℃时,计算得出扩散系数 $D_i \approx 10^{-12} \sim 10^{-13}\,cm^2 \cdot s^{-1}$,晶格格点上 Zn 的扩散系数 $D_{Zn} \approx 10^{-42}\,cm^2 \cdot s^{-1}$,晶格格点上 O 的扩散系数 $D_O \approx 10^{-84}\,cm^2 \cdot s^{-1}$。

可见,上述离子迁移模型得出的扩散系数与文献中报道的填隙离子的扩散系数非常接近,还有一些其他证据支持填隙子扩散的这一结论。这些证据中最重要的是 ZnO 压敏陶瓷晶界缺陷的深能级暂态谱研究(deep-level transient spectroscopy),其研究结果表明,压敏陶瓷的劣化是 $E_c \approx 0.26\,eV$ 的晶界陷阱能级造成的。

该能级是双电荷填隙 Zn 离子 $Zn_i^{\cdot\cdot}$,陷阱密度最小的压敏陶瓷最稳定,而稳定性差的压敏电阻具有比较高的陷阱密度。

综上所述,劣化过程和机理是耗尽层中填隙锌的场助扩散,扩散到晶界的填隙 Zn 接着与晶界缺陷发生反应,导致了势垒的下降和漏电流的增大。填隙 Zn 的来源可归因于 ZnO 的非化学计量比性质,这是由于在加热时,即使在氧化气氛中加热,也会形成过量的 Zn 施主,它们被容纳在晶格的间隙位置上,并且在冷却过程中被"冻结"在间隙位置上。在这些被"冻结"的填隙离子中,被俘获在耗尽层中的填隙离子对压敏陶瓷稳定性的危害性最大。在这种观点的基础上,提出了压敏电阻的晶界缺陷模型(图 1.18),它与构成 Schottky 势垒的能带模型相类似。

图 1.18 表明,晶界的原子缺陷模型与 Schottky 势垒模型相类似,这一模型的基本观点是,由耗尽层形成的势垒包含有两个成分:稳定成分,它是由空间位置一定的带正电荷的离子所产生的;亚稳定成分,它是由容易移动的带正电荷的填隙 Zn 产生的。前一种离子包括三价替位离子,即施主离子 $D_{Zn}^{\cdot}$(D 指 Bi 和 Sb 等),以及本征 O 空位 $V_O^{\cdot}$ 和 $V_O^{\cdot\cdot}$;而后一种离子是带一个或两个正电荷的本征填隙 Zn 离子 $Zn_i^{\cdot}$、$Zn_i^{\cdot\cdot}$。这些带正电荷的施主的分布从晶界两侧延伸到邻近的晶粒内部,它们的电荷被晶界面上的负电荷层所补偿,这个负电荷层由带负电荷的受主构成,主要是本征 Zn 空位 V_{Zn}' 和 V_{Zn}'',在 ZnO 中填隙 O 离子 O_i' 和 O_i'' 不是主要缺陷类型。

从电中性的角度看来,晶界中的负电荷是被晶界两侧的位于相邻两个晶粒耗尽层中的正电荷所中和的。耗尽层中电荷的一个重要特征是:这些正离子的空间位置不相同;替位离子和空位处在晶格格点上,而填隙 Zn 离子则位于 ZnO 晶格结构(纤锌矿结构)的间隙位置。这种结构导致填隙 Zn 离子可以通过这些间隙位置在结构中迅速迁移;而主晶格(host lattice)离子或它们的替位离子必须经过邻近的空位才能迁移,而这些空位是由热动力学固定的。对于压敏电阻的各种实用情况以及在典型的工作温度下,这些离子的空间位置是固定的。

该模型的另一个特征是晶界的特性就好像是个"无序层"。该无序层有两个特性:①向负离子(O)提供可以迅速扩散的途径;②无限地提供和吸收中性空位 $V^\times$。利用这一模型可以说明压敏电阻在应力作用下的不稳定现象。在建立压敏电阻劣化的缺陷模型时,最重要的是要辨明离子迁移的驱动力是什么。假定压敏电阻受应力作用时被"激励",应力为带正电荷的填隙子向带负电荷的晶界面迁移提供了必要的驱动力。在界面上通过缺陷相互间的化学反应,这些带电缺陷转变成中性缺陷:

$$Zn_i^{\cdot} + V_{Zn}' \longrightarrow Zn_i^\times + V_{Zn}^\times \tag{2-38}$$

这两种中性缺陷中,$V_{Zn}^\times$ 消失在晶界吸收层中,而 $Zn_i^\times$ 停留在晶界中。压敏电阻在连续应力作用下,随着不断地消耗来自邻近的正电荷和负电荷蓄积在界面的相反的电荷,中性的 $Zn_i^\times$ 在界面上不断地积累。电荷的这种消耗(loss)使得势垒电压和势垒高度下降,图 2.30(a)表示了这种情形,这意味着图 2.27 中 $E_{0.5mA}$ 将降低(或 J_R 上升)。

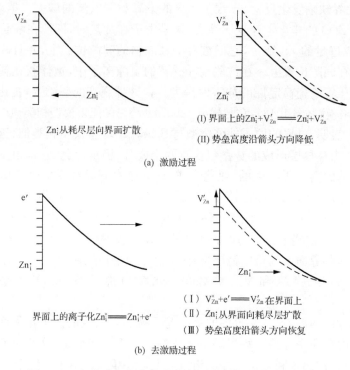

图 2.30　在激励和去激励后,晶界处缺陷的扩散和化学变化

当电场去掉后(压敏电阻去激励),反应则刚好相反,势垒电压和势垒高度趋于恢复(相应于图 2.27 中 $E_{0.5mA}$ 的上升和 J_R 的下降),图 2.30(b)表示出这种变化。

值得注意的是,在元件产生"激励"和"去激励"过程中,尽管扩散和化学反应两种情况都存在,但由于扩散现象是受速率控制的,所以较慢。所以与时间相关的不稳定现象(如图 2.27 所说明的那样)可直接与填隙 Zn 离子 $Zn_i^{\cdot}$ 联系起来。假如把 O 空位 $V_O^{\cdot\cdot}$ 视作为扩散物质,那是很难解释施加应力后导致的不稳定现象和性能变化的。表 2.2 归纳出退火对 ZnO 压敏电阻片性能的影响。

表 2.2　退火对 ZnO 压敏电阻片性能的影响

参数	退火的影响
J-E 曲线	预击穿区发生永久性变化
$E_{0.5mA}(RT)^*$	退火后下降

续表

参数	退火的影响
$J_R(RT)$ *	退火后上升
$E_{0.5mA}$-t 特性	退火后的器件 $E_{0.5mA}$ 不随 t 变化 未退火的器件 $E_{0.5mA}$ 随 t 变化
J_R-t 特性	退火后的器件 J_R 不随 t 变化 未退火的器件 J_R 随 t 上升
界面态密度	退火后减小
陷阱密度	退火后减小
非线性系数 α	退火后减小
浪涌冲击稳定性	退火后提高
方波冲击稳定性	退火后提高
能量吸收能力	退火后提高

* RT 表示室温。

2. 压敏电阻劣化的预防

因为耗尽层中的亚稳定成分形成势垒亚的稳定成分并造成了元件不稳定,所以很自然得出:消除亚稳定成分即可以恢复稳定性。从理论上来说,可以用热学或化学的方法消除亚稳定成分,实践也证明了这一点。

(1) 退火法提高稳定性。

如果通过退火将耗尽层中的填隙 Zn 永久性地扩散出去,那么压敏电阻的稳定性将获得改善,已经有很多文献研究了这点,并得出:不稳定的压敏陶瓷在空气中热处理,温度最好是 600℃到 800℃,可使压敏陶瓷对时间变得稳定,如图 2.31 所示。图中表示了几种经受不同热处理程序处理的试样,经 600℃ 退火处理后,试样的 I_R 的上升明显减小。经热处理后,晶界层中的 Bi_2O_3 发生了相变,从初始的 β/δ 晶相转变成 γ 相,构成势垒亚稳定成分的填隙 Zn 可以通过热处理扩散出去,然后通过在晶界上的化学反应永久性地去掉,这样得到了一种比热处理前要稳定得多的晶界结。热处理时的扩散和化学反应过程可以引证晶界缺陷模型(图 2.32)来解释。在空气中热处理的过程,O 在晶界上迅速扩散,并与晶界上的中性 O 空位发生化学反应:

$$V_O^{\ddot{}} + \frac{1}{2}O_2(g) \longrightarrow O_O^{\times}(gb) \tag{2-39}$$

该反应在晶界上形成中性 O 的亚晶格,立即从晶界带负电荷的 Zn 空位 V_{Zn}' 夺取一个电子,因为它们之间有很强的电亲和力。

$$O_O^{\times} + V_{Zn}' \longrightarrow O_O' + V_{Zn}^{\times} \tag{2-40}$$

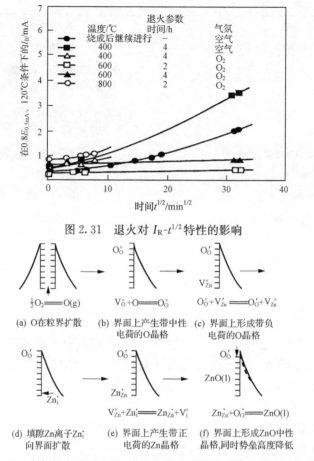

图 2.31　退火对 I_R-$t^{1/2}$ 特性的影响

图 2.32　在氧气中热处理时,晶界所发生的缺陷扩散和化学反应过程

虽然 $V_{Zn}^{\times}$ 湮灭在晶界吸收层(sink)中了,但是 O 晶格上的带负电荷的 O_O' 保留在界面上了。与此同时,在 Zn 晶格上出现了带正电荷的 $Zn_{Zn}^{\cdot}$,它是由扩散到晶界的填隙离子 $Zn_i^{\cdot}$ 与 $V_{Zn}^{\times}$ 反应,$Zn_i^{\cdot}$ 湮灭而形成的。

$$V_{Zn}^{\times} + Zn_i^{\cdot} \longrightarrow Zn_{Zn}^{\cdot} + V_i^{\times} \tag{2-41}$$

因此,两个带相反电荷的离子在粒界形成 ZnO 晶格,从而消除了耗尽层中的填隙 Zn

$$Zn_{Zn}^{\cdot} + O_O' \longrightarrow ZnO \tag{2-42}$$

这一模型预言,通过热处理将发生的一系列变化,这些性能变化已为实验所证实,并汇总于表 2.2 中,这就使人们相信该模型的真实性。

(2) 化学法提高稳定性。

近年来报道了用化学方法提高压敏电阻的稳定性。其对策在于在 ZnO 晶格中引入两性掺杂剂,如 Na、K。这种两性掺杂剂既能占据晶格位置也能占据填隙位置。当占据填隙位置时,这种掺杂元素能起到两种作用:第一,阻止在原来可能形成填隙 Zn 的位置上生成填隙 Zn 离子;第二,可以阻止通过有效间隙位置的填隙 Zn 离子迁移。此外,Na 离子在间隙位置上时起施主作用,而在晶格位置上时起受主作用。这种情形表明,存在着这样一个掺杂范围(图 2.33),可使填隙 Zn 离子的浓度大大下降,进而有希望提高稳定性。图 2.33 中电中性区Ⅲ就是所希望的掺杂范围。若将这种掺杂效应付诸实践,就能得到一个平坦的 I_R-t 响应,如图 2.34所示,即可以获得所希望的稳定元件。二次离子质谱和离子散射谱的研究已证实了上述模型,掺杂元素 Na 存在于靠近晶界层的耗尽层中,Gandner 等也证实了 Na 掺杂能够提高稳定性。

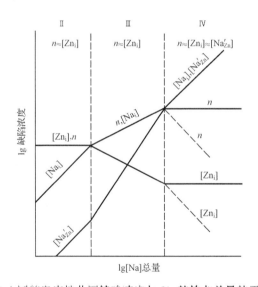

图 2.33　对于不同的电中性范围缺陷浓度与 Na 的掺杂总量的函数关系示意图

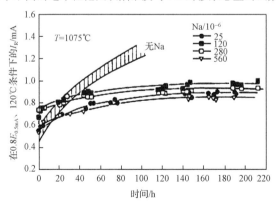

图 2.34　Na 含量对 I_R-t 特性的影响

2.4.3 失效模式

在讨论压敏电阻的劣化问题时,若不讨论失效模式那是不完善的。了解失效模式有助于提高压敏电阻的可靠性。迄今为止已识别出三种失效模式:电气击穿、机械破坏和热破坏。第一种模式与传输线路放电时吸收过大的能量有关;第二种模式与大电流冲击有关;第三种模式则与电流和电压的不稳定性相关,这一点已在有关劣化机理中论述过了。在这些失效模式中人们最重视的是热破坏问题,因为它具有重要的实际意义。现在即使在十分严酷的环境中,这个问题也能控制了,而对于另外两种失效模式,现有的资料不是很多,不过这一点是可以相信的:在吸收能量时,电流集中在某个局部,使这个地方形成一个热点,最后形成一种贯穿孔而损坏。另一方面,在大电流冲击时局部的热应力会导致破裂。在大尺寸元件中经常可以看到这种现象,因为这种元件的整个面上各点的温度差很大。

2.5　寿命及其预测

由于压敏电阻总是受着稳态电压应力的作用,压敏电阻的寿命是与漏电流密切相关的。在不发生机械或其他电气性能失效的情况下,压敏电阻的寿命主要是由漏电流 I_R(密度 J_R)及其随温度、电压和时间的上升情况所决定的,这一点在 2.4 节中已经讨论了。随着漏电流 I_R(密度 J_R)升高,发热量也增大,若这个能量不能散失,元件的温度就会很快上升,那么这种元件在维持一段初始的稳定状态后最终将达到热失控的温度而结束其使用寿命。

预测"寿命"的一种简便的方法是,在规定的温度和外施电压下,电流或功率达到某个临界值时寿命就终止。Eda、Sakshaug、Oyama 等采用了这一方法,把电流或功率"加倍"作为达到这一临界值的根据,这种规定显然有相当大的随意性。Gupta 采用了一种比较稳定的方法,定义了一个极限功率密度(P_L),当压敏电阻达到这个极限功率密度时,在技术上就判作"寿终"了(technically dead)。

压敏电阻产生的功率(P_G)为

$$P_G = 1/2Ah(xE_{0.5mA})J_R \tag{2-43}$$

压敏电阻耗散的功率(P_D)为

$$P_D = \lambda S(T - T_s) = R_T^{-1}(T - T_s) \tag{2-44}$$

式中,$xE_{0.5mA}=E_{ss}$ 为稳态电压梯度($x<1$),单位为 kV·cm^{-1};J_R 为漏电流密度的阻性分量,单位为 mA·cm^{-2};A 和 h 分别为元件的端面积和厚度,单位分别为 cm^2 和 cm;λ 为综合散热系数,单位为 W·cm^{-2}·C^{-1};R_T 为热阻,单位为℃·W^{-1};S 为元件的总表面积;T 和 T_s 分别为元件温度和外界环境温度($T>T_s$);P_G 和 P_D 的单位均为 W,P_G 与温度呈指数关系,P_D 与温度呈线性关系。

　　运用式(2-43)和式(2-44),热稳定状态可用图 2.35 来说明。应当注意,在外加电压为 U_1 时,发热曲线和散热曲线相交于 B、C 两点,在这两点上发热与散热相等。然而这两点之间散热总是大于发热的,因此当压敏电阻受到浪涌冲击后,电阻体温度升高,过一段时间总能回到其稳态工作点 B。如果浪涌冲击后,压敏电阻的温度高于 C 点温度(图 2.35(a)),那么元件的发热将超过散热,元件将因热失控而破坏。因此,B 点和 C 点之间是压敏电阻的稳定区。随着外施电压的增大(图 2.35(b)),稳态点 B 和不稳定点 C 之间的温差不断减小,压敏电阻能够吸收的浪涌能量值也下降。当发热量达到极限功率密度 P_L 后,压敏电阻便不能再吸收,哪怕任何大于极限电压 U_L 的外施电压都会使压敏电阻热失控。所以对设计人员来说,在规定了极限功率密度后,确定最大极限外加电压是很重要的。

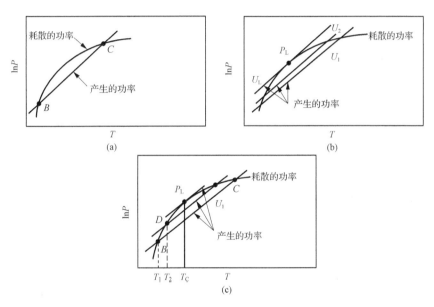

图 2.35　耗散的功率与温度的关系

　　不仅外施电压能提高发热功率,温度也能起到这样的作用。若保持外加电压不变而提高工作温度(在加速寿命试验和夏季工作时),则发热功耗将会上升。如图 2.35(c)所示,元件将工作在新的平衡点 D,而不再是 B 点,同样的在这个较高的(但是稳定的)发热功率的情况下,施加到元件上的浪涌能量的允许值也减小,一直到某个临界温度 T_c,元件就会热失控。在上面两种情况下,都是极限功率越大,寿命越长。显然,极限功率的数值是与热传输条件有关的,其范围为 $0.01 \sim 0.10 \mathrm{W} \cdot \mathrm{cm}^{-3}$。若是上述范围的下限值,则意味着最坏的情况;而上限值代表了更加好的设计。

　　应用上面的有关压敏电阻稳定性的概念,压敏电阻的寿命可用下面的方程来

表达:

$$t = \left(\frac{2P_{\mathrm{L}}/E_{\mathrm{ss}} - J_{R0}}{K_{\mathrm{T}}} \right)^2 \tag{2-45}$$

式中,K_{T} 是速度常数;J_{R0} 是初始漏电流密度。而若为规定寿命时间,则

$$x = \frac{E_{\mathrm{ss}}}{E_{0.5\mathrm{mA}}} = \frac{2P_{\mathrm{L}}}{E_{0.5\mathrm{mA}}(J_{R0} + K_{\mathrm{T}}t^{1/2})} \tag{2-46}$$

这里的速度常数 K_{T} 是最重要的参数之一,它是依据在提高了的温度下得出的 $J_R\text{-}t^{1/2}$ 曲线来确定的。在五个不同试验温度下,施加频率为 60Hz、电压梯度为 $E_{0.5\mathrm{mA}}$ 的电压,阻性电流密度与时间的关系如图 2.36 所示。

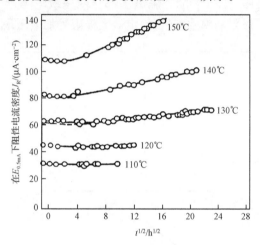

图 2.36　在 $E_{0.5\mathrm{mA}}$ 下阻性电流密度与时间的关系

其重点在于表明了压敏电阻的寿命既取决于与材料相关联的参数,也取决于这些参数或者与设计相关(即 P_{L} 和 x),或者与材料有关(及 $E_{0.5\mathrm{mA}}$、J_{R0} 和 K_{T})。通过已熟知的极限功率密度和外施电压,压敏电阻的寿命可以表示成与多种不同的 $E_{0.5\mathrm{mA}}$、J_{R0} 值相应的 $t\text{-}K_{\mathrm{T}}$ 曲线,如图 2.37 所示。

图 2.37 是个例子,图中表示了三种压敏电阻,其 $E_{0.5\mathrm{mA}}$ 分别为 1kV · cm^{-1}、2kV · cm^{-1} 和 3kV · cm^{-1}。每种元件有三条寿命线分别与三个不同的初始损耗值 0.005mA · cm^{-2}、0.010mA · cm^{-2} 和 0.015mA · cm^{-2} 相对应,这样,三种压敏电阻就有九条平行的寿命线。在作 $t\text{-}K_{\mathrm{T}}$ 曲线时,假定极限功率为 0.02W · cm^{-3},外施电压梯度为 80%$E_{0.5\mathrm{mA}}$,即 $x=0.8$,用点线表示 1kV · cm^{-1} 的元件,实线表示 2kV · cm^{-1} 的元件,破折线表示 3kV · cm^{-1} 的元件。对于 P_{L} 和 x 的其他数值,也可以作出类似的寿命曲线。

根据这些寿命线可以明白,$E_{0.5\mathrm{mA}}$ 和 J_{R0} 较小的元件更稳定。如果通过 $t=100$ 年这一点作一条水平线与各条寿命线相交,从这些交点可以看出,从 3kV · cm^{-1}

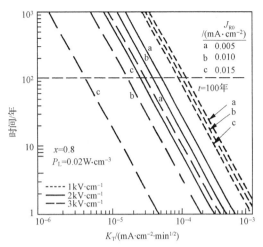

图 2.37　在三种不同初始损耗值的三种压敏电阻下的预期寿命与速度常数(t-K_T)的关系

到 2kV · cm^{-1} 到 1kV · cm^{-1}，J_{R0}、K_T 值依次增大，元件的稳定性依次增大，这就是说，1kV · cm^{-1} 元件的预计寿命比 3kV · cm^{-1} 元件要好。与此相仿，在同一组元件中，随着初始损耗值从 0.015mA · cm^{-2} 减少到 0.005mA · cm^{-2}，元件的预期寿命值提高；此外，P_L 值增大，x 值减小，预计寿命值也增大。如果知道了 ZnO 压敏电阻的 K_T 实验值，就很容易利用如图 2.38 的阿仑尼乌斯曲线来预测其寿命。

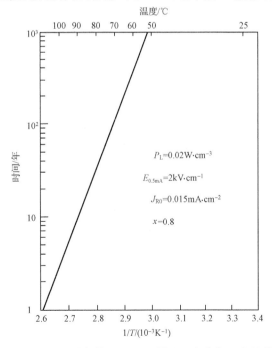

图 2.38　在试验条件下 ZnO 压敏电阻寿命与温度的关系

估算寿命的一个例子是采用图 2.38 的 2kV·cm^{-1} 元件,其 $P_L=0.02W·cm^{-3}$,$J_{R0}=0.015mA·cm^{-2}$,$x=0.8$。当外施电压降到 $x=0.7$ 时,寿命增加,大致为乘以系数 10,如图 2.38 所示。

2.6 氧化锌压敏陶瓷蜕变机理的实际研究

2.6.1 氧化锌压敏陶瓷经受电流冲击后伏安特性蜕变规律的实际测试研究

张美蓉采用 $8/20\mu s$ 冲击电流波对 ZnO 压敏电阻片进行电流冲击伏安特性、残压特性、试样的表面温度(采用红外热像仪测量),及其相互关系进行了全面系统的研究。考虑了冲击时间间隔、峰值电流密度 J_p、冲击次数的影响,并讨论了 ZnO 压敏陶瓷的补偿特性以及冲击作用后试样的恢复特性。最后总结了伏安特性的蜕变规律,为宏观蜕变机理的研究奠定宏观实验基础。

由于工业应用中多采用直流 1mA 电流对应的电压,作为 ZnO 压敏陶瓷的压敏电压。这里定义 ZnO 压敏陶瓷电阻性能劣化程度用 $\Delta U_{1mA}/U_{1mA}(\pm)$ 度量:

$$\frac{\Delta U_{1mA}}{U_{1mA}} = \frac{U'_{1mA}-U_{1mA}}{U_{1mA}} \tag{2-47}$$

式中,U_{1mA}、U'_{1mA} 分别为冲击前后试样的压敏电压。

1. 冲击时间间隔的影响

实验发现,两次冲击的时间间隔对 ZnO 压敏陶瓷试样伏安特性的蜕变有明显影响,并与试样吸收能量后的表面温升有一定的对应关系。图 2.39 为在一定电流密度下 U_{1mA} 随时间间隔 Δt 不同的变化关系。可见,随着 Δt 的增加,$\Delta U_{1mA}/U_{1mA}$ 呈指数关系下降;当 $\Delta t<20s$ 以后,随着 Δt 的减小,$\Delta U_{1mA}/U_{1mA}$ 迅速增大。图 2.40 为不同冲击间隔下,试样的表面温度在冲击过程的变化,通过比较可以发现,当 $\Delta t<20s$ 以后,随着 Δt 的减小,$\Delta U_{1mA}/U_{1mA}$ 迅速增加的同时,试样的表面温度也随之升高;而当 $\Delta t>20s$ 时,表面温度可以稳定在某一恒定值,对应的 U_{1mA} 变化也小。这一规律表明试样表面温度越高且上升越快,伏安特性变化也越严重。

通常,ZnO 压敏陶瓷吸收冲击能量后将在体内产生热量,如果冲击时间间隔太小,在两次冲击间隔期间使试样内的热过程难以达到稳定,即会引起其温度不断升高,则 $\Delta U_{1mA}/U_{1mA}$ 的变化就较大。如果冲击间隔时间足以使试样内吸收的热量与环境的热交换达到平衡,而使其温度恒定,则 $\Delta U_{1mA}/U_{1mA}$ 变化比较小。因此在进行冲击试验时,选取冲击时间间隔是十分重要的。

2. 冲击电流密度的影响

试样与环境间的热量交换不仅与时间间隔有关,而且与冲击电流密度有很大

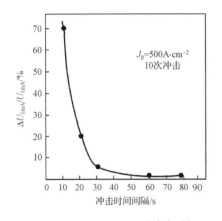

图 2.39　$\Delta U_{1mA}/U_{1mA}$ 随冲击时间
间隔 Δt 的变化

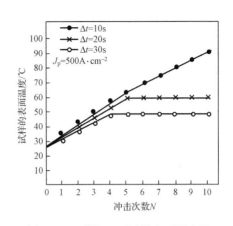

图 2.40　不同 Δt 下试样表面温度随
冲击时间间隔的变化

的关系。图 2.41 为冲击电流密度对试样表面冲击平衡温度的影响,冲击间隔 Δt 均为 30s,图中 5 条曲线对应的电流密度分别为 2.0kA · cm^{-2}、1.0kA · cm^{-2}、800A · cm^{-2}、600A · cm^{-2}、500A · cm^{-2}。可见,随电流密度 J_p 不断增加,试样表面的冲击平衡温度逐渐升高;当 $J_p > 1.0$kA · cm^{-2} 后,即使冲击间隔为 30s,瓷体内的暂态热过程也难以平衡,其温度不断上升;毫无疑问,随着电流密度的增加,试样伏安特性的蜕变会逐渐严重。

图 2.42 给出了试样的 $\Delta U_{1mA}/U_{1mA}$ 随冲击电流密度的关系,表明在一定电流密度范围内,其伏安特性的极性效应及其蜕变程度均随冲击电流密度的增加而增大,但表现出增加逐渐减慢的趋势。在对应于表面温度不断上升的电流密度冲击下,$\Delta U_{1mA}/U_{1mA}$ 迅速增大的趋势,这里定义其为最大冲击电流密度 J_{pm}。

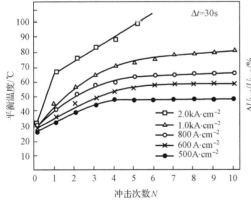

图 2.41　冲击电流密度对试样
表面冲击平衡温度的影响

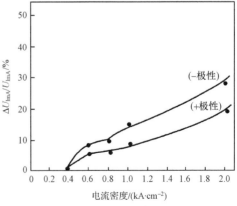

图 2.42　$\Delta U_{1mA}/U_{1mA}$
随电流密度的变化

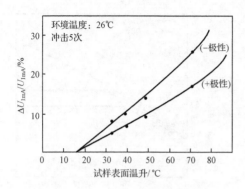

图 2.43　$\Delta U_{1mA}/U_{1mA}$ 与试样表面温升的关系

图 2.43 为 $\Delta U_{1mA}/U_{1mA}$ 与试样表面温升 Δt 的关系,其中环境温度为 26℃。由图可见,试样在冲击电流作用下温升越高,U_{1mA} 的蜕变越严重;冲击电流的不断增大促使表面温度升高,同时也使伏安特性变得不稳定,而且在冲击次数较少下即大幅度蜕变,图 2.42 也说明了上述的正确性。

采用一元线性回归分析法对图 2.43 中的两条曲线进行拟合分析,得到

$$\frac{\Delta U_{1mA}}{U_{1mA}}(+极性) = (-5.64 + 0.31409\Delta T) \times \% \tag{2-48}$$

$$\frac{\Delta U_{1mA}}{U_{1mA}}(-极性) = (-9.81 + 0.559\Delta T) \times \% \tag{2-49}$$

式(2-48)、式(2-49)表明,当冲击次数小于 ZnO 压敏陶瓷的耐受极限时,$\Delta U_{1mA}/U_{1mA}$ 与试样的温度斜率为正比关系。不同配方的试样,上述关系中的系数可能不同,但其函数形式应该相似。

图 2.44 为电流密度对试样残压比的影响。可见,图中电流密度最大($J_p =$ 2.0kA·cm^{-2})的曲线 4 随着冲击次数的增加,残压比值逐渐增大;电流密度($J_p =$ 1.0kA·cm^{-2})的曲线 3,残压比也略有上升;对 $J_p < 1.0$kA·cm^{-2} 的电流密度,在图中的冲击次数下残压比保持一常数不变。结果表明,当试样的冲击电流密度接近其耐受极限 J_{pm} 时,除温度不断上升外,其残压比也逐渐增大。

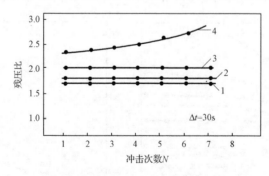

图 2.44　残压比随着冲击次数的变化

1—$J_p = 600$A·cm^{-2};2—$J_p = 800$A·cm^{-2};3—$J_p = 1.0$kA·cm^{-2};4—$J_p = 2.0$kA·cm^{-2}

上述实验结果表明,在冲击时间间隔 Δt 在足以使试样内的暂态热过程处于平衡状态时,其平衡稳定,残压比随着冲击电流密度增加而上升,$\Delta U_{1mA}/U_{1mA}$ 的变化

则比较慢。

3. 冲击次数的影响

图 2.45 为在不同电流密度下 $\Delta U_{1mA}/U_{1mA}$ 随着冲击次数变化的实验结果。图中给出了 J_p 为四种电流密度对应的 $\Delta U_{1mA}/U_{1mA}$ 变化。显然，当 $J_p \leqslant 1.0 \text{kA} \cdot \text{cm}^{-2}$ 时，第一次冲击后试样的 U_{1mA} 有一定恢复，在以后接连的冲击中 U_{1mA} 蜕变较小，直到冲击次数接近其耐受能力，试样的伏安特性蜕变严重，伏安特性的极性效应也随之消失；当 $J_p > 1.0 \text{kA} \cdot \text{cm}^{-2}$ 时，试样的 U_{1mA} 在第一次有所恢复的现象已不存在，冲击次数的增多使 U_{1mA} 蜕变的程度加剧。从图中可以发现，第一次冲击蜕变最严重，在未达到冲击极限次数前，后续的冲击对 U_{1mA} 蜕变程度的影响不是太大，该结果与 Shirley 的研究结果一致。

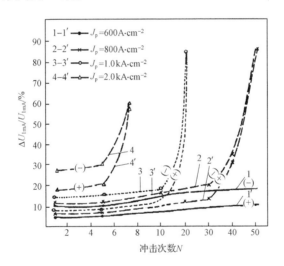

图 2.45　$\Delta U_{1mA}/U_{1mA}$ 随着冲击次数的变化

如果定义，在一定电流密度下试样可以耐受的最大冲击次数 N_{max} 为该电流密度下其冲击耐受力，则细致研究图 2.45 的曲线形状不难发现，在一定电流密度下，当试样冲击次数接近于 N_{max} 时，试样伏安特性的蜕变程度迅速增大，极性效应趋于消失。冲击次数小于 N_{max} 时，$\Delta U_{1mA}/U_{1mA}$ 变化有近似于线性关系

$$\frac{\Delta U_{1mA}}{U_{1mA}} = A + B(N-5) \tag{2-50}$$

其中，A 为第一次冲击后的相对变化率；N 为冲击次数；B 为对应于 $N>5$ 以后曲线的斜率。$B \propto [-W_B/(kT)]$，W_B 很大，而 B 是一个很小的数值，并随电流密度变化，即当 $N<N_{max}$ 时，$\Delta U_{1mA}/U_{1mA}$ 与 N 有斜率很小的近似线性关系。图 2.46 为试样表面温度在整个冲击过程中的变化状况，当冲击次数少于 N_{max} 时，试样的温

度经过一定次数冲击后保持平衡,直到 N 接近于 N_{max} 时,温度开始呈上升趋势,即陶瓷体内的热冲击过程在冲击间隔 Δt 内又难于平衡,这正好对应于 $\Delta U_{1mA}/U_{1mA}$ 激增点;对于不同配方系列而言,其耐受冲击能力是不同的,图 2.47 为五元配方试样的冲击蜕变情况。从图看到,其试样伏安特性的蜕变规律与前述试样结果相似。由此可以说明,不同配方系列的 ZnO 压敏陶瓷的冲击蜕变规律相似,但其各自的耐受能力不同。

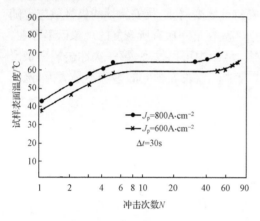

图 2.46　试样表面温度在冲击过程中的变化

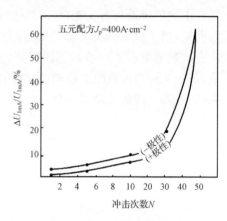

图 2.47　五元配方试样 $\Delta U_{1mA}/U_{1mA}$ 随着
冲击次数的变化

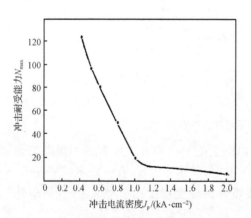

图 2.48　冲击耐受能力 N_{max} 与
冲击电流密度 J_p 的关系

综上所述,ZnO 压敏陶瓷的冲击耐受能力可以用两个参数明确定义,即冲击电流耐受极限 J_{pm} 和一定冲击电流密度下的冲击耐受能力 N_{max}。图 2.48 给出了 N_{max} 与 J_p 之间的关系,对这两条曲线进行线性回归分析并拟合,得

$$N_{max}=24.5J_p^{-2.32}-[29J_p^{-2.32}$$
$$+(-225J_p)+240]$$
$$\cdot[U(J_p)-U(J_p-1.0)]$$

$$(2-51)$$

式中,J_p 的单位为 $kA\cdot cm^{-2}$;$U(J_p)$ 为单位阶跃函数。从图 2.48 的曲线及式 (2-51) 均可看到,当 $J_p<1.0kA\cdot cm^{-2}$ 时,N_{max} 与冲击电流密度 J_p 有接近线性的指数关系;当 $J_p>1.0kA\cdot cm^{-2}$,N_{max} 与电流密度 J_p 有完整的指数关系。总而言之,随着电流密度增大,ZnO 压敏陶瓷的冲击耐受能力下降。

4. 关于伏安特性蜕变问题的讨论

(1) 电流冲击极性补偿问题。

冲击电压极性补偿特性,即正、负极性电压先后作用于同一试样,可以使伏安特性极性效应减小的特性。图 2.49 表示出在 $800A \cdot cm^{-2}$ 冲击电流密度下正、负极性各冲击 10 次后的伏安特性及单一正极性冲击 10 次的比较。由图中可见,正、负极性各冲击 10 次后,伏安特性的极性效应较单一正极性冲击 10 次明显小,由图中可见在 1mA 附近极性效应几乎接近消失;这说明反向冲击确实可以起到减小极性效应的效果。

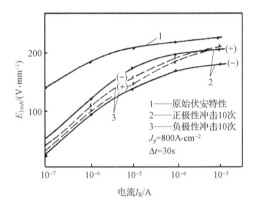

图 2.49　冲击条件下伏安特性的比较

为了比较直流蜕变与冲击蜕变补偿的异同点,图 2.50 表示正、负极性直流电压各作用 360h 后,试样的伏安特性与正极性电压作用相同时间后的比较,经过正、

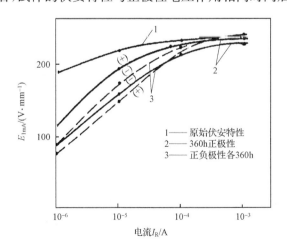

图 2.50　不同直流老化过程的伏安特性的比较

负极性电压作用的试样,极性效应较单一极性蜕变小,而且在 1mA 电流区,极性效应消失,并与原始伏安特性重合。比较图 2.49 和图 2.50 可以发现,脉冲冲击比直流电压作用对 ZnO 压敏陶瓷伏安特性蜕变程度的影响大。二者的共同特点是:经过正、负极性电压(或冲击电流)各作用相同的时间(或相同次数)的试样,其伏安特性的正极性蜕变较负极性严重。

考虑到 ZnO 压敏陶瓷的伏安特性主要由反偏 Schottky 势垒的状况决定,补偿特性的出现可能是由于正、负极性冲击(或直流电压)的共同作用,使正、反偏的 Schottky 势垒的畸变程度可能大于原始的正偏 Schottky 势垒。这样,宏观上的表现便是上述的实验结果,即正、负极性冲击(或电压)的共同作用,使 ZnO 压敏陶瓷的伏安特性得以相互补偿,补偿后,正极性伏安特性的蜕变较负极性严重。

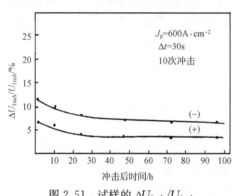

图 2.51　试样的 $\Delta U_{1mA}/U_{1mA}$
在冲击 10 次后不同时间的变化

(2) 特性的恢复问题。

图 2.51 为试样的 $\Delta U_{1mA}/U_{1mA}$ 在冲击 10 次后不同时间的变化情况。从图中可以看到,冲击后相隔一定时间后其 U_{1mA} 随时间延长有恢复,并且恢复到一定程度后达到饱和,即 U_{1mA} 变化率保持不变,其伏安特性保持一定的蜕变程度,即使再延长时间也不再恢复。这说明,只有未经受 N_{max} 冲击的试样,其伏安特性才能有一定程度的恢复,而且这种恢复具有饱和性,并非延长时间越长越好。

然而,经直流蜕变以后放置长时间的试样进行测量,发现其伏安特性基本无恢复。因此,直流蜕变机理与冲击蜕变机理是不尽相同的。

5. ZnO 压敏陶瓷的冲击特性蜕变的规律总结

通过以上研究,可以得出 ZnO 压敏陶瓷的冲击性能的蜕变规律如下:

(1) ZnO 压敏陶瓷的冲击特性蜕变不仅与冲击电流密度、冲击间隔时间、冲击次数有关,而且与冲击电流在瓷体内部引起的热过程有关。不同配方的试样尽管其冲击耐受能力不同,但其伏安特性蜕变的规律是相同的。

(2) ZnO 压敏陶瓷的冲击电流、冲击次数的能力均有一定极限,当接近极限时,试样的伏安特性程度迅速增大,极性效应接近消失,试样的温度及残压比均有增加趋势;当冲击达到极限时,其上述性能可保持稳定的一定值范围。

(3) 在一定时间范围内,冲击时间间隔越长,ZnO 压敏陶瓷伏安特性的蜕变程度越小。

(4) ZnO 压敏陶瓷经历正、反冲击(或直流冲击)后,伏安特性的极性效应可以大大减小,即对其伏安特性具有补偿性。当冲击次数少于 N_{max},冲击后试样的 U_{1mA} 存在恢复性,但恢复程度有限;直流冲击蜕变后试样的 U_{1mA} 无恢复特性。

2.6.2　利用热刺激电流对氧化锌压敏陶瓷蜕变机理的研究

ZnO 压敏陶瓷蜕变机理的研究,是改善和提高 ZnO 压敏陶瓷抗蜕变性能的理论基础。抗蜕变性能的改善,在很大程度上依赖于对其不稳定性起源的探索。一般而言,ZnO 压敏陶瓷在直流电压与冲击电流作用下伏安特性的蜕变主要与晶界荷电过程引起的 Schottky 势垒畸变有关;另外从前一节的研究可以看到,在冲击电流作用下,由于瓷体吸收能量使其引起发热,试样温度升高,可能造成热破坏。因此,这里主要从 Schottky 势垒畸变和晶粒与晶界的热过程两方面着手进行讨论。

在蜕变机理问题的研究中选择适当的研究手段是十分重要的,这里选择热刺激电流法来研究伏安特性的蜕变机理,用热传导方程研究陶瓷体内的热过程。热刺激电流的研究概况与结果如下。

1. 热刺激电流的测试方法和试样的制备

(1) 热刺激电流的测试方法。

热刺激电流是目前国内外普遍应用于研究电子材料荷电机制的一种方法,它具有信息量大、使用简易等特点。这里使用热刺激电流法的实质为热刺激去极化电流法(TDSC),其要点为:在一定极化温度 T_p 下,施加偏压 U_p 于试样,在极化时间 t_p 内使试样充分极化,然后突然降温至接近液氮温度,使其极化冻结;再以一定速率 β 升温,每一时刻的温度 $T = T_0 + \beta t$,直至试样被充分极化,这样,外电路就得到了去极化电流,此电流就是 TSDC,或简称为 TSC。

在 TSC 的测量中,正确选用极化温度、极化电压、极化时间及升温速度是十分重要的,因为每种材料的介电性能不同,对于 T_p、U_p、t_p、β 的要求不同,因此需要经过大量的试验进行选择。当 $T_p = 145℃$、$U_p = 180V$、$t_p = 10min$、$\beta = 5\sim6℃ \cdot min^{-1}$ 时,试样的 TSC 谱中谱峰清晰可辨,并具有较好的重复性。因此适用于 ZnO 压敏陶瓷的 TSC 测量。为了使实验结果有较好的可比性,对不同的试样均采用相同的测试参数。

(2) 热刺激电流试样的制备。

由于热刺激电流法主要是通过观察去极化电流随试样温度不断升高的变化谱来研究材料内部荷电过程的,因而,保持试样内温度与电场的均匀应是实验结果准确可靠的先决条件。这里采用的试样为 $\phi20\times1.0mm\sim\phi20\times1.2mm$ 的压敏电阻瓷片,烧银电极。

2. 未蜕变试样的热刺激电流实验结果及分析

对未蜕变试样的 ZnO 压敏陶瓷试样进行热刺激电流测试,其结果如图 2.52 所示。可见,试样在 $T_{m1}=-25℃(248K)$,$T_{m2}=35℃(308K)$ 两处出现了 TSC 峰。对其他配方的 ZnO 压敏电阻进行的实验也发现同样的两个峰,只是其对应的峰值有一定差异。

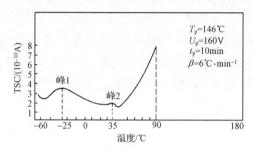

图 2.52　未老化试样的 TSC 谱

分别用上升法和全电流法对峰 1 和峰 2 的活化能进行求解,得到 $H_1=0.22eV$,$H_2=0.35eV$,这与 Blatter、Shim、Cordaro 等所报道的填隙 Zn 离子 $Zn_i^{..}$ 和 O 空位 $V_O^{.}$ 的电离能相符,因此它们是 ZnO 压敏陶瓷本征缺陷所对应的 TSC 峰。

图 2.53 给出了 ZnO 的本征能带图。由于填隙 Zn 原子 Zn_i 电离为 $Zn_i^.$ 的一级电离能为 0.05eV,只有在极低的温度下才能观测到,受设备限制未能在图 2.52 中观测到。

3. 直流蜕变前后试样的 TSC 结果及分析

图 2.54 为直流蜕变前后试样 TSC 结果的比较,曲线 1 为未蜕变试样,曲线 2 为在 125℃温度下经过 360h 直流加速蜕变试样的结果。可见,经直流加速蜕变后,

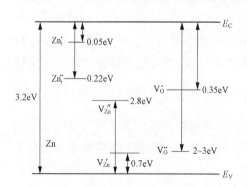

图 2.53　ZnO 本征能带图

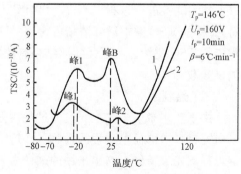

图 2.54　直流老化前后试样的 TSC 比较

试样的 TSC 谱在 $T_{m1} = -20℃(253K)$，$T_{m2} = 25℃(298K)$ 两处出现了 TSC 峰，经过判断及对活化能计算，峰 1 仍由填隙 Zn 的二阶电离 $Zn_i^{··}$ 形成，但其高度明显比图 2.52 的峰 1 高许多，说明在直流蜕变过程中，有更多的填隙 Zn 离子被电离，处于二阶状态电离，耗尽层中的施主离子浓度增大。对峰 B 用初期上升法计算其活化能，可得 $H_B = 0.42eV$，接近于填隙 Zn 原子的一级电离 $Zn_i^·$ 的迁移活化能；王力衡提出，可动离子空间电荷形成的 TSC 电流峰值 I_m 与外加电场 E_p 有如下关系：

$$I_m = I_0 \sinh\left(\frac{eaE_p}{2kT_p}\right) \tag{2-52}$$

式中，e 为离子的电荷量；a 为离子迁移的距离；k 为玻尔兹曼常量。若在 TSC 测量中加一个校正电压 U_c，则 I_m 与 U_c/U_p 的关系可表示为

$$I_m = I_0 \sinh\left[\frac{eaE_p}{2kT_p}\left(1 - \frac{U_c}{U_p}\right)\right] \tag{2-53}$$

对峰 B 采用加校正电压方式鉴别，若 I_m 与 U_c/U_p 有双曲线关系，则峰 B 一定是由可动离子形成。图 2.55 峰 B 的 I_m 与 U_c/U_p 的关系，显然，峰 B 与 U_c/U_p 有双曲线关系，因此可以断定峰 B 是由可动离子的迁移形成，且这种可动离子为一级电离的填隙 Zn 离子 $Zn_i^·$。

以上结果表明，经直流加速蜕变后，试样中有可动离子电荷存在，这与 Eda 和 Hayashi 的 TSC 实验结果相同。直流蜕变后峰 1 的 I_m 大大增加的事实说明，耗尽层中二级电离的填隙 Zn 离子浓度

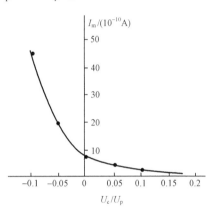

图 2.55　B 峰与 U_c/U_p 的关系

的增大对试样的直流蜕变也起着重要作用，这将在下文相关机理部分加以说明。

如果假设试样中只有一种同号可动离子存在，$Zn_i^·$ 的扩散系数 D_i 或迁移率可由下式表示：

$$D_i = D_0 \exp\left(-\frac{H}{kT}\right) \tag{2-54}$$

利用王力衡所提出的方法，根据图 2.54 的 TSC 谱计算得到 $Zn_i^·$ 的扩散系数为

$$D_i = 0.17 \exp\left(-\frac{0.42}{kT}\right) \tag{2-55}$$

由式(2-55)可以得到，室温下 $Zn_i^·$ 的扩散系数为 $10^{-8} cm^2 \cdot s^{-1}$，在直流加速蜕变温度 125℃(398K)下，$Zn_i^·$ 的扩散系数为 $8.6 \times 10^{-7} cm^2 \cdot s^{-1}$，迁移率为 $0.25 \times 10^{-4} cm^2 \cdot V^{-1} \cdot s^{-1}$；这个数值已相当大，由此进一步说明 $Zn_i^·$ 在试样中可动的事实。

4. 冲击蜕变后试样的 TSC 结果及分析

1) TSC 实验结果

图 2.56 为冲击后试样的 TSC 谱,冲击电流密度 $J_p=600A\cdot cm^{-2}$,图中给出的三条谱线分别为冲击次数 $N=5$、10、50,冲击间隔为 30s 的结果。可见,经 5 次冲击后,除了原来的峰 1、峰 B 外,TSC 谱上又出现了一个新峰 D;10 次冲击后 TSC 谱上又出现了一个新的负峰 C;而且峰 1、峰 B 的峰值随着冲击次数增多略有增加,峰 B 的峰值温度 T_{mB} 向低温方向移动,说明冲击电流的作用使填隙 Zn 离子的迁移活化能有所下降,冲击达到一定次数后,晶界的温度较高,与晶粒形成一定的温度梯度,促使填隙 Zn 离子扩散。再观察峰 C 和峰 D,峰 C 形成的 TSC 为负值,当冲击次数达 50 次后峰 D 反转,TSC 全部为负值。TSC 谱在 50~120℃出现一个很大的负平顶峰 D′,这说明冲击次数越多,TSC 在负方向形成的峰越大,试样接近破坏时,TSC 峰全为负。

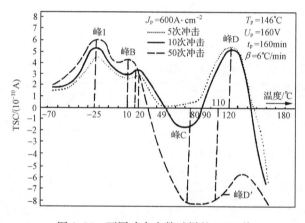

图 2.56　不同冲击次数试样的 TSC 谱

图 2.57 为在 $J_p=1.0kA\cdot cm^{-2}$、$1.5kA\cdot cm^{-2}$、$2.0kA\cdot cm^{-2}$ 冲击下试样的 TSC 谱,与图 2.56 相比,除了峰 C、峰 D、峰 E 外,又出现了一个新的负峰 F。当 $J_p=2.0kA\cdot cm^{-2}$ 时,峰 D 反转,形成负峰 D′;峰 1 的峰值随电流密度增加而增大;当 $J_p<1.0kA\cdot cm^{-2}$ 后,略有下降,且峰值温度比图 2.56 又有降低;随冲击电流密度增大,试样的负方向形成 TSC 峰的趋势越明显。

图 2.58 给出了峰 1、峰 B、峰 D(对应于 $J_p=2.0kA\cdot cm^{-2}$ 峰 D′ 的原因见后述分析)随冲击电流密度变化的关系。其中峰 1、峰 B 用峰值高度表示,峰 D 用峰值面积即 Q_{TSC} 表示。由图可以看到,电流密度越大,峰 D 对应的 Q_{TSC} 越大($J_p=1.5kA\cdot cm^{-2}$ 对应的 TSC 电荷量 Q_{TSC} 等于形成峰 C 的电荷量与形成峰 D 的电荷量之和,原因后述)。

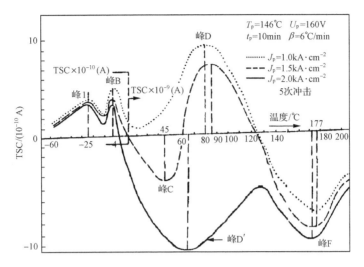

图 2.57　不同冲击电流密度的 TSC 谱

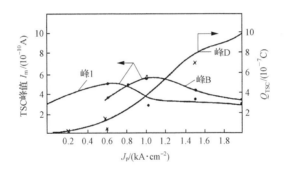

图 2.58　TSC 谱峰与 J_p 的关系

2）TSC 实验结果的分析

从热刺激理论知道，陷阱电荷在试样内的分布与可动离子电荷不同，当大电流冲击作用于 ZnO 压敏陶瓷试样时，试样内的陷阱将在冲击作用期间捕捉电荷，其捕捉率 dn_t/dt 为

$$\frac{dn_t}{dt} = n_c(N_t - n_t)S_t V \tag{2-56}$$

其中，n_c 为自由电子浓度；n_t 为陷阱电荷浓度；N_t 为陷阱浓度；S_t 为陷阱捕获截面积；V 为自由电子的热运动速度。由于冲击电流密度相当大，作用时间相当短（20μs），因此在冲击电流作用期间可不考虑陷阱电荷的再激发。这样，试样中陷阱电荷形成的电场可能有以下几种分布方式：

（1）零场面 x_0 与晶界高阻层的负极靠近，在这种情况下，电荷注入得不够深，未完全迁移至深处，形成的 TSC 为正值；

(2) 零场面 x_0 与在晶界层 $d/2$ 处,由于陷阱电荷对称分布,形成的 TSC 为零;

(3) 零场面 x_0 与晶界高阻层的正极靠近,电荷注入得足够深,形成的 TSC 为负值,与极化电流同方向(在试验中,以去极化方向为正)。

从以上三种陷阱电荷分布状态可以断定,若 TSC 谱中出现负峰,则此峰一定是由陷阱电荷引起。

观察 J_p 为 600A·cm^{-2} 冲击电流下,50 次冲击的 TSC 谱中的峰 D′,它是一个很大的负的缓冲峰,因此必然是由陷阱电荷引起,而且这种陷阱电荷可能分布在一个陷阱能带上,由于它几乎包括了峰 C 和峰 D(峰 C 是冲击次数增多后在负方向形成的峰),故峰 C 和峰 D 是由同一个陷阱能带上的陷阱电荷引起。其陷阱深度分别为 0.52eV 和 1.0eV,陷阱时间分别为

$$\tau_C = 0.9 \times 10^{-10} \exp[0.52eV/(kT)] \qquad (2\text{-}57)$$

$$\tau_D = 1.03 \times 10^{-14} \exp[1.0eV/(kT)] \qquad (2\text{-}58)$$

由此可以看到陷阱活化能较大,陷阱的寿命是比较长的,70℃时,$\tau_C = 0.039s$;120℃时,$\tau_C = 0.09s$,在冲击作用期间几乎没有发射。对峰 C 和峰 D 的俘获截面积,计算得到

$$S\tau_C = 3.79 \times 10^{-14} cm^2, \quad S\tau_D = 3.3 \times 10^{-11} cm^2 \qquad (2\text{-}59)$$

由此可见,陷阱越深,俘获面积越大,因而在冲击电流作用期间俘获的电荷越多;所以峰 D 的峰值远大于峰 C 的峰值。50 次电流冲击后,由于冲击次数已经很多,电荷已注入一定深度,形成的 TSC 为负,峰 D′ 几乎包括了峰 C 和峰 D 的温区。因此,形成峰 D′ 的陷阱电荷应处于同一个陷阱能带上,这个陷阱能带的深度在 0.52~1.0eV。

当电流密度增大为 1.0kA·cm^{-2},由 TSC 谱可以发现,陷阱电荷引起的 TSC 电流进一步增大,将峰 B 以后的两个峰与图 2.56 及 $J_p = 2.0$kA·cm^{-2} 的 TSC 谱相比较,发现这两个峰仍是由陷阱电荷引起,并且就是图 2.56 中的峰 C 和峰 D,只是峰值变大了;但峰 C 的活化能变小,为 0.48eV,与图 2.56 中的峰 D′ 相比,可以认为,$J_p = 2.0$kA·cm^{-2} 时所形成的峰 D′ 仍是由 0.48~1.0eV 的陷阱带中的陷阱电荷引起,峰 F 是大电流冲击下新出现的 TSC 峰,从陷阱电荷形成 TSC 的特点可知,峰 F 也是由陷阱电荷引起。峰值温度在 $T_{mF} = 177℃(450K)$,活化能为 1.38eV,陷阱时间常数 τ_F 为

$$\tau_F = 1.25 \times 10^{-16} \exp\left(-\frac{1.36eV}{kT}\right) \qquad (2\text{-}60)$$

当 $T = 450K$ 时,$\tau_F = 0.185s$。深陷阱引起的峰 F 出现在 TSC 谱中,说明电流密度越大,冲击电流作用期间,深陷阱对电荷捕捉越多(从图 2.58 也可看到),宏观上表现出 ZnO 压敏陶瓷 I-V 特性的蜕变严重。从冲击后试样的 TSC 谱上,还可以理解其伏安特性蜕变比直流电压作用后严重的原因。

由于冲击电流作用于 ZnO 压敏陶瓷,不仅引起陷阱对注入电荷的大量捕捉,使 Schottky 势垒变形,而且冲击电流通过试样产生的热量使晶界瞬时间升高,并在晶界与晶粒内部形成温度梯度分布,这对 Schottky 势垒的变形有很大影响,也会使 ZnO 压敏陶瓷的晶界应力场发生变化,对晶界附近的晶格排布及界面态密度有较大影响;这些因素都是导致 ZnO 压敏陶瓷不稳定性的根源,因此有必要进一步分析冲击作用后 ZnO 压敏陶瓷内的热过程。

2.6.3　氧化锌压敏陶瓷体内冲击时受热过程的研究

1. ZnO 压敏陶瓷的微观结构及其热行为

ZnO 压敏陶瓷体是由无数晶粒、晶界和晶界层构成的,目前普遍接受的微观结构如图 2.59 所示,分为三个区域:①晶粒与晶界直接接触,其间无晶界层存在;②两晶粒间存在一很薄的晶界层;③晶界相的富集区,这一区域可能有尖晶石、富 Bi 相,以及各种杂质相互作用形成的无定形相存在。

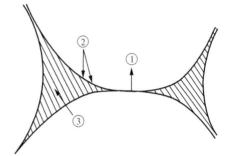

图 2.59　ZnO 压敏陶瓷的微观结构
①—晶粒与晶粒直接接触;②—晶粒与晶粒间有晶界层存在;③—无序境界层富集区

这三个区域在冲击电流作用下的发热状况上不同的。因为,在区域①,晶粒与晶界直接接触,尽管晶粒与晶界间由于生成的取向不同等原因存在着晶晶格紊乱、缺陷能带较大的晶界区,但是较无序晶界层的结构有序整齐得多,Schottky 势垒的隧穿电压一般在 3~4V,晶界的热阻比无序晶界层小很多,且在大电流作用期间 Schottky 势垒的处于隧穿状态,因而晶界温升较小;在区域③,由于尖晶石相及各种无定形相的存在,使这一区域的热阻较区域①和②大得多,电流作用后这一区域的温升相当高;至于区域②,可以想见,其温升介于区域①和③之间。

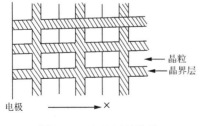

图 2.60　ZnO 压敏陶瓷
简化的微观结构模型

2. 微观结构的简化

由于 ZnO 压敏陶瓷微观结构太复杂,其热行为的表现相当复杂,会给研究其内部的热过程带来诸多麻烦,因此人们提出了理想简化的微观结构模型,如图 2.60 所示。在该模型中假设晶粒大小相同,并具有相同厚度的晶界所包覆,考虑到 ZnO 压敏陶瓷实际的微观结构,为了较客观地研究行为的本质,可以将发热最严重的区域③以及晶界升温较小的区域①放在一起考虑,并提出如下两个假设:①所有晶粒大小相同;②所有晶界层厚度相同。通过对 ZnO 压敏陶瓷在受冲击时热过程传导方程求解,可以得出晶体内部的温度分布等。

3. 数据处理分析结果

图 2.61 为 $N=100,M=20$ 时,用差分法对图 2.60 第二层晶粒进行计算得到的内部温度分布。由图看到晶界与晶粒中心存在着很大的温差,随着向晶粒内部的深入,温度渐进为一恒定值,当 $J_p=500\sim600A\cdot cm^{-2}$ 时,晶粒内部的温度平衡在较低数值;当 $J_p>800A\cdot cm^{-2}$ 时,随着电流密度的增大,在晶粒与晶粒直接接触的边界部分,由于维持晶界 Schottky 势垒处于隧穿状态,所消耗的功率 $Q(t)$ 已经相当大,不可被忽视($Q(t)=V_0J(t)(J_p/J_0)^{1/40}$),即晶粒与晶粒直接接触晶界的温升已不可忽视,因而使晶粒内的温度在接近边界时又处于上升趋势,晶界与晶粒内温度也形成一定梯度。从图 2.61 还可以看到,晶粒与晶粒直接接触晶界的温度低于晶粒与高阻晶界层相接触晶界的温度,这主要是由于高阻晶界层的热阻远大于晶粒与晶粒直接接触处的热阻。定义与高阻晶界层相接触的晶界为高温晶界,与晶粒直接接触晶界为低温晶界,以便于后续讨论。由于随电流密度增大,冲击能量也不断增加,因而晶粒内部温度就会逐渐升高,图 2.61 的结果说明了这一点。

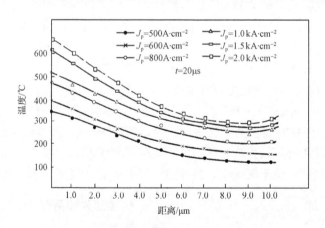

图 2.61　不同冲击电流密度下晶粒内的温度分布

为了研究时间对晶粒内温度分布的影响,图 2.62 给出了电流作用时间的不同时刻,晶粒内部温度分布的情况。图中,曲线 1 为冲击电流峰值作用的一瞬间晶粒内部温度的分布,此时,晶粒体内几乎保持初始温度不变,晶粒与晶界层相触的晶界区域形成很大的电位梯度;随着冲击作用时间的增长,晶粒与晶界层附近的温度梯度减小,晶粒内部的温度不断上升整个晶粒的温度分布梯度减缓,如曲线 2 所示;在晶粒与晶粒直接接触的晶界,温度也存在一定的梯度,且随着时间的增长而逐渐减弱;由此表明,当冲击大电流作用于 ZnO 压敏陶瓷时,由于其微观结构不均匀,瓷体内存在着很大的温度梯度,为了研究 ZnO 晶粒高温晶界附近的温度梯度 dT/dx 在冲击作用瞬间的变化状况对差分网格进一步细分,取 $N=200$,$M=20$,即对空间进行细分,时间间隔不变,数值分析后,得到如图 2.62 计算结果。

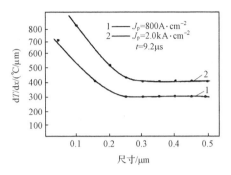

图 2.62　晶界附近温度梯度的变化

由图 2.62 可见,在晶界附近几千埃米的范围,温度梯度相当大,且冲击电流密度越大晶界附近的温度梯度越大,温度梯度在晶粒内 $0.25\mu m$ 处达到一基本恒定值,表明晶粒内的温度在 $0.25\mu m$ 以后变化开始缓慢。

2.6.4　晶界温升梯度对界面态的影响

1. 电性能蜕变与晶界温升的关系

图 2.63、图 2.64 分别给出了冲击后热刺激电流峰值 I_m、形成 TSC 峰的电荷量 Q_{TSC} 以及 ΔU_{1mA} 与晶界最高温升 ΔT_{gb} 的关系。图 2.63 给出了峰 1(两级电离的 $Zn_i^{··}$)、峰 B(一级电离的 $Zn_i^·$ 迁移所引起的 TSC 峰)、峰 D(或 D′)(深陷阱引起的 TSC 峰)随 ΔT_{gb} 的变化状况。显然,随着 ΔT_{gb} 的上升,形成峰 D 的电荷量 Q_{TSC} 不断增大,说明深陷阱对电荷的捕捉量随着 ΔT_{gb} 的上升而增大的趋势;当 $\Delta T_{gb}<$ 350℃时,两级电离的填隙 Zn 离子浓度 $[Zn_i^{··}]$ 随着 ΔT_{gb} 上升而增加,当 $\Delta T_{gb}>$ 350℃以后,随着一级电离填隙 Zn 离子 $Zn_i^·$ 的迁移量增加,$[Zn_i^{··}]$ 下降,最后基本保持在初始值不变,ΔT_{gb} 很高以后,由于晶格振动的加剧,使 $Zn_i^·$ 的迁移困难,因

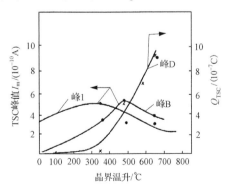

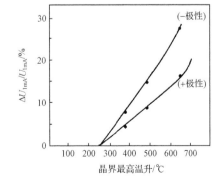

图 2.63　TSC 峰与晶界温升 ΔT_{gb} 的关系　　　图 2.64　$\Delta U_{1mA}/U_{1mA}$ 与晶界最高温升的关系

而 $Zn_i^{··}$ 的迁移量减少。以上晶界区电荷量的变化,使试样的伏安特性的蜕变程度随晶界温升增大而愈加严重,从图 2.63 可以看到,冲击后试样的 $\Delta U_{1mA}/U_{1mA}$ 与晶界最高温升 ΔT_{gb} 呈近似线性关系。

2. 晶界温升及温度梯度对晶界应力状态的影响

1) 晶界温升对膨胀系数及晶粒热导率 K 的影响
(1) 晶界温升对膨胀系数的影响。
在固体晶格振动中,晶格振动势能 $V(r)$ 的展开式为

$$V(r) = V(a+\delta) = V(a) + \frac{\partial V(r)}{\partial r}\bigg|_{r=a}\delta + \frac{1}{2}\frac{\partial^2 V(r)}{\partial r^2}\bigg|_{r=a}\delta^2 + \frac{1}{6}\frac{\partial^3 V(r)}{\partial r^3}\bigg|_{r=a}\delta^3 + \cdots$$

$$(2\text{-}61)$$

式中,δ 为离子振动离开平衡位置的距离。当冲击电流作用后,由于晶界温度的突然升高,晶界附近的振动势能 $V(r)$ 展开式中的非简谐振动顶起的作用越来越大,由于 Gruneisen 常数 γ 为

$$\gamma = -\frac{a}{2}\left[\frac{\partial^3 V(r)}{\partial r^3}\bigg|_{r=a}\right]\bigg/\left[\frac{\partial^2 V(r)}{\partial r^2}\bigg|_{r=a}\right]$$

$$(2\text{-}62)$$

因此,晶界温度的升高使 γ 增大;晶粒的膨胀系数 β 为

$$\beta = \frac{\gamma}{K_0 V_0} C_V$$

$$(2\text{-}63)$$

式中,V_0、K_0 均为常数;C_V 为晶格与振动有关的固体热容,有

$$C_V = 3R_f\left(\frac{n\omega_{max}}{kT}\right) = 3R_f\left(\frac{\theta_D}{T}\right)$$

$$(2\text{-}64)$$

式中,ω_{max} 为晶格的最大振动频率;θ_D 为 Debye 温度,当 $T > \theta_D$ 时,固体的热容 C_V 接近常数 $3R$,R 是普适气体常数,即 C_V 与晶格结构的关系不大。因此,冲击电流作用后,使膨胀系数 β 在晶界附近随晶界温度的升高而不断增大,换言之,晶界温度越高,晶界向晶粒延伸部分的热膨胀系数越大。

(2) 晶界温升对晶粒热导率 K 的影响。
对具有半导体特性的 ZnO 晶粒,其热导率 K 主要由格波的弹性分支在晶体中传播形成,具有如下形式:

$$K = C_V V \lambda / 3$$

$$(2\text{-}65)$$

在冲击电流作用下后形成的高温晶界附近,当温度大于 θ_D 时,固体的热容接近为常数,格波的自由程 λ 却随温度的升高而降低,即有

$$\lambda \propto 1/K$$

$$(2\text{-}66)$$

因此,随温度升高,晶界向晶粒延伸部分的热导率下降,随着晶粒温度的升高,整个晶粒的热导率 K 也下降;另外,随着晶界温度的升高及冲击次数的增加,晶界附近的缺陷浓度不断提高,对格波的散射率增大,波格的自由行程 λ 将进一步下

降,即晶粒温度的提高,将使热导率 K 不断下降。K 的下降,有可能使冲击作用下晶界温度不断升高,引起热过程的不稳定。

2) 晶界温升及温度梯度对晶界应力的影响

对于具有初始温度为 T_0 的晶粒与晶界,当温度突然增大到 T' 时,设弹性模量为 E,将产生应力 F_σ 为

$$F_\sigma = -\beta E(T' - T_0) \tag{2-67}$$

由于晶界附近温度梯度的存在,必将导致应力从晶粒中心向晶界方向有逐渐增大的应力梯度存在。根据图 2.62 曲线 1 可以知道,当冲击电流作用于试样的一瞬间,晶粒两边的温度高于晶界中心的温度,则晶粒中心的温度一定低于晶粒的平均温度 T_a,ZnO 压敏陶瓷试样内可能有如图 2.65 所示的温度分布状态;设晶粒中最低温度为 T_c,界面温度为 T_{gb},由于界面温度高,界面附近将受一压应力,晶粒体内温度低点部分将受一张应力,应力分布如图 2.65 所示。如果称冲击大电流引起的晶界附近温度的快速变化梯度及梯度分布为热震,则由于热震作用将在晶界附近形成巨大的热应力,此时,晶界的抗热应力性不仅决定于应力水平,物体内的应力分布和应力持续时间,而且也决定于晶界的延展性以及陶瓷烧结过程形成存在的晶界附近的裂纹长度 C_1。

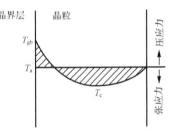

图 2.65　晶粒中的温度与应力的分布

若设 ΔT_c 为裂纹扩展所需的临界温差,ΔT_c 与裂纹长度 C_1 有如下关系:

$$\Delta T_c = \left[\frac{\pi\gamma(1-2\mu)^2}{2E\beta(1-\mu^2)}\right]\left[1 + \frac{16(1-\mu^2)NC_1^3}{9+(1-2\mu)}\right]\frac{1}{\sqrt{C_1}} \tag{2-68}$$

式中,N 为单位体积中的裂纹密度;γ 为断裂表面的表面能。可以看到,在一定范围内,ΔT_c 与 $\sqrt{C_1}$ 成反比,C_1 越长 ΔT_c 越低,而晶界的断裂应力 σ_f 与所需温差 ΔT_f 有以下关系:

$$\Delta T_f = \frac{\sigma_f(1-\mu)}{E\beta}S \tag{2-69}$$

式中,ΔT_f 为断裂温差,对一般陶瓷而言,$\Delta T_c < \Delta T_f$。从以下三个温度区段对 ZnO 压敏陶瓷晶界可能有的应力状况进行讨论。

(1) $\Delta T_{gb} < \Delta T_c < \Delta T_f$。

当冲击电流引起的晶界温升 ΔT_{gb} 小于裂纹扩展所需的临界温差 ΔT_c 时,晶界不会由于应力的存在而断裂,裂纹也未开始扩展,试样的伏安特性将遵循电气性能蜕变的规律,直到许多次冲击后,伏安特性蜕变的程度已相当大,由于晶界温升使 β 增大,且晶界温升以及逐渐增加的缺陷浓度使晶界附近的热导率大幅度下降,可能引起局部热恶化,局部晶界温升 ΔT_{gb} 突然增大,使部分晶界熔融并导致沿晶界

附近贯通的热击穿。

(2) $\Delta T_c < \Delta T_{gb} < \Delta T_f$。

当冲击电流引起的晶界温升 ΔT_{gb} 大于 ΔT_c,陶瓷内的一些裂纹开始扩展。而在没有裂纹的晶界,其伏安特性的蜕变依然由电气性能蜕变规律决定,但是,由于晶界附近裂纹的扩展将使晶界的断裂应力 σ_f 下降,随着冲击次数的增多,裂纹不断扩展并可能使一些晶界断裂,裂纹沿失效晶界贯通,当冲击再次到来,大电流产生的焦耳热使试样沿裂纹贯通处被炸裂;在这种情况下,裂纹的扩展应是试样被破坏的主要原因。

(3) $\Delta T_{gb} \geqslant \Delta T_f$。

当冲击电流引起的晶界温升 ΔT_{gb} 大于等于晶界的断裂的温差 ΔT_f 时,大电流作用期间,晶界将连续发生断裂,而且裂纹也在不断扩展,两种因素的作用使试样迅速热破坏。

事实上,以上三种应力状况对应着电流密度从小到大变化的过程,J_p 越大,晶界温升越高,试样被迅速破坏的可能性越大。根据以上观点,对所用试样的断裂应力进行了测量,并推算得晶界的断裂应力为 $\sigma_f = 37.3 \text{N} \cdot \text{cm}^{-2}$,其热膨胀系数 $\beta = 33.3 \times 10^{-6} \text{℃}$,由此计算得晶界的断裂温差 $\Delta T_f = 680\text{℃}$;ΔT_f 与略大于 $J_p = 2.0 \text{kA} \cdot \text{cm}^{-2}$ 的冲击电流所产生的晶界温升 ΔT_{gb},即若 $J_p \geqslant 2.0 \text{kA} \cdot \text{cm}^{-2}$ 后再继续扩大,试样将因热应力而被迅速破坏。

2.6.5　氧化锌压敏陶瓷遭受冲击时的蜕变机理

1. 晶界区的势垒模型

根据前述 TSC 的研究结果以及热传导过程的分析,按最极端的状况考虑,即晶粒的一端与高阻的晶界层接触,另一端与 ZnO 晶粒直接接触,即高温晶界与低温晶界同时存在于同一晶粒的两边,得到如图 2.66 所示的 Schottky 势垒模型。图中标出了晶界层中的缺陷能带($0.5 \sim 1.0 \text{eV}$),位于费米能级以下的陷阱能级被电子占据。

根据该模型作如下假设:

(1) 晶界表面态密度相当大,高阻层陷阱浓度也相当大,系统的费米能级由晶界费米能级 E_F^b 决定;

(2) 在直流作用下,高温晶界与低温晶界温度基本相同,故高温晶界 Schottky 势垒的畸变状况与低温晶界基本相同;

(3) 在冲击电流作用下,高温晶界 Schottky 势垒的畸变较低温晶界严重,故在冲击电流作用下主要考虑高温晶界的畸变状况。

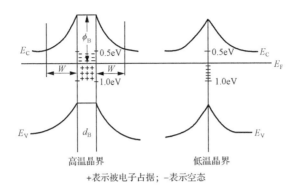

+表示被电子占据；−表示空态

图 2.66　平衡状态下的 Schottky 势垒模型

2. ZnO 压敏陶瓷遭受直流冲击时的蜕变机理

目前被普遍接受的离子迁移模型由于没有考虑二阶电离填隙 Zn 离子 $Zn_i^{..}$ 对 ZnO 压敏陶瓷直流蜕变的影响，不能完整地解释 Rohatgi 等的实验现象。但是，直流蜕变不仅与一级电离填隙 Zn 离子 $Zn_i^.$ 有关，而且与 $Zn_i^{..}$ 也有很大关系。从前述中可以看到，与未经蜕变试验的 TSC 结果相比，直流蜕变后试样的 TSC 谱中，由 $Zn_i^{..}$ 形成的 TSC 峰值大大增加。因此，在 ZnO 压敏陶瓷直流蜕变机理的研究中，$Zn_i^{..}$ 的作用是不容忽视的，基于这样的观点，并考虑晶界深陷阱的作用，提出了修正的离子迁移模型。

考虑图 2.66 中 Schottky 势垒在直流作用下的状况，为方便起见，只考虑图中晶粒直接相触晶界的双 Schottky 势垒，并将其在直流作用下能带的弯曲状况绘于图 2.67，图中 E_F^+ 和 E_F^- 分别表示正反偏 Schottky 势垒的准费米能级。

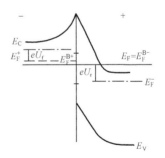

图 2.67　直流偏置状态下 Schottky 势垒

首先研究图 2.67 中的正偏 Schottky 势垒。此时，正偏 Schottky 势垒处于导通状态，一级电离 Zn 离子 $Zn_i^.$ 由于其较低的迁移活化能和较大的迁移率，将离开势垒耗尽区，使耗尽区中施主离子浓度减小。为保持 Schottky 势垒的平衡与稳定，由于系统驱动焓的作用，部分一级电离填隙 Zn 离子 $Zn_i^.$ 可能形成 $Zn_i^{..}$，即有

$$Zn_i^. \longrightarrow Zn_i^{..} + e' \tag{2-70}$$

另一方面，尽管正偏势垒中的电场较弱，少量 $Zn_i^.$ 仍可迁移至界面。可能产生下式反应：

$$Zn_i^{\cdot} + V_{Zn}' \longrightarrow V_{Zn} + Zn_i \tag{2-71}$$

使表面态密度有所下降。在正偏的 Schottky 势垒中,由于电压的长期作用,晶粒内的电子可以不断地转移至晶界面,并被界面深能级表面态俘获,这一过程的长期积累,可能使界面左侧中性费米能级 E_F^+ 上移。以上因素的作用,使正偏 Schottky 势垒的高度大大降低,耗尽层宽度减小。

在反偏 Schottky 势垒中,大量的 $Zn_i^{\cdot}$ 在电场作用下不断向耗尽层迁移,由于准费米能级 E_F^- 较系统平衡费米能级 E_F 下降,在晶界附近一些原来处于费米能级之下的深能级施主现在可能位于 E_F^- 之上,而发生电离使耗尽区施主浓度大大增加,耗尽区的空间电场得以大大加强;由于 $Zn_i^{\cdot\cdot}$ 受到晶界的库仑引力远大于 $Zn_i^{\cdot}$ 所受到的库仑引力,使 $Zn_i^{\cdot\cdot}$ 能够渡越到界面,在界面上可能发生如下反应:

$$Zn_i^{\cdot\cdot} + V_{Zn}'' \longrightarrow V_{Zn} + Zn_i \tag{2-72}$$
$$Zn_i^{\cdot\cdot} + O^{2-} \longrightarrow ZnO \tag{2-73}$$

使界面态密度有一定下降。

式(2-73)的存在,使 $Zn_i^{\cdot\cdot}$ 浓度在耗尽层中有所降低,高浓度的 $Zn_i^{\cdot}$ 将陆续电离,形成 $Zn_i^{\cdot\cdot}$。施主浓度的增加以及表面态密度的下降,必定使 Schottky 势垒高度有一些降低,势垒宽度也有所降低。

由于造成正反偏 Schottky 势垒畸变的原因不同,使正偏 Schottky 势垒的畸变较反偏 Schottky 势垒的畸变严重,引起了伏安特性的蜕变和极性效应,并使背靠的双 Schottky 势垒耗尽层区中二级电离 Zn 离子 $Zn_i^{\cdot\cdot}$ 浓度差异很大,因而引起二级电离填隙 Zn 离子 $Zn_i^{\cdot\cdot}$ 在 TSC 谱中峰的升高;同时,$Zn_i^{\cdot}$ 的迁移引起的 TSC 谱峰也很大,有可能淹没氧空位浓度 V_O 形成较小的 TSC 峰,因此如果能减少 $Zn_i^{\cdot}$ 和 $Zn_i^{\cdot\cdot}$ 在耗尽区的浓度,便可以提高 ZnO 压敏陶瓷的直流稳定性。Rohatgi 等通过 DLTS 谱的研究,发现在 600℃ 左右对 ZnO 压敏陶瓷热处理可以使 $Zn_i^{\cdot\cdot}$ 形成的 DLTS 谱的峰值大大减小,其稳定性有很大的提高,这说明 $Zn_i^{\cdot\cdot}$ 和 $Zn_i^{\cdot}$ 也是造成 ZnO 压敏陶瓷不稳定性的原因,因此在稳定性的改善方面应同时考虑 $Zn_i^{\cdot}$ 和 $Zn_i^{\cdot\cdot}$ 的作用。

3. ZnO 压敏陶瓷因遭受冲击引起蜕变的机理

通过前述的研究已知,一般情况下,ZnO 压敏陶瓷在冲击电流作用下,其伏安特性的蜕变经历三个区域:初始变化区、性能缓冲区和热破坏前区(也称突变区)。从图 2.67 所示的 Schottky 势垒模型可以看到,在冲击电流下,正偏 Schottky 势垒处于完全导通的状态,反偏 Schottky 势垒处于隧道击穿状态。根据这一特征,利用 TSC 的研究结果提出了描述 Schottky 势垒畸变状态的载流子大注入模型,然后利用该模型对冲击蜕变过程的三个阶段进行推论。

1）Schottky 势垒的大注入模型

（1）假设。

① 正偏 Schottky 势垒处于大注入状态；

② 反偏 Schottky 势垒处于隧道击穿状态；

③ 正偏 Schottky 势垒处于注入的电子浓度大于反偏 Schottky 势垒反型层中的空穴浓度。

（2）大注入引起 Schottky 势垒畸变的过程。

考虑图 2.66 的 Schottky 势垒模型，由于在冲击电流作用下主要考虑高温晶界的畸变状况，故将平衡状态的高温晶界重绘于图 2.68(a) 中，以下将大注入过程分为两个阶段说明。

① 当冲击电流作用于 Schottky 势垒时，由于正偏 Schottky 势垒处于大注入状态。即注入的电子平衡浓度 $\Delta\eta_p$ 大于或等于界面未占据的表面态浓度 $N_S^0\Delta S$（ΔS 为晶界面积），注入的电子在界面处形成积累产生一内电场，并向晶界层深处扩散，在扩散过程被陷阱捕获；为了保持晶界层的电中性，界面价带可能产生空穴，

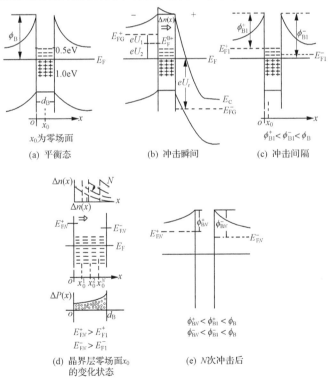

图 2.68　Schottky 势垒大注入引起的畸变过程

并使内电场增强,使电子扩散运动加速,空穴则保持在原来位置上。由于内电场的存在,使正向偏压在电子扩散区降落了一部分,正偏界面的费米能级上升为 E_F^{B+},此时

$$eU_f = eU_1 + eU_2 \tag{2-74}$$

在界面附近,陷阱浓度相对大,使电子在较短的扩散距离下被全部捕捉;价带中的空穴也可能被陷阱俘获,有使占据型表面态密度下降趋势。在反偏 Schottky 势垒中,由于陷阱的作用,$8/20\mu s$ 冲击初始几次作用,注入的电子还未迁移到右晶界。因此,反偏 Schottky 势垒中的空穴一方面使耗尽层变得很薄,另一方面可能在界面产生一些复合,使界面空穴浓度有一些增加。

在冲击间隔中,陷阱可以施放一些电荷,但界面温度又迅速降低,捕获的电荷不可能完全施放,故正偏 Schottky 势垒晶界的中性费米能级由冲击作用期间的 E_F^{B+} 下降为 E_{Fi}^+,反偏 Schottky 势垒晶界的中性费米能级以非常微小的上升,变为 E_{Fi}^-。由于正偏晶界附近深陷阱对注入电子的大量捕获,使注入电荷难以扩散得更深,所以零场面 x_0 应靠近正偏晶界。

冲击、冲击间隔过程如图 2.68(b)、(c)所示,在冲击和冲击间隔过程中,造成正反偏 Schottky 势垒不对称畸变的主要原因是载流子注入的距离不够深,而势垒的畸变是由于界面中性费米能级的上移。

② 当冲击继续作用于 Schottky 势垒,多次冲击引起大注入已使正偏晶界处陷阱被填满,处于饱和状态,使注入的电子向晶界层深处扩散,有使整个晶界层中陷阱被注满的趋势,零场面不断向反偏晶界迁移,这样在负方向形成的热刺激电流峰值越来越大。随着电子不断地向反偏晶界层深处的扩散,反偏晶界的中性费米能级也不断上升,但由于大注入形成的内电场将阻止空穴向晶界层深处的迁移,晶界层中空穴的浓度 $\Delta P(x)$ 如图 2.68(d)所示。反偏晶界处的空穴浓度 $\Delta P(d_B) > \Delta P(0)$,电子浓度 $\Delta n(0) > \Delta n(d_B)$。所以,当 N 次冲击作用后,反偏晶界的费米能级 E_{FN}^- 小于正偏晶界的费米能级 E_{FN}^+,但有以下关系:

$$E_F < E_{Fi}^+ < E_{FN}^+ \tag{2-75}$$
$$E_F < E_{Fi}^- < E_{FN}^- \tag{2-76}$$

这样,N 次冲击后的 Schottky 势垒仍存在一定程度的不对称畸变,但势垒高度明显降低,即在 Schottky 势垒的大注入过程中,Schottky 势垒有线性化趋势,最后得到如图 2.68(e)所示畸变后的 Schottky 势垒图。

从以上的①、②两个过程可以看到,在大注入过程中,高密度陷阱对注入电子的大量捕获及储存效应引起了 Schottky 势垒的不对称畸变。

2) ZnO 压敏陶瓷的冲击蜕变机理

(1) 初始变化区。

这一区域 U_{1mA} 的变化值不大,但有极性效应,冲击电流作用后,试样的 U_{1mA} 有

一定程度的恢复。在这一区域，U_{1mA} 的变化由两部分组成：

$$\Delta U_{1mA} = \Delta U'_{1mA} + \Delta U''_{1mA} \tag{2-77}$$

其中，ΔU_{1mA} 由部分差的不良晶界的微观热破坏引起，即试样中原来就有的不良低势垒晶界因微区电流密度集中而热破坏，使沿电流路径上串联的有效晶界数减少，U_{1mA} 下降；$\Delta U'_{1mA}$ 为不可恢复且无极性的部分；$\Delta U''_{1mA}$ 为由 Schottky 势垒大注入电荷引起的蜕变，$\Delta U''_{1mA}$ 应具有极性效应，且包含可逆变化的部分。因此，可以认为初始变化区是冲击对晶界的自然选择过程。

（2）性能缓变区。

这一区域，由于破坏的不良晶界已被击穿，完好的晶界可以维持热平衡，因此这一区域 U_{1mA} 的缓慢下降主要是由于电子陷阱效应的连续累积所致。根据冲击后试样热刺激电流的研究结果，并结合 Schottky 势垒大注入模型，可以发现这一区域 Schottky 势垒的畸变遵循大注入模型描述的过程。

另外，根据图 2.66 的 Schottky 势垒模型，由冲击热过程的分析结果知道，高温晶界在冲击过程中的温升远高于低温晶界，故在高温晶界与低温晶界间应该存在离子浓度差，引起填隙 Zn 离子 Zn$_i^{\cdot}$ 在冲击期间从高温晶界向低温晶界迁移，因此冲击后试样的 TSC 谱上仍有因 Zn$_i^{\cdot}$ 离子迁移而形成的峰 B。但由于 Zn$_i^{\cdot}$ 引起的电荷变化量远小于注入电荷量，故它对 Schottky 势垒的影响可以忽略。

由于冲击电流作用于 ZnO 压敏陶瓷试样，在晶界引起很高的温升，可以将其作用的瞬间视作为瞬间热处理，所以在 Schottky 势垒的畸变过程中，除了陷阱效应外，还应考虑晶界温升引起的氧解吸过程。由于冲击时间很短，故晶界无相变产生（从 X 射线衍射结果可知）。界面上吸附的氧负离子的解吸使表面态密度减小，也使 Schottky 势垒降低。

综上所述，在性能缓变区 Schottky 势垒具有线性化趋势，并不断向低势垒趋近，趋向于变为线性结，引起 ZnO 压敏陶瓷在冲击电流作用下的蜕变，这与图 2.66 的实验结果是吻合的。

（3）热破坏前区。

这一区域的变化特征是：ΔU_{1mA} 迅速增大，极性效应趋于消失。从前面的研究的结果可知，当冲击一定次数后，由于晶粒热导率的下降，部分热导性能较差的晶界首先由热平衡状态转入热不平衡状态，使其在冲击作用下，晶界温度急剧增高；因此，在这一区域，ΔU_{1mA} 的迅速增大以及极性效应的消失主要与部分晶界因温度的急剧升高造成的热破坏有关。从对热过程的分析结果可知，冲击电流越大（或冲击次数足够多），在晶界引起的温升越大，形成的温度梯度越大，晶粒热导率降低，晶界附近的热膨胀系数增大。晶界可能存在三种应力状态，造成的破坏有两种发展趋势：一种是部分晶界由于电流集中而温度剧升，处于熔融状态，引起电流进一步集中，使熔融的晶界连通，形成热击穿的熔洞；另一种发展趋势是因极的大温度梯度引起的热应力使材料从某些晶界处裂开,形成微裂纹,使电流通道面积减小,局部电流密度突然增大,最后试样因热应力而被炸裂。

从对冲击热过程的理论分析,可以认为影响 ZnO 压敏陶瓷的耐冲击能力可能有下列几种因素:

① ZnO 压敏陶瓷的微观均匀性直接影响着每一晶界实际承受的电流密度(或电压);

② 晶界及晶界层中的电子态、陷阱能级的密度分布状态;

③ 晶界及晶界相的致密度;

④ 晶界高阻材料的热特性及力学特性。

以上这些因素与配方、工艺手段密切相关。如果 ZnO 压敏陶瓷的微观均匀性很好,界面缺陷浓度小(即界面能低,界面密度好),晶界高阻材料的热性能好,机械强度高,则 ZnO 压敏陶瓷的抗蜕变能力较强。

总之,从对 ZnO 压敏陶瓷冲击引起其性能蜕变劣化原因的详细研究可以看出,这种蜕变劣化与在长期运行条件下的老化原因是不完全相同的。

参 考 文 献

陈季丹,刘子玉. 1982. 电介质物理学[M]. 北京:机械工业出版社.

陈志清,谢恒堃. 1992. 氧化锌压敏陶瓷及其在电力系统中的应用[M]. 北京:水利电力出版社.

郭汝艳. 1984. 氧化锌陶瓷交流下的阻性电流[D]. 西安:西安交通大学.

洪德祥,刘辅宜,等. 1984. ZnO 非欧姆性陶瓷元件导电均匀性的液晶显示与分析[J]. 电瓷避雷器,(3):39-43.

李盛涛,刘辅宜,焦兴六. 1996. ZnO 非欧姆性陶瓷材料的介电和损耗特性[J]. 无机材料学报,1:90-96.

刘思科,朱秉升,等. 1984. 半导体物理学[M]. 上海:上海科学技术出版社.

王力衡. 1988. 介质的热刺激理论及其应用[M]. 北京:科学出版社.

张美蓉. 1991. ZnO 压敏陶瓷蜕变机理的研究[D]. 西安:西安交通大学.

Allicopp H J,Roberts J P. 1959. Nonstoichiometry of zinc oxide and its relation to sintering[J]. Trans. Faraday Soc. ,55:1386-1393.

Braulich P. 1979. Thermally Stimulated Relaxation in Solids[M]. Berlin:Springer-Verlag.

Carison W G,Gupta T K,et al. 1986. A procedure for estimating the lifetime of gapless metal oxide surge arresters for AC application[J]. IEEE Transactions on Power Delivery,1(2):67-74.

Cheng P F,Li S T,Zhang L,et al. 2008. Characterization of intrinsic donor defects in ZnO ceramics by dielectric spectroscopy[J]. Appl. Phys. Lett. ,93:012902.

Choi J S,Yo C H. 1976. Study of the nonstoichiometric composition of zinc oxide[J]. J. Phys. Chem. Solids,37(12):1149-1157.

Cordaro J F. 1988. Deep levels in zinc oxide material,advances in varistor technology[J]. Ceramic Transactions,3:125-126.

Eda K. 1980. Degradation mechanism in non-ohmic ZnO ceramics[J]. J. Appl. Phys. ,51(5):2678-2684.

Eda K. 1984. Destruction mechanism of ZnO varistors due to high currents[J]. J. Appl. Phys. ,56:2948-2955.

Eda K, Iga A, Matsuoka M. 1979. Current creep in non-ohmic ZnO ceramics[J]. Jpn. J. Appl. Phys. , 18(5):
997-998.

Fujiwara Y. 1982. Evaluation of surge degradation of MOSA[J]. IEEE Transactions on Power Apparatus and
Systems, PAS-101(4):978-985.

Gardner T D, Doughty D H, et al. 1988. The effect of low level dopants on chemically prepared varistor mate-
rials[J]. Ceramic Transactions, 3:84-92.

Gupta T K. 1987. Effect of material and design parameters on the life and operating voltage of a ZnO varistors
[J]. J. Mater. Res. , 2(2):231-238.

Gupta T K, Carlson W G. 1982. Barrier voltage and its effect on stability of ZnO varistor[J]. J. Appl. Phys. ,
53(11):7401-7409.

Gupta T K, Carison W G. 1985. A grain-boundary defect model for instability of ZnO varistor[J]. J. Mater.
Sci. , 20:3487.

Gupta T K, Carison W G, Hall B O. 1982. Metastable barrier voltage in ZnO varistor[J]. Grain Boundary in
Semiconductors:399-404.

Gupta T K, Carlson W G, Hower P L. 1981. Current instability phenomena in ZnO varistors under a continu-
ous AC stress[J]. J. Appl. Phys. , 52(6):4104-4111.

Hayashi M. 1982. Degradation mechanism of zinc oxide varistors under DC bias[J]. J. Appl. Phys. , 53(8):
5754-5762.

Iga A, Matsuoka M, Masuyama T. 1976. Effect of heat treatment on current creep phenomena in non-ohmic
ZnO ceramics[J]. Jpn. J. App. Phys. , 15(9):1847-1848.

Iga A, Matsuoka M, Masuyama T. 1976. Effect of phase transformation of intergranular Bi_2O_3 layer in non-
ohmic ZnO ceramics[J]. Jpn. J. App. Phys. , 15(6):1161-1162.

Jonscher A K, et al. 1979. Charge-carrier contributions to dielectric loss[J]. J. Phys. C: Solid State Phys. , 12
(7):L293-L296.

Jonscher A K, et al. 1981. A new understanding of the dielectric relaxation of solids[J]. J. Mater. Sci. , 16(8):
2037-2060.

Lawless W N, Gupta T K. 1986. Thermal properties of pure and varistor ZnO at low temperature[J]. J. Appl.
Phys. , 60(2):607-611.

Lawless W N, Clark C F, et al. 1998. Electrical and thermal properties of a varistor at cryogenic temperatures
[J]. J. Appl. Phys. , 64(8):4223-4228.

Li S T, Liu F Y, Jia G P. 1997. A study on dimensional effect of ZnO varistors by means of statistics[J]. Chi-
nese Journal of Inorganic Materials, 12(4):525-530.

Li S T, Cheng P F, Li J Y, et al. 2007. Investigation on defect structure in ZnO varistor ceramics by dielectric
spectra[C]. IEEE International Conference on Solid Dielectrics, Winchester:207-210.

Li S T, Li J Y, Liu F Y, et al. 2002. The dimensional effect of breakdown field in ZnO varistors[J]. J. Phys. D:
Appl. Phys. , 35:1884-1888.

Li S T, Liu F Y, Jia G P, et al. 1996. Structural origin of dimensional effect on dielectric breakdown strength of
ZnO varistors[J]. TIEE Japan, 116:1146-1152.

Li S T, Xie F, Liu F Y, et al. 2005. The relation between residual voltage ratio and microstructural parameters
of ZnO varistors[J]. Mater. Lett. , 59:302-307.

Mizukoshi A, Ozawa J, et al. 1983. Influence of uniformity on energy absorption capabilities of zinc oxide elements as applied in Arresters[J]. IEEE Power Engineering Society,PAS-102(5):1384-1390.

Oyama M,Ohsima I,Honda M,et al. 1982. Life performance of ZnO elements under DC voltage[J]. IEEE Transaction on Power Apparatus and Systems,PAS-101(6):1363-1368.

Pavivsky N D,Caralp F,et al. 1976. Chemical characterization and electronic properties of nonstoichiometric zinc oxide[J]. Phys. Status Solidi A,35(2):615-625.

Philipp R H,Levinson M L. 1975. Optical method for determining the grain resistivity in ZnO-based ceramic varistors[J]. J. Appl. Phys. ,46(7):3206-3207.

Richmond W C,Seitz M A. 1981. Grain boundary phenomena in electronic ceramics[R]. International Symposium on Grain Boundary Phenomena in Electronic Ceramics:245.

Rohatgi A,Pang S K,et al. 1988. The deep level transient spectroscopy studies of a ZnO varistor as a function of annealing[J]. J. Appl. Phys. ,63(11):5375-5379.

Sakshaug E C,Kresge J S,et al. 1977. A new concept in station arrester design[J]. IEEE Trans. Power Appar. Syst. ,96(2):647-656.

Sato K,Takada Y. 1982. A mechanism of degradation in leakage currents through ZnO varistors[J]. J. Appl. Phys. ,53:8819-8826.

Shim Y,Cordaro J F. 1988. Admittance spectroscopy of polycrystalline ZnO-Bi_2O_3 and ZnO-BaO system[J]. J. Am. Ceram. Soc. ,71(3):184-188.

Shirley C G,Paulson J. 1979. The pulse-degradation characteristic of ZnO varistors[J]. J. Appl. Phys. ,50(9):5782-5789.

Sweetana A,Kunkle N T,et al. 1982. Design development and testing of 1200 and 550kV gapless surge arresters[J]. IEEE Power Engineering Society,PAS-101(7):2319-2327.

Takahashi K,Miyoshi T,et al. 1981. Degradation of zinc oxide varistors[C]. The Annual Meeting of the Materials Research Society,Boston:16-19.

Zhao X T,Li J Y,Li H,et al. 2012. Intrinsic and extrinsic defect relaxation behavior of ZnO ceramics[J]. J. Appl. Phys. ,111:124106.

第 3 章 氧化锌压敏陶瓷的烧结原理及压敏功能结构的形成

3.1 液相烧结与固相烧结

3.1.1 氧化锌压敏陶瓷的烧结特点

烧结(sintering)过程,在广义上通常是指在高温下粉料集合体(坯体)的表面积逐渐减小、气孔率逐渐降低、颗粒间接触面积增大、致密度增加及机械强度提高的过程。

就 ZnO 压敏陶瓷而言,其烧结过程就是使其由多种金属氧化物压制成型的粉料体,经过一定温度下发生的一系列物理化学反应,由多孔的疏松状态变为致密坚硬瓷化的多晶瓷体过程。烧结之所以发生,是因为在一定温度的热能的推动下坯体中的粉料存在着由高的表面能和晶粒界面能向低能转变的过程;也就是说,伴随着其能量的释放引起物质的移动,使颗粒紧密地接触,形成晶界,并在晶粒界面能的推动下产生晶界移动和排除颗粒之间的气孔;同时通过颗粒间聚合使小颗粒缩小或消失,大晶粒长大,晶粒数量减少。由于 ZnO 压敏陶瓷烧结体中存在多种晶体,其最终的紧密烧结体为致密的多晶复合陶瓷。

陶瓷的烧结过程,一般分为气相烧结、固相烧结和液相烧结三种烧结过程。ZnO 压敏陶瓷的烧结应该属于以液相烧结为主兼有气相烧结和固相烧结的烧结过程;但与典型的液相烧结陶瓷(如传统的长石质瓷)不同,因为它所含液相很少,所以它属于只有少量液相参与的液相烧结。ZnO 压敏陶瓷的烧结具有以下特点:

(1)坯体在出现液相后开始收缩,在晶粒长大和致密化过程中只有少量液相参与,在烧成后期随着烧结体冷却,这些液相因析晶及偏析而大部分消失。所以在烧结体的显微结构中只有很少的无定形玻璃相,这可以理解为液相主要存在于烧结过程中。

(2)在烧结过程中出现的 Bi_2O_3 液相具有较高的溶解能力,可溶解大量的 ZnO、少量的 Sb_2O_3 和其他添加剂(如 Cr、Si、Mn 和 Co 等)。由于液相传质的扩散速度比固相大得多,Bi_2O_3 液相的出现加快了传质过程和反应速度,从而促进了烧结。富 Bi 液相虽然可以溶解较多 ZnO,但它对 ZnO 晶粒的润湿性并不好,因而不能完全包围 ZnO 晶粒,液相主要存在于多个 ZnO 晶粒之间的空隙处,多数晶粒仍保持直接接触。通过观察其显微结构可以发现,ZnO 颗粒之间形成颈圈,即使再延长烧结时间,有些颈圈也不会完全消失,这显示出固相烧结的一些特征。

基于上述 ZnO 压敏陶瓷烧结过程的两个特征,便不难理解由此形成的 ZnO 压敏陶瓷特有的显微结构。

3.1.2 液相的形成

液相烧结对于实际陶瓷的烧结工艺是相当重要的,因为液相的形成和出现能够迅速地加速烧结的过程。ZnO 压敏陶瓷液相形成的过程与 Bi_2O_3 本身的熔融以及与 ZnO 和各种添加剂的互相反应形成固溶体、低共熔体的过程有着密切的关系。

为了考察 ZnO 压敏陶瓷在烧结过程中各成分之间的化学反应和新物相的生成,陈志清等采用差热分析及 X 射线衍射进行了研究。试样采用 ZnO 和含有 Bi_2O_3、Sb_2O_3、Co_2O_3、MnO_2 及 Cr_2O_3 五种添加剂的混合物。其配比如下:①和②为 $2 \sim 92.5ZnO + 2.5Bi_2O_3 + 5.0Sb_2O_3$;③、④、⑤和⑥为 $(100 - X)ZnO + X/6(Bi_2O_3 + 2Sb_2O_3 + Co_2O_3 + MnO_2 + Cr_2O_3)(X = 10)$ 多元物系;⑦为 $99.5ZnO + 0.5Bi_2O_3$;⑧为 $13Bi_2O_3 \cdot 2Cr_2O_3$ 单相;⑨和⑩为 $92.5ZnO + 5Bi_2O_3 + 2.5Cr_2O_3$。

图 3.1 为含有五种添加剂中的一到多元 ZnO 系统的差热分析图谱,从图中可以了解液相的形成过程。

在 $ZnO\text{-}Bi_2O_3$ 二元系中(曲线⑥和⑦),当加热到约 750℃ 时,由于 ZnO 和 Bi_2O_3 形成低共熔物,出现了富 Bi_2O_3 液相(峰 g)若以一般冷却速度(5℃/min)冷却到 550℃(峰 d),结晶得到 β-Bi_2O_3 相。

在 $ZnO\text{-}Bi_2O_3\text{-}Sb_2O$ 三元系中(曲线①和②),当加热到约 930℃ 时,生成焦绿石相 $Zn_2Bi_3Sb_3O_{14}$(峰 a),焦绿石相与 ZnO 反应生成尖晶石的同质异构体 X_{ZSO} 和富 Bi_2O_3 相(峰 b)。当以一般冷却速度(5℃/min)冷却时,大约在 930℃(峰 c)结晶得到焦绿石相。

曲线⑧为 $13Bi_2O_3 \cdot 2Cr_2O_3$ 的差热图谱曲线,单相 $13Bi_2O_3 \cdot 2Cr_2O_3$ 的熔点为 930℃。当有 ZnO 共存时,其熔点降低到约为 850℃(曲线③的峰 h)。因此,在 ZBSCoMCr 系统中溶有 Cr 的富 Bi_2O_3 液相是在 $850 \sim 900$℃内,直接由固溶入有 Cr 的焦绿石与 ZnO 反应形成(曲线③的峰 b)。冷却所得到的结晶情况与冷却速度有关。从 1150℃ 开始以 15℃/min 的冷却速度快速冷却,在 760℃ 左右得到 δ-Bi_2O_3 相(曲线⑤的峰 f),而以 5℃/min 的冷却速度慢速冷却时,分别在 780℃ 左右得到 $14Bi_2O_3 \cdot 2Cr_2O_3$ 相和在 550℃ 左右得到 β-Bi_2O_3 相(曲线④的峰 e 和峰 d)。Z-ZnO 溶解有 Co 和 Mn。

因此,上述试验结果表明:

(1) 在有 ZnO 的参与下,Bi_2O_3 与 ZnO 反应生成的低共熔体(750℃熔融),其熔融温度明显低于纯 Bi_2O_3 熔点 825℃。

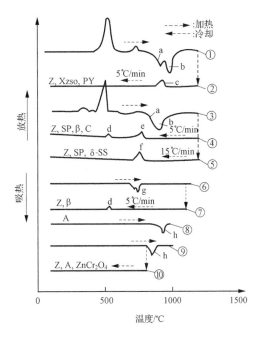

图 3.1　ZnO-Bi$_2$O$_3$ 等系统的差热分析图谱

图中的简称符号分别为:PY—焦绿石相 Zn$_2$Bi$_3$Sb$_3$O$_{14}$ 固溶有 Co、Mn 和 Cr;X$_{ZSO}$—尖晶石 Zn$_7$Sb$_2$O$_{14}$ 的
同质异构体;SP—固溶有 Co、Mn 和 Cr 尖晶石相;C—固溶有 Zn 和 Sb 的 14Bi$_2$O$_3$·2Cr$_2$O$_3$ 相;
Z—ZnO 相;β—β-Bi$_2$O$_3$ 相;δ-SS—固溶有 Zn、Sb 和 Cr 的 δ-Bi$_2$O$_3$ 固溶体相;A—13Bi$_2$O$_3$·2Cr$_2$O$_3$ 相

（2）在有 Cr$_2$O$_3$ 的参与下,ZnO-Bi$_2$O$_3$-Sb$_2$O 三元系先在约 850℃生成尖晶石
的同质异构体 X$_{ZSO}$ 和富 Bi$_2$O$_3$ 相,然后才与 ZnO 进一步反应生成尖晶石。SiO$_2$ 和
Cr$_2$O$_3$ 起着降低尖晶石生成温度的作用;另一方面,Cr$_2$O$_3$ 还对 δ-Bi$_2$O$_3$ 相起着稳
定的作用。

（3）冷却所得到的 Bi$_2$O$_3$ 结晶相形态与冷却速度有关,快速冷却只能得到 δ-
Bi$_2$O$_3$ 相。

因此,ZnO 压敏陶瓷中各成分之间的反应是十分复杂的,通过复杂的物理化
学反应生成多种固溶体和低共熔体,特别是 Bi$_2$O$_3$ 液相在这些反应中起着很重要
的作用。

3.1.3　液相传质

在整个液相烧结过程中,液相传质起着决定性的作用。其物理作用在于以下
过程和效应。

（1）润滑效应。由于固态粉粒之间都具有较大的摩擦系数,在成型过程中不
可避免地造成坯体中保留一些空隙(气孔)。当液相出现时,由于液相对粉粒的润

滑作用,使粉粒间的摩擦力减小,有利于粉粒相对迁移运动。

(2) 毛细管压力与粉粒的初次重排。当液相能很好地润湿固相时,粉粒间的大多数空隙被液相填充,形成毛细管状液膜。这种液膜的存在,使相邻粉粒间产生了巨大的毛细管压力。据估计直径 $0.1\sim1\mu m$ 的毛细管一般可在陶瓷中产生 $1\sim10MPa$ 的压强。如此大的收缩压力,再加上液相的润滑作用将会促使粉粒重排,这一现象称为烧结过程中的初次重排。

(3) 毛细管压力与接触平滑。这和上述情况相似,在毛细管状液膜的作用下,相邻粉粒之间承受压应力。相邻粉粒的凸出部分或球状粉粒的接触处小,毛细管压力大。事实证明,压应力有助于固体在液体中的溶解,即外来机械力有助于晶体表面或边沿质点在热振动的情况下克服固态质点的吸引力而扩散到液体中呈分散状态,所以粉粒受压处具有最大的溶解度。其动力学过程就是固体质点将不断从受压接触处溶入液相中,在浓度差的推动下以扩散的方式传递出去,在适当的低压处凝结,使接触点处逐渐平滑化。

(4) 溶入-析出过程。固体粉粒表面的活性与固体表面状态密切相关,而固态粉粒在液相中的溶解度又受其活性所制约。所以同一化学成分、同一晶格构型的固态粉粒,其在液相中的溶解度将随表面状态不同而异。通常细小颗粒或曲率半径特别小的凸缘或尖角,其溶解度大,在该处附近溶液中溶质的浓度大;与此相反,粗粒、平表面或凹表面处不易溶入,其附近的溶质浓度小。当同一液相体系中出现不同浓度时,浓度差将成为一种推动力,促使溶质在液相中扩散,即有定向的物质流从细粒表面向粗粒表面迁移。扩散的结果是原来高浓度处出现欠饱和状态,即溶入多而析出少;原来低浓度处出现过饱和状态,即溶入少而析出多,这样造成溶质不断在粗粒表面凝析。只要表面曲率差存在,这一过程将一直维持下去。这就是液相烧结的主要传质机理,即溶入-析出过程。如果将固态粉粒四周的液相比作气体,那么固体在液相中的浓度犹如其在气相中的蒸气压。这样可以理解,液相的溶入-析出过程与气相传质的蒸发-凝结过程极为类似。

(5) 熟化适应过程。这里首先介绍一个在烧结理论中常提到的名词:奥氏熟化。它是指颗粒在可传质媒质中的长大现象。它包括气相传质中由于蒸发-凝结引起的大粒变大、小粒消失过程;也包括液相传质中由于溶入-析出引起粗粒变粗、细粒变细或消失的过程;还包括烧结后期体内孤立气孔,通过空格点扩散而引起的大孔长大、小孔缩小或消失的过程。所有这些现象都称为奥氏熟化,它都可利用相似的理论来加以处理。在液相烧结过程中,随着奥氏熟化的进展,大粒各自长大成熟,直接相互接壤而形成粒界。也就是彼此都改变了原有的颗粒形状并互相缀合,故叫做奥氏适应过程或熟化适应过程。

(6) 固态脉络。在比较早期的液相烧结理论中,通过相应的数学推导求得奥氏熟化所获得的平均粒径 r 与烧结时间 t 的关系具有如下:

$$r \propto t^{1/3} \tag{3-1}$$

为了解析液相烧结陶瓷的收缩曲线,通常人为地将其划分为三个阶段。第一阶段:粉粒的重排。液相的润滑作用和毛细管压的拉紧作用使粉粒间的配位数提高,使坯体中气孔大量消失,收缩率显著增加,故收缩斜率特别大。第二阶段:由于受压接触平滑的作用,收缩比较缓慢,其线收缩与烧成时间之间存在 1/3 次方的关系。第三阶段:致密化过程已接近饱和,收缩率几乎不随时间改变。这一阶段被解释为由于在烧结体中形成了固态脉络。因此,液相烧结快速收缩的势头便被大大地缓慢下来了。关于固态脉络的形成从实验曲线上看似乎是可行的,但从物相特性与显微结构上考虑还有一定困难。

总之,液相对于烧结能够起到显著作用的前提是,液相对固态粉粒的良好润湿,而固态脉络的形成却又要求液相对固体颗粒之间不能有很好的润湿,这就需要润湿特性的某种折中或在烧结过程中润湿特性有所转变。不过,在某些液相能够使固体颗粒完全润湿的烧结体中,大量气泡的残留也会使烧结推动力大为降低,而使收缩速度缓慢下来,这就与固态脉络的形成无多大关系了。上列六种现象是属于在液相烧结过程中出现的,属于物理性质的过程,当然,这些现象可能都存在,却不一定都是推动液相烧结的主要过程。

ZnO 压敏陶瓷烧结过程与上述情况相似,当其出现液相时,液相将会润湿坯体中颗粒,并填充颗粒间的孔隙,在颗粒间产生表面张力。表面张力的大小与液相的性质和数量以及颗粒的大小有关。液体的润湿性越好、颗粒越细、颗粒间的间隙越小,则表面张力越大。在表面张力的拉紧作用下,颗粒发生移动,改变原来的排列状态而进行重新排列,从而使坯体颗粒之间获得更紧密的堆积。

液相的存在除具有上述作用外,还起着前述溶入-析出液相传质的作用。这种传质只在液相和固相之间的界面进行。坯体的颗粒在细磨粉碎和压型过程中,受到的机械力作用,其晶格发生畸变,产生内应力。颗粒越小畸变的程度越大,则能量越高。因此,在固-液界面上,小颗粒比大颗粒具有更大的活性,更容易溶于液相中,使其附近液相含有更高的固相溶质浓度;反之,大颗粒附近的液相含有较低的固相溶质浓度,故出现浓度差。因而出现固溶质将从高浓度向低浓度处扩散,由于大颗粒的平衡浓度较低,固相溶质便在大颗粒表面凝结(析出)。在动态过程中各个颗粒表面都有固相溶质溶入的液相和在表面析出。在平衡状态下,必然是小颗粒溶入多而析出少;大颗粒则溶入少而析出多。这种液相的传质过程又称为溶入-析出过程。在液相烧结过程中,通过液相传质,小颗粒逐渐溶解至消失,大颗粒则不断长大,因而最终成为致密的瓷体。

3.1.4　晶界相的分布

富 Bi_2O_3 晶界相是由富 Bi_2O_3 的液相在冷却过程中结晶而形成的。晶界相在瓷体中的分布状态与烧结后富 Bi_2O_3 的液相在固相晶粒间的分布状态相应。

在液相烧结过程,固相与液相共存。其晶界构形,即固-液体系达到平衡状态的构形取决于表面能,两个固体颗粒的界面在高温下经过充分的时间使原子在迁移或气相传质以后也能达到平衡。其晶界面和表面能的平衡如图 3.2(a)所示,在平衡时有

$$\gamma_{SS} = 2\gamma_{SV}\cos(\psi/2) \tag{3-2}$$

式中,γ_{SS} 为固-固界面自由能;γ_{SV} 为固-气界面自由能;ψ 为固-气界面的夹角。

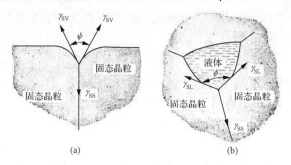

图 3.2　固-固相界面自由能的平衡状态

这种类型的沟槽通常是在多晶的样品于高温下加热时形成的,而且在多晶体系中曾经观察到热蚀现象。通过测量热蚀角可以决定晶界能与表面能之比。同样,在没有气相存在时,如果固相和液相处于平衡状态,固-固界面的自由能与固-液表面的自由能的平衡条件,则条件如图 3.2(b)所示,可以表示为

$$\gamma_{SS} = 2\gamma_{SL}\cos(\phi/2) \tag{3-3}$$

式中,γ_{SL} 为固-液界面自由能;ϕ 为固-液界面的夹角,称为二面角。

$$\cos\left(\frac{\phi}{2}\right) = \frac{1}{2}\frac{\gamma_{SS}}{\gamma_{SL}} \tag{3-4}$$

对于两相体系,二面角取决于液相在固相中的分布状态,取决于固-固界面的自由能 γ_{SS} 和固液表面自由能 γ_{SL} 的相对数值。即固-固界面能与固-液相界面能的关系如下:

若界面能 γ_{SL} 大于晶界能,则 $\phi > 120°$ 而在晶粒交界处形成孤立的袋状的第二相,略收缩为球状,这是一种不润湿的状态,如图 3.3(d)、(e)所示;若 γ_{SS}/γ_{SL} 比值介于 1 和 $\sqrt{3}$ 之间,则 ϕ 介于 60° 和 120° 之间,而第二相在三晶粒交角处沿晶粒相交线部分地渗透进去。若 γ_{SS}/γ_{SL} 比值大于 $\sqrt{3}$,则 $\phi < 60°$,则第二相就稳定地沿着各个晶粒棱长方向延伸,在三晶粒交界处形成三角棱柱体。当 $\gamma_{SS}/\gamma_{SL} \geq 2$ 时,$\phi = 0°$,则平衡时各晶粒的表面完全被第二相隔开,晶粒完全被液相所包围,处于全润湿状态,见图 3.3(a)。大量的测试数据表面晶面角不为 0,而在 12°~8° 内,介于上述两种情况之间,液相处于晶粒交角之间,并部分地向界面渗透。从三维空间看,晶间相

成为凹面的三棱柱网络,如图 3.3(b)、(c)所示。

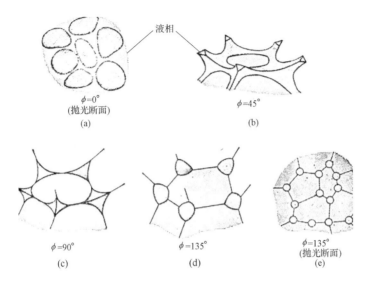

图 3.3　液相在固相晶粒间的分布状态

3.2　致密化过程

瓷体均是由密度较小的多气孔坯体(大约为理论密度的 50% 左右)经过烧结过程形成的,烧结过程实际上是使坯体内气孔减少、坯体收缩,以及使瓷体微观结构形成的过程。然而,所获得的瓷体仍旧或多或少地残留一些气孔,为了获得最致密的瓷体,必须尽可能地消除气孔。

经过长期以来的研究,已经认识到坯体致密化的驱动力是颗粒的表面能。在烧结过程中,坯体内可能的传质方式如表 3.1 所示。

表 3.1　烧结过程坯体内可能存在的传质方式

传质方式	传质路径	物质来源	物质壑
气相	蒸发和凝聚	表面	颈部
	表面扩散	表面	颈部
固相	晶格扩散	表面	颈部
	晶界扩散	晶界	颈部
	晶格扩散	晶界	颈部
	晶格扩散	位错	颈部

假如蒸气压低,则传质容易通过固态进行。在表 3.1 的传质路程中,只有从颗粒体积内或从颗粒间晶界上传质时,才能引起坯体收缩和气孔的消除,物质以表面

扩散或晶格扩散方式从表面传递到颈部不引起坯体致密化,而只能导致气孔形状的改变。物质扩散可以用扩散系数 D_V 表征:

$$D_V = D_{V0} \exp[- E_D/(kT)] \tag{3-5}$$

式中,D_{V0} 为常数;E_D 为物质扩散所需克服的势垒。

以晶界通过晶格扩散向颈部传质为例,对于已压制成型的试样,其收缩率与烧结温度和恒温时间之间的关系可表示为

$$\Delta V/V = C[\exp(- E_D/(kT))/(kT)]^{2/5} t^{2/5} \tag{3-6}$$

其中,C 为常数;t 为恒温时间。式(3-6)表明,试样的致密化速率与烧结温度和恒温时间之间具有密切的关系,与烧结温度成指数关系,和恒温时间的 2/5 次方成正比。因此,致密化速率主要取决于烧结温度。

对其机理性的研究只能给人以指导,而对具体的体系仍需进行具体研究。况且,式(3-6)给出的是影响致密化速率的因素,而人们最关心的是坯体的致密化程度,即最终获得的瓷体密度。因此,如何获得最致密的陶瓷体几乎是各类电子陶瓷研究的重要课题之一。

气孔对 ZnO 压敏陶瓷是有害而无益的,它直接影响电阻片的通流能力;然而通流能力是仅次于 ZnO 压敏陶瓷非线性的第二重要特性,所以如何减小气孔率,获得最密的陶瓷体一直是最关注的问题,也是 ZnO 压敏陶瓷需要长期研究的重要内容。

Kim 等进行过这方面的研究,结果发现 Sb_2O_3 与 ZnO 可生成 α-或 β-$Zn_7Sb_2O_{12}$ 尖晶石晶粒,它会延迟瓷体的致密化和抑制晶粒生长;Sb_2O_3 可在烧结过程中形成液相,促进系统致密化。

本节援引宋晓兰的研究,主要从研究二元 ZnO 压敏陶瓷的致密化过程开始,然后系统研究多元的规律和过程,如添加剂种类及添加量、坯体密度、烧成温度、恒温时间、升温速度对体系致密化的影响及致密化过程中试样微观结构的变化。

试样的制备与实验方法如下。

(1) 试样。选择有代表性的五种配方作为对象,这五种配方分别是纯 ZnO,ZnO+0.5%(摩尔分数)B_2O_3,典型的高压、中压和低压 ZnO 压敏电阻配方。为了考察添加剂对 ZnO 压敏陶瓷致密化规律的影响,选择纯 ZnO、ZnO+0.5%(摩尔分数)B_2O_3,以及在多元体系分别添加 0%、0.1%(摩尔分数)和 0.5%(摩尔分数)B_2O_3 作为研究对象。对应的试样编号依次为 I、II、III、IV 和 V。试样采用传统的陶瓷制备工艺,坯体尺寸为 $\phi20\times2mm$,压型密度为 $3.2g \cdot cm^{-3}$。烧成温度分别为 600℃、670℃、730℃、800℃、860℃、900℃、1000℃、1100℃ 和 1200℃。

(2) 气孔率的测定。因试样中的低熔点添加剂在高温下可能挥发,所以用体积收缩率不能很好地反映试样的致密度。为此,采用气孔率表征致密度。即纯 ZnO 的理论密度 $\rho_{理}$=5.6g·cm⁻³,测量试样的重量 W,则根据式(3-7)计算试样

的理论体积：

$$V_{理} = W/\rho_{理} = W/5.6 \tag{3-7}$$

按照通用的方法测量试样的实际体积 $V_{实}$，再根据式(3-8)计算气孔率：

$$气孔率 = (V_{实} - V_{理})/V_{实} \times 100\% \tag{3-8}$$

（3）显微结构观察。利用扫描电镜观察试样断面，以了解其显微结构的变化。

3.2.1　坯体的致密化规律

配方Ⅲ(高压料)的实验结果，如图 3.4 所示。从图中可以看出，在低于 850℃的温区内，试样的气孔率没有变化，即坯体没有收缩；只有在高于 850℃时气孔率才开始减小。将气孔率开始减小的温度称为致密化起始温度，用 T_{DK} 表示。在气孔率减小的初始阶段，密度迅速增加，气孔率减小的速度迅速加快；随着温度的升高，气孔率下降速度减慢，当温度达到 1100℃时，气孔率减小至最小值 3.0% 左右。气孔率与收缩率的变化规律基本一致。当再继续升高温度时，则气孔率反而略有增大。

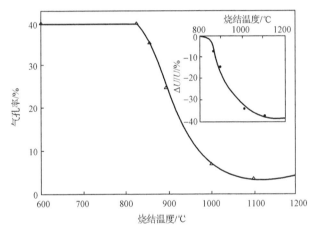

图 3.4　气孔率与烧结温度的关系

3.2.2　影响致密化的因素

1. 添加剂影响

图 3.5 展示了纯 ZnO 和 ZnO＋0.5%(摩尔分数)B_2O_3 的致密化规律。图示表明，在纯 ZnO 中添加低熔点 B_2O_3 时，可以降低气孔率达到最小值的烧结温度。

2. 坯体初始密度对瓷体密度的影响

以试样Ⅳ(中压料)为例，研究坯体的密度对体系致密化的影响。坯体的初始密度分别为 3.10g·cm^{-3}、3.20g·cm^{-3}、3.30g·cm^{-3}、3.40g·cm^{-3}、3.50g·cm^{-3}。

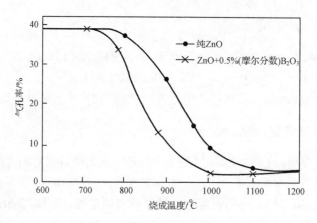

图 3.5　气孔率与烧成温度的关系

实验结果所得致密化规律与坯体密度之间的关系如图 3.6 所示;气孔率与坯体密度的关系如图 3.7 所示。

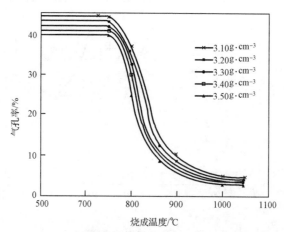

图 3.6　瓷体致密化与坯体密度之间的关系

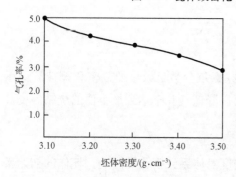

图 3.7　瓷体气孔率与坯体密度的关系

　　从图 3.6 所示的数据可以看出,坯体的初始密度不影响其致密化开始温度,但在烧结过程中,坯体内气孔率开始减小直到最小气孔率,其减小速率较快。图 3.7 可更进一步说明,坯体密度对最终瓷体的气孔率有明显影响,即坯体密度越高,则瓷体的密度越大,气孔率低;反之亦然。

3. 升温速率的影响

分温区研究升温速率对致密化作用的影响,试样烧结温度为 1200℃。表 3.2
说明在 760～900℃温区与 900～1200℃温区升温速率对致密化作用的影响。

表 3.2　温升速率对致密化作用的影响

温区	760～900℃			900～1200℃		
升温速率/(℃/min)	1	2	3	1	2	3
气孔率/%	3.65	3.62	3.60	3.62	3.62	3.58

从表 3.2 可见,在 760～900℃温区,试样的气孔率随升温速率的增加而减少;
在 900～1200℃温区,当升温速率增加到 3℃/min 时,试样的气孔率减少比较
明显。

应该指出的是,在 900～1200℃温区的结果不符合一般规律,因为这与配方组
成密切相关,按照一般规律当液相出现后温升速率应该减慢,而不应该加快,对气
孔率减少才有利。

4. 恒温时间对致密化作用的影响

取 ZnO 压敏陶瓷在 900～1100℃温
区致密化过程为例,研究恒温时间对瓷
体致密化影响的规律,实验结果如图 3.8
所示。从图中可见,在 900℃下随恒温时
间延长,气孔率减小,而且当恒温时间达
到一定时,气孔率趋于饱和。在 1100℃
下,延长保温时间不仅不能减小瓷体内
的气孔率,反而会使其略有增大的趋势,
这可能与在 1100℃下长时间保温引起
B_2O_3 挥发所致。

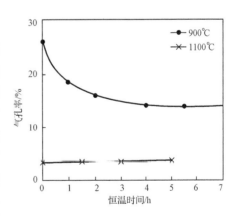

图 3.8　恒温时间对 ZnO 压敏
陶瓷致密化的影响

3.2.3　致密化理论分析

ZnO 压敏陶瓷中添加有少量低熔点氧化物 B_2O_3、Bi_2O_3 和 Sb_2O_3,它们在烧结
过程中当温度达到一定值时呈液相存在,但由于其添加量减较少,通常小于 2%
(摩尔分数),所以 ZnO 压敏陶瓷属于由少量液相参与的液相烧结。

为了解其在烧结过程中的物质传质机理,研究了在 900℃下烧成时,试样的收
缩率与恒温时间 $t^{2/5}$ 的关系。图 3.9 展示了所得结果,表明试样的收缩率与时间

$t^{2/5}$ 成正比。这符合式(3-6)中收缩率与 $t^{2/5}$ 之间的关系。由此可以认为,ZnO 压敏陶瓷致密化过程物质传质的机理是以晶界为物质源,通过晶格向颈部传输的。从式(3-6)可知,试样的致密化与烧成温度密切相关,只有当达到一定温度时,kT 才能与 E_D 相比,离子才能克服势垒产生迁移,引起试样收缩和致密化过程开始。当坯体开始收缩时,主晶界尚未形成,此时离子从颗粒界面通过晶格迁移向颗粒颈部扩散,即宏观表现为体收缩,同时气体排出,此时离子的迁移速度大,导致坯体收缩加快。

　　从图 3.10 所展示的微观结构图像可以直观地看出,当温度升到 900℃ 时,颗粒在表面张力和气体压力的作用下产生聚集,气孔率减小。升温到 1000℃ 时,从图 3.10 和图 3.11 可观察到有些晶粒间已开始互相接触,形成闭口气孔和主晶界。从 1000℃ 的图像可见,试样的气孔率虽有减少,但其幅度不大,这是由于主晶界的形成,越来越多的剩余气孔被晶粒包围封闭起来成为闭口气孔,很难排出。升温到 1100℃ 时,剩余气孔已全部成为闭口气孔,各个晶粒间已紧密接触形成主晶界(图 3.11(b)),试样的气孔率达到最小值。再继续升温至 1200℃ 时,晶粒长大(图 3.11(c)),但由于 Bi_2O_3 等在高温下成为液相的添加剂容易挥发,表层气孔会略有增多,因而导致其密度略有减小。可见,瓷体的致密化与晶粒生长密切相关,控制晶粒生长速率以减少闭口气孔率是提高瓷体致密化程度的有效途径。少量液相的存在,一方面可以使坯体内的毛细管压力增大,促进致密化过程;另一方面可能会降低离子迁移所需克服的势垒,从而使坯体在较低温度下即可致密化过程。B_2O_3 的熔点较低,因此当烧成温度达到其熔点时,即促进坯体致密化。

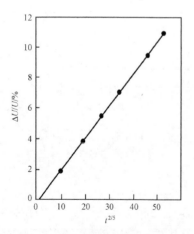

图 3.9　烧成温度 900℃ 收缩率与
$t^{2/5}$ 之间的关系

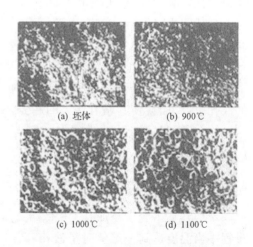

(a) 坯体　　　　　　　(b) 900℃

(c) 1000℃　　　　　　(d) 1100℃

图 3.10　微观结构随烧成温度的变化

(a) 1000℃　　　　　　(b) 1100℃　　　　　　(c) 1200℃

图 3.11　主晶界基本结构的形成与烧结温度的关系

从图 3.12 所示的结构图像可以看出,含 0.5%(摩尔分数)B_2O_3 的试样在 800℃已出现明显颗粒聚集现象,在 900℃下已出现大部分晶粒间的互相接触,主晶界开始形成。

致密化程度与原始颗粒间的接触状态密切相关,当密度较小时,其体内部分大气孔在烧结过程很难完全被排出,导致最终气孔率增大。坯体密度过大时,其体内有些气孔已开始就是闭口气孔,这些气

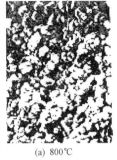 

(a) 800℃　　　　　　(b) 900℃

图 3.12　微观结构与烧成温度的关系

孔在烧结过程很难完全被排除。也会导致最终气孔率略有增大。所以应选取最佳的成型体密度,结合最适宜的烧成制度获得最致密的烧结体。

总之,当在坯体内快开始聚集气孔排出的同时,坯体开始致密化。不同的配方其致密化起始温度也不同,低熔点添加剂如 B_2O_3 可以明显降低起始烧结温度。瓷体的最终密度随坯体密度的增大而增大,升温速率和恒温时间对最终致密化程度几乎没有影响。在致密化后期,晶粒间的主晶界基本结构已形成。

3.3　$ZnO\text{-}Bi_2O_3$ 二元系统陶瓷的形成机理

由 $ZnO\text{-}Bi_2O_3$ 二元系统组成的陶瓷是能获得压敏性最简单的 ZnO 压敏电阻系统。为了探讨多元 ZnO 压敏电阻压敏性能的形成机理,首先从该系统的形成机理讨论开始是很必要的,这是了解反应复杂的多元系统的基础。

3.3.1　$ZnO\text{-}Bi_2O_3$ 二元系统相图

所谓相,是指系统内物理性质均匀的部分,而且各物质相间有分界面隔开,或者称之为物相。在一定的温度和压力下含有多个相的系统为复相系统。相变是指相的数目或相的性质的变化,即是指物质物理状态所发生的质变,凡是具有等同性质的物质便构成一种物相。两个相可以是两种不同的聚集状态(气态、液态和固态);也可以是在相同聚集状态下的具有不同晶体结构(如 $\alpha\text{-}Bi_2O_3$ 与 $\beta\text{-}Bi_2O_3$)。相变是自然界中的一种极为常见的物理现象(如雨水和冰、雪的互变现象)。

　　相图是在采用组分-温度-压力的坐标系统中表示某一平衡条件下的系统状态图。在该图中每一个点代表一个可能的状态。要研究像 ZnO 压敏陶瓷这样复杂体系所出现多相及其随各种因素变化，通过相图的分析是很重要的，相图是分析相变的重要依据。

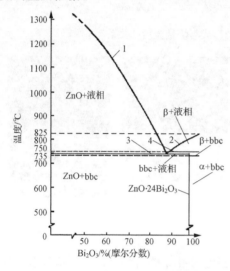

图 3.13　ZnO-Bi_2O_3 二元系统相图

　　图 3.13 为 ZnO-Bi_2O_3 二元系统的相图，其横坐标表示所含 Bi_2O_3 的摩尔分数，纵坐标表示温度。相图中的每一个点代表某一个一定的成分在一定温度和压力下的状态，各区均标出了相应物相的结构状态。系统的自由度最多为两个，这里的 ZnO-Bi_2O_3 二元系统的相图取组分和温度，在同一区域内相成分只有量的变化，而无质的变化；当温度和成分变化到每一区域的边界时，将发生从这一相向另一相的相变。所以，相图各相的边界线对讨论相变特别重要。通常，液相边界线称为液相线，与液相线相对应的固相区的边界线称为固相线。液相线上的每一点代表某一成分（横坐标）和相应的凝固温度（纵坐标）。水平线 3 和 4 即为固相线。温度为 750℃ 的固相线表示在该温度时，液相与 Bi_2O_3 反应生成体心立方相（bbc）ZnO·24Bi_2O_3。温度为 740℃ 的固相线表示在该温度时，液相转变为 ZnO 和 ZnO·24Bi_2O_3 的机械混合物。相图上还有一条 735℃ 的水平线，表示在该温度下 Bi_2O_3 从一种晶形转变为另一种晶形，如 β-Bi_2O_3 ⟷ α-Bi_2O_3。

　　从图 3.13 可见，ZnO 和 Bi_2O_3 的熔点均比其共熔点温度 750℃ 高。将 Bi_2O_3 加入 ZnO 中，不管其含量多少，当温度达到 750℃ 时即出现液相，液相的含量随温度升高和 Bi_2O_3 含量的增加而增加。由这种共熔方式产生的液相中含有基质（ZnO）的成分，其化学键的性质与基质相近，因此，二元系液相对 ZnO 晶粒的润湿性比其他物系好。

3.3.2　ZnO-Bi_2O_3 二元系统的烧成收缩和重量损失

　　陶瓷在烧成过程引起的体积收缩和重量损失，反映出其发生的物理化学变化。图 3.14 是按一定升温速率测得的 ZnO-Bi_2O_3 二元系统及纯 ZnO 坯体的线收缩率随温度变化的曲线图。可见，纯 ZnO 在 600℃ 开始收缩，在 850～1100℃ 内，其线收缩率随温度的升高以（3～4）×10^{-5}℃$^{-1}$ 的速度呈线性增加；而 ZnO-Bi_2O_3 二元系统，在升温初期缓慢收缩之后，约在 740℃ 随着液相的生成，坯体以 5×10^{-4}℃$^{-1}$ 的速度急剧收缩，其收缩率比纯 ZnO 高一个数量级以上。二元系统收缩率较高的原因是,液相的存在有利于颗粒的重排和紧密堆积,并加速烧结过程物质的传递。此后继续升温,收缩率减慢,趋于一个稳定值,这表明坯体已进入烧结后期。

图 3.15 为在不同烧成温度下,ZnO＋0.1％(摩尔分数)Bi$_2$O$_3$ 二元系统的收缩率与烧成保温时间的关系曲线图。可见,最终收缩率达到 15％(相当于体积收缩 38.6％),此时密度增加 62％;致密化速度随 Bi$_2$O$_3$ 含量和烧成温度的升高而增加,在 900℃下,含 Bi$_2$O$_3$ 为 0.5％(摩尔分数)比含 0.1％(摩尔分数)的致密化过程的时间减少一半;烧成温度为 1300℃或以上时,致密化过程在 10min 内即可完成。ZnO-Bi$_2$O$_3$ 二元系统坯体在烧结过程中会因结合剂和 Bi$_2$O$_3$ 的挥发及 ZnO 的蒸发而失重。

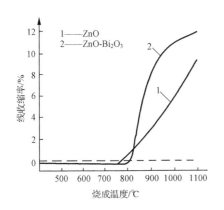

图 3.14　ZnO-Bi$_2$O$_3$ 二元系统和
纯 ZnO 的线收缩率随温度的关系

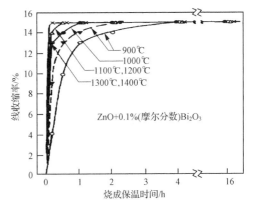

图 3.15　不同烧成温度下 ZnO-Bi$_2$O$_3$ 二元
系统瓷体收缩率与保温时间的关系

图 3.16 为其重量损失与烧成温度的关系。可见,低于 1000℃时,重量损失为一常数(约 1％(质量分数)),与结合剂完全烧尽相当。高于 1000℃时,重量损失大于坯体中 Bi$_2$O$_3$ 的含量;很显然,除了 Bi$_2$O$_3$ 挥发外,这还包括有 ZnO 的蒸发量,ZnO 的重量损失可达 1.1％(质量分数)。

图 3.17 为在不同烧成温度下,含 0.5％(摩尔分数)Bi$_2$O$_3$ 的重量损失与保温时间的关系。在 900℃下,随着保温时间的延长,重量损失呈线性增加;当温度高于

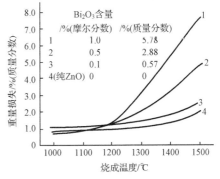

图 3.16　重量损失与烧成温度的关系

1000℃时,重量损失增加较快,其速度服从阿伦尼乌斯定律;随后重量损失较慢。

Bi$_2$O$_3$ 的挥发对 ZnO 压敏特性和瓷体的显微结构有很大影响,所以是烧结过程值得注意的问题。提高烧成温度和延长保温时间都会强化 Bi$_2$O$_3$ 等的挥发,不

利于非线性等特性。图 3.18 表示不同烧成温度和保温时间与重量损失和电阻率之间的关系。

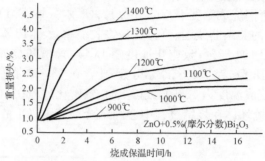

图 3.17　不同烧成温度下 ZnO+0.5%(摩尔分数)Bi$_2$O$_3$
二元系统的重量损失与保温时间的关系

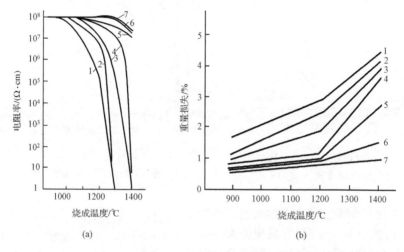

(a)　　　　　　　　　　　　　　　(b)

图 3.18　不同烧成温度和保温时间与重量损失和电阻率之间的关系
1—16h;2— 8h;3—4h;4—2h;5—1h;6—30min;7—10min

可见,在 ZnO+0.5%(摩尔分数)Bi$_2$O$_3$ 二元系统中,Bi$_2$O$_3$ 的重量损失为 2.88%(质量分数),在 1400℃下保温 2~4h 或在 1300℃保温 8~16h,总的损失达 4.0%(质量分数),此时 Bi$_2$O$_3$ 已基本上挥发完了。在 900~1300℃内保温 1h,Bi$_2$O$_3$ 挥发较少。

3.3.3　ZnO-Bi$_2$O$_3$ 二元系统的晶粒尺寸和气孔

ZnO 晶粒的大小与配方中 Bi$_2$O$_3$ 的含量及烧成温度有密切关系。图 3.19 表明,烧成温度越高及含 Bi$_2$O$_3$ 量越多,则 ZnO 晶粒越大。在一定烧成温度和保温时间情况下,二元瓷体比纯 ZnO 瓷体的要大得多。这说明其中的 Bi$_2$O$_3$ 液相对晶粒生长有明显促进作用。直到 Bi₂O₃ 添加量达到 0.2％（摩尔分数）为止，晶粒尺寸都是随 Bi₂O₃ 增加而明显增大；此后晶粒尺寸增大较少，在含 0.5％（摩尔分数）情况下，晶粒尺寸出现最大值。

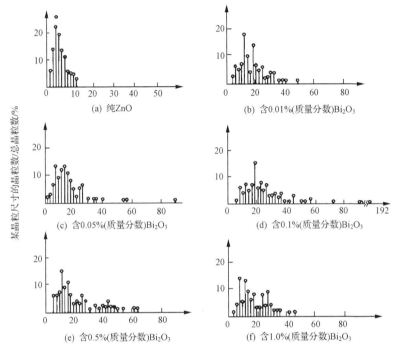

图 3.19　Bi₂O₃ 添加量与晶粒尺寸的关系

在 ZnO-Bi₂O₃ 二元系统中存在有大量的晶粒内的气孔，其尺寸大小也与其配方中 Bi₂O₃ 的含量和烧成温度有着密切关系。在一定烧成温度和保温时间情况下，气孔尺寸随 Bi₂O₃ 的含量增加而增大，在 1000～1400℃ 内，Bi₂O₃ 的添加量 0.1％（摩尔分数）以下时，气孔很小，并弥散在晶粒内；当 Bi₂O₃ 含量为 0.5％～1.0％（摩尔分数）时，气孔显著增大，约达到 2～12μm。此外，延长保温时间也会使气孔增大。

气孔大量陷入晶粒内与异常晶粒长大是相关的，因为高温时晶粒移动太快，气孔来不及从晶界排除就被包围到大晶粒内。实验发现，烧成温度在 1000～1400℃ 温度范围内，Bi₂O₃ 含量为 0.05％～0.5％（摩尔分数）时都可能观察到异常的晶粒长大。如图 3.19 所示，出现晶粒尺寸为数十微米，甚至更大。异常晶粒长大又称为二次重结晶，是出现在烧结后期的一种晶粒过分长大现象，在电子陶瓷中常会发生。通常认为造成这种异常晶粒长大的原因有：粉料粒径不均匀，有个别大颗粒存在；成型压力不均匀，引起局部晶粒容易长大；液相分布不均匀，引起传质速度不同；烧成温度过高等。在 ZnO-Bi₂O₃ 二元系统中，晶粒异常长大现象常常在 Bi₂O₃ 含量为某一范围内时出现。由此看来，这与液相分布不均匀有更加密切的关系。

图 3.20 表明烧结温度对纯 ZnO 的体密度和晶粒尺寸的影响。

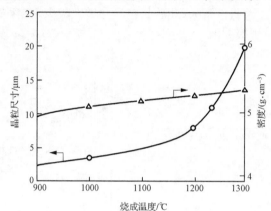

图 3.20　烧结温度对纯 ZnO 的体密度和晶粒尺寸的影响

综上所述,在 ZnO-Bi_2O_3 二元系统的烧结过程应该注意的问题是:Bi_2O_3 的挥发损失、异常晶粒长大和大量的晶粒内气孔。这些都会造成瓷体显微结构的不均匀,使压敏陶瓷性能降低。因此,在考虑配方和工艺时,如何抑制 Bi_2O_3 的挥发、控制晶粒和气孔的异常长大、减少气孔,对提高 ZnO 压敏电阻的性能是十分重要的。

3.4　其他二元和三元系统的形成机理

3.4.1　二元系统

本节研究含有 Nb_2O_5、Bi_2O_3、Sb_2O_3、CoO 和 Cr_2O_3 的一种添加剂氧化物的 ZnO 二元系统的致密化和显微结构。由于通常 ZnO 压敏陶瓷在 1300℃ 以下烧结,所以将这一温度作为添加剂氧化物的划分为低和高熔点氧化物的基础。这是根据添加氧化物的熔点是低于或者高于 1300℃ 确定的。

1. 含有低熔点氧化物(Bi_2O_3、Sb_2O_3)的 ZnO 压敏陶瓷

对含有 Bi_2O_3 或 Sb_2O_3 的 ZnO 进行了显微结构的研究,与本研究的烧结温度相比,由于这些氧化物的熔点很低,这两系统的致密化是在液相存在的情况下产生的。然而,正如图 3.21(a)和(b)所证明的,Sb_2O_3 和 Bi_2O_3 对 ZnO 致密化和晶粒的生长影响是不同的。对 ZnO 添加 Sb_2O_3,在所有温度下的体密度和晶粒尺寸都减小,因而表明 Sb_2O_3 抑制 ZnO 晶粒生长;而 Bi_2O_3 则促进晶粒生长。描电子微观图像支持了这种观点,这种作用可能归因于尖晶石相的生成,尖晶石成为 ZnO 晶粒内的“锚栓”,因而阻止物质传输。X 射线衍射研究也证明 ZnO-Sb_2O_3 二元系统中尖晶石相的生成。

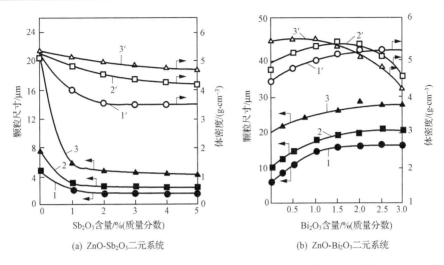

(a) ZnO-Sb₂O₃二元系统　　　　(b) ZnO-Bi₂O₃二元系统

图 3.21　ZnO-Bi$_2$O$_3$、ZnO-Sb$_2$O$_3$ 二元系统在不同烧结温度下体密度和晶粒尺寸的变化
(1,1′)—1100℃;(2,2′)—1200℃;(3,3′)—1300℃

图 3.22 为揭示元素 Zn 和 Sb 浓度的 X 射线衍射图像。从图中可以看出,位于晶粒边界 Sb 的浓度是很高的。与这些观测结果相反,Bi$_2$O$_3$ 的添加促进晶粒生长,这可能归因于形成的液相在冷却时沿晶粒边界凝固下来分隔了 ZnO 晶粒。

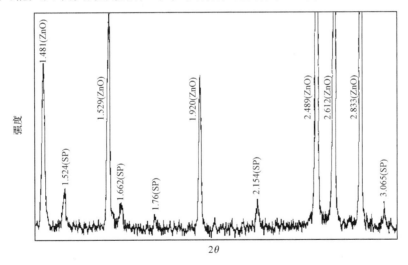

图 3.22　ZnO+3%(质量分数)Sb$_2$O$_3$ 在 1100℃烧结试样的 X 射线衍射图谱
SP—Zn$_7$Sb$_2$O$_{12}$尖晶石

2. 含有高熔点氧化物(Nb$_2$O$_5$、CoO、Cr$_2$O$_3$)的 ZnO 陶瓷

Inada 已论述过 ZnO-Nb$_2$O$_5$ 二元系统的密度和显微结构的详细研究结果。

由于 Nb_2O_5 的熔点高于烧结温度(1300℃),可以认为,ZnO-Nb_2O_5 二元系统的致密化是通过固相烧结产生的。它与存在其他高熔点添加物,如 CoO 和 Cr_2O_3 的 ZnO 烧结是相似的,推测这些系统的致密化,是通过固相反应产生烧结的。据观测,CoO 和 Cr_2O_3 的添加量超过 0.5%(质量分数),显著地降低 ZnO 烧结的速率,其密度低、晶粒尺寸小。含1%(质量分数)CoO 和 1%(质量分数)Cr_2O_3 的系统在 1200℃烧结的后,其密度仅为 4.5g·cm^{-3}和 4.1g·cm^{-3},约为纯 ZnO 的理论密度的 80%和 73%。

3.4.2　三元和多元系统

将以上研究扩大到三元和多元系统。所有添加 Nb_2O_5 的情况,是依其开始影响到 ZnO 的晶粒生长和体密度作为普通成分考虑的。在所有情况下,Nb_2O_5 的添加量为 0.2%(质量分数)。发现含 0.2%(质量分数)Nb_2O_5 的 ZnO,具有大的晶粒尺寸。

图 3.23 展示了 ZnO 含 0.2%(质量分数)Nb_2O_5 三元系统的晶粒尺寸和密度的变化与在不同烧结温度下 Sb_2O_3 含量的关系。值得注意的是,在所有研究配方的范围内,即使存在有 Nb_2O_5,密度和晶粒尺寸均随着 Sb_2O_3 含量的增加而减小。可以联想到对 ZnO 添加 Nb_2O_5,发现与 Sb_2O_3 有相反的作用。

图 3.24 说明在 1300℃下保温 2h,ZnO+3%(质量分数)Sb_2O_3 试样的 X 射线衍射图谱。电子探针微

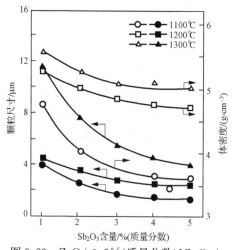

图 3.23　ZnO+0.2%(质量分数)Nb_2O_5+
Sb_2O_3 三元系统在不同烧结温度下,
随 Sb_2O_3 含量体密度和晶粒尺寸的变化

观分析提供了 $Zn_7Sb_2O_{12}$ 尖晶石的证据。

图 3.25 展示出 Bi_2O_3 添加物对含有 Nb_2O_5 和 Sb_2O_3 的 ZnO 致密化和晶粒生长的影响。在该情况下,Nb_2O_5 的量仍保持固定为 0.2%(质量分数),改变 Sb_2O_3 和 Bi_2O_3 量。发现烧结温度直到 1000℃,密度随 Bi_2O_3 含量的增加而增大。高于 1000℃密度随 Bi_2O_3 含量增加逐渐减小,这是由于在高于 1000℃下,Bi_2O_3 挥发。还发现在 1300℃烧结试样的重量损失几乎等于 Bi_2O_3 的添加量。这说明,在 1300℃左右,Bi_2O_3 几乎完全挥发了。

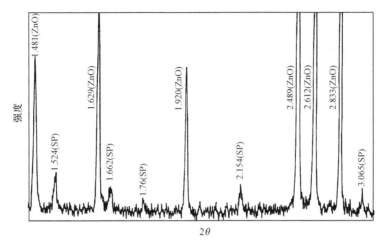

图 3.24 在 1300℃烧结 2h,ZnO＋3％(质量分数)Sb₂O₃ 试样的 X 射线衍射图谱

SP—Zn₇Sb₂O₁₂尖晶石

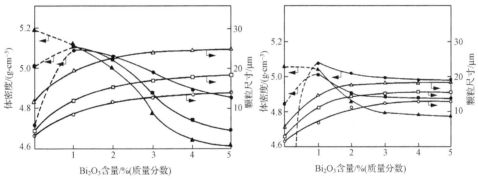

(a) ZnO+0.2%(质量分数)Nb₂O₅+1%(质量分数)Sb₂O₃+Bi₂O₃   (b) ZnO+0.2%(质量分数)Nb₂O₅+3%(质量分数)Sb₂O₃+Bi₂O₃

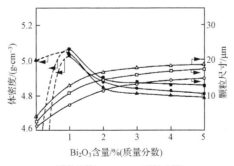

(c) ZnO+0.2%(质量分数)Nb₂O₅+5%(质量分数)Sb₂O₃+Bi₂O₃

图 3.25　ZnO＋0.2％(质量分数)Nb₂O₅＋Sb₂O₃＋Bi₂O₃ 系统在不同烧结
温度下体密度和晶粒尺寸随 Sb₂O₃ 和 Bi₂O₃ 含量的变化

○●—1100℃；□■—1200℃；△▲—1300℃

对在 1300℃下烧结 2h,含 Nb_2O_5、Sb_2O_3 和 Bi_2O_3 的 ZnO 烧结试样的 X 射线衍射,没有发现与 Bi_2O_3 相应的衍射峰,仅有 $Zn_7Sb_2O_{12}$ 尖晶石(SP_1)和 $Zn_3Nb_2O_8$ 尖晶石(SP_2)生成;而且应该注意的是,即使存在有 Sb_2O_3,晶粒生长延迟,Bi_2O_3 的添加还是促进 ZnO 晶粒的生长。

从 ZnO+0.2%(质量分数)Nb_2O_5+Sb_2O_3+Bi_2O_3 系统在 1300℃烧结试样的扫描电子的图像及图 3.26 可以判断,Nb_2O_5 和 Sb_2O_3 不能起到阻止 Bi_2O_3 挥发的作用。

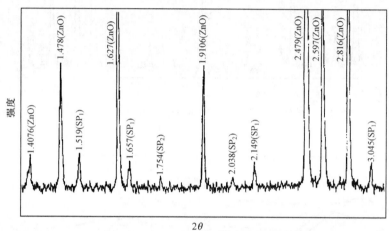

图 3.26　在 1300℃烧结 2h,ZnO+0.2%(质量分数)Nb_2O_3+3%(质量分数)
Sb_2O_3+5Bi_2O_3 试样的 X 射线衍射图谱
SP_1—$Zn_7Sb_2O_{12}$尖晶石;SP_2—$Zn_3Nb_2O_8$ 尖晶石

为了获得良好的非线性特性,阻止由于挥发造成 Bi_2O_3 的损耗是绝对必要的。通过添加少量 CoO 或 MnO_2 可以阻止 Bi_2O_3 的挥发,图 3.27 展示的 X 射线衍射图谱,提供了 Bi_2O_3 存在的证据,在 1300℃下烧结 ZnO 的生成物含有 Nb_2O_5、Sb_2O_3、Bi_2O_3、CoO 和 MnO_2。

非线性系数对于评价 ZnO 基非线性电阻是一个很重要的参数,另外,ZnO 压敏陶瓷的击穿电压和能量吸收能力对于抑制浪涌的应用是很重要的。在其他添加剂氧化物存在的情况下,少量添加 Cr_2O_3 和 NiO 于 ZnO,由于使 ZnO 压敏陶瓷的晶粒尺寸减小,使击穿电压提高。发现在 Nb_2O_5、Sb_2O_3、Bi_2O_3、CoO 和 MnO_2 存在下,对 ZnO 添加少量 Cr_2O_3 和 NiO,可控制晶粒尺寸。上述系统的密度达到 ZnO 理论密度的 92%,密度的提高是由于气孔体积的减小。据报道,添加 Al_2O_3 降低气孔的体积,对于评价能量吸收能力的改善是一个重要参数。在上述其他添加氧化物存在的情况下,对以 $Al(NO_3)_3 \cdot 9H_2O$ 形式添加 Al_2O_3 进行了研究,证明是有效果的。

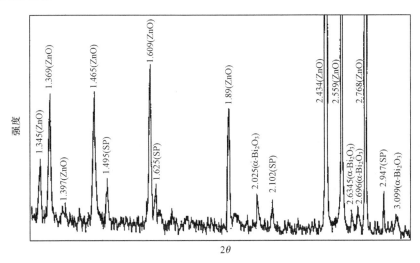

图 3.27　在 1300℃烧结 2h，ZnO＋0.2％（质量分数）Nb$_2$O$_5$＋3％（质量分数）
Sb$_2$O$_3$＋5％（质量分数）Bi$_2$O$_3$＋0.5％（质量分数）CoO 试样的 X 射线衍射图谱
SP—Zn$_7$Sb$_2$O$_{12}$尖晶石

　　根据上述显微结构和含有少量添加剂氧化物，如 Nb$_2$O$_5$、Bi$_2$O$_3$、Sb$_2$O$_3$、CoO、
MnO$_2$、Cr$_2$O$_3$ 和 NiO 的多元 ZnO 系统的 X 射线衍射研究可知，烧结的多晶 ZnO
压敏陶瓷存在有如下四种物相：

　　（1）掺杂有 Co^{2+} 和 Mn^{4+} 的 ZnO 基质。

　　（2）ZnO 晶粒彼此被富 Bi$_2$O$_3$ 相的焦绿石网络分离。

　　（3）Zn$_7$Sb$_2$O$_{12}$尖晶石构成的第三相，通常在晶粒边界生成面心八面体结晶。

　　（4）Zn$_3$Sb$_2$O$_8$ 尖晶石构成少量的物相。另外，Co 和 Mn 的氧化物溶入 ZnO
晶粒及尖晶石相。

　　从以上研究结果可以得出以下结论：

　　（1）证明 ZnO 的烧结行为和显微结构特征是由存在的添加氧化物调节的。
可以认为，各种烧结过程，如固相烧结、液相烧结和气相传输，对于所观测到的
ZnO 压敏陶瓷的显微结构变化起着重要作用。

　　（2）Sb$_2$O$_3$ 的存在导致 Zn$_7$Sb$_2$O$_{12}$尖晶石相的形成，它形成的细小微粒存在于
晶粒边界，抑制晶粒的生长。

　　（3）由于 Bi$_2$O$_3$ 属熔点低的氧化物，烧结时 ZnO 中存在的 Bi$_2$O$_3$ 促进晶粒生
长，沿晶粒边界生成的液相润湿 ZnO 晶粒，因而促进晶粒生长。在较高烧结温度
下，晶粒尺寸约达到 20～30μm，Bi$_2$O$_3$ 除有助于促进晶粒生长之外，还起形成薄的
Bi$_2$O$_3$ 粒界层包围部分 ZnO 晶粒的网络结构作用。

　　（4）CoO 和 MnO$_2$ 添加物在较高的烧成温度下，可阻止 Bi$_2$O$_3$ 挥发。

　　（5）含有 Bi$_2$O$_3$、Nb$_2$O$_5$、Sb$_2$O$_3$、CoO 和 MnO$_2$ 的 ZnO 压敏陶瓷的晶粒尺寸，

可以通过添加少量 Cr_2O_3 和 NiO 控制。

(6) 少量 Al_2O_3 的添加可以降低 ZnO 压敏陶瓷的气孔率。

3.5　典型多元氧化锌压敏陶瓷形成机理的基础研究

ZnO 烧结体的非欧姆特性,决定于添加物的种类、添加量及烧结条件。事实表明,烧结体的结晶相和微观结构都随着上述主要因素发生变化。添加 Bi、Sb、Co 和 Mn 氧化物的 ZnO 烧结体,不仅具有显著的非线性,而且作为非线性电阻还具有优异的各种实用特性。在 ZnO 压敏电阻器实际使用中,还可以根据使用目的再添加其他氧化物,以改变并控制其特性。

由多种成分构成的 ZnO 非线性电阻,表现出特有的电气性能,所以查明这种烧结体的微观结构是非常有意义的。但是,由于多元成分反应太复杂,而且配方成分和工艺条件不同,其反应和最终的物相也不同。这里将综合研究的概况、解析方法和结果加以概述。

由多种成分形成的烧结体,多含有多种晶相。在进行结构分析时,首先考虑的方法是以烧结体材料作为分析对象,应用各种分析方法,综合各种已知的资料,才能搞清楚晶相与微观结构。然而,因为烧结体中含有很多未知的晶相,有些晶相又多以微量存在,所以若仅用这种方法是很难以查明晶相和微观结构的。在这种情况下,采取以下做法是很有效的:①以组成和烧结条件为参数,系统地研究晶相,分类掌握;②制作这些单一相进行研究,查明晶相;③用单一相试样调查晶相之间的反应;④查明单一相的生成条件等方法,探明晶相的共生关系与共生状态。ZnO 非线性电阻的结构分析就是利用这些方法进行的。

3.5.1　晶相组成与相间反应

1. 晶相组成

图 3.28 和图 3.29 分别表示按照配方 $(100-X)ZnO+X/6(Bi_2O_3+2Sb_2O_3+Co_2O_3+MnO_2+Cr_2O_3)$ 系统,在 $X \leqslant 30$ 的情况下,实验得出的各物相与添加剂总量的关系及与烧成温度的关系。

从这些大量试验数据可以清楚地看出:ZBS 系与含有其他添加剂的 ZBS 系压敏电阻均含有基本相同的相组分,主要包括 ZnO、尖晶石和富 Bi_2O_3 相。这充分说明 ZnO、Bi_2O_3 和 Sb_2O_3 是 ZnO 压敏电阻的基本成分,而其他添加剂,如 Co_2O_3、MnO_2、Cr_2O_3 和 SiO_2 等的作用,则是在烧结过程中影响液相的行为和尖晶石与焦绿石之间的相变,以及 Bi_2O_3 的相变。

以下分别说明,含 Bi_2O_3、Sb_2O_3、Co_2O_3、MnO_2 和 Cr_2O_3 系统各物相的成分的

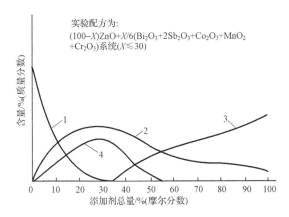

实验配方为:
$(100-X)ZnO+X/6(Bi_2O_3+2Sb_2O_3+Co_2O_3+MnO_2+Cr_2O_3)$系统$(X\leqslant 30)$

图 3.28　相组成与添加剂总量的关系
1—ZnO 相;2—尖晶石相;3—焦绿石相;4—富 Bi₂O₃ 相

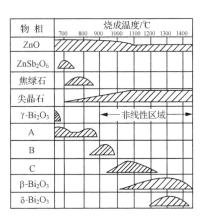

图 3.29　晶相的形成随温度的变化

形成及随温度的变化。

(1) ZnO 相:该相溶解有少量的 Co 和 Mn。它在所有温度下都存在,但在 900℃上,部分 ZnO 转变成其他相而使其显著地减少;在有大量添加剂存在时(如在添加剂总量>30),ZnO 将被焦绿石取代,而在此温度下消失。

(2) $Zn_2Bi_2Sb_3O_{14}$ 焦绿石相:该相固溶有 Co、Mn 和 Cr,它在高于 700℃时出现,约 850℃时达到最大值,随着温度升高向尖晶石转变,约 950℃时消失。缓慢冷却时,由于尖晶石溶解有 Cr 等元素而比较稳定,只有部分尖晶石与富 Bi₂O₃ 液相反应而重新出现焦绿石,出现的量与添加剂的种类及冷却速度有关。

(3) $Zn_7Sb_2O_{12}$ 尖晶石相:该相固溶有 Co、Mn 和 Cr,它在高于 700℃时形成,并随温度升高而逐渐增加,随着焦绿石相的消失而增加,1100℃以上尖晶石达到最高值。

(4) X_{ZSO} 相:该相是 $Zn_7Sb_2O_{12}$ 尖晶石相的同质异构体,只在 Cr_2O_3 存在的系统中形成,并在 1300℃或更高温度下转变为尖晶石相。

(5) $ZnSb_2O_6$ 相:该相在 700~750℃时形成,较高温度时转变为其他相。

(6) 富 Bi₂O₃ 相:该相随烧成温度升高和液相中成分的变化而发生一系列的相变:即 A 相→B 相→C 相→β-Bi₂O₃ 相(或 β-Bi₂O₃ 相+δ-Bi₂O₃ 相)。其变化细节如下:

① γ-Bi₂O₃ 相:于 600~650℃时形成,并在较高温下转变为 A 相。该相为体心立方相($a=1.019nm$),含有作为主成分的 Bi 和少量的 Zn。

② A 相:于 600~900℃时形成,其熔点约 850℃,随着温度升高,该相因消耗于形成焦绿石相而减少,并随焦绿石减少而又重新增加。在约 900℃时,A 相转变为 B 相而消失。该相的组成为 13Bi₂O₃ · 2Cr₂O₃,主要成分为 Bi,另外含有较多的

Cr 和少量的 Zn。

③ B 相:于 600～900℃时形成,较高温度时转变为 C 相。该相的组成为 $12Bi_2O_3 \cdot 2Cr_2O_3$,系 δ-Bi_2O_3 型立方相($a=0.559nm$),它的溶解成分尚不清楚。

④ C 相:于 900℃以上形成,高于 1000℃时,C 相随 β-Bi_2O_3 相出现而减少,约 1250℃时消失。该物相组成为 $14Bi_2O_3 \cdot Cr_2O_3$,系四方相($a=0.776nm$、$c=0.575nm$),并溶解有 Zn 和 Sb。

⑤ β-Bi_2O_3 相:于 1000℃以上形成,随烧成温度升高和 C 相的减少而增加;高于 1200℃和添加剂含量 X 低于或等于 20 时,β-Bi_2O_3 相与 δ-Bi_2O_3 相共存。该相系 β-Bi_2O_3 型四方相($a=1.094nm$、$c=0.562nm$),它溶有大量的 Zn(约 20%(摩尔分数))、少量的 Sb,而不溶解 Cr。

⑥ δ-SS 相:于 1050～1250℃时形成(只存在于含 Cr_2O_3 系统),是 δ-Bi_2O_3 型立方相,溶有 Cr、Mn 和 Sb,随着烧成温度升高,其晶格常数将随 Cr 量的降低而显著地减少,其组成介于 $12Bi_2O_3 \cdot Cr_2O_3$ 的 δ-Bi_2O_3 型立方相($a=0.559nm$)和 δ-Bi_2O_3 型立方相($a=0.548nm$)之间。

⑦ δ-Bi_2O_3 相:于 1200℃以上形成,并与 β-Bi_2O_3 相共存。该相系 δ-Bi_2O_3 型立方相($a=0.548nm$),溶解有 Zn 和 Sb,不溶解 Cr。

ZnO 压敏陶瓷的显微结构决定于烧结过程的物理化学变化,概括起来主要包括以下物相生成及相转变反应:

(1)焦绿石与尖晶石的形成和互相转变;

(2)$Zn_7Sb_2O_{12}$(X_{ZSO})与 $Zn_7Sb_2O_{12}$(SP)之间的同质异构转变;

(3)富 Bi_2O_3 液相的溶解和结晶作用及其晶相转变。

2. ZnO-Bi_2O_3-Sb_2O_3 系统的基本反应

(1)烧成升温时的反应。

根据 ZnO-Bi_2O_3 相图,当升温至 750℃以上时,Bi_2O_3 相将熔融成液相并溶入大量的 ZnO 和一定量的 Sb_2O_3。当升温至 750～850℃温度范围时,Bi_2O_3 与溶入其中的 ZnO、Sb_2O_3 反应,先生成焦绿石:

$$4ZnO+3Bi_2O_3+3Sb_2O_3 \xrightarrow{2O_2} 2Zn_2Bi_3Sb_3O_{14} \tag{3-9}$$

理想的焦绿石具有化学计量的组成,其分子式为 $A_2B_2O_7$,其空间群为 Fd_{3m}(an^7)$_3 Z=8a_c=10$,可以认为其结构像畸变的萤石一样。八分之一的阴离子选择性的沿着平行三重轴方向旋转。这种阴离子反应的结果将阳离子分为两种不等价的位置 A 和 B,前者像在萤石晶格中一样配位,后者的配位数为 6。A 和 B 可分别被元素周期表中 I 和 IV 族、II 和 V 族或 III 和 IV 族的元素占据,即被以 $0.9\text{Å}<r_A<1.2\text{Å}$ 和 $r_B=0.6\sim0.7\text{Å}$ 为条件的元素占据,式中 r_A 和 r_B 为 A、B 阳离子的半径。

晶胞边棱为碱式萤石的两倍。BO_6 八面体结构组成分担角,构成 B_2O_3 式的连续网络,较大的 A 离子占据空位,形成网络,类似于锐钛矿结构。而且,Aleshin 和 Roy 指出,焦绿石像 $A_2B_2O_6O$ 一样强调不等价型原子的结晶学。

由于第七个 O 迁移,在目前所获得的六配位的焦绿石结构中的所有阳离子缺乏阴离子。根据 Olsson 和 Dunlop 的讨论意见,阳离子与阴离子结合或替代的可能更大。最近详细的分析证明,富 Bi_2O_3 的焦绿石相是从非线性陶瓷系统离析出来的,它与拥有化学计量的 $Bi_2(Zn_{4/3}Sb_{2/3})O_6$ 缺乏阴离子型的焦绿石相当。该分子式与缺氧的Ⅲ-Ⅳ焦绿石相当,其中 Bi(Ⅲ)占据 A 位置,Zn(Ⅱ)Sb(Ⅴ)占据 B 位置,以适当的电子比例满足结构中的电荷呈中性。焦绿石中 B 的位置常被 Zn(Ⅱ)和 Sb(Ⅴ)离子以 2∶1 比例占据,所以在 ZnO 压敏陶瓷中还发现已知道的Ⅱ-Ⅴ $Zn(Zn_{4/3}Sb_{2/3})O_4$ 尖晶石结构是不奇怪的。尖晶石中 B 位置的 2/3 配位被结晶中总的 Zn(Ⅱ)离子的 4/7 占据。另外,已合成了缺乏阴离子的焦绿石异构体,$Bi_2(Zn_{4/3}Ta_{2/3})O_6$,两者的晶胞参数均为 $10.93Å$。据报道后者有轻微的畸变,$a = 10.93Å,b = 10.86Å$。

焦绿石是按照前述反应式(3-9)在 750~850℃生成的。据观测,随着烧结温度的提高,当升温至 950~1050℃范围时,焦绿石与 ZnO 反应先按反应式(3-10)生成尖晶石的同素异构体;随着温度进一步升高至 1100℃以上时,再按反应式(3-11)生成 $Zn_7Sb_2O_{12}$ 尖晶石。非线性电阻陶瓷中尖晶石/焦绿石比例增加,这暗示着发生了以下反应:

$$2Zn_2Sb_3Bi_3O_{14} + 17ZnO \Longleftrightarrow 3Zn_7Sb_2O_{12}(X_{ZSO}) + 3Bi_2O_3(l) \qquad (3-10)$$

当温度进一步升高到 900℃以上时,将发生同质异构体 X_{ZSO} 向尖晶石的转变:

$$Zn_7Sb_2O_{12}(X_{ZSO}) \xrightarrow{>900℃} Zn_7Sb_2O_{12}(SP) + Bi_2O_3(l) \qquad (3-11)$$

焦绿石中的 Bi_2O_3 全部被等量的 ZnO 取代,这些 ZnO 容易有效地来自主基质而不干扰亚晶格 $(Zn_{4/3}Sb_{2/3})$。实际上,这种转变是受焦绿石和尖晶石结构之间存在的一系列相匹配的参数(间距 d),即焦绿石(222),(444),(640),(800),(662)和(844)与尖晶石(222),(440),(531),(533),(711)和(800)支配的,在高温下尖晶石一旦形成,即在焦绿石消耗的同时尖晶石即发育,并且其发育的结构形态位于低温下焦绿石所处的粒界面处。大多数尖晶石结晶是在粒界面和结点发现的,在光学显微镜下进一步检查说明尖晶石微粒的尺寸的确随烧成温度提高而增大。

(2)烧成降温冷却时的反应。

当 ZnO 压敏陶瓷烧结后,在冷却过程还将发生许多反应,与冷却速度密切相关。首先,以添加物的种类和添加量及烧结温度作为参量,采用 X 射线衍射和 X 射线微观分析(XMA)相结合的方法,系统地研究并分类掌握晶相。然而,研究单一相的制作法,可以查明晶相的基本成分、固溶成分、晶系及生成条件。

　　表 3.3 和图 3.30、图 3.31 提供了因添加物的种类、添加量及烧结条件的不同,晶相的生成状况。就非线性而言,在 1150~1350℃,产生显著的非线性。这些烧结体主要含有 ZnO、尖晶石和以 Bi_2O_3 为主成分的物相。由于添加物的种类、烧结温度的不同,还含有焦绿石相。

表 3.3　添加物的种类、烧结条件与晶相的关系

烧结条件系统	冷却条件	1050℃	1150℃	1250℃	1350℃
ZBSCoM	急冷	Z,SP,β,δ,X_{ZSO}	Z,SP,β,δ	Z,SP,β,δ	Z,SP,β,δ
	慢冷	Z,SP,PY,β,X_{ZSO}	Z,SP,β,PY	Z,SP,β,PY	Z,SP,β
ZBSCoMSn	急冷	Z,SP,PY,β,δ,X_{ZSO}	Z,SP,β,δ	Z,SP,β,δ	Z,SP,β,δ
	慢冷	Z,SP,PY,X_{ZSO},β	Z,SP,PY,β	Z,SP,β,PY	Z,SP,β
ZBSCoMCr	急冷	Z,SP,δ,δ-SS	Z,SP,δ,δ-SS	Z,SP,δ,δ-SS	Z,SP,β,δ
	慢冷	Z,SP,C,β,PY	Z,SP,C,β,PY	Z,SP,C,β	Z,SP,β,δ
ZBSCoMCrSi	急冷	Z,SP,δ-S S,ZSi	Z,SP,G/a,δ-SS,δ	Z,SP,G/a,δ-SS	Z,SP,G/a,δ-SS
	慢冷	Z,SP,δ-SS,ZSi	Z,SP,δ,δ-SS,ZSi	Z,SP,β,δ,ZSi	Z,SP,β,δ,ZSi

　　注:晶相以其定性的含量顺序记录,符号表示如下:
　　Z—固溶有 Co、Mn 的 ZnO;SP—固溶有 Co、Mn、Cr、Sn 等的 $Zn_7Sb_2O_{12}$ 尖晶石;X_{ZSO}—$Zn_7Sb_2O_{12}$ 尖晶石的多形体;PY—固溶有 Co、Mn、Cr、Sn 等的 $Zn_2Bi_{13}Sb_3O_{14}$ 焦绿石;β、δ—以固溶多量 Zn 和少量 Sb 为主的 β-、δ-Bi_2O_3;C—以溶相当数量 Zn 和少量 Sb 为主的 $14Bi_2O_3 \cdot Cr_2O_3$;ZSi—Zn_2SiO_4;δ-SS—主要固溶有 Zn、Sb、Cr 的 δ-Bi_2O_3 固溶体;G/a—不明物相。

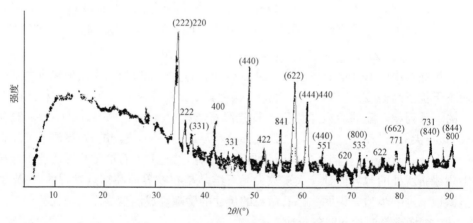

图 3.30　从 1300℃烧结 1h 的电阻片中萃取的尖晶石与焦绿石混合物的 X 射线衍射图谱

　　在 1350℃左右烧结,表现出最显著非线性的烧结体,由 ZnO、尖晶石及 β-Bi_2O_3、δ-Bi_2O_3 相组成,添加 SiO_2 时就有 Zn_2SiO_4 生成,通过用 X 射线微观分析法进行成分分析和基于成分分析而进行的单一相生成条件的研究,查明了这些晶相。
　　因为 ZnO 与尖晶石相能占据烧结体的较大面积,所以可以借助 X 射线微观分

析确定其成分。基于分析确定的结
果,通过研究单一相的生成条件可
知,ZnO 相固溶有相当数量的 Co 和
Mn;尖晶石相是以 $Zn_7Sb_2O_{12}$ 为主
要成分,Co、Mn、Cr 和 Sn 固溶其中
的范围很宽。

关于焦绿石相,通过对增加添加
物添加量烧结体的 X 射线微观分析,
可以揭示出其成分组成。在此基础
上,通过对单一相生成条件进行的研
究,查明在 Bi_2O_3-Sb_2O_3-MeO(MeO
为金属氧化物)三元系统中,生成有
新的焦绿石相。在 ZnO 烧结体中,生
成以 $Zn_2Bi_3Sb_3O_{12}$ 为主体的物相,其
他成分固溶于其中。

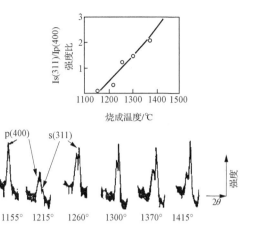

图 3.31　烧成温度与尖晶石(311)和
焦绿石(400)衍射线相对强度的关系

因为以 Bi_2O_3 为主成分的物相在 ZnO 烧结体中,存在的量较少,所占面积也
很小,所以难以用 X 射线微观分析方法分析确定成分,同时用 X 射线衍射确定该
晶相也困难。该相是通过单一相生成条件的研究查明的。采用为合成的 β-Bi_2O_3、
δ-Bi_2O_3 的 X 射线衍射图,根据此图能够同时鉴别以 Bi_2O_3 为主成分的物相。从
ZnO-Bi_2O_3-Sb_2O_3 熔融状态冷却形成的 Bi_2O_3 单相生成区域,由于少量 Sb 的存在
而固溶较多量的 Zn,其固溶状态受冷却条件的影响显著。δ-Bi_2O_3 会因生成的条
件与 β-Bi_2O_3 同时生成。在慢冷条件下,β-Bi_2O_3、δ-Bi_2O_3 形成的 $78Bi_2O_3+19ZnO+$
$3Sb_2O_3$ 附近的组成,近似于实际烧结体中所含 β-Bi_2O_3、δ-Bi_2O_3 的组成。实验证
明,这些相能固溶有少量的 Co 和 Mn。而且,Cr 成分几乎不固溶于 β-Bi_2O_3,相当
数量的 Zn(约为 10%(摩尔分数)的 ZnO)和少量的 Sb(2%～4%(摩尔分数)的
Sb_2O_3);同时固溶于 δ-Bi_2O_3,形成 δ-Bi_2O_3 型固溶体,随着 Cr 含量的减少,晶格常
数变小。$14Bi_2O_3 \cdot Cr_2O_3$ 具有 $a=7.75Å,c=5.75Å$ 的晶格常数,属正方晶系。
在形成熔融状态时,固溶少量的 Sb(约为 2%(摩尔分数)的 Sb_2O_3)和相当数量的
Zn(10%(摩尔分数)的 ZnO)。

3.5.2　晶相共生关系的分析

由多元成分形成的烧结体,多含有数种晶相。这种烧结体的结构解析,不是分
别解析所含各晶相的内容和存在状态,而重要的是从相形成的反应方面来查明晶
相的共生关系和共存状态。

就 ZnO 非线性电阻烧结体而言,从表 3.3 所示晶相的生成状态看,ZnO-Bi_2O_3-Sb_2O_3 系统是物相形成的基本系统。该系统加入添加物的种类与数量以及烧结条件,对该系统晶相的共生关系与共存状态有显著影响。首先以三元系统为基础,研究了依组成及烧结条件不同而形成的物相状况,研究了预先制成的 $Zn_2Bi_3Sb_3O_{14}$ 和 $Zn_7Sb_2O_{12}$ 等单一相的试样,与 ZnO、Bi_2O_3 的反应情况,查明了晶相的共生关系。然后明确了添加除 Bi、Sb 以外的氧化物对结晶相共生关系的影响作用。

由表 3.4 可见,$Zn_2Bi_3Sb_3O_{14}$ 与 Bi_2O_3 不发生反应,而与 ZnO 容易反应,与 $Zn_7Sb_2O_{12}$ 尖晶石相的变体 X_{ZSO} 生成 Bi_2O_3 液相;$Zn_7Sb_2O_{12}$ 容易与 Bi_2O_3 液相反应。将该结果与表 3.5 所示的烧结条件不同时各晶相的生成状态进行比较,可知基本的三元系统发生式(3-9)、式(3-10)所示的反应。

表 3.4　烧成急冷却时结晶相间的反应生成物

烧结条件(急冷)	900℃	1000℃	1100℃
$81.8Zn_2Bi_3Sb_3O_{14}^*$ $+18.2Bi_2O_3$(%(摩尔分数))	PY,δ	PY,δ	PY,δ
$89.8Zn_2Bi_3Sb_3O_{14}^*$ $+10.2ZnO$(%(摩尔分数))	PY,Z	PY,Z,δ,X_{ZSO}	δ,X_{ZSO}
$96.7Zn_7Sb_2O_{12}+3.3Bi_2O_3$(%(质量分数))	SP,PY,Z	X_{ZSO},δ	X_{ZSO},δ

* 单一相试样。

表 3.5　烧成冷却方式不同时结晶相间反应生成物的差别

组成	冷却方式	950℃	1050℃	1150℃	1250℃
ZnO 92.5%(摩尔分数) Bi_2O_3 2.5%(摩尔分数)	慢冷	Z,PY,X_{ZSO}	Z,PY,X_{ZSO}	Z,PY,X_{ZSO}	Z,PY,X_{ZSO}
Sb_2O_3 5.0%(摩尔分数)	急冷	Z,PY,X_{ZSO}	Z,PY,X_{ZSO}	Z,X_{ZSO}	Z,SP,δ

在加热过程反应式向右反应,缓慢冷却过程则向左反应,按照式(3-10)生成 Bi_2O_3 液相,ZnO 与 $Zn_7Sb_2O_{12}$ 溶解于其中,形成含有多量 Zn 和少量 Sb 的以 Bi_2O_3 为主成分的液相。若采用急冷方式,不会引起式(3-10)与式(3-11)左方向的反应,以 Bi_2O_3 为主成分的液相在 550℃ 左右晶化为 β-Bi_2O_3、δ-Bi_2O_3。该三元系统烧结体的结构,依照以上反应决定于 Bi_2O_3/Sb_2O_3 的摩尔比和 $Zn_2Bi_3Sb_3O_{14}/$ZnO 的摩尔比及冷却速度。若由 ZnO、尖晶石以及以 Bi_2O_3 为主成分的物相组成的 ZnO 烧结体,为基本三元系统,且 $Zn_2Bi_3Sb_3O_{14}/ZnO<2/17$,则只在从 1300℃ 以上的温度范围急冷这样的特别条件下形成。表 3.6 表明,ZnO-Bi_2O_3-Sb_2O_3 及多元系统烧结条件与所生成晶相的关系。

表 3.6　ZnO-Bi₂O₃-Sb₂O₃ 及多元系统烧结条件与所生成晶相的关系

系统	组成	冷却方式	不同烧成温度及冷却方式条件下形成的物相			
			1050℃	1150℃	1250℃	1350℃
ZBS	ZnO-Bi₂O₃-Sb₂O₃ 92.5　2.5　5.0	淬冷却	Z,PY,X'_{ZSO},δ	Z,X_{ZSO},δ	Z,X_{ZSO},δ	Z,SP,δ
		慢冷却	Z,PY,X_{ZSO}	Z,PY,β	Z,PY,X_{ZSO}	Z,X_{ZSO},PY
ZBS	ZnO-Bi₂O₃-Sb₂O₃ 92.5　2.5　5.0	淬冷却	Z,PY,β,δ	Z,β,δ,X_{ZSO}	Z,β,δ,X_{ZSO}	Z,β,δ,SP
		慢冷却	Z,PY,β,δ	Z,PY,β,δ	Z,PY,β,δ	Z,PY,β,δ
ZBSCo	ZnO-Bi₂O₃-Sb₂O₃-Co₂O₃ 90.0　2.5　5.0　2.5	淬冷却	Z,X_{ZSO},δ	Z,X_{ZSO},δ	Z,X_{ZSO},δ	Z,SP,β,δ
		慢冷却	Z,PY,X_{ZSO},β	Z,PY,X_{ZSO},β	Z,PY,X_{ZSO},β	Z,SP,PY,X_{ZSO},β
ZBSM	ZnO-Bi₂O₃-Sb₂O₃-MnO₂ 90.0　2.5　5.0　2.5	淬冷却	$Z,SP,\beta,\delta,X_{ZSO},PY$	$Z,SP,\beta,\delta,X_{ZSO}$	Z,SP,β,δ	Z,SP,β,δ
		慢冷却	Z,PY,SP,X_{ZSO}	Z,PY,SP,β,δ	Z,PY,SP,β,δ	Z,PY,SP,β,δ
ZBSCoM	ZnO-Bi₂O₃-Sb₂O₃-Co₂O₃-MnO₂ 87.0　2.5　5.0　2.5　2.5	淬冷却	$Z,SP,\beta,\delta,X_{ZSO}$	Z,SP,β,δ	Z,SP,β,δ	Z,SP,β,δ
		慢冷却	Z,PY,SP,β,X_{ZSO}	Z,SP,β,PY	Z,SP,β,PY	Z,PY,β
ZBSCr	ZnO-Bi₂O₃-Sb₂O₃-Cr₂O₃ 90.0　2.5　5.0　2.5	淬冷却	$Z,SP,\beta,\delta\text{-}SS,PY$	$Z,SP,\delta\text{-}SS$	$Z,SP,\delta\text{-}SS$	Z,SP,β,δ
		慢冷却	Z,SP,C,PY,X_{BC}	Z,SP,C,PY	$Z,SP,\delta\text{-}SS,PY$	Z,SP,β,δ
ZBSCoMCr	ZnO-Bi₂O₃-Sb₂O₃-Co₂O₃-MnO₂-Cr₂O₃ 90.0 1.67 3.33 1.67 1.67 1.67	淬冷却	$Z,SP,\beta,\delta\text{-}SS$	$Z,SP,\beta,\delta\text{-}SS$	$Z,SP,\delta\text{-}SS$	Z,SP,β,δ
		慢冷却	Z,SP,C,β,PY	Z,SP,C,β,PY	Z,SP,C,β	Z,SP,β
ZBSCoMSn	ZnO-Bi₂O₃-Sb₂O₃-Co₂O₃-MnO₂-SnO₂ 90.0 1.67 3.33 1.67 1.67 1.67	淬冷却	$Z,SP,PY,\beta,\delta,X_{ZSO}$	Z,SP,β,δ	Z,SP,β,δ	Z,SP,β,δ
		慢冷却	Z,SP,PY,X_{ZSO},β	Z,SP,PY,β	Z,SP,β,PY	Z,SP,β
ZBSCoMCrSi	ZnO-Bi₂O₃-Sb₂O₃-Co₂O₃-MnO₂- Cr₂O₃-SiO₂ 90.0 1.43 2.86 1.43 1.43 1.43 1.43	淬冷却	$Z,SP,\delta\text{-}SS,ZSi$	$Z,SP,glass,\delta\text{-}SS$	$Z,SP,glass$	$Z,SP,glass$
		慢冷却	$Z,SP,\delta\text{-}SS,ZSi$	$Z,SP,\delta\text{-}SS,ZSi$	Z,SP,δ,β,ZSi	Z,SP,δ,β,ZSi

注：晶相以其定性的含量顺序记录及其符号与表 3.3 相同，其中 X'_{ZSO} 表示不同于 X_{ZSO} 的物相。X_{BC} 不详。

3.5.3　添加剂的作用

由表 3.4 可见,对三元基本系统添加其他氧化物,反应式(3-10)和(3-11)因添加物的种类不同而受到显著地影响。若含有 Cr,X_{ZSO} 相不产生,而依照式(3-10)直接生成尖晶石;若不含 Cr,虽然生成 X_{ZSO} 相,但与三元系统却不同,在 1150℃ 以下尖晶石相发生变化而消失。在这些情况下,若从尖晶石形成的温度范围缓慢冷却,则式(3-10)和式(3-11)的左向将发生如下反应:

$$3Zn_7Sb_2O_{12}(SP)+3Bi_2O_3(l)\longrightarrow 2Zn_2Bi_3Sb_3O_{14}+17ZnO \qquad (3-12)$$

该反应的程度,因烧结温度升高尖晶石相微粒生长而变弱。在含 Cr 的情况下,依照式(3-11)反应生成含 Cr 的液相,ZnO 与尖晶石相溶解于该液相,则形成主要含有 Zn、Sb 和 Cr 的以 Bi_2O_3 为主成分的液相。液相中的 Cr 成分,随着温度的升高向尖晶石相转移而消失。其变化由于慢冷而使形成的 $14Bi_2O_3 \cdot Cr_2O_3$ 减少和 β-Bi_2O_3 增加,或者使由于急冷而形成的 δ-Bi_2O_3 固溶体的晶格常数减小,因而最终以生成不含 Cr 的 β-Bi_2O_3、δ-Bi_2O_3 而告终。从这些反应可以看出,ZnO 烧结体中含焦绿石相与否以及各种以 Bi_2O_3 为主成分出现多在物相的原因。

在含有 Si 时,情况稍有不同。在加热过程中与含 Si 系统的反应,生成 Zn_2SiO_4。该相约在 1150℃ 以下溶入以 Bi_2O_3 为主的液相,因而生成由 Bi、Si、Zn、Sb 等氧化物组成的液相,若急冷却,则该相成为玻璃质;若慢冷却,则结晶化为 Zn_2SiO_4 及与 Bi_2O_3 为主成分的相。该液相比不含 Si 的液相黏度高,容易成为玻璃态。添加 SiO_2 之所以具有抑制 ZnO 颗粒物长的现象,就是由于这个缘故。

以烧结体为对象,通过直接应用各种分析法研究结构的方法,并同时采用从物相形成的反应方面入手,探讨晶相的共生关系与共存状态的方法,查明了 ZnO 非线性电阻烧结体的微观结构。ZnO-Bi_2O_3-Sb_2O_3 三元系统,ZnO 非线性电阻烧结体微观结构的基本骨架,是在特定的条件下形成的。加于该系统的添加物,固溶于该系统的各种相影响到物相间的反应,进而显著影响到烧结体中的晶相的共生关系及共存状态,形成 ZnO 非线性电阻烧结体微观结构。ZnO 非线性电阻烧结体结构解析的方法,对于解析由多成分系统组成的其他种类烧结体的结构也是完全适用的。

3.5.4　实际应用性研究

Olsson 等主要针对烧成因素的改变对 ZnO 压敏电阻材料的显微结构和电气性能的影响进行了系统的实际应用性研究,其研究概况、结果和分析见解综述如下。

所研究的材料是用含约 90%(摩尔分数)的 ZnO 和不同金属氧化物,如 Bi_2O_3、Sb_2O_3 和 Co_2O_3 的添加物制成的。混合物的粉料在 1200℃ 左右温度下烧结。图 3.32 给出了试验条件下的烧结时间和冷却速度。

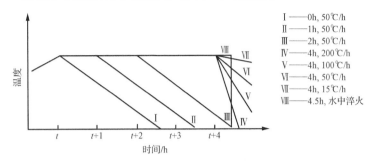

I ——0h, 50℃/h
II ——1h, 50℃/h
III ——2h, 50℃/h
IV ——4h, 200℃/h
V ——4h, 100℃/h
VI ——4h, 50℃/h
VII ——4h, 15℃/h
VIII ——4.5h, 水中淬火

图 3.32 试样的烧结时间和冷却速度

试样用 X 射线衍射、扫描电镜(SEM)和分析透射电子显微镜(TEM 及 EDX)进行综合检测,试样制备的细节和分析程序参考 Olsson 的研究。微电极测量用来确定单个 ZnO 界面的击穿电压。电极是通过照相平板印刷术沉积于抛光试样的表面上。I-V 特性通过 Hewlett-Packard 4061A 半导体试验系统记录。为了排除附加电流路径,测量前预先将试样机械厚度减薄至 $10\mu m$。

实验结果的一般显微结构如图 3.33 所示,可概括为如下组成。

(1) 含有少量 Co、Mn 和 Ni 固溶体的 ZnO 晶粒。

(2) 以 $Zn_7Sb_2O_{12}$ 成分为基础,含有较大量 Cr、Mn、Co 和 Ni 固溶体的尖晶石晶粒。尖晶石阻碍烧成时 ZnO 晶粒的生长。

(3) 富 Bi 粒间相主要有:① 位于 ZnO 晶粒的三个晶粒结处的 Bi_2O_3;② 位于三角结处的 $Zn_2Sb_3Bi_3O_{14}$ 焦绿石;③ 位于 ZnO-ZnO 晶粒边界的无定型富 Bi 薄膜(约 2nm 厚),也位于其他结晶相边界。

(4) 偏析于 ZnO/ZnO 边界的 Bi 偏析(单层约 0.5nm)层,与第二富 Bi 相无任何联系。

(5) 图 3.33(a)、(b)中大多洼坑是由于研磨或抛光试样时"拉伤"造成的。如

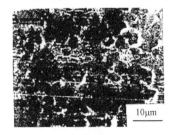

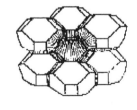

(a) 在烧成温度下保温的烧结试样　　　(b) 保温4h的烧结试样　　　(c) 连续的富Bi相网络

图 3.33 经 NaOH 轻微腐蚀抛光断面的 SEM 图像

图 3.33(c)所示,富 Bi 相主要沿 ZnO 晶粒聚集晶粒结分布,可以认为位于晶粒的边缘,因而成为 Bi_2O_3 和焦绿石的空间(leave room)。这些粒间富 Bi 相构成了整个材料的连续网络。

1. 烧成时显微结构的变化

ZnO 晶粒尺寸随烧结时间的延长而增大(图 3.34 和表 3.7),同时尖晶石晶粒尺寸也增加,但尖晶石的密度数减小。表 3.8 给出了根据抛光断面测得的 ZnO、尖晶石和富 Bi 区域的相对体积份额。在烧结的第 1h,在消耗富 Bi 相的同时,尖晶石数量增加,此后显微结构成分的体积份额相对保持常数。表 3.7 中的结果是通过抛光试样的 X 射线衍射测量衍射峰的高度证实的。这些衍射图表明在不同的时间烧结,以 $50℃/h$ 速度冷却的所有试样,含有尖晶石($Zn_7Sb_2O_{12}$)、$\alpha\text{-}Bi_2O_3$、$\delta\text{-}Bi_2O_3$ 和焦绿石($Zn_2Sb_3 \cdot Bi_3O_{14}$)以及 ZnO。

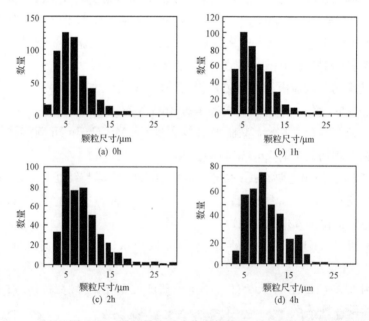

图 3.34 ZnO 晶粒尺寸分布与保温时间的关系

表 3.7 ZnO 晶粒尺寸与烧结时间的关系

烧结时间/h	0	1	2	4
ZnO 晶粒尺寸/μm	6.8	7.8	8.6	9.7

通过 STEM/EDX 的测定,确定粒间层的成分包括 $\alpha\text{-}Bi_2O_3$、$\delta\text{-}Bi_2O_3$ 和富 Bi 玻璃(图 3.35),在烧结时间由 0 到 1h,这些区域的 Zn 含量急剧下降。这些区域含有

Sb、Cr、Mn、Co、Ni 和 Zn 的固溶物,其每种金属元素的重量百分含量依次为:
2.8%、0.3%、0.2%、0.4%、0.6%和 11.4%。图 3.35 为采用 STEM/EDX 所确定
的三角区 ZnO 和 Bi_2O_3 相对含量与烧结时间的关系。

表 3.8　烧结时间与主要显微结构成分体积份额的关系

烧结时间/h	ZnO/%	尖晶石/%	富 Bi 区域/%
0	77	9	14
1	78	13	9
2	78	12	10
4	77	14	9

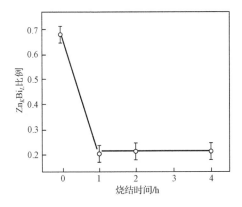

图 3.35　用 STEM/EDX 确定三角区 ZnO 与 Bi_2O_3 相对含量与烧结时间的关系

2. 冷却速度对显微结构的影响

据观测,ZnO 晶粒尺寸与冷却速度的关系无明显差别。同样,ZnO、尖晶石和
富 Bi 相的体积份额也无重大变化。X 射线衍射表明,焦绿石的数量与冷却速度有
关,水中淬冷的试样未发现有焦绿石,其他试样中焦绿石的量随冷却速度减小而增
加。所有试样都含有 α-Bi_2O_3 和 δ-Bi_2O_3,且两种形态 Bi_2O_3 的相对比例受冷却速
度的影响不太显著。然而,水中淬冷的试样是这种规律的例外,因为这样的冷却速
度导致 δ-Bi_2O_3 占优势,α-Bi_2O_3 仅占很少量。

采用 STEM/EDX 分析烧结温度缓慢冷却的试样,随冷却速度的不同未揭示
出粒间层(含有 α-Bi_2O_3、δ-Bi_2O_3 和富 Bi 无定形相)成分的显著变化。然而,用
TEM 发现,随着冷却速度的降低,α-Bi_2O_3 和 δ-Bi_2O_3 结晶之间互相贯穿的边缘减
少(图 3.36)。

  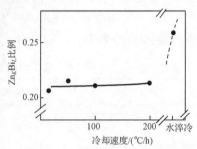

(a) 烧结4h以15℃/h速度冷却的试样　(b) 烧结4h以200℃/h速度冷却的试样　(c) 三角结区Zn含量与冷却速度的关系
(用STEM/EDX测定)

图 3.36　Bi_2O_3 区域的 TEM 暗场图像

在淬冷试样中,这些粒界层仅含有很少量的 α-Bi_2O_3,主要体积为 δ-Bi_2O_3 所占据。用 STEM/EDX 发现粒界层比慢冷试样含有较多的 Zn(图 3.36(c))。烧结后淬火冷却的试样中,Zn 与富 Bi 区域之间的界面呈现具有非常清晰界面边缘像锯齿状的界面(图 3.37(a)),在其他试样中可以辨别出某些波浪阶梯,而且这在 200℃/h 速度冷却的试样中最常见。缓慢冷却的试样,这些界面一般很圆滑(图 3.37(b))。

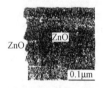 

(a) 淬冷试样呈现阶梯式ZnO界面的图像　(b) 缓慢冷却富Bi无定形粒间的ZnO晶粒边界圆滑的图像

图 3.37　ZnO/ZnO 晶粒边界区的 TEM 图像

表 3.9 给出了显微结构中焦绿石量(以 X 射线衍射峰高度比表示)随冷却速度减小相对增加的关系。

表 3.9　焦绿石量随冷却速度减小相对而增加的关系

冷却速度/(℃/h)	水淬冷	200	100	50	15
焦绿石(622)/ZnO(110)	0	0.034	0.053	0.062	0.075

3. 烧结时间和冷却速度对电气性能的影响

研究了在 1200℃下烧结保温 0、1h、2h 和 4h,以 50℃/h 速度冷却至室温的试样,保温时间对 ZnO 压敏电阻材料电气性能的影响。保温时间为 0 的试样,像其他试样一样在同样速度下进行热处理,达到烧结温度,立即进行冷却。测量了三种不同烧结时间的试样,发现所有这些试样的漏电流随烧结时间延长而减小。图 3.38 表明保温时间为 0 和 4h 试样受这种影响的代表。如表 3.10 所示,击穿电场随保温时间的增加而显著降低,从表 3.7 可以注意到,这种降低与 ZnO 晶粒尺寸有关。

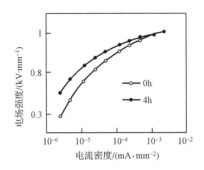

图 3.38　保温时间对电流密度-电场强度特性的影响

表 3.10　击穿电场与保温时间的关系

保温时间/h	0	1	2	4
击穿电场/(V · mm^{-1})	230	210	200	180

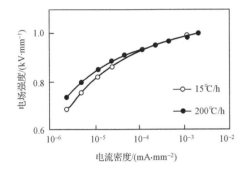

图 3.30　冷却速度对电流密度 电场强度特性的影响

图 3.39 给出了直流 *I-V* 特性,由此可以看出漏电流随冷却速度减小而增大。没有测量出水淬冷试样的电气性能,因为试样受热冲击而炸裂不能测定其电气性能。但经微电极测定表明,在 *I-V* 泄漏区内,Bi$_2$O$_3$ 粒界层所具有的电导率的数量级比穿越 ZnO 电活化界面区的电流路径大。测定得到 Bi$_2$O$_3$ 粒界区的电导率为 10^{-5}（$\Omega \cdot$ cm）$^{-1}$,由于电极尖端宽 5μm,因而与尖晶石和 Bi$_2$O$_3$ 二者都接触(图 3.33),测定是粗略的。电极结构(外形)和显微结构使得难以知道电场分布的细节,对本实验结果讨论如下。

1) 显微功能结构的构成及其作用

这种 ZnO 压敏电阻陶瓷材料包括以下主要功能成分:

(1) 掺杂有半导体添加物的 ZnO 晶粒;

(2) ZnO 晶粒之间的晶粒边界区,提供了导电势垒;

(3) 主要位于三角结处的富 Bi 相,形成了贯穿整个材料的连续网络(图 3.33(c))。

Olsson 认为这种 ZnO 压敏材料通常含有两种导电路径:一种是包含结合 ZnO 晶粒和晶粒边界相应的势垒,对压敏效应是起重要作用的;另一种是位于

ZnO 晶粒三角结处,由富 Bi 相连续骨架构成(主要是 Bi_2O_3)(图 3.33(c))。Bi_2O_3 的体积份额和电导率,即使在高电场(即高于 ZnO 晶粒之间势垒的贯穿电压)下,通过这种连续的骨架,对于全电流产生的贡献也是可以忽略的。然而,在低于击穿电场下,流经包括 ZnO 晶粒与晶粒边界势垒的电流很可能是很低的,沿三角结骨架导电路径可能对全电流贡献较大的比例。所以,进一步检查三角结骨架对于决定低于击穿电压的漏电流所起的作用是很重要的。

2) ZnO 晶粒尺寸的作用

表 3.10 表明,烧结体的击穿电场随保温时间的增加明显下降,对比表 3.7 可见,这种下降与烧结时间延长 ZnO 晶粒生长是一致的。从表 3.10 的击穿电场和表 3.7 的 ZnO 晶粒尺寸确定每个 ZnO 结的平均击穿电压为 1.7V,实际上这与烧结时间无关,其他材料的电性测定也得出每个 ZnO 结的击穿电压约为 2V。ZnO 晶粒尺寸直接影响击穿电场,因为 ZnO 界面附近区域存在着导电势垒,通过测定单个界面击穿电压,进一步论述有关界面显微结构的作用。

3) 富 Bi 骨架的作用

在 ZnO 多晶粒的富 Bi 相构成了贯穿材料的三维连续网络。对烧结 4h 以 200℃/h 速度冷却的试样的微电极测量,揭示出含有 α-Bi_2O_3、δ-Bi_2O_3 和无定形富 Bi 相区域的电导率近似为 $10^{-5}(\Omega \cdot cm)^{-1}$。其他研究测定了单个 α-Bi_2O_3 和 δ-Bi_2O_3 相的电导率,其结果确定室温下两种物相的电导率约为 $10^{-10}(\Omega \cdot cm)^{-1}$ 和 $10^{-4}(\Omega \cdot cm)^{-1}$,即前者比后者低六个数量级;本材料中的 Bi_2O_3 含有其他元素固溶体,它们很可能影响其电导率,测得粒界材料的电导率接近纯的 δ-Bi_2O_3,因而看来,这种 δ-Bi_2O_3 的多晶型主要对 Bi_2O_3 粒界内的电流传输影响最大,而 α-Bi_2O_3 所起的贡献很小。因此,在最终的压敏电阻片成品中,不希望有 δ-Bi_2O_3 存在。

在高于击穿电场下,骨架的电导率与在高电场下测定 I-V 特性与 ZnO 晶粒相比是很小的。在低于击穿电压下,试样的体积电导率,在 $10^{-10}(\Omega \cdot cm)^{-1}$ 的情况下,粒界骨架对全电流可能产生重大贡献。还应该指出,富 Bi 骨架中所散布的电气绝缘的尖晶石晶粒,对于电流的传导是无贡献的。烧结温度下保温 0h,冷却温度为 50℃/h 烧结的试样比烧结保温 4h 的试样含有通常 1.5 倍的富 Bi 区(表 3.8),含有较大份额富 Bi 相的试样漏电流相应较高。这进一步证明晶粒界区可能为预击穿区提供重要的导电路径。如图 3.39 所示,冷却速度对漏电流有较大影响,随着冷却速度提高而减小。这是由于 Bi_2O_3 粒界区伴随形态逐渐变化的结果,即比较大的 δ-Bi_2O_3 结晶,被较小的 α-Bi_2O_3 结晶环绕。保持这些形态的相对比例,实际上不受冷却速度的影响。但是 α-Bi_2O_3 结晶的尺寸随着冷却速度的增加而减小。这就引起两种形态之间较大程度的互相贯穿,因而导致骨架的电导率减小。

4) 烧结期间显微结构的变化

(1) 尖晶石相是在加热到烧结温度时通过 ZnO 与焦绿石反应按照式(3-11)生成的,这证实了 Inada 提出的结论。

(2) 冷却速度较慢时尖晶石反过来分解成焦绿石和 ZnO。观察到试样中存在着大量的尖晶石,该试样加热到烧结温度后随即放入水中淬冷,这证明了尖晶石是在加热时形成的事实。但是还应该指出,在烧结的第 1h 尖晶石仍继续生成(表 3.8)。第 1h 后,尖晶石达到了稳定的体积份额,其尺寸随烧结时间成函数关系增大,尖晶石晶粒的长大伴随着其数量减少。显然,证明烧结时,该相在 3.1.3 节所述的奥氏熟化作用时产生。

(3) ZnO 晶粒的生长:烧结以前 ZnO 的平均晶粒尺寸约 $1\mu m$,表 3.7 证明达到烧结温度,加热期间生成的 ZnO 晶粒迅速生长,延长烧结时间 ZnO 晶粒尺寸的增加是有限的。加热时伴随着富 Bi 液相的形成促进晶粒的生长。根据 Inada 的论述,当 Sb_2O_3 的添加量未超过 Bi_2O_3 量时,在富 Bi 液相未形成之前,固态焦绿石生成。在有过量 Bi_2O_3 的情况下,富 Bi 液相与焦绿石共存。在 900℃左右焦绿石与 ZnO 反应,生成和尖晶石与液体共存。ZnO 晶粒的生长受到尖晶石的阻碍,由于它位于晶粒边界,有牵制作用,而使 ZnO 晶粒达到最小尺寸。尖晶石的这种阻碍包括 ZnO 晶粒边界和相应包围的 ZnO 晶粒的迁移。尖晶石一旦达到临界尺寸,ZnO 晶粒的生长速度将明显减慢。

(4) 富 Bi 液相的组成:Bi_2O_3 骨架中 Zn 含量(图 3.36(c))比较高,根据 ZnO-Bi_2O_3 二元相图在烧结温度下富 Bi 液相应含有 9%(质量分数)左右的 Zn。预计冷却时液体中的 Zn 含量减少。高的 Zn 含量可能是由于包围 ZnO 晶粒的继发性荧光,这种荧光是由于试样上维持的 Cu 环,引起 Cu 的光谱峰产生的,虽然可以作相对比较,然而图 3.36(c)表明 Bi_2O_3 区的 Zn 含量在烧结冷却的第 1h 减少。烧结时熔液中 Zn 的含量相应减少到液相体积的 28%,按同样方法测量出的富 Bi 区的体积份额或尖晶石的体积份额是近似的(表 3.8)。这暗示着式(3-11)表示的反应是较粗略的,与加热到烧结温度的升温速度不是保持同步的。

5) 冷却期间显微结构的变化

(1) ZnO 的沉淀。

观察到水淬冷试样中 ZnO 界面的阶梯形与烧结时 ZnO 晶粒表面形成低能量的外形结构是一致的。沿界面的这些边缘的运动将为晶粒的生长提供有力有利的机制。从烧结温度缓慢冷却的试样不存在陡的阶梯形界面,冷却时这些光滑的界面可能是由于 ZnO 从烧结时存在的富 Bi 液相中沉淀的结果。本研究的确证明了冷却时富 Bi 液相中 ZnO 含量减少,因为水淬冷试样中富 Bi 粒界骨架比缓慢冷却试样含有较多的 Zn(图 3.37)。按照 ZnO-Bi_2O_3 二元相图 ZnO 应随着温度的降低而沉淀,在 ZnO 晶粒表面存在的边缘对于形式成附加的固态 ZnO 是有利的位置。

ZnO 的体积应根据 ZnO-Bi_2O_3 二元相图,由两个 ZnO 界面之间的富 Bi 液相沉淀估算,说明这足以填满阶梯。在 ZnO/ZnO 晶粒边界残留的富 Bi 液相或形成 Bi_2O_3 焦绿石、无定型薄膜、或者形成偏析相当于约 0.5 单分子层的 Bi 原子。

(2) 焦绿石的形成。

焦绿石的结构形态与其余显微结构的关系已经得出结论,这是从烧结温度冷却时由粒界液体中结晶出的第一种新相。Inada、Kim 和 Goo 根据从不同热分析获得的结果得出了相似的结论。在本材料中,焦绿石出现在粒间区,并被无定形薄膜分隔与其他晶粒(即 ZnO 和尖晶石)分离。冷却时形成的焦绿石的数量,随冷却速度的降低依次增加(表 3.9)。快速冷却阻碍了焦绿石的形成。

(3) Bi_2O_3 的形成。

水淬冷阻止冷却时焦绿石的沉淀(表 3.9)。然而,淬冷时 Bi_2O_3 可以结晶,在室温下保持的多晶体是高温型 δ-Bi_2O_3 占优势。慢冷导致 Bi_2O_3 区含有实际上等量的 α-Bi_2O_3、δ-Bi_2O_3(图 3.36)。本处理后的任何试样未测定出亚稳定型多晶体 Bi_2O_3,即 β-Bi_2O_3 和 γ-Bi_2O_3 的存在,这些亚稳定型多晶体可能在冷却时转变成 α-Bi_2O_3 之前由 δ-Bi_2O_3 形成。值得注意的是,尽管大量的 ZnO 溶解于粒界区,却未检测出 ZnO-Bi_2O_3 二元相图中的 Bi_2O_3-ZnO 相。粒界 Bi_2O_3 区的多晶体形态,决定于从烧结温度的冷却速度(图 3.36(a)、(b))。慢冷导致 α-Bi_2O_3 与 δ-Bi_2O_3 之间很少贯穿。正如图 3.36(a)、(b)所示,在 ZnO 晶粒和尖晶石、α-Bi_2O_3 结晶之间散布着形成的连续的大的 δ-Bi_2O_3,在 200℃/h 速度下冷却比在 15℃/h 速度下冷却的试样中 α-Bi_2O_3 结晶较小。这很可能是由于在较高的温度与在较低的温度下相比,α-Bi_2O_3 的成核和生长速度不同,说明这种影响引起多晶型体的逐渐变化。在 200℃/h 下冷却的试样的成核速度较高,结晶生长速度较低导致两种 Bi_2O_3 多晶型体之较大程度的贯穿。

从以上试验结果可以得出以下结论:

(1) ZnO 压敏电阻材料显微结构的主要功能成分是:①掺杂的半导体 ZnO 晶粒;②提供电导势垒的 ZnO 晶粒边界区;③位于 ZnO 晶粒之间三角结 Bi_2O_3 占优势的连续的富 Bi 网络骨架,这种骨架可能为低压漏电流提供重要的导电路径。

(2) 微电极测量证明,连续的 Bi_2O_3 网络可能对漏电流起作用。因此,通过调节内部显微结构使这种网络所占体积份额达到最少,以降低其电导率是最重要的。

(3) 大部分 ZnO 晶粒生长是在烧结的初级阶段产生的。晶粒的生长靠尖晶石($Zn_7Sb_2O_{12}$)晶粒抑制达到一定的最小尺寸,以有效的牵制 ZnO 晶粒边界的迁移来调节。烧结时间增加 ZnO 晶粒尺寸增大、击穿电压降低。

(4) 尖晶石微粒是在原始粉料加热到烧结温度时和烧结的早期时形成的。

(5) 焦绿石 $Zn_2Sb_3Bi_3O_{14}$ 是在从烧结温度冷却时形成的第一种新富 Bi 粒间结晶体结构,显微结构中存在的焦绿石量随冷却速度的减小而增多。水中淬冷保留着形成的焦绿石形态。

（6）烧结温度冷却时，由富 Bi 液相沉淀出的第二富 Bi 相是 δ-Bi$_2$O$_3$。这种多晶型体在低温下可能转变成 α-Bi$_2$O$_3$，两种 Bi$_2$O$_3$ 多晶体之间的贯穿程度随冷却速度的降低而减小，这导致小电流区 I-V 特性的电导率增大。

（7）水淬冷试样中的 ZnO 晶粒表面包含着大粗糙的边缘。而从烧成温度慢冷时，由于 ZnO 从富 Bi 液相中沉淀出，这些边缘是圆滑的。

3.6　晶粒中的次晶界

西安交通大学电气工程学院重点实验室针对 ZnO 压敏陶瓷的次晶界、晶界的形成机理及其对电气性能的影响进行了多方面的研究，以及概括总结。

3.6.1　氧化锌晶粒中的次晶界现象

选择五种具有代表性的配方为对象进行实验研究，这五种配方分别是纯 ZnO，ZnO+0.5%（摩尔分数）B$_2$O$_3$，典型的高压、中压和低压 ZnO 压敏陶瓷配方。试样采用传统的陶瓷工艺制备。试样尺寸同前，坯体成型密度为 3.2g·cm^{-3}；改变烧成温度，在空气中淬火的方式冷却。

首先研究高压料 ZnO 晶粒的生长发育过程，试样的显微图像如图 3.40 所示。可见，经 900℃烧成时，其内部为结构松散的 ZnO 颗粒；经 1000℃烧成时 ZnO 晶粒

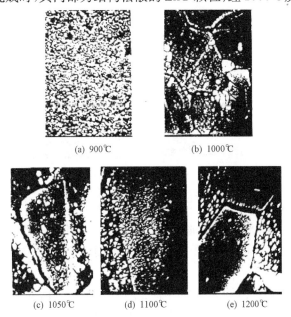

(a) 900℃　　　　(b) 1000℃

(c) 1050℃　　　(d) 1100℃　　　(e) 1200℃

图 3.40　ZnO 晶粒的发育过程

的基本形貌已形成,可明显看出此时不仅存在晶粒间的界面而且晶粒内部也存在分布不均的小界面,为区别晶界,将这种存在于晶粒内部的晶界称为次晶界,将晶粒间的晶界称为主晶界(简称晶界)。

从图 3.40(c)、(d)、(e)可以看出,随着烧成温度的升高,ZnO 晶粒内的次晶界趋于消失的倾向。

3.6.2 影响次晶界的因素

1. 添加剂的作用

取烧成温度为 900℃ 的试样,观察结构变化情况,结果如图 3.41 所示。很显然,可见图 3.41(a)中 ZnO 具有最小的颗粒,而且只有少数晶粒中有次晶界存在。其各个晶粒之间是互相独立的,晶粒的形状近似于球形或椭圆形。

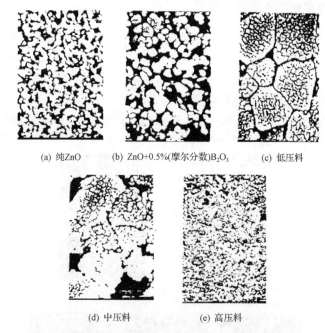

(a) 纯ZnO　　(b) ZnO+0.5%(摩尔分数)B₂O₃　　(c) 低压料

(d) 中压料　　(e) 高压料

图 3.41　添加剂对 ZnO 晶粒次晶界的作用

从图 3.41(b)中可见,在添加低熔点的 B_2O_3 后,使晶粒尺寸发育较大,约为 $0.7\mu m$,每个晶粒内的次晶界较为明显,但晶粒之间仍然是互相独立的,而且晶粒的形貌仍然近似于球形或椭圆形。

添加 Bi_2O_3、Sb_2O_3、MnO_2 等多种添加剂的 ZnO 压敏陶瓷,其晶粒的发育因添加剂的种类和添加量的不同而异。从图 3.41(c)中可以观察到,低压料瓷体中晶粒间的主晶界已具有基本完整的结构,而且此时的 ZnO 晶粒内存在明显的次晶界,晶粒的形状已是六边形,只是每条边并非直线,都具有一定的曲率。可见此时的晶界并不稳定,随温度升高 ZnO 晶粒将继续长大。仔细观察晶粒内的次晶界可以发现,每个晶粒内的次晶界都具有一定的连通方向,不同的晶粒其连通方向不同,这预示着 ZnO 晶粒可能将按一定方向生长。

图 3.41(d)表明,在烧成温度 900℃时,中压料的瓷体中的晶粒同样存在次晶界,但是,晶粒的六边形尚未形成。

高压配方的 ZnO 压敏陶瓷在 900℃时,其内部仍然是原始的 ZnO 小颗粒。随着烧成温度升高,在 ZnO 晶粒形成的同时晶粒内也存在次晶界。

综合以上研究观察结果可以认为,次晶界普遍存在于 ZnO 压敏陶瓷晶粒内,添加剂影响次晶界开始出现的温度,低熔点添加剂可以明显降低次晶界出现的温度,即可使 ZnO 开始发育温度降低。

2. 恒温时间的作用

图 3.42 表明在 1100℃烧成时恒温时间对次晶界的作用。当不恒温时,次晶界仍存在一部分;当恒温 4.5h 时,ZnO 晶粒内的次晶界趋于消失,说明在高温下保温有利于消除次晶界。

3. 降温制度对次晶界的作用

图 3.43 表明降温制度对 ZnO 晶粒内的次晶界的作用。图 3.43(a)为随炉自然降温试样晶粒内次晶界的现象;图 3.43(b)为在空气中淬火所得试样 ZnO 晶

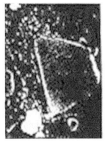

(a) 保温0h　　　　　　(b) 保温4.5h

图 3.42　恒温时间对 ZnO
晶粒内次晶界的作用

粒内次晶界现象。虽然随炉冷却降温速度(平均小于 10℃/min)比淬火的降温速度(约 600℃/min)慢得多,但 ZnO 晶粒内的次晶界却没有因此而趋于消失的迹象。

可见,次晶界普遍存在于 ZnO 压敏陶瓷晶粒内的生长发育过程中。随着温度升高,有趋于消失倾向;低熔点添加剂可以降低次晶界出现的温度;在较高烧成温度恒温一定时间后次晶界将消失;降温速度对次晶界无明显影响。

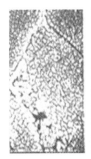

(a) 随炉冷却　　　　(b) 淬火

图 3.43　冷却速度对 ZnO
晶粒内次晶界的影响

3.6.3　次晶界的形成机制

根据以上实验结果,可以很清楚地认识到 ZnO 晶粒生长的初始阶段是原始颗粒的堆积。研究结

果表明,颗粒聚集是普遍存在的现象。例如,ZnO浆料喷雾干燥的粉粒、压型的坯体都是颗粒聚集现象的结果。同样,在其烧结的开始也存在颗粒聚集现象。

1. 次晶界的形成过程与ZnO生长模型

当烧成温度升高至一定值时,假设原始的ZnO颗粒分别以大的颗粒为中心开始聚集,因每个小颗粒的晶格取向不同,所以聚集的小颗粒不会立刻形成一个统一的完整晶体,而必须提供物质传递实现从聚集体向完整晶体的转变。可以以两个直径相同的颗粒间的物质传输进行说明。

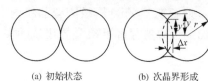

(a) 初始状态 (b) 次晶界形成

图3.44 两颗粒物质传递示意图

假设晶格取向不同的两个颗粒间的初始状态如图3.44(a)所示,当烧成温度升高时,位于颗粒表面的Zn_i离子得到足够的能量在浓度梯度的作用下,向两个颗粒的颈部迁移,随着温度进一步提高,位于晶格处的离子开始通过晶界向颈部扩散,颈部长大,如图3.44(b)所示。设从颗粒传递到颈部的物质是颗粒上的一个球缺,球缺的半径为y',高为Δx,则$y' = \sqrt{\Delta x(2r - \Delta x)}$。

因$\Delta x < r$,所以$2r - \Delta x > \Delta x$,故$y' > \Delta x$,用y表示两颗粒接触部分的一半,则两颗粒接触部分为$2y$,显然$2y > y'$,则$2y > \Delta x$;$2\Delta x$是两颗粒由于靠近产生的中心距离变化量,由此可知,颈部增大比颗粒靠近进行得快;另外由于表面扩散的作用,两颗粒被同一界面包围时,两颗粒仍存在一个界面,此即为次晶面(图3.44(b))。

对于大颗粒与小颗粒间的聚集存在的类似情况,所不同的是,最大颗粒与小颗粒间物质传递的最终结果是它们的次晶界可能消失。

在多颗粒的聚集中,每两个颗粒间会发生与上述相类似的情况。当烧成温度升高到900℃以上时,从自由断面观察晶粒的发育情况可以看到晶粒似乎具有完整的结构(图3.45(a)),而抛光、腐蚀后在分辨率高的显微镜下观察可以看到晶体

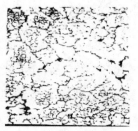

(a) 自由断面 (b) 抛光、氢氟酸腐蚀

图3.45 ZnO压敏陶瓷自由表面与晶粒抛光、腐蚀后的晶粒形貌

内实际上存在大量次晶界(图 3.45(b)),并具有完整的晶体结构。当继续升高温度时,在表面张力的作用下大晶粒会吞噬小晶粒而长大,晶粒长大过程次晶界不一定会消失。

　　以下考虑次晶界在晶界存在晶粒长大模型可以很好地解释 ZnO 晶粒内添加剂的分布情况。用波谱法分析得到的元素在晶粒处的分布,如图 3.46 所示。图示表明元素 Bi、Mn在晶界处的分布情况是在主晶界处量大,但随着离晶界的距离增大,即进入晶粒内部越深,Bi、Mn的分布未呈现出递减的趋势,而是跳跃式的分布,这一规律很难用元素从晶界向晶粒内部的扩散来说明,因为 Bi^{3+} 比 Mn^{2+} 的大得多。

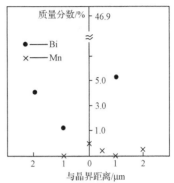

图 3.46　添加剂元素在 ZnO晶粒和晶界处的分布

　　用本书提出的新晶粒生长模型可以很好地解释此现象。添加剂在和 ZnO 模型粉料混合球磨过程中,就分布在 ZnO 小粉粒周围,这样当原始ZnO 粉粒聚集时,添加剂 Bi_2O_3、MnO_2 等也可能被包围在聚集体内,在高温下,虽然可以向晶界扩散,但总会有少量残留在 ZnO 晶粒内的次晶界处。低温烧结时,由于 Bi、Mn 较难以扩散,加剧了 ZnO 晶粒内次晶界现象;在高温下,Bi、Mn 得到足够的能量在晶粒的局部区域内在化学势的驱动下向附近的 ZnO 晶粒能扩散,形成点缺陷,使次晶界消失。恒温时间延长使各种离子有足够的时间扩散,也促使次晶界消失。

　　纯 ZnO 中的次晶界现象是由于晶粒的晶格取向不同造成的;ZnO 压敏陶瓷中的次晶界来源于两个方面:一方面是由于原始小颗粒的晶格取向不同;另一方面是添加剂的作用。总之,这里所提出的 ZnO 压敏陶瓷中完善的 ZnO 晶粒生长模型,将 ZnO 晶粒生长分为两个阶段,一是原始小颗粒以较大颗粒为中心的聚集阶段,二是晶粒生长阶段。

2. ZnO 晶粒生长模型的实验验证

　　为了进一步证实这种假设的正确性,通过实验进行了如下验证。

　　采用已经制备好的籽晶与纯 ZnO 混合,二者的质量比为 1∶4,然后将粉料放在坩埚内烧结,采取通常升温制度升温至 1000℃,不保温,随炉自然降温。将籽晶和烧结的粉料分别粘贴的样品托上,喷金后用扫描电镜观察,结果如图 3.47 所示。

　　图 3.47(a)表明,籽晶的表面凹凸不平;而煅烧后,纯 ZnO 就以籽晶为中心聚集在籽晶周围,使籽晶从原来的不规则形貌变成了圆球形,未被纯 ZnO 包围的籽晶仍旧呈现出原来的部分形貌(图 3.47(b)中的 1# 颗粒)

　　从以上观察结果,可以肯定假设颗粒聚集以较大颗粒为中心是完全合理的。根据图 3.47 的观察结果,籽晶因周围具有凹凸不平的表面而具有较高的表面能,

(a) 籽晶　　　　　(b) 籽晶与ZnO混合
　　　　　　　　　　　　(经1000℃煅烧)

图 3.47　籽晶与 ZnO 混合物经
煅烧后粉料颗粒形貌

当其周围有比其尺寸小的纯 ZnO 颗粒时，由热力学第二定律，为使体系的自由能降低，纯 ZnO 颗粒必将聚集在籽晶周围使其表面内低的球形发展。所以颗粒聚集的驱动力是颗粒间的表面能差。

在 ZnO 坯体中，当温度升到一定值时，坯体内的气体膨胀，对颗粒产生一定的压力，使颗粒聚集。因此可以认为，以较大颗粒为中心聚集的驱动力也包括气体膨胀产生的压力。由于试样内有很多聚集中心，可以形成大小不同的聚集体，这样在烧结温度升高，试样内气孔减少的同时，各个聚集体之间发生接触，并逐渐具有一定的形状(ZnO 晶粒的初始形状)。因晶粒的形状以六方机构最为稳定，所以 ZnO 晶粒已开始即具有六方机构，从平面看起来为六角形。

3. ZnO 晶粒生长速率对晶粒结构的影响

将试样断面磨平、抛光，经氢氟酸腐蚀后，用扫描电镜观察晶粒形貌。测出两个主晶界间的平均距离 $\bar{d}$，可按照式：$\bar{D}=1.56\bar{d}$ 计算出平均尺寸 $\bar{D}$。

图 3.48 表示纯 ZnO(试样 1)和 ZnO+0.5%(摩尔分数)B_2O_3(试样 2)中晶粒的生长规律。结果表明 B_2O_3 促进了晶粒的生长速率。在 1000~1100℃内，试样 1 的平均速率为 $0.028\mu m/℃$；试样 2 的平均速率为 $0.22\mu m/℃$，远大于试样 1 的生长速率。

由于晶粒的快速生长，许多气孔被包裹在晶粒内(图 3.49(a))，成为永久性的

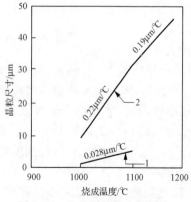

图 3.48　ZnO 晶粒的生长规律

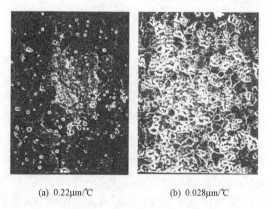

(a) 0.22μm/℃　　　　(b) 0.028μm/℃

图 3.49　晶粒生长速率对 ZnO 晶粒形貌的作用

闭口气孔,难以排出,这是理想 ZnO 晶粒中所不希望的。从图 3.49(b)可以看出,由于晶粒的生长速率较慢,纯 ZnO 晶粒内几乎没有气孔存在。

由此可见,为保证晶粒的完整性,有必要控制晶粒生长速率。

3.6.4　次晶界和主晶界对电气性能的影响

1. 次晶界存在时的导电模型及分析

仅考虑主晶界存在于 ZnO 压敏陶瓷中时,导电模型如图 3.50 所示,高势垒代表晶界,导带区代表晶粒,晶界的势垒高度 ϕ_B 可表示为

$$\phi_B = qN_S^2/(2\varepsilon N_D) \tag{3-13}$$

式中,N_S 为界面密度;q 为界面态所带电荷;ε 为瓷体的介电常数;N_D 为施主密度。图 3.50 所示导电模型假设 ZnO 是理想单晶体,禁带宽度 $E_G=3.2\mathrm{eV}$,电子可以在晶粒导带内运动形成导带导电电流。

当次晶界存在时,图 3.50 导电模型修正为如图 3.51 所示。图中的高势垒代表主晶界,低势垒代表次晶界,许多测量结果证明,在小电流区内主晶界的表观电阻率约 $10^{10}\Omega\cdot\mathrm{cm}$,晶粒电阻率小于 $10^{10}\Omega\cdot\mathrm{cm}$,电压主要由主晶界承担,因此可以认为,主晶界势垒 ϕ_{BM} 远大于次晶界势垒 ϕ_{BS},次晶界势垒对瓷体的小电流特性基本没有影响,下面有关实验也证明了这一点。

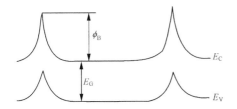

图 3.50　仅考虑主晶界时 ZnO
压敏陶瓷的导电模型示意图

ϕ_B—势垒高度;E_C—导带底能级;
E_V—价带顶能级;E_G—禁带宽度

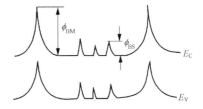

图 3.51　次晶界存在时 ZnO
压敏陶瓷的导电模型示意图

当 ZnO 晶粒内存在次晶界时,晶粒并不是完整的单晶体,电子不可能在 ZnO 晶粒内形成导电电流,而只能通过热跃迁的方式跃过次晶界,电阻率与次晶界势垒间的关系也可以表示为

$$\rho = \rho_0 \exp[\phi_{BS}/(kT)] \tag{3-14}$$

此时,表观电阻率大于无次晶界时理想 ZnO 晶粒电阻率 ρ_0。ZnO 晶粒电阻率的增大将导致瓷体大电流残压升高。

根据一般物质的导热机理,非金属固体是通过晶格振动进行热传导的,由于晶粒间的杂质、位错及缺陷因素的作用,多晶体的导热系数为 $0.02\sim3.00\mathrm{kcal}\cdot$

$(m \cdot h \cdot ℃)^{-1}$,远小于单晶体的导热系数(一般为几至几十 $kcal \cdot (m \cdot h \cdot ℃)^{-1}$)。可见,杂质、位错及缺陷的存在大大削弱了晶体的导热性。ZnO 晶粒中的次晶界破坏了它的晶格完整性,使导热性变差,对 ZnO 压敏陶瓷的脉冲能量吸收能力产生不良影响。

综上所述,可以认为次晶界对瓷体小电流特性基本没有影响,但它将增大ZnO 晶粒电阻率,导致大电流残压升高;同时,小晶粒的导热性,对瓷体的弱脉冲能量吸收能力产生不利影响。

为了证明上述理论分析,利用前述试样进行了电性能试验。利用 ZnO 压敏陶瓷在大电流区(回升区)内电压与电流的关系确定晶粒电阻 R_g,可表示为

$$R_g \approx (U_r - U_{1mA})/I \qquad (3\text{-}15)$$

电阻率 ρ_g 为

$$\rho_g = R_g \frac{S}{d} \qquad (3\text{-}16)$$

式中,U_r 和 I 分别为对应于回升区内试样两端在 $8/20\mu s$ 冲击时的电压和电流;S 和 d 分别为试样的面积和厚度。用 $\Delta U_r = U_r - U_{1mA}$ 表征晶粒对残压的作用。采用 2ms 方波耐受能力表示其脉冲耐受能力,实验研究结果分述如下。

2. 次晶界对 ZnO 晶粒电阻率和 ΔU_r 的作用

(1) 烧成温度的作用。

实验结果如图 3.52 所示。可见,随着烧成温度的升高,ZnO 晶粒电阻率 ρ_g 和 ΔU_r 均减小,与次晶界趋于消失的趋势相一致,这说明次晶界的存在增大了晶粒电阻率,提高了残压。

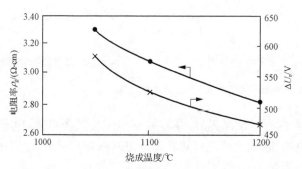

图 3.52　烧成温度对 ZnO 晶粒电阻率和 ΔU_r 的作用

(2) 恒温时间的作用。

图 3.53 表示恒温时间对 ZnO 晶粒电阻率的影响,结果表明恒温时间延长,ZnO 晶粒电阻率减小,对残压的作用减小;与次晶界随恒温时间延长趋于消失的规律相同。这说明恒温时间延长也可以减小 ZnO 晶粒电阻率和 ΔU_r。

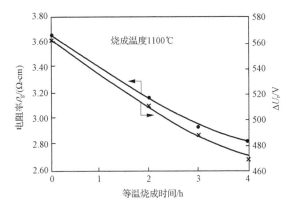

图 3.53　恒温时间对 ZnO 晶粒电阻率的作用

　　1100℃等温烧结时,对试样非线性和晶粒尺寸有影响,但对晶粒尺寸影响较小,非线性与等温烧结时间的关系如图 3.54 所示。结果表明,保温 2h 非线性系数最大,3h 下降,3～4h 非线性系数基本不变。这一规律说明在 1100℃时,主晶界非线性的形成与保温时间有一定关系,主晶界形成后继续延长烧结时间,主晶界的特性基本不变,但晶粒内部结构仍在变化,次晶界向趋于消失的方向发展。由此也证明次晶

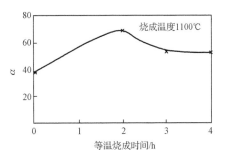

图 3.54　非线性系数与
等温烧成时间的关系

界对于 ZnO 压敏陶瓷的非线性没有明显作用,试样的非线性主要取决于主晶界。

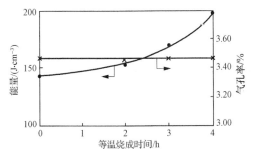

图 3.55　等温烧结对 ZnO 压敏陶瓷脉
冲能量的吸收能力及气孔率的作用

　　(3) 次晶界对 ZnO 压敏陶瓷脉冲能量承受能力的影响以等温烧结作用进行研究。

　　为排除高温下液相添加剂过多挥发引起的引起瓷体内气孔变化率对脉冲能量承受能力的影响,选择 1100℃作为等温烧结温度,如图 3.55 所示。结果表明,在气孔率不变的情况下,适当延长烧结时间,陶瓷体脉冲能量承受能力增强,这与次晶界趋于消失的倾向

相符合,此实验证明除气孔率以外,ZnO 晶粒的完整性也是影响瓷体脉冲能量吸收能力的重要因素之一。这是由于次晶界削弱了 ZnO 晶粒的热传导能力,瓷体内

产生的热量不易传导出去,致使瓷体更容易遭到热破坏,因此增强 ZnO 晶粒完整性以控制 ZnO 压敏陶瓷脉冲能量吸收能力是制备技术中应注意的问题。

总之,次晶界的存在增加了 ZnO 晶粒的电阻率,导致瓷体的大电流残压升高,削弱了 ZnO 压敏陶瓷的脉冲能量吸收能力,但对非线性的作用不大,与前面的理论分析相吻合。因此,在制备 ZnO 压敏电阻时,必须通过适当温度和恒温时间烧结,才能减少次晶界的不良影响。但是对于不同配方,为选定适宜的烧成参数需要进行大量实验工作。

(4) 主晶界对平均击穿场强的作用。

平均击穿场强是 ZnO 压敏陶瓷 I-V 特性中预击穿区向击穿区过渡点相应的场强值,此时瓷体内进入击穿状态。实验证明,当瓷体直径小于 40mm 时,通过直流电流为 1mA,基本上可以代表瓷体的晶界击穿。即可用 1mA 对应的场强 E_{1mA} 近似表示平均击穿场强。本研究采用直径小于 20mm 的试样,因此利用主晶界对 E_{1mA} 的作用代表主晶界对平均击穿场强的作用是合理的。

一般认为 E_{1mA} 取决于晶粒尺寸,然而根据下面的分析与实验可以理解到,E_{1mA} 不仅取决于晶粒尺寸,而且与晶界势垒高度有不可分割的关系。

通过晶界的电流密度与晶界势垒高度 ϕ_B 及外加电场强度 E 之间的关系为

$$J = J_0 \exp(- \gamma \phi_B^{2/3} / E) \tag{3-17}$$

式中,γ 为常数。由前面的分析,可用电流 1mA 时的场强表征晶界击穿场强。因此,晶界击穿时,J 为一定值,此时,击穿场强 $E \propto \phi_B^{3/2}$,即势垒升高击穿场强增大;反之亦然。测得 E_{1mA} 与 ϕ_B 间的对应关系如图 3.56 所示。因实验条件相同,所以这与试样的晶粒尺寸基本一致。显然,从高温急冷所得试样的 ϕ_B 较小,E_{1mA} 明显偏低,从图中势垒高度的变化规律可以看出,E_{1mA} 与 ϕ_B 有密切关系。

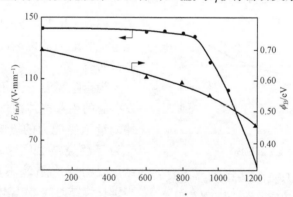

图 3.56　快速降温引起 E_{1mA} 与晶界势垒高度 ϕ_B 变化的关系

在试样非线性基本一致、主晶界击穿电压基本相同时，E_{1mA} 与晶粒尺寸的关系如表 3.11 所示。

表 3.11　E_{1mA} 与晶粒尺寸的关系

试样分组	试样的电气性能参数		晶粒尺寸/μm
	$E_{1mA}/(\text{V} \cdot \text{mm}^{-1})$	α	
第一组	268	57.0	12.2
第二组	107	57.4	30.5

分别用 E_1 和 E_2 表示两组试样各自的平均击穿场强，d_1 和 d_2 表示其晶粒尺寸，则 $E_1/E_2 = 268/107 \approx 2.5$，$d_2/d_1 = 30.5/12.2 \approx 2.5$；故 E_1/E_2 与 d_2/d_1 近似成反比。上述实验结果说明，在非线性相同的条件下，ZnO 压敏电阻的平均击穿场强与晶粒尺寸间的反比关系是成立的。可见当试样的非线性变化较大时会影响到 E_{1mA} 的大小，在非线性基本相同时，E_{1mA} 与晶粒尺寸成反比。

3.7　对氧化锌压敏陶瓷晶界相研究的最新进展

为了阐明 I-V 非线性的产生与 Bi 存在之间的关系，精确地分析在 ZnO 晶粒边界 Bi 的存在状态是很重要的。所以，Kei-Ichirod 等采用高分辨率的 HREM 沿 ZnO 晶粒边界从三结点到无第二相的点处追踪观测了 Bi-O 相的形态。Bi 偏析区范围还采用具有能量弥散 X 射线衍射光谱（EDS）的场致发射型 TEM（FE-TEM）进行了精确分析。而且，沿 ZnO 晶粒边界的 Bi 连续性也利用 EDS 绘图技术证实。

试样为商用 ZnO 压敏电阻，含 0.5%（摩尔分数）Bi_2O_3 和少量其他过渡金属氧化物添加物，按传统的 ZnO 压敏陶瓷工艺混合制备，在 1150℃ 下烧结 5h，按 −75℃/h 速度冷却，在 550℃ 下热处理，将烧结的试样中心切割，经离子减薄用于 TEM 分析。

采用两种透射电子显微镜：HREM、JEM-4000EX（JEOL），用于观测晶粒边界附近的微观结构，以及 FE-TEM-2010F（JEOL）。为了达到分析目的，前者可以分辨空间为 0.17nm，后者可分辨空间为 0.19nm，后者还具有 EDS 点分析的功能及空间分辨小于 1nm 绘图分析功能。

1. 从三结点到 ZnO-ZnO 晶粒边界 Bi-O 相的变化

图 3.57 表示出用 HREM 精确观测晶粒边界的明场图像。该图的上下区域是 ZnO 晶粒，该边界是从很多边界选择的有代表性的边界之一。在图 3.57 左侧存在的三结点外晶粒边界相的宽度，随着与三结点距离的增加逐渐变窄，最终在

(a)点未看到第二相。图中，(a)、(b)、(c)、(d)点分别相距三结点为 $6.0\mu m$、$8.0\mu m$、$8.3\mu m$、$8.6\mu m$。

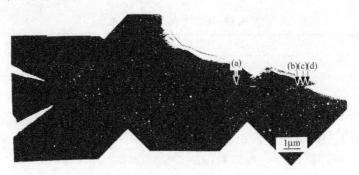

图 3.57　晶粒边界的明场图像

该图的上下区域是 ZnO 晶粒三结点,位于左侧

在三结点观察到 Bi-O 结晶相,可以认为这种 Bi-O 相是 β-Bi$_2$O$_3$ 和 γ-Bi$_2$O$_3$ 的混合物,因为这两种物相是通过 X 射线衍射证实的。如图 3.58(a)所示的 HREM 图像是在图 3.57(a)点观察到无定形和结晶的粒界相,无定形相是夹在结晶相之间,而且这些结晶相是与 ZnO 晶粒接触的。位于(a)点的晶粒边界总宽度为 40～50nm。图 3.58(b)是在图 3.57(c)点的 HREM 图像,在该点仅观察到无定形晶粒边界层,无定形相与 ZnO 晶粒是直接接触的。而且无定形相的厚度在(b)点约为 4nm。此处晶粒边界的总厚度为 15nm。结晶相仅存在无定形相的一侧,该相的另一侧直接与 ZnO 晶粒接触。这些结果证明,在宽度小于 4nm 的晶粒边界,Bi-O 结晶相是不存在的。图 3.58(c)是在图 3.57(d)点的 HREM 图像,在该点观察到 ZnO 晶粒间无第二相,既无结晶的,也无无定形的。

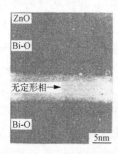 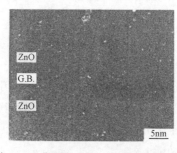 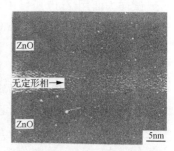

(a) 位于图3.57中(a)点的点阵图像　　(b) 位于图3.57中(c)点的点阵图像　　(c) 位于图3.57中(d)点的点阵图像

图 3.58　位于图 3.57 中(a)、(c)、(d)三点的 HREM 点阵图像

总之,ZnO 压敏电阻的晶粒边界从结晶的 Bi-O 变化到无定形相,最终变化为 ZnO-ZnO 晶粒没有任何第二相。这种变化看来决定于晶粒边界的总厚度。结晶相和无定形相存在于 Bi-O 相宽度 15～50nm 处的点。

2. 无定形晶粒边界相

在晶粒边界宽度小于4nm的所有晶粒边界观察到的均是无定形的。图3.59表明：①粒界相是无定形的；②Bi偏析于晶粒边界内而在离ZnO晶粒表面0.5～1.0nm一侧是不存在的；③Zn存在于粒界无定形层中。X射线谱探测出Bi、O和Zn的特征谱，Zn的特征X射线被Bi的特征X射线荧光激发是肯定的。

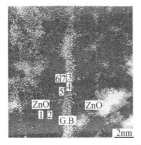

(a) 晶粒边界含有无定形Bi-O点阵图像

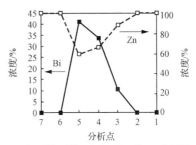

(b) 在(a)中标示的7个点Bi和Zn的EDS分析图

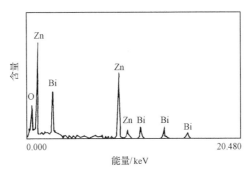

(c) 在(a)中标示的(4点)位于晶粒边界中心的EDS数据

图3.59　ZnO晶界的结构成分分析

然而，ZnK_α的强度仅仅是Bi相强度的1/2，在FEM试样中该点的厚度可能小于10nm。所以，Zn在无定形相中存在是可能的。

3. ZnO-ZnO界面存在的Bi原子

图3.60(a)展示两个ZnO晶粒彼此直接接触的结晶面，这表明在晶粒边界不存在粒界相，用EDS分析了图3.60(a)中位于1、2和3点的化学成分，这三个点位于与ZnO晶粒边界的垂直的间距1mm处。在ZnO-ZnO晶粒边界的第二点在直径1mm的区域内测得Bi占9%（原子分数）（除O外），剩余的是Zn。在1和3点未测出Bi。这些结果表明Bi仅存在于ZnO的晶粒边界，因为在平均1nm内ZnO有三个原子层，平均9%（原子分数）的Bi意味着在ZnO-ZnO界面有小于1/2的Bi原子层。

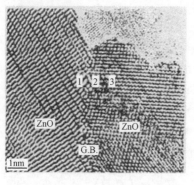

(a) ZnO-ZnO直接交界处的点阵图像

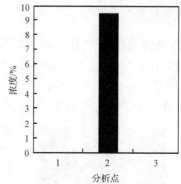

(b) 在(a)中标示的三结点处Bi的EDS分析图

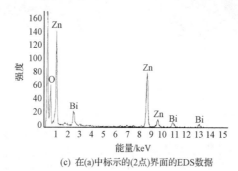

(c) 在(a)中标示的(2点)界面的EDS数据

图 3.60　ZnO-ZnO 界面的 Bi-O 点阵状态与成分分析

图 3.61 展示了 EDS 绘图分析确定的位于某些相同边界上连续性的 Bi 原子。虽然用 TEM 在其晶格图像中识别出无第二物相,但该图表明在晶粒边界存在着连续的 Bi。很多其他边界也进行了与此相似的分析,而且所有图像表明存在着连续偏析的 Bi 原子,这暗示着 Bi 存在于 ZnO 晶粒的所有表面。

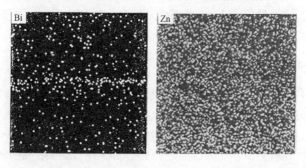

图 3.61　位于 ZnO-ZnO 直接交界处 Bi 和 Zn 的 EDS 图像

4. Bi-O 相的转变模型

图 3.62 假设的 Bi-O 相转变的新模型。在该模型中在 ZnO-ZnO 交界处第二相范围以外的 Bi-O 相从结晶相转变成无定形相,而且最后向转变成小于 1/2 层原子态变化,这种转变的发生似乎决定于 Bi-O 相的总厚度。类似的图解已表明有关穿越晶粒边界的电子路径。该示意图仅有两个物相构成,即位于三结点处的 Bi_2O_3 相和 ZnO-ZnO 直接交界面。然而他们观察到,他们既未表明无定形的 Bi-O 相;也未表明从 Bi-O 结晶相转变成具有小于 1/2 Bi 原子层的 ZnO-ZnO 直接交界的过程。已经报道过 Bi-O 相的存在,然而这是首次证实 Bi-O 无定形相是介于 Bi-O 结晶相和 Bi 原子间的中间体。

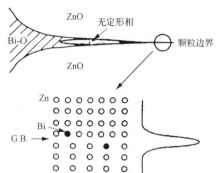

图 3.62　描绘 ZnO 压敏电阻晶粒边界 Bi-O 相转变的新模型

5. 存在于 ZnO-ZnO 交界处的 Bi 原子

如图 3.58 和图 3.62 所示,观测到 ZnO-ZnO 直接交界处没有第二相,Kanai 等已经报道过 ZnO-ZnO 直接交界的存在,他们用 EDS 检查过 Bi 的存在,但未检测出任何结果。这可能由于他们选用的是直径为 $10\sim15nm$ 的 STEM 的电子探针。因为探针的直径比晶粒边界的厚度大得多,可能使来自 Bi 原子二次 X 射线被冲淡,因而未探出 Bi 之故。

已揭示出 ZnO-ZnO 交界处 Bi 存在于厚度小于 1/2 原了层,这种 Bi 层不能看作物相,即使还未证实 I-V 非线性穿越这种 ZnO-ZnO 交界处,如果这种结呈现出非线性特征,I-V 非线性的起源不能归因于粒界 Bi-O 相,但对于 ZnO 晶粒表面可能受电子态的 Bi 原子的影响。

6. 在 ZnO 晶粒整个表面存在的 Bi 原子

如图 3.61 所示,EDS 绘图分析揭示出 Bi 原子沿 ZnO 晶粒之间的晶粒边界连续存在,且在 ZnO 和尖晶石晶粒之间也获得类似的结果。随机选择观察了所有边界在选择的三个点上,都观察到连续存在的 Bi。所分析的点是选择与试样表面垂直的 ZnO-ZnO 直接交界处的方向;否则,将难以确定直接交界点。要分析所有晶粒边界是不可能的,而且与表面垂直的边界几率是相当低的。因此,假如所有 ZnO 晶粒被 Bi 原子或 Bi-O 相包围的结论是合理的,那么除早期阶段开发的 ZnO

压敏电阻以外,Bi 在两个 ZnO 晶粒边界存在的问题已经争论很久了。所得结果是采用具有场致发射电子枪的新型 TEM 取得的,所以这对有关 ZnO 压敏电阻 I-V 非线性起源问题是很重要的结论。

7. 从 Bi_2O_3 向 Bi 原子的变化

曾经报道过位于 ZnO 压敏电阻晶粒边界的 Bi-O 相为结晶相或无定形相。观测揭示出,在相同的点可能既存在有结晶态,也存在有无定形 Bi-O 相。在图 3.57 (a)点中观测到无定形相表现出的转变,在此粒界层的总厚度约为 40nm。在该点结晶相存在于与 ZnO 晶粒直接接触的无定形相的两侧。在(c)点总厚度约为 4nm,整个粒界相是无定形的。在(b)点总厚度约为 15nm,无定形相一侧的结晶相已经消失。可以认为这是其从共存的状态到无定形态转变的中间状态。随着该物相厚度的逐渐减小可能有无定形相转变成 Bi 原子状态。由此看来,Bi-O 结晶性的转变决定于粒界相总厚度的变化。

8. ZnO 晶粒中的 Bi 原子

图 3.59(a)、(b)、(c)展示出在具有无定形 Bi-O 相 ZnO 的晶粒边界,在 ZnO 晶粒一侧 1nm 处不存在 Bi。图 3.60 在 ZnO-ZnO 直接交界处的情况下表现出相同的结果,在 ZnO-尖晶石边界的 ZnO 晶粒,也有相似的结果。因为 EDS 的立体分辨率采用的是小于 1nm,纤维锌矿结构中 Zn 的晶面平均间隔约 0.3nm,显然偏析于晶粒边界内 Bi 不可能存在于 ZnO 晶粒内侧。当分析面积小时,分析的平均结果则决定于所分析面积和所采用方法的空间分辨率。可以认为,这就是以前的研究观测到的 Bi 的浓度表现出梯度的原因。

9. ZnO-ZnO 直接交界处的 Bi 原子

所观察到的位于 ZnO-ZnO 直接交界处 Bi 原子的位置假设有两种可能:其一是 Bi 原子置换 Zn 原子;其二是 Bi 原子位于沿 ZnO 晶粒界面分布的晶格缺陷处,因为 ZnO-ZnO 直接交界处可以看作同一级别连续的晶格缺陷。

10. I-V 非线性与晶粒边界 Bi 原子数之间的关系

Tao 等和 Wang 等曾经进行过单个晶粒边界有关 I-V 特性的一些测量,报道过 I-V 特性宽度的变化,如 I-V 曲线的形状、阈电压和非线性系数 α。也有一些报道论述过陶瓷片的 I-V 特性与每个边界的关系,有些晶粒边界具有欧姆特征;具有低 α 值的边界的存在对总的 I-V 特性是有实质性影响的。原因很简单,因为 Bi 对非线性是很重要的元素,可以设想,含 Bi 原子较低的晶粒边界达到它们不能形成 Bi-O 相的程度时,则必然呈现出差的非线性。然而,ZnO:Bi:Co 的压敏电阻,大部分晶粒边界被富 Bi 相润湿的试样,表现出低的 α 值;而大部分晶粒边界未被富 Bi 相润湿的试样却表现出高的 α 值,虽然这不是从单晶粒边界得出的结论,但是这否定了上述简单的推测。所以,为了弄清楚 I-V 非线性的机理,还涉及具有高性能的压敏电阻;必须阐明位于单一边界的 I-V 性能(即压敏电压与 α 值)与微观结构(即富 Bi 层的宽度,该层的结晶性、O 的量与 O 缺陷的分布)之间的关系。

综上所述,采用带有 EDS 的 FE-TEM 探测,确定在含有 Bi_2O_3 的 ZnO 压敏电阻中,在 ZnO-ZnO 没有第二物相晶粒边界,存在着小于 1/2 原子层的 Bi 原子。而且,采用 EDS 绘图技术确定,在 ZnO 晶粒界面存在着连续的 Bi 原子。这些结果表明 Bi 原子存在于所有 ZnO 晶粒界面。根据观测沿着 ZnO 晶粒从三结点到无第二相的 ZnO-ZnO 交界处之间的整个边界,提出了 Bi-O 相从 Bi_2O_3 结晶,通过无定形 Bi-O 相,Bi 原子转变的新模型,这种变化决定于粒界相的总厚度。穿越晶粒边界对 Bi 的 EDS 分析,揭示出 Bi 原子仅存在于晶粒边界内,而不存在于 ZnO 晶粒中。

参 考 文 献

陈志清,谢恒堃. 1992. 氧化锌压敏陶瓷及其在电力系统中的应用[M]. 北京:水利电力出版社.

李标荣,张绪礼. 1991. 电子陶瓷物理[M]. 武汉:华中理工大学出版社.

李盛涛. 1990. 氧化锌陶瓷晶界性质与氧化物添加剂[D]. 西安:西安交通大学.

邱碧秀. 1990. 电子陶瓷材料[M]. 北京:世界图书出版社.

松岗道雄,稻田雅纪. 1979. 氧化锌非线性电阻的结构分析[J]. 电子陶瓷:16-19.

宋晓兰. 1990. 非饱和过渡金属氧化物在 ZnO 压敏陶瓷中作用的研究[D]. 西安:西安交通大学.

宋晓兰. 1993. ZnO 压敏陶瓷中的次晶界、主晶界及其对电性能的作用[D]. 西安:西安交通大学.

谭宜成. 1987. 非欧姆 ZnO 陶瓷晶界性能和非线性研究[D]. 西安:西安交通大学.

小西良弘,迁俊朗. 1983. 电子陶瓷基础和应用[M]. 北京:机械工业出版社.

Asoken T,Freer R. 1990. Hot pressing of zinc oxide varistors[J]. J. Br. Ceram. Trans. ,89:8-9.

Asokan T,Iyengar G N K,Nagabhushana G R. 1987. Studies on microstructure and density of sintered ZnO-based non-linear resisters[J]. J. Mater. Sci. ,22(6):2229-2236.

Clarke D R. 1978. The microstructure location of the intergranular metal oxide phase in zinc oxide varistor [J]. J. Appl. Phys. ,49(4):2407-2411.

Fujitsu S,Toyoda H,et al. 1988. Simultaneous measurement of electrical conductivity and the amount of ad-sorbed oxygen in porous ZnO[J]. Bull. Chem. Soc. Jpn. ,61(6):1979-1983.

Gambino J P,Kingery W D,et al. 1989. Effect of heat treatments on the wetting behavior of bismuth-rich in-tergranular phase in ZnO:Bi:Co varistors[J]. J. Am. Ceram. Soc. ,72(4):642-645.

Gupta T K. 1987. Effect of material and design parameters on the life and operating voltage of a ZnO varistors [J]. Mater. Res. ,2(2):31-38.

Gupta T K. 1990. Application of zinc oxide varistor[J]. J. Am. Ceram. Soc. ,73(7):1817-1840.

Inada M. 1978. Crystal phases of non-ohmic zinc oxide ceramics[J]. Jpn. J. Appl. Phys. ,17(1):1-10.

Inada M. 1978. Microstructure of non-ohmic zinc oxide ceramics[J]. Jpn. J. Appl. Phys. ,17(4):673-677.

Inada M,Matsuoka M. 1980. Formation mechanism of nonohmic zinc oxide ceramics[J]. Jpn. J. Appl. Phys. , 19(3):409-419.

Kanai H,Imai M. 1988. Effects of SiO$_2$ and Cr$_2$O$_3$ on formation process of ZnO varistors[J]. J. Mater. Sci. ,23 (12):4879-4882.

Kanai H,Imai M,et al. 1985. A high resolution transmission electron microscopy study of a zinc oxide varistor [J]. J. Mater. Sci. ,20:3957-3966.

Kim J,Kimura T,Yamatsu T. 1970. Kinetics of initial sintering with grain growth[J]. J. Am. Ceram. Soc. ,53 (12):671-675.

Kim J C,Goo E. 1989. Morphology and formation mechanism of the pyrochlore phase in ZnO varistor material [J]. J. Mater. Sci. ,24:76-82.

Kingery W D. 1979. A scanning transmission electron microscopy investigation of grain-boundary segregation in a ZnO-Bi$_2$O$_3$ varistor[J]. J. Am. Ceram. Soc. ,62:221-222.

Kingery W D,等. 1982. 陶瓷导论[M]. 清华大学无机非金属材料教研组,译. 北京:中国建筑工业出版社.

Kobayashi K I,Wada O,Kobayashi M,et al. 1998. Continuous existence of bismuth at grain boundaries of zinc oxide varistor without intergranular phase[J]. J. Am. Ceram. Soc. ,81(8):2071-2076.

Levenson L M. 1975. The physics of metal oxide varistors[J]. J. Appl. Phys. ,46(3):1332-1341.

Levinson L M,Philipp R H. 1986. Zinc oxide varistors:A review[J]. Am. Ceram. Sos. Bull. ,1986,65(4):634-636.

Mahan G D,Levinson L M,Philipp H R. 1970. Theory of conduction in ZnO varistors[J]. J. Appl. Phys. ,50 (4):2799-2812.

Morris W G. 1976. Physical properties of the electrical barriers in varistors[J]. J. Vac. Sic. Technol. ,13(4):926-931.

Olsson E,Dunlop G L. 1989. Characterization of individual interface barriers in ZnO varistor material[J]. J. Appl. Phys. ,66(15):3666-3675.

Olsson E,Falk L K. 1985. The microstructure of a ZnO varistors material[J]. J. Mater. Sci. , 20 (11):4091-4098.

Olsson E,Dunlop G L,Osterlund R. 1993. Development of functional microstructure during sintering of a ZnO varistors material[J]. J. Amer. Ceram. Soc. ,76(1):65-71.

Safronov G M,et al. 1971. Equilibrium diagram of the bismuth oxide-zinc oxide system[J]. Russ. J. Inorg. Chem. ,16(3):460-461.

Tao M,Ai B,Dorlanne O,et al. 1987. Different single grain junction within a ZnO varistors[J]. J. Appl. Phys. ,61(4):1562-1567.

Wang H,Schulze W A,et al. 1995. Averaging effect on current-voltage characteristics of ZnO varistors[J]. Jpn. J. Appl. Phys. ,34:2352-2358.

Wong J. 1975. Microstructure and phase transformation in a highly non-ohmic metal oxide varistor ceramic [J]. J. Appl. Phys. ,46(4):1653-1659.

Wong J. 1980. Sintering and varistor characteristics of ZnO-Bi$_2$O$_3$ ceramics[J]. J. Appl. Phys. , 51 (8):4453-4459.

第4章 氧化锌压敏陶瓷的热处理效应和高温热释电现象

4.1 氧化锌压敏陶瓷的热处理效应

有关 ZnO 压敏陶瓷的热处理效应早在 20 世纪 70 年代初期就被发现并开始研究,但比较深入的研究还是从 80 年代才开始的。早期发现,含有 Bi_2O_3 的 ZnO 压敏陶瓷,经过 600℃热处理,试样的伏安特性向低压方向移动,漏电流增大,而且小电流区域更明显。经过热处理后,试样两端施加恒定电压时,电流的漂移大大减小;与此同时,Shohata 等和 Philipp 等发现,性能已经发生劣化的 ZnO 压敏电阻,再经 650℃热处理 30min 或经 500℃热处理 1h 后,性能得到恢复。

70 年代末期,Inada 较详细地研究了添加 Bi、Mn、Cr、Co、Sb 等多元系统 ZnO 压敏陶瓷的热处理对其晶相、微观结构和电气性能的影响,借助于 DTA、SEM、X 射线衍射等手段重点分析了不同热处理温度下非线性系数和晶界富 Bi 相的相变关系。其试验结果表明,热处理前后,ZnO 压敏陶瓷的非线性系数 α、晶界相和微观结构发生了变化,而且它们之间有着密切的关系,认为晶界层上富 Bi 相的相变是影响热处理后电气性能的重要原因。

Sato 等在研究 ZnO 压敏电阻的老化机理时发现,经过 500℃在 O_2 中热处理后,在试样上施加电压和相同的光照时间时,其光电流增大。

近年来,对 ZnO 压敏电阻热处理研究较多的是气氛对热处理效应的影响。

戴洪宾针对在不同温度不同气氛中的 ZnO 压敏陶瓷热处理效应进行了系统的研究。所采用试样为多元:1# 配方组成含有 Bi_2O_3、Sb_2O_3、Co_2O_3、MnO_2、Cr_2O_3、SiO_2 和 $Al(NO_3)_3 \cdot 9H_2O$ 添加剂;2# 配方组成含有 Bi_2O_3、Co_2O_3、MnO_2、Cr_2O_3、BaO 和 TiO_2 添加剂。1# 配方试样尺寸为 $\phi41.3 \times 3mm$,分别在箱式炉中于 1000℃、1150℃、1200℃烧成;2# 配方试样尺寸为 $\phi20 \times 3mm$,在隧道炉中于 1200℃烧成。

热处理在气氛炉内进行,条件为改变热处理温度、时间和气氛;部分 1#、2# 试样在热处理前涂银膏,即烧银与热处理同时进行。气氛炉中的热处理分别在 O_2、N_2 气氛下,每次保持 O_2、N_2 的流量不变,热处理后自然降温。

试样热处理前后的物相,采用 X 射线衍射检测,用高温 X 射线衍射检测热处理过程中的物相变化。检测温度分别为:常温、400℃、550℃、650℃、750℃、900℃;

升温速度为 20℃/min,在检测温度下保温 20min,检测时试样周围为空气气氛。

测定试样的 *I-V* 特性曲线;非线性系数 α 采用直流 1mA、0.1mA 下的电压按通用的公式计算。长期稳定性选择 1# 配方经 1200℃烧成的试样,经过不同热处理后,采取直流加速老化的实验方法,老化试验试样的温度为 120℃,荷电率分别取 60% 和 70%。

下面概述其研究概况和结果。

4.1.1　热处理工艺对氧化锌压敏陶瓷性能的影响

热处理后压敏电阻的电性能与热处理温度的关系密切。图 4.1、图 4.2 分别给出 1#、2# 配方 ZnO 压敏陶瓷的非线性系数 α 和压敏电压 U_{1mA} 二者的变化率($\Delta\alpha/\alpha\times100\%$、$\Delta U_{1mA}/U_{1mA}\times100\%$)与热处理温度的关系。可以看出,即使热处理试样的烧成温度不同,其热处理后的变化规律也完全一致。在 400℃以下热处理对压敏电压几乎没有明显影响;而在较高温度(600℃)下热处理,对非线性系数和压敏电压都有较大影响;在 650℃左右,非线性系数和压敏电压降到最低值,即出现最低谷,而且热处理对压敏电压的影响和对非线性系数的影响规律是一致的。

七元和五元系压敏陶瓷的热处理相比较,二者的热处理变化规律相似。七元配方是在五元系的基础上增加 Al、Si 的氧化物,所以可以认为,七元配方中的 Al、Si 两种成分对热处理效应没有什么影响。

被普遍接受的观点认为,ZnO 压敏电压在击穿区的伏安特性是受穿过晶界势垒的隧道击穿控制的,而在漏电流区其伏安特性由热激发电流控制,其电流可以用下式表示:

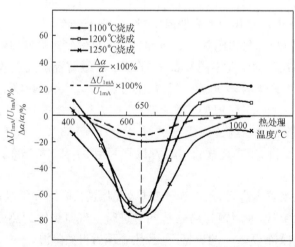

图 4.1　1# 配方试样的非线性系数和压敏电压变化率与热处理温度的关系

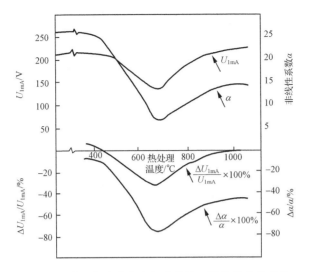

图 4.2　$2^{\#}$配方试样在空气中热处理性能的变化规律

$$J = J_0 \exp[-(\phi_\text{B} - \beta\sqrt{E})/(kT)] \tag{4-1}$$

其中，$\beta = \sqrt{e^3/(4\pi\varepsilon_0\varepsilon_\text{r})}$；$\phi_\text{B}$ 为晶界势垒高度。

　　ZnO 压敏电阻在其 $U_{1\text{mA}}$ 附近的伏安特性实际上是由隧道电流和热刺激电流共同作用，特别是当试样面积较小时更是这样。

　　在非线性系数 α 的计算中，是选取小电流区的两个电流对应的电压，因此非线性系数 α 的变化受热激发电流影响较大。前面已说明热处理对压敏电压比对非线性的影响相对较小，所以可以认为，热处理主要影响晶界势垒的高低，从而影响热激发电流的变化。

　　为了考察 ZnO 压敏陶瓷热处理与烧成时间的前期条件的关系，用工业隧道炉与箱式炉烧成的试样进行热处理对比。试样的烧成时二者的升温速度相近，但降温速度不同。箱式炉烧成时为自然降温，即 750℃ 以前降温速度大于 300℃/h；而隧道炉烧成降温较慢，为 70℃/h。热处理条件相同，降温时为随炉自然降温。可见，用箱式炉烧结的试样，不管烧成温度是否相同，其热处理后非线性系数和压敏电压的变化规律相似，即其出现最低值时的热处理温度相同。然而经隧道炉烧成与箱式炉烧结的试样相比，非线性系数和压敏电压出现最低值的热处理温度向高温方向移动。试验结果证明试样的烧成温度对热处理没有太大影响，但烧成冷却速度影响比热处理的温度敏感。

　　为了查明其变化原因，考察了 ZnO 压敏陶瓷热处理过程晶界相发生的变化。利用 X 射线衍射分析、检测了经不同温度热处理试样的物相，表 4.1 汇总了 $1^{\#}$ 配方试样经 1200℃ 两种电炉烧成后，再经不同热处理时的高温 X 射线衍射分析结果。

表 4.1　两种烧结条件在不同热处理温度下的物相组成

温度	物相组成	
	隧道炉烧结	箱式炉烧结
室温	ZnO、SP、α-、β-、γ-	ZnO、SP、α-、β-、δ-
400℃	ZnO、SP、α-、β-、γ-	ZnO、SP、α-、β-、γ-、δ-
550℃	ZnO、SP、α-、β-、γ-	ZnO、SP、α-、γ-、δ-
650℃	ZnO、SP、α-、γ-	ZnO、SP、α-、γ-
750℃	ZnO、SP、α-、β-、γ-、δ-	ZnO、SP、α-、γ-、δ-
950℃	ZnO、SP、α-、β-、γ-	ZnO、SP、α-、β-、γ-

注：ZnO 代表 ZnO 主晶相；SP 代表 $Zn_2Sb_2O_{14}$ 尖晶石相；α-、β-、γ-、δ-分别代表 α-Bi_2O_3、β-Bi_2O_3、γ-Bi_2O_3、δ-Bi_2O_3。

　　从表 4.1 的物相组成可见,在热处理温度下,晶界富 Bi_2O_3 相发生了相变,在 550～650℃,β-Bi_2O_3、δ-Bi_2O_3 向 γ-Bi_2O_3 相转变;而在 650～750℃,γ-Bi_2O_3 又向 β-Bi_2O_3、δ-Bi_2O_3 相转变;而与图 4.1 相对照,在 650℃左右,Bi_2O_3 的相转变相对应在此温度下热处理后,试样的非线性系数有一最低谷值。

　　诚然,前面测到的物相态是在高温时的相态,而性能的测量是在常温下进行的,试样从高温降温,随着降温的速度不同,最后得到的富 Bi 相的类型也不同。即降温速度越慢,冷却后所保留下的缺陷和 Bi_2O_3 相态越趋于低温下的平衡态;但在降温速度较快时,则高温态被保留下来。在热处理自然降温过程中,700℃左右的瞬间降温速度大于 10℃/min,在如此快的冷却速度下,可以认为高温富 Bi 相 δ-Bi_2O_3 全部被冻结下来。Inada 曾经利用 DTA 分析五元系压敏陶瓷的物相变化,得出在降温速度为 5℃/min 时,高温下稳定的 δ-Bi_2O_3 就能被冻结下来。

　　从高温 X 射线衍射分析结果可以看出,由于两种炉的烧成冷却速度不同,试样热处理前的初始状态就不同,箱式炉的降温较快,δ-Bi_2O_3 相就能被冻结在试样中。另外,从常温的 X 射线衍射分析结果看,两种试样的主晶相的晶格参数也出现差异,这可能与降温过程添加剂的偏析到晶界有关。

　　$2^\#$ 配方试样热处理前后晶界富 Bi 相的变化列入表 4.2。这些结果是从常温 X 射线衍射分析获得的。在 400℃下热处理,晶界的富 Bi 相为 β-Bi_2O_3,而经过 650℃

表 4.2　热处理对 $2^\#$ 配方试样富 Bi 相转变的影响

热处理温度	晶界富 Bi_2O_3 相
未处理	β-Bi_2O_3
400℃	β-Bi_2O_3
650℃	γ-Bi_2O_3
1050℃	δ-Bi_2O_3

热处理后,由 β-Bi$_2$O$_3$ 转变成 γ-Bi$_2$O$_3$ 相;在高温 1050℃下热处理后,又变为原来的 β-Bi$_2$O$_3$ 相。但从 X 射线衍射图谱的峰形可知,经高温处理后的 β-Bi$_2$O$_3$ 相比未热处理试样中的 β-Bi$_2$O$_3$ 相的晶形较完整,结晶微粒更细小。

从以上结果可以说明,无论是 1$^\#$ 或 2$^\#$ 配方,其晶界富 Bi 相的相变情况与热处理效应的敏感温度是相对应的,说明热处理相变对性能的影响很大,β-Bi$_2$O$_3$、δ-Bi$_2$O$_3$ 向 γ-Bi$_2$O$_3$ 相转变使 ZnO 压敏陶瓷非线性大大降低,压敏电压明显下降。

4.1.2　热处理气氛对氧化锌压敏陶瓷性能的影响

为了考察影响 ZnO 压敏陶瓷热处理的其他因素,研究了 1$^\#$ 和 2$^\#$ 配方试样在 O$_2$ 及 N$_2$ 中热处理后的行为。图 4.3 为 1$^\#$ 配方试样在 N$_2$ 中热处理所得的结果。试样在 1200℃烧结,在不同温度下热处理 1h,随炉冷却。该结果与在空气中处理的最明显的区别是:原在 650℃出现的 α 最低值推移到 800℃;而对压敏电压,在 800℃以下热处理时使其稍有降低,高于 800℃时,U_{1mA} 下降很多。

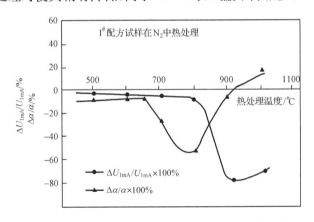

图 4.3　1$^\#$ 配方试样在 N$_2$ 中热处理后的性能变化

图 4.4 为 2$^\#$ 配方试样在 N$_2$ 中热处理所得的结果。试样的烧结和热处理条件与 1$^\#$ 相同,该结果与在空气中处理的差别不大。在 500℃以下,热处理对其变化影响较小;随着热处理温度的升高,对非线性系数和压敏电压的影响逐渐增大;700℃左右达到最大,非线性系数和压敏电压出现低谷;高于 700℃,随着温度的升高,非线性系数值和压敏电压又逐渐得到恢复。

图 4.5 和图 4.6 分别为 1$^\#$ 和 2$^\#$ 配方试样在 O$_2$ 中热处理得到的性能变化情况。1$^\#$ 配方试样在 O$_2$ 中 500℃处理后,非线性系数和压敏电压稍有降低,但随着热处理温度的升高,上述两参数均逐渐增大;超过 900℃时,非线性系数大大增加,压敏电压与未热处理相比也增大。2$^\#$ 配方试样在 O$_2$ 中热处理后,其性能变化与在空气、N$_2$ 中处理时相似,说明 2$^\#$ 配方试样对气氛不敏感。

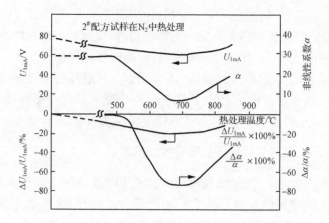

图 4.4　2# 配方试样在 N₂ 中热处理后的性能变化

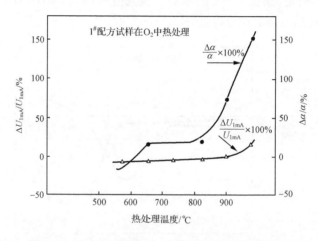

图 4.5　1# 配方试样在 O₂ 中热处理后的性能变化

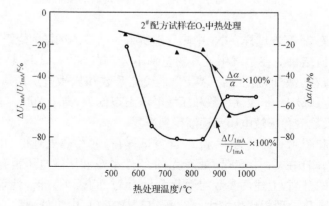

图 4.6　2# 配方试样在 O₂ 中热处理后的性能变化

经过在保护性气氛热处理或者性能已劣化的压敏电阻,再经过在 O_2 中热处理后,其性能可以得到恢复。实验结果列于表 4.3,其中试样 A 经过空气中 600℃热处理后,α 值为 17.5,U_{1mA} 为 907V,再经过老化。试样 B 经过 N_2 中 800℃热处理。试样 A 和 B 均为 1# 配方试样。

表 4.3　劣化试样在 O_2 中热处理前后的性能变化

试样	初始性能		在 N_2 热处理后		在 O_2 中 600℃热处理后	
	α 值	U_{1mA}/V	α 值	U_{1mA}/V	α 值	U_{1mA}/V
A	55.9	1065	2.42	700	28.5	926
B	28.8	819	3.9	758	38.3	789

以上结果表明,ZnO 压敏陶瓷材料配方不同在经受热处理时,受气氛的影响是不同的。1# 和 2# 配方试样中均含有 Bi_2O_3,因此仅用热处理时富 Bi 相的相变来解释以上变化是不够的,而且在低于 Bi_2O_3 的相变温度下热处理,ZnO 压敏陶瓷的性能仍有变化,因此必须探讨另外的原因来解释,必须充分考虑到气氛对性能的影响。

4.1.3　氧在氧化锌压敏陶瓷体中扩散重要性的实验证明

ZnO 压敏电阻的特性在很大程度上取决于制造过程的气氛,特别是氧。当试样在真空中加热时,非线性系数 α 减小,而当在空气中加热时增大。Fujitsu 等采用示踪物 ^{18}O 法检测证明氧的行为对压敏电阻特性的改善是很重要的。借助于 SIMS 测定了示踪物的深度轮廓和分布,氧在压敏电阻中的扩散性比在纯 ZnO 中高。高的扩散速度可能是由于关键成分(如 Bi_2O_3 或 Pr_6O_{11})构成的第二物相存在。因此,位于三结点偏析相的关键成分对于促进氧扩散起着重要作用。

假设位于晶粒边界的势垒与氧化的物相有关,但是氧如何能在短时间内扩散到试样内部,尚有待通过实验阐明。作者分别采用纯 ZnO、含有 Bi_2O_3、含有 Pr_6O_{11} 的压敏电阻作为商用压敏电阻的关键成分的三种试样,根据示踪原子 ^{18}O 的扩散数据讨论氧在 ZnO 压敏电阻中的行为。

图 4.7 为按阿仑尼乌斯公式标绘的 Pr_6O_{11} 型压敏电阻和 Bi_2O_3 型压敏电

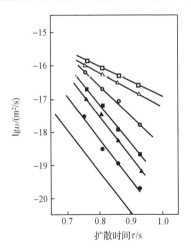

图 4.7　按阿仑尼乌斯公式标绘的扩散系数

●○—纯 ZnO;▲△—Pr_6O_{11} 型压敏电阻;

■□—Bi_2O_3 型压敏电阻

阻扩散系数。其中,中空和封闭的符号分别表示浅部和深部区域的扩散系数。最下面的直线表示由 Sonder 等所获得的纯 ZnO 单晶的扩散系数。

正如图 4.7 所示,深区的系数比浅区的大。与纯 ZnO 试样之间的差别证明,氧沿晶粒边界的扩散迅速。图 4.7 中还标明了 ZnO 单晶的扩散系数,Bi_2O_3 型和 Pr_6O_{11} 型压敏电阻的 ZnO 平均晶粒尺寸分别为 $7.30\mu m$ 和 $9\mu m$。在较低温度下浅区与深区之间扩散系数的差别不大,说明氧富集在包含有高扩散路径的区域中。通过在中温(600℃左右)下热处理取得优异的压敏电阻特性,而通过高温冷却则消失;这暗示着陷阱态的形成是由晶粒边界区富集的。氧引起 Pr_6O_{11} 型的扩散速度比 Bi_2O_3 型低。本研究检测了第二相成为迅速扩散路径的可能性,推测在晶粒边界的三结点偏析的 Bi_2O_3 或 Pr_6O_{11} 相对快速扩散起着重要作用,并确定了 Bi_2O_3 和 Pr_6O_{11} 的高扩散系数和离子电导率。

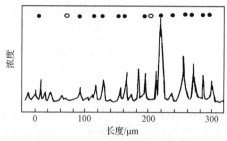

图 4.8　在 700℃下热处理 1h,Pr 系统
压敏电阻中 Pr 的分布和富^{18}O 位置
●○—Pr 和^{18}O 的位置与其他区域的对比

图 4.8 表示用 SIMS 分析 ^{18}O 和用 EPMA 分析 Pr 曲线。用(○)表示利用 1MA 细探针测得的富含^{18}O 的位置。这些点与富含 Pr 的位置(用(•)表示)几乎一致。富含 Pr 的位置与位于晶粒边界三结点的偏析相一致。这一结果表明 Pr_6O_{11} 相起着迅速扩散路径的作用,或者至少对氧的传入和排出起着重要作用。

图 4.9 表示根据提出的假设偏析相是迅速扩散的路径的模型,在本模型中考虑压敏电阻中有三种扩散路径:①含有多种添加物的 ZnO 晶粒;②晶粒边界;③Bi_2O_3 或 Pr_6O_{11} 构成的第二相。从气相导入的氧可能通过第二相输送到试样内部,并在晶粒边界达到平衡。

通过该模型说明,氧容易输送到试样内部。这可以从本质上改善压敏电阻的特性,而且可以解释选择氧化深部区的晶粒边界。另一方面,证实由晶粒体和晶粒边界之间的扩散速度差别有助于引起沿晶粒边界的选择氧化。在中温下长时间热处理,可能消除晶粒体与晶粒边界之间的化学势差别。如果在任何条件下仍保持着这种差别,则具有高密度的纯 ZnO 也呈现出非欧姆特性。

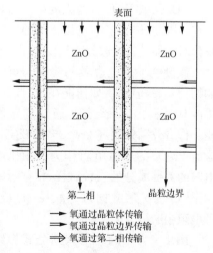

图 4.9　在压敏电阻中氧
传输的途径模型

据报道,仅仅多孔的薄膜型试样呈现非欧姆性。因此,在晶粒界区或细晶粒颈部中含 Bi_2O_3 或 Pr_6O_{11} 的很薄的层的传输容易受吸附氧的影响,可能在晶粒边界必然形成陷阱态。

本研究揭示出 ZnO 压敏电阻的特性决定氧的行为。用 SIMS 和 EPMA 的特征证明试样存在着扩散速度快的扩散路径,可以认为,氧促进氧扩散的途径主要是通过偏析的 Bi_2O_3 或 Pr_6O_{11} 构成的第二相网络。根据示踪物 ^{18}O 测定的结果提出了偏析相促进扩散的模型。

4.1.4　热处理对氧化锌陶瓷压敏性能长期稳定性及对交流漏电流两种分量的影响

1. 热处理对 ZnO 压敏电阻交流漏电流阻性分量的影响

Gupta 等认为压敏电阻器的成分包括 ZnO 和 Bi、Sb、Co、Mn、Si 等的氧化物,压敏电阻片试样用普通的压制和烧结方法来制造,所有试样都属于同一批烧结,并且都是用相同的工艺生产的,所有样品的电极面积也一样,约为 $17cm^2$。用 Tektronix576 曲线描绘仪画出未热处理样品和热处理处理样品在室温下的 I-V 特性。根据这些曲线计算出在指定电流密度 $0.5mA \cdot cm^{-2}$ 下的参考电压梯度 $E_{0.5mA}$ 和阻性电流,$E_{0.5mA}$ 值约为 $2kV \cdot cm^{-1}$。把这个梯度对应的电压作为以后温度试验中的参考电压。样品分别在 500℃、600℃、700℃、800℃下和空气气氛中热处理 4h,测试时温度每改变一次,都要保温 30min 以保证温度平衡。测试温度范围从 25℃ 到 175℃,间隔 25℃。在每个测试温度下,在试验开始时间(时间为零),以 $0.6E_{0.5mA}$、$0.7E_{0.5mA}$ 和 $0.8E_{0.5mA}$ 的电压测量阻性电流成分 I_R。选用这些测试温度和测试电压是考虑到压敏电阻的实际使用情况。每改变一次电压停留 30min,每改变一只样品停留 5min(在 150℃ 和 170℃ 下时间还要长些)。按阿仑尼乌斯方程对数据进行分析。

图 4.10～图 4.15 表示热处理样品和未热处理样品的 $I_R(T)$ 对于 $(1/T)$ 曲线的阿仑尼乌斯特性,为未热处理样品和分别在 500℃、600℃、700℃、800℃ 下热处理进行的比较。这些曲线反映了在本项研究中所观察到的所有特征。表 4.5 和表 4.6 分别表示了未热处理样品和在 600℃ 下热处理的样品的活化能的计算结果,计算是按对阿仑尼乌斯方程的最小二乘方拟合进行的。表 4.7 汇总了在所有试验条件下的类似的数据。将这些数据划分成两个温度范围:高温段(125～175℃)和低温段(50～100℃)。通过下面的讨论,可以了解这两个温度范围间的差异。

(1) I_R-T 曲线。

可见,电流温度关系的所有实验数据(除 25℃ 的数据)外,都与阿仑尼乌斯方程符合得很好。在这里的分析中,把 25℃ 时的数据去掉了,主要是因为这些数据

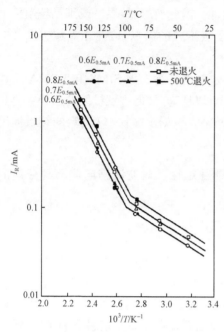

图 4.10　未热处理和 500℃热处理 ZnO
压敏电阻的 I_R 阿仑尼乌斯曲线

太分散。这些数据分散的原因是在室温下试样吸收了潮气。I_R-T 曲线在 $100\sim125℃$ 内都有一个转折点,这意味着低温段($50\sim100℃$)的活化过程,与高温段($125\sim175℃$)的活化过程,在机理上有所不同。以前的文献就指明了 I_R-T 曲线上有这样的转折点,但至今未予详细讨论。样品即使经过了热处理,但仍保留有这种转折点,只是转折点的温度向较高温度方向移动了。这一观察结果的实用意义在于:将高温段的数据外推到低温段,预测低温段的特性时要特别小心。在预测压敏电压的寿命时这一点尤其重要,因为实验数据往往是在提高了的温度下得到的,然后外推到室温。

尽管 I_R-T 曲线对测试温度有这样一个转折点,但对测试电压没有这样的效应。在所有各种不同电压下的 I_R-T 曲线都是互相平行的,这说明了电流传输机理不随外加电压而变化,只是电流的量值随电压的增大而增大。

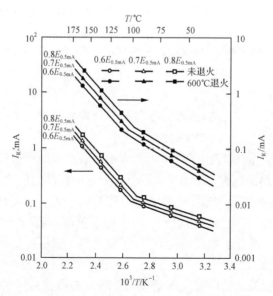

图 4.11　未热处理和 600℃热处理 ZnO 压敏电阻的 I_R 阿仑尼乌斯曲线

从图 4.10 可以看出,在 500℃ 以下热处理的结果,对 I_R 的数值及 I_R-T 曲线的斜率几乎没有什么影响,而且曲线的高温段和低温段都是这样。未热处理样品和 500℃ 热处理样品的这些曲线几乎是完全重合的,在 400℃ 下热处理的样品也是这种结果;热处理温度从 600℃ 开始,情况就不同了(图 4.11):I_R 的量值略有增大,曲线低温段的斜率变陡,但高温段的斜率保持不变;在 700℃ 以下热处理的样品,可以看到同样的趋势;不过在 800℃ 温度下热处理(图 4.13)曲线的斜率在两个温度范围内都变小了,从活化能的计算结果也可以清楚地看出这一点。

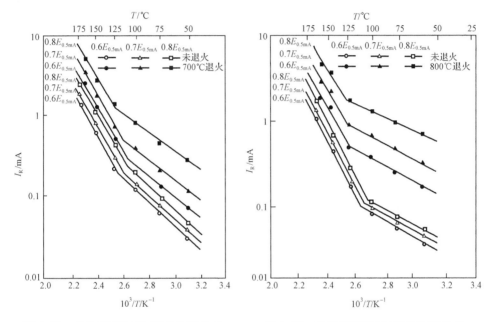

图 4.12　未热处理和 700℃ 热处理 ZnO　　图 4.13　未热处理和 800℃ 热处理 ZnO
压敏电阻的 I_R 阿仑尼乌斯曲线　　　　　压敏电阻的 I_R 阿仑尼乌斯曲线

根据图 4.10 和图 4.12 的实验结果,对 500℃ 和 700℃ 热处理的数据进行比较,可以看出,这两组样品在低温段的曲线的斜率存在着显著的差别,正如所预料的那样,700℃ 热处理的样品的斜率比 500℃ 热处理的样品的斜率要陡得多;在 700℃ 下热处理的 I_R 值也比较大。与这一观察结果相反,600℃ 和 700℃ 热处理的样品(图 4.15),I_R-T 曲线的斜率在高温段和低温段都很相似。但 700℃ 热处理的 I_R 值也比 600℃ 热处理的 I_R 值大。

对图 4.14 和图 4.15 的比较,可以得出在 500℃ 热处理和在 600～700℃ 热处理,二者 I_R-T 曲线的主要差别。在 600～700℃ 内热处理的样品,其低温段 I_R-T 曲线的斜率发生了明显的变化,由于阻性电流 I_R 来源于压敏电阻的晶界结,所以其斜率的这种变化,可以理解为压敏电阻的晶界发生了某种基本性的变化,导致了电流传输机理的显著改变。

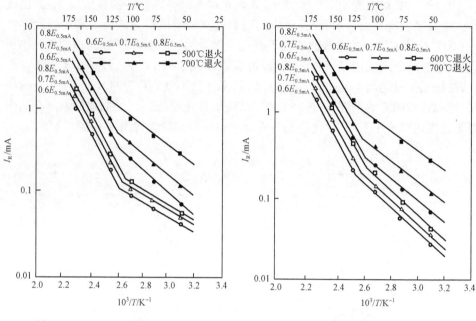

图 4.14　500℃和 700℃退火 ZnO
压敏电阻的 I_R 阿仑尼乌斯曲线

图 4.15　600℃和 700℃退火 ZnO
压敏电阻的 I_R 阿仑尼乌斯曲线

(2) 活化能。

采用最小二乘方法,根据两个温度范围的曲线的斜率来计算活化能。对于各种不同条件下热处理的样品的数据进行同样的计算,然后作统计分析。结果可以归纳出以下几点:①800℃热处理的数据,它的高温段和低温段的活化能都低于未热处理样品,测得的漏电流和计算出的功耗都比较大。所以,可以把 800℃视为热处理温度过高的条件,因为这样的压敏电阻器已不实用了。②对于其他热处理条件来说,尽管热处理条件有所不同,但高温段的活化能基本上是一样的。对于低温段,未热处理样品的 $\overline{E}$ 值最小,约为 0.177eV,然后,$\overline{E}$ 值随热处理温度的升高而单调地增大直到 700℃。为了区分低温段和高温段的 $\overline{E}$ 值,对各种热处理条件下的 $\overline{E}$ 值,用温度差别的显著性来进行比较。方案如下:对高温段,比较 600℃和 700℃两种热处理条下的 $\overline{E}$ 值;对于低温段,比较以下四种情况的 $\overline{E}$ 值:①未热处理的样品和 500℃热处理的样品;②未热处理的样品和 600℃热处理的样品;③500℃和600℃热处理的样品;④600℃和 700℃热处理的样品。表 4.4 给出了未热处理和热处理试样的活化能 $\overline{E}$ 的统计分析。

表 4.4　未热处理和热处理试样的活化能统计分析

参数	未热处理试样	试样热处理温度			
		500℃	600℃	700℃	800℃
高温段(125~175℃)					
$\bar{E}/\text{eV}$	0.541	0.544	0.523	0.549	0.447
n(样品数)	9	9	18	9	3
σ(标准偏差,$n-1$)	0.033	0.021	0.032	0.050	0.079
σ(平均标准偏差,$n-1$)	0.011	0.007	0.008	0.017	0.046
DF(自由度,$n-1$)	8	8	17	8	2
低温段(50~100℃)					
$\bar{E}/\text{eV}$	0.177	0.189	0.238	0.249	0.141
n(样品数)	9	9	18	9	3
σ(标准偏差,$n-1$)	0.032	0.028	0.041	0.029	0.021
σ(平均标准偏差,$n-1$)	0.011	0.009	0.009	0.009	0.012
DF(自由度,$n-1$)	8	8	17	8	2

由此可得出如下结论：

① 在 600℃和 700℃热处理的样品在高温段的活化能没有明显差别；

② 低温段的活化能，未热处理的样品与 500℃热处理的样品之间没有明显差别，但未热处理的样品与 600℃热处理的样品之间则有显著差别；

③ 低温段的活化能，在 600℃和 700℃热处理的样品之间没有明显差别，但 500℃和 600℃热处理的样品之间有明显差别。

这样在低温段的活化能，在 500℃以下热处理，都没有什么变化；在 600℃热处理，活化能明显增大，而且这个活化能值在热处理温度高达 700℃以前都保持不变，再进一步提高温度到 800℃时，低温段的活化能明显减小。至于高温段，在热处理温度低于 700℃时，活化能都保持不变，但热处理温度高达 800℃时高温段的活化能也明显减小。低温段和高温段的活化能的这种变化见图 4.16。

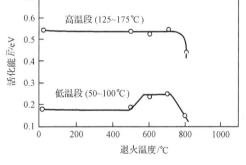

图 4.16　高低温段活化能的比较

（3）I_R-T 方程。

在高温段和低温段，用以描述电流随温度的升高而增大的方程式分别如下。

在高温段(125~175℃)：

$$I_R(T) = 2.8 \times 10^6 \exp[-0.539\text{eV}/(kT)] \qquad (4\text{-}2)$$

式(4-2)适用于未热处理样品和热处理温度在 700℃以下的样品。式中的活化能 0.539eV 是表 4.4 中未热处理样品以及在 500℃、600℃和 700℃热处理样品的活化能的平均值。

在低温段(50～100℃),对于未热处理样品及热处理温度不高于500℃的样品:

$$I_R(T) = 3.2 \times 10^1 \exp[-0.183eV/(kT)] \qquad (4\text{-}3)$$

对于热处理温度在600℃和700℃热处理的样品,低温段的方程为

$$I_R(T) = 6.2 \times 10^2 \exp[-0.244eV/(kT)] \qquad (4\text{-}4)$$

式(4-3)和式(4-4)中的活化能也是表4.4中相应的低温段的活化能的平均值。

这些方程式以及图4.16的最显著的特征是,在600～700℃热处理的样品的低温段活化能突然增大,这一温度范围也正好是绝大多数稳定压敏元件烧成后的热处理温度范围。

利用热刺激电流(DLTS)作为热处理温度的函数进行研究,也证实了正是这一温度范围内热处理的样品,它们的活化能为0.26eV时的陷阱密度最小,压敏元件的稳定性也最好。陷阱的活化能——0.26eV,以及由I_R-T曲线方程(4-4)所得的活化能——0.244eV,这两个数值的相符性也是值得我们注意的。近来有关正电子湮灭光谱学(positron annihilation spectroscopy,PAS)的研究同样证实了这一点,就是当温度高于600℃而低于800℃时负电性的粒界缺陷的浓度锐减。在这一热处理温度范围内,证明界面态的密度也是减小的。最后,关于热处理的缺陷模型也指出:在这一温度范围内,由于填隙Zn向外扩散到达粒界,因而消除了亚稳势垒。

所有这些研究结果都集中到这样一个结论,即在这样的热处理温度下,压敏电阻器的粒界发生了一些基本性的变化,这种变化使压敏电阻变得稳定。基于这样一些观测结果,对于所研究的压敏电阻器而言,600～700℃是独有的最佳热处理温度,这一点是毫无怀疑的。

综合上述研究结果,有几点是值得注意的。经验表明,在上述热处理温度(600～700℃)范围内,低温段的活化能表现为一种突增,即使压敏电阻器的成分在一个很大范围内改变,这一规律仍保持不变。这些研究者所发现的唯一的不同点,就是活化能的具体数值,以及热处理后的增量随着瓷料成分的不同而有所不同,但这不是E-T曲线的一般性趋势,其他的实验进一步证实了活化能和容性电流成分同时发生变化,但这一变化仅在高温段才看到,而I_R-T曲线是在低温段观察到的,将在容性电流中讨论这种变化。

当ZnO压敏电阻器上加有一个使它工作在预击穿区的外加电压时,漏电流有三种:阻性电流(I_R)、容性电流(I_C)和总电流(I_T)。在本节中把这三个电流作为环境温度和外加电压的函数进行了实验评价,对未热处理样品和在600℃临界温度热处理下的样品的这三种电流进行了比较。以前的关于I_R-T数据的观察结果推动下开展了这项研究工作。I_R-T数据的阿仑尼乌斯曲线有几个不寻常的特征:①该曲线上有两个特性不同的温度区段:高温区段(125～175℃),特点是活化能

高;低温区段(50~100℃),特点是活化能低;②在临界温度 600~700℃热处理,低温区段的活化能阶跃性地上升,同时使得压敏电阻器对于外加电压的稳定性得到了提高。

现在已经确认,对于完全不相同的瓷料成分这些早期的观测结果也是适用的,这意味着,这一性质或许是稳定的压敏电阻器的通性。此外,还证明了 I_C-T 曲线与 I_R-T 曲线有着同样的趋势,其阿仑尼乌斯曲线也可以用上面所述的两个温度区段来代表,并且若在临界温度 600℃热处理,活化能发生变化。然而,与 I_R-T 曲线的活化能相比 I_C-T 曲线的活化能变化刚好相反。对于 I_C,是高温段的活化能下降;而对于 I_R,是低温段的活化能增大;这一点是本项研究中的重要的观测结果。I_C-T 和 I_R-T 曲线在其他方面的差别是:I_R-T 曲线的活化能,在两个温度区段内都是高于 I_C-T 曲线的活化能的,不过,低温段的 I_C 值总是大于 I_R 值的;而在高温区段则刚好相反。因此,在低温区段,总电流基本上是电容性的,在高温区段总电流基本上是阻性的。由于焦耳热是由阻性电流分量产生的,所以高温段比低温段更容易发生热击穿。这一观察结果的实用意义在于压敏电阻器的使用温度决不应当超过阻性电流和容性电流的交点温度,高于这一温度后阻性电流就是漏电流的主要成分了。

2. 热处理对 ZnO 压敏电阻交流漏电流容性分量的影响

容性电流分量研究中的瓷料成分与阻性电流分量研究中的不一样,其中 Bi_2O_3 和 Sb_2O_3 的总量减少一半,而其他添加剂的量保持不变。样品的制造和试验方法与上述研究完全相同,只有两点不大的变动:一是为减小 30℃温度下数据的分散性,在测量漏电流以前将样品加热到 100℃左右,然后在干燥器中冷却;二是高温试验只到 165℃,而不是 175℃。采取这一措施后就把低温段扩展为 30~100℃,而高温段仍保留有足够数量的数据点,以便对数据分析。最后,与 Gupta 的研究不同的一点是,在本项研究中只进行了 600℃/h 这一种热处理试验,发现这种样品的 I_R-T 曲线的活化能在低温段的活化能有显著的变化。基于以往已经对不同温度下热处理的压敏电阻器进行的评价,发现了 I_R-T 曲线的活化能的变化趋势与以前的研究是一致的。尽管样品的数目减少了,但试验的范围扩展了,可以搜集到同一样品的所有三种电流(I_R、I_C、I_T)的 I-T 数据。Gupta 叙述了搜集这些数据的方法。

图 4.17 表示未经热处理的样品在不同电压下阻性和容性电流分量的阿仑尼乌斯曲线;图 4.18 表示经 600℃热处理 1h 的样品类似的关系曲线;图 4.19 表示未热处理样品在 $0.7E_{0.5mA}$ 和 $0.8E_{0.5mA}$ 电压梯度下,阻性容性和总电流的阿仑尼乌斯曲线;图 4.20 表示经 600℃热处理后样品类似的关系曲线;图 4.21 表示热处理对压敏电阻阻性和容性电流活化能的影响。

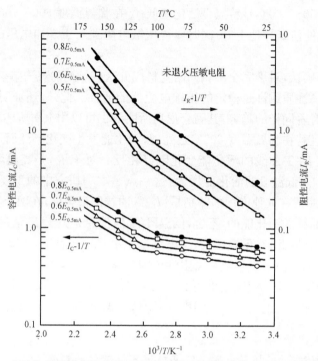

图 4.17　未经热处理的 ZnO 压敏电阻的阻性、容性电流分量的阿仑尼乌斯曲线

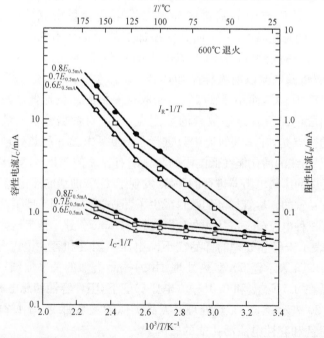

图 4.18　经 600℃热处理 1h 的 ZnO 压敏电阻的阻性、容性电流分量的阿仑乌斯曲线

活化能的计算也是按照对阿仑尼乌斯方程的最小二乘方拟合得出的,其结果见表 4.5 阻性漏电流分量和表 4.6 容性漏电流分量。与前述研究一样,把这些数据划分成两个温度区段:高温段(125～165℃)和低温段(30～100℃),从后面的分析中可以了解这两个温度区段的意义。

表 4.5　阻性电流 $I_R = I_{R0}\exp[-E/(kT)]$ 统计表

烧成后的数据					热处理后的数据				
$xE_{0.5mA}$	I_{R0}	E/eV	r^{2a*}	$\bar{E}^{**}/eV$	$xE_{0.5mA}$	I_{R0}	E/eV	r^{2a}	$\bar{E}/eV$
低温段(30～100℃)					低温段(30～100℃)				
$0.8E_{0.5mA}$	1.12×10^3	0.216	0.997		$0.8E_{0.5mA}$	1.18×10^3	0.253	0.995	
$0.7E_{0.5mA}$	1.65×10^3	0.245	0.999	0.226	$0.7E_{0.5mA}$	1.33×10^3	0.270	0.993	0.261
$0.6E_{0.5mA}$	0.46×10^3	0.218	0.999		$0.6E_{0.5mA}$				
高温段(120～160℃)					高温段(120～160℃)				
$0.8E_{0.5mA}$	1.29×10^3	0.446	0.989		$0.8E_{0.5mA}$	2.66×10^3	0.435	0.997	
$0.7E_{0.5mA}$	3.69×10^3	0.429	0.993	0.447	$0.7E_{0.5mA}$	2.66×10^3	0.446	0.995	0.443
$0.6E_{0.5mA}$	7.75×10^3	0.469	0.998		$0.6E_{0.5mA}$	2.03×10^3	0.448	0.999	

* r^{2a} 为判定系数。

** $\bar{E}$ 为活化能的平均值。

表 4.6　容性电流 $I_C = I_{C0}\exp[-E/(kT)]$ 统计表

烧成后的数据					热处理后的数据				
$xE_{0.5mA}$	I_{C0}	E/eV	r^{2a*}	$\bar{E}^{**}/eV$	$xE_{0.5mA}$	I_{C0}	E/eV	r^{2a}	$\bar{E}/eV$
低温段(30～100℃)					低温段(30～100℃)				
$0.8E_{0.5mA}$	3.89	0.047	0.984		$0.8E_{0.5mA}$	2.04	0.042	0.984	
$0.7E_{0.5mA}$	2.89	0.042	0.972	0.043	$0.7E_{0.5mA}$	2.64	0.043	0.929	0.044
$0.6E_{0.5mA}$	2.39	0.041	0.991		$0.6E_{0.5mA}$	2.61	0.047	0.936	
高温段(120～160℃)					高温段(120～160℃)				
$0.8E_{0.5mA}$	1.72×10^2	0.169	0.998		$0.8E_{0.5mA}$	4.70×10^1	0.136	0.916	
$0.7E_{0.5mA}$	4.64×10^2	0.212	0.999	0.189	$0.7E_{0.5mA}$	3.12×10^1	0.126	0.995	0.125
$0.6E_{0.5mA}$	1.90×10^2	0.187	0.974		$0.6E_{0.5mA}$	1.63×10^1	0.112	0.993	

* r^{2a} 为判定系数。

** $\bar{E}$ 为活化能的平均值。

(1) I_R-T、I_C-T 曲线。

从图 4.17 和图 4.18 所得到的最重要的观察结果是:两种电流 I_C、I_R 的温度特性是相似的,尽管 I_C 的量值略高于 I_R,但两者都与阿仑尼乌斯曲线相当吻合,并且在 100～125℃内,曲线的斜率有个转折点。即使是热处理的样品,也保持着同样的特性。这与以前对 I_R-T 数据的观察结果是一致的。这就是说,即使压敏电阻器的研究成分不相同,但其 I-T 特性并不变化,并且 I_C-T 曲线有着与以前观察到的 I_R-T 曲线相同的变化趋势。曲线上的转折点同样意味着从低温到高温时机理有所不同,这正是划分两个温度区段的依据。既然两种电流的转折点出现在同一温度(100~125℃),因此可以相信支配这两种电流的特性的机理是相同的。

从图 4.18 和图 4.19 可以看出的第二个特征是热处理后曲线的斜率发生了变化。不过最令人感兴趣的是,I_R-T 曲线在低温段的斜率变陡了,这一点与前面的研究是完全符合的。至于 I_C,热处理后的斜率也发生了变化,但完全是相反的变化。首先斜率的变化表现在高温段,而不是在 I_R-T 曲线中所看到的在低温段;其次,热处理后的斜率不是变陡了,而是变得平坦了。这是在本项研究中最有意义的观测结果。以下将对斜率的这种变化进行定量评价。

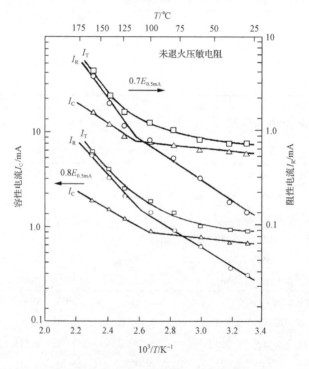

图 4.19　未热处理的 ZnO 压敏电阻在 $0.7E_{0.5mA}$ 和 $0.8E_{0.5mA}$ 下的
阻性、容性和总电流的阿仑尼乌斯曲线

(2) I_T-T 曲线。

在图 4.18 和图 4.20 中,把热处理的和未热处理的样品的总电流(I_T),与它的两个分量(I_R、I_C)一起作为温度的函数表示出来了。这里,I_T 曲线被画成一条平滑曲线,以便将它与另外两条曲线区别开来。正如所预料的那样,它的量值在所有

温度下都是大于 I_R 和 I_C 的。这些特征在图中所表示的两个电压值下都保持不变。这些曲线的最重要的特征在于两个温度区段中 I_R 和 I_C 对于总电流的相对贡献。在室温下，I_R 的量值一开始比较小，但其斜率比 I_C 要陡得多，在 $100\sim125℃$ 下（即人为划定的转折点，以及 I_R 和 I_C 的两条曲线的相交点），两个参数（I_R、I_C）都更陡地上升。另一方面，I_C 的量值在室温下一开始是较大的，但比 I_R 上升的斜率要平缓得多，即使在温度高于两者的交点，以后也是这样，因此，在 $T>150℃$ 后，I_C 的量值比 I_R 小了。所以在低温区，I_T 中 I_C 相对于 I_R 要大得多，而在高温区段中的 I_T 主要反映了比 I_C 大得多的 I_R，不要忘记，I_R 是器件产生焦耳热的原因，I_R 和 I_C 对于总电流的这种相对贡献，对于压敏电阻的使用有着重要的影响。若压敏电阻器是使用在低温区段（$<100℃$）的，由于总电流基本是电容性的，因此焦耳热并不重要。然而，如果压敏电阻器工作在高温区段，则由于总电流主要是电阻性的，焦耳热就是个重要问题了。

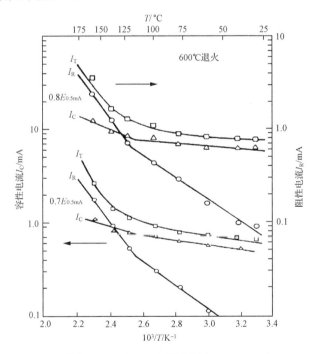

图 4.20　经 600℃ 热处理 1h 后 ZnO 压敏电阻在 $0.7E_{0.5mA}$ 和 $0.8E_{0.5mA}$ 下的阻性、容性和总电流的阿仑尼乌斯曲线

（3）活化能。

计算活化能时，在每种条件下至少用三个样品的数据。在高温区段，活化能的数值没有明显的变化（$0.447eV$ 与 $0.443eV$ 相比较），但低温段的活化能从 $0.226eV$ 上升到 $0.261eV$。这一趋势与 Gupta 的研究是完全一致的，但要注意到，

在方程式 $I_R = I_{R0} \exp[-E/(kT)]$ 中活化能的具体数值和指数项前的系数值,与 Gupta 的研究结果并不相同。这是由于两种压敏电阻的瓷料成分不相同,而且烧成后每一种成分的试样中亚稳成分的大小不相同的缘故。表 4.5 给出了 $I_R = I_{R0} \exp[-E/(kT)]$ 的统计结果,从表 4.6 中 I_C 的统计值,可以看出完全相反的特性:热处理使高温段的活化能从 0.189eV 减小到 0.125eV,而低温段的活化能差不多保持不变(0.043eV 与 0.044eV 相比较),这是本项研究中最重要的观察结果之一。从压敏电阻器稳定性的观点来看,热处理以后 I_C 的活化能的这种变化的意义是不容易理解的,因为容性电流分量与焦耳热没有什么关系。

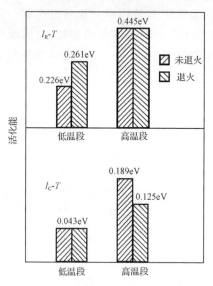

图 4.21 热处理对压敏电阻阻性
和容性电流活化能的影响

图 4.21 以图示的方法总结了热处理对活化能的影响,在两个温度区段中,I_R-T 曲线的活化能都是高于 I_C-T 曲线的活化能的。对于阻性电流成分,当压敏电阻在 600℃临界温度热处理后,其低温段的活化能有个跃升值;同时容性电流在高温段的活化能,则跃降到一个较小的数值。把这两种现象综合在一起,这意味着在粒界"结"的构成上,在 600℃热处理时发生了某种永久性的变化,这种变化的结果使得压敏电阻器的稳定性提高了。以前关于热处理对压敏电阻器稳定性影响的研究也得出了同样的结论。

对 500~800℃ 的热处理温度进行了详细的研究,比较了热处理样品在各种不同外电压下的阻性电流对于环境温度的函数关系。外加电压的大小对于 I_R-T 曲线形式的影响是微不足道的,而环境温度的影响则是很不一样的。实验结果表明,不管是未热处理的样品还是热处理的样品,其 I_R-T 曲线都有两个显著不同的区段:低温段(50~100℃)和高温段(125~175℃)。100~125℃是两个区段的过渡温度范围。在 500℃ 以下热处理,I_R 值基本不变,高于这一温度进行热处理,两个测试温度区段中的 I_R 值都增大,在 500℃ 以下热处理,低温段的活化能都不改变;在 600℃热处理,活化能从 0.183eV 突然上升到 0.244eV;在 600~700℃热处理,活化能保持不变;在 800℃热处理活化能又减小。高温区段的活化能的数值较大(0.593eV),高于低温区段的活化能而且在 700℃以下热处理,这个数值都保持不变,然后急剧下降到较小的数值。为了区别低温段和高温段的 $\overline{E}$ 值,对各种热处理条件下的 $\overline{E}$ 值进行有显著差别的比较。这些实验结果与其他文献中关于热处理的研究结果综合在一起,越来越清楚地看出:在这一温度范围中,晶界结的特性发生了某些基本性的变化,这种变化使压敏电阻的稳定性提高了。就这一点而言,600～700℃这一温度范围可以看成是特有的。

4.1.5　氧化锌压敏电阻热处理机理的理论分析

对于 ZnO 压敏陶瓷热处理机理的研究为许多学者关注,迄今已积累了许多有价值的试验数据和试验现象,也提出了一些物理模型,但这些模型只能解释部分试验现象。为了进一步完善解释热处理对 ZnO 压敏陶瓷性能的影响,以下就热处理效应作进一步讨论和探讨。

1. ZnO 压敏陶瓷热处理机理

在前面的试验结果中,已经得到 ZnO 压敏陶瓷晶界富 Bi 相的相变试样的烧结条件对热处理有很大影响,所以在提出热处理的机理时必须综合考虑各种因素的影响,应能解释所有实验现象。在此补充修改 Gupta 的模型,即可使所有实验现象得到较好的解释。修改后的模型如图 4.22 所示。

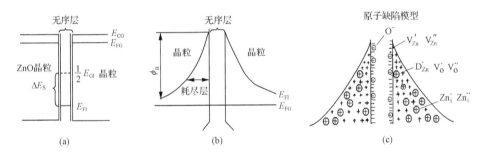

图 4.22　ZnO 压敏陶瓷中的势垒模型和对应的缺陷模型

ZnO 半导体陶瓷是由于 ZnO 内部存在有大量点缺陷而半导化的,ZnO 晶粒是 n 型半导体,其晶界势垒的形成可以看作是由两个 n 型半导体间夹一层无序层而形成的。在势垒形成时,ZnO 晶粒表面层形成带正电荷的耗尽区,在耗尽区内正电荷为三价的施主离子、填隙锌离子以及少量的氧空位。在中性的条件下,在晶粒与高阻层的界面上有负电荷与它平衡,负电荷为带负电荷的锌空位和晶界上吸附的氧离子等。在以上缺陷中,由于填隙锌离子 $Zn_i^{\cdot}$ 迁移活化能小(0.055eV),所以由 $Zn_i^{\cdot}$ 形成的势垒为一个亚稳定势垒。与 Gupta 的缺陷模型相比较,所修改的模型考虑了晶界氧的吸附,能更好地解释气氛对 ZnO 压敏陶瓷热处理的影响。

根据半导体理论,在 n 型的 ZnO 晶粒的费米能级可用式(4-5)表示:

$$E_{FG} = E_{CG} + kT\ln\frac{n}{N_C} \tag{4-5}$$

其中，E_{FG} 为 ZnO 晶粒的费米能级；E_{CG} 为晶粒导带底；n 为载流子浓度；N_C 为导带上的态密度。而在 ZnO 晶粒之间的无序高阻层上，由于界面态的存在，其费米能级可用式(4-6)表示：

$$E_{FI} = \frac{E_{GI}}{2} + \Delta E_S \tag{4-6}$$

其中，E_{FI} 为高阻层的费米能级；E_{GI} 为高阻层的禁带宽度；ΔE_S 为界面态引起的能级变化。这样，晶界势垒的高度即为两费米能级之差：

$$\phi_B = E_{FG} - E_{FI} = E_{CG} - \frac{E_{GI}}{2} + kT \ln \frac{n}{N_C} - \Delta E_S \tag{4-7}$$

假设 ZnO 晶粒中的施主杂质离子完全电离，则有 $n = N_d + [Zn_i^\cdot]$，其中 N_d 为掺杂浓度。高阻层上由于界面态引起的费米能级下降 ΔE_S 与界面态 N_S 有关，N_S 越大，ΔE_S 下降越多。根据以上缺陷模型，有

$$N_S = [V_{Zn}'] + [O^-] + [P_S] \tag{4-8}$$

由式(4-5)～式(4-8)可以看出，晶界势垒的高度受晶粒中 N_d、$Zn_i^\cdot$、$[O^-]$ 等的影响。由于热处理过程中，特别是在气氛中处理时，晶界 $[O^-]$ 会因为气氛的扩散、交换而改变，ZnO 晶粒中的 $Zn_i^\cdot$ 也会因不同温度下缺陷状态的改变而变化；热处理过程中的缺陷反应也影响两者浓度的因素。因此，在探讨 ZnO 压敏陶瓷的热处理时，应同时考虑以下因素：①氧在 ZnO 压敏陶瓷中的扩散及其缺陷反应；②Bi_2O_3 相变对热处理效应的影响；③热处理过程中的缺陷平衡。下面分别讨论这三个因素在热处理过程三起的作用。影响热处理效应的因素的探讨如下。

(1) 氧在 ZnO 压敏陶瓷中的扩散及其缺陷反应。

当环境中氧分压较大时，氧通过 ZnO 压敏陶瓷中的第二相(富 Bi 相)、气孔、微裂纹向其内部扩散，同时，ZnO 晶界上的氧向晶粒内部扩散，由于两者的扩散速度不一致，按扩散的一般规律，氧的扩散深度可用下式表示：

$$C/C_0 = f_1 \mathrm{erf} C(x/\sqrt{2D_1 t}) + (1 - f_1) \mathrm{erf} C(x/\sqrt{2D_2 t}) \tag{4-9}$$

式中，C 为扩散到离表面深度 x 处的氧浓度；C_0 为表面的氧浓度；D_1、D_2 分别为两种扩散路径的扩散浓度；f_1 为第一路径扩散占全部扩散的比率；t 为扩散时间；erf 为与 x 相应的函数。

在快扩散区，外界环境的氧通过 ZnO 压敏陶瓷中的第二相向陶瓷内部扩散。气体在 ZnO 压敏陶瓷中的扩散速度与晶界(富 Bi 相)材料的成分有关，还与裂纹的大小、数量、气孔率有关。在 ZnO 压敏陶瓷热处理加热-冷却过程中，由于热应力的作用，材料中的微裂纹不断扩展延伸，有利于外界气氛向陶瓷内部扩散，这一点可由如下实验结果得到证实。在较低温度下测定 1# 、2# 试样的热膨胀，1# 试样经过一个加热-冷却循环后，尺寸基本上恢复到初始值，而 2# 试样经过同样一个循

环后,尺寸有较大变化,不能恢复到初始状态。与此相对应 $2^{\#}$ 试样在低温下热处理后性能有较大变化。可以假设,试样经过热处理后,可能产生了许多微裂纹,这种裂纹的增多,促进了 ZnO 压敏陶瓷与外界的气氛交换。

在慢速扩散区,氧由 ZnO 晶界或表面向晶粒内部扩散。Fujitsu 等通过实验估算得到氧由第二相向晶界向晶粒内部扩散的扩散系数在 1000K 下约为 $10^{-17}\,\mathrm{m}^2\cdot\mathrm{s}^{-1}$,而由晶界向晶粒内部扩散的扩散系数约为 $10^{-19}\sim10^{-20}\,\mathrm{m}^2\cdot\mathrm{s}^{-1}$,两者相差 $100\sim1000$ 倍。因此,在通常情况下可以认为由 ZnO 晶界表面向 ZnO 晶粒内部扩散,这样在 ZnO 晶界形成了一个氧富集区。扩散到晶界区的氧被吸附在 ZnO 晶粒表面,这种吸附为物理和化学吸附。在物理吸附情况下,吸附的气体分子与晶粒表面以范德华力结合,是一种弱结合,当温度低时,ZnO 对氧的吸附往往表现为物理吸附。在化学吸附情况下,吸附的气体分子与表面之间以一种典型的化学力作用着,它们之间存在着电荷的转移和共用,所以这种吸附的结合力较强。

在 ZnO 表面化学吸附氧时,氧分子将与晶粒表面的电子结合而带负电: $4(\mathrm{e}')_{\text{体内}}+(\mathrm{O}_2)_{\text{气体}}\longleftrightarrow2\mathrm{O}_2^{2-}$ 吸附。

在温度较低时,也可能为: $2(\mathrm{e}')_{\text{体内}}+(\mathrm{O}_2)_{\text{气体}}\longleftrightarrow2\mathrm{O}_2^-$ 吸附。

在以下的讨论中,以 O^- 为代表,O^{2-} 可以作同样的考虑。从上式可以看到,吸附的氧象征着受主型表面态,单位表面上吸附的氧越多,非占据态密度就越大,因此物理吸附氧的密度代表着非占据态密度,当电荷转移到这些非占据态时,物理吸附就成了化学吸附形式。由于氧俘获了 ZnO 内部的电子,使 ZnO 晶粒的耗尽层加深,耗尽层上的正空间电荷与晶粒表面负电荷间产生电场使化学吸附得到平衡,所以氧的吸附有助于 ZnO 晶界势垒提高。

ZnO 晶粒表面氧的吸附能力受表面缺陷、悬挂键等的影响,它不仅由 ZnO 晶粒结构决定,更重要的受晶界相的情况控制。另外,随着温度的提高,氧在 ZnO 中的扩散能力也提高,有助于晶界处氧的吸附。

在热处理过程中,除了晶界上氧的吸附与解吸外,另一个与氧有关的是它的缺陷反应。由于在 ZnO 晶粒内部的 Zn_i 具有迁移能力,氧离子易与迁移到晶粒表面的 Zn_i 相结合而形成一个稳定的 ZnO 晶格,在这个过程中,晶界上的无序层分别提供一个中性的 Zn 空位 $\mathrm{V}_{\mathrm{Zn}}^{\times}$ 和 O 空位 $\mathrm{V}_{\mathrm{O}}^{\cdot}$。随着温度的升高,$\mathrm{Zn}_i$ 的迁移速度增加,随着 O^- 浓度的增加,反应 $\mathrm{Zn}_i+\mathrm{O}^-\longleftrightarrow\mathrm{ZnO}$ 平衡向右移动,所以这两个因素都促进反应。此反应过程使晶界 O^- 浓度和晶粒中 Zn_i 减少,使 ZnO 的晶界势垒降低。

(2) ZnO 晶界富 Bi 相的相变。

如前所述,ZnO 晶界富 Bi 相的相变在热处理过程中起着很大作用,在 $\mathrm{Bi}_2\mathrm{O}_3$ 相变温度区间,热处理对 ZnO 压敏性能的影响最大。由于在 $\mathrm{Bi}_2\mathrm{O}_3$ 相变过程,由

β-Bi$_2$O$_3$ 相→γ-Bi$_2$O$_3$ 相转变时,Bi$_2$O$_3$ 的体积收缩达 3.5%,因此在相变过程富 Bi 相附近可能形成裂纹,有助于气体在 ZnO 中的扩散。

但是,在氧的吸附和解吸的讨论中已经指出,ZnO 表面吸附氧的能力,不仅与 ZnO 晶粒有关,而且与晶界富 Bi 相的情况有关。因为 Bi$_2$O$_3$ 各相的晶格常数不同,晶系不同,各 Bi$_2$O$_3$ 相内部的势场也各自不同。Bi$_2$O$_3$ 相变改变了 Bi$_2$O$_3$ 内部晶体势场的分布,对表面产生影响,使 ZnO 晶界吸附氧的能力也改变。Eda 假设,β-Bi$_2$O$_3$ 相具有比 γ-Bi$_2$O$_3$ 相大得多的 O$^-$ 电导。根据前述实验结果,可以认为 α-Bi$_2$O$_3$ 和 γ-Bi$_2$O$_3$ 吸附 O$^-$ 的能力远比 β-Bi$_2$O$_3$ 和 δ-Bi$_2$O$_3$ 弱,这样在 ZnO 晶界中形成 O$^-$ 密度远远小于 β-Bi$_2$O$_3$ 和 δ-Bi$_2$O$_3$ 所能形成的表面态密度。另外,固溶在晶界 Bi$_2$O$_3$ 中的其他元素如 Sb 等,也会影响它的吸附能力。

总之,晶界富 Bi 相的相变促进了热处理过程氧的传输、吸附和解吸作用,使 ZnO 压敏电阻经过一定温度热处理后,其性能随富 Bi 相形态的不同而产生很大差别,这就造成压敏性能对热处理温度的敏感区。

(3) ZnO 压敏陶瓷热处理过程的缺陷平衡。

因为在 ZnO 压敏陶瓷中添加的掺杂剂种类很多,所以各种缺陷之间的反应很复杂,因此要充分查明其内部缺陷的平衡问题是很困难的。这里,仅就本征缺陷 Zn$_i^{\cdot}$ 的变化作简要的讨论。

存在于 ZnO 压敏陶瓷晶粒内部的主要缺陷是填隙 Zn 离子 Zn$_i^{\cdot}$,其他缺陷的影响很小。由于 Zn$_i^{\times}$ 的电离能很小(约 0.05eV),可以假设 Zn$_i^{\times}$ 在 ZnO 中是完全电离的,即 $n=[\mathrm{Zn}_i^{\times}]=[\mathrm{Zn}_i^{\cdot}]$。在氧化物半导体中,在较低温度下容易形成 Frenkel 缺陷,而在较高温度下,易形成 Schottky 缺陷。在化学计量比偏离较小时,缺陷 Zn$_i^{\cdot}$ 浓度可用下式表示:

$$n = [\mathrm{Zn}_i^{\cdot}] = 3.8 \times 10^2 P_{\mathrm{O}_2}^{-1/4} \exp[-2.3\mathrm{eV}/(kT)] \tag{4-10}$$

随着温度的升高,填隙 Zn 离子浓度增大,载流子浓度也增大,使 ZnO 晶粒中的费米能级靠近其导带,势垒高度 ϕ_B 增大。

由于 ZnO 压敏陶瓷烧成降温过程降温速度一般比较快,所以晶粒中高温下的缺陷平衡被保存下来。当热处理温度较低时,使其缺陷平衡状态改变,形成相对较低温度下的平衡状态。如果在烧结和热处理时缺陷都各自平衡,则热处理后由 Zn$_i^{\cdot}$ 引起的势垒高度降低。但是,由于 ZnO 中缺陷反应的平衡常数比较大,在较低温度下的热处理对其内部平衡的影响小;另一方面,冷却后试样的缺陷状态也不能完全保持在烧结时的平衡状态。假设冷却后缺陷状态保持在相当于某一温度 T_0 时的平衡态,则当热处理温度 $T > T_0$ 时,最后的缺陷浓度由热处理时的冷却速度决定;当热处理温度 $T < T_0$ 时,则随着热处理温度的提高、热处理时间的延长,所起的作用加强。Gupta 用 PLTS 和 C-V 特性得到的结果表明,经 600℃ 左右热处理后,ZnO 中的 Zn$_i^{\cdot}$ 浓度最低,这证明与以上的分析一致。

经过上述因素的分析讨论,可以将氧的吸附作用、缺陷反应、Bi_2O_3 相变的影响,以及 $Zn_i^{\cdot}$ 的热力学平衡和对热处理不同温度下的作用汇总于表 4.7。

表 4.7　热处理效应的影响因素在不同温度范围的作用

影响因素	温度范围		
	较低温度(<400℃)	较高温度(>400℃)	高温(>800℃)
1. 晶界氧吸附 O→O⁻	较小	较大	大
2. 晶界缺陷反应 O⁻+Zn_i^{\cdot}→ZnO	较小	较大	大
3. Zn_i^{\cdot} 在不同温度下的平衡	较小	大	与降温速度有关,降温快时大
4. Bi_2O_3 相变的作用	无	大	与降温速度有关

晶界中 O^- 浓度、晶粒中 $Zn_i^{\cdot}$ 浓度的变化是热处理效应形成的根源,氧的扩散与缺陷反应是改变 O^- 的前提,而 Bi_2O_3 的相变是通过影响晶界氧的吸附能力而起作用的。

2. 实验现象的解释

利用以上分析讨论结果及所作假设,可以较好地解释各种不同的热处理条件对 ZnO 压敏陶瓷性能的影响。在空气中较低温度下热处理,各种因素起的作用都较小,但由于各种因素所起的作用程度不同,所以其性能仍会发生一定程度的变化。经过老化或还原性气氛中热处理的试样,再在空气中热处理时,由于 O^- 的浓度较低,所以氧的吸附占主要地位,结果晶界势垒提高,宏观性能得到恢复。

在较高温度(600~800℃)下,由于 Bi_2O_3 的 β-Bi_2O_3、δ-Bi_2O_3→γ-Bi_2O_3 的相变,使晶界处吸附氧的能力大大减弱;同时由于热平衡作用,晶粒中 $Zn_i^{\cdot}$ 的浓度也基本上处于最低值,所以此时 ZnO 的晶界势垒大大降低,非线性系数也明显下降。

在高温下热处理过程起主要作用的是氧的吸附和 ZnO 晶界中缺陷化学反应,由于两者对 ZnO 晶界势垒高度的影响相互补偿,所以在高温下空气中热处理对 ZnO 压敏性能的影响不大。

在不同烧结降温下烧成的试样,因为其初始平衡态和其相态的不同,而影响到热处理后性能的变化。用隧道炉烧结的试样,烧成时降温速度慢,缺陷态相当于较低温度下的平衡态,而用箱式炉烧结的试样则恰恰相反。所以,在较低温度下,就能使其平衡状态发生较大变化。从表 4.6 的实验结果表明,箱式炉烧结的试样发生相变的温度点向低温方向移动,这是导致热处理敏感温区向低温方向移动的原因。

在 O_2 气氛中热处理,由环境向 ZnO 内部扩散的氧浓度增加,晶界氧吸附对性能的影响加剧,所以此时 ZnO 晶界势垒主要受氧的吸附作用影响。随着温度的升高,氧的扩散加快,在晶界处形成 O^- 的密度也增加,所以可以获得性能较好的压敏电阻。而在还原性气氛或惰性气体气氛中,因氧的分压非常小,在中温区处理后的性能主要决定于晶界对氧的吸附能力,而在高温下,氧的解吸作用加强,即在缺氧的情况下,在 ZnO 晶界发生如下反应:$O^- \xrightarrow{\text{吸附}} 1/2O_2 + e'$,随着温度的升高,由晶界 O^- 引起的晶界势垒下降,但是在较高温度下,晶粒上 $Zn_i^{\cdot}$ 浓度增大,因热处理时的快速降温而被固定下来,同时 ZnO 晶格发生如下反应:$ZnO \leftrightarrow Zn_i^{\times} + O_i^{\times}$,这样在晶界上仍具有一定的氧分压,所以在 900℃ 以上处理时,试样仍具有较大的非线性。

从 2# 配方试样在 N_2 气氛中热处理的结果可以看出,它对 N_2 气氛中热处理的敏感性较弱。这可能与配方成分的不同,造成晶界相成分(富 Bi 相中固溶的其他元素及形成的其他相)不同引起的。

在较高温度下热处理,ZnO 压敏陶瓷的性能主要受晶界富 Bi 相的相变影响,所以在空气中高温下热处理后其性能大大降低。但是随着热处理时间的延长,由空气中扩散到 ZnO 晶界的氧浓度也增加,所以非线性系数 α 随热处理时间延长稍有回升。

在 Gupta 的缺陷模型中认为 ZnO 晶粒耗尽层区和晶界处迁移的填隙 Zn 离子浓度变化是影响 ZnO 压敏性稳定的重要原因,经过一定温度热处理后,填隙 Zn 离子向晶界迁移与晶界上的 O^- 结合而形成稳定的 ZnO 晶格,使介稳定的晶界势垒下降。同时,由于热平衡的作用,此时的 $Zn_i^{\cdot}$ 浓度最低,所以,经过一定温度热处理的 ZnO 压敏陶瓷内部可迁移的 $Zn_i^{\cdot}$ 浓度小,在存放或长期负荷过程中,由$[Zn_i^{\cdot}]$的变化引起介稳定势垒的变化大大减小,长期稳定性得到提高。

可以认为,ZnO 压敏陶瓷的热处理效应和其长期稳定性能变化的本质是一致的。压敏电阻在长期存放或运行负荷下的老化,可以看作是在极低温度下的热处理过程,此时,对 ZnO 压敏电阻的性能改变起主要作用的是晶界上缺陷反应:$O^- + Zn_i^{\cdot} \leftrightarrow ZnO$。在直流老化时,是促进 $Zn_i^{\cdot}$ 向一个方向移动,并转变为 Zn 格点,使正偏压的 Schottky 势垒下降,因而直流老化后,ZnO 压敏电阻的伏安特性出现不对称现象。根据该观点,如果试样中点缺陷在室温下处于完全平衡状态时,$Zn_i^{\cdot}$ 的产生与消失完全平衡,在其后的长期存放过程中性能将不再改变,ZnO 压敏陶瓷的性能仅受杂质施主离子的控制。

3. 晶界 $\beta\text{-}Bi_2O_3$ 相→$\gamma\text{-}Bi_2O_3$ 相转变对稳定性的影响

从上述结果可以看出,通过适宜的热处理后,由于晶界 $\beta\text{-}Bi_2O_3$ 相→$\gamma\text{-}Bi_2O_3$ 相的转变使压敏电阻的稳定性提高。那么晶界相的这种转变与稳定性有什么关系呢? 为了搞清楚 $\gamma\text{-}Bi_2O_3$ 比 $\beta\text{-}Bi_2O_3$ 稳定的原因,首先对两者的结构进行晶格参数计算,对应力进行分析;其次再对二者的体积变化和 Bi 与 O 原子间的距离、对称性、单位晶胞中的原子数进行计算,结果列入表 4.8。

表 4.8　γ-Bi₂O₃ 相和 β-Bi₂O₃ 相的晶体结构等特征

参数	$\gamma\text{-Bi}_2\text{O}_3$	$\beta\text{-Bi}_2\text{O}_3$
晶系	立方	四方
晶格常数/nm	$a=1.0184$	$a=1.098,b=0.563$
单位晶胞的原子个数	12	8
密度/(g·cm⁻³)	8.79	9.29
单位晶胞体积/nm³	8.802	8.438
在 ZnO 中的体积/自由态体积	$V_{\gamma\text{ZnO}}/V_\gamma<1$	$V_{\beta\text{ZnO}}/V_\beta>1$
β-Bi₂O₃ 相→γ-Bi₂O₃ 相转变	引起 4.3% 的体积膨胀	
Bi 与 O 的距离及配位数	Bi 与邻近的 O 形成畸变的四面体	Bi 与邻近的 O 形成畸变的八面体
		Bi-O₁　2.401
	Bi-O₁　2.23	Bi-O₂　2.401
	Bi-O₂　2.27	Bi-O₃　2.401
	Bi-O₃　2.21	Bi-O₄　2.395
	Bi-O₄　2.23	Bi-O₅　2.395
		Bi-O₆　2.395
对称性	高	低
间隙大小/nm³	0.4203	1.8438

（1）γ-Bi₂O₃ 相比 β-Bi₂O₃ 相排列紧密。γ-Bi₂O₃ 相中单位晶胞原子个数为 12；而 γ-Bi₂O₃ 相中为 8；因为单位晶胞原子个数越多，原子排列越紧密。γ-Bi₂O₃ 相与 α-、β-、δ-Bi₂O₃ 相相比，γ-Bi₂O₃ 相排列紧密，结晶性高，内部缺陷少、体积较大的特点。由于这些原因，它能起到阻止或堵塞 O 元素沿 ZnO 晶界扩散的作用，从而阻止了 O 元素向外部逸散，而提高了电阻片在定压下性能的稳定性。

（2）在自由状态下 β-Bi₂O₃ 相→γ-Bi₂O₃ 相的转变产生体积膨胀 4.3%。γ-Bi₂O₃ 相晶格常数 $a=1.0184$nm，属于立方晶系，其单位晶胞体积为 8.802nm³；而 β-Bi₂O₃ 相晶格常数 $a=1.098$nm，$b=0.563$nm，属于四方晶系，其单位晶胞体积为 8.438nm³。所以，在自由状态下 γ-Bi₂O₃ 相比 β-Bi₂O 相的体积大，因此在 ZnO 压敏瓷体中 γ-Bi₂O₃ 相受张应力的作用；而 β-Bi₂O₃ 相受压应力的作用。当 β-Bi₂O₃ 相转变成 γ-Bi₂O₃ 相时可缓解这种内应力。

（3）γ-Bi₂O₃ 相比 β-Bi₂O₃ 相结构的对称性高。γ-Bi₂O₃ 相中 Bi 原子与邻近的四个 O 原子形成畸变的四面体，其四面体间隙体积为 0.4203nm³；而在 β-Bi₂O 相中 Bi 原子与邻近的八个 O 原子形成畸变的八面体，其八面体间隙体积为 1.8438nm³。所以，前者比后者的对称性高。正是这种四面体与八面体间隙大小和对称性的不同，会对氧在晶界相中扩散的难易程度影响。即由于八面体间隙比四面体间隙体积大，所以，当晶界相为 γ-Bi₂O₃ 相时比 β-Bi₂O₃ 相时 O 元素难以扩散。

(4) γ-Bi_2O_3 相中除了三价的 Bi 以外还含有部分五价的 Bi,存在于晶界的这种五价的 Bi 有使 O 离子稳定,并阻止 O 离子向外扩散的作用。

从以上差别可以充分说明通过热处理,由于部分全部 β-Bi_2O_3 相转变成 γ-Bi_2O_3 相,使 ZnO 压敏电阻的老化性能得到明显改善的主要原因。

4. 热处理效应在生产中的应用

自 20 世纪 80 年代以来,由于能源、交通、军事、电力、电子等部门对 MOA 或压敏电阻器的长期运行可靠、稳定性等性能提出了越来越高的要求,尤其长期耐受冲击稳定性更为重要。因此作为制造厂必须从改进材料配方成分,加入稳定性能的添加剂及选择合理的热处理等方面入手。适宜的热处理能明显降低 ZnO 压敏电阻长期在电场作用下性能的劣化程度,已被广泛采用。但是,就热处理而言,热处理对其稳定性的改善是以牺牲小电流区的非线性为代价的。对于不同材料热处理的效应也不同,因此在 ZnO 压敏陶瓷的生产中,应该对其稳定性和小电流区非线性进行全面了解,针对不同配方选择最佳的热处理工艺条件,在确保稳定性的前提下尽可能提高小电流区的特性。有些配方系统不需要进行热处理也能具有好的稳定性,但这是以其配方组成、合理的烧成和冷却条件为前提的。

对于烧银电极的压敏电阻而言,这是不可避免的热处理过程。由于在较高温度下,其小电流特性存在有一定相对比较敏感的温度区,烧银温度应避开这个最敏感的温区,银浆的选择也应该考虑到这一点。

ZnO 压敏陶瓷的热处理不仅能提高其在电场作用下的稳定性,而且可以提高电流冲击的稳定性和能量吸收能力。对热处理的研究不仅有助于提高 ZnO 压敏陶瓷的整体性能,而且还有助于对其老化机理的充实和提高。

一般认为,在温度不太高的热处理过程,对 ZnO 压敏陶瓷的晶粒尺寸没有明显影响,因此热处理过程电阻片与外界的物质交换主要是氧的扩散和交换,仅改变其内部缺陷平衡状态和相态。因此,当烧结气氛与热处理气氛中氧分压相同时,只要严格控制烧成冷却过程的降温速度,使瓷体中的缺陷态、晶界氧的吸附以及相态与热处理时相同,则可能获得与热处理性能相同的结果,这样对于 ZnO 压敏电阻的生产过程简化具有很大的实用意义。

Kanai 等研究了 Cr_2O_3 和 SiO_2 掺杂对 ZnO-Bi_2O_3-CoO-Sb_2O_3 多元配方中尖晶石形成和晶粒生长的影响。研究发现,Si 或 Cr 掺杂会降低焦绿石的分解温度,这可能是因为 Si 或 Cr 能进入焦绿石的结构缺陷,使焦绿石变得不稳定。焦绿石分解成尖晶石和 Bi_2O_3,所以 SiO_2 和 Cr_2O_3 能降低尖晶石的生成温度至 900℃以下,该温度接近于 ZnO 晶粒的初始生长温度,使得晶粒的生长被抑制。

最近新研究开发的不添加 Cr_2O_3、SiO_2,而添加较多 NiO 等成分的新配方系列,通过改变烧结冷却制度,不经过热处理,也可以获得老化性能良好的 ZnO 压敏电阻。这也进一步说明,配方系统和工艺的不同特别是烧成、冷却制度的不同,合理的热处理温度制度也不同,乃至不需要进行热处理,也可以达到良好的效果。

就添加 Bi-Sb-Co-Mn-Cr-Si 系统 ZnO 压敏电阻而言,通过大量的实践性可以归结以下结论:

(1) 热处理对 ZnO 压敏陶瓷小电流区的伏安特性影响很大,在空气中,520～550℃热处理的影响较小,650～750℃是热处理劣化最严重的温区(或者称之为敏感区),当处理温度升高至 850℃以上快速降温其性能又变好。适宜的热处理不仅可以大大改善 ZnO 压敏性能的长期运行和耐受冲击稳定性,而且可以提高方波和大电流冲击能力。

(2) 热处理能改善 ZnO 压敏电阻多种性能的原因,可归结为其晶界吸附的 O 浓度和填隙 Zn 离子浓度变化及其富 Bi 相的变化。晶相变化引起对吸附 O 离子吸附能力的变化,是形成热处理温度敏感区的原因。

(3) 热处理环境气氛与引起的变化有密切关系,在 O_2 中热处理能明显减小压敏电压及 α 值的降低程度,而还原气氛会使性能劣化严重。所以,迄今我国都采取在空气中热处理工艺,然而,有些厂因产量大将每钵电阻片堆放得紧密不透空气,严重地影响了空气中氧的扩散与吸附,对其性能的改善是不利的,在空气充分或 O_2 气氛中处理会对性能产生有利的影响。

热处理对 ZnO 压敏性能小电流区的影响受烧结初始缺陷的平衡状态及相态的影响,若烧结降温速度较快,高温状态被冻结下来,热处理敏感温区向低温方向移动。敏感区与烧结温度无关。

(4) 由于 ZnO 压敏陶瓷材料组成不同,加之烧成工艺制度不同,其是否需要通过热处理以及选定何处热处理工艺条件,应针对具体情况通过实验确定。

4.2　高温热释电现象

ZnO 压敏陶瓷的高非线性和热稳定性取决于其内部晶界的势垒及其稳定性,无论解释烧结冷却过程中晶界势垒的形成,还是说明热处理过程中晶界势垒变化的理论,都认为存在有各种缺陷的扩散或迁移现象,但至今未见在高温热过程中 ZnO 压敏陶瓷内有电荷迁移直接证据的报道。

李盛涛等针对 Bi_2O_3 系和 Pr_2O_3 系 ZnO 压敏陶瓷材料进行了高温热释电现象的研究。实验采用的两种试样直径分别为 $\phi10\times1.2mm$ 及 $\phi25\times2mm$ 的圆片,涂烧银电极以确保接触良好,同时引线采用 $\phi0.25$、长度相同的 Ni-Cr 丝以使银电极的接触电势尽可能小。引线与银电极的电接触采用压接方式,用 ZrO_2 瓷片夹持,然后放入采用升温速度可控的箱式电炉,外接微安表测量热释电电流。实验结果概述如下。

4.2.1　Bi₂O₃ 系和 Pr₂O₃ 系氧化锌压敏陶瓷材料的高温热释电现象

从图 4.23 可见，Pr₂O₃ 系试样的热释电电流在 375℃出现，465℃达到最大，保持恒定，直到 765℃，然后上升。Bi₂O₃ 系试样的热释电电流在 405℃出现，465℃出现一小峰，545℃达到较大值，765℃最大，然后下降。二者都有高温热释电现象，起始温度在 400℃左右，Pr₂O₃ 系起始温度比 Bi₂O₃ 系约低 30℃，其最大高温热释电电流密度仅为 Bi₂O₃ 系的 1/4。

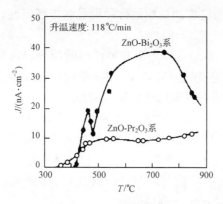

图 4.23　Bi₂O₃ 系和 Pr₂O₃ 系 ZnO 压敏陶瓷试样的初次高温热释电 $J\text{-}T$ 曲线

4.2.2　升温对氧化锌压敏陶瓷材料的高温热释电电流的影响

图 4.24 表示升温速度 1℃/min 和 10℃/min 的两条热释电 $I\text{-}T$ 曲线几乎一样，故可以认为在一定升温速度范围内 ZnO 压敏陶瓷材料的高温热释电电流 $I\text{-}T$ 曲线与升温速度无关。

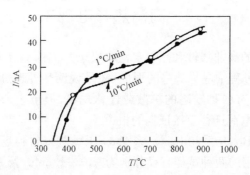

图 4.24　不同升温速度下，Bi₂O₃ 系和 Pr₂O₃ 系 ZnO 压敏陶瓷材料的高温热释电 $I\text{-}T$ 曲线

4.2.3　热历史对 Bi_2O_3 系和 Pr_2O_3 系氧化锌压敏陶瓷材料的高温热释电 I-T 曲线的影响

　　将未经热处理的 ZnO 压敏陶瓷以一定升温速度由室温升到 890℃的同时,测定热释电电流,然后冷却到室温,得到第一次热释电 I-T 曲线,重复这一过程,可得到各次升温高温热释电 I-T 曲线,见图 4.25 和图 4.26。将高温热释电 I-T 曲线划分为如图 4.27 所示三个区域,区域 I 代表热释电电流起始和随温度升高变陡两部分,特征参数是热释电起始温度 T_S,经过陡变区后,热释电流随温度趋于饱和;区域 I 和 II 的交点用温度 T_A 和电流 I_A 表示,区域 III 的温度较高,热释电电流随温度的变化趋势不定,与试样热历史关系密切;区域 II 和 III 的交点用温度 T_B 和电流 I_B 表示,热历史对 Bi_2O_3 系和 Pr_2O_3 系 ZnO 压敏陶瓷材料的高温热释电的影响如表 4.9 所示。

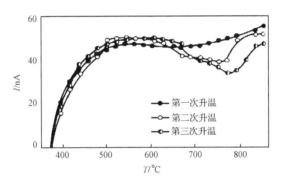

图 4.25　Pr_2O_3 系 ZnO 压敏陶瓷材料的高温热释电 I-T 曲线及热历史的影响

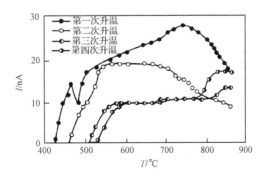

图 4.26　Bi_2O_3 系 ZnO 压敏陶瓷材料的高温热释电 I-T 曲线及热历史的影响

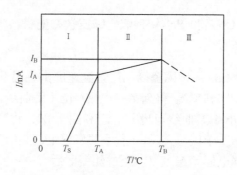

图 4.27　ZnO 压敏陶瓷材料的典型高温热释电 I-T 曲线

表 4.9　热历史对 ZnO 压敏陶瓷材料的高温热释电特征参数的影响

材料	热历史	T_S/℃	T_A/℃	I_A/nA	T_B/℃	I_B/nA	高于 T_B 时 I 的趋势
	0(1st)	405	545	20	765	30	减小
Bi_2O_3 系	1(2nd)	465	555	20	685	19	减小
	2(3rd)	515	565	10	825	11	增大
	3(4th)	530	605	10	775	11	增大
	0(1st)	375	465	40	765	50	增大
Pr_2O_3 系	1(2nd)	375	465	42	645	47	减小
	2(3rd)	375	480	42	665	48	减小

　　由表 4.9 上部可见,Bi_2O_3 系 ZnO 压敏陶瓷试样的 T_S 和 T_A 都随热历史(即热循环次数)递增,I_A 和 I_B 都随热循环次数递减并趋于一定值。可见 Bi_2O_3 系压敏陶瓷材料的高温热释电电流随热历史变化的规律性强,初期热历史的影响很大。

　　同样,从图 4.25 可以得到对 Pr_2O_3 系 ZnO 压敏陶瓷材料的高温热释电 I-T 曲线的特征参数。如表 4.9 下部所示,Pr_2O_3 系 ZnO 压敏陶瓷材料的 T_S、T_A、I_A 和 I_B 与热历史关系不大,热历史却影响 T_B 以及温度高于 T_B 的热释电电流的变化趋势,但规律性不强。

4.2.4　氧化锌压敏陶瓷材料的高温热释电现象的分析讨论

1. 高温热释电现象与热处理效应的对应关系

　　ZnO 压敏陶瓷材料的热处理效应主要表现在非线性系数、压敏电压、漏电流和稳定性变化上。图 4.28 给出了热处理 Bi_2O_3 系 ZnO 压敏陶瓷的非线性系数 α、压敏电压 U_{1mA} 的变化与热处理之间的关系,其中 $\Delta\alpha$ 和 ΔU_{1mA} 分别表示热处理前后非线性系数和压敏电压的变化量,在 400℃以下热处理对 U_{1mA} 和 α 没有影响,在 400~600℃内,U_{1mA} 和 α 随热处理温度上升而下降,这对应于高温热释电 I-T 曲线的区域 I 的起始区和陡变区(图 4.27)。在 $600\sim800^\circ\text{C}$ 内,$U_{1\text{mA}}$ 和 α 在 650°C 左右达到最低值,然后随温度升高而回升,这段温区对应于高温热释电 I-T 曲线的区域 II,由此可见,ZnO 压敏陶瓷材料的热处理效应与高温热释电之间有很好的对应关系。

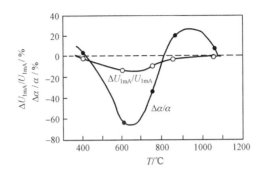

图 4.28　Bi_2O_3 系 ZnO 压敏陶瓷的热处理效应与温度的关系

2. 高温热释电的产生的机理

分别测量回路中串联一定阻值的电阻器前后试样的高温热释电电流,可以得到试样的阻值,Pr_2O_3 系 ZnO 压敏陶瓷的等效电阻分别为 600°C,$136\text{k}\Omega$;700°C,$76\text{k}\Omega$;865°C,$37\text{k}\Omega$。可见,ZnO 压敏陶瓷材料不仅在低电场下呈现高阻状态,而且在高温下其电阻率也很高,这是出现高温热释电现象的基础。

ZnO 压敏陶瓷的主晶相是半导化的 ZnO 晶粒,在 ZnO 晶粒之间存在的晶界势垒可以看作是由两个半导体中间夹一高阻无序层。在势垒形成时,ZnO 晶粒的表面形成带正电荷的施主离子 D_i、D_{Zn},填隙 Zn 离子 Zn_i^{+} 以及少量的氧空位 V_O,在电中性条件下,在晶粒与高阻层的界面上有吸附的 O^- 等。在晶界层及其附近的空间电荷是产生高温热释电的根源。

令缺陷的非平衡浓度梯度为 ∇C,那么在恒定高温下扩散流密度 $J = D\nabla C$,式中 D 为扩散系数,单位为 $\text{m}^2 \cdot \text{s}^{-1}$。$D$ 与温度 T 的经验公式为 $D(T) = D_0 \cdot \exp[-E_0/(kT)]$,其中 D_0 为常数,称为频率,E_0 为缺陷扩散过程中的活化能,因此 $J = D_0 \exp[-E_0/(kT)]\nabla C$。在一定升温速度范围内,在试样内形成稳定的电场分布,沿试样轴向温度分布表示为 $T(x) = T_0 + A$,其中 $T(x)$ 是 x 处的温度,T_0 是 $x=0$ 处的温度,A 是温度梯度,为常数。设左右两耗尽区的缺陷空间电荷梯度的绝对值 ∇C 相同,它也不随升温速度剧烈变化,因此左边缺陷扩散流密度 $J_1 = D_0 \exp[-E_0/(kT)]\nabla C$;右边缺陷扩散流密度 $J_2 = D_0 \exp\{-E_0/[k(T+A\Delta x)]\}\nabla C$。根据此式,ZnO 压敏陶瓷的高温热释电 I-T 曲线不随升温速度变化。

Bi_2O_3 的相态(α、β、γ、δ)取决于温度,在 Bi_2O_3 系 ZnO 压敏陶瓷的烧结冷却或热处理过程中晶界相的转变、缺陷平衡和晶界势垒间的关系如下:

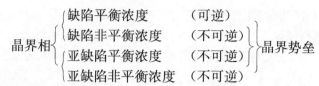

Bi$_2$O$_3$ 的相态由两部分,满足相态随温度相变规律的,称之为稳定相,它影响着相平衡浓度和缺陷非平衡浓度;不满足相态随温度相变规律的,称之为亚稳定相,它影响着相平衡浓度和缺陷非平衡浓度。因此,ZnO 压敏陶瓷内晶界层及其附近的缺陷的非平衡浓度梯度∇C 应包括:①温度发生变化时,各种缺陷从一种平衡状态到另一种平衡状态,必然产生新的非亚平衡缺陷浓度梯度∇C$_1$;②在某一温度下,非平衡浓度梯度 ∇C$_2$、亚缺陷平衡浓度梯度 ∇C$_3$ 和亚缺陷非平衡浓度梯度∇C$_4$。

在晶界相不发生相变的情况下,温度变化必然产生新的∇C$_1$,同时还有少量∇C$_2$,在一定温度下,在晶界层内和晶界层附近的∇C$_1$ 和∇C$_2$ 形成缺陷扩散流,从而产生热释电电流。所以,没有相变的 Pr$_2$O$_3$ 系 ZnO 压敏陶瓷仍具有高温热释电现象。由于∇C$_2$ 很少,可逆的∇C$_1$ 所占比例很大,因此在 700℃以下热历史对热释电 I-T 曲线没有影响。

在每次热过程中,Bi$_2$O$_3$ 系 ZnO 压敏陶瓷中有一部分亚稳定 Bi$_2$O$_3$ 相向稳定相转变,且转变量随热循环次数递减,相应的,会造成∇C$_3$ 和∇C$_4$ 也随热循环次数递减。因此,Bi$_2$O$_3$ 系 ZnO 压敏陶瓷的高温热释电电流随热循环次数变化的规律性强,T_S 和 T_A 都随热循环次数递增。I_A 和 I_B 都热循环次数递减并趋于一定值,初期热过程对高温热释电电流影响很大。

根据上述实验和讨论可以得出以下结论:Bi$_2$O$_3$ 系和 Pr$_2$O$_3$ 系 ZnO 压敏陶瓷具有高温热释电效应,起始温度在 400℃附近,证明在高温热过程中 ZnO 压敏陶瓷内有电荷迁移,在一定温度范围内,高温热释电 I-T 曲线与升温速度无关。

参 考 文 献

戴洪宾. 1990. ZnO 压敏电阻的热处理效应[D]. 西安:西安交通大学.

康雪雅,陶明德,等. 2003. 纳米复合粉体制备压敏陶瓷的晶界相变及稳定性[J]. 电子元件与材料,22(1):
　　13-16.

李盛涛. 1990. 氧化锌陶瓷晶界性质与氧化物添加剂[D]. 西安:西安交通大学.

李盛涛,刘辅宜,金海云. 1996. ZnO 压敏陶瓷的高温热释电现象[J]. 材料研究科学学报,10(2):170-173.

宋晓兰. 1990. 非饱和过渡金属氧化物在 ZnO 陶瓷中作用的研究[D]. 西安:西安交通大学.

王振林,高奇峰,姜玉根. 2005. 热处理对 MOA 用 ZnO 电阻片电气性能的影响[J]. 电瓷避雷器,(5):35-38;
　　(6):38-41.

Eda K. 1978. Conduction mechanism of non-ohmic zinc oxide ceramics[J]. J. Appl. Phys.,49(5):2964-2972.

Einzinger R. 1982. Grain Boundaries in Semiconductors[M]. New York:Elsevier.

Fujitsu S, et al. 1988. The enhanced diffusion of oxygen in ZnO varistor[J]. Nippon Seramikkusu-Kyokai-
　　Gakujutsu-Ronbumshi,96(2):119-123.

Gambino J P, Kingery W D. 1989. Effect of heat treatments on the wetting behavior of bismuth-rich intergranular phases in ZnO: Bi: Co varistors[J]. J. Am. Ceram. Soc., 72(4): 642-645.

Gupta T K. 1987. Effect of material and design parameters on the life and operating voltage of a ZnO varistors [J]. J. Mater. Res., 2(2): 231-238.

Gupta T K. 1990. Application of zinc oxide varistors[J]. Am. Ceram. Soc., 73(7): 1817-1840.

Gupta T K, Carlson W G. 1985. A grain-boundary defect model for instability/stability of a ZnO varistor[J]. J. Mater. Sci., 20: 3487-3500.

Gupta T K, Straub W D. 1990. Effect of annealing on the AC leakage components of ZnO varistor. I. Resistive current[J]. J. Appl. Phys., 68(2): 845-850.

Gupta T K, Straub W D. 1990. Effect of annealing on the AC leakage components of ZnO varistor. II. Capacitive current[J]. J. Appl. Phys., 68(2): 851-855.

Gupta T K, Carlson W G, Hower P L. 1981. Current instability phenomena in ZnO varistors under a continuous AC stress[J]. J. Appl. Phys., 52(6): 4104-4111.

Gupta T K, Straub W D, Ramanachalam M S, et al. 1989. Grain-boundary characterization of ZnO varistors by positron annihilation spectroscopy[J]. J. Appl. Phys., 66(12): 6132-6137.

Iga A, et al. 1976. Effect of heat-treatment on current creep phenomena in non-ohmic ZnO ceramics[J]. Jpn. J. Appl. Phys., 15: 1847-1848.

Iga A, et al. 1976. Effect of phases transition of intergranular Bi_2O_3 lager in nonohmic ZnO ceramics[J]. Jpn. J. Appl. Phys., 15(6): 1161-1162.

Inada M. 1979. Effect of heat-treatment on crystal phases microstructure and electrical properties non-ohmic zinc oxide ceramics[J]. Jpn. J. Appl. Phys., 18(8): 1439-1446.

Kanai H, Imai M. 1998. Effects of SiO_2 and Cr_2O_3 on the formation process of ZnO varistors[J]. Journal of Materials Science, 23: 4379-4382.

Kim E D, Oh M H, Kim C H. 1986. Effects of annealing on the grain boundary potential barrier of ZnO varistor[J]. J. Mater. Sci., 21(10): 3491-3496.

Levinson L M, et al. 1986. Interface effects in zinc oxide varistors[J]. J. Mater. Sci., 21: 665-668.

Matsuoka M. 1971. Nonohmic properties of zinc oxide ceramics[J]. Jpn. J. Appl. Phys., 10: 736-746.

Philipp H R, Levinson L M. 1979. High temperature of behavior of ZnO-based ceramics varistors[J]. J. Appl. Phys., 50(1): 383-389.

Sato K, Takada Y. 1982. A mechanism of degradation in leakage currents through ZnO varistors[J]. J. Appl. Phys., 53(12): 8819-8826.

Sato K, et al. 1982. Carrier trapping model of degradation in ZnO varistors[J]. Advance in Ceramics, 7: 22-29.

Shohata N, et. al. 1977. Effect of glass on non-ohmic properties of ZnO ceramics varistors[J]. Jpn. J. Appl. Phys., 16(12): 2299-2300.

Sonder E, et al. 1983. Effect of oxidizing and reducing atmospheres at elevated temperatures on the electrical properties of zine oxide varistors[J]. J. Appl. Phys., 54(1): 3566-3572.

Sukkar M H, Tuller H L. 1983. Defect equilibria in ZnO varistor materials[J]. Advance in Ceramics, 7: 71-90.

Thomas D G. 1957. Stability constants of picolinic and quinaldic acid chelates of bivalent metals[J]. J. Phys. Chem., (3): 229-231.

第二篇　氧化锌压敏陶瓷电阻片制造工艺

第5章 氧化压敏陶瓷制造用原材料及其质量控制

ZnO压敏电阻器和ZnO避雷器正在向高性能、高稳定性、高可靠性方向发展。在ZnO压敏陶瓷生产配方、工艺一定的条件下，要确保现代化大规模、大批量生产出高质量、高合格率、性能稳定的ZnO压敏电阻片，选用优质且其理化性能稳定的原材料是非常关键的。在某种意义上可以说，优质、理化性能稳定的原材料是确保制造出优质ZnO压敏电阻片的基础。

本章根据作者掌握的国内外信息和多年从事ZnO压敏电阻片研究和生产的经验，重点介绍ZnO压敏陶瓷制造用ZnO和常用的添加剂及其与性能有关的制造工艺、作用、主要理化性能，有机和辅助原材料的作用的技术要求及其质量控制。

5.1 氧 化 锌

5.1.1 氧化锌的一般性质

ZnO的性质因其制造方法及工艺条件而异。ZnO分子量为81.38，理论密度为$5.78g \cdot cm^{-3}$，外观为白色粉末，结晶属六方晶系，为纤锌矿型。ZnO的结晶构造如图5.1，晶格常数为$a=3.246\text{Å}$，$c=5.1948\text{Å}$。热学性质：熔点高，具有热膨胀系数小、热传导性高的特点；光学性质：反射可见光呈白色，遮盖力强，吸收紫外线呈黑色；化学性质：在水中几乎不溶解，易溶于无机酸，也溶于碱，可分离出$HZnO_2^-$，可溶于纯氨，在氨盐中因形成络盐

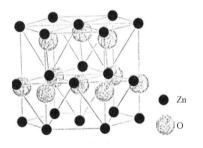

图5.1 ZnO的结晶构造

$[Zn(NH_3)_4]^{2+}$，而使溶解度增大。ZnO水溶液的pH为$7.0\sim7.8$，平均粒径一般为$0.4\sim0.55\mu m$。

ZnO最明显的特征是：从化学计量比角度来看，它具有非化学计量特征，即在ZnO晶格间存在有微量过剩的Zn，可用$Zn_{1+x}O$表示，因而有时称之为Zn过剩型半导体。在电性方面，它具有n型半导体特征，其光导电现象、触媒反应、发光以及铁氧体等材料合成时的固相反应、光电池效应均与其半导体特性有关。ZnO的物理化学性质参数列于表5.1。

表 5.1　ZnO 的物理化学性质参数

晶格	六方晶型纤锌矿
晶格常数	$a=3.246\text{Å}$, $c=5.1948\text{Å}$, $c/a=1.60$
离子半径	$r_{Zn^{2+}}=0.70\text{Å}$, $r_{O^{2-}}=1.82\text{Å}$, $r_{Zn-O}=1.94\text{Å}$
熔点	1800℃(加压下)
蒸气压	升华点:1720℃,1400℃(1Torr*),1500℃(12Torr)
比热容	0.1248cal/(g・℃)
生成焓	—83.17Cal/mol**
热导率	0.594Cal/(m・h・℃)
热膨胀系数	体积膨胀:$3.18\times10^{-6}℃^{-1}$;线膨胀:$1.6\times10^{-5}℃^{-1}$
折光指数	1.9~2.0
禁带宽度	3.2eV(3.750Å)
相对介质常数	$\varepsilon_r=8.5$(2.4×10^{10}Hz)
电阻率	单晶:$10^{-1}\sim10^{-5}\Omega\cdot$cm;粉末:$10^{10}\sim10^{23}\Omega\cdot$cm
原子量	81.38(Zn:65.38;O:16.00)

　* 1Torr=1.33×10^2Pa。

　** 1Cal=1000cal=4186.8J。

5.1.2　氧化锌的半导体性质

　　1930 年 Wagner 发现将 ZnO 进行加热处理时,其导电性增加。在 H_2、CO 等还原气氛中热处理时,由于 $Zn_{1+x}O \longleftrightarrow Zn_{1+y}O+(y+x)/2+O_2\uparrow$,其导电性增加更显著。然而,在 O_2 等氧化性气体中处理时,则这种倾向减小。ZnO 晶格间的 $Zn(Zn_i)$ 在常温下就能电离生成自由电子,在更高温下热电离而成 $Zn_i^{··}$ 和自由电子,由此生成的自由电子产生电传导性。但是 ZnO 细粉料在常温下的电阻率为 $10^{10}\sim10^{13}\Omega\cdot$cm,接近绝缘体,这是因为在 ZnO 颗粒表面吸附着 O_2,捕捉俘获 ZnO 颗粒中的自由电子,而成为 O^{2-}、O^-,在 ZnO 颗粒界面附近的结晶中生成电子耗尽层,形成导电势垒。

　　ZnO 的电导率受异种金属离子掺杂的影响很大,一般三价金属离子掺杂(如 Al^{3+}、Ga^{3+})使其电导率增加;一价金属离子掺杂(如 Na^+、Li^+)使其电导率降低。另外,由于 ZnO 的禁带宽度为 3.2eV,若在 ZnO 上照射相当于 3.2eV 的 3.750Å 以下的短波光(紫外光)时,则满带的电子激发到导带,在满带形成空穴而呈现光导电性。

　　在添加三价元素 Al 的情况下,在高温下发生如下缺陷反应:

$$ZnO + Al_2O_3 \longleftrightarrow 2Al_{Zn}^{·} + 2e' + 1/2O_2\uparrow \tag{5-1}$$

此反应使电子增加,因而电阻率降低。另一方面,在添加一价元素 Li 的情况下,在高温下发生如下缺陷反应:

$$ZnO + Li_2O \longleftrightarrow 2Li'_{Zn} - 2e' + ZnO + 1/2O_2 \uparrow \tag{5-2}$$

此反应使电子浓度减少,因而电阻率增大。

按常规工艺获得的 ZnO 烧结体,由于烧结过程中氧挥发,填隙 Zn 离子 Zn_i 浓度增加,其电阻率减小为 $0.1 \sim 10\Omega \cdot cm$。

5.1.3　氧化锌的制造方法

ZnO 的制造方法大致可分为干法和湿法两种,前者又分为以 Zn 矿石为原料制造的直接法和以 Zn 金属为原料制造的间接法。

1. 直接法(美国法)

在红锌矿(ZnO)、菱锌矿(ZnCO₃)中加入焦炭、煤等还原剂,用反射炉、蒸馏炉或电炉等进行加热将其还原成 Zn 蒸气,以空气氧化进行 ZnO 生产。

直接法比间接法生产的 ZnO 主成分 ZnO 含量低,而且含 Pb、Cd 量高,由于燃烧气体中含有 SO_3、SO_2,所以容易含有 $ZnSO_4$、$ZnSO_3$,其形状比间接法 ZnO 的针状结晶较多。因此,不能用于 ZnO 压敏陶瓷生产。

2. 间接法(法国法)

法国学者 Lec 最早用燃烧 Zn 金属制造 ZnO 粉末,这就是间接法,也称为法国法。图 5.2 给出了间接法生产 ZnO 的工艺流程。在熔融炉中将高于熔点(419℃)以上,约 500℃熔融 Zn 锭加入蒸馏锅中(坩埚)中,从外部加热到约 1100~1300℃,坩埚内的 Zn 达到沸点(906℃)以后,从蒸发口上部猛烈地喷出。在蒸发口上部设置的通风管装置导入空气,使喷出的 Zn 蒸气在空气中氧化,放出高热和白色光,生成高温 ZnO,再用排风机抽到冷却管道进行冷却,集中到数个收集罐和袋式收尘器中。

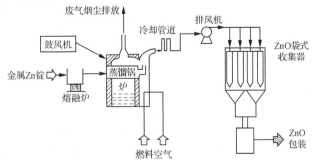

图 5.2　间接法 ZnO 生产工艺流程

如果使高温 ZnO 急冷,则将生成向 C 轴延伸的针状结晶;若缓冷,则成为工业用的颗粒状,即粒径为 $0.3\sim0.8\mu m$ 的无定形结晶。一般来说,采用上述空气氧化的方法,制取的 ZnO 为粒状且纯度高。在以 Zn 金属为原料的原料中除了有精馏 Zn、电解 Zn、蒸馏 Zn 外,尚有再生 Zn、Zn 渣,里面含有多种杂质,如 Pb、Fe、Cd、Sn、Al 等含量各不相同。

ZnO 的纯度是由原料中含杂质的多少决定的。我国特级和一级 ZnO 是由高纯度的精馏 Zn、电解 Zn 制造的;三级品 ZnO 是用蒸馏 Zn、再生 Zn、Zn 渣制造的。采用精馏 Zn、电解 Zn 时蒸馏坩埚的损耗大,原料中所含沸点较高的 Pb、Fe、Al、Sn 等杂质将残留在坩埚内,过几十天必须将沉渣倒出,或连同坩埚一同丢掉,否则这些杂质会进入 ZnO 中,使其杂质含量增多。

3. 湿法(德国法)

现在工业生产上采用的方法是用 $ZnSO_4$ 或 $ZnCl_2$ 溶液与 Na_2CO_3 溶液反应,沉淀析出盐基性碳酸锌($XZnCO_3 \cdot YZn(OH)_2 \cdot ZH_2O$)沉淀物,将其过滤、水洗后,经加热至 400℃左右分解而成 ZnO 和盐基碳酸锌的组成,因反应条件而异。以组成 $X:Y:Z=2:3:1$ 为例,其反应方程式可表示如下:

$$5ZnSO_4 + 5Na_2CO_3 + 4H_2O \longrightarrow 2ZnCO_3 \cdot 3Zn(OH)_2 \cdot H_2O$$
$$+ 5Na_2SO_4 + 3CO_2 \uparrow \tag{5-3}$$

$$2ZnCO_3 \cdot 3Zn(OH)_2 \cdot H_2O \longrightarrow 5ZnO + 2CO_2 \uparrow + 4H_2O \tag{5-4}$$

湿法制取的 ZnO 微粒比干法制取的 ZnO 微粒比表面积大,其纯度是根据用途需要控制的。大多生产的是微粒状,比表面积大,纯度为 $90\%\sim93\%$。由于沉淀反应和加热分解过程,使微粒凝聚,所以其形状多为 $0.1\mu m$ 以下的微粒经 2 次凝聚形成的颗粒。可见,这种 ZnO 也不适于压敏陶瓷的生产。

5.1.4　氧化锌在氧化锌压敏陶瓷的作用、选择与质量控制

ZnO 是 ZnO 压敏陶瓷的主要原料,约占其配方重量组成的 90% 左右,它是最终形成半导体结构的主体。在 ZnO 压敏陶瓷烧结过程将形成 ZnO 晶相,该相因添加物的掺杂而固溶有 Co、Mn、Cr、Al 等元素,在 $850\sim1150$℃下,因部分 ZnO 相转变成焦绿石($Zn_2Bi_3Sb_3O_{14}$)、尖晶石($Zn_7Sb_2O_{12}$)或玻璃相而使其含量减少。

如前所述,由于杂质对压敏陶瓷的电气性能影响非常敏感,ZnO 原料的纯度、杂质的种类、粒度、粒形及松装密度等构成影响 MOV 性能的重要因素。例如,其粒度将会影响烧结过程中尖晶石含量的变化以及 Co、Mn、Cr 等元素在晶粒、晶界中的分布,从而影响到 MOV 的性能。通常随着 ZnO 粒径的增大,固溶于 ZnO 晶粒中的 Co、Mn 量会增多,尖晶石含量会降低,从而导致压敏电压降低,压比变大;随着 ZnO 粒径的减小,不仅会给浆料制备及成型造成不利影响,而且会使 MOV

的烧成收缩率增大。所以,在选用 ZnO 时应选择平均粒径在 $0.45\mu m$ 左右、粒径范围分布较窄的粉料。而且,必须选用高纯度的 ZnO。据悉,国内外均选用间接法制造的优级或一级 ZnO。而直接法和湿法制造的 ZnO,由于其纯度太低,杂质含量太高且粒度、颗粒外形均不适合制造 ZnO 压敏陶瓷。

我国拥有丰富的锌矿资源,有很多厂家生产间接法 ZnO,但适合于 ZnO 压敏陶瓷用的厂家并不太多,其中规模较大,质量较稳定的厂家为:大连氧化锌厂、上海京华化工厂、江苏邗江化工锌品厂、扬州福达锌品厂、兴化三圆锌品厂、西安户县氧化锌厂。ZnO 质量的好坏关键在于 Zn 锭的质量,生产工艺及其质量稳定性和检测控制手段、环境卫生以及生产管理。

虽然我国早在 1988 年已颁布了《金属氧化物避雷器阀片用氧化锌》专业标准 ZBK 49001—88,但压敏电阻和 MOA 用 ZnO 电阻片的生产除了部分生产厂与 ZnO 生产厂按签订技术协议供货外,多按标准 GB/T 3185—1992《氧化锌(间接法)》供应 BA01-05(I 型)优级品 ZnO。

我国 ZnO 压敏陶瓷生产用的 ZnO 国标或专业标准与国外 ZnO 有一些差距,为了便于比较,特将有关标准指标列入表 5.2。

表 5.2 我国与日本、美国 ZnO 标准的技术指标

标准 项目	GB/T 3185—1992 BA01-05(I 型) 优级品	ZBK 49001—88 MOA 专用 标准	日本 特号和一号	美国 MOA 生产用
ZnO(以干品计)/%	≥99.70	≥99.70	≥99.70	≥99.70
金属物(以 Zn 计)/%	无	无	无	无
PbO(以 Pb 计)/%	≤0.037	≤0.037	≤0.005	≤0.002
Mn 的氧化物(以 Mn 计)/%	≤0.0001	—	不详	≤0.0050
CuO(以 Cu 计)/%	≤0.0002	≤0.0002	不详	不详
K_2O(以 K 计)/%	—	≤0.0020	不详	不详
Na_2O(以 Na 计)/%	—	≤0.0010	≤0.0002	≤0.0100
Fe_2O_3(以 Fe 计)/%	—	≤0.0020	≤0.00015	≤0.0020
CdO(以 Cd 计)/%	—	≤0.0050	≤0.0010	≤0.0050
盐酸不溶物/%	≤0.006	≤0.006	≤0.200	≤0.200
灼烧减量/%	≤0.2	≤0.2	不详	不详
水溶物/%	≤0.1	≤0.1	不详	不详
105℃挥发物/%	≤0.3	—	不详	不详
水分/%	—	≤0.3	不详	不详
pH	—	7.0～7.8	7.0～7.5	不详
平均粒径/μm	—	≤0.5	不详	不详
筛余物(45μm 网眼)/%	≤0.10	≤0.10	不详	不详
SiO_2(以 Si 计)/%	—	—	≤0.00020	≤0.02000
CaO(以 Ca 计)/%	—	—	≤0.00015	≤0.00030

根据生产实践,对于 ZnO 压敏陶瓷必须检验控制 ZnO 原料的以下理化性能:

(1) 主成分。ZnO 含量必须大于 99.70%。

(2) 杂质成分。重点控制 K、Na、Fe、Cu、Pb、Cd 等杂质元素含量。

限制杂质元素最高含量如表 5.3 所示。

表 5.3　ZnO 杂质元素最高含量

杂质元素	K	Na	Fe	Cu	Pb	Cd
含量/($\mu g/g$)	10	10	10	2	50	10

(3) 平均粒径。应控制在 $0.45 \sim 0.55 \mu m$。

(4) 颗粒外形。最好是圆球形或椭圆形。

(5) pH。$7.0 \sim 7.8$。

从实际检验分析国产 ZnO 的数据看,ZnO 压敏陶瓷制造业常用的几个生产厂家的 ZnO 基本上可以满足上述技术要求。表 5.4 列出了 20 多年来的统计分析试验资料;为了比较,也列出了日本正同化学工业株式会社生产的 ZnO 数据。

表 5.4　实测 ZnO 理化性能的统计数据

生产厂家	主成分 ZnO/%	杂质元素含量/($\mu g/g$)						平均粒径/μm	水分/%	pH	外形
		K	Na	Fe	Pb	Cu	Cd				
大连氧化锌厂	99.71~99.98	0~3	3~13	1~15	2.5~105	0.5~10	1.0~8	0.42~0.68	0.07~0.14	7.2~7.8	球形,椭圆形
京华化工厂	99.70~99.90	1.5~9.0	1.0~4.0	1.5~11	25~51	0.5~2	8.0~65	0.50~0.56	0.07~0.12	7.2~7.6	同上
江苏邗江	99.70~99.80	0~3	0~74	0~15	6~59	0~1	1~47	0.40~0.52	0.09~0.18	7.2~7.4	同上
西安户县	99.75~99.80	1~5	0~43	0~12	12~31	0~1	1~2	0.40~0.48	0.09~0.13	7.2~7.5	同上
日本正同化学	99.76	1.5~10.6	0.73~43	7.5~11.2	5~9.5	0~1.6	3.3	0.50	0.05	7.5~7.6	同上

ZnO 的粒度不仅对 MOV 的烧结和电气性能有影响,而且对制备 ZnO 与添加物等混合浆料的性能有明显影响。在有机结合剂、分散剂及纯水配比一定的情况下,ZnO 的粒度越细,浆料的黏度越大;从直观上可见,在加料过程中特别是在加最后一袋 ZnO 时,浆料的黏度随着 ZnO 的徐徐加入突然变大,严重时浆料呈现黏稠状态,必须立即补加一些纯水和分散剂才能分散开,否则就无法完成混合搅拌作业。这种情况多发生在 ZnO 的平均粒度 $0.35 \mu m$ 的情况下;而在 ZnO 平均粒度为 $0.45 \mu m$ 左右的情况下,却不会出现上述情况。所以,为了在规定的 ZnO 浆料搅拌混合时间内获得成分均匀的浆料,获得体密度较大、外形呈球状、流动性良好的造粒料,应特别注意选取用平均粒度适宜的 ZnO。

ZnO 的粒度分布和平均粒度与 ZnO 的制备工艺,即熔融 Zn 金属时加热坩埚的温度和收取 ZnO 的位置有关。从对三家 ZnO 制造厂的调查和分别从距离熔炉远近不同的 ZnO 收集布袋中取样分析粒度分布,平均粒径和化学成分的数据证明:距离炉头越远,粒度越细,并且 ZnO 的纯度越高,而且杂质含量相对减少。表 5.5、表 5.6 分别列出了从某 ZnO 厂不同部位、不同熔融温度,两次取样粒度及化学成分分析的数据。

表 5.5　ZnO 的粒度分布

取样部位＼粒度	累积粒度分布/%							平均粒径/μm	备注
	40μm	20μm	10μm	5μm	2μm	1.0μm	0.5μm		
炉头部	100	100	100	93	93	90	71	0.42	
中部	100	100	100	97.5	93.5	91.5	74.5	0.39	炉温 1250℃
尾部	100	100	100	97.5	93.5	93	75	0.38	
炉头部	100	100	100	97.5	96	93.5	60	0.46	
中部	100	100	100	98	96.5	95	60.5	0.42	炉温 1280℃
尾部	100	100	100	98.5	97	96	7.5	0.41	
混合取样	100	100	99	95	92	87.5	51.5	0.49	

表 5.6　ZnO 的化学成分

取样部位	主成分 ZnO/%	杂质元素含量/(μg/g)						备注
		Fe	Pb	Cu	Cd	Ca	K	
炉头部	99.77	5.5	40	0	9	3	—	
中部	99.75	6	9	0	9	5	—	炉温 1250℃
尾部	99.87	6	26	0	8	2	—	
炉头部	99.72	15	30	0	21	—	1	
中部	99.76	23	28	0	12	—	1	炉温 1280℃
尾部	99.84	13	17	0	4	—	0	
混合取样	99.77	8	19	0	1	—	1	

大连、上海、邗江厂生产与日本正同生产的 ZnO 的粒度分布情况如图 5.3 所示。可见我国三个主要生产厂的 ZnO 粒度分布和平均粒度非常接近,日本产 ZnO 粒度较粗些。ZnO 粒度分布范围较宽,即最粗与最细的粒度差别较大,不仅对混合造粒料的制备工艺、成分的均匀性有影响,而且最终 ZnO 电阻片的性能有一定影响。

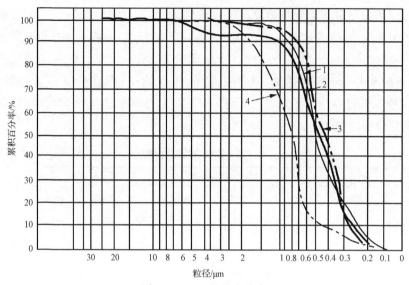

图 5.3　ZnO 的粒度分布

1—大连 ZnO；2—邗江 ZnO；3—上海 ZnO；4—日本 ZnO

5.2　添加物原料

　　为了提高或改善 ZnO 压敏电阻的非线性、耐受大电流冲击的能量和稳定性、改善在长期荷电运行及异常过电压的浪涌冲击下的稳定可靠性及老化特性，必须在 ZnO 中添加约占 10% 左右的添加物原料作为掺杂添加剂，如 Bi_2O_3、Co_2O_3（Co_3O_4）、MnO_2（或 $MnCO_3$）、Sb_2O_3、Cr_2O_3、NiO（或 Ni_2O_3）、SiO_2 以及特制的银玻璃粉、$Al(NO_3)_3 \cdot 9H_2O$ 等。这些添加物虽然只占配方重量的 10% 左右，但对改善 ZnO 压敏陶瓷的各种特性起着决定性的作用。在中、低压压敏电阻器制造的配方中，为了降低压敏电压或改善某些性能，除了添加上述添加物外，还添加少量 TiO_2、$CaCO_3$、$SrCO_3$、$BaCO_3$ 以及人工合成 Zn、Sb 尖晶石等的化合物。

　　国外对氧化镨（Pr_6O_{11}）等稀土元素氧化物的应用研究已获得了实用的成果，有些国家 Pr_6O_{11} 系统已经商品化，但我国还处于研究应用阶段。从其理论上讲，采用 Pr_6O_{11} 系统对提高电阻片的通流能力应该优于 Bi_2O_3 系统。

　　本节着重介绍常用添加物原料的理化性质、热化学性能、添加物在 ZnO 压敏陶瓷中所起的主要作用以及技术要求等。全面了解这些基础知识，对于正确选用添加物原料，理解并掌握其在制造过程发生的物理化学变化以及对产品性能的影响，稳定产品质量是很重要的。

5.2.1　常用添加物原料的一般理化性能

　　常用添加物原料的一般理化性能列入表 5.7。为了便于比较，表中同时列出了 ZnO 的参数。

表 5.7　常用添加物的一般理化性质

名称	化学式	分子量	晶型外观	密度/(g·cm^{-3})	熔点/℃
氧化锌	ZnO	81.38	六方形白色粉末球形或柱状	5.78	1975
氧化铋	Bi$_2$O$_3$	465.98	菱形浅黄色针状或球形粉末	8.90	825
氧化锑	Sb$_2$O$_3$	291.50	斜方或立方形白色粒状粉末	5.02	656
氧化钴	Co$_2$O$_3$	165.86	六方形 α-Co$_3$O$_4$ 为主黑色粉末	5.18	895d*
二氧化锰	MnO$_2$	86.9	菱形黑色粉末	5.03	535d
碳酸锰	MnCO$_3$	114.95	无定形浅粉红色粉末	3.1～3.7	300d
氧化铬	Cr$_2$O$_3$	151.99	立方形深绿色粉末	5.21	2266
二氧化硅	SiO$_2$	60.08	结晶 α-SiO$_2$ 形白色微粉末	2.20	1710
氧化亚镍	NiO	74.69	立方形橄榄色粉末	6.6～6.8	1984
氧化硼	B$_2$O$_3$	69.62	正方形白色粉末微溶于水	1.84	577
硝酸铝	Al(NO$_3$)$_3$	375.13	斜方形白色结晶体很容易吸潮、易溶于水	—	150d

＊ d 表示受热分解温度。

5.2.2　添加物原料的热性能

　　宋世琴等针对生产用的各种原料进行了失重和差热分析。根据其热谱曲线所出现的吸热与放热反应,以及失重量的综合分析,可判断其是解吸、分解、氧化还是晶型转变,并根据计算结果确定其反应方程式,可作为制定烧成工艺和原料质量验收的重要根据。

　　采用北京光学仪器厂生产的 LCT-2 型差热天平,在静态气氛下,以 α-Al$_2$O$_3$ 为参照物,用万分之一电光全自动分析天平称量,根据样品比重不同称样 10～30mg。差热量程 25μm,以 10℃/min 的升温速度升至 1000℃(个别样品升至 1200℃)停止升温,仪器自动记录 TG、DTA 曲线。根据曲线峰值确定热效应产生的温度,计算失重百分率。

　　1. 碳酸锰(MnCO$_3$)

　　分析了天津及北京产分析纯 MnCO$_3$,两地 MnCO$_3$ 的热特性图谱基本相同,仅选择天津产 MnCO$_3$ 的失重、差热分析为代表,其失重、差热图谱如图 5.4 所示。

　　图谱表明:94℃吸热,排出吸附水;385℃吸热,MnCO$_3$ 的反应式如下:

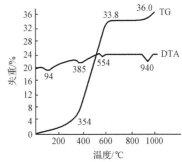

图 5.4　天津产 MnCO$_3$ 的热谱

$$MnCO_3 \longrightarrow MnO_2 + CO \uparrow \tag{5-5}$$

失重理论值：$28/115 \times 100\% = 24.35\%$；失重实测值：$24.54\%$。$554℃$吸热，$MnO_2$分解反应式如下：

$$2MnO_2 \longrightarrow Mn_2O_3 + 1/2O_2 \uparrow \tag{5-6}$$

失重理论值：$16/174 \times 100\% = 9.20\%$；失重实测值：$33.80\% - 24.54\% = 9.26\%$。$940℃$吸热，$Mn_2O_3$分解反应式如下：

$$3Mn_2O_3 \longrightarrow 2Mn_3O_4 + 1/2O_2 \uparrow \tag{5-7}$$

失重理论值：$16/474 \times 100\% = 3.38\%$；失重实测值：$36.00\% - 33.80\% = 2.20\%$。

2. 氧化钴（Co_2O_3）

分析了北京、汕头及成都产品名为三氧化二钴的热特性。北京产三氧化二钴的热谱曲线如图 5.5 所示。热谱曲线表明：$937℃$时，大量吸热是由 Co_2O_4 或 Co_2O_3 分解所致，Co_2O_3 分解反应式为

$$Co_2O_3 \longrightarrow 2CoO + 1/2O_2 \uparrow \tag{5-8}$$

失重理论值，按上述反应式应为 $16/166 \times 100\% = 9.638\%$；而实测失重值仅为 6.93%。

若按 Co_3O_4 分解计算，其反应式为

$$Co_3O_4 \longrightarrow 3CoO + 1/2O_2 \uparrow \tag{5-9}$$

失重理论值应为 $16/241 \times 100\% = 6.64\%$，

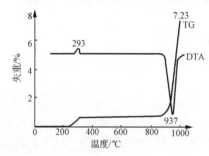

图 5.5　北京产 Co_2O_3 热谱

与实测失重数很接近。

因此，这说明该氧化钴并非纯的四氧化三钴（Co_3O_4），而是含有相当数量的 CoO，实际上该氧化钴为 Co_3O_4 与 CoO 的复合氧化物，其化学式也可书写为 $Co_2O_3 \cdot CoO$。

汕头产 Co_2O_3 的热特性曲线如图 5.6 所示。从曲线可见，与北京产 Co_2O_3 不同的是，在 $301℃$ 时出现一放热谷，这是由于生产过程中残留有没充分分解完的硝酸钴分解成 CoO 引起的，其先分解后氧化的反应式分别为

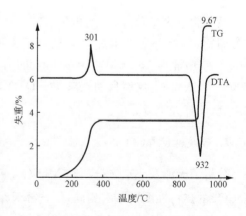

图 5.6　汕头产 Co_2O_3 的热谱

$$2CoO + 1/2O_2 \longrightarrow Co_2O_3 \tag{5-10}$$

$$Co(NO_3)_2 \longrightarrow CoO + 2NO_2 + 1/2O_2 \uparrow \tag{5-11}$$

如果完全为硝酸钴,其分解失重理论为 $108/183 \times 100\% = 59.02\%$。CoO 氧化成 Co_2O_3 时的增重值应为 $16/166 \times 100\% = 9.64\%$。

由于实测在 300℃时的失重为 2.60% 远远低于 59.02%,说明该氧化钴中含硝酸钴的量约占 4.4% 左右。成都产氧化钴的热特性分析曲线,与图 5.5 有相似之处,即在 293℃出现一微小的放热峰,这也是 CoC_2O_4 或 $CoCO_3$ 分解所致。但从实测在 300℃时的失量仅为 0.60% 看,成都氧化钴远低于汕头氧化钴在该温度时的失重,说明该氧化钴中所含硝酸钴量微少,估算约占 1.0% 左右。

从以上分析三个厂家产氧化钴的差热图谱及失重值可以得出以下结论:

(1) 在市场上所买到的通常称为 Co_2O_3 的氧化钴,实际上均为含有少量 CoO 的 Co_3O_4,真正纯净的 Co_2O_3 是较难生产的,而且非常不稳定。为了保持与习惯的通称一致,仍称之为 Co_2O_3。

(2) 在氧化钴中含有硝酸钴是不希望的,在选择供货厂家时,应该对此引起重视。

3. 氧化铋(Bi_2O_3)

对北京、成都、汕头产纯 Bi_2O_3 的热特性进行分析的结果表明:735～741℃出现较明显的吸热谷,是由于 Bi_2O_3 等轴晶系转变为菱形晶系所致。814～824℃出现较明显的吸热谷,是由于 Bi_2O_3 熔融所致。1100℃开始大量失重,是由于 Bi_2O_3 升华并挥发所致。单纯的 Bi_2O_3 在高温下大量挥发的特性,对于欲制造出非线性优良的 ZnO 压敏陶瓷是很不利的。然而,在有 Sb_2O_3、Cr_2O_3 等添加物存在的情况下,由于 Bi_2O_3 与这些添加物发生固溶反应生成化合物,可抑制 Bi_2O_3 的挥发。但随着烧结温度的升高,Bi_2O_3 的挥发仍将加剧,为此在制定 ZnO 压敏陶瓷烧成制度时,应考虑到尽可能缩短高温时间,降低烧成温度。北京、成都产 Bi_2O_3 的热特性曲线分别如图 5.7、图 5.8 所示。

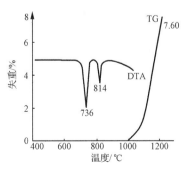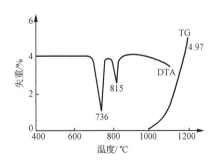

图 5.7　北京产 Bi_2O_3 的热谱　　　图 5.8　成都产 Bi_2O_3 的热谱

4. 氧化锑(Sb$_2$O$_3$)

分析了上海产化学纯及湖南冷水江产工业优级纯 Sb$_2$O$_3$ 的热性能。图 5.9

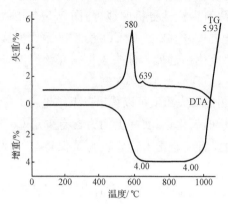

图 5.9　冷水江产 Sb$_2$O$_3$ 的热谱

为冷水江产 Sb$_2$O$_3$ 的热特性曲线。从曲线可以看出,两种 Sb$_2$O$_3$ 分别在 560℃、625℃和 580℃、639℃时出现放热峰。经 X 射线衍射分析证实,这是由于 Sb$_2$O$_3$ 氧化引起的吸热应所致,其反应式为

$$Sb_2O_3 + 1/2O_2 \longrightarrow Sb_2O_4 \quad (5\text{-}12)$$

增重理论值为 $16/308 \times 100\% = 5.20\%$;增重实测值为 5.40%。

在进行 Sb$_2$O$_3$ 与 SnO$_2$ 混合煅烧合成半导体粉体时,经称重分析证实,在 550～600℃,Sb$_2$O$_3$ 的增重量达到 10％～11％,

经 Sb$_2$O$_3$ 依反应式:Sb$_2$O$_3$＋O$_2$ ——→Sb$_2$O$_5$,生成呈浅黄色五价的 Sb$_2$O$_5$。

差热分析所测定的增重量低于生成 Sb$_2$O$_5$ 的增重量,可能是由于差热分析仪所装试样的铂金坩埚很小,O$_2$ 不足,只能使 Sb$_2$O$_3$ 氧化为 Sb$_2$O$_4$ 之故。如图 5.8、图 5.9 所示,在 1000℃以上出现大量失重现象,这是由于 Sb$_2$O$_5$ 升华并挥发所致。在合成 Sb$_2$O$_3$ 与 SnO$_2$ 导电粉末时,曾经发现在煅烧至 1000℃以上时,有大量烟气体从电炉内冒出,有少量挥发的 Sb 凝结在电炉门壁处,收取这种白色凝结物经化学分析证实是锑华(Sb$_2$O$_3$)。

5. 硅酸(SiO$_2$ · nH$_2$O)

分析上海与沈阳产 SiO$_2$ · nH$_2$O 热特性曲线如图 5.10 和图 5.11。

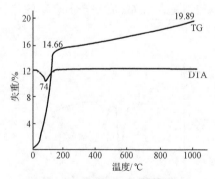

图 5.10　上海产 SiO$_2$ · nH$_2$O 的热谱

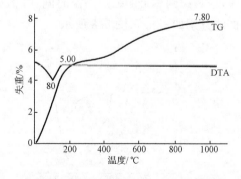

图 5.11　沈阳产 SiO$_2$ · nH$_2$O 的热谱

从图中可见,两种 SiO$_2$ · nH$_2$O 分别在 71℃、80℃时出现吸热谷,是排出吸附水,随着温度的升高排出结晶水所致。其反应为

$$SiO_2 \cdot nH_2O \longrightarrow SiO_2 + nH_2O \tag{5-13}$$

由于这种 $SiO_2 \cdot nH_2O$ 为无定形 SiO_2 与 H_2O 结合而成的胶体，通常称之为硅胶，它具有极易吸收空气中水分，并在受热时具有随温度升高逐渐排出吸附水的特性，因此人们利用其这种特性常用作吸湿剂或防潮剂。从失重曲线可以看出，随温度升高，$SiO_2 \cdot nH_2O$ 因逐渐排出水分而使失重增加，至 1000℃时失重量分别达到 6.20% 和 7.80%。

在 ZnO 压敏陶瓷生产厂中，为了使 $SiO_2 \cdot nH_2O$ 的粒度细化且含水量减少至 2.0% 以下，通常先将其细磨过筛，再经 950℃ 以上温度煅烧后再使用。但是这种 $SiO_2 \cdot nH_2O$ 煅烧后，由于硬度较大，很难磨细，不利于 ZnO 压敏陶瓷的均匀性。

近 20 多年，多数压敏陶瓷生产厂已采用成都几个厂家的无水硅酸取代了上述胶体性硅酸。由于无水硅酸原料粒度很细，平均粒度小于 $5\mu m$，而且水分实际含量基本固定在失重小于 6%（950℃，2h），无需再进行预先细磨和煅烧。这不仅简化了生产工艺，而且有助于 SiO_2 与其他原料混合均匀，克服了 $SiO_2 \cdot nH_2O$ 难以细磨、煅烧过程中混入外来杂质等缺点，对提高压敏陶瓷的电气性能和合格率是非常有利的。

6. 氧化亚镍(NiO)

经分析，NiO 的差热，失重曲线在室温到 1000℃ 均无热峰出现，也无重量变化，说明在此温度内无热效应产生，这也说明 NiO 烧结过程中是非常稳定的。实际上，NiO 是以 NiC_2O_4 或 $NiCO_3$ 经约 900℃ 高温煅烧而成，在 1000℃ 左右是稳定的 α-NiO 物相。

7. 三氧化二镍(Ni_2O_3)

分析北京产 Ni_2O_3 的热特性曲线如图 5.12 所示。差热曲线中 358℃ 出现小的吸热谷，是由于其中含有少量的 $NiCO_3$ 分解（X 射线衍射分析证实）产生的热效应。481℃ 出现的放热峰，是由于其中的 NiO 的氧化所致，其反应式为

$$2NiO + 1/2O_2 \longrightarrow Ni_2O_3 \tag{5-14}$$

说明该 Ni_2O_3 中还存在少量未分解氧化的 NiC_2O_4 或 $NiCO_3$，在此温度下被分解氧化了。481℃ 出现的放热峰是部分 Ni_2O_3 开始脱氧形成 NiO 所致，直到温度升至约 900℃，煅烧一定时间后全部 Ni_2O_3 转变为 NiO。

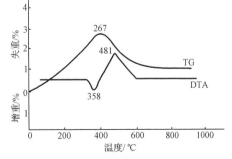

图 5.12　北京 Ni_2O_3 的热谱

8. 氧化铬(Cr_2O_3)

差热分析表明,在室温至 1000℃温度范围内,Cr_2O_3 既无吸热谷又无放热峰出现,重量也无变化,说明该氧化物既无分解也无氧化反应的热效应发生,是非常稳定的氧化物。

5.2.3　添加物原料的 X 射线衍射分析

上海九凌冶炼有限公司研究所对主要添加物原料进行了 X 射线衍射分析。其中包括九凌研究所、四川顺达新材料技术发展中心和日本产氧化钴($Co_2O_3 \cdot CoO$),如图 5.13(a)、(b)、(c);上海试剂一厂生产的 Cr_2O_3,如图 5.14 所示;咸阳耀华铋业有限公司生产的 Bi_2O_3,如图 5.15 所示;湖南冷水江生产的 Sb_2O_3,如图 5.16 所示;天津试剂三厂生产的 $MnCO_3$,如图 5.17 所示;以及四川顺达新材料技术发展中心生产的无定性 SiO_2,如图 5.18 所示。

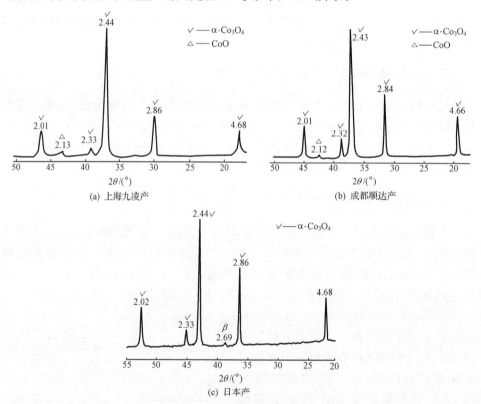

图 5.13　氧化钴的 X 射线衍射图谱

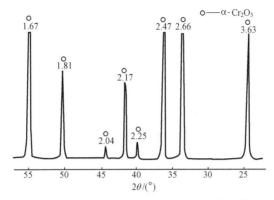

图 5.14　上海产 Cr$_2$O$_3$ 的 X 射线衍射图谱

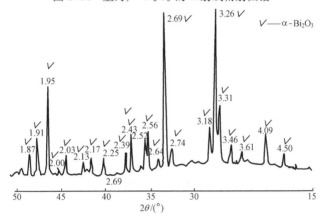

图 5.15　咸阳产 Bi$_2$O$_3$ 的 X 射线衍射图谱

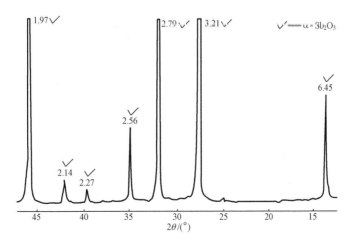

图 5.16　湖南冷水江产 Sb$_2$O$_3$ 的 X 射线衍射图谱

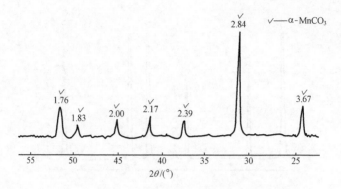

图 5.17 天津产 $MnCO_3$ 的 X 射线衍射图谱

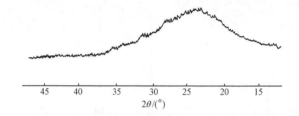

图 5.18 成都顺达产无定形 SiO_2 的 X 射线衍射图谱

分析结果表明:上海九凌与成都顺达公司生产的氧化钴是以 $\alpha\text{-}Co_3O_4$(即 CoO 与 Co_2O_3)为主的混合物。日本和美国产的氧化钴同样是以 $\alpha\ Co_3O_4$ 为主,但 CoO 与 Co_2O_3 所占比例分别为 30% 与 70%。而国产氧化钴中,CoO 占 10%,Co_2O_3 占 90%。因此,制作同样尺寸的 ZnO 压敏电阻片,对比其压比和非线性系数可以发现,含 CoO 比例高的电阻片特性要好于含 CoO 比例低的。国内生产氧化钴的企业的煅烧工艺有待改进。

Bi_2O_3、Cr_2O_3、Sb_2O_3、$MnCO_3$ 的 X 射线衍射分析结果证明这些原料均为在常温下稳定的 α 型结晶粉体,即其主成分依次为 $\alpha\text{-}Bi_2O_3$、$\alpha\text{-}Cr_2O_3$、$\alpha\text{-}Sb_2O_3$、$\alpha\text{-}MnCO_3$。通常称之为无水硅酸的 SiO_2,经 X 射线衍射分析证明,这种以水玻璃为原料,经过除去 Na 离子等处理制造的 SiO_2 完全是无定形的。用这种 SiO_2 取代上海产的 $SiO_2 \cdot nH_2O$,由于这种 SiO_2 粒度超细,有助于改善电阻片的成分和微观结构的均匀性,使电阻片的主要电气特性明显得以改善。

5.2.4 添加物原料的 pH、粒度分布与颗粒形貌

1. pH 的测定

利用数字显示 pH 测定仪测定了国产和日本产添加物原料的 pH。测定方法如下:将每种原料称量 20g 试样,加入容积为 250mL 的烧杯中,再加入 150mL 纯

水(电阻率 1MΩ·cm),用玻璃棒搅拌 1min,放入 pH 计 5～10min,读取两次数值稳定的 pH 平均值。每测定完一种试样后,必须用纯水浸泡洗净 pH 计的电极,并用 pH 为 7 的标准液校正。测试结果见表 5.8。

表 5.8　添加物原料的 pH

产地	Bi_2O_3	玻璃粉	$MnCO_3$	氧化钴	NiO	Cr_2O_3	SiO_2	Sb_2O_3	$Al(NO_3)_3·9H_2O$
国产	9.0～9.4	8.5	7.8～8.7	6.2～7.0	6.6	4.9～5.5	4.5*	3.8	2.6～2.7
日本产	9.4	8.3	8.7	7.0	6.5	5.7	4.7**	3.7	2.6～2.7

* 硅酸,经 950℃煅烧后。

** 无定形无水硅酸(沉降型)。

数据表明,$Al(NO_3)_3·9H_2O$ 为强酸性原料,Sb_2O_3、无定形 SiO_2 和 Cr_2O_3、NiO 为具有酸性程度不同的偏酸性原料。纯的 Co_2O_3 呈现中性,若其中含有未充分分解的少量硝酸钴,则呈现弱酸性。Bi_2O_3 与玻璃粉具有程度不同的碱性。这些添加物原料具有酸碱性不同的性质,由于酸碱离子在其处于水溶液状态下将发生程度不同的反应,这不仅对湿法球磨的效率有一定影响,而且在采用添加物不预烧,即生料工艺时,在与 ZnO、聚乙烯醇、分散剂(阴阳离子型)及消泡剂混合搅拌制备浆料过程,由于添加物原料发生复杂的络合反应,常常出现 ZnO 浆料凝聚成团块或呈现黏稠状态,这不仅将严重影响到 ZnO 浆料成分的均匀性,而且也难以进行喷雾造粒。所以,当采取添加物不预烧的 ZnO 压敏陶瓷生产工艺时,选择 pH 稳定的添加物,并在混合 ZnO 浆料过程采取合理的加料程序,对于稳定电阻片的性能和提高电阻片的合格率是非常重要的。

2. 添加物的粒度分布

利用 5000ET 型粒度分析仪及 JL-1155 型粒度分析仪测定了国产及日本产主要添加物的粒度分布,分析结果如表 5.9 所示。

表 5.9　国产与日本产主要添加物原料的粒度分布

名称	产地	粒度分布/%								平均粒径/μm
		<20μm	<10μm	<8μm	<6μm	<4μm	<2μm	<1μm	<0.5μm	
氧化钴	成都蜀都	98	83	76	68	60	48	44	55	2.4
	日本	100	95	90	80	57	27	14	12	3.5

名称	产地	粒度分布/%								平均粒径/μm
	粒度	<20μm	<10μm	<8μm	<6μm	<4μm	<2μm	<1μm	<0.5μm	
氧化锑	冷水江	100	100	99	97	85	24	0	0	2.7
	日本	100	98	97	94	84	33	8	5	2.6
氧化铋	成都蜀都	100	80	60	38	10	0	0	0	7.0
	日本	98	89	80	65	44	23	2	0	4.5
碳酸锰	天试三厂	100	87	74	55	35	12	3	3	5.2
	日本	100	85	62	35	17	12	7	5	4.6
氧化铬	上试一厂	100	99	99	97	94	73	38	11	1.3
	日本	100	100	98	97	93	83	70	40	0.6

国产与日本产主要添加物与 ZnO 的粒度分布对比分别如图 5.19、图 5.20 和图 5.21 所示。可见,日本产 ZnO 比国产 ZnO 的粒度粗,而国产 Cr_2O_3 比日本的 Cr_2O_3 粗得多,其他原料的粒度相差不大。

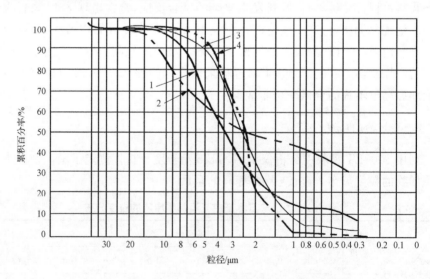

图 5.19　国产与日本 Co_2O_3、Sb_2O_3 原料的粒度分布曲线
1—日本 Co_2O_3;2—国产 Co_2O_3;3—日本 Sb_2O_3;4—国产 Sb_2O_3

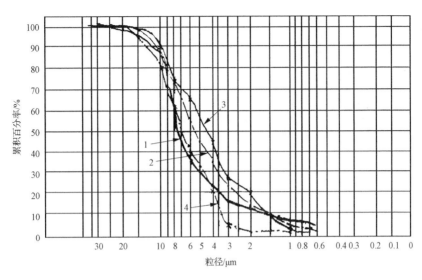

图 5.20　国产与日本 $MnCO_3$、Bi_2O_3 原料的粒度分布曲线

1—日本 $MnCO_3$；2—国产 $MnCO_3$；3—日本 Bi_2O_3；4—国产 Bi_2O_3

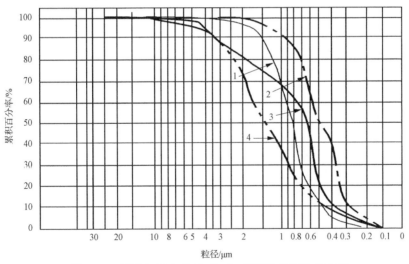

图 5.21　国产与日本 ZnO、Cr_2O_3 原料的粒度分布曲线

1—日本 ZnO；2—国产 ZnO；3—日本 Cr_2O_3；4—国产 Cr_2O_3

3. 国产与日本产 ZnO 及各种添加剂的颗粒形貌对比

为了对比国产与日本产 ZnO 及各种添加剂的颗粒形貌，图 5.22～图 5.28 分别显示了国产与日本产 ZnO 及各种添加剂用高倍显微镜观察拍摄的颗粒形貌。

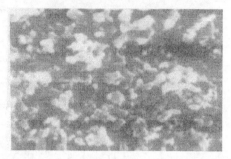

(a) 国产　　　　　　　　　　　　　　　　　(b) 日本产

图 5.22　国产和日本产 ZnO 颗粒形貌

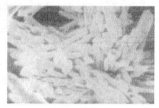

(a) 国产针状　　　　　　　(b) 国产球状　　　　　　　(c) 日本产针状

图 5.23　国产和日本产 Bi_2O_3 颗粒形貌

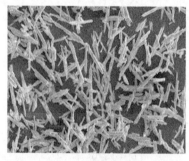

(a) 国产　　　　　　　　　　　　　　　　　(b) 日本产

图 5.24　国产和日本产 Co_2O_3 颗粒形貌

(a) 国产　　　　　　　　　　　　　　　　　(b) 日本产

图 5.25　国产和日本产 $MnCO_3$ 颗粒形貌

(a) 国产　　　　　　　　　　　　　　　　(b) 日本产

图 5.26　国产和日本产 Sb_2O_3 颗粒形貌

(a) 国产　　　　　　　　　　　　　　　　(b) 日本产

图 5.27　国产和日本产 Cr_2O_3 颗粒形貌

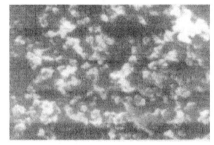

(a) 国产　　　　　　　　　　　　　　　　(b) 日本产

图 5.28　国产和日本产 SiO_2 颗粒形貌

　　图像表明，ZnO、Sb_2O_3、$MnCO_3$、SiO_2 的形貌基本相同或相似。而 Bi_2O_3 和 Co_2O_3 不同，日本产 Bi_2O_3 为棒状，国产 Bi_2O_3 为无定形（实际上也多是针状或棒状，可能与所取试样已经过细磨有关）；日本产 Co_2O_3 为菱形四边形，国产 Co_2O_3 为针状。国产和日本 Sb_2O_3 均为斜方形。

　　咸阳耀华铋业有限公司生产的 Bi_2O_3，近年已经与日本住友株式会社合作，根据其要求的工艺制造针状（$\phi2 \times 10\mu m$）和球状 Bi_2O_3，并大量出口日本（指定要求

针状 Bi_2O_3),其大量供应国内的也都是这种针状 Bi_2O_3。但是对于不同 Bi_2O_3 的形状对 ZnO 压敏电阻性能有何影响,还有待系统地研究。

5.2.5 添加物原料的作用

众所周知,添加物原料对 ZnO 压敏电阻优异非线性结构的形成、耐受冲击电流能力的提高和长期运行稳定性的改善等起着决定性作用。各种添加物对 ZnO 压敏电阻片性能的影响,随配方和制造工艺条件的不同而异,而且单一添加物与多元添加物组合的作用又有着质和量的区别,不能机械地理解。但是,经过近 40 年来国内外进行的大量研究和生产实践,对各种添加物的主要作用,在认识上已取得共识。本节根据其功能的不同分类,简述各类添加物的主要作用。

1. 起晶界骨架构成作用的添加物

Bi_2O_3 是构成 ZnO 压敏电阻的高阻晶界网络骨架结构必不可少的成分,近年来已开发了 ZnO-Pr_2O_3 系统的压敏电阻,并已应用于电子和电力系统的过电压保护,所以迄今 ZnO 压敏电阻已形成 ZnO-Bi_2O_3 及 ZnO-Pr_2O_3 两种系列,说明 Pr_2O_3 与 Bi_2O_3 起着相同的作用。

Mg、Ca、Sr、Ba 的氧化物或其碳酸盐在 ZnO 压敏陶瓷中,特别是在中、低压压敏电阻配方中的应用研究表明,这些成分的添加量虽然不多,但对促进 ZnO 压敏陶瓷的烧结,改善晶界的稳定性,起着一定的良好作用。这些二价元素成分,在烧结的 ZnO 压敏陶瓷结构中主要存在于晶界区,因此 Mg、Ca、Sr、Ba 元素也是构成晶界的成分。

(1) Bi_2O_3。在常温下呈黄色粉末,加热后变为红棕色;密度为 $8.908g \cdot cm^{-3}$;熔点为 825℃;阳离子 Bi^{3+} 半径为 1.02Å。在烧结过程它不会固溶于 ZnO 晶粒中,只能偏析于晶界形成富 Bi 薄层,产生表面态,因而形成晶界势垒产生非线性。从本质上来说其非线性并非产生于 Bi_2O_3 本身,如单一添加 Bi_2O_3 的 ZnO 压敏陶瓷,其非线性随 Bi_2O_3 添加量增多而增大,但非线性系数 α 不超过 10;而在添加 Bi_2O_3 适量的情况下,同时添加非饱和过渡金属氧化物,如 Co_2O_3、MnO、Cr_2O_3 等,才能获得良好的非线性。因此,可以说一定量 Bi_2O_3 或 Pr_2O_3 的存在是 ZnO 压敏陶瓷产生非线性的基础及必备条件,在没有 Bi_2O_3 存在的条件下,过渡金属氧化物就很难发挥其改善 ZnO 压敏陶瓷非线性及耐受冲击电流稳定性的作用。由于 Bi_2O_3 的熔融温度低,在 825℃熔融成液相,它对促进 ZnO 的烧结、晶粒的生长、添加物(如 Co、Mn 等)与 ZnO 固溶以及在冷却过程中部分添加物在晶界层的偏析,对提高晶界势垒起着非常重要的作用。

Bi_2O_3 添加量低于 0.2%(摩尔分数)时,不能充分形成非线性的微观结构,晶界势垒高度低,压比差;而当 Bi_2O_3 添加量高于 2%(摩尔分数)时,将会导致晶界层过厚,ZnO 晶粒发育过大,压比也增大,在 $0.75U_{1mA}$ 下的阻性漏电流也大,通常 Bi_2O_3 的适宜添加量为 0.5%~1.2%(摩尔分数)。

(2) Pr_6O_{11}。在常温下呈棕和黑色,摩尔质量为 1021.44,属立方晶系,密度为 6.828g • cm^{-3},熔点较 Bi_2O_3 高得多,达 2042℃。它像 Bi_2O_3 一样起着相似的作用。Pr 系与 Bi 系 ZnO 压敏陶瓷相比有许多不同之处和特点,主要表现在微观结构组成及由此决定的电气性能方面。Pr 系仅为两相结构,即 ZnO 晶粒和晶界层两相。所以与具有三相结构的 Bi 系 ZnO 压敏陶瓷相比具有较大的有效通流面积,因而其压比好、通流能力高。但是,没有被广泛应用。

2. 提高 ZnO 压敏陶瓷非线性功能的添加物

Co_2O_3、MnO_2(或 $MnCO_3$)等对提高 ZnO 压敏陶瓷的非线性以及降低漏电流起着非常重要的作用,同时也有利于提高其耐受方波、雷电流及大电流冲击作用的耐受能力和稳定性。

如上所述,在烧结过程中,Co_2O_3、MnO_2 部分固溶于 ZnO 晶粒中,而在烧结后冷却过程中,以 Bi_2O_3 为主要成分的晶界熔液中所含的 Co、Mn 成分偏析于晶界层,因而提高了晶界的势垒高度,有利于降低压比。Co_2O_3、MnO_2 的添加可抑制 Bi_2O_3 在高温烧结过程的挥发,因而有利于改善 ZnO 压敏陶瓷在大电流区域的性能,如非线性系数 α 的提高、阻性电流的减小。

Co_2O_3 的添加量低于 0.5%(摩尔分数),MnO_2 的添加量低于 0.1%(摩尔分数)时,电阻片的压比大,漏电流也大;若二者的添加量大于 3.0%(摩尔分数)时,电阻片的压比也大。所以,Co_2O_3 与 MnO_2 的适宜添加量为 0.5%~1.0%(摩尔分数)。由于 Co_2O_3 和 MnO_2 是为改善 ZnO 压敏陶瓷非线性必不可少的添加物成分,因而将二者归纳为压敏电阻非线性改善的主要添加物。

3. 提高 ZnO 压敏陶瓷稳定性功能的添加物

Sb_2O_3、Cr_2O_3、NiO、SiO_2、B_2O_3 及含 Ag 的硼硅玻璃均有助于提高 ZnO 压敏陶瓷耐受方波,大电流冲击及长期在电场作用下运行的稳定性。

Sb_2O_3 是生成锑锌尖晶石相的主要添加物成分。尖晶石的主要作用是由于它位于 ZnO 晶粒的交叉处,在烧结过程中抑制 ZnO 晶粒长大,并有助于 ZnO 晶粒均匀发育,可显著提高击穿电压,即提高 U_{1mA} 转折电压,使压比降低。但过多的 Sb_2O_3 添加,将使漏电流增大,并降低电阻片的通流容量及浪涌过电压能量吸收能力。

Cr_2O_3 与 Sb_2O_3 同样参与尖晶石的形成,可产生与 Sb_2O_3 相似的作用,二者均有助于改善电阻片的稳定性。过多的添加 Cr_2O_3 将会导致电阻片的电位梯度增高,漏电流增大,压比变差。

SiO_2 在电阻片烧结过程中与 Bi_2O_3、ZnO 形成黏度较大的玻璃相,在冷却过程中 SiO_2 多以硅酸锌(Zn_2SiO_4)的形式存在于晶界层及 ZnO 晶粒交叉处;又由于它增加了玻璃相的黏度,所以具有抑制 ZnO 晶粒长大的作用。可以说 SiO_2 与 Sb_2O_3 相似,具有使 ZnO 晶粒大小与晶界层分布均匀,使晶界层势垒提高,提高电位梯度,而且结构性能稳定的作用。

NiO 对提高 ZnO 压敏陶瓷耐受交、直流冲击的稳定性,特别是对提高直流冲击作用的稳定性具有显著的作用。所以在制造直流 ZnO 非线性电阻片的配方中,NiO 是必不可少的添加物。但是,过多的添加 NiO,会使压比变差,残压电位梯度增高,漏电流增大。

B_2O_3 分子量为 69.62,呈白色粉末,正方晶系,微溶于水,密度为 $1.84g \cdot cm^{-3}$,熔点为 557℃。B_2O_3 是一种表面能极低的能够单独形成玻璃的氧化物,在烧成过程中 B_2O_3 易与 Bi_2O_3、SiO_2、Sb_2O_3 和填隙 Zn 离子生成致密的玻璃相,这种玻璃相在蒸气压的作用下向表面移动,填充因 Bi_2O_3、Sb_2O_3 挥发而生成的气孔,在冷却过程中它可在晶粒与尖晶石间形成良好啮合,降低了晶界缺陷浓度,所以它具有防止吸潮和改善通流后变化率的作用。另一方面,由于 B_2O_3 的熔点很低,助熔效果显著,所以它能促进 ZnO 晶粒长大,使电压梯度降低,在高压体系中 B_2O_3 不会影响压比,但它会使残压上升,限压比变大,这是因为 B^{3+} 的离子半径很小,当添加量增大时,部分 B^{3+} 会在高温下进入 ZnO 晶粒内部形成填隙离子,作为受主中心它会使 ZnO 晶粒电阻上升。通常人们添加 B_2O_3 是为了防止吸潮,但是 H_3BO_3 水溶液引入时,会存在与 $Al(NO_3)_3 \cdot 9H_2O$ 同样的问题,所以国内压敏电阻行业很多人使用 B_2O_3,而国外配方多使用硼铋酸铅玻璃,如明电舍专利(特公昭 62-36615)、富士电机和 TDK,其组成为:SiO_2(12.5%(质量分数)),B_2O_3(22.5%(质量分数)),ZnO(50%(质量分数)),Bi_2O_3(5%(质量分数)),PbO(10%(质量分数));或者 SiO_2(20%(质量分数)),B_2O_3(25%(质量分数));ZnO(40%(质量分数)),Bi_2O_3(10%(质量分数)),PbO(5%(质量分数))。上述玻璃在 1100℃烧成,淬冷细磨,加入 0.5%(质量分数)于配方中,平帅进行过这个试验,但是结果不理想。

根据特公昭 62-36615 的报告,此玻璃改善非线性的理由是:由于玻璃料中存在较多的 ZnO,可以阻止 ZnO 晶粒点上的 Zn 离子向晶粒层中扩散,因而在晶粒中 Zn 离子的浓度较高,晶粒电阻率值低,所以大电流非线性较好,但若加入量过多,界面高阻层将过厚,从而残压比会上升;其改善小电流区非线性的理由是:此玻璃熔点低,有利于增大液相含量并与 Bi_2O_3 的各相能充分固溶,在高温下增大了 Mn、Cr、Co 等离子在液相中的含量,使冷却过程中有更多的离子在高阻界面层中偏析,加固并提高了势垒。根据国内文献报道,有许多人也使用 $Pb_3(BO_3)_2$,但是

在使用 $Pb_3(BO_3)_2$ 时,一定要注意 B 与 Pb 的质量比,$Pb_3(BO_3)_2$ 为 3∶2,如果某些配方体系不适应这个比例,还是少用为好,因为过多的铅是有害无益的。

B_2O_3 及含 Ag 的硅硼玻璃在 ZnO 压敏陶瓷配方中的添加量很少,添加量过多时会导致电阻片的压比增大,但是其对于改善电阻片的稳定性起着重要作用。

4. 降低 ZnO 晶粒电阻率功能的添加物

在 ZnO 压敏陶瓷 I-V 特性曲线的预击穿区、非线性区和大电流区中,大电流上升区像小电流区那样,与非线性区相比,电压随电流增大的上升要快得多。这是因为小电流区是受晶界电阻和电容支配,而大电流线性区则是受晶粒的电阻所决定的。位于伏安特性 I-V 曲线中间的非线性区,对于许多应用来说是最重要的区段,它是间接地受晶粒和晶界的电阻率之差所支配的。在配方工艺方面拓宽非线性区,提高大电流区的非线性,降低 ZnO 晶粒的电阻率是最关键的。

理论研究和生产实践已充分证明,Al^{3+}、Ga^{3+} 和 In^{3+} 都能提高大电流区的非线性,拓宽非线性区。因为在 ZnO 压敏陶瓷的烧结过程中,Al^{3+}、Ga^{3+} 和 In^{3+} 可以替代 ZnO 晶粒中的 Zn^{2+},形成替位形式有限固溶体,使自由电子浓度增加,因而使 ZnO 晶粒的电阻率降低。

通常以添加 $Al(NO_3)_3 \cdot 9H_2O$ 的形式向 ZnO 压敏陶瓷中引入 Al_2O_3,由于添加的 Al_2O_3 量非常少,利用 $Al(NO_3)_3 \cdot 9H_2O$ 易溶于水的特性,使其很容易与 ZnO 及各种添加物成分混合均匀。在 ZnO 压敏陶瓷的工业生产中没有用 Ga 或 In 取代 Al 的原因,可能与 $Al(NO_3)_3 \cdot 9H_2O$ 的价格便宜且货源充足等有关。

$Al(NO_3)_3 \cdot 9H_2O$ 的加入,不仅可明显降低电阻片的雷电冲击残压,使非线性区拓宽,而且可大大提高电阻片耐受大电流冲击的能力。但是,$Al(NO_3)_3 \cdot 9H_2O$ 的添加量必须适当,过多地添加 $Al(NO_3)_3 \cdot 9H_2O$,将会导致电阻片的阻性电流明显增大。

5.2.6　添加物原料的技术要求与质量控制

1. 日本原材料允许的最高杂质元素含量与实测杂质含量实例

为了便于比较,特将日本用于 ZnO 压敏陶瓷制造的 ZnO 及主要添加物杂质含量最高允许值及用原子吸收分光光度仪分析杂质的含量分别列于表 5.10 和表 5.11。

表 5.10 中规定的最高允许的杂质元素含量是较高的,但从表 5.11 中的实测杂质元素含量的数据来看,其各种原料所含杂质元素是相当低的。

表 5.10 日本原料最高杂质含量标准(单位：µg/g)

杂质元素	ZnO	Bi_2O_3	Co_2O_3	$MnCO_3$	Sb_2O_3	Cr_2O_3	SiO_2	NiO	B_2O_3	$Al(NO_3)_3 \cdot 9H_2O$
Zn	—	10	150	40	50	10	20	80	10	90
Bi	20	—	20	20	20	20	20	20	20	20
Co	5	5	—	15	10	5	5	1000	120	10
Mn	10	10	700	—	10	10	10	20	10	10
Sb	20	20	20	20	—	20	20	20	20	20
Cr	10	10	80	70	10	—	10	10	10	30
Si	800	2000	1400	3000	1000	400	—	700	400	50
Ni	5	5	200	20	10	5	5	—	5	10
B	10	5	4	10	5	40	90	60	—	580
Al	300	400	500	300	180	20	240	60	200	—
Sn	70	400	70	300	70	1500	1800	70	300	70
Na	20	320	340	100	100	500	1000	500	480	10
K	10	10	70	100	10	20	10	80	10	10
Fe	10	100	1000	100	20	80	70	500	30	60
Cu	2	4	140	4	10	2	2	10	2	4
Pb	30	10	220	100	270	10	50	30	20	30
Ca	4	30	700	100	100	4	50	140	20	4
W	100	100	100	100	100	100	100	100	100	100
Cd	10	4	4	4	10	4	4	10	4	4

表 5.11 日本原料杂质元素含量实测值(单位：µg/g)

杂质元素	ZnO	Bi_2O_3	Co_2O_3	$MnCO_3$	Sb_2O_3	Cr_2O_3	NiO	SiO_2
Zn	—	9.1	16.1	10.1	10.9	23.5	26.8	11.1
Bi	5.8	—	8.6	11.3	9.8	14.7	10.2	6.8
Co	4.1	4.0	—	3.8	4.3	15.6	28.2	1.8
Mn	4.1	5.8	17.9	—	3.2	29.6	9.8	1.3
Sb	2.3	3.3	45.6	2.5	—	3.1	3.6	1.0
Cr	3.8	5.4	6.0	5.0	9.2	—	4.8	5.0
Ni	4.1	3.8	38.3	7.8	4.5	2.6	—	3.6
Si	5.6	26.0	43.0	22.3	14.9	46.0	28.3	—
Sn	2.2	3.0	21.5	9.5	3.8	5.1	6.2	2.0
Na	2.0	20.4	13.1	15.6	6.4	31.6	10.3	6.3

续表

杂质元素	ZnO	Bi_2O_3	Co_2O_3	$MnCO_3$	Sb_2O_3	Cr_2O_3	NiO	SiO_2
K	20.0	25.0	43.6	27.1	37.4	27.6	29.8	18.5
Fe	9.8	17.3	34.1	42.8	128.2	40.9	34.2	5.5
Cu	1.7	2.5	20.6	4.1	4.8	2.3	3.8	0.8
Al	2.4	16.0	24.0	5.1	5.3	7.5	4.8	2.5
Pb	2.2	2.0	5.7	7.1	81.3	23.1	9.8	0.5
Ca	21.2	54.3	23.1	45.7	43.9	197.6	34.2	21.5
W	4.5	5.7	7.0	5.8	10.5	13.2	9.6	3.0
Cd	12.5	7.6	6.4	4.3	72.0	21.9	8.6	1.4

2. 主要添加物原料的化学成分和物理性能

随着我国电子陶瓷产业的迅速发展,近 30 多年来,不少化学试剂专业生产厂和电子陶瓷专用粉体材厂根据 ZnO 压敏电阻的需要,研究开发并能大批量生产超微细的 Co_2O_3、Bi_2O_3、Sb_2O_3、$MnCO_3$、无定形 SiO_2、NiO 等。特别是成都蜀都电子粉体材料厂、四川顺达新材料技术发展中心、北京矿冶研究总院电子粉体材料发展中心以及咸阳耀华铋业有限公司,拥有先进的生产工艺设备和现代化的分析检测手段,所以,其产品的化学成分、粒度、形貌均具有较高水平,而且质量较稳定,特别是咸阳耀华铋业有限公司生产的 Bi_2O_3,质量很稳定并大量出口日本,可以满足 ZnO 压敏陶瓷的生产需要。

综合上述生产厂家产品的质量标准,提出主要添加物原料的理化性能指标供参考如表 5.12 所示。

表 5.12　国产主要添加物原料的理化性能指标

性能指标		Co_2O_3	Bi_2O_3	Sb_2O_3	$MnCO_3$	SiO_2	Ni_2O_3	NiO	Cr_2O_3
	Na	100	50	50	100	100	150	300	50
	K	50	20	10	20	10	10	20	20
杂质	Fe	500	50	20	100	70	200	200	80
元素	Cu	50	20	10	30	20	50	50	2
含量	Pb	50	50	500	100	20	—	—	10
最大	Ca	100	50	50	100	50	10	200	4
值	Mg	100	50	—	100	50	200	200	50
/(μg/g)	As	—	—	400	—	—	—	—	—
	Al	100	100	—	100	100	100	100	20
	Ni	2000	—	10	20	—	—	—	5
	Si	100	50	—	50	—	80	100	100

续表

性能指标	Co_2O_3	Bi_2O_3	Sb_2O_3	$MnCO_3$	SiO_2	Ni_2O_3	NiO	Cr_2O_3
晶型	α 型	α 型	—		无定型	α 型	α 型	α 型
容重 /(g・cm⁻³)	0.35~41	0.8~1.5	0.8~1.3	0.9~1.1	0.15~0.3	0.3~0.6	0.3~0.6	1.0~1.5
平均粒径 /μm	—	1.0~2.5	2.0~4.0	0.5~1.0	0.6~1.0	0.3~2.0	0.3~2.0	0.8~1.0
灼烧失重/%	—	≤0.3		≤52	≤6.0	—	—	≤0.3
外貌形状	针状或棒状	针状或球形	菱形四边形	颗粒状或球形	无定形粉状	颗粒状或球形	颗粒状或球形	无定形粉粒状

3. 添加物原料的质量控制

生产实践证明,严格控制入厂原材料的质量,是确保 ZnO 压敏电阻片电气性能稳定,实现现代化大批量生产,产品质量稳定的第一关键。不少 ZnO 压敏电阻片生产厂家,由于没有把好入厂原料质量关,误用了质量不合格原料,造成大批电阻片报废或性能不良的惨重教训是应该吸取的。要把好原料质量关,必须建立完善的原材料选择试验、入厂验收和储藏的质量保证体系。应重点做到以下几点:

(1) 对主要原材料供货厂家应进行质量保证体系调查评审认证。在评审的基础上,选定同一种原料的定点供货厂家,并根据其产品供货质量的稳定性、价格和运输等因素,确定第一、第二供货厂家名次。

(2) 与选定的供货厂家签订供货技术协议,制订出供货的品种、规格、包装要求、各种技术指标,以及供货质量出现问题时应承担的责任等。对于无完善的理化性能检测手段的用户,尤其应要求供货厂家提供每批产品的理化检验报告。

4. 重点检查和控制的理化性能项目

(1) 主成分及杂质成分含量。

(2) 粒度分布或平均粒度。最简单易行的粒度控制方法是测定原料的筛余量,一般用 200~250 目筛测定。最后采用粒度分析仪测定,掌握主要氧化物的粒度分布范围及平均粒径。

(3) 水分含量。

5. 关于添加剂杂质含量的控制

由于添加剂在 ZnO 压敏陶瓷配方中仅约占 10%,其中有害杂质含量与各种原材料的总含量相比是微不足道的。例如,工业纯优级 Sb_2O_3 的最大 Pb 含量为 1000μg/g,如果 Sb_2O_3 的添加量为 3.5%,则由该原料引入的 Pb 仅占总重量的 3500μg/g。另外,对于 Co_2O_3、NiO 中 Fe 的含量要求,因为在天然矿物中 Co、Ni 与 Fe 是共生的,所以在其氧化物中 Fe 杂质很难除净,而且微量的 Fe_2O_3 含量在

0.1%（摩尔分数）以下对 ZnO 压敏陶瓷的非线性是有益无害的,因此有微量 Fe 的氧化物是无害的。例如,Co_2O_3 允许含 $500\mu g/g$ 的 Fe,如果 Co_2O_3 添加量为 1.5%,则由此才用引入 $750\mu g/g$ 的 Fe。就最应注意的 Na、K 杂质而言,微量的引入,对于防止 ZnO 压敏电阻的老化性能是有利的。由此可见,如果主成分纯度不高,片面追求添加剂的高纯度是不必要的,因为有些微量杂质并非绝对有害的。

5.3　有机原材料

有机原材料是 ZnO 压敏电阻片制备中不可缺少的辅助材料,因为它们的种类选择使用量是否适宜,会影响到 ZnO 混合浆料的成分均匀性,粉料的粒度及其分布、润滑性等物理性状;这些会影响到坯体成型密度的均匀性,最终导致影响到电阻片的电气性能,尤其是通流能力。所以,正确选用适宜的有机原材料对于制造性能优良的 ZnO 压敏电阻片是非常重要的。本节概述国内外的相关情况。

5.3.1　聚乙烯醇

聚乙烯醇（PVA）是用于制各种 ZnO 与添加物混合浆料结合剂的高分子碳氢化合物,依其品种、规格和生产工艺的不同,其性能和杂质含量各不相同。为了便于了解 PVA 的理化性能,正确选择 PVA 的品种、规格和添加量,特将有关 PVA 的制备工艺、理化性质等概述如下。

1. 制备工艺

PVA 是采用醋酸乙烯酯聚合、醇解制得。这里以无水醇解工艺为例,说明其聚合、醇解的主要步骤及反应式。

（1）醋酸乙烯酯聚合。

在 PVA 合成的第一阶段中,醋酸乙烯酯溶解在甲醇中,在溶液中聚合。由于促进聚合的引发剂不含硫,因此 PVA 燃烧不会形成硫排放。这一合成阶段决定着聚合物的分子量。各级别的 PVA 可在广泛的分子量中获取。分子量对其性能如溶液黏度和黏结强度有很大影响。醋酸乙烯酯聚合反应如下:

$$nCH_2 = CH \longrightarrow \overline{}[CH_2-CH]_n$$
$$\qquad | \qquad\qquad\qquad |$$
$$\quad OOCCH_3 \qquad\qquad OOCCH_3$$

（醋酸乙烯酯）　　（聚醋酸乙烯酯）

（2）聚醋酸乙烯酯醇解。

在第二阶段中,在聚合物和苛性钠碱溶液（NaOH）催化的作用下,可促进酯基转移反应,该阶段称为皂化阶段。对该阶段进行控制,因醇解程度不同,可形成聚乙烯醇含量不同的聚合物,其反应如下:

$$\begin{array}{c} \pmb{+}\text{CH}_2\text{—CH}\pmb{\overline{\!\!\bigsqcup}\!\!_n} + \text{CH}_3\text{OH} \xrightarrow{\text{NaOH}} \pmb{+}\text{CH}_2\text{—CH}\pmb{\overline{\!\!\bigsqcup}\!\!_n} + \text{CH}_3\text{COOCH}_3 \\ \qquad\quad | \qquad\qquad\qquad\qquad\qquad\qquad\quad | \\ \text{OOCCH}_3 \qquad\qquad\qquad\qquad\qquad\qquad \text{OH} \end{array}$$

（聚醋酸乙烯酯）　（甲醇）　　　　　（聚乙烯醇）　　　（醋酸甲酯）

（3）醋酸甲酯回收。

通过以下反应可将醋酸甲酯制成醋酸和甲醇：

$$\text{CH}_3\text{COOCH}_3 + \text{H}_2\text{O} \longrightarrow \text{CH}_3\text{COOH} + \text{CH}_3\text{OH}$$

　　（醋酸甲酯）　（水）　　　（醋酸）　　（甲醇）

乙酸甲酯副产品再循环，将聚乙烯醇与聚醋酸乙烯酯共聚物冲洗，经干燥并研磨成粉末，一部分 NaOH 催化剂作为 CH_3COONa 或 NaOH 残存于成品中，这就构成 PVA 中的灰分含量。

聚醋酸乙烯酯醇解过程必须加入过量的 NaOH 才能完成醇解，即获得结构式为 $\pmb{+}\text{CH}_2\text{—CH}\pmb{\overline{\!\!\bigsqcup}\!\!_n}$ 的 PVA；如加入 NaOH 的量不足以使聚醋酸乙烯酯完全醇

　　　　　　　　　　OH

解，则只能制取结构式为 $\pmb{+}\text{CH}_2\text{—CH}\pmb{\overline{\!\!\bigsqcup}\!\!_n}$ 与 $\pmb{+}\text{CH}_2\text{—CH}\pmb{\overline{\!\!\bigsqcup}\!\!_n}$ 的部分醇解的 PVA。

　　　　　　　　　　　　　OH　　　　　　　　OCOCH₃

通常把 $n/(m+n)\times100\%$ 值称为醇解度。

2. 国产 PVA 的品种、规格与理化性能指标

按照国家标准 GB 12010—1989 规定 PVA 树脂的命名法，在上述结构式中 n 一般为 87%～99%（摩尔分数），m 一般为 1%～12%（摩尔分数），通常按照 PVA 的醇解度划分其级别，如表 5.13 所示。

表 5.13　PVA 的分级

级别	超级	完全级	中级	部分级	低级
醇解度/%（摩尔分数）	99.3	98.0～98.9	95.0～97.0	87.0～89.0	79.0～81.0

PVA 的黏度大小一般用其 4% 浓度水溶液的黏度（单位：Pa·s）表示。PVA 溶液黏度和分子量之间的关系如表 5.14 所示。

表 5.14　PVA 溶液黏度与分子量之间的关系

级别	聚合度	分子量	4.0%黏度/(mPa·s)
超低级	150～300	13000～23000	3～4
低级	350～650	31000～50000	5～7
中间级	700～950	60000～100000	13～16
中高级	1000～1500	125000～150000	28～32
高级	1600～2200	150000～200000	55～65

PVA 大体上是一种非晶体聚合物,即聚合链相互排列实际上是无序的。然而,由于部分的链段相互作用,会形成一些晶体,随其醇解度程度而变。部分醇解者约为 25%结晶度,完全和超级醇解者约为 50%结晶度。了解结晶度的差异有助于了解 PVA 醇解程度级间的物理性能的差异。

PVA 结晶度是聚合物链间氢结合的结果。PVA 的碳构架可以表示为一条连续的实线,每隔一个碳,有羟基族(OH)垂下。当两条链互相靠近时,它们会成一条直线,一个羟基的氢会与邻近链的羟基族的氧相互作用。尽管与化学结合相比,这个力量较小,但沿邻近链所形成的许多氢结合产生很强的结合力。了解这一点,就找到了出现以下现象的原因:在溶解 PVA 时,必须对溶液加热,以达到完全溶解。要使其和氢牢固地结合在一起的羟基完全溶解为溶剂化物,必然耗费大量能量。

分子量相同但醇解度各异的 PVA 溶解度比较结果说明残留乙酰基的作用。乙酰基会降低部分醇解度 PVA 的结晶度,使得其易于溶解,按标准时间,以不同温度对不同级别的 PVA 进行处理,然后对溶解度进行测量。研究中观察到两个重要现象:第一个现象是,醇解程度越低,PVA 溶解度越大,即使在室温下也是如此。不过要达到完全溶解,需进行加热。第二个现象是,对于醇解程度级别高的 PVA 来说,在 60℃之前溶解度很差。如果要求高醇解程度级别的 PVA 具备良好的溶解度,就必须进行高温蒸煮,就是说,部分醇解级要达到 85℃,而完全醇解级就需要达到 95℃。

聚合物分子量也影响溶解度,与低分子量 PVA 相比,高分子量 PVA 完全溶解需要更大能量,例如,40℃时,高分子量 PVA 有 25%溶解,而醇解度相同但分子量低的 PVA 有 75%溶解。

总之,使用低分子量,低醇解程度的 PVA,可改进溶解度。许多性能随分子量和醇解程度变化而变化。当选择用于陶瓷的某种级别的 PVA 时必须权衡溶解度特性及产品的性能属性。

溶解不充分时,PVA 颗粒往往会形成柔软透明的凝胶体,即使在透明的坡璃容器中也难以判别是否充分溶解,又不容易通过过筛分离出来。如果 PVA 溶解不完全,用作 ZnO 压敏陶瓷黏结剂时,既达不到最佳使用性能,还会因这种凝胶引起烧结的电阻片出现较大的气孔,因而影响电阻片的电气性能。这是在选择适宜的 PVA 及溶解过程中应当特别注意的问题。

PVA 树脂名称的命名由缩写代号加牌号组成,缩写代号按 GB 1844 应为 PVAL,其牌号组成如图 5.29 所示。

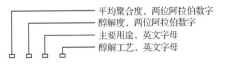

平均聚合度,两位阿拉伯数字
醇解度,两位阿拉伯数字
主要用途,英文字母
醇解工艺,英文字母

图 5.29　PVA 牌号组成

(1) 平均聚合度:用其公称值的千位和百位两位阿拉伯数字表示。

(2) 醇解度:用其公称值的十分位和百分位阿拉伯数字表示。

(3) 主要用途:用英文字母表示,如 B 为 PVA 缩丁醛用、F 为纤维用、M 为药用、S 为浆纱用。

例如,04-86M(L),表示其平均聚合度为 400(04),醇解度为 86%(摩尔分数)(86),药用(M),低碱醇解制备的(L)。

有代表性 PVA 的规格和生产厂家如表 5.15 所示。

表 5.15　有代表性 PVA 的规格和生产厂家

型号规格	17-99(F)型		17-88 型		04-86M(L)型	
	优级品	一级品	优级品	一级品	优级品	一级品
平均聚合度	1750±50	1750±50	1750±50	1750±50	400	400
平均醇解度/%	99	99	88	88	85～87	84～88
NaOH/%	≤0.20	≤0.30	≤0.30	≤0.30	—	—
残余醋酸根/%	≤0.15	≤0.20	≤0.20	≤0.20	—	—
CH_3COONa/%	≤0.15	≤0.20	≤0.20	≤0.20	—	—
纯度/%	≥85	≥85	≥85	≥85	灰分≤0.4%	灰分≤0.5%
透明度/%	≥90	≥90	≥90	≥90	pH=5～7	pH=4～7
膨润度/%	≥190±15	≥190±15	≥190±15	≥190±15		
黏度/(mPa·s)	—	—	22～30	22～30	3.4～5.0	3.0～5.0
挥发分/%	≤8.0	≤8.0			≤5.0	≤5.0
外观形状	白色松散纤维絮状		白色纤维絮状或颗粒状		白色颗粒状(微带黄色)	
主要生产厂家	山西、兰州、四川维尼纶厂、北京有机化工厂		四川维尼纶厂、北京有机化工厂		北京有机化工厂	

3. PVA 的一般性质和主要用途

1) 一般性质

(1) 水溶性:可充分溶于热水。随着水温的升高溶解加快,在冷水中仅溶胀。其水溶液具有良好的成膜性和黏结性。

(2) 耐化学性:几乎不受弱酸、弱碱、有机溶剂的影响,耐油性极高,在加热时能溶解于脂肪族羟基化合物(二元醇、丙三醇)、酰胺(甲酰胺、乙酰胺)、苯酚、水-醇合物等。

(3) 热稳定性:受热时软化,140℃ 以下没有显著变化,160℃ 长时间加热会渐渐着色,200～220℃ 将分解生成水、醋酸、乙醛、丁烯醛等。

(4) 燃烧性:在明火下可燃,燃烧速度比纸及其他树脂慢,燃烧时有特殊气味。

(5) 储存稳定性:储存稳定性良好,不发霉,不变质。

(6) 成膜性:易成丝或成膜。其成膜的张力、拉力、耐磨强度等物理性能均良好。

2）化学性质

（1）能起多元醇的一切典型反应，即酯化（与酸或酸酐等）、醚化（与卤代烷类）及缩醛化（与醛类）反应。

（2）可与硼砂、硼酸、刚果红反应，生成络合物。

（3）在 PVA 水溶液中添加某些氧化剂，如过碘酸、过氧化氢，可使其主键发生部分断裂，从而使其黏度降低。

（4）与碘反应生成聚乙烯-碘复合物，完全醇解型 PVA 的碘复合物为紫色，而部分醇解型 PVA 的复合物为红紫色，可作为鉴别 PVA 醇解完全与否的定性分析用。

3）主要用途

广泛用作维尼纶纺织品的原料、经纱浆料、织物整理剂、纸加工剂、聚乙烯醇缩醛物、陶瓷制品结合剂、聚乙烯醇薄膜黏合剂等。

4）品种、规格的选择及其在 ZnO 混合浆料中的添加量

如前所述，在 ZnO 与添加物混合浆料中添加 PVA 的目的是利用 PVA 的结合性，提高 ZnO 喷雾造粒料的强度以及成型坯体的强度。从这种意义上说，应该选用聚合度高、黏度大的 PVA，即聚合度为 1700 的 17-99 型或 17-88 型。但是，生产实践和对比试验表明，这种聚合度高的 PVA 溶液在与离子型分散剂及 $Al(NO_3)_3$ 溶液混合时，容易发生络合反应，生成白色絮状物，严重影响了 $Al(NO_3)_3$ 成分分散的均匀性。特别当采用添加物不煅烧工艺（即生料工艺）时，由于添加物本身具有酸、碱性各异的酸、碱离子，在采用高聚合度 PVA 的情况下，当添加分散剂 $Al(NO_3)_3 \cdot 9H_2O$ 时，发生络合反应的现象更加严重。如果生添加物中含有 MgO、B_2O_3 或 H_3BO_3 的添加成分，当其与高聚合度的 PVA 溶液混合时，因为与其分子结构中的羧基将会发生络合反应，生成胶体状如橡胶一样的 B_2O_3 或 MgO 的络合物。例如，硼酸与 PVA 溶液反应生成了不溶于水的聚硼酸乙烯酯。经分析证明发生了如下反应：

$$\left[CH_2-\underset{|OH}{CH}-CH_2-\underset{|OH}{CH}\right] + \underset{|OH}{B}-OH \longrightarrow \underset{\underset{\left[CH_2-CH\right]}{|O|}}{\overset{\overset{\left[CH_2-CH\right]}{|}}{B}} + H_2O$$

通过上述反应，生成的这种含硼络合物为不溶于水的聚硼酸乙烯酯。为了解决加入硼的化合物不致引起反应，选用了不含羟基的结合剂，如药膜 04 或聚醋酸乙烯酯。试验结果浆料分散均匀，无明显絮状物生成。因为低聚合度的 04-86 型 PVA，其分子结构中没有羧基，所以就无上述情况发生；并且它不与 $Al(NO_3)_3$ 溶

液发生聚合反应,这是它适于压敏陶瓷采用的最大优点。但是,04-86 型 PVA 由于聚合度低,所以黏度低,即结合性差,必须增加其添加量才能满足混合造粒及电阻片成型工艺的技术需要。

另一方面,从 PVA 所含有害于 ZnO 压敏电阻片电气性能的杂质成分来考虑,醇解度高的比低的含有较多的 NaOH 和 CH_3COONa,为了尽可能避免或减少 Na^+ 引入 ZnO 与添加物混合料中,如果采用高聚合度的 PVA,最好选用醇解度低的 17-88 型 PVA,或 04-86 型 PVA(其含钠量低)。如果采用添加物生料与 ZnO 混合工艺,最好选用 04-86 型 PVA。无论选用哪种 PVA,均应选用优级纯的规格。

确定 PVA 添加量的原则是:在能满足 ZnO 混合,喷雾造粒,特别是成型工艺技术要求的前提下,应尽可能减少 PVA 的添加量。因为过多地添加 PVA,不仅会因引起 ZnO 浆料黏度过大,浆料在一定的混合搅拌时间内难以将各种成分分散均匀,而且因 PVA 在坯体中占据的容积大,排除结合剂后坯体的孔隙率大,造成烧成后电阻片瓷体的孔隙率大、体密度小,这对电阻片的压比、通流能力等很不利。

具体而言,如果采用的是添加物煅烧工艺,选用 17-88 型 PVA 的适宜用量,按 100kg ZnO 计,添加 700～900g 即可;若采用的是添加物生料工艺,17-88 型 PVA 的添加量,每 100kg ZnO 量添加 500～600g 即可。如果选用 04-86 型 PVA,针对添加物生料或熟料工艺的差别,均应比前述 17-88 型的添加量适当地增加。

日本也有采用甲基纤维素或羟丙基纤维素作为结合剂的,其添加量为 0.5％(质量分数)。

5.3.2　分散剂

分散剂是一种表面活性剂,为了便于理解分散剂的作用原理,有必要先介绍有关表面活性剂的理化知识,然后介绍适合于 ZnO 浆料制备的表面活性剂,包括分散剂、消泡剂等。

因为 ZnO 水基浆料是处于一种胶体状态,ZnO 颗粒之间既受引力的作用,也受斥力的作用,只有当斥力势能大于范德华引力势能,浆料才是稳定分散的。斥力产生的机理有两种:双电层的电排斥稳定机理和高聚物大分子的空间位阻稳定机理。在水基浆料中,排斥能是两种机理共同作用的结果,排斥能主要由高聚物分子的位阻作用来提供。当高分子聚合物以其非溶性基团锚固在固体颗粒表面,其可溶性基团向介质中充分伸展,充当稳定因子,阻碍颗粒的沉降。这便是高分子聚合物的空间位阻稳定机理,分散剂使粉料均匀地分散在浆料中。

1. 表面活性剂

将能使溶剂表面张力降低的性质称为表面活性。表面活性剂是这样一种物质:它在加入少量时,即能大大降低溶剂(一般为水)的表面张力,改变体系的界面状态,从而产生润湿或反润湿、乳化或破乳、起泡或消泡,以及加溶等一系列作用。

从化学结构上看,可以简单归纳将其看作是个碳氢化合物,(烃)分子上加一个(或一个以上)极性取代基构成的。此极性基可以是离子,也可以是不电离的基团,由此将其分为离子型(阳离子型和阴离子型)和非离子型表面活性剂。此外还有一些特殊类型的表面活性剂。

从分子结构特点看,表面活性剂总是由非极性的亲油(疏水的碳氢链部分)和极性的亲水(疏油的基团)共同构成的。因此,表面活性剂是一种两亲分子结构,既具有亲油,又具有亲水的两亲性质。

2. 阴离子(或负离子)表面活性剂

在表面活性剂的用量中,阴离子表面活性剂是应用最多的一类。阴离子表面活性剂按其亲水基不同分为:羧酸盐($R—COOM$)、硫酸酯盐($R—OSO_3M$)、磺酸盐($R—SO_3M$)(R 包括芳基)、磷酸酯盐($R—OPO_3M$)、脂肪酰-肽缩合物($CONHR_2COOH$),分子简式中的 M 为 Na^+、K^+、NH_4^+ 等离子。由于 R、M 的不同每一种又可衍生出许多种类的表面活性剂,其中烷基苯磺酸钠的产量最大,它是合成洗涤剂的重要成分之一。

近十多年以来,在我国 ZnO 压敏陶瓷、磁性材料、特种电工陶瓷等精细陶瓷行业中,使用最广泛的是西安电瓷研究所研制生产的牌号为 LPR-323 的分散剂,以及江苏黄桥东进化工厂生产的牌号为 A-15 的分散剂。这两种分散剂的主成分均为聚丙烯酸铵,在 LPR-323 分散剂中,其含量占 15% 左右,密度(20℃)为 $1.06g \cdot cm^{-3}$,经灼烧后总残渣量在 $50\mu g/g$ 以下。pH 可根据用户需要在 6.5~8 进行调节。

多数 ZnO 生产厂家根据使用效果认为,LPR-323 分散剂比 A-15 分散性好。主要表现在：一是 LPR 323 的 pH 稳定(6.9~7.27),固体含量也稳定(约 15%)。其合成反应充分,无游离氨存在,而且分析结果证明其分子量较 A-15 低。二是在使用过程中发现,添加 LPR-323 分散剂的 ZnO 浆料,随着浆温从 40℃升高至 65℃以上,浆料的黏度均较小,分散效果良好,而添加 A-15 分散剂,随着浆温升高,浆料蒸发出的水汽含有刺激性较大的氨味,若浆温升到 65℃以上后浆料逐渐由稀变浓,以致无法再继续搅拌和喷雾造粒。分析其原因,可能是由于 NH_4^+ 分解或游离氨,以氨的形式排出,引起分散作用降低所致。

聚丙烯酸铵的分散机理从其作用情况应理解为:微米级细度的 ZnO 与纯水的混合液是一种胶体液,ZnO 颗粒表面带负电荷,是一种强烈带电吸附位的吸附剂,它与水中的 H^+ 具有很能强的吸附力,因而容易聚凝成团。在 ZnO 浆料中加入聚丙烯酸铵后,由于它在水中离解成 $\{CH_2—CH\}$ 和 NH_4^+,其 COO^- 被水的 OH^-
　　　　　　　　　　　　　　　　　　　　　　｜
　　　　　　　　　　　　　　　　　　　　　 COO^-

置换,与吸附于 ZnO 颗粒的 H^+ 结合,使双电子层的厚度增大,ζ 电位上升而解胶。

这种分散剂的优点是:添加量少、分散效果好。ZnO 浆料的黏度较小,而且黏度随浆温高低的变化小,在一定的混合时间内,ZnO 浆料中的成分容易混合分散均匀,聚丙烯酸铵本身有黏结性,有利于减少 PVA 结合剂的添加量;另一优点是价格便宜。

这种分散剂的缺点是:

(1) 无润滑性。在搅拌混合 ZnO 浆料时,由于无润滑性,浆料中粉料颗粒间的摩擦阻力大,搅拌电机和分散磨电机的电流大,已达到电机允许电流的极限值;而且浆料温升较高,需采取水冷却降温措施。

(2) 在粉料干压成型电阻片坯体时压力较大。要达到预定坯体密度($3.2g \cdot cm^{-3}$)时的压强高达 $400kg \cdot cm^{-2}$ 以上,压强越大坯体沿轴向和径向各部分的密度差越大,这对于压制直径较大而且较厚的电阻片,欲达到坯体密度均匀性是十分不利的。

(3) 聚丙烯酸铵解离的羧基(COO^-)容易与浆料体系中的某些金属离子如 Al^{3+}、Mg^{2+}、Ca^{2+} 及 PVA(特别是浓度高时)发生络合聚凝反应,形成絮状物,不利于成分均匀。因此,采用生料工艺的生产厂,在混合 ZnO 浆料作业时,一旦加入小料料浆,ZnO 浆料会明显变稠,黏度很大,以致无法搅拌分散开。加入 PVA 后料浆也容易变稠,料浆过筛后常会发现有絮粒。尽管聚丙烯酸铵有一定黏结性,但由于存在上述相互作用,所以在不同配方工艺体系中表现不一致,从而使这一优点难以发挥。针对这种情况,必须采取适当的工艺措施,如可以改变各种料的添加程序,即 PVA 在浆料基本混合分散开以后再加入。

应该强调的是,分散剂的固体含量应该固定在一定范围,因为聚丙烯酸铵有一定黏性,它会增加粉料颗粒的机械强度。

总之,对 ZnO 压敏陶瓷的制料工艺而言,聚丙烯酸铵这种阴离子型分散剂,并非十分理想。

3. 阳离子(或正离子)表面活性剂

此类表面活性剂,绝大部分是含氮的化合物,也就是有机胺的衍生物。

阳离子表面活性剂大部分为胺基化合物,有胺盐(伯胺、仲胺和叔胺盐)和季铵盐两种类型。

简单有机胺的盐酸盐($R^+NH_3 \cdot Cl^-$)或醋酸盐($RNH_3 \cdot HAC$),可在酸性介质中作乳化、分散润湿剂,也常用作浮选剂以及作为颜料粉末表面的憎水剂。

一般常用的阳离子表面活性剂为季铵盐,从形式上看,是铵离子 NH_4^+ 的四个氢原子被有机团所取代,成为 $R_1R_2N^+R_3R_4$ 的形式,称为季铵盐离子。四个 R 基中,一般只有 $1\sim2$ 个 R 基是长碳氢链,其余的 R 基的碳原子数大多为 $1\sim2$ 个,如十六烷基三甲基溴化胺: $C_{16}H_{33}CH_3CH_3N^+CH_3Br^-$ 。

阳离子表面活性剂的种类划分为:脂肪胺盐,烷基咪唑啉盐,烷基吡啶盐,β-羟基胺和磷化合物。

阳离子表面活性剂的水溶液具有很强的杀菌能力,因此常用作消毒灭菌剂。其另一特点是:容易吸附于一般固体表面。这主要是由于在水介质中的固体表面(即固-液界面)一般是负电性的,阳离子表面活性剂的阳离子,容易强烈地吸附于其表面,因此常能赋予固体表面某些特性(如憎水性),具有某些特殊用途。例如,阳离子表面活性剂常用作矿物浮选剂,使矿物粉表面具有憎水性,易附着于气泡上浮选出来。

阳离子表面活性剂作为 ZnO 压敏陶瓷浆料混合时的分散剂,是从我国引进日立 ZnO 避雷器制造技术以后开始的。在工艺调试和试生产阶段,采用日本生产的分散剂十四烷基醋酸胺($C_{14}H_{29}NH_3^+\cdot HAC$),其含量为 95%,主杂质为乙酸胺、灼烧残渣等。外观呈粗细不一的碎片状,有润滑手感,并具有醋酸味。为了实现原材料国产化,经原化学工业部北京化工研究总院研制出牌号为 BJ-1 的分散剂,以取代进口日本的分散剂。BJ-1 分散剂的主要成分为十二烷基醋酸胺($C_{12}H_{25}NH_3^+\cdot HAC$),含量为 65%～70%,外观类似于凡士林浅黄色膏状物,手感润滑。

以上两种分散剂的差别在于:日本分散剂是以十四烷基醋酸胺为主,形态呈固态状;而 BJ-1 分散剂是以十二烷基醋酸胺为主,形态呈黏稠液态,其中掺杂有九烷至十七烷基胺的混合物。从使用效果看,日本分散剂比 BJ-1 分散剂好,而且质量比较稳定。

从以上两种分散剂的成分看,这两种分散剂系采用硬脂酸或硬脂酸酯与氨共热生成脂肪腈,再经加氢还原制得脂肪胺。脂肪胺与醋酸起中和反应,生成脂肪基醋酸胺盐:

$$R-CH_2NH_2+HAC\longrightarrow R-CH_2NH_2\cdot HAC$$

式中,R 为十二烷至十八烷基。阳离子表面活性剂用作 ZnO 压敏陶瓷浆料混合分散的机理如下:如前所述,阳离子表面活性剂的重要特点之一是很容易吸附在一般固体表面。以水为介质的 ZnO 浆料,其 ZnO 颗粒表面(即在固/液表面)是负电性的,上述两种表面活性剂的阳离子($RN^+H_3^-$)容易强烈地吸附于 ZnO 颗粒表面,代替原吸附于其表面的 H^+ ,同时由于活性剂亲油基(碳氢基)的作用而赋予 ZnO 颗粒表面以憎水性,这种综合作用的结果使得原吸附于 ZnO 颗粒界面扩散层的水分子大大减少,即使双电子层的厚度增加,ζ 电位上升而解胶。

　　阳离子型表面活性剂的水溶液通常显酸性,而阴离子型表面活性剂的水溶液一般呈中性或碱性。所以,一般情况下,阳离子型不能与阴离子型表面活性剂混合使用。经实测,日本分散剂1%浓度水溶液的pH为5.3~5.6;BJ-1分散剂1%浓度水溶液的pH为5.9~6.2;而聚丙烯酸铵(A-15型)1%浓度水溶液的pH为7.5~8.5。在生产实践中,由于当时对分散剂的特性不了解,在原采用日本分散剂改用A-15型分散剂时,由于未将混合ZnO浆料罐及各种容器彻底清洗干净,曾经多次发生ZnO浆料因分散剂的更换而凝聚,浆料呈现黏稠状,因而无法再进行混合喷雾造粒而造成浆料报废。现在分析其原因,正是如上所述,阴、阳离子型分散剂不能混合使用之故。

　　上述两种分散剂的优缺点比较如下:

　　1) 优点

　　(1) 具有良好加热水溶性和润滑性。在混合搅拌ZnO浆料时,搅拌电机和分散磨电机的电流明显比用A-15型或LPR-323型分散剂时小。

　　(2) 喷雾干燥出的ZnO造粒粉料粒度分布接近正态分布,颗粒表面有润滑性。而采用A-15型或LPR-323型分散剂喷雾干燥出的造粒料,粒度分布为非正态分布,粒度集中于120~140目的占50%~60%,而且颗粒表面无润滑性。

　　(3) 电阻片的成型坯体的压力较低。按规定要使坯体密度达到一定值所需的成型压强明显较低,按压强计算仅为250kg·cm^{-2}左右;而采用BJ-1分散剂比采用日本分散剂压强高出20~30kg·cm^{-2}。成型压强的降低可以改善电阻坯体密度(特别是对尺寸较大的电阻片)均匀性,这对于坯体尺寸较大,特别是厚度高的密度均匀性无疑是非常有利的。

　　2) 缺点

　　添加这两种分散剂的ZnO混合浆料的黏度随浆料温度的变化较大,而且黏度的绝对值比采用A-15型或LPR-323型的ZnO浆料黏度大1~2个数量级。在浆料温度低于40℃的情况下,因黏度太大很难喷雾造粒,所以必须严格控制浆料温度在50~60℃。此外,这种分散剂的价格比较高。

　　4. 非离子型表面活性剂

　　非离子表面活性剂,在水溶液中不电离,其亲水基主要是由具有一定数量的含氧基团(一般为醚基和羟基)构成。

　　这一特点决定了非离子表面活性剂在某些方面比离子型表面活性剂优越。因为在溶液中不是离子状态,所以稳定性高,不易受强电解质无机盐类存在的影响,也不易受酸、碱的影响;与其他类型表面活性剂的相容性好,能很好地混合使用;在水及有机溶剂中,皆有较好的溶解性能(因结构不同而有些差别)。由于在溶液中不电离,故在一般固体表面也不发生强烈吸附。

非离子表面活性剂产品,大部分呈液态或膏状。随温度升高,有很多非离子表面活性剂在水中变得不溶,这是与离子型表面活性剂不同之处。

现在应用的非离子表面活性剂的亲水基,主要是由聚乙二醇基即聚氧乙烯基$(C_2H_2O)_nH$构成;另外就是以多元醇(如甘油、季戊四醇、蔗糖、葡萄糖、山梨醇等)为基础的结构。

5. 非离子型表面活性剂的分类

(1) 脂肪醇聚氧乙烯醚($RO(CH_2CH_2O)_nH$,其中 $R=C_{12}$ 或 $C_{12}\sim C_{18}$)为脂肪醇与环氧乙烷的加成物。不饱和醇衍生物的流动性较饱和醇衍生物好,而饱和醇衍生物的润滑性较好。此类表面活性剂的稳定性较高,因为在其结构中,醇的烃基与聚氧乙烯之间是比较稳定的醚键;与烷基苯酚聚氧乙烯醚相比,较容易生物降解;比脂肪酸聚氧乙烯酯的水溶性好,并且有较好的润湿性能。

(2) 脂肪酸聚氧乙烯酯($RCOO(CH_2CH_2O)_nH$)。此类表面活性剂,例如, $C_{17}H_{33}COO(C_2H_4O)_nH$(油酸酯)及 $C_{17}H_{35}COO(C_2H_4O)_nH$(硬脂酸酯),由脂肪酸与环氧乙烷缩合制得。由于其分子中有酯基(—COOR),在酸、碱性热溶液中易水解,不如亲油基与亲水基等以醚键结合的表面活性剂那样稳定。

(3) 其他。可分为烷基苯酚聚氧乙烯醚、聚氧乙烯烷基胺、聚氧乙烯烷基酰醇胺、多醇表面活性剂(如甘油酯、脂肪酸酯、聚甘油酯、糖酯及失水山梨醇脂肪酸酯)等。这些表面活性剂,多用作洗涤剂、乳化剂、分散剂。

6. 应用于电子陶瓷的非离子型表面活性剂

西安交通大学化学工程与技术学院研究开发生产的编号为 JT-88 的分散剂,属于非离子型表面活性剂。正如前述这种非离子型表面活性剂的特点那样,它不与溶液中的任何成分发生反应,可以与离子型分散剂混合使用,也可单独使用。它具有加热水溶性好、起泡性小、分散性好、润滑性良好的特点。

经过 ZnO 压敏陶瓷电阻厂的应用,证明这种分散剂有以下优点:

(1) 不与 $Al(NO_3)_3 \cdot 9H_2O$ 或其他添加物成分,如 B_2O_3、硼酸、MgO 等易与离子型分散剂发生络合聚凝反应的成分,发生化学反应。

(2) 由于这种分散剂具有良好的润滑性,因此比采用聚丙烯酸铵型分散剂的ZnO 造粒料,在成型电阻片时,达到一定体积密度的压力大大减小。这对于成型尺寸较大的电阻片,力求达到其密度均一是很有利的。

这种分散剂的缺点是:

（1）ZnO浆料的温度必须保持在40～55℃,才能表现出最佳分散效果。浆料温度过高或过低,由于浆料黏度较大,均难实现浆料混合均匀性。所以,若采用这种分散剂,必须严格控制浆料温度,这给工艺上带来一定难度。

（2）价格比聚丙烯酸铵类分散剂高2～3倍。迄今,国外较普遍采用的分散剂还有马来酸酐酯,它是部分脂化物与异丁烯的共聚物,添加量为0.3%(质量分数)。

5.3.3 消泡剂

1. 泡沫的形成

泡沫是常见的现象。例如,搅拌肥皂水可产生泡沫,打开啤酒瓶即有大量泡沫出现等。泡沫是许多气泡被液体分隔开的体系,与乳状液相似,也是一种分散体系。但乳状液是一种液体被另一种不相混溶的液体分隔开来,而泡沫则是气体分散于液体中的分散体系,由于气体与液体的密度相差太大,故在液体中的气泡总是很快上升至液面,形成以少量液体构成的液膜隔开气体的气泡聚集物,即通常所说的泡沫。

ZnO和各种添加物与纯水混合浆料中,添加有高分子有机化合物——PVA作为结合剂。由于PVA的水溶液在高速搅拌的长时间作用下会产生许多泡沫,PVA是引起ZnO浆料泡沫的根源。这些泡沫的存在,不仅影响了浆料的黏度,使喷雾造粒作业难以进行,而且还严重影响浆料成分混合的均匀性,以及造粒料的质量,如造粒料的外形、体积密度、粒度分布、造粒料的流动性等。所以,泡沫的存在对ZnO压敏陶瓷粉料的制备及成型坯体都是很不利的,必须消除泡沫。

2. 消泡与消泡剂的选用

从理论上讲,消除使泡沫稳定的因素即可以达到消泡的目的,因为影响泡沫稳定的主要因素是液膜的强度,故只要设法使液膜变薄,就能起到消泡作用。有些可以通过加入某些试剂与泡沫发生化学反应,以达到消泡目的;而大多用作消泡的化学物质,都是易于在溶液表面铺展的液体,当消泡剂在溶液表面铺展时会带走邻近表面层的液体,使泡沫液膜局部变薄,于是液膜破裂,破坏泡沫。一般能在表面铺展开,起消泡作用的液体表面张力都很低,容易被吸附在溶液表面,使溶液局部表面张力降低,同时会带走表面下一层邻近液体,致使液膜变薄,使泡沫破裂。

如前所述,消除使泡沫稳定的因素,即可以达到消泡的目的。而影响泡沫稳定的因素有许多,如表面张力、表面黏度、溶液黏度、表面张力的"修复"作用、气体透过液膜的扩散性、表面电荷的影响等。所以对于不同溶液泡沫体系,应选用适用性不同的消泡剂,也就是说没有一种通用的消泡剂。

就适用于 ZnO 与 PVA 水溶液混合浆料消除泡沫的消泡剂而言,根据国内外实践认为,可以采用以下消泡剂:磷酸三辛酯、磷酸三丁酯、正辛醇、辛醇、三乙胺、聚亚氧烷基二醇衍生物、异辛醇和有机硅油等。这些消泡剂均属于表面活性剂,其消泡的原因一方面是易于在溶液表面铺展,吸附的消泡剂分子取代了起泡剂分子,形成了强度较低的膜;另一方面在铺展过程中带走邻近表面层的部分溶液,使泡沫液膜变薄,破坏了泡沫的稳定性,而使泡沫消除。

在生产中曾经先后采用过磷酸三辛酯、辛醇和磷酸三丁酯消泡剂。从使用效果看,磷酸三丁酯最佳,原因在于:①它不仅消泡作用效果好,而且它具有明显使浆料稀释的分散作用。在加料过程中如果发现浆料变稠,稍加几十毫升磷酸三丁酯,即可见到浆料变稀,所以说它不仅是消泡剂,也是一种有效的分散剂。②磷酸三丁酯本身具有润滑性,所以有助于改善 ZnO 造粒料的润滑性,不仅可降低成型坯体时的压力,而且坯体表面平整光滑。磷酸三丁酯的化学式为 $(C_4H_9)_3PO_4$,分子量为 266.32,技术指标如下。

(1) 纯度与杂质含量:纯度不小于 98%;游离酸(以 H_3PO_4 计)小于 0.05%;水分小于 0.15%。

(2) 密度范围:0.974~0.980g • cm^{-3}(4~20℃)。

(3) 规格:化学纯或分析纯。

在 ZnO 浆料中的添加量,一般每 100kg ZnO 添加 200~300mL 即可。磷酸三丁酯的生产厂家有:洛阳市中运染化宏达实业有限公司、西安化学试剂厂、开封化学试剂厂、上海白鹤化工厂等。

5.3.4　润滑剂

1. 单纯性润滑剂

长链烃、脂肪胺、脂肪酰胺、脂肪酸、脂肪酸酯都具有润滑性。但对于由多种氧化物颗粒构成的 ZnO 陶瓷体系,因其复杂性和特殊性,能适用的润滑剂并不多。其复杂性表现在:一种润滑剂对性质不同的氧化物颗粒、颗粒与金属模具壁面润滑能力有差别;颗粒棱角难以被润滑剂有效覆盖;属边界润滑;不宜用不溶于水或扩散成膜能力差的固体颗粒润滑剂,以免形成气孔;润滑剂的起泡性;润滑剂对黏结性的损害等。

2. 增塑型润滑剂

甘油、低分子量聚乙二醇作为润滑剂及增塑剂,其实质是使 PVA 的玻璃转变温度(T_g)降低而变得柔软,降低造粒料永久变形压力而表现出润滑性。但润滑能力有限,添加量较高(一般为 0.5%～2%(质量分数))。高分子量聚乙二醇润滑性稍高但增塑性低,分子量选择不当还会和 PVA 发生络合反应产生絮片状交联物,造成组分均匀性变差。

润滑剂的作用在于在改善成型性能的同时改善脱模性能。常用的是乳状液类,作为润滑剂必须具有碳氢链,链越长则其润滑性越好,若同时兼有亲水基,则其润滑性能更好。按以下顺序润滑性能增加:氨基(—NH$_2$),酰氨基(—CONH$_2$),羧基(—COOH),氢氧基(—OH)。其代表性的物质为石蜡类、硬脂酸类,有时也有使用像椰子油之类的植物油和矿物油。

原西安电瓷研究所研制的 R70 润滑剂(也称为脱模剂)可用于 ZnO 粉料成型的润滑剂。R70 润滑剂是一种无毒水乳剂,能和水以任意比例混合,吸附在固体颗粒表面,降低颗粒与颗粒、颗粒与模壁面之间的摩擦力,从而提高坯体的密度均匀性,也使得压制高径比较大的坯体成为可能。其性能指标为:①外观:白色乳液;②黏度:≤0.35Pa·s;③密度:0.98g·cm^{-3};④pH:6～7;⑤灰分:≤55μg/g。使用方法如下:将 R70 润滑剂用水稀释后(水与润滑剂的质量比为8:1～9:1),通过含水机混入造粒料中,混合均匀后经过陈腐再成型,其适宜添加量为粉料重量的0.5%～0.9%。实际上这种用法仅能起到略微降低成型压力,有利于脱模及有助于坯体表面光滑的作用。不少采用生料工艺生产的厂家应用,特别是对于解决生料工艺成型因脱模困难产生的缺陷取得良好的效果,所以也称为脱模剂。

在国内外较多厂家采用甘油、聚乙二醇作为润滑剂及增塑剂,其用量为 1%～2%(质量分数)。

5.3.5　陶瓷粉体成型专用润滑剂

然而,能适用于 ZnO 压敏陶瓷粉料的润滑剂不多,因为如石蜡类、硬脂酸类的润滑剂均不溶于水,油类的润滑剂也是如此。经过实践证明,西安白金子现代陶瓷有限责任公司研制生产的 RT-80 型粉末成型助剂(也称为润滑剂或脱模剂),可用于 ZnO 压敏陶瓷粉体成型的润滑剂。该产品为有机溶液,容易分散于粉体颗粒表面,成型时可以减小颗粒之间、粉料与模具壁之间的阻力,从而达到提高坯体密度均匀性、减小成型压力和脱模阻力的目的,因此可以应用于压敏电阻、PTC、陶瓷电容器、氧化铝、铁氧体等粉末干压制品的生产。

(1) 技术参数。外观:白色至乳黄色;在水中可分散;不易燃(可燃)、无毒、不爆;pH:6～7.5;灰分:≤50μg/g;黏度:7～20cP;分解温度:150～300℃。

(2) 使用方法及用量。可以在喷雾干燥以前加入浆料中搅拌均匀,然后进行喷雾干燥;也可以在粉料含水时加入含水基中混合均匀。添加量为粉料重量的0.3%～1.5%,应该视粉料系统和应用场合通过实验确定。一般用量为 0.7%,如果仅用于脱模和防止粘模,可选择用量的下限。如果压制高径比较大的制品和提高坯体密度均匀性,用量应适当多些。

（3）注意事项。对于超细亚微米、纳米粉料系统（如 ZnO、ZrO_2）以及尺寸较大的坯体添加该助剂时,由于有机物总量的增加,排胶过程的温度曲线应作相应调整,在有机成分分解温度区间时,升温速度必须减缓,以避免引起坯体开裂等缺陷。

5.3.6　多功能有机综合添加剂

分散、黏结、润滑三类要求相互矛盾。分散是使颗粒分开,黏结是使颗粒聚拢,二者矛盾。黏结是使颗粒聚合力提高,润滑是使颗粒聚合力降低,二者矛盾。从高分子聚合物空间位阻稳定机理来看,分散是可溶性基团向水介质中伸展,而润滑是非水溶烷基向外,二者矛盾。但它们仍有共同点:表面吸附。因此,有可能在矛盾中找到一个平衡点。

西安白金子现代陶瓷有限责任公司基于上述分析与大量实验,在合适的温度、压力、气氛和催化剂条件下合成了同时兼有分散、抑泡、黏结、润滑四合一的多功能添加剂,其理化性质如表 5.16 所示。

表 5.16　单双组分的性状

代号	410		411		L410
组分	双组分		双组分		单组分
外观	稠乳液	微乳液	稠乳液	透明液	棕红黏液～固体
水溶性	易分散于水		易分散于水	溶于水	溶于水
5%水溶液　pH	5～6	9～10	2.5～3	3.8～4.2	5～7.5
外观	半透明～透明		浅乳白		黄色半透明～透明
甲乙混合液　pH	8～9.5		2.8～4		
外观	稍黄透明		乳液		
生料系统用量/%(ZnO)	甲 2.2～2.5	乙 0.7～0.9	甲 2.5～2.8	乙 0.4～0.5	1.6～1.8
熟料系统用量/%(ZnO)	甲 2～2.4	乙 0.6～0.8	甲 2.3～2.5	乙 0.2～0.5	1.5～1.6

下面介绍添加剂之间的互相反应情况,以及实验方法及结果。

分散剂与多功能添加剂对不同原料的分散性及反应性实验情况如下。

1）实验方法

（1）分散性:取 20g 粉料＋10mL 水搅匀,逐量加入分散剂原液或溶液,至分散剂/粉料＝1.5/100。

（2）反应性:取 20g 溶液,逐量加入分散剂原液或溶液,至分散剂/溶液＝2/100。

2）实验结果

实验结果如表 5.17 所示。

表 5.17　分散剂与多功能添加剂对不同原料的分散性及反应性实验结果

	实验料	LPR-3 原液	10% MA	410 原液	411 原液	L410 原液
分散性	ZnO	高	高	高	高	高
	Sb_2O_3	很低	高	高	高	高
	Bi_2O_3	高	高	高	高	高
	Ni_2O_3	高	低	高	高	高
	Cr_2O_3	高	低	高	高	高
	无水硅酸	无	无	高	高	高
	气相 SiO_2	无	无	高	高	高
	Co_2O_3	高	低	高	高	高
	$MnCO_3$	高	中	高	高	高
	碱式 $MgCO_3$	无	无	低	低	中
反应性	0.5% H_2BO_3		无	无	无	无
	1% $Al(NO_3)_3$		无	生成溶胶	无	无
	3% PVA 溶液	反应结絮	不反应	相容性低	不相容	

注:用量%为质量分数。LPR-3 为原西瓷所生产聚丙烯酸铵水溶液。MA 为原日本产十四烷基胺醋酸盐。

3) 评价

该多功能有机综合添加剂已经通过试生产实验,证明上述实验的确不与原常规应用的分散剂、聚乙烯醇、$Al(NO_3)_3 \cdot 9H_2O$、H_2BO_3、B_2O_3 等发生凝聚反应。特别是坯体成型压力可以明显降低一半左右。其成本与原来使用的各种有机材料相比,没有明显差别。其唯一的缺点是材料本身的温度需要在 20℃以上。未来可能会代替现在被广泛采用的常规有机添加剂。

5.3.7　增塑剂

增塑剂的作用是使造粒料降低永久变形压力,添加于结合剂 PVA 中,能使 PVA 的玻璃转变温度(T_g)降低而变得柔软,利于成型。其水溶性的代表性物质有:丙三醇(甘油)、聚乙二醇、β-水杨酸萘酯和油性可塑剂酞酸酐酯。

经过实践证明,甘油适用于 ZnO 浆料或粉料。在制备 ZnO 浆料时添加 0.5%~1%左右的甘油可明显改善粉料的成型性能。为了避免干压成型坯体脱模时容易拉伤侧面产生缺陷,一般在粉料含水时,在水中按照水与甘油的质量比为 (7~10):(3~1)进行配制,具体适宜的比例应根据具体情况通过测验确定。但是,因为甘油比 PVA 的分解温度高,需要提高排胶温度约 50℃。如果添加较多时,因在排胶时会有大量分解物排出,烟窗容易堵塞,需经常清理烟窗。

甘油($C_3H_8O_3$)的性质:无色、无嗅、透明的液体;味甜,具有吸湿、可燃、低毒性;溶于水和乙醇,其水溶液为中性,不溶于乙醚、氯仿、苯、固化油和挥发油;沸点为290℃,闪点为160℃,燃点为18℃;密度(无水物)为 1.2653g・cm^{-3},自燃温度为 392.8℃。

在储运时应注意防潮、防热、防水。严禁甘油与强氧化剂(如高锰酸钾等)放在一起。

5.3.8　乙基纤维素

(1) 用途。制作无机高阻层的结合剂。

(2) 性状。白色固体粉末,溶于酒精、三氯乙烯等多种有机溶剂,对碱与酸类不起作用,能与树脂、油脂、增塑剂等混合生成坚韧性薄膜。

(3) 技术性能。按其模数大小分为低黏度型和高黏度型,即模数 $M=9$ 的为低黏度型,其黏度为 7~11mPa・s;模数 $M=70$ 的为高黏度型,其黏度为 40~100mPa・s。黏度均以 5%浓度的甲苯乙醇溶液测定值为标准。两种模数的化学纯乙基纤维素的杂质最高含量标准均相同,主要项目及指标如下:①灼烧残渣: 0.2%;②氯化物(Cl):0.08%;③铁(Fe):0.003%;④水分:2.0%。

(4) 生产厂家。上海试剂二厂、上海白鹤化工厂、江苏昆山年沙化工厂等。有些厂采用手工涂无机高阻层,浆料制备用 PVA 的水溶液做结合剂,从工艺看也是可行的,但因浆料较浓,难以做到高阻层厚度均匀。

5.3.9　三氯乙烯

(1) 用途。制备浸渍法涂布无机高阻层浆料的结合剂(乙基纤维素)的溶剂。

(2) 性状。白色透明液体,有刺激性气味,易挥发。

(3) 规格。工业优级品或化学纯。

(4) 技术性能。① 密度(4~20℃):1.466~1.477g・cm^{-3}(三氯乙烯 (ClCH=CCl_2)含量不小于 99.0%)。②杂质最高含量:不挥发物,不大于 0.01%;水分,不大于 0.02%。③游离酸:(以 HCl 计)不大于 0.0005%。

(5) 生产厂家。锦西化工厂、呼和浩特化工厂、无锡化工集团股份有限公司。

5.4　其 他 材 料

1. 纯水

对于传统陶瓷而言,水是陶瓷制备工艺中重要的辅助材料,由于水中的杂质含量及其 pH 对陶瓷浆料和釉料的工艺性及制品的质量有很大影响,所以在传统陶瓷的制造中,对常用的自来水的质量也是非常重视的。而对于现代陶瓷,特别是对电子或功能陶瓷而言,必须采用纯水或超纯水。鉴别纯水或高纯水的指标,通常用其电阻率大小来表示,普通纯水的电阻率为 $0.2\sim10M\Omega\cdot cm(25℃)$,超纯水的电阻率为 $16\sim18M\Omega\cdot cm(25℃)$,这已接近理论纯水 $18.3M\Omega\cdot cm(25℃)$ 的水平。根据国内外实践经验,公认电阻率达到不小于 $1M\Omega\cdot cm(25℃)$ 的纯水已可满足技术要求。

强调 ZnO 压敏陶瓷必须采用电阻率不小于 $1M\Omega\cdot cm$ 的原因,在于尽可能减小水中的杂质元素对电阻片性能的影响。众所周知,自来水中一般含有 $0.05\sim1mg/L$ 的 Na、K、Ca、Mg、Fe、Cu 等金属元素离子,以及 Cl、NO_3、SO_4、SO_3 酸根离子,这些导电离子的存在使其电导率高达 300σ 以上,换算成电阻率为 $2925\Omega\cdot cm$ 以下,其相应溶解于其中的导电元素含量达 $150\mu g/g$ 以上,这些离子对 ZnO 压敏陶瓷电阻片性能的影响是不能低估的,因为水的用量是相当大的。就添加物煅烧工艺而言,每 100kg ZnO 加上添加物制备的用水比例,即料与水的质量比约为 $0.65:0.35$,这样每 100kg ZnO 与添加物的混合料中将引入 10.5g 的杂质,即约相当于引入 $93\mu g/g$ 的杂质。然而,如果采用电阻率为 $1M\Omega\cdot cm$ 的纯水,由于其仅含杂质 $0.5\mu g/g$,则引入相当于一般自来水引入杂质量的 1/300,也就是说,使由水引入的杂质降低了三个数量级之多。

在纯水的生产上,要使其电阻率达到 $1M\Omega\cdot cm$ 以上,若采用一次蒸馏的办法,很难达到这一指标。因为这些导电离子在水汽化、蒸发过程中被蒸汽带走,经冷凝又进入水中,必须经过二次蒸馏才能达到要求,但耗能量较大。目前大多采用阴阳离子树脂来处理制备纯水,一般所制备的纯水电阻率能满足要求。但是应该注意,由于各地自来水的质量相差很大,即其电阻率或所含导电离子种类和数量相差很大;处理水的离子树脂的老化周期差别是很大的,必须经常测量纯水的电阻率随处理水量的变化趋势,注意及时使老化的树脂再生,确保纯水质量。

不少 ZnO 生产厂家发生过因纯水质量达不到要求,而出异常现象的事故。某厂在 ZnO 造粒料含水时,误用了处理再生树脂用的稀盐酸,出现电阻片预烧至 900℃ 以上时,其径向收缩率仅为 $6\%\sim8\%$ 的现象,后经提高烧成温度(比正常提高 20℃),虽然收缩率与 U_{1mA} 梯度保持正常水平,但压比却比正常增大。后来又因纯水电阻率仅达到 $0.2M\Omega\cdot cm$,出现上述情况类似的事故。为了证实电阻片预烧收缩率明显减小的原因,人为地在造粒料中混入约 1% 的稀盐酸水溶液,经正常温度预烧,重现了前述现象。所以认为纯水中含有 Cl^-,是引起 ZnO 压敏电阻片烧结温度提高的主要原因。但为什么 Cl^- 会引起电阻片烧结温度提高,尚需进行理论探讨。但由此得到启发,在生产工艺原材料正常的情况下,如果出现电阻片压比变差或预烧收缩率不正常时,应从纯水质量方面寻找原因。

可以说,对于 ZnO 压敏陶瓷等电子陶瓷来说,应该把制造工艺过程用的纯水,当作重要辅助材料对待,纯水的质量对陶瓷元件的性能的影响是非常重要的。表 5.18 列出了水的电导率-电阻-溶解固体含量换算表。

表 5.18　水的电导率-电阻率-溶解固体含量换算表

电导率(25℃) /$(\Omega \cdot cm)^{-1}$	电阻率(25℃) /$(\Omega \cdot cm)$	溶解固体含量 /$(\mu g/g)$	电导率(25℃) /$(\Omega \cdot cm)^{-1}$	电阻率(25℃) /$(\Omega \cdot cm)$	溶解固体含量 /$(\mu g/g)$
0.056	18000000	0.028	28.0	35714	14
0.059	17000000	0.029	30.0	33333	15
0.063	16000000	0.031	40.0	25000	20
0.067	15000000	0.033	50.0	20000	25
0.072	14000000	0.036	60.0	16666	30
0.077	13000000	0.038	70.0	14286	35
0.084	12000000	0.041	80.0	12500	40
0.091	11000000	0.045	100.0	10000	50
0.100	10000000	0.050	120.0	8333	60
0.122	9000000	0.055	140.0	7142	70
0.125	8000000	0.063	160.0	6250	80
0.143	7000000	0.071	180.0	5555	90
0.166	6000000	0.083	200.0	5000	100
0.200	5000000	0.100	250.0	4000	125
0.250	4000000	0.125	227.8	3000	139
0.335	3000000	0.166	312.0	3200	156
0.500	2000000	0.250	344.8	2900	172
1.0	1000000	0.5	400.0	2900	200
2.0	500000	1	434.8	2300	217
4.0	250000	2	476.2	2100	238
6.0	166166	3	500.0	2000	250
8.0	125000	4	526.3	1900	263
10.0	100000	5	555.5	1800	278
12.0	83333	6	588.2	1700	294
14.0	71428	7	625.0	1600	312
16.0	62500	8	666.6	1500	333
18.0	55555	9	714.2	1400	357
20.0	50000	10	833.3	1200	416
24.0	41666	12	1000.0	1000	500
26.0	38461	13	1250.0	800	625

2. 喷涂电极材料

由于避雷器用 ZnO 压敏电阻片在出厂试验或运行状态下要承受较大电流能量的冲击,必须采用铝电极,因为铝电极具有良好的耐电弧性。避雷器用 ZnO 压敏电阻行业,大多采用 LY-4 型、$\phi 1.0$ 的铝丝,利用电弧喷铝设备(喷枪,配电柜)完成喷镀铝电极作业。作为铝丝材料,为了与喷枪及喷铝时电压、电流及电弧的温度相匹配,最重要的是注意铝丝的规格、型号,否则难以实现良好的喷铝电极效果。

对于电子用压敏电阻器而言,由于 ZnO 压敏陶瓷的尺寸小,耐受冲击电流容量比较低,而且需要在电极端面焊接电极引线,所以国内外均采取涂敷银膏,再经过烧银的工艺,这种银电极与 ZnO 压敏陶瓷端面结合牢固,有利于提高焊接电极引线的结合强度及耐受电流冲击能力。但银电极的成本相对较高。我国压敏电阻均采用以 $AgNO_3$ 为主要原料制备的银膏,其烧银温度均在 500～600℃。

3. 耐热有机涂层材料

为了提高 MOV 侧面的绝缘性,并赋予良好的憎水性,不少厂家采用耐热聚氨酯漆、高温环氧树脂,个别厂家采用硅橡胶等。

由于耐热聚氨酯漆已为不少 ZnO 压敏电阻片生产厂使用,故对其作着重点介绍。该产品是西安绝缘材料厂开发研制的耐热聚酯漆。

1) 成分和用途

主成分为改性耐热聚酯,溶剂为二甲苯。适用于浸渍 H 级电机线圈,ZnO 压敏电阻片制造厂将其直接或在漆中加入适量无机绝缘粉料混合涂于电阻片侧面,以提高电阻片耐受大电流冲击的绝缘水平及防潮性能。

2) 性能特点

本品具有良好的黏接强度以及耐热化学和电气绝缘性能,并具有在低温下快干的特点。主要技术参数如表 5.19 所示。

表 5.19　145 耐热聚酯漆的主要技术参数

项目		指标	实测值
黏度(25℃下,用 4# 转子测量)/s		50～80	68
固体含量/%		50±2	50
黏合力/N	23℃±2℃	＞86.2	9
	150℃	＞5.8	24.5

续表

项目		指标	实测值
击穿强度/(kV·mm⁻¹)	常态	>70	128
	浸水	>50	84.5
	200℃	>30	73
	在变压器油中	>60	120
击穿强度（化学） /(kV·mm⁻¹)	2% NaOH 溶液	>60	102
	5% H₂SO₄ 溶液	>60	115
	二甲苯	>60	111

3）固化条件

在 140℃热固化 1～2h 后，升到 180℃热固化 2h 或在 160℃下固化 4h。

4. 有机和无机原材料组合成的彩色高阻层

1）性能特点

目前国内避雷器电阻片边缘材料多采用高阻层外涂高温绝缘漆或玻璃釉，缺点是玻璃釉含 Pt 量高、对环境污染，易碎、转运使用过程碰损使合格率下降，电耗高、成本高；高温绝缘漆固化温度范围窄，色差大，强度差，易划伤碰损而且易受潮。针对高温绝缘漆、玻璃釉存在的问题，成都大禹材料科技公司自主研发出了性能优异的低温色釉产品，特点是不含重金属和致癌有机物，完全符合 ROHS2002-95-EC 标准，出口不会受到技术壁垒限制。固化温度适中且工艺性好，易操作具有较高的韧性，不易碰损、划伤。经固化的釉面温度耐受温度可以达到 260～200℃，并且光滑、亮丽，具有较强的憎水性，不易受潮，能够对电阻片本体起到有效的保护作用。釉面在受电场作用时，不易极化，具有很强的绝缘性能，对于电阻片 2ms 方波、8/20μs 雷电冲击特性及 4/10μs 大电流冲击能力都会有较大的改善。由于该釉具有较强的憎水性，使电阻片在使用过程中对于环境条件，特别是潮湿环境下的直流 1mA 参数电压及漏电流没有大的影响。

2）技术指标

外观：绿色、灰色、黑色等粉末；细度：60 目；固化温度：150～200℃（由装片大小及多少决定）；固化时间：（常温至 120℃）20～30min，（120～150℃）20～30min，（150～200℃）15～45min。根据各企业烘箱功率及装片大小和多少选定。

3）使用方法

（1）配合比。低温釉粉料与 2 号溶剂配比为 1∶0.5～1∶0.8（根据气温、空气干湿度决定：夏天：1∶0.5～1∶0.6；冬天：1∶0.7～1∶0.8）。

（2）配制批量。根据各公司习惯随时用随时配制。但必须确保当班或当批配制量全部用光。每批用后对涂喷工具进行清洗,方法与 145 漆基本一致。

（3）为利于釉液均匀配制和使用,配制和滚涂环境温度最好不低于 20℃,滚涂 2 次较佳,冬季加釉液不宜过多,分多次加,以确保不变稠,不分层;当出现变稠难涂时,适当加入丙酮调匀及可使用。

（4）上釉方法。根据各公司习惯可喷、刷、滚一至二遍均可。

（5）冷固时间。各地湿度、温度不一,时间不等,一般在 1～3h。手拿不黏,即可入炉固化。

（6）配色。各公司提出色标,公司按色标供釉。

参 考 文 献

国家机械工业局. 1999. JB/T 9670—1999. 金属氧化物避雷器阀片用氧化锌[S]. 北京:机械工业出版社.

国家技术监督局. 1989. GB 12010.1—1989. 聚乙烯醇树脂命名[S]. 北京:中国标准出版社.

国家技术监督局. 1992. GB/T 3185—1992. 氧化锌(间接法)[S]. 北京:中国标准出版社.

林巧云. 1996. 表面活性剂基础及应用[M]. 北京:中国石化出版社.

平帅. 2004. 氧化锌压敏电阻制造-氧化锌压敏电阻材料特性与配方研究[J]. 防雷技术,10:53-61.

桥本武一. 1987. 氧化锌[J]. 电瓷避雷器,4:54-65.

日本东芝株式会社. 2003. 电压非线性电阻体的制造方法:中国,1438658[P]. 2003-08-27.

宋世琴,何增健. 1992. 氧化锌电阻片化工原料热特性研究[J]. 电瓷避雷器,1:46-55.

宋晓兰. 1990. 非饱和过渡金属氧化物,在 ZnO 电压敏陶瓷中作用的研究[D]. 西安:西安交通大学.

王振林. 2007. ZnO 压敏陶瓷制备用有机原材料的选择及优化应用[J]. 电瓷避雷器,3:42-47.

赵国玺. 1991. 表面活性剂物理化学[M]. 北京:北京大学出版社.

第6章　氧化锌避雷器陶瓷电阻片的制造工艺

6.1　氧化锌陶瓷压敏电阻配方与工艺设计原则

6.1.1　根据用途设计配方

因为 ZnO 压敏电阻广泛应用于交、直流电子和电力系统的过电压浪涌抑制器或限压器,其电压范围从几伏到百万伏;其电流范围也很宽,从几微安到数千安;其能量吸收能力从低于一焦耳到数千焦耳。所以在设计选择配方时,首先应根据产品使用场合的上述要求考虑确定,以此作为配方设计选择的出发点及落脚点。

自 1968 年 ZnO 压敏电阻问世以来,作为主成分的 $ZnO-Bi_2O_3$ 系列,已在国内外众多 ZnO 压敏电阻器及避雷器生产企业实用化,后来开发的 $ZnO-Pr_2O_3$ 系列也在日本某些企业实用化。近 40 年来,随着电子及电力工业的迅速发展,ZnO 压敏电阻器及避雷器的应用日益广泛,因而不仅需求的数量、品种日益增多,而且对其性能的要求也越来越高。为此,国内外从事 ZnO 压敏电阻陶瓷研究及生产的科技工作者,针对 ZnO 压敏陶瓷的配方、工艺及其理论进行了卓有成效的理论和实用性研究,每年都有数以数百计的论文及专利公布。但是,纵观其中有关配方的文献或专利,尽管其所涉及的配方组成千差万别,但绝大多数都离不开 Bi_2O_3、Sb_2O_3、Co_2O_3、MnO_2、Cr_2O_3 五元基本添加物成分,用于高、中、低压压敏电阻器及避雷器电阻片的配方大多是在上述五元添加物成分基础上,经过研究改进发展起来的。具有代表性的典型压敏电阻高压料配方如表 6.1 所示。

表 6.1　几种典型的压敏电阻高压料配方(单位:%(摩尔分数))

配方组成 配方编号**	ZnO	Bi_2O_3	Sb_2O_3	Co_2O_3	MnO_2	Cr_2O_3	NiO	SiO_2	B_2O_3	$Al(NO_3)_3 \cdot 9H_2O$
1#	97.0	0.5	1.0	0.5	0.5	0.5	—			—
2#	96.5	0.5	1.0	1.0	0.5	0.5	—			—
3#	94.7	0.5	1.0	1.0	0.5*	0.5	1.0	1.5	0.1	0.005
4#	95.7	0.5	1.0	0.5	0.5	0.5	1.0	0.1	0.1	0.003

　　*　以 $MnCO_3$ 原料添加。

　　**　1# 和 2# 为日本松下电器公布的老五元和新五元配方;3# 为日本专利,昭 51-142601 公布的配方;4# 为美国专利,No.4-046.847 公布的配方,该配方中还添加 0.1%(摩尔分数)$BaCO_3$。

6.1.2　根据添加物的作用选择不同添加物成分及添加量

迄今已经研究了许多添加剂对 ZnO 压敏陶瓷非线性的作用以及提高耐受电

流冲击稳定性、提高能量吸收能力和在长期运行状态下的稳定性的作用。利用现代分析手段通过对 ZnO 压敏陶瓷的物理、化学及对其微观结构进行了较为详细地的分析研究,对多种添加剂的作用已获得共识。各种添加剂的主要作用如表 6.2 所示。

表 6.2　各种添加剂的主要作用

主要作用	添加剂
孤立绝缘 ZnO 晶粒和提供元素(O、Co、Mn、Zn 等)到晶界	Bi>Pr>Ba、Sr、Pb、U
改善非线性系数(形成表面态)	Co、Mn>(Sb)
改善稳定性	Sb、玻璃粉、Ag、B>Ni、Cr
改善大电流区非线性系数(形成 ZnO 晶粒中的施主)	Al、Ga>F、Cr 和 Y、Ho、Er 等稀土元素
抑制 ZnO 晶粒生长	Sb、Cr、Si 和 Y、Ho、Er 等稀土元素
促进 ZnO 晶粒生长	Be>Ti>Sn

在引进日立的 ZnO 压敏陶瓷配方投产以后,为了探讨主要添加剂的含量对电阻片主要性能的影响,在日立配方基础上针对单一改变 Bi_2O_3、Co_2O_3、Sb_2O_3、$MnCO_3$、Cr_2O_3、SiO_2 等的添加量对主要性能的影响进行了对比性实验。试样的制作全部为生料,采用震磨机细磨添加剂及与 ZnO 混合,手工造粒、压型,其他工艺均在生产线完成,瓷体试样的尺寸为 $\phi35\times10mm$。每种料的测试数据取 20 片的平均值。这些试验结果分别以图表示在各添加剂的作用中。按照上述添加剂主要作用的分类,结合实验结果并综合国内外研究文献,进一步概述如下。

1. 形成 ZnO 压敏陶瓷结构中的绝缘晶界骨架并提供所需元素到晶界的添加剂

这些添加剂,如 Bi_2O_3、Pr_2O_3 及 Ca、Sr、Ba 的碳酸盐等,其阳离子具有较大半径的特点,如表 6.3 所示,其主要作用是在 ZnO 压敏陶瓷烧结过程中熔融成的液相促进陶瓷的烧结,并形成陷阱和表面态。特别是由于这些液相的助熔作用,可以促进 ZnO、Co_2O_3 及 MnO_2 等添加剂在晶粒、晶界的固溶,而在冷却过程中,伴随着富 Bi 或富 Pr 晶界的凝固在形成高阻性薄层的同时,溶于其中的 Zn、Co、Mn 及 O_2 等将偏析于晶界及晶粒表面,即形成缺陷浓度高的薄层,使晶界面形成势垒因而赋予良好的非线性。

表 6.3　形成晶界结构添加剂的离子半径

氧化物	阳离子	离子半径*/nm
Bi_2O_3	Bi^{3+}	0.114
PbO	Pb^{2+}	0.132
SrO	Sr^{2+}	0.127
BaO	Ba^{2+}	0.143
Pr_2O_3	Pr^{3+}	0.116
CaO	Ca^{2+}	0.106

* 离子半径为 Goldschmidt 提供的数值,配位数为 6。

应该指出,仅添加 Bi_2O_3 等这类添加剂时,MOV 的非线性还是很差的,其非线性系数 $\alpha<10$。为此,必须同时添加适量的非饱和过渡金属氧化物才能产生良好的非线性。这些事实说明,这类添加剂只有在 Co_2O_3、MnO_2 等添加剂存在的条件下才能产生高的非线性。可以说 Bi_2O_3 添加剂是使 MOV 产生良好的非线性的必备条件或基础。

Bi_2O_3 是构成 ZnO 压敏陶瓷富 Bi 晶界结构的主成分,因此在高、中、低压压敏电阻器及避雷器电阻片的配方中是必不可少的添加剂。当其添加量小于 0.3%(摩尔分数)时,ZnO 压敏陶瓷的非线性较差($\alpha<15$);而当其添加量超过 2%(摩尔分数)时,由于晶界层过厚,非线性显著下降、漏电流明显增大;特别是 Bi_2O_3 的添加量越多,随着烧成温度的提高,由于 Bi_2O_3 的挥发量增多使瓷体的气孔率增大、体密度降低,导致电阻片的性能恶化。通常在多数配方中 Bi_2O_3 的添加量在 0.5%~1.5%(摩尔分数),在含 Sb、Si 较多的配方中 Bi_2O_3 的添加量可能低一些;而在中、低压配方中 Bi_2O_3 的添加量通常高一些。在高压避雷器用电阻片配方中 Bi_2O_3 的添加量适宜为 0.7%~0.9%(摩尔分数)。Bi_2O_3 的添加量在 0.5%~1.5%(摩尔分数)内,Bi_2O_3 的量对 MOV 性能的影响如图 6.1 所示。

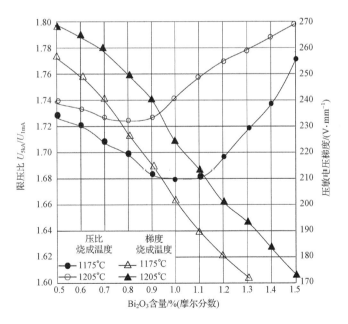

图 6.1　Bi_2O_3 含量对 ZnO MOV 压比及梯度的影响

可见,Bi_2O_3 在 0.5%~0.9%(摩尔分数)内随其含量增加,压比降低,但超过 1.0%(摩尔分数)后则压比增大,同时漏电流也相应增大。在其含量 0.5%~1.5%(摩尔分数)内 U_{1mA} 梯度随其含量增加而降低,尤其是随烧成温度升高梯度下降更多,而且压比漏电流均增大。

Pr_2O_3 是可以取代 Bi_2O_3 的稀土金属氧化物,尽管从理论上分析 ZnO-Pr_2O_3 系比 ZnO-Bi_2O_3 系有很多优越性,但由于我国对该系统的配方、工艺研究尚不够充分,获得的性能尚不及 ZnO-Bi_2O_3 系,所以在我国还未应用。

Ca、Sr、Ba 的碳酸盐或氧化物等作为添加剂,多用于中、低压压敏电阻配方中,而且其添加量多在 0.5%(摩尔分数)以下。在低压压敏电阻配方试验中用 $BaCO_3$ 取代 $CaCO_3$,结果表明压敏电阻耐受 $8/20\mu s$ 雷电冲击能力及冲击后的稳定性,特别是老化性能得到了改善。这可能与 Ba^{2+} 半径较大,更有助于晶界层稳定有关。

在我国早期研制的避雷器用电阻片配方中,曾以 Pb_3O_4 或 $PbBO_3$ 的形式作为添加剂引入,当时电阻片的压比很差。后来在引进的日立配方中外加 0.1%(摩尔分数)的 PbO,结果证明 PbO 对电阻片的压比是不利的。所以,通常 Pb 元素作为原料中的有害杂质加以限制。

2. 改善 ZnO 压敏陶瓷非线性及稳定性的添加剂

非饱和过渡金属氧化物,如 Co_2O_3、MnO_2、Cr_2O_3、NiO 等,对改善 ZnO 压敏陶瓷非线性及稳定性起着重要作用。

对非饱和过渡金属氧化物在 ZnO 压敏陶瓷中的作用机理已进行过较详细的研究。利用电子探针分析非饱和过渡元素在 ZnO 压敏陶瓷中的分布结果证明,Co 和 Mn 主要分布于 ZnO 晶粒;而 Ni、Cr 主要分布于粒界相和尖晶石或焦绿石,部分 Co、Mn 分布于粒界相和尖晶石或焦绿石。

非饱和过渡金属氧化物,Cr_2O_3、MnO_2、Mn_2O_3、MnO、Co_2O_3、CoO、NiO 的晶体结构、阳离子半径、化合价及核外电子的排布如表 6.4 所示。

表 6.4　某些非饱和过渡金属氧化物晶体结构参数

氧化物	Cr_2O_3	MnO_2	Mn_2O_3	MnO	CoO	NiO	Co_2O_3	Fe_2O_3	CuO
晶体结构	刚玉	金红石	—	岩盐	岩盐	岩盐	刚玉	刚玉	岩盐
阳离子半径/Å	0.64	0.54	0.62	0.80	0.74	0.72	0.63	0.64	0.72
阳离子化合价	+3	+4	+3	+2	+2	+2	+3	+3	+2
阳离子核外电子排布	$3d^3$	$3d^3$	$3d^4$	$3d^6$	$3d^7$	$3d^8$	$3d^6$	$3d^5$	$3d^9$

可见,这些非饱和过渡金属氧化物的晶体结构、阳离子半径、化合价及核外电子的排布均不同于 ZnO 晶体结构(纤锌矿结构)、Zn^{2+} 半径(0.72Å)及核外电子排布($3d^{10}$)。根据结晶化学中的固溶规律,添加于 ZnO 压敏陶瓷的非饱和过渡金属氧化物只能与 ZnO 形成有限固溶体,而且电子探针分析证实,它们分布于 ZnO 晶界的浓度大于溶入 ZnO 晶粒的浓度。

众所周知,非饱和过渡元素 Cr、Mn、Co、Ni 的核外电子排布依次分别为:

$3d^5 4s^1$、$3d^7 4s^2$、$3d^7 4s^2$、$3d^8 4s^2$，即外层电子包括 $1 \sim 2$ 个 $4s$ 电子和 $5 \sim 8$ 个 $3d$ 电子，$3d$ 处于未充满状态。由于 $3d$ 能级与 $4s$ 相近，故 Cr、Mn、Co、Ni 可失去 s 电子和不同数目的 $3d$ 电子形成离子，因而具有可变离子价。Cr、Mn、Co、Ni 的可变离子价分别为：$+1$、$+2$、$+3$；$+2$、$+3$、$+4$、$+5$、$+7$；$+2$、$+3$；$+2$、$+3$。但是，根据洪特规则特例及核外电子层电共同作用的结果，使 Cr^{3+}、Mn^{2+}、Co^{2+}、Ni^{2+} 最为稳定。因此，在高温下 MnO_2、Co_2O_3、Ni_2O_3 的阳离子会发生变价。

这些氧化物在 ZnO 压敏陶瓷烧结过程中分解时放出的 O_2 是一种负电性很强的气体，故能吸收靠近晶界的 ZnO 晶粒中的电子，形成 O^{2-}，其反应为

$$4(e')_{体内} + (O_2)_{气体} \longleftrightarrow 2O^{2-} \tag{6-1}$$

因而增加了界面态密度，提高了界面势垒高度。从非饱和过渡金属氧化物的结构特征和分析结果证实，这些氧化物主要位于 ZnO 晶界。这些氧化物的阳离子从高于其稳定的高价态变为稳定的低价态过程将得到电子，因而具有受主特性，从而增加界面态密度、提高晶界势垒。所以，适量添加可以改善 ZnO 压敏陶瓷的非线性。由于这些氧化物形成界面态的密度不同，所以对提高非线性的程度的作用也不同。具体分析如下：

Cr^{3+} 的 $3d$ 轨道有三个电子，所以能得到电子形成 $3d^5$ 的半充满较稳定的结构，从而增加了界面态密度，故适量地添加 Cr_2O_3，可提高 ZnO 压敏陶瓷的非线性。

MnO_2 不仅可以提供负电性较强的 O_2 以增加界面态密度，而且能提供得电子能力较强的 Mn^{4+}、Mn^{3+}，反应如下：

$$MnO_2 + 2e' \longleftrightarrow Mn_{Mn}^{\times} + O_O^{\times} + 1/2 O_2 \uparrow \tag{6-2}$$

$$Mn_2O_3 + 2e' \longleftrightarrow 2Mn_{Mn}^{\times} + 1/2 O_2 \uparrow \tag{6-3}$$

$$4(e')_{体内} + (O_2)_{气体} \longleftrightarrow 2O^{2-} \tag{6-4}$$

因而大幅度地提高界面态密度，故适量添加 MnO_2，可使 ZnO 压敏陶瓷的非线性大幅度提高。

Co_2O_3 中三价 Co 离子外层 d 轨道内有 6 个电子，按洪特规则特例，它应该失去一个电子形成稳定的 $3d^5$ 状态，但由于 Co 的核电荷数较多，对外层电子吸引能力强，故 Co^{3+} 不但不失去电子，而且能得到一个电子形成 Co^{2+}，从而增加界面态、提高晶界势垒，即提高 ZnO 压敏陶瓷的非线性。Co^{3+} 得电子的反应如下：

$$Co_2O_3 + 2e' \longleftrightarrow 2Co_{Co}^{\times} + 2O_O^{\times} + 1/2 O_2 \uparrow \tag{6-5}$$

$$4(e')_{体内} + (O_2)_{气体} \longleftrightarrow 2O^{2-} \tag{6-6}$$

Ni_2O_3 在高温下几乎全部转变为 NiO，剩余的微量 Ni_2O_3 中的 Ni^{3+} 可得到电子，形成 Ni^{2+}，为晶界提供微量界面态，使 ZnO 压敏陶瓷的非线性略有提高。

综上所述，可以获得以下结论：在 ZnO 压敏陶瓷中，适量添加非饱和过渡金属氧化物均可提高其非线性，但其所起的作用程度不同。从实验结果可以按其作用大小排列为：$MnO_2 > Mn_2O_3 > Co_2O_3$；$Cr_2O_3 > Ni_2O_3$。

Matsouka 最初的研究结论指出:

(1) Mn、Co、Cr 氧化物的任一种,以 0.5%(摩尔分数)量单一掺杂的 ZnO 压敏陶瓷不呈现非线性。

(2) 在单一掺杂 0.5%(摩尔分数)量 Bi_2O_3 的情况下,ZnO 压敏陶瓷的粒界处形成偏析层,使陶瓷体呈现非线性。而在高于 1250℃ 烧成时,由于 Bi_2O_3 的过度挥发而使烧结体呈欧姆性。

(3) 在 950~1150℃ 烧结时,单一掺杂 Sb_2O_3 的 ZnO 压敏陶瓷有非线性;而高于 1150℃ 时由于 Sb_2O_3 的挥发而使烧结体呈现线性。

(4) 在 Bi_2O_3-MnO_2、Bi_2O_3-MnO-CoO、Bi_2O_3-MnO-CoO-Cr_2O_3、Bi_2O_3-MnO-CoO-Cr_2O_3-Sb_2O_3 系统中,ZnO 压敏陶瓷的非线性系数 α 依次由 4 逐渐增加到 50,U_{1mA} 梯度也逐渐提高。针对添加五种添加剂的 ZnO 压敏陶瓷随烧成温度的提高对其非线性的影响,通过微观结构、X 射线衍射进行的分析证实了以下事实。

① 在 950~1350℃ 烧成温度下,α 值随着烧成温度的提高而增大,最高达到 50。当温度提高到 1450℃ 时,α 值急剧降低至 1,即非线性急剧恶化。

② 随着烧成温度的提高,ZnO 的平均粒径由 950℃ 下的 $1\mu m$ 增大到 1350℃ 下的 $10\mu m$,在 1450℃ 下达到 $15\mu m$;电容量由 950℃ 下的 0.2nF 增大到 1350℃ 的 1.50nF,在 1450℃ 下达到 2.75nF。

③ ZnO 晶粒被晶界的偏析层包围,在 950℃ 和 1050℃ 烧成的 ZnO 压敏陶瓷,其晶粒尺寸只有 $1~2\mu m$,没有清晰可见包围晶粒的偏析层;高于 1150℃ 后晶粒变大,并被偏析层所包围,随着烧成温度的提高,偏析层增大;在 1350℃,晶粒尺寸大约为 $10\mu m$,偏析层约为 $1\mu m$;而在 1450℃ 烧成的 ZnO 压敏陶瓷晶粒尺寸大小达到 $15\mu m$,却没有被偏析层所包围。

④ X 射线衍射分析证实,五种添加剂和少量 ZnO 偏析在晶界,而在 1450℃ 烧成的 ZnO 压敏陶瓷中 Co、Mn 和 Cr 是固溶在 ZnO 晶粒中的。因此,可以认为含有 Co、Mn 和 Cr 的富 Bi 偏析层是 ZnO 压敏陶瓷产生高非线性的根源。从电镜微观观察以及 α 值与烧成温度的关系来看,可以得出这样的结论:偏析层对 α 值有着本质性的影响。

Kim 的研究表明,ZnO 晶粒中的 Co 元素,不论是以 CoO、Co_2O_3 还是以 Co_3O_4 的形式添加,经高温烧成后的最终状态均以 Co^{2+} 的形式在 ZnO 晶粒中形成替位缺陷,与其烧成前的价态无关。所掺杂 Co_2O_3 与掺杂 Al_2O_3、Ga_2O_3 等施主的作用与之不同,由于 Co^{2+} 和 Zn^{2+} 同价,所以掺杂 Co_2O_3 并不能增加 ZnO 晶粒的施主;Co^{2+} 的离子置换进入 ZnO 晶格中的能态,在禁带中形成了新陷阱。实验结果证明,在添加 0.1%~2%(摩尔分数)的情况下,ZnO 压敏陶瓷中 ZnO 晶粒内的自由电子浓度随着烧成温度的提高并未发生变化,说明其既未形成施主能级,也未形成受主能级。

通过扫描电镜能谱分析发现，ZnO 晶粒中固溶的 Co 原子，认为有下列反应发生：

$$Co_2O_3 + ZnO \longleftrightarrow 2Co_{Zn}^{\times} + 2O_O + 1/2O_2 \uparrow \qquad (6\text{-}7)$$

$Co_{Zn}^{\times}$ 在室温下难以电离，在 ZnO 中处于深能级位置，否则使自由电子浓度增高，即反应 $Co_{Zn}^{\times} \longleftrightarrow Co_{Zn}^{\cdot} + e'$ 的电离能较大，所以不能提高 ZnO 晶粒内的自由电子浓度。但事实上是 Co_2O_3 的添加使 ZnO 晶粒的电阻率降低了，这只能归于电阻率降低的另一个原因，即电子的迁移率的改变。图 6.2、图 6.3 分别给出了晶粒的电阻率与 Co_2O_3 添加量的关系。

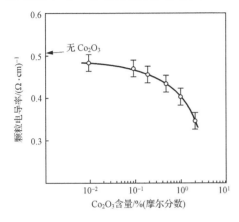
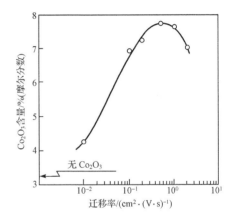

图 6.2　晶粒的电阻率与 Co_2O_3 添加量的关系　　图 6.3　电子的迁移率与 Co_2O_3 添加量的关系

从图 6.2、图 6.3 可见，适量的 Co_2O_3 可使晶粒的电阻率降低、电子的迁移率增大；但若 Co_2O_3 过量，晶粒的电阻率又增大，因为电子的迁移率随 Co_2O_3 的量而变化。很显然，添加适量的 Co_2O_3 可使 ZnO 晶粒的电子迁移率变大，倘若过量，反而会变小，这就是添加 Co_2O_3 量影响 ZnO 晶粒电阻率的根本原因。

张海恩等的研究进一步表明，ZnO 晶粒中电子的迁移率与晶粒结构的完整性有着密切的关系。图 6.4 给出了 ZnO 压敏陶瓷的密度随 Co_2O_3 添加量的变化。致密度是瓷体内各种缺陷的宏观表现，直接影响到 ZnO 压敏陶瓷的电气性能。图 6.4 说明适量 Co_2O_3 的添加可提高瓷体的致密度，减少缺陷。这些结果被腐蚀 ZnO 压敏陶瓷观察其微观结构完整性所证实，即添加适量 Co_2O_3 的瓷体切片较难以腐蚀，因为其缺陷浓度低。

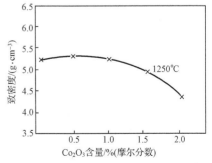

图 6.4　ZnO 压敏陶瓷的致密度随 Co_2O_3 添加量的变化

综上所述，Co_2O_3 的适宜添加量应在

0.5%~1.0%(摩尔分数),过量的 Co_2O_3 对 ZnO 压敏陶瓷的电气性能是有害的。

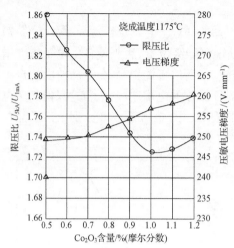

图 6.5　Co_2O_3 添加量对 MOV 压
比及梯度的影响

图 6.5 显示的实验结果也证明了上述分析论断。

图 6.6 为 $MnCO_3$ 添加量对 MOV 压比及梯度的影响。由图可见,添加量为 0.5%~0.7%(摩尔分数)内压比较低且稳定,超出该范围后,压比逐渐增大。随着其添加量的增加 MOV 的梯度都逐渐增大。

Cr_2O_3 在 ZnO 压敏陶瓷中少量与 ZnO 反应形成替位式固溶体,大部分固溶于 $Zn_7Sb_2O_{12}$ 尖晶石,少部分与 Bi_2O_3 反应生成 $12Bi_2O_3 \cdot Cr_2O_3$ 或 $14Bi_2O_3 \cdot Cr_2O_3$,即形成富 Bi_2O_3 的铬酸盐;适量添加 Cr_2O_3 可改善小电流区的非线性、提高压敏电压、改善大电流冲击的稳定性;过多地添加 Cr_2O_3 不但会使非线性下降,而且使电阻片的漏电流增大。图 6.7 所示的实验结果证明,Cr_2O_3 的适宜添加量应在 0.3%~0.5%(摩尔分数)。

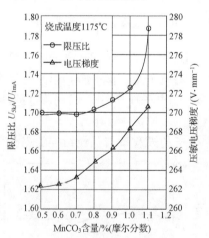

图 6.6　$MnCO_3$ 添加量对 MOV
压比及梯度的影响

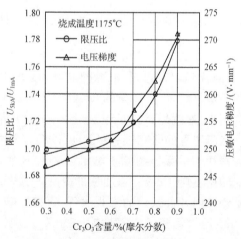

图 6.7　Cr_2O_3 添加量对 MOV
压比及梯度的影响

就 Cr_2O_3 和 SiO_2 对 ZnO 压敏陶瓷在烧结过程物相形成的影响而言,研究结果表明,Cr_2O_3 与 SiO_2 起着降低尖晶石形成温度的作用。另外,Cr_2O_3 起着使 δ-Bi_2O_3 相稳定的作用。

Ni_2O_3 或 NiO 的作用包括：

（1）提高电阻片的耐受交、直流冲击稳定性。主要表现在含 Ni 较多的电阻片在承受 $8/20\mu s$ 雷电、2ms 方波及 $4/10\mu s$ 大电流冲击后，正反两端面的 U_{1mA} 变化率较小，其极性差别也小；而且漏电流变化也小，这说明 Ni_2O_3 具有调节势垒偏压消除极性的作用。

（2）使瓷体的微观结构更均匀。这是因为如上所述，Cr_2O_3 与 Bi_2O_3 反应生成含有 Sb、Zn 的富 Bi_2O_3 液相，从而调整了锑锌尖晶石的分布。Ni_2O_3 与 SiO_2 对尖晶石的含量也起着调节作用。

（3）Ni_2O_3 与 Cr_2O_3 的功能相似，通过影响尖晶石的形成而影响 ZnO 压敏陶瓷的电气性能，可明显提高电位梯度。对于交流系统适宜的 Ni_2O_3 含量为 0.4%～0.6%（摩尔分数）。高于 0.7%（摩尔分数）会明显使压比变大。对于直流系统 Ni_2O_3 是必不可少的添加剂，其适宜的添加量为 0.5%～1.2%（摩尔分数）。图 6.8 展示出 NiO 的添加量对 MOV 主要电气性能的影响。

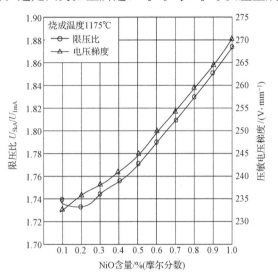

图 6.8　NiO 添加量对 MOV 压比及梯度的影响

3. 降低 ZnO 晶粒电阻率拓宽中电流区的添加剂

随着超高压输变电工业的迅速发展，特别需要开发提高避雷器保护水平的 MOV，不仅希望 MOV 伏安特性"高电流区"的起始电流尽可能大，而且在压敏电压下的阻性电流尽可能小。也就是说，希望 MOV 的非线性电流范围要尽可能宽。

用第 IIIA 族中 Al、Ge、In 元素的氧化物掺杂于 ZnO，通过其部分固溶可降低 ZnO 晶粒的电阻率，是达到上述目的的有效措施。其固溶反应机理如下：

$$M_2O_3 + ZnO \longleftrightarrow 2M_{Zn}^{\cdot} + 2e' + 2O_O + 1/2O_2 \qquad (6\text{-}8)$$

$$M_{Zn}^{\times} \longleftrightarrow M_{Zn}^{\cdot} + e' \qquad (6\text{-}9)$$

式中，$Mn_{Zn}^{\cdot}$ 代表 Zn^{2+} 的晶格位置被 M 替代；e' 为导带中的准自由电子；M 代表金属元素 Al、Ge、In 或者三价的稀土元素，特别是那些离子半径与 Zn^{2+} 离子半径接近的元素。例如，在添加 $Al(NO_3)_3 \cdot 9H_2O$ 的情况下，由于生成的 $Al_{Zn}^{\cdot}$ 施主能级的电离能比本征填隙 Zn 离子 $Zn_i^{\times}$ 小，所以自由电子浓度随着添加量的增加而增加，Al_2O_3 的引入起着有效降低 ZnO 晶粒的电阻率的作用，Ge、In 的作用原理与 Al 相同。

某些阴离子(如 F^-)也同样可以替代 ZnO 晶格中的 O 离子,使 ZnO 晶粒的电阻率降低。对 ZnO 而言,F^- 是理想的阴离子掺杂剂,因为它的离子半径(1.36Å)与 O^{2-} 半径(1.40Å)很接近,所以由晶格匹配性引起的应力变形小甚至没有。它与 ZnO 发生的反应如下:

$$MF_3 \longleftrightarrow M_{\dot{Z}n} + F_{\dot{O}} + 2e' + F_2(g) \tag{6-10}$$

式中,$F_{\dot{O}}$ 表示替位于 ZnO 晶格中的 O 位置的 F。

上述两种情况任何一种都能使电子增多,不过由于其他一些原因,如离子半径不合适等,将某些三价元素掺杂时并不能起到明显提高 ZnO 晶粒的电阻率的作用。此外,还应注意一点就是在上述三价元素的阳离子掺杂时,最好同时进行阴离子掺杂,如上述的卤族元素。

由于添加 $Al(NO_3)_3 \cdot 9H_2O$ 货源充足、价格便宜,特别是其水溶性好,容易与 ZnO 及其他添加剂混合均匀,所以迄今广泛采用 $Al(NO_3)_3 \cdot 9H_2O$ 引入 Al^{3+}。Al 的掺杂不仅能降低 ZnO 晶粒的电阻率,拓宽非线性区的电流范围,因而降低 MOV 的压比,提高耐受雷电流冲击能力;而且能提高 MOV 的电容。由于高压 MOA 是由多片 MOV 叠置组装而成,运行中因杂散电容引起电场分布不均,位于高压端的 MOV 荷电率较高而易老化,MOV 电容的提高有利于改善电场分布的均匀性。

$Al(NO_3)_3 \cdot 9H_2O$ 的添加量最好在 $0.05\% \sim 0.08\%$(摩尔分数),过多不仅不能进一步降低压比,而且会引起漏电流明显增大。添加的方式有以下三种。

(1) ZnO 与添加剂混合制备浆料时添加。

这是国内外较通用的方式,但是这样在 MOV 烧结过程只有部分 Al^{3+} 与 ZnO 固溶,而有部分进入尖晶石或溶于富 Bi 晶界层,使漏电流增大。

(2) 将 $Al(NO_3)_3 \cdot 9H_2O$ 与 ZnO 预掺杂。

许多文献和专利提出了 ZnO 预掺杂 Al_2O_3 的工艺,即将适宜的 $Al(NO_3)_3$(按 Al 原子计 $5 \sim 15\mu g/g$)水溶液与 ZnO 充分混合制成水基浆料,经喷雾干燥成 Al^{3+} 分布均匀的粉粒,再经 $500 \sim 1000℃$(最好是 $600 \sim 900℃$)煅烧,使 Al^{3+} 通过扩散与 ZnO 反应形成固溶体。若煅烧温度低于 $500℃$,则 Al^{3+} 固溶不充分;若高于 $1000℃$,则因 ZnO 颗粒生长破坏了其均匀性,使效果不良。显然这里对煅烧温度和扩散时间应折中考虑。也就是说,可以通过较低温度煅烧及足够长的保温完成 Al 的掺杂;也可以提高煅烧温度在较短的时间完成 Al 的掺杂,但不得使 ZnO 颗粒生长。

例如,按 Al 原子 $10\mu g/g$ 计以 $Al(NO_3)_3 \cdot 9H_2O$ 形式掺杂,在 $500℃$ 热处理 1h。将这种预掺杂 Al 的 ZnO 与 1.0%(摩尔分数)Sb_2O_3、0.5%(摩尔分数)的 Cr_2O_3、MnO_2、CoO 和 Bi_2O_3 的细磨添加剂混合,制备成压敏电阻。按常规工艺制成试品的限压比(U_{10kA}/U_{1mA})为 1.55,而按预掺杂工艺制成的试品为 1.42,即其压

比大约降低了 8.4%。

（3）在 ZnO 制造过程预掺杂 Al、Ge、In 的工艺专利。

该方法的本质是：使 Zn 蒸气在含有 Al、Ga、In 的气氛中氧化。在 Zn 氧化的过程中，Al、Ga、In 可以充分固溶于 ZnO。因此，采用这种 ZnO 为原料，即可使按传统工艺制成的压敏电阻的中电流区非线性、负荷寿命及浪涌耐量均得到改善。

采用按上述方法生产的 ZnO 为原料，再加上调整一定粒度的 Bi_2O_3、Co_2O_3、MnO_2、Sb_2O_3、Cr_2O_3 和非晶质的 SiO_2，以及 NiO、B_2O_3、Ag_2O 等添加剂。在此可以用 $AgNO_3$、H_3BO_3 代替 Ag_2O、B_2O_3，最好是含 Ag 的硼硅铋玻璃。按一定配方将这些原料制备成浆料，经过喷雾干燥、成型、排胶后，在坯体侧面涂一层主成分为 Bi_2O_3、Sb_2O_3、ZnO、SiO_2 无机高阻层（60~300μm）；然后烧成，烧成温度最好是 1100~1250℃，保温 3~7h，烧成后侧面涂一层玻璃层（100~300μm）；而后在空气中于 400~900℃釉烧热处理，保温 0.5~2h，最后磨片、喷涂 Al 电极。对比试验结果如表 6.5 所示。

表 6.5　在 ZnO 制造过程预掺杂 Al、Ge、In 的试验结果

ZnO 的制造方法	Al、Ga、In 含量/(g/L)	ZnO 平均粒径/μm	气氛中 Al、Ga、In 的含量/%（质量分数）	限压比 U_{10kA}/U_{1mA}	雷电冲击耐量		操作冲击耐量		漏电流比 I_{100}/I_0	U_{1mA} 降低率/%
					100kA	130kA	800A	1000A		
1 Al(NO₃)₃ 液雾化	0.0005	0.4	0.003	1.6	○	○	○	○	0.35	3.8
2 Ge(NO₃)₃ 液雾化	0.00005	0.5	0.002	1.6	○	○	○	○	0.37	4.1
3 In(NO₃)₃ 液雾化	0.01	0.6	0.01	1.6	○	○	○	○	0.39	4.3
4 AlBr₃ 气体	0.001	0.5	0.005	1.6	○	○	○	○	0.28	3.3
5 AlI₃ 气体	0.00001	0.6	0.001	1.6	○	○	○	○	0.30	3.1
比较例 1	—	0.5	0.005	1.9	×	×	○	×	0.71	10.2
比较例 2	—	1.2	0.007	1.8	×	×	×	×	0.75	8.8

试样的尺寸 $\phi47×22.5mm$，U_{1mA} 梯度为 200~300V·mm^{-1}。本方法共 5 例，比较例 2 种。比较例 1 是在普通 ZnO 中添加 0.01%（摩尔分数）的 $Al(NO_3)_3$·$9H_2O$；比较例 2 是按照特开昭 58-122703 的方法，将普通 ZnO 与 Al_2O_3 混合经 900℃煅烧。表 6.5 中的 U_{1mA} 降低率是指经 8/20μs 电流 30kA 冲击 10 次后的变化率；漏电流比是指元件在 130℃、荷电率 95% 条件下，加负荷 100h 的漏电流与刚加负荷时的漏电流之比。雷电冲击耐量是指经 4/10μs 电流冲击 2 次，破坏者用"×"表示，未破坏者用"○"表示；操作冲击耐量是指经 2ms 电流冲击 20 次，破坏者用"×"表示，未破坏者用"○"表示。

具体做法最好是将含有 Al^{3+}、Ga^{3+} 或 In^{3+} 的溶液,如 $Al(NO_3)_3$ 溶液等,通过超声波雾化器分散成细雾粒状,在 1200~1300℃的高温气氛中进行氧化。若将 Al、Ga 或 In 的气体,如它们的溴化物、碘化物气体充入氧化气氛中,则效果更好。气氛中氧分压应大于 0.2atm($1atm=1.01325×10^5Pa$);氧气氛中 Al、Ga 或 In 的浓度最好在 0.00001~0.01g/L。若低于该范围,则看不出其固溶效果;若高于 0.01g/L,则未能固溶附着在 ZnO 晶粒表面的数量会显著增多,使元件的性能变坏。

图 6.9 是本方法 ZnO 制造装置的实例之一,图中 1 为用作原料的金属 Zn,2 为金属 Zn 的熔化炉,3 为 Zn 蒸气氧化反应的蒸馏炉,4 为冷却管道,5 为收集罐,6 为排风器是反向过滤器。将熔化炉中的熔融 Zn 送入蒸馏炉,蒸馏炉外部加热到 1300~1400℃,使蒸馏炉内的 Zn 达到沸点(约 900℃)从蒸发口喷出,喷出的 Zn 导入氧化室的空气中与 O_2 发生氧化燃烧反应。这样制得的高温 ZnO 被排风器排入冷却管道,冷却后大部分在收集罐中,少部分被过滤器收集。

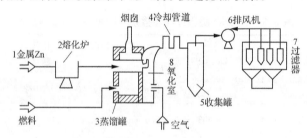

图 6.9　ZnO 预掺杂 Al、Ga、In 的 ZnO 制造工艺流程图

在送入氧化室的空气中含有 $Al(NO_3)_3$、$In(NO_3)_3$ 或 $Ga(NO_3)_3$ 的水溶液经过超声波雾化器的微粒或 $AlBr_3$、AlI_3 等气体,其中 Al、Ga、In 的量为 0.00001~0.01g/L。ZnO 在冷却管道中慢慢冷却形成层粒径 0.5μm 的 ZnO 结晶。

4. 抑制晶粒生长、提高 MOV 压敏电压和稳定性的添加剂

Sb_2O_3、SiO_2、MgO 是 ZnO 压敏陶瓷广泛采用的抑制晶粒生长、提高压敏电压和稳定性的添加剂。

在烧成过程 Sb_2O_3 与 ZnO、Cr_2O_3 等反应生成尖晶石,抑制 ZnO 晶粒生长,阻止 ZnO 晶粒异常长大,提高了烧结体晶粒和晶界结构均匀性,因而有助于提高 MOV 压敏电压和稳定性。Sb_2O_3 在 $Sb^{3+} \rightarrow Sb^{5+}$ 的升价过程中,它将从其他氧化物或气氛中夺取氧,这样在高温下由于氧缺乏形成两种缺陷:一种是氧空位,一种是填隙金属离子。氧空位的存在能束缚电子形成的陷阱,Bi^{3+}、Mn^{3+}、Co^{3+} 游离出来形成正电子中心也能产生电子陷阱,从而形成表面态产生势垒。虽然 Sb_2O_3 本身对非线性无贡献,但它通过对尖晶石的形成、调整其他添加剂在尖晶石、富 Bi 晶

界层的固溶以及 Bi_2O_3 的相变,改善 MOV 的压比、压敏电压、漏电流及稳定性。

　　在烧成过程 SiO_2 与 ZnO 反应生成 Zn_2SiO_4 无定形相或晶相,起着与 Sb_2O_3 相似的作用。最为重要的是,SiO_2 与本身具有典型的玻璃网络结构,其 Si—O 键能很大,对稳定晶界、抑制离子迁移起着重要作用。另一方面,SiO_2 富集在晶界相中,它并不在 ZnO 中产生施主及受主缺陷,即对 N_D 无直接影响。但当其不存在时,会使 N_D 下降,这主要是由于 SiO_2 与可容纳原料中的有害杂质(一价离子),减轻受主 ZnO 中施主的补偿。Si^{4+} 的掺杂也不能产生受主表面态,它对表面势无直接影响。但 SiO_2 与 Bi_2O_3 在晶界相中生成的玻璃液相,可改善液相对 ZnO 晶粒边界的润湿作用,有助于 ZnO 表面形成 Bi 偏析层,同时也会影响非本征表面态杂质 Bi、Co、Mn、Cr、Ni 等在 ZnO 表面的偏析浓度,所以最终会影响到表面势。因此提高表面态、势垒高度,从而提高 MOV 的压敏电压及稳定性。不含 SiO_2 时的润湿作用比含 SiO_2 时的润湿作用要差,非本征表面态杂质减少,所以表面势减小。

　　就 MOA 及高压压敏电阻而言,在传统配方中 Sb_2O_3、SiO_2 是必不可少的添加剂。Sb_2O_3 的适宜添加量为 $0.8\% \sim 1.2\%$(摩尔分数);SiO_2 的适宜添加量为 $0.5\% \sim 1.5\%$(摩尔分数)。二者过多的添加会造成较多的尖晶石、Zn_2SiO_4 结晶生成,由于这些晶粒是非导体,而降低电阻片的通流能力。如前所述,期望所加入的 SiO_2 都能生成玻璃液相,所以应根据配方组成的不同,选择 SiO_2 的最佳添加量。图 6.10、图 6.11 分别给出了 Sb_2O_3、SiO_2 添加量对 MOV 电性能的影响。

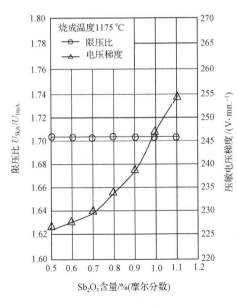

图 6.10　Sb_2O_3 添加量对 MOV
电性能的影响

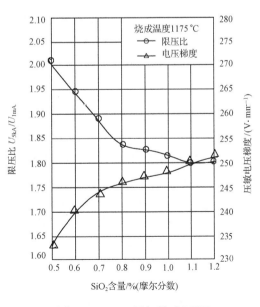

图 6.11　SiO_2 添加量对 MOV
电性能的影响

MgO 可部分固溶 ZnO 晶格中,部分在颗粒边界形成稳定的尖晶石固溶体颗粒相。Mg^{2+} 取代 Zn^{2+} 形成 Mg_{Zn}^x,由于 Mg^{2+} 不易放出电子形成 Mg^{3+},也不易接受电子而形成 Mg^+,所以 Mg^{2+} 可看作是中性缺陷,MgO 对 ZnO 的施主浓度影响很小。而且 Mg^{2+} 的掺杂并不在 ZnO 晶粒表面形成受主表面态,它对 ZnO 的表面势垒无影响。但它与 ZnO、Sb_2O_3 等氧化物在颗粒边界形成的尖晶石固溶体颗粒,对颗粒边界的迁移起着抑制作用,因而它像 SiO_2 一样起着抑制 ZnO 晶粒长大的作用。

另一方面,为了提高 ZnO 陶瓷的压敏电压,过多地添加 Sb_2O_3、SiO_2 会使其性能恶化,特别是浪涌耐量明显降低。分析其原因在于:①SiO_2 过多烧结体易产生空隙,致密性降低;②在 Zn_2SiO_4 结晶生长到 ZnO 晶粒尺寸的约 $1/2 \sim 1/3$ 时,随着这种晶粒数量的增多,非线性降低;③如果 Zn_2SiO_4 晶粒的数量太多,则决定非线性导电机构的结构参差不一,引起电场应力作用下的电流集中现象。为此,按相同的摩尔比同时添加 Si 和 Mg 则可取得好的效果。其理由是由于生成 ZnO 结晶的同时生成比 Zn_2SiO_4 晶粒小得多的 Mg_2SiO_4 结晶,由于生成 Zn_2SiO_4 结晶数量的减少,同时抑制了 ZnO 晶粒长大。再者,由于 Mg_2SiO_4 比 ZnO 和 Zn_2SiO_4 晶粒尺寸小得多,仅为其 $1/20 \sim 1/30$,即使这种晶粒的数目增多对非线性有较大的影响;这样就可在提高压敏电压的同时,提高电压寿命及浪涌耐量特性。所以,在含 Si 的配方中,适量添加 Mg 的氧化物或其化合物是可以在提高压敏电压的同时,全面提高 ZnO 压敏陶瓷电气性能的有效途径之一。

5. 促进 ZnO 晶粒生长降低压敏电压的添加剂

TiO_2、BeO 和 SnO_2 添加于 ZnO 压敏陶瓷中,在烧结过程具有促进 ZnO 晶粒长大的作用,但这些多用于梯度低的压敏电阻或高能电阻片中。

TiO_2 是最常用的促晶添加剂,因为它促进 ZnO 晶粒生长的作用最显著。它促进 ZnO 晶粒生长的机理不是通过液相,而是通过促进固相传质。因为 Ti 的离子半径 r_{Ti}^{3+} 为 0.69Å;r_{Ti}^{4+} 为 0.68Å,比 Zn 的离子半径 0.74Å 小,但很相近,因此 Ti 将以 r_{Ti}^{3+} 或 r_{Ti}^{4+} 替位形式进入 ZnO 晶粒,必将引起晶格畸变而得以活化,促进固相传质从而促进烧结。

TiO_2 的添加使晶界的击穿电压降低。由于 TiO_2 在 ZnO 晶粒的固溶度很低,它主要存在于 ZnO 晶粒的表面或晶界。Ti 离子在晶格位置电离成一价或二价有效施主中心,必然导致耗尽层有效施主浓度增加,不但使晶界势垒降低,从而降低晶界的击穿电压;而且使非线性降低、漏电流增大。TiO_2 的适宜添加量一般为 $0.3\% \sim 1.0\%$(摩尔分数)。

TiO_2 促晶作用的大小及效果与其添加量和添加方式密切相关。通常,在上述范围内其添加量越多,促晶作用越大;但若直接以 TiO_2 为原料加入,由于其在材料中分布不均匀,常形成异常巨大的 ZnO 晶粒,即明显引起瓷材料微观结构的不均匀性,使压敏电阻的电气性全能变坏。若将 TiO_2 为与其他添加剂混合煅烧处理再加入,效果要好得多。所以,高水平的低压 ZnO 压敏电阻,大多采取特殊的预处理 TiO_2 工艺。

6. 提高 ZnO 压敏电阻长期荷电稳定性的添加剂

B_2O_3 是一种熔融温度低且能单独形成玻璃的氧化物。由于 B_2O_3 有很低的表面能,在 ZnO 压敏陶瓷烧成过程中,晶界面和晶界层形成无序的高能区,为使该体系能量最低,表面态受系统熵的作用使具有表面能的熔质在表面富集,而且偶极子自行按表面能最低方式取向。这样以适量的 B_2O_3 及一定量的 Bi_2O_3、Sb_2O_3、SiO_2 填隙 Zn 离子组成的玻璃熔体网络,由于其较低的表面能而较完整地处于晶界层中,形成致密的玻璃相。在陶瓷冷却过程中,ZnO 晶粒、尖晶石相在 800℃左右已基本达到常温下的亚平衡状态,因此玻璃相与 ZnO 晶粒、尖晶石相之间啮合程度良好。所以,随着 B_2O_3 含量的增加,电阻片的抗荷电老化性能,特别是抗直流老化性能可大大改善,而且可提高抗冲击老化能力。

Ag_2O 和 K_2O 均属于一价金属氧化物,由于 Ag^+(1.26Å)和 K^+(1.33Å)的离子半径比 Zn^{2+} 的离子半径大得多,根据固溶规律,Ag^+ 难以进入 ZnO 晶粒内,只能偏析在 ZnO 晶界边界区;由于 Ag^+ 为一价离子,有降低及钳制 E_{FB} 的作用,能稳定晶界势垒,因此许多 ZnO 压敏陶瓷配方中都添加含 Ag 的玻璃。因此这些一价金属离子只可能取代该薄层内正常晶格点的 Zn^{2+},并电离成为一价有效负电中心,降低表面薄层内的施主浓度。这既能有效地改善电阻片的寿命特性,也不至于使其伏安特性的大电流区明显上升。

B_2O_3 和 Ag_2O 多以含 Ag 的硼硅酸铋玻璃形式添加。若 B_2O_3 的添加量少于 0.0001%(摩尔分数),则改善元件荷电寿命的作用很小;但若超过 0.05%(摩尔分数),则耐受雷电冲击后元件的 U_{1mA} 变化率增大。如果 Ag_2O 的添加量少于 0.001%(摩尔分数),则改善元件荷电寿命的作用不大;如果超过 0.05%(摩尔分数),则耐受雷电冲击后元件的 U_{1mA} 变化率增大。在用于直流的 ZnO 压敏陶瓷电阻配方中 B_2O_3 的添加量一般为 0.2%(摩尔分数)左右。

K_2O 多以其碳酸盐的形式添加,而且多用于低压和 Pr 系列配方。通常把 K_2O 作为原料中的有害杂质而加以限制,鉴于它有助于改善元件荷电寿命的作用,由原料引入的微量 K^+ 是有利的。

实验证明,在引进技术的配方中添加有含 Ag 的硼硅酸铋玻璃,电阻片的老化性能就稳定;否则就不稳定。其老化系数 K_{ct} 会增大至 2 以上。这充分说明这种含 Ag 的硼硅酸铋玻璃对改善电阻片的老化性能的重要作用。

7. 兼有提高电位梯度和降低大电流区压比的稀土氧化物添加剂

近十多年以来,随着超高压电力输电电压等级向 500kV 以上发展,采用压敏电压电位梯度 200V·mm⁻¹ 左右的 ZnO 压敏电阻片装配的避雷器需要串联或并联的电阻片尺寸和数量增加,因而避雷器尺寸就会增大;同时串联或并联的方式将复杂化,会出现许多与电、热和机械设计方面的问题。因此,研究和应用高梯度电阻片已经成为势在必行的措施。

日本许多电器公司研究结果表明,在常用 ZnO 压敏电阻的基础上,调整配方组成,适当添加 Y、Ho、Er、Yb 等稀土氧化物中的至少一种,稀土元素 R 的氧化物换算成 R_2O_3 时的数量为 0.05%～0.1%(摩尔分数),可以使电阻片的电位梯度增加到 350V·mm⁻¹ 以上。

根据稀土元素对 ZnO 压敏陶瓷梯度的作用可以分为以下三组:即提高压敏电压的稀土元素,不提高压敏电压的稀土元素,以及压敏电压介于上述两种的稀土元素,例如 La 不提高压敏电压。其中,有 10 种稀土元素,即 Y、Eu、Cd、Tb、Dy、Ho、Er、Tm、Yb 和 Lu,可提高压敏电压;有 4 种稀土元素 Ce、Pr、Nd 和 Sm,可中度提高压敏电压。提高压敏电压作用程度不同的 16 种稀土氧化物如图 6.12 所示。

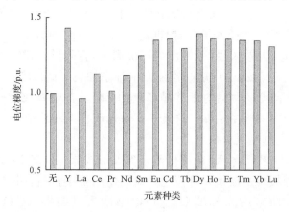

图 6.12　16 种稀土氧化物提高压敏电压作用程度的差别

李宇翔等对 Er_2O_3 掺杂 ZnO 压敏电阻性能的影响进行研究的结论是:Er_2O_3 的掺杂能够有效、全面地提高压敏电压,并且其非线性系数和漏电流也略有改善。原因是 Er_2O_3 的掺杂能限制 ZnO 晶粒的生长,使烧结后的 ZnO 压敏陶瓷具有较小的晶粒尺寸,并且粒度分布均匀。Er_2O_3 限制 ZnO 晶粒的生长主要表现在两个方面:一是 Er_2O_3 与 Sb_2O_3 反应生成富 Er 相,富 Er 相钉扎在晶界阻止 ZnO 晶粒的生长;二是 Er_2O_3 与 Bi_2O_3 反应,减少了烧结过程中的 Bi_2O_3 液相,削弱了 Bi_2O_3 液相对 ZnO 晶粒传质的促进作用,因而限制了晶粒的生长。同时,实验表明过多地掺杂 Er_2O_3 将会使非线性特性变差,漏电流增大,大电流冲击特性劣化,因此必须限制 Er_2O_3 的掺杂量。

添加上述 Y、Ho、Er、Yb 等稀土氧化物中一种的作用在于:①它们可以明显提

高电位梯度;②因为稀土元素的离子半径比 Zn^{2+} 大,它们就不容易取代置换 ZnO
晶粒中 Zn 的晶格位置,而主要由 ZnO 结晶界面处或 ZnO 结晶内的独立晶粒离析
出去,但它们中有极小部分固溶于 ZnO 晶粒内,以上述稀土元素的三价离子置换
二价的 Zn 离子,借助于它们的电子效应使 ZnO 晶粒内的电阻降低,结果能够降低
大电流区 U_H/U_S 的压比。采用这些稀土氧化物制造的高梯度电阻片已经实际应
用于超高压和 GIS 避雷器、线路避雷器中,使避雷器的尺寸大大缩小。

通常采用上述稀土元素氧化物的平均粒度为 $5\mu m$ 或以下。假如稀土元素氧化物
添加量大于 1.0%(摩尔分数),则 U_{3mA} 值变大,而且位于晶粒边界的 Bi_2O_3 与稀土元素
氧化物的固溶部分增多,ZnO 晶粒变得太小。另一方面,假如其含量少于 0.05%(摩尔
分数),则非线性电阻元件的 U_{3mA} 值与未添加稀土元素氧化物相比得不到明显提高。
而且大电流区的平坦率 U_H/U_S 不能降低。因此,稀土元素氧化物添加量,最好在
0.05%~1.0%(摩尔分数),特别是在 0.1%~0.5%(摩尔分数)范围调节。

6.1.3　配方与制造工艺的配合

任何产品都一样,配方是基础,工艺是条件,这就是内因与外因的关系。配方
再好,没有与其适应的工艺条件,也很难制造出好的产品。对于多元成分、高温反
应复杂的 ZnO 压敏陶瓷来说,制造工艺更为重要。鉴于 ZnO 陶瓷压敏电阻的用
途及其对性能的要求各不相同,因此其配方工艺多种多样。但是就一定的配方而
言,必须采用与之相适应的最佳工艺才能获得理想的效果。其中,添加剂的加工处
理最为关键。根据迄今查阅到的国内外的文献和专利对原料的预加工处理有以下
几种。

1. 除 $Al(NO_3)_3 \cdot 9H_2O$ 外的添加剂先混合细磨,然后直接与主成分 ZnO 等
混合制备成浆料

除 $Al(NO_3)_3 \cdot 9H_2O$ 外的添加剂先混合细磨,然后直接与主成分 ZnO 等混
合制备成浆料,经喷雾干燥获得流动性好的粉料。这是国内外广泛采用的工艺,通
称为生料工艺。

这种工艺的优点是:工艺简单,生产成本低,加工过程不易混入外来杂质。但
是由于 ZnO 与添加剂的活性大,在烧结过程各成分之间容易发生反应。其缺点
如下:

(1) 由于添加剂,特别是含量很少的组分与 ZnO 混合的均匀性较差,会造成
烧结体的微观结构不均匀,所以影响电阻片的综合性能。

因为按质量比 ZnO 占 90%左右,而添加剂总计只占 10%左右,其中有些添加
剂不到 0.1%,要使这些少量或微量的组分均匀地分布于 ZnO 微粒间是非常困难

的。在烧结过程中,这些添加剂除与 ZnO 反应外,它们之间也发生反应,因为多种添加剂都处于 ZnO 微粒的包围之中,所以在高温下添加剂只能通过扩散等作用使其与被 ZnO 隔离的添加剂接触时才能互相反应。显然不同添加剂与 ZnO 直接反应的产物与各添加剂与 ZnO 共存状态下的反应产物是不同的。由于添加剂与 ZnO 混合不均匀,决定了烧结体微观结构的不均匀。再者,由于不少添加剂在烧成过程发生分解或变价反应放出气体,造成瓷体孔隙率高而且大气孔多,因此电阻片的综合性能,特别是耐受方波、大电流冲击性能差。

(2) 由于添加剂中有酸、碱性离子,在混合浆料时易与 PVA 结合剂、分散剂和 $Al(NO_3)_3 \cdot 9H_2O$ 发生络合聚凝反应,造成浆料明显变稠难以流动的情况,这是造成浆料成分难以均匀的重要原因之一。为此,需要多加分散剂和水使浆料稀释,这样必然降低了浆料的含固量,最终造成造粒料的体密度降低,影响坯体的成型性能乃至成品的电气性能。

(3) 生料的粉料成型压力明显比熟料大,给坯体成型带来许多困难。必须增加水分,同时添加润滑剂。

2. 除 $Al(NO_3)_3 \cdot 9H_2O$ 外的添加剂全部煅烧

该工艺通称为熟料工艺,这种工艺的要点是:首先将除 $Al(NO_3)_3 \cdot 9H_2O$ 外的添加剂混合细磨至一定粒度后,进行压滤、烘干,经 850℃ 左右煅烧,再经二次细磨至一定粒度后与 ZnO 等混合制备成浆料,经喷雾干燥获得流动性好的粉料。

这种工艺也是国内外不少生产高压避雷器用 MOV 或电子用压敏电阻的厂家采用的工艺。与生料工艺相比,虽然这种工序多、生产成本较高,但是采用该工艺的电阻片性能是前者无法比拟的。其优点在于:

(1) 与生料工艺相比,该工艺为综合添加剂与 ZnO 等混合成分的均匀性创造了条件。由于占 10%(质量分数)左右的多种添加剂与 ZnO 等混合,经过煅烧的添加剂变成了成分较均一的固溶化合物,这样就成了综合添加剂再与 ZnO 等的混合,即相当于两种主成分的混合,而不是多种添加剂与 ZnO 等的混合,所以在同样的混合条件下就容易混合均匀。

在烧成过程中这种成分较均一的综合添加剂与 ZnO 之间的反应,虽然其反应活性差,但这比与原有含量少的各种添加剂与 ZnO 之间的反应更加均匀。预烧的添加剂向 ZnO 晶粒及粒界扩散对于提高晶界相的电子陷阱浓度、稳定晶界结构以及某些添加剂成分与 ZnO 固溶的均匀性、控制晶粒大小都是有利的。

(2) 添加剂经过煅烧基本上排除了原料反应放出的气体分解物,也基本上完成了变价氧化物价态变化,成为较稳定的价态。原料所含可溶性酸性或碱性离子,有些已被分解排除,有些已成为化合物。特别是那些易与 PVA 或分散剂发生聚

凝或络合反应的 B_2O_3、MgO 等添加剂,在其煅烧后已不是单独存在,这就从根本上消除了上述反应问题。

(3) 由于添加剂煅烧后成为低共熔化合物,它可比同一配方按生料工艺制造电阻片的适宜烧成温度明显降低 30～50℃,这不仅可大大减少高温下 Bi 的挥发,而且可降低烧结体的孔隙率,使其致密度提高。

鉴于上述原因,按熟料工艺制造的电阻片具有微结构较均匀的特点,因而包括耐受方波、雷电、大电流冲击能力,尤其是稳定性、老化性能等综合电气性能远优于生料。

当然,任何事物都有其两面性。作为缺点应该注意控制的是:①在添加剂烘干、煅烧、粉碎等加工过程,应特别注意防止灰尘、钵屑及铁杂质的混入;②严格控制添加剂煅烧温度和保温时间,以确保其烧结反应的均一性,尤其是烧结程度的均一性(从颜色和软硬程度可粗略判断);③尽可能细化添加剂的粗粉碎粒度,严格控制二次细磨的粒度并缩小其分布范围。这些细节对熟料工艺都是非常重要的。

3. ZnO 与除 $Al(NO_3)_3 \cdot 9H_2O$ 外的添加剂全部混合煅烧

原生产 MOA 的美国 GE 公司就是采用这种工艺。从其原理分析,其做法在于先通过将各种添加剂与 ZnO 混合细磨均匀后喷雾干燥,经 850～900℃煅烧使其发生预反应;再经过二次混合细磨,添加 $Al(NO_3)_3 \cdot 9H_2O$ 及有机结合剂等制成浆料,然后再次喷雾干燥成粉料。这样做的目的在于提高混合料成分和粒度的均匀性,并降低电阻片的烧成温度。这对于提高其综合电气性能不失为一种有效工艺。据悉,对添加剂与 ZnO 的混合细磨加工,GE 公司均采用大型、高效的震磨机完成。添加剂与 ZnO 混合粉料的煅烧是采用倾斜式以耐高温不锈钢内衬、可连续转动的管式电炉进行,粉料从炉子的上部按一定流量流入炉内,经拥定的温度和时间煅烧后从炉体下端流出,即完成了煅烧。

经过实验表明,对于规模化大批量生产来说,由于该工艺需两次细磨、喷雾干燥及混合煅烧,加工工序太多且加工量太大,所以生产成本太高。从技术方面说,混合煅烧、料的烧结程度及二次细磨的粒度与其分布等,这些都是难以控制掌握的。在试验中发现,混合煅烧后的料在二次喷雾干燥时浆料很容易沉淀,浆料的悬浮性很差,使作业无法进行。所以,该工艺在现有条件下的可行性和有效性尚有待探讨。

4. 部分 ZnO 与部分添加剂混合煅烧

将部分 ZnO 与部分添加剂混合煅烧,以达到生产压敏电压较低且性能稳定的中低压压敏电阻。列举以下实例加以说明。

1) 预合成尖晶石生产低压压敏电阻

对交换机采用的 82~150V 系列压敏电阻的需要量越来越大,按常规工艺生产的产品通流容量太低且漏电流大,以致不得不依赖进口。为此,通过预合成尖晶石工艺获得了通流容量达 1600A·cm^{-2}、漏电流<2μA 的压敏电阻。

采取本工艺的原因在于,如果按常规配方减薄瓷片厚度,对于梯度较高的料方存在一个临界厚度问题,即在临界厚度以下,因产生几何效应使其电气性能劣化。所以,仅靠减薄瓷片厚度是行不通的,只有采取降低梯度的方法。虽然添加晶粒助长剂 TiO$_2$、SnO$_2$ 等可以使梯度降低,但是 TiO$_2$ 的加入会引起晶粒生长的各向异性,使 ZnO 晶粒尺寸差别很大,因而通流能力降低。若采取提高烧成温度或延长保温时间的方法,必然会造成低熔点成分大量挥发及二次晶粒生长问题。所以试图以预合成尖晶石工艺实现在晶粒生长的前期和中期将其抑制晶粒生长的作用禁锢起来,而在晶粒发育到适当大时,依靠尖晶石阻止二次晶粒生长,既能使其达到晶粒充分长大,又能控制 ZnO 晶粒均匀的目的。其工艺要点如下:

(1) 尖晶石合成。按 7mol ZnO 与 1mol Sb$_2$O$_3$ 重量配料,湿磨 12h,压成块状或散装分别在 900℃、1000℃、1200℃下煅烧保温 4h。经 X 射线衍射分析鉴定证明,不论块状或散装煅烧后的合成物均具有立方形 Zn$_7$Sb$_2$O$_{12}$ 尖晶石和 β-Zn$_7$Sb$_2$O$_{12}$ 尖晶石结构晶粒的尖晶石。在 900℃煅烧的尖晶石晶粒为条形,很不规则,晶粒也小;而经 1200℃合成的尖晶石晶粒尺寸较大(20~30μm),晶粒为多面体状。这充分说明,尽管从 900℃就有立方形尖晶石生成,但其晶粒发育是一个缓慢过程。但从试品的试验数据看不出尖晶石结构及发育状况对元件的电位梯度有什么影响。

(2) 尖晶石细磨粒度对元件电气性能的影响。试验结果表明,尖晶石细磨粒度越细,元件的电位梯度越高、通流容量降低。细磨 4h 其粒度为 4~10μm,而且其分布较集中。利用该粒度尖晶石制作的压敏电阻电位梯度在 100V 左右,达到了预期目标。

2) 预合成正方晶系氧化锑锌(简称 TAZO),制造低压压敏电阻

日本特许公昭 64-7481 公布美国 GE 公司生产制造低压压敏电阻的专利。本发明配方的主成分为 ZnO,含有一种以上的添加剂及 10%(质量分数)以下的 ZnO 预合成 TAZO。这种 TAZO 在电阻体中起促进 ZnO 晶粒长大的晶核作用,使压敏电压降低,同时高温漏电流减小。TAZO 晶粒的粒度应数倍于 ZnO 粉料的粒度。

TAZO 晶核的制备,采用 Sb$_2$O$_3$ 与 ZnO 按以下反应式完成:

$$Sb_2O_3 + ZnO \longrightarrow ZnSb_2O_4$$

这种合成物具有正方晶型,在 TAZO 制备晶核时,应将 Sb$_2$O$_3$ 与 ZnO 充分均匀混合,然后将其压制成大圆片,最好在 900~1200℃下烧结。烧结后的圆片内部呈橙

黄色,外层呈淡色。外层主要是由 ZnO 构成,因为烧成时 Sb 蒸发了。用机械法将外层去掉后,将富含 TAZO 的中心部分粉碎成颗粒,筛分出 $50\mu m$ 以下所期望粒度范围的 TAZO 核粒子。例如,用 325 目的筛子就可以获得 $6\mu m$ 的粒度。在该情况下 90% 以上是小于 $20\mu m$ 的粒子。Sb_2O_3 与 ZnO 反应生成 TAZO 的结晶形态,随着配比及烧结气氛中氧气氛的不同而异。若烧成时有过剩的氧及 ZnO,则其反应将依如下反应式进行:

$$Sb_2O_3 + 7ZnO \longrightarrow Zn_7Sb_2O_{12}$$

这样的生成物往往是 $Zn_7Sb_2O_{12}$ 的尖晶石结晶。在二者配比适宜的情况下采取将其压制成大圆片的办法,可有效抑制氧的作用及锑的挥发,即可获得正方晶系 TAZO;坯体的密度以 $3.0g \cdot cm^{-3}$ 为好。

本方法的实例如下:按配比适宜的料压成圆片,在 1300℃ 温度下烧成 1h。这种压敏电阻的配方由 ZnO、Bi_2O_3、Co_2O_3、MnO_2、TiO_2、Cr_2O_3、B_2O_3 和 TAZO 组成。所制得试品的主要性能为:E_{1mA} 为 $23V \cdot mm^{-1}$、$18V \cdot mm^{-1}$;α 为 21;漏电流为 $0.6\mu A$。

TAZO 的粒度应大于 $1\mu m$、小于 $50\mu m$,一般在 $1 \sim 20\mu m$ 内。其含量为 $0.1\% \sim 10\%$(质量分数),其中含有约 $50\mu m$ 的粒子。TAZO 的含量若超过 10%(质量分数),则其对压敏电压的作用不明显;若其含量在 5%(质量分数)以下,就能有效地降低压敏电压。其实,只要能使 TAZO 在料中混合均匀,即使仅加入 1%(质量分数)也能起到减小漏电流及降低压敏电压的作用。

3)将 TiO_2、MnO_2 与部分 ZnO 混合煅烧,制造低压压敏电阻

在低压压敏电阻配方中通常添加有助晶剂 TiO_2。在混料时由于原料的比重不同,难以混合均匀,这样在烧成时易发生晶粒异常长大而导致压敏电压分散性大,限制电压特性和耐受电流冲击能力变坏。为此,将部分 ZnO 与 TiO_2、MnO_2 混合在 900℃ 以上煅烧,再将其与其他成分混合,可改善料混合的均匀性,提高和稳定低压压敏电阻的性能。

(1)实施例 1。按表 6.6 的配方,先将 10%(摩尔分数)ZnO 与 MnO_2、TiO_2 的全量混合,在 1000℃ 下煅烧,然后将煅烧料与其他成分混合,加入结合剂造粒,压成 $\phi 10 \times 1.2mm$ 的坯体,在 1300℃ 烧成 3h,再将烧结体端面涂电极。各取试品 50 只测定压敏电压(U_{1mA}),并计算其平均偏差(σ_{n-1}),以及电压非线性系数 α 和限压比。配方对比试验结果如表 6.6 所示。

(2)实施例 2。就 ZnO 和各为 0.05%(摩尔分数)的 Bi_2O_3、Co_2O_3、MnO_2、NiO 及 1%(摩尔分数)TiO_2 的配方而言,按表 6.6 的配比将部分 ZnO 与 MnO_2、TiO_2 的全量混合,在 1000℃ 下煅烧,按实施例 1 同样的方法制备试样,对比试验结果列入表 6.6。

表 6.6 实施例 1 和实施例 2 与本方法对比试验结果

配方	添加剂/%(摩尔分数)			$E_{1mA}/(V \cdot mm^{-1})$	偏差 σ_{n-1}	U_{5kA}/U_{1mA}
	ZnO	MnO$_2$	TiO$_2$			
1*	—	—	1.0	22.6	3.21	1.87
2**	0	0.5	1.0	22.7	3.12	1.88
3**	2.0	0.5	1.0	23.1	2.62	1.85
4	3.0	0.5	1.0	24.0	0.92	1.63
5	全量	0.5	1.0	27.1	0.51	1.54
6**	10.0	—	1.0	23.3	2.71	1.88
7	—	0.05	1.0	23.5	1.00	1.61
8	—	0.5	1.0	24.4	0.68	1.58
9**	—	0.5	—	22.9	2.60	1.83
10	—	0.5	0.05	23.7	0.97	1.61

* 不煅烧的普通做法。
** 本方法范围以外的对比例,其他属本方法实施例。

表 6.6 所提供的数据说明符合本方法的试品,其压敏电压平均偏差分散性小,限压特性优良。

(3) 实施例 3。就 Bi$_2$O$_3$、Co$_2$O$_3$、MnO$_2$ 各为 0.5%(摩尔分数)、NiO 为 0.1%(摩尔分数)、TiO$_2$ 为 1.0%(摩尔分数)的配方而言,先在不同温度下煅烧,按实施例 1 同样的方法制备试样。测定压敏电压(U_{1mA})并计算其平均偏差(σ_{n-1}),以及限压比。试验结果如图 6.13 和图 6.14 所示。可见,在 900℃以上温度下煅烧,压敏电压(U_{1mA})的平均偏差(σ_{n-1})小,限压特性优良。若煅烧温度超过 1200℃,则煅烧料难以粉碎。此外,ZnO 与 MnO$_2$、TiO 煅烧添加,则其与有机结合剂的混合浆料的黏度比常规的黏度低,有利于各成分混合均匀。

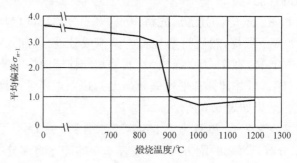

图 6.13 梯度平均偏差与煅烧温度的关系

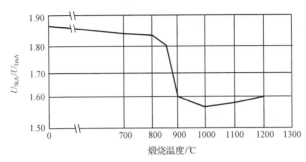

图 6.14　压比与煅烧温度的关系

　　总之,ZnO 压敏电阻的配方和工艺都是根据产品的对象不同、满足不同特性要求确定的。不论什么样的配方、工艺,及产品对象,对其性能的要求都是一致的,即压敏电阻的压比低、保护性能好,耐受正常运行负荷及异常负荷性能稳定、可靠,大规模生产合格率高。

　　ZnO 压敏电阻的配方和工艺差别大的主要原因是对其压敏电压、能量吸收能力、漏电流等要求不同,尤其是对 U_{1mA},即容许的电位梯度(V・mm^{-1})的要求不同。相对而言,用于高压避雷器的 MOV 配方和工艺差别较小,而用于中、低压压敏电阻的配方和工艺差别较大。这种配方的多样性决定了与之相适应的工艺多样性。只有配方和工艺最佳的匹配才能生产出综合电气性能好、合格率高的 ZnO 压敏电阻元件。

6.1.4　典型的避雷器用氧化锌压敏电阻片的生产工艺流程与工艺装备

　　(1) 采用煅烧添加剂(熟料)制造电阻片工艺流程,如图 6.15 所示。

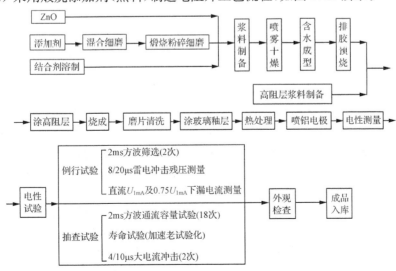

图 6.15　MOA 用 ZnO 压敏电阻片制造工艺流程

（2）采用不煅烧添加剂（生料）工艺制造 MOV 流程，除添加剂不煅烧粉碎细磨外，其工艺流程与图 6.15 基本相同。

6.2　添加剂原料的细化处理与氧化锌混合粉料的制备

6.2.1　添加剂配料与细化处理

1. 添加剂配料

按照一定的配方质量比称量添加剂是制备 ZnO 与添加剂混合粉料的第一道工序，如果配料出现差错将会造成 MOV 的性能变差，甚至成为废品的严重后果，所以必须引起高度重视。为此应做到以下三点：

（1）把好原料关。配料时应首先检查核对各种原材料是否符合技术规定的生产厂家、规格，是否经过验收合格。

（2）称量应准确无误。在确认原材料无误后应采用精度为千分之一的电子秤称量。

（3）配料时最好有两个人操作。一人称量，另一人核对确认，做到万无一失。

2. 添加剂的细化处理

添加剂细化是确保 MOV 性能好坏的关键。因为我国现有的各种添加剂原料有一些颗粒度较粗，为了确保在烧结过程添加剂与平均粒度仅 $0.5\mu m$ 左右的 ZnO 均匀反应，必须将各种添加剂原料预先进行细化加工处理，否则难以制造出性能良好的 MOV。

传统的细化方法是湿法球磨。通常将生料添加剂的细磨称为一次球磨，将添加剂熟料的细磨称为二次球磨。近年来不少生产厂已采用高速搅拌球磨机或砂磨机取代传统的球磨机，从而大大提高了球磨效率及细化效果。这里着重介绍这三种细磨工艺及其装备。

（1）传统的球磨工艺。

为了避免有害的无机物杂质因磨损混入添加剂，球磨用的滚桶多采用聚氨酯或己内酰胺树脂材料加工。其尺寸多为 $\phi300\times320mm$，每桶可容纳与 50kg ZnO 相应的添加剂。研磨体多采用尺寸为 $\phi12.5\times13mm$ 的圆柱形 ZrO_2 球，或者采用以 SiO_2 为主成分的天然玛瑙加工尺寸不一的球。采用经过离子交换树脂处理的纯水作为湿法球磨介质。

为了提高球磨效率并达到工艺规定的细度，必须严格控制球磨桶转速，以及添加剂、球石、纯水的质量比例（一般为 1：(0.8~1.0)：(0.6~0.7)）和球磨时间。因为这些参数都是影响球磨效率的主要因素，控制或调整参数的最终目的是以最短的球磨时间，达到规定的添加剂细磨后的平均粒径及其分布。

一般的，一次球磨添加剂的平均粒径应小于 $2\mu m$，球磨时间依原料最初粒径而异,通常需要 12～18h。二次球磨添加剂的平均粒径也应小于 $2\mu m$,球磨时间也依其粉碎加工粒度而异,通常需要 18h 以上。二次球磨添加剂的平均粒度比一次球磨更为重要,不仅要控制其平均粒径,还要控制其粒度分部范围应尽可能窄。

　　(2) 搅拌球磨工艺。

　　国外在 20 世纪 80 年代已经采用搅拌球磨机,我国最近 20 多年才用于 ZnO 压敏陶瓷行业。它是由搅拌桶、循环泵、传动电机组成。SX 系列搅拌磨机为无锡新光粉体加工工艺有限公司制造,其型号有 SX-1、SX-2、SX-8、SX-30、SX-70、SX-100、SX-200、SX-400、SX-500、SX-600、SX-1000、SX-1360、SX-1500,共 13 种,最后的数字为搅拌桶的容积升数。

　　搅拌球磨机的结构大体相似,以国产 SX-70 型为例说明其结构和细磨原理。搅拌桶中心装有由电机通过减速器带动的搅拌轴,轴上装有十多个水平呈"十"字形交错配置的搅拌棒。搅拌桶和循环管路等均采用不锈钢材料,且搅拌桶及搅拌棒外表面均包覆有聚氨酯耐磨耐腐层,其结构外形如图 6.16 所示。

　　该机多采用 $\phi 5$ 的 ZrO_2 球为球磨体,添加量为 55～65kg,每次可加入添加剂 19kg 左右,纯水加入比例与前所述相同。球磨时间可根据细磨后的粒分析结果确定。二次球磨 1.5h 的平均粒度一般在 1.5～2.0μm,最粗的颗粒度为 6μm,3～6μm 粒级的

图 6.16　国产 SX-70 型搅拌球磨机

含量占 23%。与原采用滚桶球磨 16～18h 的平均粒度差不多,而滚桶球磨的粒度分布范围宽,最粗的颗粒度达 10.6μm,43～10μm 粒级的含量占 45%。两种工艺装备球磨添加剂的粒度分布对比如图 6.17 所示。

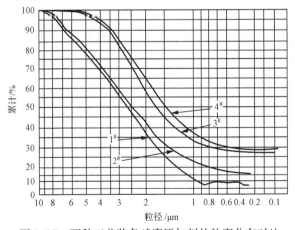

图 6.17　两种工艺装备球磨添加剂的粒度分布对比

$1^{\#}$、$2^{\#}$—搅拌球磨 1h、1.5h 试样曲线；$3^{\#}$、$4^{\#}$—滚桶球磨 1h、1.5h 试样曲线

　　可见,搅拌球磨与传统球磨工艺相比,不仅球磨时间可以大大缩短,而且可使被细磨添加剂的粒度分布范围明显缩小,粗颗粒比例大大减少。搅拌球磨机之所以具有如此高的效率和好的效果,是由其结构的特点决定的。当垂直于搅拌桶悬空定位的搅拌轴带动搅拌棒旋转时,带动球石在桶内作不规则翻转,造成球石不规则运动,因而不同于传统滚桶球磨时球石的群体运动。两种球磨机球石的运动状态如图 6.18 所示。

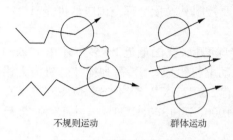

不规则运动　　　　　群体运动

图 6.18　两种球磨机球石的运动状态

　　这种不规则运动,造成球石之间相互撞击。搅拌棒借助于发挥如图 6.19 所示的综合作用构成球石的不规则运动,因而加速了细磨作用。

　　就细磨作用效率而言,球石间必须既存在相互撞击作用,又存在相互剪切作用才能达到高效。在搅拌球磨机中,撞击作用系由于球石的不规则运动而引起的连续冲撞,由此造成紊乱运动着的球石是以不同的速度及方向旋转着,因而对相邻浆料的颗粒施加以剪切力,其结果构成浆料颗粒同时或交错承受着撞击作用力和剪切作用力。因而获得细磨时间大大缩短、物料粒度分布范围窄、粒度一致性好的效果。上述细磨作用如图 6.20 所示。

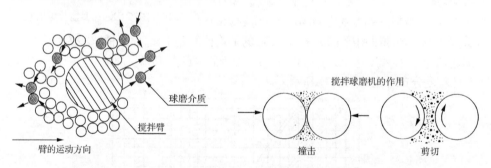

球磨介质

搅拌臂

臂的运动方向

搅拌球磨机的作用

撞击　　　　　剪切

图 6.19　搅拌球磨球石的不规则运动状态　　　图 6.20　搅拌球磨的作用力

　　搅拌球磨时间主要决定于被加工物料的物理状态,如原始粒度、硬度、添加料数量及于水的比例等;也决定于球石的物性,如尺寸、密度和硬度及搅拌棒的转速与长度等。在被加工物料等参数一定的情况下,球磨时间与球石尺寸及转轴的转速之间的关系可用下式表示:

$$t = \frac{kd}{\sqrt{n}} \tag{6-11}$$

式中, t 为达到预定粒度所需时间; k 为常数,决定于物料、球石及搅拌球磨机型; d 为球石直径; n 为转轴的转速。

可见,球磨时间与球石尺寸成正比,与转速之开方成反比。从使用效果看,在转速为 130r/min 的情况下采用 φ5 的 Zr 球石是适宜的。Zr 球石不仅细磨效率高,而且磨损率很低。据统计每年细磨 23t 添加剂实测球石磨损率为 5.66%,按磨损量计算 ZrO_2 掺杂于添加剂中仅为 0.013%;如果折算于 ZnO 压敏陶瓷成分,则由球石磨损引入 ZrO_2 掺杂量仅为 15μg/g 左右。

采用搅拌球磨机取代传统的球磨机以后,MOV 的压比明显降低,方波及大电流通流能力大幅度提高。这表明添加剂细磨后的平均粒径减小,尤其是粒度分部范围变窄,对于改善 ZnO 压敏陶瓷微观结构的均匀性起着重要作用。

实用效果表明,搅拌球磨机比滚桶球磨机具有高效、节能、操作简便、劳动强度低、维护工作量小及占地面积少等优点,所以已在 ZnO 压敏陶瓷、热敏电阻、陶瓷电容器等电子陶瓷行业得到推广应用。

(3) 砂磨机球磨。

近几年来,我国内地电子陶瓷行业最先从我国台湾及国外引进了砂磨机。砂磨机与搅拌球磨机的结构和原理很相似,但其效率比搅拌磨高得多,主要区别在于:①球磨罐是水平安装的;②Zr 球石的直径只有 1～3mm;③带动球石转动的速度很快,高达 2000r/min。基于以上差别,砂磨机不仅比搅拌球磨机的细化物料的效率更高,而且细化物料的粒度范围更窄。这是机械细磨法效率最高的工艺装备,可以说是是第三代细磨装备。图 6.21(a)为台湾生产 SGM15-C 型卧式砂磨机的外形结构;图 6.21(b)为无锡新光粉体加工工艺有限公司制造的 DLM-20 卧式砂磨机,其型号有 DLM-4、DLM-20、LM-50 和 DLM-200 四种,最后的数字表示研磨桶容积升数。

(a) SGM15-C 型卧式砂磨机　　　　　　(b) DLM-20 型卧式砂磨机

图 6.21　卧式砂磨机

为了进一步提高电阻片的性能,采用国产 DLM 型卧式砂磨机进行过多次实验,实验是在生产线按规定工艺进行。在此仅概述有代表性的实验情况与结果。

各取与 100kg ZnO 相应的煅烧添加剂,用砂磨机分别细磨 1.0h、1.5h、2.0h,取样利用 OMEC 型粒度分析仪分析其粒度。同时还分析了搅拌球磨机球磨 1.5h 常规的生产试样。分析结果如表 6.7 所示。

表 6.7　砂磨机与搅拌球磨机细磨添加剂粒度分析结果

试样 No.	细磨时间/h	各粒级平均粒度/μm					S. S. A/(m^2/cm^3)	粒度范围/μm
		d_{10}	d_{25}	d_{50}	d_{75}	d_{90}		
1	1.0	0.44	0.55	0.661	0.82.	0.99	9.51	0.24～1.79
2	1.5	0.20	0.42	0.62	1.39	2.02	10.66	0.24～1.88
3	2.0	0.26	0.38	0.56	0.73	0.89	18.27	0.24～1.79
4*	1.5	0.55	0.80	1.48	2.29	3.10	5.57	0.24～5.81

* 搅拌球磨机细磨生产试样。

分析数据表明砂磨机球磨 1h 的平均粒径(d_{50})已达到 $1.0\mu m$ 以下,接近 ZnO 的平均粒径;与搅拌球磨机球磨的试样 4 数据对比,具有平均粒径小、粒度范围更窄、比表面积明显增大的特点。随着砂磨时间的延长,平均粒径进一步减小;比表面积明显增加,但粒度范围差别不明显。这可能与粒度分析仪本身精度等有关。

从理论上分析,这对于改善 ZnO 压敏陶瓷微观结构的均匀性、进而大大提高电阻片的整体电气性能是非常有利的。但是试验中发现,砂磨机罐内与料浆接触的内衬及传动料和 Zr 球的叶片都是用聚氨酯材料制作的,磨损下来的碎片混入料中,过 200 目筛也难以筛除净,所以试品的方波性能不理想;不过,从测得的 U_{1mA} 计算梯度可以得出与王振林一致的结论。即生添加剂粒度越细,电位梯度越高。因此,砂磨机的应用将为提高电阻片性能及高梯度 MOV 的开发,创造了机械细化添加剂的条件。要使砂磨机成功应用于 ZnO 压敏电阻等电子陶瓷,必须将上述有机内衬改为 ZrO_2 陶瓷材料,现在已经实现。

另外,试验中还发现一个问题,就是在同一配方条件下,凡是平均粒径小于 $0.6\mu m$ 的电阻片的老化性能变差。这可能与配方中所含 Bi_2O_3 较低有关。原因是其老化性能好坏与热处理时 $\beta\text{-}Bi_2O_3$ 转变成 $\gamma\text{-}Bi_2O_3$ 的环境有关,这种转变主要发生在富含 Bi_2O_3 的 ZnO 交叉的三角区域。在添加剂平均粒径大于 $1.0\mu m$ 的情况下,含 Bi_2O_3 的晶界相对较厚,有利于上述转变;而随着添加剂粒度越细,每单位厚度的晶界厚度越薄,因而改变了 $\gamma\text{-}Bi_2O_3$ 形成量的条件,所以其老化性能变差。按照以上分析,可以这样推理:若要想采取超细化添加剂提高电阻片的梯度等性能,必须适当调整配方,特别是需要增加 Bi_2O_3 量。

总之,在采用机械细磨法超细化添加剂的设备中,砂磨机是各种电子陶瓷比较理想、实用的细磨装备,但需要通过工艺验证才能用于生产。

3. 生添加剂细磨浆料的干燥、煅烧及二次球磨

就采用添加物加剂煅烧工艺(即熟料工艺)而言,必然存在着经一次细磨后添加剂浆料的干燥、煅烧和二次细磨工艺问题。

1) 添加物浆料的干燥

最初采取将细磨添加剂浆料倒入料盘中、再置于烘箱中烘干的办法。由于各种添加物的比重差别很大,加之需烘几个小时才能使浆料由流体状态成为黏固状态,所以比重大的 Bi_2O_3 将发生沉淀,而比重小的无定型 SiO_2 等成分,随着水蒸气的蒸发悬浮于料的表面。经 12h 以上烘干的添加剂料块表面,常常悬浮有白色的 SiO_2、Sb_2O_3 或 B_2O_3,表明这样烘干的添加物成分已发生了分离。这对于在煅烧时各成分之间发生反应的均匀性是很不利的,因而最终影响到 ZnO 压敏陶瓷的电气性能。

为此,国外采取喷雾干燥工艺,将细磨混合均匀的添加物浆料干燥成为成分均匀的粉料。当然这种工艺从技术上说是很理想的,但必须购置专门用于添加物喷雾干燥的装备,费用较大。近十多年来,采用压滤机先将添加剂浆料通过压滤除去约 1/2 的水分后再将其烘干的办法,基本上解决了传统烘干法存在的沉淀分离问题。这种压滤机由机架、压滤罐、无纺滤布、升降架、螺栓、气压控制阀及压力表组成,BS-50 型的外形结构如图 6.22 所示。

图 6.22　BS-50 型压滤机的外形结构

其压滤过程原理是:将约 44kg 的浆料经加料斗倒入压滤罐,盖紧加料口,关闭排气阀,打开压缩空气充气阀,等压力表压力升到 0.4MPa 时即关闭充气阀。此时浆料中的水分即通过无纺滤布下的滤板流出,随着水分滤出浆料将从流动状态逐渐变为粉粒聚集黏结的团块状态,因而可阻止因各成分比重不同引起的沉淀分离。在压滤过程中,浆料占据压滤罐体积逐渐变小,因而压力会随之降低,为了缩短压滤时间,应及时将气压调整到上述值。约 90min 后滤出的水流变得很小或因浆料脱水浓缩成团块引起滤布四周漏气时,即可打开排气阀。待压力表指数降至零后再松开密封螺栓,然后降低滤板底盘转向 90°,即可将像"蛋糕"状的料块取出,切成薄片置于料盘放烘箱里,在 140℃下恒温几小时即可烘干。最后,将料块压碎,过 20 目筛备用。

采用压滤机先将浆料脱水后再烘干的工艺,解决了因浆料沉淀分离的问题,这为确保添加剂煅烧时各成分间反应均匀一致性奠定了基础。另一方面,比传统工艺可节省电耗约 2/3,而且因操作方便,劳动强度低。

2) 添加剂煅烧

除 $Al(NO_3)_3 \cdot 9H_2O$ 外的添加剂,如 Bi_2O_3、Co_2O_3、Sb_2O_3、$MnCO_3$、Cr_2O_3 及银玻璃等,经过细磨、烘干或压滤后烘干,装隧道式电炉或箱式电炉于850℃左右煅烧,保温时间应随炉内温度均匀性、装料匣钵材质、装料量多少等情况而定。一般需要1~1.5h。为了确保添加剂煅烧质量,应注意控制以下几点。

(1) 装料用匣钵与装料:为避免钵屑混入料中最好采用烧结致密的石英坩埚、刚玉匣钵,或能耐1000℃型号为 $Cr_{25}Ni_{20}$ 的不锈钢匣钵装料。装料时应尽可能将粉料压实,以有利于烧结反应,但不要装太满,保留一定的空间,以提供某些氧化物升价需要的氧。

(2) 煅烧温度与保温时间:如前所述,煅烧温度为850℃左右,保温时间为1~1.5h。但实践经验认为,最好采取温度稍低,并适当延长保温时间的煅烧工艺。这样既有助于料的受热温度均匀,也有利于添加剂之间通过液相和固相进行反应,使烧结程度均匀。

(3) 烧结程度的判断与控制:添加剂的烧结程度对 MOV 电气性能的影响是很大的,这是因为它不仅影响其细化的难易,而且还影响到在陶瓷烧成过程与 ZnO 的一系列反应,最终归结到瓷体的微观结构对电气性能的影响。

直观的观察煅烧料的颜色、软硬程度是最简便的方法,如果料块呈蓝绿色而且手指用力能捻碎则属正常;如料块虽呈蓝绿色但质地太硬手指用力也捻不碎,则属过烧。当然,这仅仅是一种经验方法。较为科学的方法是选择有代表性的试样进行 X 射线衍射分析。图6.23展示了具有代表性的煅烧添加剂 X 射线衍射图谱。主要生成物是和未充分合成尖晶石和固溶体。

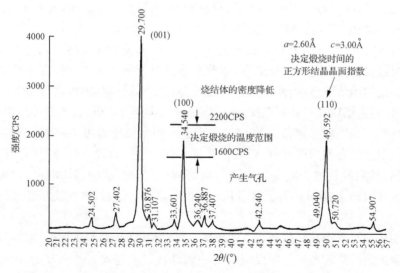

图 6.23　具有代表性的煅烧添加剂 X 射线衍射图谱

对图谱分析鉴定认为,煅烧添加剂料的主物相为 $Bi_{1.81}[(MnSb)O_6]O_{0.72}$ 固溶体和 $Co_xSb_yO_z$ 尖晶石,次物相为 $CoCrO_4$、$CoSb_2O_6$,此外还有大量非结晶物相。其物相成分及含量决定于煅烧温度及保温时间。通过 X 射线衍射图谱判断指标有以下两个要点。

① 晶面(100)指数的强度应该在 1600～2200CPS。若小于 1600CPS,则 ZnO 烧结体易产生针孔或气孔;若大于 2200CPS,则 ZnO 烧结体密度降低。其原因在于因为煅烧温度低,残留于比较多的 SiO_2、MnO_2、Cr_2O_3,它们的量会随着温度的升高或保温时间的延长而减少。

② 晶面(001)与晶面(100)衍射指数的强度比值应在 2.6～3.6,一般其比值随煅烧温度的升高增大;反之亦然。两个晶面指数的强度与其比值是相关的,与煅烧条件也是互为因果关系的。

3) 粉碎与二次细磨

添加剂煅烧后通常呈半烧结状态,采用不锈钢质轮碾机或盘式高速粉碎机将其细粉碎,过 40～50 目筛,筛上的粗料返回再粉碎。过筛的粗细对二次细磨后粒度分布的影响是显而易见的,即过筛越粗,其粒度分布范围越宽;反之亦然。

二次细磨与一次细磨的物料比例大体相同,只是因煅烧后料的吸水性明显降低,为了提高细磨效率,应减少加水量。球磨时间与一次细磨大体相同,可根据加料多少、加料的粗细调整。最关键的是控制细磨料的粒径及其分布范围应符合工艺规定。

6.2.2　添加剂细磨粒度对压敏电阻器主要电气性能的影响

为了考察添加剂细磨粒度对 MOV 主要电气性能的影响进行了较系统的试验,试验主要是在实验室完成的。

从生产线取煅烧粉碎后的添加剂作为试样,用双槽震磨机分别按五种不同震磨时间细磨。细磨好后取出少量供粒度分析用,剩余的按生产配方比例与 1kg ZnO 在震磨机中混合均匀。将混合浆料烘干后,添加适量 PVA 溶液,手工混合均匀后经过预压造粒,压制成 $\phi45\times9mm$ 的试样,其密度为 $3.20g\cdot cm^{-3}$。试样的排胶、预烧、烧成磨片、热处理及喷铝均在生产线完成。

采用 5000ET 型透光式粒度分析仪测定了添加剂与 ZnO 的粒度。分析结果如图 6.24 所示,d_{50} 表示平均粒径。

每组取 12～15 片试样测定了雷电 8/20μs 残压、直流 1mA 及 10μA 残压,取其平均值。测试结果如表 6.8 所示。

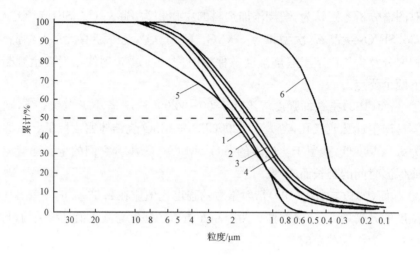

图 6.24　细磨添加剂与 ZnO 的粒度分布曲线图

1—震磨 1h,$d_{50}=2.2\mu m$;2—震磨 3h,$d_{50}=1.7\mu m$;3—震磨 5h,$d_{50}=1.6\mu m$;

4—震磨 7h,$d_{50}=1.6\mu m$;5—球磨 14h,$d_{50}=1.6\mu m$;6—ZnO $d_{50}=0.47\mu m$

表 6.8　测试结果

试样 No.*	细磨 时间/h	U_{5kA} /kV	U_{1mA} /kV	$U_{10\mu A}$ /kV	压比	$\alpha(1mA \sim 10\mu A)$	E_{1mA} /(V·mm^{-1})	冲击后 $\Delta U_{1mA}/U_{1mA}$	平均粒径 /μm
1	1	2.479	1.430	1.130	1.733	19.56	199.2	1.079/2.65	2.2
2	2	2.502	1.458	1.180	1.716	21.76	203.1	0.648/1.71	2.0
3	3	2.626	1.539	1.260	1.706	23.02	215.3	0.701/2.01	1.7
4	5	2.790	1.647	1.363	1.693	24.33	228.7	0.364/1.57	1.6
5	7	2.778	1.668	1.325	1.665	24.76	231.0	0.419/1.85	1.6
6	14	2.670	1.600	1.280	1.675	20.64	223.0	1.875/3.43	2.0

　* No. 1~5 试样为震磨机细磨;No. 6 试样为球磨机细磨。

从试验数据可见,随着添加剂粒度的减小,压比有规律地降低,非线性系数 α 与压敏电压也有规律地相应提高,而且经过雷电流冲击后 U_{1mA} 的变化率相应减小。这说明,在配方一定的前提下,尽可能减小添加剂粒度,改善其与 ZnO 混合料的均匀性,是提高电阻片性能相关工艺中最关键的环节。因为 ZnO 的粒度仅 $0.5\mu m$ 左右,而决定电阻片性能的添加剂粒度较 ZnO 粗得多,特别是煅烧的添加剂硬度较大,即使再延长球磨时间也难达到与 ZnO 相同的粒度。所以,添加剂熟料的二次细磨粒度特别重要。

电阻片单位厚度的压敏电压主要是由富 Bi 晶界层数决定的,在添加剂含量一定的条件下,添加剂细磨的粒度越细,与 ZnO 混合越均匀,烧结体单位厚度的晶界层数就会越多,因而 U_{1mA} 梯度越高。同时由于添加剂分布均匀,烧结体的微观结构包括 ZnO 晶粒、尖晶石、晶界层及其厚度等的分布越均匀,所以电阻片的电气性能得以改善。

采用高效震磨机与前述搅拌球磨机细磨添加剂的效果是一致的,与传统球磨工艺相比,不仅平均粒度明显变细,而且粒度分布范围也变窄,这是电阻片性能提高的重要原因。

6.2.3 制备氧化锌与添加剂混合浆料的胶体物理化学基础

ZnO 与添加剂混合浆料的制备作为喷雾干燥前的第一道工序,对于能否获得各成分均匀的粉料,进而对最终能否获得微观结构均匀、性能优异的 ZnO 陶瓷压敏电阻是第一至关重要的关键。

作为 ZnO 压敏陶瓷主成分的 ZnO 约占配方重量的 90％ 左右,由于其粒度范围在 $0.1\sim1.0\mu m$,平均粒度范围在 $0.35\sim0.55\mu m$,即属微米级粉料范畴,所以以水作为分散介质的 ZnO 混合浆料具有典型的胶体溶液特性。为了获得符合要求的喷造粒粉料,必须在其浆料中添加高分子有机结合剂、分散剂和消泡剂等表面活性剂。然而,ZnO 与各种添加剂及水构成的分散系统本身属于多相不均匀系统,加上这些有机添加剂,将使该系统产生各种界面现象及物理化学反应,因而使其变得更加复杂化。为了抑制和控制这些复杂现象及物理化学反应,达到获得各成分均匀粉料的目的,有必要了解相关的胶体物理化学知识。

1. 固体颗粒的润湿

固体颗粒在液体中的分散过程,本质上是受两种基本作用控制或支配,即固体颗粒与液体的润湿或浸湿(immersion)作用,以及在液体中颗粒之间的相互作用。

当液体与固体颗粒接触时,通常可用润湿程度来表示它们之间的关系。如图6.25 所示,在水平固体表面 1 和气体 3 的界面 MN 上放一液滴 2,则液滴将依表面张力的关系而成一定的形状。若液滴为水银而平面为玻璃,则水银即成为椭圆球状;若以水滴代替水银,则成为凸透镜状。前一种情况可以说水银不能润湿玻璃,后一种情况可以说水能润湿玻璃。在几何形状上,可用角度 θ 来区别这两种情况的不同。令液体、固体及气体三相的分界点为 O,若角 θ 为锐角($\theta<90°$),则发生

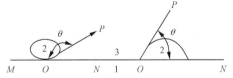

图 6.25 润湿现象与液滴形状

润湿;若 θ 为钝角($\theta>90°$),就不能润湿。又如,ON 与 OP 相重合而 θ 为零,即液体均匀地分布于固体表面,这种情形称为完全润湿或理想润湿。

对上述现象加以分析,即可明白润湿与否的原因。在液滴周围的交点 O 处存

在有三种表面张力:①固体与气体界面的 σ_{1-3};②固体与液体表面的 σ_{1-2};③液体与气体界面的 σ_{2-3};这三种表面张力是相互作用着的。表面张力 σ_{1-3},力图将液滴界面 MN 展开;相反的,表面张力 σ_{1-2} 和 σ_{2-3},则力图将其收缩,而 σ_{2-3} 的切线方向是与固体表面 MN 成 θ 角的,故在表面张力之间需具有下列关系才能达到平衡:

$$\sigma_{1-2} + \sigma_{2-3}\cos\theta = \sigma_{1-3} \tag{6-12}$$

即

$$\cos\theta = (\sigma_{1-3} - \sigma_{1-2})/\sigma_{2-3} \tag{6-13}$$

由此可得结论:如 σ_{1-3} 与 σ_{1-2} 之差为正值,且等于 σ_{2-3},则 $\cos\theta=1$,故 $\theta=0$,即成为理想的润湿情况;若为正值而小于 σ_{2-3},则 $0<\cos\theta<1$,即 $\theta<90°$,表示液体能润湿固体表面;又如 $\sigma_{1-2}>\sigma_{1-3}$,即 $\sigma_{1-3}-\sigma_{1-2}$ 为负值,则 $\cos\theta<0$,即 $\theta>90°$,即接触角为钝角,表示液体不能润湿固体表面。

凡是能被水润湿的固体,则称之为有亲水性,否则即称之为有憎水性。如固体为块状并有光滑的表面,则其润湿性程度可由接触角 θ 来决定。但对于粉料物,就无法测定接触角,只可用润湿热的关系判断。润湿热越大,则亲水性越大。

固体颗粒被液体浸湿的过程,实际上就是液体与气体争夺固体表面的过程,这主要决定于固体表面及液体的极性差异。如果固体与液体都是极性的,则液体很容易取代气体而浸湿固体颗粒表面;若二者都是非极性的,情况也是如此。一旦二者的极性不同,如果固体是极性的而液体是非极性的,则固体的浸湿过程就不能自发地进行,而需要对颗粒表面改性或施加外力,流体力学的作用就在于此。

表面能高的固体比低的更容易被液体浸湿,如金属及其氧化物、无机盐等均属于高表面能固体。就以水为介质的 ZnO 浆料而言,由于 ZnO 粉料具有高表面能,而且在水中时其颗粒表面是呈负电性的,所以极易吸附水中的 H^+。根据上述原理,ZnO 料与水应该可以自发地进行润湿。但是,由于高表面能粉料极微细,尽管其真密度高达 $5.78\text{g}\cdot\text{cm}^{-3}$,远大于水,但其松装密度仅 $0.3\sim0.4\text{g}\cdot\text{cm}^{-3}$,这表明其单位重量的体积增大了 $14.45\sim19.26$ 倍。据实测 ZnO 粉料的比表面积高达 $5000\text{m}^2/\text{kg}$ 以上。所以,像这样具有高表面能并吸附大量空气聚集的团粒,是难以完全自发地浸湿于水中的,必须对其施加外力,如实施机械搅拌等,提高水的湍流强度才能使其团粒分散开并浸湿。

应该指出,由于 ZnO 颗粒微细,其界面吸附水的作用力很强,要使原始微粒充分分散于水中并使 ZnO 浆料呈流动状态,必须加入四倍于 ZnO 重量的水,即使其含水率达到 80% 才行。如果要使水基 ZnO 浆料的含固量达到 65% 以上并又具有良好的流动性,必须添加适用、适量的表面活性剂。

2. 固体颗粒在液体中的聚集状态

固体颗粒浸湿后在液体中的聚集状态不外以下两种:形成聚团或者分散悬浮。聚团及分散二者是排他性的,多数情况下并非是先后发生的一个过程的两个阶段。

颗粒在液体中的聚集状态取决于:①颗粒间的相互作用;②颗粒所处的流体动力学状态及物理场。颗粒间的相互作用力如下:

水基 ZnO 浆料中颗粒间的相互作用力远比 ZnO 在空气中复杂,除了分子作用力外,还出现双电子层静电力、结构力及因吸附高分子表面活性剂而产生的空间效应力。

(1) 分子作用力。

众所周知,分子之间总是存在着范德华力,这种力是吸引力,并与分子间距的 7 次方成反比,故其作用距离极短(约 1nm),是典型的短程力。但对于由极大量分子集合体构成的体系来说,随着颗粒间距的增大,则其分子作用力的衰减程度明显变缓。这是因为存在着多个或多种分子的相互作用。颗粒间分子作用力的有效间距可达 50nm,因此是长程力。虽然分子作用力是颗粒在液体中互相聚团的主要原因,但是通过后面的讨论便可以明白,它不是唯一的吸引力。

(2) 双电子层静电作用力。

当固体与液体接触时,二者之间即有电位产生。固体表面带一种电荷,与固体接触的液体带符号相反的电荷,这种情况称之为双电子层。对于双电子层的起源有以下理论:可能由于固体与液体接触后,固体表面的分子起电离作用,遣送一种离子到液体里,使固体因此损失而带上电荷;也可能由于液体里的离子被吸附在固体表面,使固体带上电荷,而液体因为这种离子的损失而带上相反的电荷;另一起源可能由于固体表面吸附一些液体分子,这些分子再起电离作用,遣送一种离子到液体中去,因而产生双电层。总之,在液体中颗粒表面因离子的选择性溶解或吸收而荷电,反号的离子由于静电吸引而在颗粒周围的液体中扩散分布,这就是在液体中颗粒周围产生双电层的原因,在水中双电层最厚可达 100nm。

关于双电层的性质与结构,也有许多理论和实验阐明,并因此导出了总电位和动电位的概念。依据亥姆霍兹理论,双电子层的构造如图 6.26 所示,与简单的电容器相似。它的第一层就在颗粒表面,而另一层在液体中,两层间的距离大约与离子的大小相等。这种双电子层的电位就是固体与液体的总电位。这种电位具有热力学性质,故也可称为热力学电位。

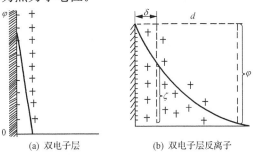

图 6.26　双电子层及双电子层反离子分散分布的示意图

对于动电位的概念,可用雇义的理论说明。他认为双电子层可因热运动而扩散,图 6.26(a)和(b)分别表示双电子层及双电子层反离子分散分布的不同情形,所有反离子并不在一个表面上,而是分布到液体中。最靠近的反离子层具有最大的浓度,以后逐渐减小,直到离开离子层一定距离 d 的地方,就成为胶团溶液的平均浓度。距离 d 的大小是因热运动的强弱而定的,假如没有热运动,则它们即形成单分子双电子层了。

利用电泳与电渗可以测定胶体溶液的动电位,这样测得的电位为动电位,通常称为 ζ 电位,动电位 ζ 通常比总电位小。

动电位的另一现象就是随溶液中反离子浓度的变化而改变。在 ZnO 浆料中添加适量的分散剂之所以能起分散稀释作用,就在于它改变了 ZnO 浆料中 ZnO 粒子胶团的双电子层的厚度和 ζ 电位。有关机理将在下面论述。

(3) 溶剂化膜的作用。

颗粒在液体中引起其周围液体分子结构的变化,称为结构化。对于极性表面的颗粒,极性液体分子受到颗粒很强的作用力,在颗粒周围形成一种有序排列并具有一定机械强度的溶剂化膜;对于非极性表面的颗粒极性液体分子将通过自身的结构调整而在颗粒周围形成具有排斥颗粒作用的另一种"溶剂化膜"。

根据实验测定,颗粒在水中的溶剂化膜厚度大约为几到几十纳米。极性表面的溶剂化膜具有强烈阻止颗粒在近程范围内相互靠近、接触的作用。而非极性表面的"溶剂化膜",则引起非极性颗粒间的强烈吸引作用,称之为疏水作用。

溶剂化膜的作用力从数量看比分子作用力及双电子层静电作用力约大 1~2 个数量级,但其作用的距离远比后二者小;一般仅当颗粒互相接近到 10~20nm 时才开始起作用,但其作用非常强烈,往往在近距离内成为决定因素。

从实践出发,人们总结出一条基本规律:极性液体润湿极性固体,非极性液体润湿非极性固体。实际上这也反映了溶剂化膜的重要作用。

(4) 高分子聚合物吸附层的空间效应。

当颗粒表面吸附有机聚合物时,聚合物吸附层将在颗粒接近时产生一种附加的作用,称之为空间效应(steric effect),当吸附层牢固相当致密具有良好的溶剂化性时,它将起抵抗颗粒接近及聚团的作用,此时高聚物吸附层表面出现很强的排斥力,称之为空间排斥力。当然,这种力只有当颗粒间距达到双方吸附层接触时才出现。

另一种情况是,当链状高分子聚合物在颗粒表面的吸附密度很低,例如,覆盖率仅 50% 或更低,它们可以在两个或数个颗粒表面吸附,此时颗粒通过高分子的桥链作用而聚团。这种聚团结构疏松,强度较低,在聚团中的颗粒相距较远。

3. 胶体分散液的稳定性理论

描述胶体分散系统受颗粒间作用力支配的颗粒聚集状态,即其稳定性理论是由俄国的 Dejaguin 和 Landau 以及荷兰的 Verwey 和 Overbeck 于 19 世纪 90 年代创立的,通常称之为 DLVO 理论,已被广泛接受。它包括评价作用于胶体悬浮液中颗粒的聚团与分散,取决于分子吸引力与双电子层静电排斥力的相对关系。当分子吸引力大于静电排斥力时,颗粒自发地互相接近,最终形成聚凝;而当静电排斥力大于分子吸引力时,颗粒互相排斥,呈现反聚凝(或反絮凝),即分散状态。

悬浮液的反絮凝或絮凝可以用相互作用的总势能 V_r 作为颗粒分散间距的函数描述,在任何分散间距的情况下,V_r 可以简单地概括为吸引能 V_A 与排斥能 V_R 的总和。在颗粒分散间距处于中间状态下,如图 6.27(a)所示,当 V_r 表现出的正势能最大时,浆料处于反絮凝,即分散状态;当 V_r 总是负值时,如图 6.27(b)所示,则浆料处于絮凝(聚集)状态。因为,对于给定的悬浮液来说,V_A 是一定的。该系统相互作用的所有曲线形状是由 V_R 决定的,因此胶体分散系统的稳定性是由影响 V_R 的这些参数的函数,即由颗粒的表面能及双电子层厚度控制的。图 6.27(a)、(b)和(c)表示水介质悬浮液中颗粒间的范德华吸引力与电荷排斥力的电位势能曲线与电荷排斥力之间的电势能曲线。

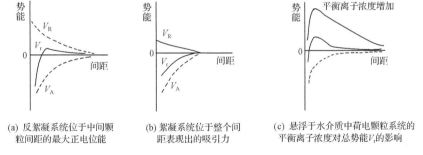

(a) 反絮凝系统位于中间颗　　(b) 絮凝系统位于整个间　　(c) 悬浮于水介质中荷电颗粒系统的
　　粒间距的最大正电位能　　　　距表现出的吸引力　　　　平衡离子浓度对总势能 V 的影响

图 6.27　水介质悬浮液中颗粒间的范德华吸引力

考虑到双电层的扩散性,通常用 Debye 参数 $1/K$ 表示双电层的厚度。其计算式如下:

$$\frac{1}{K} = \sqrt{\frac{\varepsilon_0 \varepsilon_r RT}{4\pi F^2 \sum C_i Z_i^2}} \tag{6-14}$$

式中,ε_0 为真空介电常数;ε_r 为分散介质相对介电常数;R 为气体常数;T 为热力学温度;F 为法拉第常数;C_i 和 Z_i 分别为分散介质中平衡离子的浓度及电荷。

可以看出,双电层的厚度与平衡离子的浓度及其化合价的平方成正比。DLVO理论暗示着,双电层的厚度压缩所引起的絮凝是由于能量势垒减小的结果。

要使胶体系统维持反絮凝状态,需要添加浓度低且化合价低的平衡离子,即添加少量一价的分散剂。若添加分散剂太多或者由于纯水非有意的不纯,或添加剂中含有的酸、碱性离子引入已分散的胶体系统,则会引起絮凝,如图 6.27(c)所示。如 6.1 节所述,在制备 ZnO 混合浆料时,每当加入生添加剂时,流动状态的浆料突然变浓,呈黏稠状的原因是生添加剂中含有酸、碱性离子,这正是这些离子使其由反絮凝状态变为絮凝状态。

4. 表面活性剂在制备 ZnO 与添加剂混合水基浆料中的应用

从 6.2.3 节所述胶体物理化学的基础理论,不难理解水基 ZnO 与多种添加剂等浆料胶体系统存在相互作用力的复杂性。

ZnO-水浆料系统与传统陶瓷的黏土-水系统相似,ZnO 颗粒表面也是带负电荷的,而且具有很高的表面能。水是一种极性很强的液体,所以水中的 H^+ 或其他正离子极易被 ZnO 颗粒表面吸附,形成一种吸附牢固的吸附层,使 H^+ 和与之相

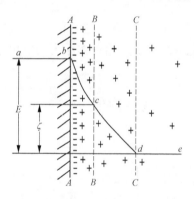

图 6.28　水基 ZnO 颗粒双电子层

应的 OH^- 负离子不能自由移动,因而占据大量吸附水而使整个系统呈现凝聚状态。在吸附层外面,由于 ZnO 颗粒的吸引力减弱,离颗粒表面越远,被吸附的异号离子将依次减少,即形成一种反离子浓度逐渐减少的扩散层。在扩散层吸附得较松弛,H^+ 可以自由移动,即构成双电层结构。当颗粒移动时,界面上吸附的 H^+ 将随之移动,所有 ZnO 胶粒对均匀的水溶液介质存在一种动电位,即 ζ 电位,如图 6.28 所示。图中,AA 表示 ZnO 颗粒表面,BB 表示吸附层的界面,CC 表示扩散层的界面;E 表示从颗粒表面 AA 到介质内部 CC 界面的电位差;ζ 表示从吸附层 BB 到介质内部 CC 界面的电位差,即扩散层的电动电位,它可以通过静电学原理求得。

ζ 电位决定于表面电荷密度 σ 的理论计算式:

$$\zeta = \frac{4\pi\sigma d}{\varepsilon_r} \tag{6-15}$$

式中,σ 为表面电荷密度;d 为扩散层厚度;ε_r 为分散介质相对介电常数。

可见,扩散层的电动电位决定于表面电荷密度及扩散层厚度。在未添加分散剂以前,带负电荷的 ZnO 胶粒主要吸附水中的 H^+,由于水化程度少进入吸附层的量多,以中和胶粒所带的大部分电荷。在此情况下,胶粒之间的吸引力大于排斥力,扩散层很薄,所以自由水少,浆料的流动性差,即呈凝聚状态,以降低其表面势能。加入分散剂则将产生以下作用。

（1）分散剂吸附于 ZnO 颗粒表面改变了离子表面的性质。

固体自溶液中吸附表面活性剂，即表面活性剂分子或离子在固-液界面上富集。这就是说，表面活性剂在固-液界面上的浓度比在溶液内大，这种界面现象就是表面活性剂在固体表面的吸附。

吸附进行的方式因分散剂的类型和性能差别，可能以离子交换吸附、离子对吸附、氢键形式吸附或者以 π 电子极化吸附。

因为分散剂这种表面活性剂是两亲分子，它的极性基极易被吸附于 ZnO 表面。非极性基伸向介质，形成定向排列的吸附层。这种带有吸附层的 ZnO 粒子表面是碳氢基团，具有低的表面能特性，所以有效地改善了原 ZnO 表面的润湿性；而且这种碳氢基团具有亲油、疏水性，因而使被分散开的 ZnO 颗粒由互相吸引变为互相排斥，使原紧箍于 ZnO 颗粒间的水膜变为自由水膜，即使自由水增多，所以使浆料由难以流动的聚凝状态成为反絮凝、分散性好的流动状态。可以说这是分散剂的添加构建了 ZnO 颗粒间互相排斥力作用的结果。

结合图 6.27 及以上公式，可以更加进一步理解分散剂使 ZnO 浆料水分大大降低、含固量提高的原因。其本质在于，分散剂使 ZnO 颗粒表面的电荷密度及扩散层厚度增大，因而使 ζ 电位提高。

（2）提高水对 ZnO 的润湿性。

由于表面活性剂具有降低液体和固体表面张力的作用，所以改善了水与 ZnO 的润湿性。但是并非所有能降低表面张力的表面活性剂都能提高润湿性。例如，阳离子型表面活性剂在生产中很少用作润湿剂。这是因为固体表面常带有负电荷，易与带相反电荷的表面活性剂离子吸附，而形成亲水基向内（固体），亲油基向外（朝向水）的单分子层，这样反而不易被水润湿。而阴离子型表面活性剂，如聚丙烯酸铵既是 ZnO 浆料的良好分散剂，也是良好的润湿剂。

（3）调节 ZnO 浆料分散状态的稳定性。

按照胶体系统分类，由于 ZnO 的颗粒半径分布在 $0.1 \sim 10 \mu m$，其水基浆料属于悬浮液系统。它不仅像粗分散系统一样，为不均匀分散状态的多相系统，即 ZnO 与分散介质水具有显微镜可以观察到的界面，而且它具有胶体基本性质中的不稳定性。这种特性是促使胶体状态发生改变的各种因素的基本反映，也可称为动态特性。由于 ZnO 胶体系统的面积很大，能位很高，这是其不稳定的内在原因。所以，若加入过量的分散剂或微量的电解质就会使本来悬浮性好 ZnO 的浆料发生沉淀，这在 ZnO 浆料制备过程是屡见不鲜的现象。

6.3　氧化锌与添加剂混合喷雾造粒粉料的制备

ZnO 与添加剂混合粉料的制备分两步进行：第一步，将 ZnO 与各种添加剂混成成分均匀的水基浆料；第二步，进行喷雾干燥，以获得流动性好适合成型坯体的球形颗粒状粉料。前者是后者的基础及前提,后者是前者的目的和保障,二者有着密不可分的内在关系,可以说是一个工序分两步完成。在 ZnO 压敏陶瓷制造工艺中,粉料制备对于能否确保生产出性能优良、一致性好、合格率高的元件,起着关键作用,所以备受科研生产者的关注。本节就有关实践经验加以总结论述。

6.3.1　氧化锌与添加剂混合浆料的制备

1. 结合剂的作用

在 5.3 节中已较详细地介绍了用作 ZnO 压敏陶瓷粉料结合剂 PVA 的理化性质、品种、规格和选择等。这里仅将 PVA 在 ZnO 与添加剂混合浆料、喷雾干燥及坯体过程中的作用归纳为如下几点:

(1)使浆料悬浮、阻止沉淀。由于 PVA 有一定黏性,有助于 ZnO 与添加剂在浆料中悬浮,可阻止比重较大的添加剂沉淀分离,所以有利于浆料的成分分布均匀。

(2)有助于喷雾干燥时形成球形颗粒粉料。在喷雾干燥时,由于 PVA 溶液的黏性和较大的表面张力作用,才能使雾化的浆料雾滴形成圆球形,所以才能获得球状的干燥颗粒粉料。实践证明,如果 ZnO 浆料不添加 PVA 溶液,不仅浆料容易沉淀,而且不能获得球状的颗粒粉料,得到的只是外形不规则的无定形粉料。

(3)赋予粉料颗粒具有一定的机械强度,有助于坯体成型时排气及密度均匀。正是 PVA 的黏结性能,才赋予粉料颗粒具有一定的机械强度,在干压成型坯体时,颗粒才有一定的压力传递作用,并有利于坯体致密过程气体的排出及密度的均匀性。另一方面,由于 PVA 的黏结性和表面张力作用,才赋予颗粒光滑的表面,使粉料具有良好的流动性、充填性,这也有助于充填于模具中的密度及坯体密度的均匀性。

(4)提高坯体的机械强度减少操作过程坯体碰损。关于 PVA 的溶制方法,这是其水溶性及其热溶性决定的。通常 PVA 在冷水中不能溶解,只能泡胀,必须在70~90℃(依 PVA 品种而异)的热水中才能慢慢溶解。所以,在生产中多采取将纯水用电热间接加热(水浴法)并同时连续搅拌的方法制备 PVA 的溶液。应注意检查 PVA 的溶液是否充分溶解,最简单的方法是用玻璃杯取样观察其是否透明、有无未溶的颗粒。

2. ZnO 与添加剂及分散剂的混合

ZnO 与添加剂及分散剂的混合,通常是在混合罐中通过具有高、低速搅拌器和安装在混合罐下部的胶体磨(或分散磨)组合成的分散系统完成的。有些生产厂采用大型搅拌磨实现浆料的混合。基于 6.2.1 节所述理由,因高速搅拌磨分散效率高,所以可在比胶体磨更短的时间内达到成分均一化的效果。据悉,已有不少压敏电阻厂采用大型搅拌磨先后或同时进行添加剂细磨及其与 ZnO 混合的工艺,取得提高产品性能的良好效果。在我国现有电子陶瓷工艺装备的条件下,该工艺值得推广。

无不论采用何种混合工艺,为了达到上述目的,都应重视以下几个方面的问题。

1) 防止 PVA、分散剂与 $Al(NO_3)_3$ 溶液之间的反应

实践中发现,聚合度高的 PVA 与浓度高的分散剂、$Al(NO_3)_3$ 溶液之间,以及浓度高的分散剂与 $Al(NO_3)_3$ 溶液之间在混合时容易发生聚凝、络合反应。为了减轻或避免这些反应,应采取将其分别稀释后再混合并选择合理的添加程序等措施,以确保各成分添加量的有效性及均匀性。

2) 加料程序

一般有两种加料程序:①PVA 水溶液→加入分散剂→加入添加剂→加入 ZnO→加入 $Al(NO_3)_3$ 溶液→消泡剂;②(PVA 溶液→加入已稀释的分散剂→加入已稀释的 $Al(NO_3)_3$ 溶液)→加入前面大部分混合溶液及部分 ZnO→加入添加剂→再加入剩余 ZnO 和剩余的混合溶液。消泡剂分别在加料过程的中、后期及终止前分多次加入。其中,加料程序②较为合理,其原因如下。

(1) ZnO 混合浆料混合分散的最大困难是:在有限且固定的水量下,既能使ZnO 分散开,又能避免前述反应。因为加入的添加剂是已细磨好的水基浆料,好分散开,所以在加入含有分散剂的大部分 PVA 溶液后应先加入大部分 ZnO,使其分散开,而后再加入添加剂。按理说,将全部 ZnO 一次加入最好,但由于先加入的PVA 和分散剂有限,全部一次加入 ZnO 很难使其分散开,所以只能先加大部分ZnO,再加入含水率高的添加剂,这样是为了使浆料始终处于能分散开循环流动的状态。这样可获得含水率最低的浆料,有助于提高造粒料的密度。

(2) 由于希望加入的 $Al(NO_3)_3$ 溶液与 ZnO 结合,在烧结过程使 Al^{3+} 固溶于ZnO。如前所述,在水基 ZnO 浆料中,ZnO 颗粒是带负电荷的,它极易吸附$Al(NO_3)_3$ 溶液中的 Al^{3+}。所以,先加入 ZnO 比先加入添加剂为使 Al^{3+} 较牢固地吸附于 ZnO 微粒表面提供了更多机遇。

(3) 消泡剂是一种表面活性剂,它不仅起消泡作用,而且还起分散作用。在ZnO 浆料中制备过程中,凡遇到浆料突然变稠甚至不能循环流动时,稍微加一点消泡剂就能使浆料状态变得正常。所以,一定量的消泡剂分为先后多次加入比一次加入的效果要好得多。

3. 加料量及混合搅拌时间确定

每一罐加料量及混合搅拌时间,应根据与喷雾干燥机能力相匹配以及确保混合浆料成分均匀为前提来确定。蒸发量为 25~50kg 喷雾干燥机在连续作业的条件下,ZnO 添加量一般为 100~300kg。混合搅拌分散时间,决定于搅拌机的结构

转速及分散磨的定子与转子间的间隙、循环管路的流量。通常,星形搅拌叶较螺旋式的效率高。搅拌叶应偏离搅拌罐的中心安装,而且罐内壁应设置有挡板,以使浆料形成涡流,提高混合效率。分散磨的定子与转子间隙大小对于分散 ZnO 团粒的效率影响很大,通常为 1.5~2.0mm。随着使用时间的延长,间隙因磨损会变大,所以应经常检查调整。此外,浆料温度应保持在 60℃ 左右,以降低其黏度,提高分散效率。

判断浆料是否均匀的方法是,在达到预定混合时间前几分钟,间隔取三个浆料试样,分析其 Bi_2O_3 含量与理论值偏差不得超过 0.5%,否则应延长混合时间。

4. ZnO 浆料及 PVA 溶液过筛

预制好的 PVA 溶液在冷却过程,特别是在气温低的环境下,表面常形成"塑料状皮膜"。这种膜在浆料混合过程很难再溶解,应在加料时过筛除去。混合好 ZnO 的浆料在打入储浆罐时也应过 200~250 目筛,以除去较粗的 ZnO 颗粒及外来杂质和料的团块。这些细节,对于提高 MOV 的性能和方波筛选合格率非常重要。

5. 改进的制备方法

由于按传统方法是在有限的时间内,ZnO 与添加剂的混合均匀性是依靠胶体磨为主,和搅拌机搅拌为辅共同实现的,然而因为国产胶体磨的间隙可调裕度很小,而且其决定间隙的定子与转子很容易因磨损是间隙越来越大,最终变成间隙不可调。这样使在有限的时间内很难确保浆料中各种成分充分混合均匀,因而影响到 ZnO 压敏电阻片的电气性能。

改进方法的目的就在于利用高速搅拌磨取代胶体磨,以达到确保浆料中各种成分充分混合均匀的效果,因为高速搅拌磨比胶体磨具有高得多的混合效率。其全套添加剂细磨添加剂和混合装置如图 6.29 所示,由图可见,与传统方法的主要区别是采用高速搅拌磨代替胶体磨。这种系统已为许多 ZnO 压敏电阻制造厂家采用,取得了较好的效果。

适合于大批量生产的具体工艺作业方法是:

(1) 先将以与 ZnO 配比相应添加剂在 SX-70 高搅磨中细磨到所需要的粒度。

(2) 按照工艺配比将纯水和分散剂及 $Al(NO_3)_3$ 溶液加入搅拌罐,与此同时开低速搅拌并打开气体泵将其从 SX-70 高搅磨底部打入,通过 SX-70 高搅磨使其循环;此后即可以加入 ZnO 原料,加料速度以能确保 ZnO 分散开为原则。这一过程 ZnO 在 Zr 球冲击和剪切作用力以及混合罐具有高剪切力的搅拌作用下能够迅速分散均化。随着 ZnO 的不断加入,浆料会逐渐变浓。待 ZnO 全部加完后,将搅拌罐的低速搅拌转换成高速,即可将细磨好的添加剂通过隔膜泵打入混合搅拌罐,使 ZnO 浆料与添加剂混合。从此时计算起,根据 ZnO 及球石量情况的不同一般需要混合搅拌 1~1.5h。

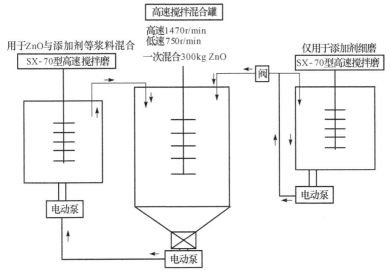

用于ZnO与添加剂等浆料混合
SX-70型高速搅拌磨

高速搅拌混合罐
高速1470r/min
低速750r/min
一次混合300kg ZnO

仅用于添加剂细磨
SX-70高速搅拌磨

阀

电动泵

电动泵

电动泵

(a) 系统示意图

搅拌混合罐　串联管　高速搅拌混合罐

(b) 实际系统图

图 6.29　添加剂细磨与 ZnO 混合系统示意图及实际系统图

（3）浆料混合结束前 30～40min，可以将预先溶化好的高浓度 PVA 溶液加入，同时加入少量消泡剂。这样，再继续混合至预定时间，即可将浆料打入与喷雾造粒相连接的浆料储存罐，同时使浆料过筛，除去粗颗粒及意外混入的杂质。

从这些工艺程序可以理解具有以下优点：一是在先将 ZnO 混合分散开的过程中，因为没有加入 PVA，可以减小浆料的黏度，即可以加速 ZnO 的分散；二是在 $Al(NO_3)_3 \cdot 9H_2O$ 先与 ZnO 混合的过程中，由于 ZnO 在水基浆料中表面具有负电性,很容易吸附 $Al(NO_3)_3$ 溶液中的 Al^{3+},这样可以避免添加剂与 Al^{3+} 结合,为在电阻片烧成过程使绝大部分 Al^{3+} 固溶于 ZnO 降低高电流区的压比创造了有利的条件;三是可以将大部分水用于 $Al(NO_3)_3 \cdot 9H_2O$ 和分散剂稀释,以降低 $Al(NO_3)_3 \cdot 9H_2O$ 和分散剂之间的反应程度,既有利于 $Al(NO_3)_3 \cdot 9H_2O$ 在浆料中分布的均匀性,又有利于充分发挥其降低压比的作用。

当然,由于希望浆料的浓度尽可能高,大部分水需用于 $Al(NO_3)_3 \cdot 9H_2O$ 和分散剂稀释并使浆料中的 ZnO 能够尽快分散开,必须提高 PVA 溶液的浓度。其浓度多少合适需要进行实验确定。

6.3.2 喷雾干燥

喷雾干燥,就是采用喷雾干燥机借助于雾化及热量的作用,使浆料雾滴中的溶液蒸发获得干燥粉料的方法。喷雾干燥过程就是浆料经过雾化器雾化使浆料滴迅速烘干变成颗粒粉粒的过程。

喷雾干燥技术自 20 世纪 50 年代已在建筑、陶瓷制造业开始应用。随着我国现代化工业的迅速发展,近 20 多年来,不仅在传统陶瓷、有机及无机化工、粉末冶金、食品、医药工业中广泛应用,而且已在各种现代电子、功能陶瓷工业中得到广泛应用。喷雾干燥已成为现代氧化物陶瓷制备成分均匀、干压坯体密度均匀,获得性能一致性好的元件必不可少的重要工艺措施。

就 ZnO 压敏陶瓷而言,为了将微米和亚微米级的氧化物粉料制备成成分均匀、平均粒度控制在 $90\sim110\mu m$ 的颗粒状粉料,可以说喷雾干燥是最有效的方法。这种粉料颗粒近似于圆球形并具有一定的粒度范围。因为整个雾化干燥过程完全在封闭系统中完成,故无外来杂质、粉尘污染,所以可确保粉料纯净无污染。

ZnO 压敏陶瓷喷雾干燥过程是将 ZnO 及添加剂的水基混合浆料经过雾化脱水,使原本分散的粉粒黏结聚合成球状的颗粒的过程。这种球形粉料具有流动充填性好的特点,为压制密度均匀的坯体奠定了基础。喷雾干燥制取球形颗粒的粉料是其重要目的之一,故在陶瓷行业将喷雾干燥称为喷雾造粒更为贴切。

本节重点讨论喷雾干燥机的类型、特点及选择,喷雾干燥原理,成型工艺对喷雾造粒料性能的要求及其质量控制。

1. 喷雾干燥机的类型及其特点

鉴于当今喷雾干燥技术的应用领域很广,且各种应用对干燥粉料的性状要求不同,因此已有许多种类型的喷雾干燥机供不同应用选择。

喷雾干燥机的分类有多种区分方式:按其雾化装置划分,有压力式、离心式和气流式(或二流式)三种;按热气流和物料流向划分,有逆流式、顺流式和混流式三种。图 6.30 中是按上述两种分类组合构成的有代表性的三种喷雾干燥机示意图。其热气流与物流的状态如图 6.31 所示。

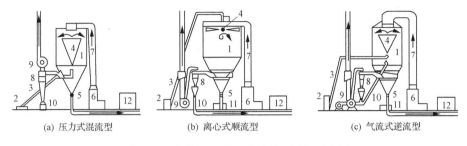

(a) 压力式混流型　　　　(b) 离心式顺流型　　　　(c) 气流式逆流型

图 6.30　有代表性的三种喷雾干燥机示意图

1—塔体；2—浆料输送泵；3—浆料输送管；4—喷嘴或离心盘；5—卸料口；6—热风炉；
7—热风管；8—旋风分离器；9—风机；10—细粉收集器；11—振动筛；12—控制柜

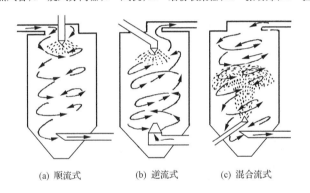

(a) 顺流式　　　　(b) 逆流式　　　　(c) 混合流式

图 6.31　喷雾干燥塔内热气流与物流状态示意图

(1) 压力式混流型喷雾干燥机。

压力式混流型喷雾干燥机，是采用高压柱塞泵或隔膜泵将浆料以几兆帕至几十兆帕的压力送入压力式喷嘴，通过 0.6~2.0mm 的喷孔变为高速旋转的液膜由下向上射出，形成锥形雾化层，而后散射成大小不一的液滴。这种液滴与自上而下的热空气流相遇在先逆向而后与热空气顺流的过程完成脱水及颗粒化。由于这种结构的干燥机喷射出的雾滴速度、高度都很高，所以要求干燥塔体有足够的高度。

经该机雾化干燥出的粉料颗粒通常比另外两种粗，但可根据需要通过调整泵的压力、喷嘴孔径、浆温等要素调节粒度，而且可调节的裕度较大。这种干燥机不仅干燥出粒度范围宽、重现性好的粉粒，而且生产效率高、操作维修简便、料的回收率高，因而受到陶瓷业的青睐。其缺点是喷嘴片磨损快，因其孔径会逐渐增大，需根据情况调节浆泵的压力或者更换喷嘴片。

(2) 离心式顺流型喷雾干燥机。

离心式顺流结构型喷雾干燥机,是先将浆料输送至塔顶,经过离心式转盘雾化器抛射成非常薄的液膜后,在转盘离心力与空气高速相对运动的摩擦作用下雾化散出。这种雾化器的转速一般为 13000～20000r/min,安装于干燥塔的顶部。因其转速很高,故对其加工精度要求高。为了获得均匀的雾滴,转盘表面要平滑光洁,运转平稳、无震动。

因这种离心式转盘雾化器雾化的液滴在塔内成水平方向运动,要求塔内有足够的直径,否则会造成液滴粘壁严重,使出料率降低。另一方面,由于形成后立刻与塔上部高于 300℃ 左右的热风介质相遇,干燥速度很快;而且物料的温度也较高。这对于含有 180℃ 分解的有机物粉料是不适用的。再者,这种干燥机制得的粉料粒度虽然可以通过选用适宜转速的雾化器调节,但是总体效果不如压力式调节裕度大;而且设备的操作维修也不方便。不过,由于它可以处理固体浓度高的浆料,获得的粉粒几乎看不到球粒的空洞(正如所观察到的日本某公司造粒料那样),所以,这种干燥机也适合 ZnO 压敏陶瓷用于成型坯体尺寸不太大的粉料喷雾干燥用。

(3) 气流式逆流型干燥机。

气流式(又称二流式)喷雾干燥机,其雾化器是由一个层复式管构成,压缩空气从外层通道向上喷出,靠其喷出时造成双层管中的负压带动浆料喷射雾化成液滴。其热气流与浆流的方向与压力式混流型干燥机有些相似,即热气流自上而下,浆流自下而上。

这种干燥机制得的粉料粒度比较细,而且颗粒外形不规则,所以流动性差。虽然该机可以处理黏度高的浆料,但因其动力消耗大且收料率也低,操作也难以控制。所以,仅适用于实验室用。

总之,顺流式干燥机多设计成与离心式配合的结构。由于其雾滴形成后立刻暴露于温度最高的热风介质中,具有干燥快、粉料温度低的特点。这种结构不适用于因温度高而分解变质的物料。逆流式干燥机多设计成与气流型匹配的结构。雾化的液滴先与温度较低的热风介质相遇,而在离开干燥室前与温度越来越高的热风接触,所以制得的粉料温度较高。也就是说,这种干燥机具有干燥速度较慢、粉料温度高的特点。而压力式混流型干燥机,是采取将顺流式与逆流式干燥机相结合的结构特点设计的。由于其喷嘴位于干燥室偏下部,而向上喷射的雾滴与由上部输入的热气流接触,因最初雾滴与热气相遇是逆向,而在其下降过程变为同向流动,这样的混合流向状态加之气流的紊流,为液滴的水分蒸发、干燥提供了较充分的时间。所以,这说明由液滴变为颗粒是相对较慢的过程。这是基于下述原因所希望的。

2. 喷雾干燥过程原理

这里着重讨论陶瓷浆料的喷雾干燥,特别是 ZnO 压敏陶瓷浆料采用压力式混流型干燥机浆料雾化干燥过程的原理。虽然从浆料被喷射成液滴到干燥成粉粒可在 1min 内完成,但如果仔细观察可将整个雾化干燥过程划分为以下四个步骤。

(1) 雾化。

浆料从喷嘴射出时原为多层高速运动的液膜,由于其速度不同及受重力的作用,很快分裂成许多大小不一的液滴。这些液滴因受表面张力的作用,而形成圆球形。液滴的比表面积与体积之比等于 $6/d$(d 为液滴的直径)。如果液滴的平均直径为 0.1mm,则 $1m^3$ 的浆料将形成 $6 \times 10^{10} mm^2$ 的表面积。液滴表面积的大大增加就为其迅速排除水分创造了条件。液滴大小与其喷射雾化时所受到压力平方成反比,而与黏度成正比。

(2) 液滴与热空气相遇。

这时的关键是,液滴与热空气如何开始相遇接触以及液滴是怎样在干燥室内运动。这是由前述所选择干燥机的结构类型决定的。在相同产量下,采用与离心式雾化器相适应的顺流型干燥机,要比采用与压力式混流型干燥机需要更大直径的干燥塔。这是因为在干燥室的喷嘴是向上喷射浆料,这样喷射出的液滴必须具有适宜的速度,才能保持其在干燥室悬浮的充分干燥时间。如前所述,还是这种混合流与气流的紊流状态为液滴的慢速干燥提供了充分时间。

(3) 蒸发。

当液滴与热气介质接触后,液滴的表面会很快形成一层饱和的蒸气膜,尽管输入热气的温度高于干燥室内的湿球温度,但液滴的温度还是较低的。液滴的蒸发干燥过程曲线如图 6.32 所示。可见,液滴立即达到最大的蒸发速度(曲线 AB),该速度称为干燥期的恒定速度(曲线 BC),由于这一阶段水分从液滴内连续迁移,足以保持其表面湿润,其温度仍然较低,但基本固定。这一恒定速度干燥期的过程长短,决定于液滴的含水率、原液体黏度及干燥室内热气介质的温湿度。在曲线 C 点(称为临界水分)的含量下,整个液滴表面靠水分迁移保持湿润的时间不可能太长,随着蒸发速度降低,干燥速度随之下降(曲线 CE)则液滴的温度将随之升高。在曲线 D 点微粒的表面已不再呈湿润状态,而且干燥速度随水分迁移速度减慢而降低。因为蒸发面积的减小,此时液滴已被表面固化壳封闭,水分进一步排出,这

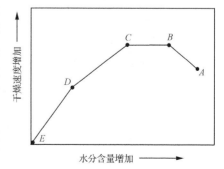

图 6.32　喷射到干燥室的液滴水分
蒸发干燥过程

成为水分通过这一硬壳层渗透性的函数关系。

在蒸发阶段,液滴的大小并不随水分的蒸发而改变。但因干燥室内的热气流呈紊流状态、流动方向复杂多变,液滴可能会因互相撞击而变形或粘连,所以其外形也会发生一些变化。

(4) 干燥的粉料从干燥室流出。

在干燥室中的悬浮粉料绝大部分靠其自重力与热气分离,从干燥塔下端出口流出;而总会有少量微粒被排出的废气带走。这些可利用旋风分离器回收大部分,试验证明这些微粒仍可以利用。

3. ZnO 粉料的物理性状与浆料配方、干燥工艺的关系

ZnO 粉料的物理性状包括颗粒形貌、粒度及其分布、体积密度以及颗粒强度、含水率等。这些与 ZnO 浆料的配方和喷雾干燥工艺有着密切的关系。根据理论和实践已找出这些参数与配方工艺因素的定性关系,综合如下。

1) 粉料颗粒形貌的形成

曾经在立体显微镜下观察过,采用前述三种喷雾干燥机制备的 ZnO 压敏陶瓷粉料的颗粒形貌,看到其外形均类似挖去核心的苹果状,但是仔细观察却发现因浆料的含固量不同或者所添加 PVA 的品种及数量的不同,其形貌有些明显不同。主要表现在这种苹果状颗粒的圆曲率、规整性,以及其空心程度、孔洞的大小和空心球壁的厚薄差别。图 6.33(a)和(b)分别展示了同一配方在同一装备生产条件下,采用两种不同分散剂所观察到的喷雾干燥粉料的颗粒形貌。

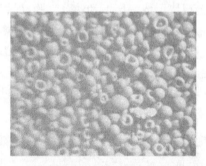 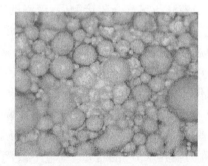

(a) 以聚丙烯酸铵为分散剂的造粒粉料的颗粒形貌　　(b) 以十四烷醋酸胺为分散剂的造粒粉料的颗粒形貌

图 6.33　两种国产分散剂的喷雾干燥粉料的颗粒形貌

可以看出,以十四烷醋酸胺为分散剂造粒料的外形较规整,空心度较小;而采用聚丙烯酸铵为分散剂造粒料,则与之相反。前者与后者颗粒形貌的差别在于:前者多数孔洞很大、空心球壁也很薄;而后者几乎看不到孔洞。造成这种差别的原因是:由于两种分散剂的特性不同,决定了 ZnO 浆料的黏度及雾化浆料液滴的表面张力大小不同。

从有利于成型性能看,后者肯定比前者好。因为颗粒孔洞或凹坑的存在,不仅会导致粉料密度的降低,而且对其流动性、充填成型模具内的密度均一性不利。

另外,观察已破碎颗粒的断面发现空心球壁中有一些小气孔,这些孔洞可能是浆料含有的泡沫未被消除残留下来的。分析颗粒孔洞或凹坑形成的主要原因如下。

(1) 在如图 6.32 所示的干燥过程,液滴中所含的有机成分随着表面水分的蒸发,由内向外迁移,首先引起液滴表面包含 PVA 等有机成分高的硬壳,阻碍着内部水分的蒸发。然而随着液滴温度的升高,即在 BC 恒定蒸发阶段,因壳体内的水分蒸气压力很大,必然从硬壳强度较薄弱的部位膨胀冲破形成类似火山口的孔洞。这样,这种像火山口的孔洞处就成为其继续蒸发大部分水分的主渠道。

(2) 由于浆料中所有氧化物均为非溶性固体,液滴干燥过程水分在毛细管的作用下迅速蒸发促使固体收缩,所以孔洞内逐渐扩大成圆弧形。孔洞外壳壁厚度大小决定于浆料的含固量,即含固量越高壳壁越厚;反之亦然。

通常可用孔心度大小来评价颗粒的好坏。也就是说,如果孔洞空间占据颗粒总体积的比例越大,则其孔心度越大;反之亦然。孔心度越小对坯体成型越有利,这是无须解释的事实。但要想制得孔心度小、外形规整程度理想的圆球状颗粒,必须尽可能减少浆料水分,另外选用适当的 PVA 及其添加量。粉料颗粒表面之所以形成 PVA 成分集中的外壳,是因为 PVA 具有成膜性以及随着水分的蒸发显微迁移的结果。

2) 粉料的堆积密度及其粒度分布

粉料的自然堆积密度及其粒度分布与 ZnO 浆料的含固量、所添加 PVA、分散剂等有机物成分的种类和数量有关,也与喷雾干燥过程使用的喷嘴孔径、供浆压力以及送入及排出热风的速度及温度均密切相关。

据悉,我国 ZnO 压敏陶瓷浆料的含固量浓度,因采用的生、熟料工艺和配方的不同而造成差异,一般为 $65\% \sim 70\%$。粉料的体密度范围在 $1.35 \sim 1.45 \mathrm{g} \cdot \mathrm{cm}^{-3}$,其平均粒度范围在 $85 \sim 120 \mu m$,粒度分布范围为 $40 \sim 180 \mu m$,分布比最多的是 $100 \mu m$ 左右。喷雾干燥使用的喷嘴孔径一般为 $0.65 \sim 0.80 \mathrm{mm}$,输浆泵的压力范围多在 $1.5 \sim 1.7 \mathrm{MPa}$。

图 6.34 给出了两种分散剂 ZnO 粉料的实测粒度分布的对比统计数据。可以看出,以十四烷醋酸胺为分散剂造粒料的粒度分布相对均匀,而采用聚丙烯酸铵为分散剂造粒料的粒度分布差别很大。显然,这与由分散剂的种类不同决定的浆料黏度、浓度及润滑性不同有直接关系。

根据长期积累的经验认为要提高粉料的质量应采取以下措施。

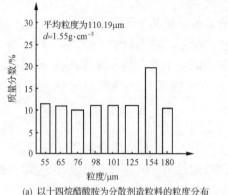
(a) 以十四烷醋酸胺为分散剂造粒料的粒度分布

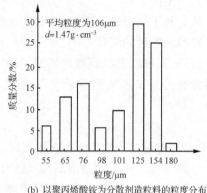
(b) 以聚丙烯酸铵为分散剂造粒料的粒度分布

图 6.34　两种分散剂 ZnO 粉料的粒度分布

（1）采用十四烷醋酸胺或以十二烷醋酸胺为主的杂烷胺盐取代聚丙烯酸铵，可以提高粉料的体密度、改善其粒度分布，特别是赋予其较好的润滑性。这样，可使其体密度增加到 $1.50g \cdot cm^{-3}$ 左右，粒度分布不再集中而是比较均匀分布。粉料具有好的润滑性不仅可使坯体成型达到一定密度时的压力大大降低，而且有助于改善坯体成型密度的均匀性。

（2）提高浆料的含固量，保持适宜的浆料温度。采用孔径较小的喷嘴并加大输浆泵的压力。这样有助于提高粉料的体密度、减小平均粒径至 $90 \sim 100 \mu m$，并改善其分布状态。

在确保坯体成型的条件下，尽可能减少 PVA 的添加量，或者最好是采用 04-86 型 PVA 取代聚合度高的 17-99 型 PVA。

（3）在确保造粒料含水率的条件下，应尽可能降低进入干燥塔热风的入口温度，并减小热风的入口与出口的温差。这样可使雾化的液滴不至于因热风的入口温度过高其表面过早的形成硬壳，而形成空心度大的颗粒。

实际上，ZnO 压敏陶瓷行业采用的压力式干燥机，出口温度多在 110～130℃，而入口温度多在 280～350℃。造成这种温差大的主要原因，除干燥机结构差别因素外，最主要的原因在于干燥塔内的负压控制不合理。实践证明，将余热出口温度控制在 90～100℃、热风入口温度控制在 250～290℃较合理。这样既可推迟粉料颗粒表面形成硬壳的时间，又可延长其在塔内停留的时间，确保粉料的含水率不高于 0.5%。再者，热风入口温度过高于 320℃时，经常出现焦黄的粉料，表明有机物已经烧焦，这些烧焦的料是很有害的。而采取上述措施后，即可消除烧焦料的现象。

4. 喷雾干燥的主要参数控制及应注意的问题

1) 主要参数的控制及控制范围

(1) 粉料的粒度。粉料的粒度范围应控制在 $61 \sim 154 \mu m$（相当于中国标准 $160 \sim 100$ 目筛），但大于 $100 \mu m$ 的含量应不大于 45%，小于 $90 \mu m$ 的含量应大于 50%。影响粉料粒度的主要因素如下：

① 喷嘴孔径。喷嘴孔径越大，粒度越大，产生效率高，但粉料的体密度低。一般应将喷嘴孔径控制在 $0.65 \sim 0.75 mm$。

② 旋涡片厚度。旋涡片的作用是使浆料通过它旋转喷射出分散的雾滴，其厚度会影响到浆料的雾化状态、粉粒的大小。当厚度较厚时，浆料向上喷得多，即雾化角度小（呈现锐角），产量高但粒度粗；而当其较薄时，雾化角度大（呈现钝角），产量低但粒度细。假如干燥塔的内径较小，会引起浆料黏结于塔壁的问题。所以应根据实际情况调节其他因素或更换。

③ 供浆泵的压力。供浆泵的压力主要影响浆料喷射出雾滴的大小、雾化角度和产量。一般的，若压力大，则喷射高、雾化角度小、粒度粗、产量高；反之亦然。所以，应按照实际情况调节泵的压力在 $1.5 \sim 2.0 MPa$。

④ 浆料的含固量及其温度。详见前文所述。

⑤ 分散剂的种类及添加量。如前所述，据统计，采用十四烷醋酸胺或以十二烷醋酸胺为主的杂烷胺盐分散剂的喷雾造粒料，其粒度分布比例较均匀，而采用聚丙烯酸铵分散剂的喷雾造粒料，其粒度分布比例分布不均衡，含 $100 \sim 120$ 目筛上的质量比例较多。这可能与前者浆料的黏度较大而且润滑性好，而后者浆料的黏度较小而且无润滑性有关。图 6.34 为同一配方，采用两种不同分散剂在同一装备生产条件下，实测喷雾干燥粉料的粒度分析统计数据对比。

(2) 粉料的体密度。为了改善坯体的成型性能，应尽可能提高粉料的体密度。影响粉料体密度的因素及提高措施，如前文所述。

(3) 粉料的含水率。通常控制 ZnO 压敏陶瓷粉料的含水率在 0.5% 以下，实测多为 0.3%。从实践经验看，该参数的控制有其一定的道理。但其含水率对下工序含水后的坯体成型有无影响应依具体情况而论。如果粉料本身的颗粒强度较高，则粉料的含水率对坯体成型的影响不明显；反之亦然。

例如，以十四烷醋酸胺或以十二烷醋酸胺为主的杂烷胺盐分散剂的喷雾造粒料，虽然其添加 17-99 型 PVA 作结合剂，理论上造粒料的强度应该高，但因所添加的分散剂有相当好的润滑性，提高了粉料的弹性，降低了颗粒强度。这种粉料如果含水率过高或者含水后储存时间过长，坯体压型时很容易出现空气夹层。而粉料的含水率对于以聚丙烯酸铵分散剂的喷雾造粒料来说，就无上述情况发生。所以，这里最关键的是水分对颗粒强度影响的敏感性。

2) 喷雾干燥应注意的问题

(1) 喷嘴堵塞问题。喷嘴堵塞是喷雾造粒过程经常遇到的问题,其主要原因是浆料中含有输浆管道及储浆罐残留的硬料块,或未经过筛除去的塑料、纤维、粗粒 ZnO 及添加剂,以及外来杂质。为此,在浆料打入储浆罐之前,应将输浆管道及储浆罐彻底冲洗干净,浆料打入储浆罐时一定严格过 150～200 目筛。

(2) 喷雾造粒作业区的卫生及防止粉料污染问题。ZnO 压敏陶瓷粉料像人的眼睛一样容不得一点任何灰尘或杂质混入。为此,应该特别注意添加剂、结合剂制备、浆料混合及喷雾干燥作业区的环境卫生,以及所用容器、工装、工具的清洁卫生。风沙较多的地区,沙子、灰尘或厂区烟尘等都会给 ZnO 粉料造成污染。所以,ZnO 压敏陶瓷生产区尤其是成型前的作业区应按照封闭式作业区严格管理。为说明污染造成损失的严重性,特列举实例说明。某厂在检修烧成炉时,因炉顶的玻璃纤维飞落到装造粒料的袋子上,当含水倒料时即混入料中。结果烧成后磨片时发现电阻片端面有许多大小不一的孔洞,最小的像针孔,造成大批电阻片报废。另一实例是,某电瓷厂原采用发生炉煤气为热源,位于烟囱旁边的 ZnO 车间生产的电阻片,也经常出现前例类似的情况。而近年来改用天然气以后,彻底消除了电阻片大批出现空洞或针孔的现象。

(3) 干燥塔加热元件爆裂污染粉料的问题。大多数喷雾干燥机采用电热元件供热,这种元件内多采用无机绝缘粉料绝缘,外包不锈钢管的 U 形结构,每只元件功率为 2kW,需装配 65～70kW 的元件。由于元件的加工质量不好或寿命有限,往往在喷雾干燥作业时,温度达不到规定值,才发现某些元件爆裂。这些因短路熔化的铁杂质随热风带入料中,会引起电阻片发生起泡或孔洞而报废。这种教训是时有发生的,为了避免这种情况的发生:①应选用质量好的元件;②应定期检查元件有无损坏,及时更换;③应采用石英玻璃管内藏红外加热元件供热。当然,如果利用液化气或天然气直接加热,既无污染又提高热的利用效率,是最好的办法。

(4) 避免粉料焦化问题。每次喷雾干燥作业完成后,应及时冲洗干燥塔内壁黏附的粉料,特别是那些已被烤焦或发黄的料一定不能用,否则电阻片烧成时会引起气孔。

6.4　粉料含水与坯体成型

粉料含水也称为加湿,它与成型是 ZnO 压敏陶瓷生产过程第三道最重要的工序。粉料含水是为改善粉料成型性能所必需的前期工序,顺利完成坯体成型才是最终目的。二者是不可分的统一体,所以作为同一工序论述。

6.4.1　含水

含水就是向 ZnO 压敏陶瓷粉料增加一定量水分的过程,故通常又称为增湿或加湿。粉料含水率的高低及其均匀性直接影响成型坯体的质量,及最终电阻片的性能。所以,应予以足够重视。

1. 含水目的

由于经喷雾干燥制得的粉料含水率太低,若直接用于成型会出现以下问题:①因颗粒间的结合强度低,而且成型压力大。当内应力较大的坯体从模套中推出时,会因应力释放时的反弹效应,引起其开裂或层裂,造成废品。②粉料含水率太低压型时颗粒间的摩擦阻力大,要使坯体密度达到预定值必须施加更大的压力,这样会导致坯体各部位的密度差更大,对电阻片的性能不利。所以,必须将粉料增加适量的水分才能成型。显然,粉料含水量的增加,不仅有助于提高粉粒间的结合性和坯体的机械强度,而且由于水分的润湿及润滑作用使颗粒强度降低,有利于降低坯成型压力及应力差,因此有助于改善其密度的均匀性,有利于电阻片性能提高。

2. 含水工艺

粉料的含水增湿,是采用一种如图 6.35 所示的 V-70 型含水机完成的。含水过程分预混合、喷水及混合三步进行,分别由各自的时间继电控制。

将一定重量的粉料倒入含水机的不锈钢罐中密封,在其以 25r/min 的转速翻转过程中,通过压缩空气以一定压力(约为 $4\mathrm{kg \cdot cm^{-2}}$)使纯水通过管路压至孔径仅 0.5mm 左右的喷嘴,雾化成的雾滴逐渐混入粉料中。供水压力是由压力表控制的。

图 6.35　V-70 型含水机

雾化的水量是根据实测每分钟喷出的水量,由设定继电器的喷水时间控制,一般要 4~7min 即可喷完。为了使喷入的水分均匀分散于粉料中,需要再继续混合 15~20min,总混合时间需要 25min 左右。混合均匀后的粉料必须过 40~50 目筛,筛除含水率高的团粒。

影响含水量及其均匀性的因素,主要是供水压力、喷水时间、喷嘴孔径及混合时间。所以应经常检查这些因素的工装、仪表有无异常,特别是要经常检查喷嘴孔是否有堵塞情况。

含过水粉料最好装入塑料袋中密封并陈腐(存放)一定时间,陈腐这一术语是传统陶瓷惯用的,其目的在于经过储存一定时间使料的水分通过互相扩散渗透达到更进一步均匀。特别是这种含有 PVA 的粉料,如前所述因其颗粒表面有一层含 PVA 量高的硬壳,必须经过陈腐才能使这种硬壳吸收水分而变软具有弹性及黏结性,以利于坯体成型。

这里之所以认为最好用塑料袋包装,是因为它具有良好的包湿性,水分不会散失。如果用塑料桶盛料,料面上总会留有一些空间,因而难以确保水分不散失。

该工序的主要控制项目是:粉料的含水率、存放时间及过筛、装料袋密封情况。含水率通常采用红外水分测定仪测定,其控制指标因粉料的配方不同而不同,一般多为 $1.0\%\sim1.5\%$。含水料的陈腐时间也因其配方不同而异,对于具有好的润滑性颗粒强度低的粉料,通常要 10h 后才能用于成型,24h 内应压完。如果陈腐时间过长,成型的坯体可能会出现外表看不到的隐藏空气夹层;而与前情况相反的粉料,则这种情况很少出现。

6.4.2　干压成型坯体原理及其重要性

按照传统陶瓷压制法成型,通常按粉料的含水率划分为干压成型(含水率≤6%)、半干压成型(含水率 6%~12%)两种。ZnO 压敏陶瓷广泛采用液压法成型,由于其粉料的含水率远低于 6%,所以将其成型称为干压成型。ZnO 压敏陶瓷之所以广泛采用干压法成型,主要基于以下原因:①虽然其坯体的尺寸大小不一,品种也很多,但是其外形较简单,大多为圆形或正方形,成型很简捷方便;②虽然对坯体的尺寸精度和表面光洁度要求高,通过模具设计精加工容易保证;③干压法成型工艺简单、操作方便、生产效率高,而且采用先进的全自动液压机可实现连续性大规模化生产。

干压成型的原理相对比较简单:就是将水分适宜的粉料注入符合的钢模具中借助液压传动力使上、下冲模相对慢慢移动,经过排气、保压,即可将分散堆积的粉料压制成符合要求的坯体。由于模套与冲模之间的间隙配合较紧,而且被压缩粉料要排出的空气体积相当于坯体体积 2.3 倍。这对于厚度在 5mm 以下的坯体比较容易,但对于厚度达 25~50mm 的坯体来说,必须按多次分段逐步升压、逐步排气及保压的程序压型,才能获得密度相对均匀、无空气夹层或分层缺陷的坯体。

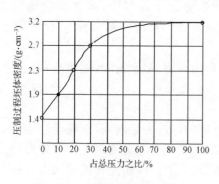

图 6.36　压制过程坯体的相对
密度与压力的关系

为了进一步了解成型原理,有必要更深一步考察坯体压缩的致密化过程。干压成型过程就是粉料颗粒由自由分散可流动状态,随着外力的逐渐增大经过颗粒相互靠拢、紧密接触、变形、破碎等阶段,便成为比较致密整体过程。整个过程依坯体厚度的不同,一般在 15~30s 内完成。根据实际观测,得出坯体在模具内被压缩过程,其相对密度的增大与压力有着一般规律的关系,如图 6.36 所示。

由图 6.36 可见,对于颗粒强度适宜的粉料而言,在压制过程坯体的相对密度随压力增大而逐渐增加的过程可划分为五个阶段,而且观察到各阶段坯体中粉料形貌的变化。各阶段的特征如表 6.9 所示。

表 6.9　压制过程坯体的相对密度随压力增大粉料的变化特征

加压程序	密度 /(g·cm^{-3})	坯体与粉料状态变化特征	粉料压缩作用	压力情况
1	1.40→*1.90	坯体结构松散,颗粒原形未变	粉料充填空隙	压力很小
2	1.90→2.30	坯体成一体,颗粒紧密接触	充填粉料间隙	压力增大
3	2.30→2.70	坯体有一定强度,表面不太光滑,颗粒变形	进一步充填粉料间隙,粉粒迁移	压力增大
4	2.70→3.19	坯体结构密实,强度大,表面光滑,部分颗粒破碎	压缩颗粒孔洞空间,粉粒迁移	最大压力
5	3.19→3.20	坯体结构更密实,强度更大,表面光滑,全部颗粒破碎	进一步压缩颗粒孔洞	保持最大压力

* →表示在相应加压程序下模具中的坯体密度增大到的数值。

显然,在坯体的相对密度达到 2.3g·cm^{-3} 前,所施加的压力很小,主要压缩粉料颗粒间的空隙及其间隙,除引起粉粒迁移充填空气所占空间外,颗粒外形基本上未发生大的变化,因而此时的坯体虽然保持圆柱形状,但其强度很低。而在密度由 2.3g·cm^{-3} 增加到 2.7g·cm^{-3} 的过程,空气所占空间逐渐被粉料充填满,所以一些大的颗粒已受挤压变形。此时粉料靠其黏性机械性地黏结在一起使坯体具有一定强度。然而,在第 4、5 次加压、保压,即在密度由 2.7g·cm^{-3} 增加到 3.20g·cm^{-3} 的过程,颗粒被压碎成接近于原始粉粒状,使结合剂胶体分子与粉粒表面的作用力加强,坯体趋于密实,可压缩空间近于极限,也就是说此时压力已超过颗粒变形极限。在该阶段所增加的压力占总压力的 70%~80%。所以,程序 3、4 阶段是成型坯体的关键阶段。

然而,假如由于多种原因造成粉料颗粒的强度太大,按上述程序压制坯体的密度已达到 3.2g·cm^{-3},但通过图像仪可观察到其端面仍保留着原始被压缩的外形和空心球的空洞。在密度依次为 1.88g·cm^{-3}、2.09g·cm^{-3}、2.29g·cm^{-3}、2.49g·cm^{-3}、2.62g·cm^{-3}、2.81g·cm^{-3}、2.99g·cm^{-3} 和 3.16g·cm^{-3} 的情况下,观察到以下情况:①密度在 1.88~2.29g·cm^{-3},坯体几乎像颗粒堆积体,颗粒间结合性很差,其几乎无变形;②密度在 2.49~2.99g·cm^{-3},坯体颗粒逐渐靠拢压缩变形,颗粒间结合性增强,但颗粒及其空洞清晰可见;③在密度达到 3.16g·cm^{-3},虽坯体中的颗粒已被紧密压缩变形、结合为较致密的坯体,但颗粒却未被压碎,及颗粒轮廓及其空洞仍清晰可见。图 6.37(a)、(b)、(c)分别为选择密度为 1.88g·cm^{-3}、2.62g·cm^{-3}、3.16g·cm^{-3} 坯体端面的图像。

(a) 1.88g·cm⁻³   (b) 2.62g·cm⁻³   (c) 3.16g·cm⁻³

图 6.37 坯体三种密度端面的图像

造成上述情况差别如此大的原因,就国内所观察到的绝大多数厂家而言,情况均差不多,即可以看到未被压碎的造粒料颗粒原形及其空洞。其原因是颗粒强度太高,在密度 $3.2g \cdot cm^{-3}$ 左右颗粒难以压碎。像这种多空洞状的坯体是造成烧成瓷体气孔率高,通流能力难以提高的最重要的原因之一。颗粒强度高的主要原因:一是添加 PVA 量太多。二是现采用的分散剂本身没有润滑性,又未添加润滑剂;所有颗粒和粉粒表面无润滑性,摩擦阻力大。因为颗粒本身表面含 PVA 量高,造成其既硬又脆而无弹性。

为了从本质上提高电阻片的性能,第一,最重要的是添加滑润剂或采用有润滑性的分散剂,改善粉料的润滑性,降低成型压力,以提高坯体的致密性及各部分密度差;第二,必须从浆料有机材料的改性,可采用 04-86 型 PVA,降低颗粒强度;第三,在目前配方工艺条件下,可适当减少 PVA 量并适当增加粉料的含水率至 1.6% 以上,降低颗粒强度或提高密度至 $3.25g \cdot cm^{-3}$;第四,在浆料制备或粉料含水时添加适量的甘油,改善润滑性。最好是采用既有分散性又有润滑性的分散剂,这是降低成型压力、降低坯体密度差最根本的办法。

6.4.3 坯体干压成型对粉料应具备特性的要求

就 ZnO 压敏陶瓷而言,其粉料是以 ZnO 为主成分与多种无机、有机添加剂经过混合、喷雾干燥形成的二次颗粒粉料。通常希望干压成型粉料应具有以下特性:①充填性好,球形、流动性好、颗粒大小适宜;②颗粒大小及其分布适宜,体密度尽可能高;③水分适宜;④粉料具有良好的润滑性和塑性;⑤颗粒具有适宜强度,具有好的传递压力能力。

实际上要全部满足以上述要求是非常困难的。前两节对粉料的这些特性已经作了论述,但根据观察 MOA 用压敏电阻片成型坯体端面发现的问题有必要进行分析讨论。

图 6.38(a)和(b)为坯体端面的微观图像的对比情况:(a)为密度 $3.2g \cdot cm^{-3}$ 我国某厂坯体的断面;(b)为密度 $3.0g \cdot cm^{-3}$ 日本某厂坯体的端面微观图像。可

以明显看出,尽管(a)坯体的密度已达到 3.2g·cm^{-3},但其粉料基本上仍保留着较完整的颗粒形貌。然而,从观察日本某企业的 ZnO 压敏陶瓷 D$_{73}$ 规格的坯体,其成型体密度仅约 3.0g·cm^{-3},但其端面却观察不到有残留的颗粒外形和造粒料原有的孔洞。分析产生这种情况差别最主要的原因是:我国的造粒料粉料颗粒的强度太高及未添加润滑剂而无润滑性。而日本的喷雾造粒料的浆料中可能添加有润滑剂或者采用既具有润滑性又有分散性的分散剂。因为这种分散剂、润滑剂或增塑剂的添加既可以降低 PVA 的玻璃化温度,以降低颗粒强度,又可以因润滑作用改善颗粒的流动性、降低压性过程颗粒之间及粉料与模壁之间的摩擦阻力,所以可以降低到一定坯体密度下时的压强。

(a) 国产坯体断面　　　　　　　　　(b) 日本坯体端面

图 6.38　成型坯体端面的微观图像(100 倍)

对于像 ZnO 压敏陶瓷这种电子材料来说,最终烧结瓷体孔隙率高低及气孔的大小及分布,特别是大气孔对其电气性能特别是耐受电流冲击性能影响很大。如果像图 6.37(a)中所观察到的那样,未被压碎的颗粒孔洞和颗粒间的三角交界处的空气间隙多会成为烧结体中的大气孔。可以说坯体中粉料颗粒未被压碎是形成瓷体大气孔多的最主要原因,因而也是电阻片通流能力难以提高的主要原因。所以,有必要改善粉料的润滑性、降低颗粒强度,或者适当增加粉料的水分并提高坯体的成型密度。

6.4.4　液压机的加压方式与粉体液压机的选择

众所周知,ZnO 压敏陶瓷的电气性能是由其微观结构决定的。在配方一定的情况下,确保粉料的成分均一、坯体密度均匀是获得其烧结体微观结构均匀的基础或保证。而坯体成型密度的均匀性与液压机的结构及其功能、加压方式、压制程序以及坯体的尺寸,特别是厚度与直径比等条件密切相关。所以,根据坯体的尺寸选择适用的液压机,对于确保 ZnO 压敏陶瓷的电气性能及合格率是非常重要的。

近 20 年来,我国为适应电子陶瓷、功能陶瓷迅速发展的需求,已开发了由微电子元件控制的全自动粉体成型液压机。以下根据生产实践经验,对 ZnO 压敏陶瓷行业采用的液压机应用效果加以概述。

1. 单向加压液压机

压敏电阻器用电阻片主要采用单向加压、自动化程度很高的粉体液压机成型。这种液压机可实现自动化送料、加压保压、推出,压力大小与坯体厚度可按需要调整。这对于压敏电阻器用电阻片的大规模生产是很适用的,因为其坯体的尺寸一般都不大。但对于避雷器用电阻片的成型是不适用的,因为其坯体的尺寸一般都较大,尤其是厚度较厚。单向加压必然会造成坯体各部位的密度不均匀,而且密度差较大;另一方面,当压制厚度较厚的坯体时,还会遇到排气困难的许多问题。

2. 单向加压模套下浮动式液压机

我国生产避雷器用电阻片的几个厂家引进日本田中龟铁工所制造的 TKM-F100×26 型压力 100t 的粉末成型液压机;有十多家采用天津液压机床厂生产的 THP-74-63 型压力 63t 以及天津津沛机械设备制造有限公司制造的 JP-100 型压力 100t 的陶瓷制品液压机。这三种液压机是这类液压机的代表,它们的总体结构和压制程序等功能基本类似,均为全自动控制,均可以自动送料。前者只能 2 次排气 3 次压成;而后两种可实现 3~4 次排气、多次分段加压,而且在最后一两次加压的同时实现模套向下浮动 10~15mm 的作用,在最终压力下可调节所需的保压时间。

直观看,这种粉末成型机好像单向加压机一样,单向加压,下模塞固定;然而,在上模塞向下加压位移的同时模套向下浮动,这种向下浮动的作用实际上起到了下模塞向上加压的作用。其中最关键的是,模套向下浮动程序与上模塞向下加压程序及分段升压时,每段升压所造成模套中粉料高度的压缩量,即坯体相应密度的增加量之间的配合是否合理。

正如 6.4.2 节对于坯体干压成型过程所述,从图 6.36 所示坯体密度与压力之间的关系曲线可以看出,在第一、二阶段压力很低,通常小于总压力的 1/5~1/4,但坯体的压缩量却很大。就以实例而言,采用 THP-74-63 型压机按 3 次排气分 4 段升压成型尺寸为 $\phi42×37mm$、$\phi50.3×30.1mm$ 及 $\phi63×29.5mm$ 的坯体,实测前三次加压过程坯体厚度的压缩量占最终总压缩量依次为 25%~30%、20%~25%、15%~20%。这些压缩量实际上标志着模套中粉料相应体积被压缩的同时,有相应体积的空气要排出。在上述阶段,原位于模套中松散堆积的粉料,在逐步加大压力的作用下,经历了颗粒迁移、充填空隙、颗粒紧密接触、塑性变形、密度逐渐增大的过程。据实测,经过前三次压缩后,坯体的密度仅为 2.5~2.7g·cm^{-3},坯体的强度也不高。而最后一次即第四次压成时所要增加的压力占总压力的 50%以上,这些压力消耗在破碎颗粒、微粉粒位移的摩擦阻力及微粉粒位移与模壁之间的摩擦阻力。这一阶段坯体高度的压缩量大约占 20%,说明这些压缩空间主要是空心粉粒的孔洞及各种原料原始微粒之间的空隙。此时坯体的密度增加到 $3.20g \cdot cm^{-3}$ 左右,即密度大幅度增加,其强度明显提高。所以在最后一次加压的同时,模套同步向下拉的浮动作用不仅有利于减小坯体的密度差,更重要的是在坯体较致密的情况下能够顺利地排除气体。模套浮动位移的距离越大越有利于排气及减小坯体的密度差,通常浮动的距离为 3～5mm。

应该指出,模套在开始加压时就浮动不起什么作用,只有在最后一两次加压,坯体趋于密实的过程才起到上述作用。图 6.39(a)和(b)展示出日本产和国产单向加压模套向下浮动液压机的外形结构对比。

(a) 日本产粉体液压机　　　　　　　　(b) 国产粉体液压机

图 6.39　单向加压模套向下浮动液压机的外形结构对比

3. 双向加压式液压机

上海电瓷厂根据生产实践自行研制开发的 YA79-45 型压力 45t 双向对压的粉体液压机是双向加压式液压机的代表(图 6.40),已有很多台在生产避雷器用电阻片的厂家使用。最近又开发了 Y79-100C 型压力 100t 的粉体柔性加压双向对压全自动液压机。该机吸取了 YA79-45 型液压机的经验,在其功能上做了很多改进。

该液压机的设计思路认为,理想的 ZnO 压敏陶瓷片液压机应具备以下功能:首先要使上、下冲模能用相同的压力和速度作用于坯体进行直接对压,以获得循序渐进逐步升压使坯体致密的效果;其次,能使上、下冲模同时脱离被压坯体的上、下端面,造成有利于气体

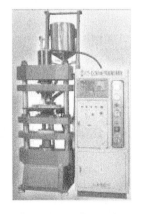

图 6.40　YA79-45 型液压机的外形结构

外逸的空间。另外,为适应各种粉料性能的差异,对气体外逸所需要的时间和空间、分段加压的作用时间等各个参数应该可根据粉体的性能方便自由地进行调整。

　　Y79-100C 型系列双向全自动液压机已具备上述要求。该液压机应用微机控制技术,以提高压机的自动化程度,确保压机的稳定性和可靠性。压制时上、下模的运动轨迹不是传统的浴盆形曲线,而是一组线段的组合。图 6.40 为 YA79-45型双向电子陶瓷成型液压机的外形结构图。图 6.41 给出了 Y79-100C 型系列粉体双向直接对压全自动液压机上、下冲模压制的轨迹,可完成粉体柔性加压成型过程的图解。改进的新系列液压机由主机、喂料装置、液压系统、微机控制和电气系统组成。它具有适应各类粉体干压法压制的十项功能:①吸入式自动装粉功能;②振动预压功能;③抽真空压制功能;④分步加压功能;⑤逐步排气、分步加压功能;⑥等高度、等密度压制功能;⑦薄片压制功能;⑧保压稳定功能;⑨脱模功能;⑩双向对压调速功能。

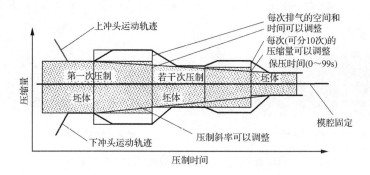

图 6.41　粉体柔性加压成型过程图解

　　与第二种液压机相比,压制坯体密度分布有些相似,但沿坯体轴向密度最小的位置不同,前者位于轴向侧面偏中下部位,而后者位于轴向侧面正中部位。清晰可见,后者侧面正中部位颜色截然不同,宽度为约 1mm 的等压线。但前者由于有模套下浮的作用,消除了坯体轴向侧面的等压线。实际上位于轴向侧面偏中下部位的等压线还是客观存在的,只是眼睛看不清而已。图 6.42 给出了前述三类液压机成型坯体密度分布的区别示意图。

6.4.5　坯体密度与成型工艺参数的选择

1. 坯体密度

　　坯体的密度大小不仅决定其烧成收缩率的大小,而且对于烧结体的密度微观结构及其最终具有的电气性能也有重大影响。实验结果表明,坯体密度在 2.5～3.8g · cm^{-3} 存在以下关系:

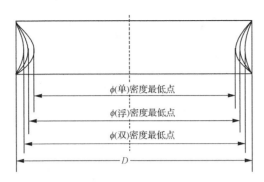

图 6.42　单向加压、单向加压模套向下浮动及双向加压，
三种液压机成型坯体密度分布的区别示意图解

（1）随着坯体密度增加烧成收缩率减小，几乎呈线性关系。如图 6.43 所示。

（2）随着坯体密度增加烧成体相对密度增大。但在 2.5～3.8g・cm^{-3} 烧成体相对密度增加相对较慢，而且烧成温度过高，密度反而会降低，其关系如图 6.44 所示。

（3）随着坯体密度增加烧成体的 ZnO 晶粒尺寸减小，其关系如图 6.45 所示。

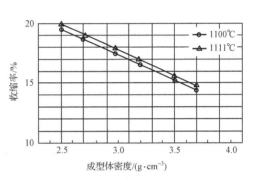

图 6.43　烧成收缩率与坯体密度的关系

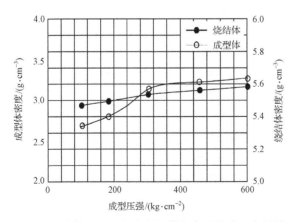

图 6.44　烧成体的相对密度与坯体密度及烧成温度的关系

（4）坯体密度为 3.8g・cm^{-3} 与 3.2g・cm^{-3} 进行对比。在同样烧成温度下烧结 ZnO 压敏陶瓷元件的压敏电压梯度和小电流区的非线性系数，前者高于后者。

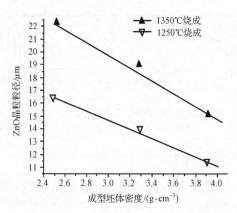

图 6.45　烧成体的 ZnO 晶粒尺寸与坯体密度的关系

随着烧成温度的升高,两种情况下的压敏电压梯度按同样规律降低;而非线性系数在烧成温度在 1100～1150℃是逐渐增大的,在高于 1200℃以后随着烧成温度的升高均明显降低,如图 6.44 所示。图 6.45 表明烧成体的 ZnO 晶粒尺寸与坯体密度的关系。可见密度越大,ZnO 晶粒越小。当然,应选择最佳范围。

　　上述实验结果对于 ZnO 压敏陶瓷具有相似规律的普遍性意义。从其电气性能分析,似乎坯体的密度越高越好,但从生产实际考虑,特别是对于 MOA 用的大型电阻片来说,由于受前述粉料的物性压机功能及其最高压力的限制,过分地提高坯体密度会造成以下不良效果:

　　(1)坯体的密度越高,成型时所承受的压强越大,这样会造成坯体不同部位的密度差越大,则烧结体微观结构不均匀性差别越大,不利于整体性能的提高。

　　(2)如果过度提高坯体的密度,则当超过坯体中粉料可压缩极限时,坯体脱模时将会出现释放应力反弹效应(即弹性后效),因而会引起坯体胀裂或开裂。

　　(3)过度提高成型压力可能会使压力接近液压机的负荷极限,将会缩短液压机的寿命,并增加了液压机维修工作量。同理,模具的寿命也会降低。因此,根据上述实验结果和实践经验,选择坯体密度在 $3.20～3.25g\cdot cm^{-3}$ 是较适宜的。但是,为了保持其烧成体尺寸的一致性,应确定坯体密度公差在较小范围的固定值。

　　综合以上情况,从有利于 MOV 的电气性能提高来看,可以认为,在烧结瓷体的密度尽可能接近理论值的条件下,尽可能降低能使坯体中造粒料颗粒完全压碎的成型坯体所承受的压强,即使坯体达到最致密化时的降低成型压力是最重要的。也就是说坯体的密度不是追求的主要参数。因此,ZnO 与添加剂混合浆料中有机材料包括 PVA、分散剂、滑润剂及消泡剂等的选择和添加量是最关键的。

　　2. 加压速度排气及保压时间

　　对于粉体干压成型来说,不论压机的加压方式如何,模塞接触模套中粉料后的移动都应根据成型坯体的尺寸增大而减慢,以利于排气及压力的传递。一般模塞的位移速度应在 3～5mm/s 调整。排气时间,即每次加压后卸压需停留的时间,应根据加压速度及坯体尺寸大小在 2～3s 调节。在最终压力下保压的目的在于为坯体内应力的传递提供充分的时间空间,特别是对于加压速度较快会造成坯体密度差大的情况来说,延长保压时间对于减小坯体密度差带来的正面影响起着非常重要的作用。保压时间的长短一般也应根据坯体尺寸大小在 4～10s 调节。也就是说,坯体尺寸越大保压时间越需要长一些。

3. 成型粉料的水分

粉料的水分必然会对成型坯体的压力,特别是粉料在加压过程产生迁移、充填空隙、破碎,到紧密结合等致密化过程产生影响。其主要原因在于,粉料的水分的变化必然影响到粉料颗粒的强度、润滑性等性状。在这种情况下,要想顺利完成成型,应根据水分高低对压机程序作相应调整,否则就可能会出问题。这说明严格控制粉料的水分的重要性,一般水分为 1.1%～1.5%;而对于添加剂不煅烧的生料工艺制备的粉料而言,含水率需增加到 2.0% 及以上。

6.4.6　干压成型用模具

1. 模具的设计

模具的尺寸设计应考虑以下因素。

(1) 脱模后由于弹性后效使坯体尺寸增大。当压型压力撤除后,在弹性应力松弛的作用下坯体会因膨胀而增大,称之为弹性后效。这种效应的大小与坯体的密度,或者说与坯体在成型时所承受的压强及其尺寸大小有关。即压强越大,则弹性后效越大。在成型体密度为 3.2g·cm^{-3}、压强为 350kg·cm^{-2} 的情况下,D_3～D_7 电阻片坯体的外径比模套内径大 0.2～0.3mm。

(2) 坯体烧成时径向收缩量。烧成收缩量的大小主要决定于坯体密度及烧成温度。通常在其密度为 3.2g·cm^{-3} 的情况下,坯体的径向收缩率为 16.5%～17%。

(3) 坯体的尺寸公差。为了得到名义外径为 D_H 的 MOV,应按下式计算模套内腔的直径 D:

$$D = D_H \pm A/2 - L + n \tag{6-16}$$

式中,A 为 D_H 的尺寸公差;L 为径向弹性有效值;n 为烧成径向收缩量。

模套内腔的高度应根据粉料的松装密度与坯体的最大尺寸以及模塞应保持在模腔内的一定深度确定。粉料的松装密度一般为 1.35～1.50g·cm^{-3},若坯体的密度为 3.25g·cm^{-3},坯体的最大高度按 38mm 计算,则粉料的充填高度至少应大于(3.25g·cm^{-3}/1.50g·cm^{-3})×38mm=82.3mm,加之上、下模塞在模腔内应保持不少于 40mm,则模套的高度应大于 120mm。一般自动液压机的模套高度为

140~160mm。为了节约模套因磨损需更换的费用,最好将模套内腔加工成便于固定及装卸的衬套。上、下模塞的长度应根据模套的高度和液压机上、下模塞配合的行程确定。模塞与坯体接触的端面周边应设计斜度20°的倒角,比端面的平面部分突出0.3mm,以避免操作过程坯体边角碰损。为避免模塞的倒角碰损,倒角的边沿应设计成宽0.2mm的平面台阶。

模塞与模套的间隙配合应考虑在压型时,既能确保粉料中的气体容易排出,又能避免粉料从间隙中喷出。若间隙太大,会降低坯体边缘的密度,一般间隙按0.06~0.08mm设计,如果因磨损使其增大到0.1mm仍可使用。

模套厚度过去采用 Lame 公式计算,按以下公式计算模套内腔表面产生的最大径向应力:

$$\delta_r = (r_1^2 + r_2^2)P_r/(r_1^2 + r_2^2) \tag{6-17}$$

式中,r_1 和 r_2 分别为模套的内、外半径;P_r 为侧压力。

模套壁厚可以用计算液压缸壁厚的公式计算确定:

$$\delta = r_1 \sqrt{\frac{\delta_t + 0.4P_r}{\delta_t - 1.3P_r} - 1} \tag{6-18}$$

式中,δ 为壁厚;δ_t 为模具材料的允许应力,安全系数取 3~4 倍;P_r 为侧压力,可以取 30~40kg 油压力。

但是,仅按上述两个公式设计还是不能获得满意结果的,因为没有考虑其弹性变形的问题。当采用 $r_1/r_2 < 2$ 的模具时,虽能满足计算强度条件,但不能避免成型时坯体出现分层问题。因为分层可能是由于成型时模壁内腔发生变形引起的。多年实践证明,按 $r_1/r_2 = 2~4$ 设计可以满足模套的要求。

2. 模具材料和加工处理

模具材料应选用耐磨性好的 LrWMn、Cr12MoV、Cr12、9Mn2V、硬质合金钢等。模具材料经热处理后的洛氏硬度应满足 HRC≥62,若因热处理硬度未满足 HRC≤62,可通过镀硬 Cr 抛光补救。为了提高与粉料接触的模腔及模塞的耐磨性和光洁度,通常需要镀一层厚度为 6~8μm 的硬 Cr 并进行抛光。表面粗糙度应达到 0.2μm。圆度及直线形位公差应达到 0.01mm 的要求。

实践证明,采用硬质合金钢的效果比较好,不需要镀硬 Cr;而采用其他材料加工的模具,所镀硬 Cr 使用不久就会脱落。

3. 磨损模具的修复

由于 ZnO 粉料的硬度不大,所以模具的寿命一般长达两年以上。当然,这取决于压型量及模具加工处理的质量。如果长期使用,当间隙超过允许限度时,即坯体端面周边出现较厚的飞边时,通过重新镀硬 Cr 抛光处理即可修复。

6.5 氧化锌压敏陶瓷的排结合剂与预烧

ZnO 压敏陶瓷的烧结是继混合浆料的制备、坯体成型之后第三个最关键的工序。因为烧结是在完成 ZnO 压敏陶瓷各种原材料成分均一、成型坯体密度基本均匀的基础上,经过高温处理,发生一系列复杂的物理化学反应,使电阻片坯体由多种成分粉体结构松散的聚积体转变成烧结的多晶复合致密体的过程;也是最终实现所期望的具有优异的 I-V 非线性及各种特性的过程。也就是说,烧结过程使 ZnO 压敏陶瓷产生预期特性的工艺过程,所以烧结过程也是决定 ZnO 压敏陶瓷非线性电阻性能优劣的关键。

由于客观和主观原因,ZnO 压敏陶瓷,尤其是用于 MOA 的 MOV,鉴于其尺寸较大和侧面需涂无机高阻层等原因,一般必须先经过低温处理,排除坯体中所含的结合剂等有机物,再经过涂高阻层或将坯体经过 800~900℃ 预烧后涂高阻层,最后经过高温(1150~1250℃)烧结,即必须经过两三步才能完成。

无机高阻层的配方、工艺部分内容较多,为了保持常规的工艺程序,将该部分列入本节。本节按照常规的工艺程序分别概述 MOA 用 MOV 从排胶、预烧、高阻层浆料的配制、涂敷到烧成和热处理。

6.5.1 排除结合剂

1. 排除结合剂的必要性

在 ZnO 与添加物混合浆料制备过程中添加的聚乙烯醇、分散剂、消泡剂和增塑剂或润滑剂等有机材料,在经过喷雾造粒、成型后,其功能已经完成。为了实现下工序的烧结获得烧结致密度高、孔隙率低、微观结构均匀、电气性能优异的 ZnO 压敏陶瓷电阻片,必须将坯体经过低温处理,使这些有机材料充分分解,排出坯体。如果不排除这些有机材料,直接将电阻片烧结,将会引起以下两种弊病:

(1)由于受烧成炉长度的限制,在低温阶段,尤其在 400℃ 以下时升温较快,像 PVA 等这些碳氢化合物因无充分时间分解而会造成碳化。在高温下这些碳化物将被氧化成气体,使电阻片"气泡"或闭口气孔增多,因而使电阻片的电气性能恶化或引起报废。

(2)电阻片烧成时均是装在密闭的匣钵中进行的,如果坯体未经过排除结合剂工序直接装匣钵内密闭烧成,则在低温阶段大量排出的碳化物不仅使烧成炉膛内受到污染,更严重的是由于炉内和匣钵内的氧被消耗,氧含量不充分,MOV 在烧结过程因得不到充分的氧而使其非线性能变坏,漏电流增大。因此,必须将电阻片先经过排结合剂炉进行排胶处理。

2. 排除结合剂工艺

排除结合剂通常通过低温隧道式电炉完成。排结合剂炉的升降温速度、最高温度和保温时间的设定,应根据坯体中所含聚乙烯醇、分散剂等有机成分的分解温度、电阻片坯体尺寸的大小、装片码放的疏密程度和炉膛内同一断面的上下温差的大小考虑。另一方面,还要考虑匣钵的材质及其结构。

实践证明,排结合剂炉在升温区间的升温速度的设定是至关重要的。通常,确定的原则根据 PVA 的受热稳定性及其分解温度等因素。由于 PVA 在 140℃ 以下较稳定,150℃ 以上才会渐渐变色,220℃ 以上开始分解,250~350℃ 急剧分解。所以,在 150℃ 以下的升温速度可快一些,一般不超过 50℃/h;在 150~220℃,减缓至 30~40℃/h;在 220~350℃ 应进一步减缓至 25~30℃/h。排结合剂炉最高温度和保温时间通常在 360~380℃,保温为 1.5h 左右,但若电阻片的尺寸较大,而且每钵装载密度大,再加上炉膛高度较高又采用耐火材料质匣钵,因而上下温差较大等因素,所以最高温度多为 360~450℃,保温时间在 2.5h 左右为宜。冷却速度一般控制在 50~65℃/h,在炉出口坯体的温度应低于 100℃,整个周期一般为 15~20h。

3. 排结合剂炉及装片钵具

排结合剂炉通常采用的全自动回转隧道式电炉,在 200℃ 最高温度区间的炉顶应设置 3~4 个烟囱。排结合剂炉用的匣钵具多采用能耐 600℃ 的不锈钢板焊制的筐子,为了便于热气对流和传热、减小上下部温差,钵底用不锈钢网焊接,钵的侧面用钢板条焊接。图 6.46 为排结合剂炉及钵具的状况。

图 6.46　排结合剂炉及钵具的概貌

4. 质量检查与控制

经常检查坯体的有机物是否允分分解排除是非常重要的质量控制环节。最简易直观的方法是打开坯体观察断面颜色是否一致,如果呈现有局部变成灰色、焦黄,颜色明显不一致,则可判定为未排净。还应该进一步检查同一柱不同钵位的坯体,如果断面颜色状况均如此,则说明温度曲线不合理;如果只是上钵或中、下钵中的坯体有上述情况,则可能是由于温差较大所造成,应设法解决减小上下温差大的问题。在生产实践中曾经常发现装在上钵的坯体表面发灰或发黄的情况,这大多是由于排胶的烟囱被烟尘堵塞、排烟尘不畅,或因遇大风引起烟尘气流倒灌入炉内,烟尘难以排除所致。应定期清除烟囱中沉积的烟尘,并改变烟囱出口的安装位置和排烟方向。

6.5.2　坯体的预烧

1. 坯体预烧的目的

坯体预烧的主要目的是为了满足坯体侧面涂敷无机高阻层的技术需要。具体原因是基于以下两方面考虑。

(1) 限制在坯体经高温烧成时高阻层材料中熔融温度低的成分(如 Li_2O、Bi_2O_3 和 Sb_2O_3 等)向坯体扩散渗透的深度。因为原设计应用于不同电压等级 MOA 的电阻片尺寸都是一定的,即受限压保护比和通流能力等性能的限制。如果坯体不经预烧或预烧达不到一定的体密度,在高温烧成过程,由于高阻层材料中的低熔点成分以及其本体发生反应生成的低共熔成分,会向密度低的坯体渗透较深,这必然使电阻片这种半导体的有效面积明显减小,因而引起其压比明显变大(据统计约增大 0.02～0.05)。而且也会使其通流能力降低,这是所不希望的。

电阻片坯体经过预定温度预烧,坯体的密度由原来的 $3.2g \cdot cm^{-3}$ 增加至 $4.0～4.7g \cdot cm^{-3}$,孔隙率由原来的 43.5%～44.5% 减小至 15% 以下。这样即可限制高阻层成分向坯体扩散渗透的深度,从而有效地减小高阻层对电阻片压比、通流能力的不利影响。

(2) 经过预烧使坯体达到预定的收缩率使之与高阻层在烧成过程的收缩率相匹配,避免高阻层剥离脱落,这样使高阻层与本体能充分进行化学反应结合成一体。因为有些高阻层在涂敷于生坯体后的烧结过程,其收缩率比坯体小得多,如果坯体不预烧或预烧径向收缩率达不到 8%～13%,在烧成过程因高阻层与坯体收缩率不一致而剥离或脱落。有时高阻层呈现橘皮状与本体结合不牢,因而降低了电阻片侧面的绝缘性能,失去了涂高阻层的作用。

基于上述原因,凡是采用 $SiO_2\text{-}Sb_2O_3\text{-}Bi_2O_3\text{-}Li_2CO_3$ 系统、$SiO_2\text{-}Sb_2O_3\text{-}Bi_2O_3$ 系统或类似系统的高阻层配方的,电阻片坯体必须进行预烧才能获得较理想的效果。如果采用坯体烧成时高阻层与坯体的收缩率匹配,而且不会因高阻层与坯体反应影响电阻片的电气性能,则坯体可以不必预烧,如添加 ZnO 的高阻层。

2. 预烧工艺以及将排胶与预烧结合在一起的工艺

基于上述原因,预烧应控制的目标应该是根据高阻层材料配方的不同,以及所需要高阻层与本体相匹配的径向收缩率(或体密度)不同,确定适宜的预烧温度和保温时间。因为,一般 ZnO 压敏陶瓷电阻片在 Bi_2O_3 未熔融以前,坯体的收缩是很微小的,所以要使坯体的径向收缩率达到 8%～13%,最高预烧温度都在 800℃以上,实际炉温多在 850～920℃。

　　预烧炉的升温速度应根据 ZnO 压敏陶瓷烧结过程的致密化特性考虑。因为 ZnO 压敏陶瓷的烧结属于仅有少量液相参与下的液相烧结。Sb_2O_3 的熔点(656℃)虽然比 Bi_2O_3(825℃)低，但由于它在升温过程易吸收氧变成高价的 Sb_2O_5，并与 Bi_2O_3 和 ZnO 反应，在 740℃左右生成焦绿石 $Bi_2Zn_3Sb_3O_{14}$ 固溶体，所以 Bi_2O_3 是影响 ZnO 压敏陶瓷烧结最主要的熔剂成分。考虑到 Bi_2O_3 与 ZnO 反应生成低共熔体的熔点为 740℃，因而在 750℃以下，ZnO 压敏陶瓷电阻片不会出现明显收缩。所以，在低于 750℃阶段可以按 65～75℃/h 速度快速升温；在 750～850℃阶段，由于液相已经出现，各成分之间的反应加剧，坯体由多孔状态向致密化转变，升温速度应减缓为 35～45℃/h；在 850℃至预定的最高温度阶段，由于富 Bi 液相大量出现，坯体将会产生激剧收缩，为了避免坯体变形引起开裂，升温速度应进一步减缓为 35～45℃/h。

　　在最高预烧温度下的保温时间，像排胶炉一样也应根据电阻片坯体尺寸的大小、钵内装片的数量以及同一钵柱上下钵的温差大小和设定温度的高低确定，一般为 2～2.5h。若坯体尺寸较大或装载数量很多(坯体尺寸小)，最好采取将最高温度设定低一些，但保温时间稍延长一些的措施。这样不仅可以达到预定收缩率的效果，而且可减缓各成分间激烈反应的程度，即有助于改善坯体表面和内部反应的均匀性，为最终烧成获得所期望的微观结构均匀性奠定基础。另一方面，实践证明这对于减小预烧坯体的收缩率差别，即改善其收缩率的一致性是很有利的。

　　关于预烧炉的冷却速度是值得注意的，如前所述在 740～850℃，Bi_2O_3 与 Sb_2O_3 和 ZnO 等反应生成的固溶有 Co、Mn、Cr 的焦绿石($Zn_2Bi_3Sb_3O_{14}$)，在 850℃以上将因其进一步与 ZnO 反应而分解，放出 Bi_2O_3(液相)而生成固溶有 Co、Mn、Cr 或 Ni 的锑锌尖晶石($Zn_7Sb_2O_{12}$)。也就是说，就高于 850℃的预烧温度而言，电阻片中已生成大量尖晶石。这种尖晶石在缓慢冷却的条件下又会转变成焦绿石，这是不希望的。如果快速冷却，则可以避免尖晶石向焦绿石转变。根据对预烧后 MOV 粉料的 X 射线衍射分析证明在 700～850℃按 65～85℃/h 速度冷却，主要结构物相是 ZnO、尖晶石和富 Bi 相，而无残留的焦绿石。

　　有关在预烧过程 ZnO 压敏陶瓷材料所发生的物理、化学变化，一并在烧成工艺部分介绍，这样有助于对烧结过程所发生的物理、化学变化和反应有较系统全面的了解。

　　为了提高生产效率、节省能耗，多采用炉膛截面尺寸为 400mm×250mm～400mm×280mm 的全自动回转隧道式电炉。推板多采用 SiC 与 SiN 烧结的材料，匣钵多采用堇青石、莫来石和高岭土未充分烧结的制品，耐温应达到 1200℃以上。其长宽尺寸应比与之相匹配的推板长宽尺寸小 20mm，这样可使每钵组之间保持 20mm 间距，为热气流传热、缩小温差创造条件。

　　匣钵的结构应从实际情况出发考虑设计，即钵体的四壁不能是封闭的，而应该是开放的，但钵体的四个角处必须由耐火材料能足以承受在最高温度下的荷重。

因为预烧温度在 800～920℃ 是 MOV 收缩率受温度影响最敏感的温区,而将收缩率控制在预定的范围,并尽可能减小收缩率的分散性是预烧所期望的目标。另外,由于预烧温度低于 1000℃,预烧过程 Bi_2O_3 的挥发不明显。所以,采用四周开放式结构的匣钵,以利于热气对流传热,既有利于控制坯体径向收缩率的一致性,又不致因 Bi_2O_3 的挥发影响电阻片的性能。另外,为了避免坯体与匣钵材料在高温下反应,并有利于当其收缩时滑动,匣钵内必须铺一层厚度为 3～5mm 的本体粉料作为垫料。

为了避免坯体在搬运过程发生碰损,同时也是为了节省电能,自 1998 年宁波镇海国创高压电气有限公司将排胶与预烧炉对接在一起组成兼有排胶和预烧功能的隧道式电炉并取得良好的应用效果以来,已经在行业内被普遍采用。这种应用不仅大量节省了电能,也明显提高了生产效率和合格率。

图 6.47 展示了温州避泰电气科技有限公司兼有排胶和预烧功能的长 19m 的三推隧道式全自动电炉,其装载与匣钵结构及其码放电阻片的情况。

2[#]排胶预烧炉入口　　　　　　2[#]三推排胶预烧炉出口

图 6.47　排胶与预烧炉合为一体的装载与匣钵结构及其码放电阻片的情况

在按前述工艺进行生产的实践中,经常会遇到而且难以避免的难题是:电阻片因边角碰损造成的报废。原因是经过排胶处理的坯体变得很脆,在从排胶炉拿取、搬运过程中,稍不小心就会造成坯体边角碰损超标,这些碰损的电阻片烧结后很难研磨到标准所规定的要求而造成报废。

3. 预烧坯体的质量检查与控制

按照预定的与高阻层相匹配的烧成收缩率,测定坯体预烧后的直径与生坯直径的差,与生坯直径的比值,即可计算出径向收缩率。如前所述,预烧收缩不仅影响着烧成时高阻层与本体的相互反应及向本体扩散渗透的深度,而且因为其吸水性不同而影响在固定高阻层涂敷工艺条件下的涂敷厚度,以及高阻层厚度的均匀一致性,所以预烧收缩率应根据高阻层与坯体的匹配情况调整,一般控制在预定的

8%～13%内(因配方不同而异),而且其波动范围偏差不应超过 1%,最好在 0.5% 左右。

另一方面,电阻片在预烧过程中收缩率较大,已达到从生坯到烧结总收缩率的 50%～75%,为了避免在高温下坯体与匣钵发生反应以及在坯体收缩时受到与匣钵接面的阻力,匣钵内底面应垫一层厚度为 3～5mm 的本体已烧结的粗粒粉料,通常称之为垫料。垫料可以用烧结的废电阻片粉碎成颗粒状,过 20～40 目筛。若垫料粒度太粗,在高温和电阻片自重的压力下,会使与垫料接触的端面产生较深的洼坑,这不仅会增加烧成后研磨端面的工作量,而且会不同程度地影响到电阻片的电气性能;若垫料粒度太细,电阻片承烧面与垫料粘连明显,难以清除干净。

6.6 无机高阻层

无机高阻层是将由无机绝缘粉料与有结合机和相应的溶剂制成的浆料,涂敷于 MOV 侧面,经高温烧成而形成与本体烧结成一体的高阻绝缘层。因其未充分熔融成像陶瓷釉一样的玻璃化状态,所以不能称之为釉,有人习惯性称之为釉是不确切的。以下就无机高阻层的配方、浆料制备及其涂敷工艺分别加以综述。

6.6.1 高阻层的粉料配方

迄今国内外报道和广泛采用于 MOA 的 MOV 侧面的高阻层配方有以下几种系统。

1. SiO_2-Bi_2O_3-Sb_2O_3 系统

推荐配方为:80%～96%(摩尔分数)SiO_2,2%～7%(摩尔分数)Bi_2O_3,10%～30%(摩尔分数)Sb_2O_3。

高阻层的 SiO_2 含量对于提高电阻片对雷电流的通流能力起着重要作用,其机理说明如下。

绝缘层是由 SiO_2、Sb_2O_3 和 Bi_2O_3 所组成的混合物形成的,这种混合物涂敷在元件上,在烧结过程与元件的 ZnO 发生反应,生成 Zn_2SiO_4 和尖晶石($Zn_{1/3}Sb_{2/3}O_4$)。这些结晶相均具有高的绝缘性。但它们只是在与元件相接触的部位才会生成。因此,可以理解,形成绝缘层中的 SiO_2,对于元件与绝缘层间的结合力有着重要的作用。

另一方面,Bi_2O_3 起着助熔剂的作用,它能有效地促进上述反应,有助于高阻层与本体界面的结合,所以 Bi_2O_3 的含量最好 2%～7%(摩尔分数)。

在 MOV 烧成过程中,在 800℃以上由于高阻层中 Bi_2O_3、Sb_2O_3 的熔融,将促进 SiO_2、Sb_2O_3 与本体中的 ZnO 发生以下化学反应:

(1) 在 750℃左右 Sb_2O_3、Bi_2O_3 与本体中的 ZnO 生成焦绿石,反应式为

$$2ZnO + 3Sb_2O_3 + 3Bi_2O_3 + 4O_2 \longrightarrow 2Zn_2Bi_3Sb_3O_{14}$$

在 850~950℃焦绿石经以下反应生成尖晶石：

$$2Zn_2Bi_3Sb_3O_{14} + 17ZnO \longrightarrow 3Zn_7Sb_2O_{12} + 3Bi_2O_3$$

（2）在 950℃以上，高阻层中的 SiO_2 与本体中的 ZnO 依 $2ZnO + SiO_2 \longrightarrow Zn_2SiO_4$ 反应生成 Zn_2SiO_4。最终形成以 Zn_2SiO_4 及 $Zn_2Bi_3Sb_3O_{14}$ 为主晶相的高阻层。

2. SiO_2-Bi_2O_3-Sb_2O_3-Li_2CO_3 系统

推荐配方为：65%~75%（摩尔分数）SiO_2，5%~8%（摩尔分数）Bi_2O_3，15%~20%（摩尔分数）Sb_2O_3，1%（摩尔分数）以下 Li_2CO_3。

本配方系统与前一系统明显不同的是增加了 Li_2CO_3 成分。由于 Li_2CO_3 的熔点低（618℃）、Li 离子活性大，它不仅有助熔作用，而且在涂高阻层的电阻片烧结过程具有向本体强烈扩散渗透的作用，因而形成由绝缘层到 ZnO 半导体层的过渡层较厚。这种过渡层对于缓和电阻片在高电场作用下，边缘电场分布集中的现象起着有利的作用，因而有助于提高电阻片耐受大电流冲击的能力。然而，由于这种过渡层的存在有使电阻片半导体有效面积减小的副作用，因而会使压比与不涂这种高阻层时相比明显增大。据对比实测证明，其增大幅度依电阻片尺寸和高阻层涂敷厚薄而异，一般压比增大 0.02~0.04。

上述两系统的高阻层涂敷只能适用于电阻片经一定温度预烧收缩达到 11%~13%的工艺。因为在电阻片烧结过程，高阻层的收缩率比电阻片本体小，如果坯体不预烧，由于两者收缩不一致，高阻层会剥离脱落。另一方面，即使坯体预烧后的收缩率在所规定的范围内，如果高阻层涂敷较厚时，表层的高阻层也会剥离脱落。分析其根本原因是，由于其配方中没有 ZnO，其中的 SiO_2、Sb_2O_3 只有在与坯体接触的内表面与电阻片本体的 ZnO 等成分发生反应，才能生成 Zn_2SiO_4 和尖晶石，形成结合牢固的高阻绝缘层。然而远离本体接触表面的高阻层，因难以与本体中的 ZnO 发生反应，所以难以与本体烧结成一体，因而易形成结构疏松的剥离层。所以这些配方在高阻层涂敷工艺方面很难以控制，不少厂已作了配方调整。

3. SiO_2-ZnO-Bi_2O_3-Sb_2O_3 系统

中田正美的专利推荐高阻层配方的组成为：45%~60%（摩尔分数）SiO_2，30%~50%（摩尔分数）ZnO，1%~15%（摩尔分数）Bi_2O_3，5%~24%（摩尔分数）Sb_2O_3。

该系统配方的特点是，在 SiO_2-Bi_2O_3-Sb_2O_3 系统的基础上添加了大量的 ZnO。由于 ZnO 的添加，一方面使高阻层的收缩率增大，因而这种高阻层既可涂于预烧的坯体，也适用于生坯。另一方面，由于高阻层组分中含有 ZnO，所以即使在高阻层涂敷稍厚的情况下,高阻层的表层也不会出现剥离的现象。

当然,应该指出的是,前述三种系列的高阻层配方的选择和应用,应该结合电阻片本体的配方、工艺的匹配或适应性考虑。换言之,不同配方工艺的 MOV,只能通过实验选择适合的高阻层配方和工艺。没有一种高阻层配方对各种电阻片配方工艺均能适用的事例。

近年来,对 SiO_2-ZnO-Bi_2O_3-Sb_2O_3 系统进行了较详细的研究,结果表明,在 $50\%\sim62\%$(摩尔分数)SiO_2,$30\%\sim40\%$(摩尔分数)ZnO,$3\%\sim7\%$(摩尔分数)Bi_2O_3,$5\%\sim24\%$(摩尔分数)Sb_2O_3 范围内,只要将这四种成分选择得当,就可以获得耐大电流性能好的高阻层配方。最好在 $50\%\sim55\%$(摩尔分数)SiO_2,$35\%\sim40\%$(摩尔分数)ZnO,$3\%\sim7\%$(摩尔分数)Bi_2O_3,$7\%\sim15\%$(摩尔分数)Sb_2O_3 范围内选择,其配方性能更好。在上述配方范围内,用 $10\%\sim12\%$(摩尔分数)ZrO_2 取代部分 SiO_2、ZnO、Bi_2O_3 也可以达到同样效果。

从这两系统选择了三种试验配方,针对规格为 $\phi32\times31mm$、$\phi42\times25mm$ 的电阻片生坯及预烧体(预烧收缩率 $7\%\sim8\%$),采用滚涂法涂敷(厚度为 $80\sim120\mu m$);经过烧成、磨片、热处理和喷铝后,在高阻层表面涂 145 耐热聚酯漆。先后进行过十多次大电流抽查试验,证明 D_{32}、D_{42} 电阻片均可分别通过 65kA、100kA 电流。

为了进一步查明这些高阻层材料的热膨胀性能及其物相组成,测试了有代表性的新老高阻层及 ZnO 瓷体材料的热膨胀系数,并作了 X 射线衍射鉴定。这些试样都是在同生产电阻片一样的条件下烧成的,ZnO 瓷体试样是用 D_{70} 电阻片切割的。热膨胀系数测定的数据如表 6.10 所示,X 射线衍射图谱如图 6.48 所示。

表 6.10 高阻层与 ZnO 压敏陶瓷材料的热膨胀系数

温度/℃	热膨胀系数测定值/10^{-6}				
	Gzc 1#	Gzc 2#	Gzc 3#	Gzc 6#	瓷体
20~50	2.07	5.39	1.70	0.54	0.54
20~100	4.30	4.45	2.11	1.70	1.70
20~150	6.34	6.71	2.66	2.74	2.74
20~200	7.47	8.25	3.46	3.23	3.23
20~250	7.70	11.73	3.57	3.46	3.46
20~300	8.03	17.03	3.84	3.81	3.81
20~350	7.95	16.13	4.01	3.92	3.92
20~400	7.83	14.61	4.15	4.11	4.11
20~450	7.73	13.79	4.24	4.12	4.12
20~500	7.73	13.16	4.38	4.22	4.22

从表 6.10 的数据可以明显看出,3# 及 6# 的热膨胀系数与 ZnO 瓷体接近,而原生产用 2# 高阻层比瓷体明显大得多。这一事实充分说明,高阻层与瓷体热膨胀

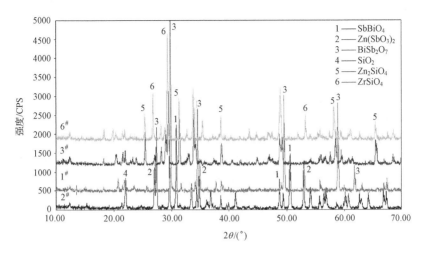

图 6.48　四种高阻层材料的 X 射线衍射图谱
四种高阻层材料的编号与表 6.10 中的相同

系数匹配是否适当是决定高阻层能否提高电阻片耐受大电流能力最关键的因素之一。ZnO 压敏陶瓷与其高阻层的膨胀系数必须匹配,就像传统陶瓷与其釉料,或者说更具有代表性的高压电瓷与其釉料的膨胀系数必须匹配适当,才能最大限度的提高其机械强度及冷热性能。这里所强调的匹配适当是指釉料的膨胀系数必须适当地小于瓷体。其原因在于,当在高温烧成冷却时,特别是在釉料由软化状态转化为固态的过程中,由于瓷体比釉料的收缩大而使釉层处于压应力状态。另外,在上述前提下,处于玻璃化或者固溶体状态的釉层或高阻层有弥补瓷体表面的微裂纹、杂质斑点等缺陷的作用,因而消除了因外来机械力或者电场应力引起断裂的起源点。之所以强调上述前提,是因为即使釉层或高阻层有弥补瓷体表面的微裂纹、杂质斑点等缺陷的作用,如果釉料的膨胀系数大于瓷体,也起不到提高其机械强度及冷热性能的作用。碎纹陶瓷及其釉的配合就是这种情况的典型代表。鉴于上述原因,釉料与瓷体膨胀系数匹配适当的高压电瓷的机械强度比不上釉可提高 30%以上,其耐受冷热急变性也明显提高。因此可以说明原生产用 2# 高阻层的电阻片耐受大电流的能力远不如改进的 3# 和 6# 高阻层的主要原因,也说明在所试验的配方中,涂 3# 和 6# 高阻层电阻片的综合性能较好的原因。进一步从高阻层膨胀系数试样的烧结状态可见,除 3# 和 6# 试样充分烧结瓷化致密外其余均未充分烧结。尤其是原用 2# 高阻层试样呈现结构疏松的多孔状态,具有很强的吸水性。原因在于配方中含 ZnO 太少,就 Zn_2SiO_4 生成而言,会造成 SiO_2 过剩;尤其是位于表层的高阻层,在烧成时难于通过扩散反应吸收本体的 ZnO 生成 Zn_2SiO_4,所以在高温下过剩的 SiO_2 将会转变成方石英。这已被其 X 射线衍射图谱展示的分析结果证明。因为方石英的膨胀系数比其他石英大得多,所以方石英是导致其膨胀系数增大的主要原因。

　　X 射线衍射分析证明,该系统高阻层烧成时生成的主晶相是 Zn_2SiO_4 及尖晶石,添加 ZrO_2 的 $6^{\#}$ 试样有 $ZrSiO_4$ 生成。这些物相均具有良好的绝缘性。虽然 SiO_2 与 ZrO_2 同属于四价氧化物,但试验配方证明以涂以 ZrO_2 全部取代 SiO_2 的 $5^{\#}$ 高阻层,大电流试验时试品全部沿侧面闪络,说明在没有 SiO_2 的情况下 ZrO_2 既不能生成 $ZrSiO_4$,也没有 Zn_2SiO_4 生成。所以必须在含有较多 SiO_2 的条件下添加适量的 ZrO_2 才行。$ZrSiO_4$ 的生成助于提高高阻层的韧性。

　　SiO_2-ZnO-Bi_2O_3-Sb_2O_3 系统高阻层除具有上述优点外,还具有与生坯及预烧坯体均适应的特点,因为其中 SiO_2、ZnO 的含量高,在烧成时具有收缩大与坯体反应活性强,因而结合性好的特点。所以,它也可以直接涂敷于生坯,而且适合采用滚涂工艺。

　　4. SiO_2-Fe_2O_3-Bi_2O_3 系统

　　美国专利推荐配方的组成为:50%～75%(摩尔分数)SiO_2,3%～40%(摩尔分数)Fe_2O_3,1%～10%(摩尔分数)Bi_2O_3。为了改善电阻片包括老化性能在内的电气特性,该专利还提供了在 SiO_2-Fe_2O_3-Bi_2O_3 系统的基础上分别添加 0.5%～5.0%(摩尔分数)Mn_3O_4,0.01%～5.0%(摩尔分数)Al_2O_3,0.1%～5.0%(摩尔分数)B_2O_3 的试验配方、工艺和电阻片性能测试数据。

　　经实验表明,该系统高阻层的配方和涂敷工艺,对于预烧坯体和生坯体均能适应;而且涂此高阻层的电阻片的压比与不涂的没明显差异,说明这些成分与电阻片的互相渗透反应,不会造成对压比不利的影响。

　　X 射线衍射分析高阻层的结晶体结构,得出其主成分是 Zn_2SiO_4,存在于高阻层的表面层,而固溶 Fe 的 $Zn_7Sb_2O_{12}$ 存在于与电阻片接触面,溶入 Fe 的 $Zn_7Sb_2O_{12}$ 与本体结合很牢,因而提高了其介电绝缘强度。试验证明,涂这种高阻层的电阻片的大电流耐受能力有明显提高。图 6.49 给出了本系统高阻层的 X 射线衍射图谱。

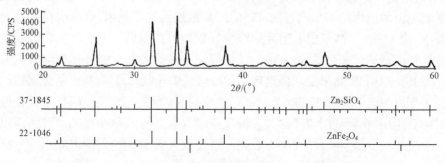

图 6.49　SiO_2-Fe_2O_3-Bi_2O_3 系统高阻层的 X 射线衍射图谱

虽然 SiO_2 与 Fe_2O_3 的熔化温度均很高,但其在自身的 Bi_2O_3 及本体的 ZnO 参与下,可生成熔融温度低的共熔体。在高温下它自身与本体成分之间最终生成结晶的反应是 SiO_2 与 ZnO 生成 Zn_2SiO_4,以及固溶 Fe 的 $Zn_7Sb_2O_{12}$ 结晶的生成。显然,$Zn_7Sb_2O_{12}$ 是本体成分生成的,所以固溶 Fe 的 $Zn_7Sb_2O_{12}$ 结晶位于高阻层的底层。

参照本专利进行过大量配方及滚涂工艺的研究,最后在 90%～95.5%(摩尔分数)SiO_2,3%～4%(摩尔分数)Fe_2O_3,1%～2.5%(摩尔分数)Bi_2O_3 范围选择了一种配方投入生产。该配方对于生坯及预烧体均适应,但预烧体的收缩率可以减小至 6%～8% 或以下。浆料的含固率在 50% 左右,可以用浓度 2.5% 左右的 PVA 结合剂水溶液配制。采用滚涂方法涂敷,涂层厚度控制在 $100～150\mu m$,再增厚一些也未出现高阻层剥离现象,说明其对本体的结合性很强。烧成后高阻层呈褐色,表面较平滑,结构致密。涂这种高阻层的 $D_{35}×31mm$ 规格电阻片可耐受 60kA 的大电流冲击。

5. Al_2O_3-SiO_2-P_2O_5-CaO 系统陶瓷高阻层

美国 Joslyn 公司生产的 110kV 线路型 MOA,采用 $\phi41$ 的 MOV。电阻片侧面的高阻层外观呈浅灰白色,为充分烧结致密的陶瓷层,其厚度约为 0.3mm。用钢锉将该高阻层取下后,委托北京矿冶研究总院进行了化学分析和 X 射线衍射分析。

化学成分分析结果为:59.60% Al_2O_3,19.47% SiO_2,14.42% P_2O_5,0.025% CaO,总含量为 93.515%。总量误差较大的原因,因提供的试样少,未能查明。X 射线衍射分析得到的图谱,如图 6.50 所示。

根据鉴定该高阻层的结晶相成分为:Al_2O_3(刚玉)、$Al_6Si_2O_{13}$(莫来石)、SiO_2(石英)、$Ca_5(PO_4)_2SiO_4$(硅磷灰石)和 $AlPO_4$(磷铝石)。

根据这种高阻层的外观和分析资料认为,制备该高阻层所采用的原料有以下两种可能:一是较纯的天然高岭土和磷灰石;二是合成的莫来石、刚玉和磷酸二氢铝。高阻层的涂敷工艺,很可能是将制备好的浆料采用喷涂的方法喷上去的,因为高阻层表面看,不太光滑平整。根据高阻层的成分主要是 Al_2O_3、SiO_2、P_2O_5 分析,像含 Al_2O_3、SiO_2 量这样高的材料要烧结成致密体,不经过 1150℃ 以上的烧成是难以瓷化的,所以推测这种高阻层是与电阻片本体一起烧结的。

这种瓷化的高阻层如果在充分烧结的情况下,应该具有与 ZnO 压敏陶瓷体结合牢固、绝缘强度高、耐大电流冲击能力高的特点,这利于 MOA 用 MOV 提高耐受大电流能力,为研究高阻层配方、工艺提供了一种新思路。但是,解剖试验其样品耐受大电流能力并不好,原因是高阻层没有充分烧结。

应该强调指出的是,无论哪种高阻层配方中的 SiO_2,最好采用无定形硅 SiO_2,因为它比石英质硅具有粒的特别细,因而活性强的特点。所以有助于高阻层自身及与本体间的结合反应。

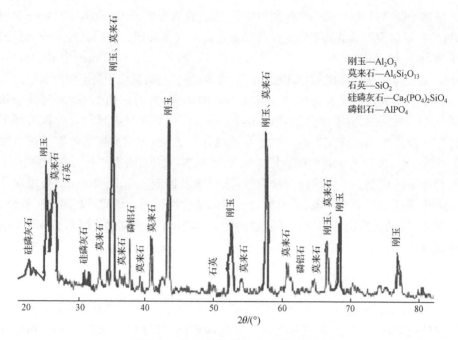

刚玉—Al_2O_3
莫来石—$Al_6Si_2O_{13}$
石英—SiO_2
硅磷灰石—$Ca_5(PO_4)_2SiO_4$
磷铝石—$AlPO_4$

图 6.50　陶瓷高阻层的 X 射线衍射图谱

6.6.2　高阻层浆料的制备与涂敷工艺

1. 结合剂与其溶液的溶制

用于高阻层浆料的结合剂多为乙基纤维素、PVA,也可以采用甲基纤维素(MC)或羟丙基纤维素(HPC)等。

不论采用什么品种的结合剂必须采用能溶解它的溶剂,才能配制结合剂溶液。例如乙基纤维素不溶于水,只能溶于酒精、三氯乙烯或松油醇等。而 PVA、MC 则可以溶于水,不溶于酒精、三氯乙烯和松油醇。

然而,溶剂的选择是根据涂敷高阻层的工艺特点和溶剂在常温下的挥发快慢、黏度等特性决定的。例如,若采用浸渍涂敷工艺,则采用乙基纤维与三氯乙烯相溶,制备成结合剂溶液的高阻层浆料,已在国内外应用于 MOA 用电阻片的生产中;若采用手工涂或滚涂工艺,则可选用 PVA 和纯水或乙基纤维素和松油醇相溶,制备成结合剂溶液的高阻层浆料,已在一些 MOA 用电阻片的生产中应用。已有一些厂家采用酒精与乙基纤维素制备成结合剂溶液的玻璃粉浆料,采用喷雾涂工艺涂敷低温玻璃釉。

无论采用任何溶剂和结合剂制备高阻层浆料,都必须先将溶剂与结合剂采用水溶加热法,充分溶解成结合剂溶液,再按预定的配比与高阻层粉料配合制成浆料。

　　结合剂溶液的浓度决定于结合剂和溶剂本身的黏度、结合性和高阻层涂敷方法工艺等。一般结合剂的浓度为 2.5%～4.5%。

2. 高阻层浆料的制备

　　高阻层浆料制备包括高阻层粉料的混合细磨和粉料与结合剂溶液的均匀混合。

　　由于高阻层浆料的用量较少,所以仍多采用震磨机或球磨机细磨工艺进行微细化处理。应该指出的是,由高阻层粉料的细度对高阻层在电阻片烧结过程的烧结状态和收缩率有明显的影响,所以应严格控制其磨细后的粒度。若粒度太粗,不仅高阻层的烧结温度会提高,收缩率小,而且由于其活性较差,影响到高阻层本身及其与本体之间的反应,因而影响到高阻层的外观质量和绝缘强度。若其粒度太细,最明显的是影响浆料的浓度和高阻层的收缩率,严重时在刚涂敷高阻层后就可以发现涂层表面出现网状裂纹。这种裂纹就是由于粉料太细、浆料含水量高,因而在干燥时收缩率大引起的。根据生产抽查表明,高阻层粉料的平均粒度控制在 2.0～2.5μm 较为适宜。

　　高阻层粉料与结合剂溶液的混合多采用球磨法或高速搅拌法。这样制备出的浆料必须达到无团粒、粉料充分均匀分散于结合剂中的状态,不应含有泡沫。如采用 PVA 结合剂溶液,在与粉料混合过程很容易产生泡沫,应添加适量的消泡剂消除之。

3. 高阻层涂敷工艺

　　在 MOA 用电阻片制造行业,高阻层涂敷工艺最广泛的是采用浸渍、机械滚涂及手工涂敷法,只有低温玻璃釉采用喷涂法。

　　从涂敷均匀性的效果看,采用多片叠置浸渍涂敷法,单片涂层厚度是较均匀的,而各片涂层厚度的一致性较差,通常位于同一柱上部比下部的薄。而且由于浆料所采用的三氯乙烯挥发性大对人的呼吸、神经系统有一定的毒害性,生产成本也较高。所以,应寻找能取代三氯乙烯的溶剂。机械滚动涂敷法,涂层的厚度受电阻片坯体的重量(大小)影响很明显。在浆料浓度一定的情况下,坯体越重涂层厚度越薄。为了确保一定的高阻层厚度,应采取提高浆料浓度和多滚 1～2 次的措施。这种工艺具有高阻层厚度均匀一致性好、生产效率高、成本低的特点。人工手涂法的涂层厚度可以因人而异来调节控制,其均匀一致性是可以满足技术要求的,但生产效率低,难以满足大规模化生产的需要。

　　无论采用哪一种涂敷工艺,涂层的厚度和均匀一致性是最重要的,因为 MOV 侧面的绝缘性是由烧成后其厚薄和均一性决定的。

通常高阻层的涂敷厚度应控制在 $100\sim150\mu m$;某些对电阻片本体适应性强的高阻层,其涂敷厚度在 $200\mu m$ 或以上,烧结后高阻层也不会剥离。高阻层与本体的适应性,主要决定于高阻层与本体配方组成,以及在不同烧成温度下两者之间的相互反应。在高阻层烧成后不脱落或剥离的前提下,应尽可能增加高阻层涂敷的厚度。

在生产中高阻层质量的控制方法,最简单易行的方法:一是目测涂层均匀性,用精度高的卡尺测量涂敷前后的厚度;二是称量涂敷前后电阻片的重量,换算出每单位面积涂层的重量。据实测,一般高阻层的涂敷量为 $10\sim15mg\cdot cm^{-2}$。

6.7 玻 璃 釉

因为要求 MOA 用 MOV 必须能耐受 GB 11032—2000 标准对大电流的要求,电阻片侧面仅涂一层无机高阻层其绝缘强度是不够的,尤其是需承受电流密度达 $8kA\cdot cm^{-2}$ 以上大电流冲击的电阻片,必须再加涂其他绝缘性好的材料,玻璃釉就是其中较常用的一种。

西安振新电子科技有限公司是最早研究开发生产玻璃釉供电阻片应用的厂家,现在其主要用户包括:爱普科斯电子元器件(珠海保税区)有限公司、东芝(廊坊)避雷器有限公司、承德伏安电工有限公司、深圳 ABB 银星避雷器有限公司、西安神电电器有限公司、西安大工电气有限公司等。ZnO 瓷体的膨胀系数基本在 $5.5\times10^{-6}\sim6.0\times10^{-6}$ 范围内,相对应的玻璃釉也是在二者相互匹配的范围内。

解剖分析国外几家著名大公司的 MOA 用电阻片侧面多为玻璃釉,而其底层是高阻层。美国专利公布了日本明电舍电器公司发明,用于 ZnO 压敏电阻侧面涂层的结晶玻璃的配方组成及其制备方法。

其主工艺要点是:将尺寸为 $\phi40\times30mm$ 的坯体,先在 900℃下进行排胶预烧,而后涂高阻层,在 1150℃下烧成 5h,即制得烧结体。该发明是将以 PbO 为主成分的结晶玻璃,如 $PbO-ZnO-B_2O_3-SiO_2$,以及添加 WO_3、NiO、Fe_2O_3 或 TiO_2 的结晶玻璃,制备成浆料涂敷于烧结体侧面,然后进行热处理。

研究表明,添加大量 PbO 玻璃的线膨胀系数 α 增大,而添加大量 ZnO 玻璃的转变温度 T_g 降低。这意味着,这种配方的玻璃容易结晶化。与此相反,添加大量的 B_2O_3 会使玻璃的转变点提高,而且 B_2O_3 的添加量多于 15% 的玻璃引起结晶化困难。另外,随着 SiO_2 添加量的增加,玻璃的转变点趋于增大,而线膨胀系数趋于降低。釉玻璃与本体膨胀系数的匹配性非常关键,若玻璃的线膨胀系数小于 $65\times10^{-7}℃^{-1}$ 时,则倾向于剥离;而当超过 $90\times10^{-7}℃^{-1}$ 时,玻璃倾向龟裂。凡玻璃龟裂或剥离的试样,由于其绝缘性差,所以其耐受额定放电电流的能力差。

　　然而,即使玻璃的线膨胀系数在 $65 \times 10^{-7} \sim 90 \times 10^{-7} ℃^{-1}$,结晶性差的玻璃也有龟裂倾向,而且耐受放电电流的性能也差。这可能归因于结晶化的玻璃层比非结晶玻璃的强度较低。添加 ZnO 作为结晶玻璃的成分,对于物理性能的改善是有益的,特别是降低玻璃的转变点,而对 ZnO 压敏电阻的各种电气性能和稳定性没有太大的影响。

　　适用于 ZnO 压敏电阻高阻层侧面的几种系统结晶玻璃成分的配方如表 6.11 所示。

表 6.11　专利推荐的结晶玻璃成分的配方系列

系列	结晶玻璃成分质量比/%							
	PbO	ZnO	B_2O_3	SiO_2	MoO	TiO_2	MO_3	NiO_2
1	50~75	10~10	5~10	6~15	—	—	—	—
2	50~75	10~30	5~15	0~15	0.1~10	—	—	—
3	50~75	0~30	5~15	0.5~15	—	—	0.1~10	—
4	50~75	10~30	5~15	0~15	—	0.5~10	—	—
5	55~75	10~30	5~15	0~15	—	—	—	0.5~10

　　热处理温度很重要,当热处理温度低于 450℃ 时玻璃熔融不充分,因而导致耐受放电电流的性能差;而在高于 650℃ 进行热处理时,电阻片的压比显著增大,寿命特性也变差。这些结果表明,玻璃涂层最可取的热处理温度范围为500～600℃。

　　该专利以 PbO 为主成分的结晶玻璃涂层配方,不仅可以用于 ZnO 压敏电阻使 D_{30} 电阻片的耐受大电流水平提高到 65kA 以上,而且作为包覆材料也适用于各种氧化物陶瓷,如钛酸锶型压敏电阻、铁酸钡型电容器、正热敏电阻等;还可用于金属氧化物型负热敏电阻和电阻器,以提高其强度和稳定性,或者改善其自身的各种电器性能。本专利的 PbO 型结晶玻璃由于属结晶态,而且结构均匀和致密性好,因而可以改善抗化学性和耐潮性,应用前景广阔。

　　我国在近 10 年针对玻璃釉进行了研究和应用。为了不改变 MOV 生产工艺,通常采用硼硅酸铅低温玻璃为基础的配方,喷涂于已烧成的电阻片侧面,经过热处理(510～530℃)完成其玻璃化。由于玻璃釉是像高阻层一样熔结于瓷体侧面的玻璃层,所以与本体结合牢固,而且表面光滑,不易吸潮及粘灰尘;其耐温比有机涂层高得多,加之其绝缘性也高,所以可以使电阻片提高耐受大电流冲击能力。

　　玻璃釉的喷涂敷工艺试验表明,采取先将瓷片预热几十度然后即时喷涂的方法,可以取得釉层较均匀的效果。为了使其达到所要求的 0.15～0.20mm 厚度,必须连续喷 2～3 遍。

　　从实用效果看,在严格控制工艺的情况下少量的试验或小批量生产还可以取得较好的效果。但从几个厂家几年来的大批量应用情况看,尚存在以下问题:

(1) 耐受大电流冲击能力不稳定。这可能与釉层厚度波动,即偏薄或不均匀;釉的热膨胀系数与本体不匹配;热处理温度不稳定等有关。

(2) 釉的色调光泽不一致,有时产生缩釉、流釉、橘皮状或缺釉等缺陷。常因这些缺陷无法弥补造成废品。造成这些缺陷的原因可能与釉料本身的熔融温度范围与热处理温度波动范围不适应有关,或者是由于釉料熔体的黏度或表面张力较大。釉料的粒度磨得太细也会因其熔融时收缩太大而产生缩釉。

(3) 采用喷釉工艺不仅生产效率低,而且釉料的损失较大,所以生产成本高。

基于上述原因,使玻璃釉的广泛推广应用受到影响。其中最关键的是釉料的膨胀系数必须要与 ZnO 压敏陶瓷本体及其下层的高阻层相匹配、其熔融温度范围及其黏度、表面张力应与热处理温度波动范围相适应,而且必须达到一定厚度。

6.8　氧化锌压敏陶瓷的烧成

传统陶瓷通常将其经高温烧成瓷化的过程称之为烧成工序,这是通称的。而对 ZnO 压敏陶瓷烧成有人习惯上将其称为烧结,这是不太确切的。因为在 ZnO 压敏陶瓷充分烧结,即其体密度最大的情况下,其非线性及其他性能往往并不是最适用且最佳的。例如,引进的 ZnO 压敏陶瓷配方在 1120℃ 左右烧成时其体密度最大达到 5.5g·cm^{-3},可以说其已充分烧结,但其性能最好的烧成温度还需要提高几十度。烧结的概念是通过加热使粉体产生颗粒结构,经过物质的迁移使粉体产生强度并导致致密化和再结晶的过程。而烧成是指前述烧结致密化和再结晶的过程,也是达到最佳性能的温度。

在 MOV 制造工艺中,继坯体成型之后第四个最关键的工序。烧结瓷化及冷却过程,就是 ZnO 电气性能形成的过程。所以,在前几个工序已经按工艺要求完成的基础上,MOV 的性能好坏主要决定于烧成及冷却过程的温度制度、气氛等,因而它是决定电阻片性能的关键。本节主要介绍确定烧成制度的原则、窑炉结构及其温度分布、烧成制度对 MOV 的性能影响及磨片工艺等。

6.8.1　烧成制度的确定应考虑的几个因素

ZnO 压敏陶瓷的烧成工艺与传统陶瓷一样通常包括升、降温速度,最高烧成温度及保温时间,烧成气氛等。这些参数应根据以下因素考虑确定。

ZnO 压敏陶瓷在烧成过程所发生的物理变化规律常因其配方和工艺的不同而异。但因其主成分都是 ZnO,而且其含量均占 90% 左右。尽管添加剂的种类及其各自含量的差异会影响 ZnO 压敏陶瓷的物理变化规律,但主成分 ZnO 的烧结起主导作用。针对纯 ZnO 及五元或七元配方 ZnO 压敏陶瓷在烧成过程所发生的物理变化规律已进行过不少研究,所得结果大体相似。在此,仅提供纯 ZnO 及引进配方的 ZnO 压敏陶瓷在烧成过程所发生的收缩率及体密度的变化规律,旨在说明其一般变化规律。试样是利用纯 ZnO 及生产线 ZnO 造粒料按体密度 $3.2g \cdot cm^{-3}$ 压制成 $D_{35} \times 10mm$ 的坯体,排胶后装电炉烧成。到达预定温度后分别保温 10min 各取三个试样,为避免其因急冷炸裂将取出的试样埋入已预热 300℃石英粉中。冷却后测量其尺寸及体密度,取其平均值。所得结果如图 6.51 所示。

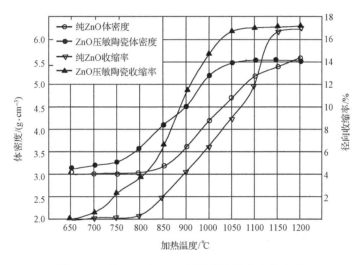

图 6.51　纯 ZnO 与 ZnO 压敏陶瓷的致密化过程

从图 6.51 所示试样的体积密度及径向收缩可见,在 700℃以前两种料基本上变化不大,从 750℃ ZnO 压敏陶瓷开始致密化至 1105℃即达到完全致密化;而纯 ZnO 致密化起始温度比前者要高 100℃,即从 850℃开始至 1200℃才达到完全致密。二者产生如此差别的原因在于:前者是含有多种添加剂的复合体,特别是这些添加在已经过 850℃煅烧后的情况下其已形成低熔点的固溶体,所以它在比 Bi_2O_3 熔点 825℃低的 750℃左右即开始出现液相,因而促进致密化。而且在 750~1105℃内急剧致密化。也就是说,ZnO 压敏陶瓷是在有少量液相参与情况下的液相烧结。而后者是在没有液相参与情况下的固相烧结,所以它的致密化起始温度比前者高出 100℃左右,而且完全致密化温度也高,达到 1200℃,比前者高出 150℃左右。由此可以得出这样的结论:ZnO 压敏陶瓷是在有少量液相参与情况下的液相烧结,因而具有致密化起始温度及充分瓷化温度相对较低、烧结温度范围相对较窄的特点;而纯 ZnO 是在没有液相参与情况下的固相烧结,因而具有致密化起始温度及充分瓷化温度相对较高的特点。

根据上述分析,可以认为 ZnO 压敏陶瓷烧成过程,在 700℃ 以前可以快速升温,而在其物理化学变化激剧的 750～1105℃ 内必须缓慢升温。

6.8.2　烧成窑炉及钵具

近 20 多年以来,随着我国对引进技术的消化吸收,已开发推广应用了大截面全自动回转隧道窑。其炉膛尺寸一般为 9700mm×400mm×250mm;推板尺寸为 360mm×250mm×30mm;分三层叠置的耐火材料匣钵的尺寸为 320mm×230mm×62mm。采用尺寸为 $\phi20×400mm×350mm$、发热功率 2kW 的 SiC 元件加热。多数按 13、14 个加热温区测控温,最后 3、4 个温区仅测温设计,为了尽可能便于高温区温差的调整,在高温区的五个温区的热元件按上、下分别控温。

从使用效果看,总的来说还是可以的。但是,由于用户对窑炉设计者未提出具体要求或者窑炉设计者对适用于 ZnO 压敏陶瓷的窑炉结构不清楚,尚存在以下两个最突出的问题:

(1) 有些炉体的保温层一样厚,这是不合理的。因为基于前述原因,烧成高温后的冷却带需要较快的冷却,若该区的保温层太厚,则很难冷却到预定温度。在炎热的酷暑有些地区的厂家发现电阻片的漏电流明显变大,这就是冷却太慢引起的。

(2) 各加热区段的间距及同一区间加热元件的间距分布不均匀。这样,对低温区而言,加热不均匀对电阻片性能的影响尚不会太大;但对高温区而言,其影响程度之大是不言而喻的。

就采用的钵具而言,现在多采用刚玉-黏土质或莫来石-黏土质耐温在 1500℃以上的匣钵,而且将其设计制作成上下钵扣合密封的结构是较好的。但实际应用中发现匣钵存在的主要问题是其寿命太短,主要表现在钵壁开裂、变形及钵底下沉。其原因一是材料的实际耐火度较低;二是其压型密度太低,烧成温度不够高,因此造成其结构不致密。图 6.52 展示了烧成炉结构及匣钵的码放情况。

图 6.52　烧成炉结构及匣钵的码放情况

6.8.3　烧成制度

针对用于高压输变电避雷器的 MOV,根据前述原因的各种情况及实践经验,提出了烧成制度。烧成分四个阶段,即低温、高温升温阶段、保温阶段,以及冷却阶段。

1. 低温升温阶段(室温至 850℃)

在该阶段,液相开始从粉料中形成,液相的形成温度决定于 ZnO 与 Bi_2O_3 反应生成的 ZnO-Bi_2O_3 低共熔系统,如图 6.53 所示。决定因素是:材料的化学成分、升温速度等。在该阶段焦绿石已经形成,并有少量尖晶石生成。坯体已开始大量收缩,孔隙率明显降低。

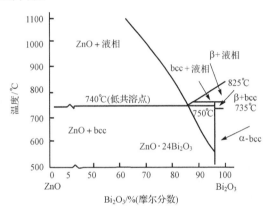

图 6.53　ZnO-Bi_2O_3 低共熔系统相图

低温升温阶段的升温速度应分坯体是否已经预烧两种情况考虑。如果已经过 850℃预烧,可以按 75~80℃/h 升温;如果是未经过预烧的生坯,则应适当减缓,低于 750℃按 60~65℃/h 升温,750~850℃应按 40~45℃/h 升温。

2. 高温升温阶段(850℃至最高温度)

因为这一阶段是 ZnO 压敏陶瓷坯体由多孔、疏松的粉料聚集体经过复杂的物理化学反应转变成结构致密的多晶复合瓷体的阶段。在该阶段随着 Bi_2O_3 熔融、液相的逐渐增多,各成分之间的固溶、扩散、迁移、化合反应逐渐加剧,ZnO 晶粒长大及其他晶相生成;伴随有相当于 41%坯体体积的气体排出;同时坯体的体收缩率急剧增大,其体积密度将由原来的 3.2g·cm^{-3} 增加到最大值约 5.5g·cm^{-3}。为了避免坯体开裂,特别是确保上述反应按其自身规律正常地完成,使气体顺利地排出,孔隙率尽可能降低,应该缓慢升温。一般可按 35~25℃/h 逐渐减慢升温速度。

3. 最高温度与保温阶段

最高温度也应该按前期工序添加剂预烧与否的不同情况考虑。因为如果添加剂已经过 850℃左右预烧,它已成为多种添加剂的固溶体,其与 ZnO 的混合料中起着综合助熔剂的作用,可明显降低 ZnO 压敏陶瓷烧结温度。实践证明在配方相同的条件下,添加剂预烧比不预烧的 MOV 要达到相同的压敏电压,其烧成温度可降低 30～40℃。

通常,MOV 的烧成温度按照其需要的压敏电压,即通常所说的 U_{1mA} 或其梯度确定。但是即使在相同烧成温度下,直径尺寸不同其压敏电压也不同。直径越大,压敏电压越低,这是因为电阻片的所有电气性能都是其几何效应的体现。如果 D_{30} 规格电阻片的 U_{1mA} 梯度按 220V·mm^{-1} 考虑,熟料的实际烧成温度一般应在 1170～1180℃;如果是生料,其实际烧成温度一般应在 1210～1220℃。

为了确定适宜的烧成温度,在生产线进行过熟料 D_{71} 电阻片烧成温度对其物理和主要电气性能的影响试验。图 6.54～图 6.57 分别给出了有关试验结果。

从图中给出的试验数据可以看出,随着烧成温度的提高,陶瓷材料的体积密度几乎呈线性关系降低,与之相应的总孔隙率也几乎呈线性关系增大。这与 Bi_2O_3 随着烧成温度的提高而挥发加剧有关。电阻片的压比在 1150～1170℃不仅最低而且稳定,与之相应的压敏电压梯度随着烧成温度的提高几乎呈线性关系降低。这与 ZnO 晶粒尺寸的逐渐长大,晶界势垒的电阻率降低有关。雷电冲击后 U_{1mA} 的变化率随着烧成温度的提高而增大,特别是在高于 1200℃后,其变化率急剧增大;

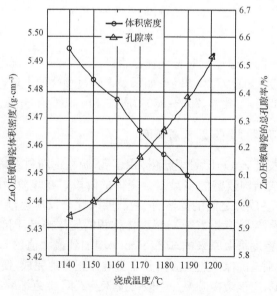

图 6.54　烧成温度对电阻片物理性能的影响

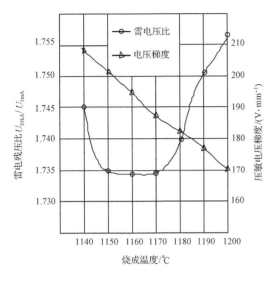

图 6.55　烧成温度对电阻片压比
和梯度的影响

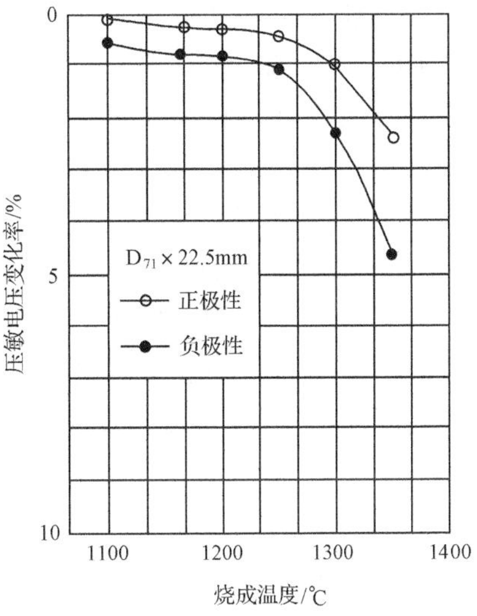

图 6.56　烧成温度对电阻片雷电
冲击稳定性的影响

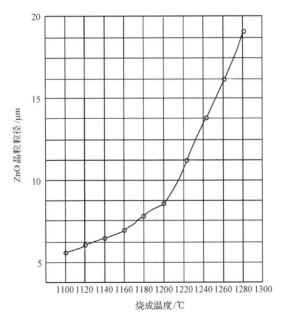

图 6.57　烧成温度与 ZnO 晶粒粒径的关系

另外负极性的变化率总是大于正极性,这是 ZnO 压敏陶瓷电性的普遍规律。由此可见,熟料电阻片最适宜的烧成温度范围是 1150～1170℃,高于或低于该温度范围电阻片的综合性能都不理想。

应该强调指出的是,第一,这里之所以强调实际烧成温度,是因为国产隧道式电炉,由于受测温补偿导线、热电偶或其插入炉膛内的长度等多种因素的影响,自动数显温度表所显示温度多数比长的铂铑热电偶测定炉内的实际温度低 30~40℃。第二,最高烧成温度与其保温时间密切相关。若保温时间较长,则烧成温度可以降低;反之亦然。

关于电子陶瓷的最高烧成温度与保温时间的选定问题,是很值得研究探讨的课题。就 ZnO 这类典型的多晶复合陶瓷而言,为了避免 ZnO 等晶粒尺寸分散性太大,特别是避免二次发育的巨晶生成,希望获得微观结构均匀、ZnO 晶粒发育完整、各物相尺寸及分布均一的致密烧结体。如果采取温度稍低一些、适度延长保温时间,比采取高温短时间烧成要好。这对于烧成那些直径较大而且较厚的电阻片更为有益。

为了考察熟料配方的 $\phi35\times25$mm 电阻片在较低烧成温度下保温时间由 4h 延长至 6h 的效果,用箱式电炉进行了试验。烧成温度为 1140℃,保温时间分别为 1~6h,自然冷却;每一保温时间各烧 10 片试样,其他工艺均在生产线完成,试验结果如图 6.58 所示。

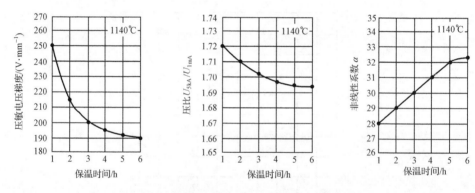

图 6.58　保温时间对电阻片主要性能的影响

由图 6.58 可见,在烧成温度固定为 1140℃ 的情况下,随着保温时间延长, U_{1mA} 梯度有规律性不均等地降低,在 1~2h 下降幅度最大,而后逐渐减小;压比也是有规律性不均等地降低,从第 3h 以后减缓,第 5h、6h 趋于温定的最低值;非线性系数 α 也是有规律性不均等地增大,也是从第 3h 以后减缓。这说明在较低的瓷化温度下,保温的前 1~2h 中 ZnO 晶粒生长较快,而后逐渐减缓;某些添加剂与 ZnO 的固溶及富 Bi 晶界层的发育也应该是同样的情况。这种思路已通过试验验证了其正确性,但并未经过生产线验证。

当前本行业电阻片烧成的保温时间多为 4h 左右,可以在原烧成温度下降低 20~30℃,将保温时间延长至 5~6h。有些厂为了追求产量,一味地加快推进速度,因而不得不提高温度、缩短保温时间,这种做法是不可取的。因为这样会造成晶粒尺寸差别太大,电阻片的性能变差。

4. 烧成冷却阶段

烧成冷却在某种程度上可以说比高温烧成阶段更为重要。因为冷却阶段是影响电阻片整体电气性能最关键的阶段,高温烧成及其保温阶段只是完成了瓷化过程的微观结构的形成,但是其非线性功能结构则是在适宜冷却过程中形成的。众所周知,如果将烧结好的电阻片从炉子中取出急冷(或称为淬火),则其就会没有非线性,这就是说明冷却速度重要性的最好的事实。其主要原因在于:当从烧成最高温度冷却到 700℃左右的过程富 Bi 液相及 ZnO/ZnO 颗粒边界缩回到三角区域,在此阶段才形成位于 ZnO/ZnO 界面,由于产生非线性的部分 Mn、Co、Cr、Ni 等离子偏析,才产生阻抗电传导的势垒。由 Bi_2O_3 为主构成的液相最终将决定材料中三个或多个颗粒结中具有显然形态不同的第二相。低温稳定形 α-Bi_2O_3 能润湿 ZnO 晶粒,并扩散到 ZnO/ZnO 界面;而 δ-Bi_2O_3 不能润湿 ZnO 晶粒。所以,富 Bi 晶界相的形态变化,对于成分一定的 ZnO 压敏陶瓷来说,主要决定于冷却速度。如果在瓷体中的液相在由液态转化为固态过程冷却过快,Bi 相将主要以 δ-Bi_2O_3 形态存在,这样会造成非线性很差。配方不同,适宜的烧成冷却速度也不相同,应由实际情况确定。

ZnO 压敏陶瓷晶界相的变化及由其引起电气性能的变化,还决定于热处理阶段,有关原因将在热处理部分论述。

就 Bi-Sb-Co-Mn-Cr-Si 配方系统而言,按照设定温度计算,从最高温冷却至 950℃时的平均冷却速度为 30~40℃/h;在 950~700℃阶段比前一段要快得多,达到 75~85℃/h;700℃至炉口温度(约 100℃)的冷却平均速度为 55~70℃/h。按照利用长度超过炉长的铂铑热电偶实测温度得出,从最高温度至 1100℃,冷却速度为 26.5~30℃/h;1100~900℃阶段,冷却速度为 89~95℃/h;900~700℃阶段,冷却速度为 81~77℃/h;700~200℃阶段,冷却速度为 66℃/h 左右。其中出口温度为 100℃左右。可见实际与设定冷却速度有一定差别,最好通过测定实际温度调整控制。

6.8.4　烧成过程的环境气氛

众所周知,如果 ZnO 压敏陶瓷在还原气氛(如 H_2)烧成是没有非线性的,说明它在烧结瓷化乃至在低温下加热过程都不能缺氧。因为正如前所述,在 ZnO 压敏陶瓷烧成过程将发生一些氧化物的升价、固溶、相变及晶界表面态的形成都离不开氧的扩散、吸附。可以说,氧是 ZnO 压敏陶瓷产生非线性必不可少的必要条件,所以必须在空气气氛或 O_2 充分中完成烧成及后期的热处理。国外已采取氧气氛保护或从烧成炉尾强制通风的措施来提高电阻片的性能。

另一方面,由于烧成温度远高于熔点低的 Sb_2O_3、B_2O_3、Bi_2O_3,及其低共熔物,在高于 1000℃ 的高温及较长时间的保温过程,上述成分特别是 Bi_2O_3 的大量挥发会使电阻片的压比、非线性及漏电流增大。为了抑制或减少其挥发,多利用 ZnO 压敏陶瓷本体的废料或特制粉料制成匣钵内的垫料,也有在垫料中补充 Bi_2O_3 粉。这样,在高温下垫料中成分的挥发造成一定浓度气氛的蒸气压,匣钵内该气氛浓度与坯体挥发物的气氛达到平衡,即可抑制或减少 ZnO 压敏陶瓷本体成分的挥发。其平衡过程可依下式表示:

$$匣钵垫料 \longleftrightarrow 匣钵内气氛 \longleftrightarrow 坯体$$

要使其始终保持气氛的平衡,有两个先决条件:一是匣钵的密封要尽可能严密,不让挥发物外逸;二是垫料要有较多的量,一般要垫 5mm,而且要经常更换,最好每三个月更换一次。因为垫料颗粒较细,其中的低熔物挥发比陶瓷本体成分的挥发要快得多,据实测使用三个月垫料的 Bi_2O_3 含量已损失将近 50%。如继续使用,势必会导致坯体中成分的挥发量增多,才能维持上述气氛的平衡,这样就失去了垫料的作用。

南阳避雷器有限公司为了保持匣钵内的良好气氛,采取叩钵装片的做法,即同一柱匣钵只有两个钵子,每组叠装 4~5 层电阻片,片与片之间撒有垫料,然后将另一个钵子叩上。因买来的匣钵端面不平,为了确保密封良好,预先将其在磨片机上将端面磨平。由于装载量的增加,使 Bi_2O_3 的挥发量显著减少,这样有利于改善电阻片的非线性、减小漏电流。这样增加了产量,能耗大大降低,降低了成本。

这种多片叠装的片子,经高温烧结后,并未发现瓷体变形。这对于单道隧道窑炉来说,这种叩钵的装片及确保匣钵密封的做法是值得推荐效仿的。但对于双推板窑炉而言,由于装载电阻片太多,蓄热量太大,如果炉体结构,特别是冷却带若不采取促使快速降温措施,会因冷却不下来而造成电阻片漏电流增大,压比变大,所以在订购窑炉时应特别提出如何能确保满足正常冷却速度工艺需要,这也是应引起注意的问题。

试验表明,即使同一匣钵烧成的电阻片,如果匣钵密封不良,其性能分散性很大。其规律是位于钵中部的分散性较靠钵壁的大,特别是靠有裂缝钵壁的漏电流明显大。很显然,这与匣钵密封不严有着直接关系。可以说,匣钵密封不严及垫料量不足或更换不及时,是造成电阻片性能分散性大的重要原因之一。

另外,为了避免电阻片性能分散性还应该注意以下几个问题:①定期检查发热元件,特别是高温区元件的电流变化。如有电流明显减小或没有,则表明元件已经老化或断裂,应即时更换。②每次烧成炉大修后应按伸进炉体的原位置插入热电偶。因为热电偶插入炉内的长度不同,测得的温度差别是很大的。③每个匣钵装片的数量及每片之间的间距要统一。不能忽多忽少,特别是产量要均衡,要连续生产。如果间断性的生产,很难使电阻片性能稳定且分散性小。④经常检查核对推进器的推进速度是否正常,特别是当遇到停电或窑炉出现问题停产再启动时。⑤经常检查炉体内外回转是否有异常,特别是炉内有无顶炉、堆钵现象,若发现应及时处理,否则将会酿成大事故。

以上这些是对所有隧道式电炉的正常生产以及尽可能减小电阻片性能分散性必须做到的基本要求。

6.9　磨片与清洗

因为电阻片坯体成型时圆周密度比中心大,所以烧成后形成端面中心凹、圆周凸的抛物线形不平,必须将其磨平整。另外,在高温烧成过程,瓷体处于软化状态,加之自身的重量作用使与垫料接触的端面产生深浅不一的凹陷,也必须将其磨平。磨片的最终目的是为了确保装配的避雷器各电阻片之间能够实现电气接触,电流分布均匀。磨片时为了避免片子打边,磨盘的转速要按先慢速,再调至中速、快速。除上述要求外,还要求一定的粗糙度及平行度。前者是为了喷镀的铝电极层与瓷体表面结合的牢固性;后者是为了确保装配避雷器时电阻片叠置芯体的垂直度。

原来普遍采用四道平磨磨片机,以粒度 100 目的 SiC 为磨料进行磨片。但因其工作效率低、维护成本高,特别是很容易引起打边而影响电阻片的方波、大电流等性能的提高,所以已经被淘汰。

现在广泛采用的磨片机是由无锡橡磁机械有限公司生产的卧式金刚石切削磨片机,其磨片原理、过程、优越性与南阳的立式金刚石切削磨片机类似,只是结构不同(图 6.59)。磨盘直径 300mm,上下磨盘之间保持几度的角度;与磨盘相对应的装置有旋转的送片盘,盘的四周根据用户需要加工有不同尺寸的放置不同规格电阻片的孔(只能用于 $\phi60$ 以下的电阻片)。当电阻片进入磨盘切削以后就落在一条传送皮带上,用水冲洗后即可取出。

图 6.59　现在广泛采用的卧式金刚石切削磨片机

南阳等几家避雷器厂原来采用四道平磨磨片机磨片,后来曾采用镀有金刚石的磨盘磨片,试图节省金刚砂。但实践证明这种磨盘的寿命太短。2005 年改用与磨盘表面烧结在一起的金刚石的磨盘磨片,即称为双端面磨床磨片获得非常好的效果。该磨片机是利用的精密机械磨床改装的,即将一对磨盘立置安装于机床上,两个磨盘相对反向旋转,但二者有一适宜的角度,这样可以确保磨盘不与电阻片全面同时接触,而是从一端局部接触。电阻片垂直卡放于机床的侧面,由橡胶传送带带动,其移动方向正对应于两个磨盘可调节间距相对反向旋转的间隙中。这种磨片机的结构外形如图 6.60 所示。

(a) 进口排放电阻片　　　　　　　(b) 出口取出电阻片

图 6.60　立式双磨盘磨片机

采用这种立式磨盘金刚石面磨片机磨电阻片的好处在于:

(1) 机床采用贯穿送料和连续磨削的工艺方法,生产效率高。每天 8h 班产规格为 $\phi52\times31mm$ 电阻片 9600 片,且只需两人操作即可。取消了 SiC 磨料,每年可节省大量成本。

(2) 设备稳定性好,维护费用低。卧式双面磨片机可靠性高,平均无故障时间可达万小时以上;磨盘的使用寿命达 1.5 年以上,因此使投入的维护及维修费用大大降低。被磨电阻片两端面的平行度非常好,而且不会打边,边缘很规整。可以在喷铝电极时做到不留边或将留边减小至 0.5mm 左右,以达到提高电阻片通流容量、降低压比的效果。

(3) 对电阻片无直接损伤。彻底解决了四道平磨磨片机在磨片过程中电阻片的磕碰、打边以及高度 40mm 以上电阻片研磨后两端面不平行的问题,提高了电阻片的外观及整体电气性能。

(4) 由于在磨片的同时,通过冲水不仅起到冷却的作用,而且也起到了冲洗电阻片被磨削下瓷粉的效果,这样可节省片子清洗在工作量,流入沉淀池的清洗水可以利用抽水泵循环使用,大大节约了水的消耗;而且电阻片再采用超声波清洗较为容易。

综合其磨片生产效率、效果、降低成本和有利于提高电阻片性能及合格率等多方面的优点,可以认为,虽然购置这样一种立式双端面磨床并改装成磨片机的一次投入费用较大,但综合核算花费和效益还是合算的。这种磨片设备很值得在避雷器用电阻片制造业推广应用。

磨好以后的电阻片必须利用超声波清洗机清洗除去黏附于表面的粉料污秽,仅用手擦洗是洗不净的。超声波清洗的原理在于:它利用液体的"空化效用",当超声波在液体中辐射时,液体分子时而受拉,时而受压,形成无数个微小空腔,即"空化泡"。待空化泡瞬间破裂时,会产生局部液力冲击波,其压强可高达 1000 个标准大气压①以上,在这种压力的连续冲击下,黏附在工件上的各种污垢会被剥落;同时,在超声波的作用下,清洗液的脉动搅拌作用加剧,溶解、分散和乳化加速,从而把工件清洗干净。超声波清洗机最好选用有双槽或三槽的,即可分为初洗与净洗两步至三步进行。清洗的水要加热至 60~70℃,而且水脏了应及时更换。

电阻片清洗的干净与否是决定铝电极能否与其表面充分接触的重要内因之一。如果未清洗干净,则有污垢的地方铝层就不能与瓷体接触,则电阻片在电场作用下就会集中在铝层与瓷体接触的部分。这样就会降低电阻片的通流能力及其他电气性能,所以必须予以重视。判断清洗干净与否最直观而且最简便的方法是,将透明胶带紧贴于研磨的断面(手指紧压胶带),然后揭起胶带将其贴于白纸上,观察其颜色,如呈深蓝绿色则表明未清洗干净;最好是无蓝绿色,至少达到轻微的浅绿色。

据悉国外知名公司,如 ABB 公司等,已经采用立式磨片机磨片,获得电阻片端面平整度和平行度很好的效果,这对于提高电阻片的电气性能非常重要,可以说是今后十年内我国磨片技术发展的方向。

我国现在已经普遍采用立式或者卧式金刚石切削磨片机,不仅生产效率高,更重要的是不容易引起打边而产生废品。这也为提高电阻片的综合电气性能奠定了基础。

6.10　热　处　理

首先应该特别强调指出的是,由于配方系统的成分和制造工艺不同,其热处理的温度制度是截然不同的,不能一概而论。有些不含 SiO_2 和 Cr_2O_3,而含较多 Bi_2O_3、Sb_2O_3、NiO 的配方系统,由于采取低温烧成,并且冷却速度较快,可以不进行热处理,其漏电流较小而且老化性能也可以,其能够稳定的原因还有待进行研究查明。

经过将近 30 年的研究、生产及运行实践证明,MOA 在长期运行条件下都程度不同地存在着 MOV 的 U_{1mA} 逐渐降低、阻性电流逐渐增大的问题,即通常称之为老化的问题。而且电阻片的老化问题是电力运行与 MOA 生产行业共同关注的问题,因为它关系到输变电运行的安全可靠性。热处理温度有 900℃ 以上的高温处理及实际温度 500~550℃ 的低温处理,就我国大部分采用 Bi-Sb-Co-Cr-Mn-Si 等添加剂系统的 ZnO 压敏陶瓷配方而言,多采取低温热处理。保温时间一般为 2h 左右;冷却速度一般为15~17℃/h。由于温度较低,而且为了使电阻片受热均匀,空气流动可提供充分的氧,通常都采用四周不封闭式的不锈钢质匣钵。图 6.61 为热处理炉采

---

①　1 个标准大气压为 $1.01325×10^5$ Pa。

用不锈钢匣钵结构及装片的概况。

图 6.61　热处理炉及匣钵的结构概貌

对于绝大多数配方工艺的 MOV 来说,改善其老化性能的最普遍采取的办法是热处理。本节对热处理工艺对 MOV 性能的影响,热处理提高电阻片的抗老化性能及其他性能的原因,以及热处理工艺的选择等问题进行讨论。

6.10.1　热处理对压敏电阻器性能的影响

热处理的主要目的是提高或改善 MOV 的抗老化性能,但大量的实验证明,热处理除可以提高或改善其抗老化性能外,还起着有利于提高其通流能力及降低其压比,即降低避雷器的保护水平、并提高其热稳定性的作用。下面即根据实验数据说明热处理对 MOV 性能的影响。

1. 降低电阻片的压比

根据在不改变冷却速度的条件下,在 500～550℃ 内改变热处理温度,测定电阻片热处理前后的 U_{1mA} 及雷电残压,发现两种残压都不同程度的降低,而且随着热处理温度的提高,其下降率变大。但是,雷电残压的下降率始终大于 U_{1mA} 的下降率。一般热处理前后的 U_{1mA} 及雷电残压下降率分别为 4%～6% 和 8%～9%,这里取其中某些热处理温度的数据来说明。这样热处理后压比可以降低0.02～0.04。可见,通过选择适宜的热处理温度制度,可以取得较大幅度降低电阻片压比的效果,而又不至于引起漏电流明显增大。这种效果是通过配方或其他工艺改进难以在短时间达到的。

2. 提高方波及大电流通流能力

为了考察热处理与否对方波、大电流能力的影响,针对生产量较大的 $\phi 35 \times 31mm$ 电阻片进行了对比试验。各取 35 片未经热处理及经过热处理的同一批试品,分别进行方波、大电流抽查试验。每种试验均各取 5 片试品,所有试品预先通过方波电流 150A 两次筛选试验。

方波 18 次抽查试验按六轮进行,每轮打三次,每次间隔 1min;方波冲击电流未经热处理的分别为 150A、200A、300A;经过热处理的分别为 300A、350A。

大电流抽查试验按 GB 11032—2000 标准进行,即 $4/10\mu s$ 波每个试品施加两次冲击电流,每打一次后等待冷却至室温后再打第二次;电流幅值在 50～65kA。

为了评价方波、大电流抽查试验后对试品性能变化的影响,在试验前后测定了各试品的 U_{1mA}、U_{5kA}。试验结果表明,未经过热处理试品的耐受方波电流冲击能力远远低于热处理的试品,而且其 ΔU_{1mA} 和 ΔU_{5kA} 的变化率前者大于后者。这说明通过热处理可明显提高电阻片的方波通流能力,并改善其稳定性。

虽然两种试品未能比较出大电流通流能力的差别,但从大电流冲击电流峰值来看,热处理的试品远高于未热处理试品;而且从 U_{1mA}、U_{5kA} 变化率可以看出,在相同冲击电流峰值的情况下,未热处理试品的也远高于热处理的试品,说明经热处理比未经热处理可提高大电流通流能力及稳定性。

3. 已通过抽查试验的试品经过再次热处理其性能得到恢复

在长期生产实践中发现通过三项抽查试验(方波、大电流及老化)后的试品的主要性能都发生不同程度的变化,尤其是经大电流冲击后电阻片的 U_{1mA} 大幅度降低、漏电流大幅度增加,因此这些试品不得不作为废品扔掉。为了考察这些试品经过再次热处理其性能能否恢复,进行了多年试验。试验证明,经过再次热处理其性能可以完全恢复。

试验方法是:将已通过三项抽查试验的试品各 10～15 片,先测定其 U_{1mA}、漏电流及雷电残压,然后装热处理炉进行再次热处理,最后测定上述性能。选择通过大电流冲击后再次热处理的试品分别进行了方波、老化及大电流抽查试验。

(1) 再次热处理前后试品的性能变化及方波抽查试验。

为了简化起见,这里仅选择规格为 $\phi32\times40mm$、$\phi42\times25mm$ 的试品各 5 片作为代表,测试结果如表 6.12 所示。

表 6.12　通过大电流冲击后再次热处理的试品方波、老化及大电流抽查试验结果

试品尺寸	测试前			大电流峰值/kA			再次热处理后			
	U_{1mA} /kV	U_{5kA} /kV	U_{5kA} 压比	第一次	第二次	第三次	方波 电流/A	老化系 数 K_{ct}	冲击后正向 U_{5kA}/反向 U_{5kA}	正向 U_{1mA} /反向 U_{1mA}
$\phi32\times40mm$	7.424	12.733	1.715	66.4	66.2	65.1	150	1.15	12.27/12.15	7.37/7.54
$\phi42\times25mm$	5.281	8.518	1.613	98.0	100.1	100.13	250	1.10	8.34/8.25	5.18/5.13

结果表明,两种规格的抽查试品分别经大电流 65kA、100kA 两次冲击后,U_{1mA} 大幅度降低、漏电流大幅度增加;而经过再次热处理后其性能完全得以恢复,经再次热处理后有些试品的 U_{1mA} 略有降低,这是再次热处理的结果。而后再分别进行 18 次 100A、250A 方波抽查试验,均全部通过。

(2) 再次热处理后第二次大电流抽查试验。

选取经过生产抽查大电流试验后再次热处理后的 $\phi42 \times 25mm$ 试品 5 片,按 $4/10\mu s$ 电流峰值 90kA 进行大电流抽查试验。

试验结果表明,第二次大电流抽查试验,除 1 片因第二次冲击电流反峰较大未通过外,其余 4 片通过了 90kA 大电流冲击两次的考验。

(3) 再次热处理后的老化性能抽查试验。

选取通过生产抽查大电流试验后经再次热处理的 $\phi71 \times 22.5mm$ 及 $\phi42 \times 25mm$ 试品各 2 片,进行老化性能抽查试验。试验按企业标准规定利用 401-B 型老化试验装置,试品加热温度为 135℃;荷电率依次分别为 90%、85%;老化时间不少于 162h。每天用 RLP-Ⅱ 型功耗仪测定一两次试品的功耗。

两种试品的老化系数 $K_{ct} \leqslant 1.2$,符合企业标准相关规定。说明已通过大电流抽查试验后经再次热处理的试品,仍可以承受住严酷试验条件下的老化试验。

(4) 热处理可提高电阻片的热稳定性。

为了考察 MOA 用电阻片在正常及异常运行状态下 U_{1mA} 以及阻性与容性电流随环境温度的变化,选择经过热处理与未热处理的 $\phi35 \times 31mm$、$\phi53 \times 24.5mm$ 电阻片各 4 片进行了试验,以评价其在正常及异常运行状态下的稳定性差别。

试验均利用老化试验装置完成;试品的 U_{1mA} 以用 XC-Ⅱ 型直流参数测试仪测量;阻性与容性电流用 MOA 用 RCD-4 型监测仪测量。

将试品从室温开始测量两种试样的数据作为基数,然后将试品从 30℃ 加热至 170℃,每次间隔 10℃ 升温,在每一温度下保温 1h 后测量每个试品的上述参数。

两种试品分别两种情况试验结果的趋势非常一致。为了简化起见,这里仅提供 $D_{53} \times 24.5mm$ 电阻片各 4 片的平均值。试验计算结果分别绘于图 6.62 和图 6.63 中。图中,I_{RIP}、I_{CIP} 分别代表试品的阻性电流与容性电流。

从图 6.62 和图 6.63 描绘的曲线可以看出,经过热处理比未经热处理电阻片的 U_{1mA} 及阻性、容性电流随着其温度的升高变化较小。说明经过热处理降低了电阻片的电阻温度系数,因而有助于提高电阻片,即避雷器的热稳定性。

6.10.2　热处理提高压敏电阻器抗老化及其他性能的原因

1. 热处理温度制度对富 Bi 晶界相转变及电阻片性能的影响

大量试验证明,热处理温度、保温时间及冷却速度是影响富 Bi 晶界相转变的

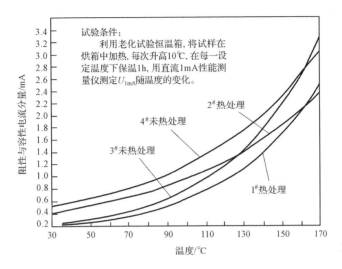

图 6.62　热处理对电阻片热稳定性的影响

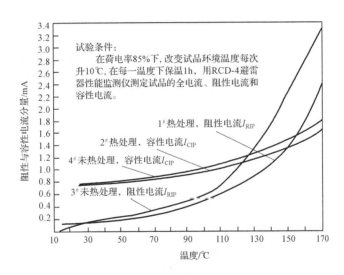

图 6.63　热处理对电阻片阻性及容性电流稳定性的影响

重要因素。在保温时间及冷却速度固定的条件下,则热处理温度成为主要因素。在 500～550℃内,随着温度的提高电阻片性能变化的一般规律是:U_{1mA} 及雷电冲击残压下降率增大,电阻片的老化系数 K_{ct} 降低,但漏电流增大,老化试验时起始功耗较大。要想使电阻片的老化、压比性能都好,而且漏电流又能够接受,这就必须合理地调整热处理温度、保温时间及冷却速度。

　　影响电阻片性能的根本原因是富 Bi 晶界相中 β-Bi$_2$O$_3$ → γ-Bi$_2$O$_3$ 转变的比例多少。这已为对未热处理与分别经 500℃、530℃ 和 550℃ 热处理的 $\phi71\times22.5$mm

电阻片材料进行 X 射线衍射分析证明。其分析结果如图 6.64 所示。

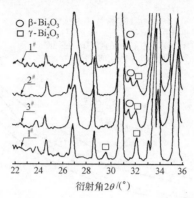

图 6.64　热处理对 ZnO 压敏陶瓷富 Bi 晶界 Bi$_2$O$_3$ 晶型形成的影响

1$^{\#}$—未热处理；2$^{\#}$、3$^{\#}$、4$^{\#}$—经 500℃、530℃、550℃热处理

电阻片的漏电流大小,主要决定于晶界层的电阻率。热处理后漏电流增大的主要原因在于 γ-Bi$_2$O$_3$ 比 β-Bi$_2$O$_3$ 的电阻率低。前述沿端面从表面至中心部位切片所作的 X 射线衍射分析证明,在原热处理制度下,直径和厚度大的电阻片的老化系数变大的原因,在于其内部的实际温度未达到预定温度,γ-Bi$_2$O$_3$ 的生成量不足。

2. γ-Bi$_2$O$_3$ 是使电阻片性能稳定的主要原因

参见 4.1.5 节 ZnO 压敏电阻热处理机理的理论分析,可知 γ-Bi$_2$O$_3$ 是使电阻片性能稳定的主要原因所述。

3. 大电流抽查试验后经过再次热处理其性能恢复的原因

经过方波、大电流抽查试验特别是大电流抽查试验试品的 U_{1mA} 大幅度降低、漏电流增大及其他性能均明显劣化的根本原因是在电场及热应力作用下离子的迁移。Schottky 势垒耗尽层中的阳离子的累积和阴离了的失去,导致 Schottky 势垒的降低。在耗尽层中迁移的离子中 O 离子、填隙 Zn 离子及其他杂质离子可能是 Schottky 势垒畸变的离子。O 离子的迁移向外逸散是导致试品的 U_{1mA} 大幅度降低、漏电流增大、其他性能均明显劣化的根本原因。其理由是:

(1) O 离子是一种负电性很强的离子,它比填隙 Zn 离子在电场及热应力作用下具有更大的迁移率,所以很容易扩散迁移。

(2) O 离子是一种气体离子,它比填隙 Zn 离子扩散迁移受到的阻力小,而且它扩散迁移的主渠道是晶界层。

（3）在电流冲击下的老化是动态过程,因而不同于长期在交、直流负荷运行状态下引起的老化。O 离子、填隙 Zn 离子及其他杂质离子的扩散迁移是在后一种情况下引起老化的原因;而 O 离子的扩散迁移则是在电流冲击下老化的主要原因。

正是 O 离子的扩散逸出,引起界面密度的降低,从而降低了晶界势垒高度,导致小电流区的特性恶化,突出表现在 U_{1mA} 大幅度降低和漏电流增大。

试验证明,ZnO 压敏陶瓷电气性能的蜕变不仅与冲击电流在瓷体内引起的热过程有关,更与冲击电流的密度、冲击电流波形、冲击时间间隔、冲击次数等因素有关。由于波形为 $4/10\mu s$ 注入的大电流高达数千安,远高于 2ms 方波电流（仅几十安）,而且波形很陡。所以前者使电阻片承受的电场及热场应力比后者大得多。因此,前者所受到破坏性最大,因为已超过其能力的极限,其性能难以恢复。

经过再次热处理其性能恢复的原因综述如下。

在空气中热处理时,O 分子通过各种方式扩散进入晶界,与位于晶界的中性的 O 空穴 $V_O^{\cdot\cdot}$ 发生化学反应,生成中性的 O 晶格 V_O^x:$V_O^{\cdot\cdot} + 1/2O_2(g) = V_O^x(gb)$。中性的 V_O^x 立即从粒界带负电荷的 Zn 空穴 V_{Zn}' 上夺取一个电子,因为它们之间有很强的亲和力,在界面形成了中性的 Zn 空穴 V_{Zn}^x 和带负电荷的 O_O':$V_O^x + V_{Zn}' = O_O' + V_{Zn}^x$;虽然 V_{Zn}^x 湮灭在粒界吸收层中,但 O 晶格上带负电荷的 V_O' 保留在界面上了。与此同时晶格上出现了带正电荷的 $Zn_{Zn}^{\cdot}$,它是由被激活扩散到界面的填隙 Zn 离子 $Zn_i^{\cdot}$ 与 V_{Zn}^x 反应形成的:

$$V_{Zn}^x + Zn_i^{\cdot} = Zn_{Zn}^{\cdot} + V_i^x \tag{6-19}$$

于是两种带相反电荷的离子,即带正电荷的 Zn 晶格 $Zn_{Zn}^{\cdot}$ 与带负电荷的 O_O' 反应,在粒界形成中性的 ZnO 晶格:$Zn_{Zn}^{\cdot} + O_O' = ZnO$,从而消除了耗尽层中的填隙 Zn。

以上说明,通过热处理使 O 分子扩散进入晶界形成 O 原子,减少了造成晶界势垒降低的填隙 Zn 离子,使电阻片的性能得到改善。

另外,在老化过程生成的中性缺陷 Zn_i^x 在高温下分解为带正电荷的填隙 Zn 离子和电子:

$$Zn_i^x = Zn_i^{\cdot} + e'$$

中性的 Zn 空穴与电子反应生成 Zn 空穴:

$$V_{Zn}^x + e' = V_{Zn} \tag{6-20}$$

Zn_i^x 在畸变电场电动势的作用下重新迁移到耗尽层,而生成的 V_{Zn} 使势垒高度增加而得到恢复,因此使电阻片的性能得到恢复。

很显然,在空气气氛下进行热处理,氧的扩散迁移是促进上述一系列反应进行,使势垒高度增加、性能得到恢复的根源。在氮气气氛下进行热处理,则不能恢复其性能大事实,就是上述论证的反证。

4. 热处理是使电阻片压比降低,耐受方波、大电流冲击能力及热稳定性提高的原因

从试验结果可以看出,热处理的电阻片比未热处理的电阻片的压比降低、耐受方波、大电流冲击能力及热稳定性均得到提高或改善。除前述原因外,还有以下方面的原因。

(1) 消除了 ZnO 瓷体中的内应力及缺陷。

由于烧成冷却速度相对较快,当瓷体在由软化向固化状态转化的过程,因其内部特别是中心部位比表面的温度高,即存在一定温度梯度,因此必然因收缩不一致造成热应力及被冻结的缺陷;再者,瓷体所生成的各种晶体的热膨胀系数也不尽相同,也会因温度梯度造成热应力。这些应力及缺陷的存在会降低电阻片耐受方波、大电流冲击能力及热稳定性。

在热处理时,由于冷却速度相对较烧成慢得多,靠热能的驱动会释放这些应力,并通过离子的迁移扩散弥补或消除原有缺陷。不言而喻,原有应力及缺陷的消除有助于提高电阻片耐受方波、大电流冲击能力及热稳定性。

(2) 改善了晶粒之间及其与晶界之间的接触性,并降低了电位梯度。

现代的仪器分析证明,ZnO 瓷体中大多数 ZnO 晶粒并非完全被富 Bi 晶界层包围着而是直接接触着。但是,由于烧成冷却速度相对较快它们之间的接触有些并不太好,加之前述原有缺陷的存在,所以使 ZnO 瓷体压敏电压的电位梯度高、雷电等冲击残压高。

而在热处理时,通过一定温度的保温及慢冷,使离子有充分的时间迁移扩散;再者可促使改善晶界相与 ZnO 晶粒润湿性,因而使原有的润湿角减小,原有缺陷也得到修复或消除。所以,通过热处理使 U_{1mA} 及雷电残压明显降低,然而因前者比后者下降幅度大得多,因此取得了明显降低压比的效果。

(3) 热处理使富 Bi 晶界层结构变得更加稳定是改善电阻片老化及热稳定性的原因。如前所述,γ-Bi_2O_3 相比 β-Bi_2O 相结构稳定,构筑了电阻片老化及热稳定性稳定的基础。因为在一定温度及电负荷的作用下,其老化及热稳定性都决定于晶界的稳定性。

Gupta 等针对热处理对 ZnO 压敏电阻交流漏电流两种分量的影响进行研究,得出的结论是:阻性电流(I_{RIP})与容性(I_{CIP})电流的稳定性与热处理温度有关,其本质是与 β-$Bi_2O_3 \rightarrow \gamma$-$Bi_2O_3$ 相转变的程度,即晶界的稳定性有关。

从图 6.62 和图 6.63 中的曲线可以看出,测试结果与上述结论是一致的,热处理比未热处理试品的 U_{1mA} 与其温度系数、阻性电流 I_{RIP} 与容性电流 I_{CIP},随着环境温度的升高而增加得较缓。另一方面,可以看出,在低温下总电流 I_{XP} 中主要是容性电流 I_{CIP};而在高温下则主要是阻性电流 I_{RIP}。因此,电阻片在高温下将会产生更多的热量;此外,还可以看出,当温度超过 100℃后上述曲线的斜率明显增大,这是由于在高于 100℃后活化能激增的缘故。

总之,MOV 通过适宜的工艺制度热处理,可以比未热处理全面提高电气性能。而且已经过方波、大电流及老化抽查试验的试品经过再次热处理,可以使其原有性能恢复。通常,生产厂均将这些试品作为废物扔掉,建议通过再次热处理挽回这种损失。

各种电流冲击使 MOV 性能老化,与在常态负荷运行或人工加速老化试验状态下引起的老化机理是不同的。前者是在动态电场与热场冲击应力作用下引起的;而后者是在稳定的静态电场与热场的长时间作用下引起的。

热处理比未热处理可明显改善 MOV 的热稳定性,即降低其 U_{1mA} 在高温度下的稳定性。这对于提高 MOA 在长期运行状态下的安全可靠性具有十分重要的意义。

6.11　喷镀铝电极

ZnO 避雷器的核心元件——电阻片芯体,是靠其两端平面的电极连接才形成导电通路的。由于芯体在避雷器运行过程将承受很大的电负荷,所以作为确保其电气导通的电极必须既具有良好的导电性、耐弧性,又要与瓷体表面有很好的密着结合性。电极与瓷体结合程度的充分与否直接会影响电阻片的通流能力,因为采用喷镀的铝层作为电极可以满足上述要求,所以得到广泛应用。基于上述原因,喷镀铝作为 MOV 制造的后工序是很重要的,所以是不容忽视的。但是喷镀方法对于电阻片的方波通流能力是有很大影响的。

日本东芝公司 2000 年申请、2001 年公布的中国专利 CN1290943A,报道他们针对尺寸 $\phi60\times22$mm 的电阻片采用等离子熔射、电弧熔射、高速气体火焰熔射、丝网印刷、蒸镀及溅射法喷射 Al、Cu、Zn 等多种金属及其合金的试验证明,采用等离子熔射铝金属比我国普遍采用电弧熔射喷铝的电阻片的方波通流能力高出 100A。

当进行 MOV 方波筛选或容量试验时,经常发现在其电极边缘或附近击穿的现象。通常认为这是因为电极边缘或附近的电场集中所致,解决或改善这种集中问题,可以借鉴日本东芝公司的研究成果,其研究概况和结果如下。

典型浪涌冲击时,ZnO 的热导率也是十分低的,ZnO 元件内的热分布实质上是绝热的,也就是说,此时热散逸可以忽略不计。因此,当浪涌时元件必须能够耗散吸收的能量而不使元件破坏。在低电场漏电流情况下,作为温度函数的漏电流是很重要的,由于在浪涌之后留下的热量会使元件的温度大量地升高。在高电场下(导电区),元件的电导率在温度上升到 550℃左右受温度的影响很微小;在低电场下(绝缘区),元件的漏电流受温度的作用是很大的。这样大的漏电流是由于能量散逸的结果,如果在正常运行电压下漏电流太大,则在温度升高的情况下再经受冲击后,ZnO避雷器元件将热崩溃,而不会冷却下降。因此,对于用于浪涌避雷器所需要的ZnO元件的体积应由以下方面决定:①当受到浪涌时,必须具有足够能量吸收能力;②浪涌冲击后元件应耐受住高的温度。从两种破坏的模型的差别可以理解这两种破坏机理的本质。

1. 冲击引起的破坏

如果ZnO避雷器元件不能吸收冲击时散逸的能量,一般在产生以下两种情况之一的形式破坏:①由于过热引起电阻片内的机械应力造成炸裂;②在电极边缘产生击穿熔洞。

2. 冲击诱发电阻片的热应力

电阻片由于过热诱发的应力可能使ZnO元件内或者在电极附近产生径向炸裂,通常炸裂常为程度不同的辐射状贯穿于元件,表明ZnO元件的电气性能是呈不均匀辐射性。每个"好的"粒界产生的电压降低约3.5V。所以导电的临界电场是通常众多"好的"粒界的函数,这些电流必须在两个电极间通过,而能通过的电流随"好的"粒界比例和ZnO晶粒尺寸而变化。由于电阻片在烧成时所处热状态的不同,以及电阻片压型密度的差别等,这些参数可能改变了ZnO元件的放射状态。如果导电的临界电场在这种高非线性材料中发生很轻微的变化,当受到冲击时,将使材料的某一区域比另一区域具有非常大的电流密度。因此,引起材料发热不均匀,材料内周围产生应力。温度的辐射性变化是内在的,而且使热量显著增加,因而使材料内引起势应力。

通常MOV表面要喷涂约$100\mu m$厚的铝电极。由于Al比ZnO的电导率高得多,所以铝电极内实质上无能量散逸。由于铝电极的热导率高、厚度薄,实际上铝层起着热传导作用,但它保持的温度是不均匀的。因此,在Al-ZnO界面引起很大的温度梯度,这样大的温度梯度也是引起机械应力的潜在原因。

3. 电极边缘引起的熔融击穿

对1kA的电流,温度升高几乎是绝热的,而且仍遵循电导率特性轮廓线。为了达到$200J \cdot cm^{-3}$散逸能量,对于较小的电流必须施加更长的时间才能使热的散逸明显增加。为了减少高电导率与低电导率之间导电比率变化的电流,必须降低元件两端的电压。由于这些现象复杂的方式相互作用增加了具有高非线性材料工艺的复杂性,只有通过同时解决作为时间参数的电场和热场才能进行计算。

4. 电极边缘引起的熔融击穿

当ZnO元件受到冲击时,由于通过过量的能量吸收,在电极边缘发生熔洞击穿是最常见的破坏形式。ZnO 在高电流下的 *I-V* 特性实际上不取决于温度升高至 500℃，因为高于 550℃，电导率的温度系数事实上变为正值。因此，如果 ZnO 元件任何位置的温度高于 550℃，则该区域的电流密度将会提高，进而导致材料的热崩溃，这就是电极边缘的破坏形式。电极边缘与 ZnO 非线性电阻片边缘之间总会留有一定间距。所以电流可能从电极边缘喷射至超出 ZnO 元件电极的边缘部分，这就是导致电极边缘比电极其他部位电流密度大的原因。显然，如果把边缘留边为零，即将电极边缘延伸至 MOV 的边缘，则电流将不可能从电极边缘喷射出，因而就不会发生这种边缘击穿现象。

图 6.65 和图 6.66 分别表示边缘间距为 2mm、0.5mm 的温升数据，在每一情况下都表明等温线轮廓都贯穿了最高温区。可见不喷铝留边大的温升远远高于留边小的。

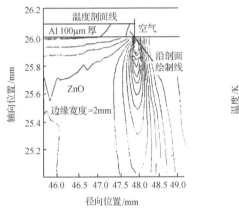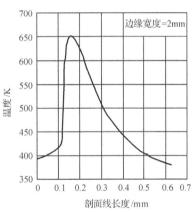

图 6.65　边缘宽度为 2mm 时，贯穿最大温区的热剖面图和等温线分布

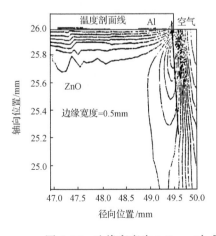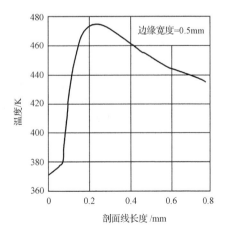

图 6.66　边缘宽度为 0.5mm 时，贯穿最大温区的热剖面图和等温线布图

图 6.67 描述了有关电极边缘升高的最高温度与 MOV 端面留边不喷铝电极宽度的函数关系。在留边 0.2mm 以上这些数据,与位于电极边缘引起的过量温升呈线性关系增加。由于习惯原因,需要留一些边缘。同样应该避免源自电极边缘的丝网辐射状突起。在电极边缘最严重的缺陷是丝网辐射状突起,该突起终止在铝金属沉积成的 ZnO 元件空穴中。ZnO 元件总是有一些气孔,因为当研磨元件喷铝的表面时,将不可避免地暴露出来。因此,为了使引起电极边缘出现熔洞击穿达到最低限度,应做到:

(1)电极边缘的留边缘间距应尽可能减小,而且宽度应保持一致。

(2)电极边缘尽可能做到圆滑规正,如图 6.68 所示。

(3)ZnO 元件中的孔隙率应达到最少化。一些不喷铝的边缘,必须避免喷铝金属喷射到元件的边缘上,以保持适当的表面闪络电压边缘。

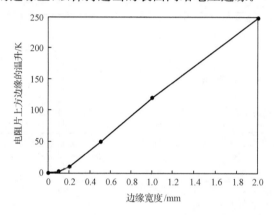

图 6.67　ZnO 电阻片散逸 250J·cm^{-3} 能量时,最高温升与边缘范围的函数关系

(a) 传统的金属喷涂技术　　　　　　(b) 改进的金属喷涂技术

图 6.68　在相同放大倍数下,两种金属喷涂技术电极的比较

5. 元件的最佳化

改善整个电阻片的均匀性,消除引起破坏的环形电应力,优化电极拓扑结构,

从本质上提高边缘产生熔洞击穿能量吸收能力。

改进的实际效果如图 6.69 所示,表明电阻元件经常受 18 次方波冲击时,常规电极边缘的破坏率与改进电极边缘能量吸收能力的比例关系。数据表明,通过控制边缘范围、改进边缘的平整光滑度,并改善了材料均匀性的新电阻片,比老电阻片能量吸收能力提高了 50%。显然,将电极边缘控制在 0.3～0.6mm 内,并采用从根本上解决电极边缘较均匀的喷铝工艺,使能量吸收得到很大的提高。

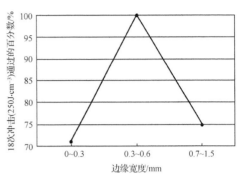

图 6.69　破坏率与边缘范围的关系

6. 实际应用

通过以上综合改进措施设计采用单柱的 ZnO 元件,组装金属外壳封闭的避雷器。新型避雷器是以高电压梯度的元件为基础的,由于采用高能量避雷器元件,显著地缩短了高度;由于采用单柱,达到了避雷器元件装配的简化;并且仅在电阻片顶部使用,具有很简单电场屏蔽单柱结构。因此,使避雷器的零部件数减少了 50%,同时使体积和重量减少了 40%,具有显著的经济效益,如图 6.70 所示。

从上述研究思路和改进结果可以看出,铝电极留边大小对电阻片的方波通流能力的影响是很明显的。尤其是对于高梯度 MOV,这些经验是很值得研究借鉴的。当然,留边大小与 1mA 电压梯度有关,也与磨片及清洗质量有密切关系。

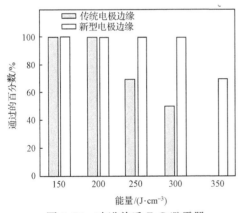

图 6.70　改进前后 ZnO 避雷器
元件能量吸收能力的对比

喷铝装置主要包括配电柜、喷枪、转盘、空压机、抽风装置及空气过滤器等。

喷镀铝层的原理:当由微电机传动的两根铝丝在喷枪口交会接触时,因电短路而产生高温电弧将铝丝熔化,此时从喷枪喷出的高压空气将其喷射雾化成的微粒喷镀于电阻片的端面上,即形成很薄的铝层电极。

铝层电极喷镀好坏的关键在于掌握好以下几点。

(1) 压缩空气的压强要足够大,通常要求达到 $6kg \cdot cm^{-2}$ 以上。该气压不是指空压机显示的气压,而是指喷枪配电柜气压表指示的压力。因为喷射的压力越大,熔融的铝雾化得越细,这样才能取得薄而细腻、与瓷体结合牢固的铝层。铝层的厚度原则上是在充分覆盖均匀的条件下,尽可能薄。实测较适宜的厚度约为 0.1mm。

(2) 铝丝的输送速度要适宜。铝丝在喷枪口交汇点要调节好,使其处于喷出气压最大的部位。西安交通大学电力电子专用设备厂经过改进的 HAG-Ⅱ 型手持电弧喷枪,根据实践已装配的输送铝丝的电机已调节好速度。但是要取得最好的喷镀效果,还需操作者按前述原则掌握调节。

(3) 必须保持电阻片喷铝端面的清洁无油污,并经常清理除油水过滤器。在有油污或水的瓷表面,铝层是很难密着结合牢固的。

(4) 喷铝前一定要将橡胶套内边缘黏结的铝层清理干净。橡胶套也称为喷铝卡,它的作用:一是保护电阻片侧面不会喷上铝;二是端面圆周留 0.5mm 左右的边缘不能喷上铝,而且要规整,不得有缺铝或者偏铝,更不能有铝喷射到留边处。因为缺铝、偏铝或铝层不牢都会影响其通流能力等。

检查和判断铝层质量最简便的方法是:用刀片刮铝面,要用力刮才能将铝层刮下来,而瓷面仍保留有亮晶晶的铝,则可认为合格。如果能不费劲地刮下来,而且整片的下来,瓷面未留下铝,则可判为不合格。产生这种情况的原因,可能与气压不足、瓷面太脏(油污、灰尘或水分)或铝丝短路的电流太低等因素有关。另外,要检查铝面是否平整,有无阴影发暗现象,有无缺铝或偏铝等缺陷。

6.12　有机绝缘涂层

GB 11032—2000 标准对 MOV 耐受 $4/10\mu s$ 大电流的要求与 IEC 60099-4 标准一致,即提出了更高的要求。特别是要求标称电流 5kA 的避雷器要达到 65kA,这就是说装配 10kV 避雷器的 D_3 规格的电阻片必须满足这一指标。按其电流密度计算是所有电阻片中最高的,大多数生产厂家难以达到。也就是说,电阻片侧面单靠无机高阻层其绝缘是不够的,必须在高阻层基础上加涂一层有机绝缘层,加强绝缘才有可能满足。为此,各厂都在探讨和寻找最适用的有机涂层材料。实践已证明有些涂层材料是比较适用的,概述如下。

1. 涂敷硅橡胶绝缘层

硅橡胶是具有电绝缘性高、耐热性好,特别是弹性极好等特点的绝缘材料,对其能否用于 ZnO 压敏陶瓷片侧面绝缘涂层进行了研究。因为硅橡胶的种类很多,根据其实用性特点选择便于操作的配方至为关键。

单组分室温 SiC 橡胶是以羟基封端的低分子量硅橡胶与补强剂混合,干燥去水后加入交联剂(含易水解的多官能团硅氧烷)封装于密闭容器内,使用时挤出与空气中水分接触,使胶料中的官能团水解形成不稳定羟基,然后缩合交联成弹性体。空气湿度对它的硫化速度起着决定性的影响,湿度越高硫化越快。

双组分室温 SiC 橡胶的硫化体系由交联剂和催化剂组成,在催化剂存在的条件下,硅橡胶的端羟基与交联剂的官能团(烷氧基)发生缩合反应形成 Si—O 键交联。制胶时,通常将部分生胶、交联剂及填料混合成一份,而将所余生胶、填充料及催化剂混合成另一份。使用时将两组份按计量混合。其硫化速度主要决定于催化剂的种类和用量,同时也受空气湿度及环境温度的影响。

一般的,单组分室温 SiC 橡胶黏结性能好,但硫化速度快而不易控制,故不适合本应用;双组分室温 SiC 橡胶可按需要调整硫化速度,故选择其为研究对象。

采用喷涂法涂敷,胶料的配制如下:均以重量计,取生胶 50 份,正硅酸乙酯 1~10 份,填料 10~30 份,稀释剂甲苯 1~10 份为一组,手工搅拌使其分散混合均匀;另取生胶 50 份,二丁基二月桂酸锡 0.5~5 份,填料 10~30 份,甲苯 10~20 份为另一组,同样分散混合均匀。这两组料分别放置于低温处备用。将电阻片擦拭干净后,为了增强硅橡胶与电阻片的结合强度,侧面需涂上一种适宜的偶联剂,阴干后叠置待用。

将上述两组胶料按一定比例混合一起搅拌均匀。调整好喷枪的压力喷射角,即可将胶料均匀地喷涂于电阻片柱上。在胶料未固化前应将其单片分开放置;待其固化后置于烘箱内于 100℃进行热固化,以提高硅橡胶的耐热性。应注意以下问题。

(1)偶联剂的选择。因双组分室温 SiC 橡胶与陶瓷体的黏结性差,为了增强其黏结性需先涂一种助剂,即偶联剂。实验对比过美国的 Kamlok 607、哈尔滨的乙烯基三特丁基过氧硅烷及自制的几种偶联剂。结果表明,自制的偶联剂较好。

(2)消除胶料中气泡。在搅拌胶料时会产生气泡,这些气泡会降低胶的绝缘性能。通常可以添加消泡剂或者抽真空排除气泡,试验结果表明,以添加消泡剂的办法最实用,而且方便。

(3)提高胶的强度。这种硅橡胶必须添加白炭黑作为补强基,否则其强度很差。但它的加入会使硅橡胶液的黏度增大,使喷涂困难。采取将白炭黑与其他非塑性物的混合物为填料,解决了喷涂问题。

实践已证明,将这种硅橡胶作为 ZnO 压敏陶瓷的外绝缘层,可以不需要涂无机高阻层,而使电阻片具有优异地耐受大电流能力。其主要原因在于其绝缘性高并具有非常好的弹性,正是其他高阻绝缘涂层所具备的良好弹性,才能抵抗高电场及高热场应力的冲击性,其耐受大电流能力是其他高阻绝缘涂层无法比拟的。但是由于其生产效率低、材料成本高,此外这种涂层在操作、运输过程容易碰损及磨损,因而电阻片不能作为商品出售,只能自用,因此这种材料工艺很难推广应用。但这作为提高电阻片耐受大电流特性的成功经验措施,不失为一种独创性。

2. 涂敷耐热聚氨酯漆绝缘层

这是原来用于 H 级电机线圈绝缘的高温涂层漆,可耐温 200℃以上。从 1990 年开始用于 ZnO 压敏陶瓷电阻片的外绝缘涂层。由于它具有绝缘性高、憎水性强、与陶瓷体黏结牢固,而且涂敷操作方便的特点,因而很快在 MOA 电阻片制造业得到推广应用。

这种漆均涂敷于电阻片侧面的高阻层表面,因其浓度只有 50% 左右,需涂 1～2 遍。为了加强涂层的绝缘性,多在漆中添加绝缘性好的无机粉料,如 TiO_2、Al_2O_3、SiO_2 等,添加量依浓缩后漆的浓度不同而异,一般为漆重量的 1～1.5 倍,调整到好涂敷为宜。此外为了美化涂层色调,多添加比例不同的 Cr_2O_3。涂漆电阻片的热固化温度、保温时间及升温速度对确保涂层性能至关重要。通常,升温至 60℃、80℃、100℃、120℃,各保温 30～40min,其目的是使漆中的溶剂二甲苯慢慢挥发,避免因受热使漆的黏度减小而向下流动,出现与托板网粘连并造成厚度不均;然后可较快升温至 140℃、160℃,各保温 30min;最后升至 180℃,保温 3h 即可关闭热源。自然冷却至 80℃以下再打开烘箱门。

实践表明,适当量填料的添加的确有助于提高电阻片耐受大电流的能力,但要使 D_3 电阻片稳定达到 65kA 的裕度不大。如果过量的添加填料会导致其与瓷体的结合强度降低,涂层表面的光泽变差。

另一方面,发现有时在硅橡胶合成套硫化时 145# 漆与玻璃纤维带中的环氧树脂发生反应,使电阻片侧面的绝缘性能降低,产品的 U_{1mA} 下降、漏电流增大。经多次反复试验查明,这与玻璃纤维带中的环氧树脂种类有关;有时也与涂漆的电阻片加热固化温度或保温时间不够有关。

3. 涂敷环氧粉末树脂绝缘层

20 世纪 80 年代日本日立公司及其他某些公司就采用环氧粉末树脂包封 MOA 用电阻片侧面。其处理方法是预先将电阻片加热,然后采取用喷枪将环氧粉末喷涂于电阻片侧面,最后将其再加热固化即可。

15 年前我国有厂家采用有机溶剂将环氧粉末树脂溶解成溶液,然后刷涂或滚涂于电阻片侧面。其具体采用的材料、工艺如下:

(1) 材料的选择。先选择双酚 A 型环氧树脂 E-44(6101)加固化剂与填料固化,经过试验表明,由于它在高于 150℃时会很快碳化,使其绝缘性能劣化;再者固化后的环氧树脂 E-44 与 MOV 的膨胀系数差别大,在经受热冲击后环氧树脂易与电阻片分离,呈现环氧层"脱落"现象。结果表明,这种 E 级环氧树脂不适用。后来用耐热等级为 F 级的环氧粉末树脂进行试验,取得了较好的效果。

(2) F 级环氧粉末树脂涂敷工艺。首先,将电阻片预热 75～80℃,保温 1h。然后,配制环氧粉末树脂涂料。环氧粉末树脂是一种可聚树脂复合物,室温下为固态粉末。利用一种易挥发且能溶解环氧粉末树脂的溶剂,使之成为膏状或液状,便于刷涂或滚涂于电阻片侧面。经涂敷后的电阻片在室温下放置到环氧树脂涂层中的溶剂自然挥发完全后,再置于 150～200℃下固化 0.5～2h。

这种膏状氧树脂在固化前的硫化过程,具有一定的流动性,加之其表面张力的作用,所以固化后能均匀、平整地黏附在于电阻片侧面。涂层厚度可达到 0.2mm以上,外观光泽亮丽。D_{35} 规格的电阻片可以通过 65kA 大电流抽查试验。

这种将环氧粉末树脂用易挥发的有机物溶液溶制成膏状物,采用滚涂的方法涂敷于电阻片侧面的工艺,比前述直接用环氧粉末树脂喷涂的工艺要简便易行得多。这样,生产效率较高,生产成本也较低。

4. 涂敷高温环氧树脂绝缘层

有些厂采用进口的高温环氧树脂添加适量的 Al_2O_3 或 TiO_2 及用以调色的 Cr_2O_3,将其混合均匀;采取手工或滚涂的方法,涂敷于 MOV 侧面。由于这种环氧树脂既具有绝缘强度高、黏结性好的特点,又具有耐温较高的特性,所以可明显提高电阻片侧面的绝缘性及防潮性。

综上所述,我国电力工业的迅速发展对 MOA 性能要求,突出表现在对 MOV 性能的要求越来越高,特别是对其耐受大电流能力要求必须达到国际标准 IEC 60099-4 的指标。为此,各生产厂都在为提高电阻片性能水平,特别是提高其耐受大电流能力进行不断的研究。不过,根据国外发展动向,为了提高电阻片耐受大电流冲击能力,多采取在 ZnO 压敏电阻片已烧结无机高阻层基础上加涂玻璃釉或有机绝缘层的措施。只是依各自的具体情况不同,采取不同的材料和工艺而已。

6.13　对国内外氧化锌电阻片的解剖分析

6.13.1　对国内外氧化锌电阻片配方成分及性能的解剖分析

为了查明我国与国外 ZnO 电阻片的性能差距,作者花费十多年的时间,解剖分析了国外四家公司 ZnO 电阻片的实际水平及其化学成分与微观结构等方面的特点,以达到知己知彼,提高我国 ZnO 电阻片性能水平的目的。对分析结果提出了改进 ZnO 电阻片配方和工艺的新思路,并且目前已经实现了预想的目的。

本节研究的主要样品有:日本 D 公司生产的样品,尺寸为 $\phi48×39.76mm$;日本 M 公司最近几年生产的样品,尺寸为 $\phi48×22.5mm$;美国 Joslyn 公司生产装配的 35kV、110kV 线路 MOA,尺寸为 $\phi42×29.1mm$,编号为 J;E 公司生产的型号为 NDA-15 的样品,标称电流 5kA,$U_r = 18kV$,$U_c = 15kV$,尺寸为 $\phi 31.3 \times 30mm$(三片);为了对比化学成分,还分析了我国 G 公司的生产样品,编号为 G。

1. ZnO 电阻片的主要电气性能

1) D 公司电阻片样品

(1) 1996 年得到的 D 公司电阻片样品,其尺寸为 $\phi 48 \times 39.76mm$,两端面全部喷镀铝电极,即周边不留不喷铝的边缘。侧面为浅栗色玻璃釉,不太光滑。有的两端面铝电极边沿留边 0.5mm。样品主要电气性能测试数据如表 6.13 所示。

表 6.13　主要电气性能测试数据

U_{1mA}/I_L /(kV/μA)	U_{1mA}/I_L /(kV/μA)	U_{5kA} /kV	U_{10kA} /kV	5kA 压比	10kA 压比	梯度 /(V/mm)	方波通流 /A	通流密度 /(A/mm²)
7.27/3	7.23/4	11.4	12.0	1.568	1.651	183	600	33.13

注:I_L 为在 $0.75U_{1mA}$ 下的漏电流(μA),所测定的 U_{1mA}/I_L 正向/反向电压及漏电流完全相同。

人工加速老化试验:按照企业标准试验方法进行,即将试品加热并稳定在 (135 ± 4)℃,160h,荷电率 90%,试验结果如表 6.14 所示。

表 6.14　老化试验结果

老化试验前		施加 电压 /kV	起始 功耗 P_{CT1}/W	终止 功耗 P_{CT2}/W	老化 系数 K_{ct}	老化试验后	
U_{1mA}/I_L /(kV/μA)	U_{10kA} /kV					U_{1mA}/I_L /(kV/μA)	U_{10kA} /kV
7.27/2	12.0	4.62	3.28	1.73	0.527	7.40/1	12.0

(2) 2012 年 4 月在某公司见到的 2000 年生产的 D 样品,其尺寸为 $\phi 47 \times 22.1mm$。在该公司测定其主要电气性能如表 6.15 所示。

表 6.15　样品的主要电气性能

编号	U_{1mA}/I_L /(kV/μA)	U_{5kA}冲击 残压/kV	U_{10kA}冲击 残压/kV	方波电流 /A	通流密度 /(A/mm²)	5kA 压比	10kA 压比	梯度 /(V/mm)
1	5.26/13	7.04	6.70	550	33.35	1.52	1.65	239
2	5.30/13	6.04	6.70	550	33.35	1.52	1.64	249

注:因其为仅有的样品,所以未将方波打得太高,预计可能会耐受 600A。

上述两种 D 公司的样品尺寸基本相同,只是后者的厚度比前者减薄,而梯度明显提高了。另外,二者的通流性能也基本相同。

2) E 公司电阻片样品

样品为复合外套避雷器,型号为 NDA-15;标称电流 5kA,$U_r=18kV$,$U_c=15kV$,$U_{1mA} \geqslant 26.3kV$。铭牌标记:Pavchem Pocygard;外形结构:复合外套,5 个大伞,4 个小伞。剖开发现内装 4 片 ZnO 电阻片,侧面为褐色玻璃釉,其尺寸为:厚片,$\phi 31.3 \times 30mm$(3 片);薄片,厚度 20mm(1 片)。

电阻片的主要性能测试数据如表 6.16 所示。

表 6.16　电阻片的主要性能测试数据

厚度 /mm	U_{1mA}/I_L /(kV/μA)	U_{5kA} /kV	U_{5kA}/U_{1mA}	梯度 /(V/mm)	4/10μs 大 电流/kA	方波电流 /A	电流密度 /(A/mm²)
19.9	5.25/5	9.06	1.725	263	65	150	19.5
29.7	7.55/7	13	1.721	252	65	150	19.5

人工加速老化试验:按照企业标准试验方法进行,即将试品加热并稳定在 (135 ± 4)℃,160h,荷电率 85%,试验结果如表 6.17 所示。

表 6.17　老化试验结果

老化试验前		施加 电压 /kV	起始 功耗 P_{CD1}/W	终止 功耗 P_{CD2}/W	老化系数 K_{ct}	老化试验后	
U_{1mA}/I_L /(kV/μA)	U_{5kA} /kV					U_{1mA}/I_L /(kV/μA)	U_{10kA} /kV
7.41/8	12.75	4.454	3.7	2.04	0.55	7.40/7	12.7

3) M 公司电阻片样品

(1) 对高梯度 330V/mm 电阻片,所测定的参数数据如表 6.18 所示。

表 6.18　电阻片的主要性能测试数据

规格 型号	尺寸/mm		额定 电压 /kV	标称放电 电流/A	直流 U_{1mA} /kV	雷电波 残压比	电流耐受能力		老化系数 K_{ct}	电流密度 /(A/cm²)
	直径	厚度					4/10μs 大 电流/kA	2ms 方波 电流/A		
D_{64}	64.5	22.5	4.5	10	7.35	1.73	100	600	≤1.0	16.37
D_{74}	74.0	22.5	4.5	10	7.35	1.73	100	800～ 1000	≤1.0	16.6～ 23.6
D_{120}	120	22.5	4.5	10	7.35	1.73	100	2000	≤1.0	17.69

(2) 对普通梯度 220～250V/mm 电阻片,所测定的参数数据如表 6.19 所示。

表 6.19　电阻片的主要性能测试数据

规格型号	尺寸/mm		标称放电电流/A	雷电波 $U_{nk}kV$ 残压/kV	直流 U_{1mA} /kV	雷电波残压比	电流耐受能力		电流密度 /(A/cm²)
	直径	厚度					4/10μs 大电流/kA	2ms 方波电流/A	
D_{32}	31.5	22.5	5	8.75	5.0	1.75	65	100	12.93
D_{42}	42.0	22.5	10	8.90	5.0	1.78	100	250	18.57
D_{48}	48.5	22.0	5	7.92	4.5	1.76	100	500	27.0
D_{56}	56.0	22.5	5	7.61	4.5	1.69	100	800	32.49
D_{64}	64.5	22.5	5	7.47	4.5	1.66	100	1000	30.0
D_{74}	74.0	22.5	5	7.38	4.5	1.64	100	1300	30.24
D_{100}	100	22.5	5	7.20	4.5	1.60	100	2000	25.48
D_{120}	120	22.5	10	6.93	4.5	1.54	100	2800	24.37

注:老化系数 $K_{ct} \leqslant 0.9$。

(3) 西瓷厂 2007 年购买 M 公司高梯度电阻片,其尺寸为 $\phi74 \times 23mm$,铝电极留边约 1mm,侧面最外层是玻璃釉,外观表现出微薄白色花纹状;玻璃釉下面似乎涂有高阻层。测定数据如表 6.20 所示。

表 6.20　抽查电阻片的主要性能测试数据

No.	U_{10kA} /kV	U_{1mA} /kV	I_L /μA	10kA 压比	No.	U_{10kA} /kV	U_{1mA} /kV	I_L /μA	10kA 压比	2ms 方波电流/A	大电流试验
1	11.61	7.28	6.7	1.59	9	11.52	7.32	5.9	1.57	900~1000A,电流密度为 22.7~23.2 A/cm³	90kA 两次后, U_{1mA} 降低 10% 左右
2	11.52	7.30	6.0	1.58	10	11.61	7.40	5.9	1.57		
3	11.52	7.30	7.3	1.58	11	11.61	7.39	5.9	1.57		
4	11.61	7.30	6.4	1.58	12	11.61	7.39	6.1	1.57		
5	11.52	7.30	6.4	1.59	13	11.61	7.38	6.3	1.57		
6	11.52	7.30	5.9	1.58	14	11.61	7.39	5.9	1.57		
7	11.52	7.29	6.1	1.58	15	11.61	7.39	6.1	1.57		
8	11.52	7.31	6.0	1.58							

测试其老化性能:135℃,13 天,荷电率 90%,两片样品试验结果如下:

$1^\#$ 样品和 $2^\#$ 样品起始功耗/漏电流分别为 6.0W/1.8μA 和 6.7W/1.9μA;终止功耗/漏电流分别为 6.3W/1.7μA 和 6.3W/1.7μA。$1^\#$ 样品和 $2^\#$ 样品老化系数 K_{ct} 依次为 1.05 和 0.94。

2. 武汉电力科学研究院 2006 年对比分析四个厂家用于百万伏避雷器电阻片主要性能

(1) 四个厂家用于百万伏避雷器电阻片的主要性能对比,如表 6.21 所示。

表 6.21　百万伏避雷器电阻片主要性能对比

厂家规格尺寸/mm	U_{1mA} /kV	I_L /μA	U(AC) /kV	雷电波 8/20μs 冲击电流 /kA				操作波 30/60μs 冲击电流/kA		陡波 1/5μs 冲击电流/kA	
				2.5	5	5.5	10	0.5	0.55	5	5.5
西瓷外径 136/内径 55（交流 8mA）	4.90	13	3.82	6.77	7.07	7.10	7.42	6.38	6.40	7.66	7.99
	4.99	9	3.89	6.87	7.16	7.19	7.50	6.44	6.46	7.72	7.90
	5.00	9	3.88	6.90	7.16	7.18	7.50	6.46	6.48	7.80	7.91
抚瓷外径 136/内径 55（交流 8mA）	5.33	17	4.10	7.54	7.82	7.87	6.20	7.06	7.07	6.49	6.57
	5.39	13	4.12	7.63	7.91	7.95	6.32	7.12	7.14	6.61	6.71
	5.40	21	4.06	7.65	7.96	6.00	6.35	7.15	7.17	6.68	6.80
南阳外径 115/内径 42（交流 6mA）	4.53	26	3.48	6.44	6.70	6.75	7.06	5.97	5.98	7.40	7.48
	4.49	17	3.47	6.38	6.66	6.70	6.96	5.91	5.93	7.29	7.42
	4.41	15	3.39	6.30	6.56	6.60	6.90	5.85	5.87	7.20	7.33
东芝直径 100（交流 6mA）	9.72	4	7.28	13.43	14.02	14.16	14.91	14.41	12.45	15.07	15.23
	9.71	4	7.26	13.42	14.02	14.16	14.88	12.41	12.43	15.09	15.21
	9.72	4	7.27	13.43	14.02	14.18	14.90	12.44	12.47	15.09	15.22

（2）方波通流及 5kA、10kA 电压及操作波、陡波电压压比的比较，如表 6.22 所示。

表 6.22　百万伏避雷器电阻片主要性能对比

制造厂家	ϕ 外径/ϕ 内径×厚度/mm	端面面积/cm²	方波电流密度/(A/cm²)		平均压比		操作波 5kA 压比	陡波 5kA 压比	U_{1mA} 电压梯度/(V/mm)
			2200A*	2500A**	U_{5kA}/U_{1mA}	U_{5kA}/U_{1mA}	U_{5kA}/U_{1mA}	U_{5kA}/U_{1mA}	
西瓷	136/55×22	121.5	16.11	20.57	1.434	1.504	1.294	1.5556	220.7
抚瓷	136/55×22.5	121.5	16.11	20.57	1.470	1.543	1.33	1.599	236.7
南阳	115/42×22.5	80.11	25.65	29.14	1.483	1.556	1.3236	1.6303	196.98
东芝	100×22	76.54	26.07	31.83	1.443	1.533	1.278	1.552	221.0

﹡表示对比试验值。

﹡﹡表示实际可能达到的数值，其中南阳厂是购买粉料制作的。

6.13.2　对国内外氧化锌电阻片化学成分及瓷体微观结构的分析鉴定

2000～2002 年先后委托北京矿业研究总院、昆明冶金研究院及云南省冶金技术重点实验室等,采用多种方法对四种国外 ZnO 电阻片的化学成分及瓷体微观结构分析鉴定,考虑到复合材料的化学分析误差必然较大,所以为了和 G 公司已知的化学成分比较计算出误差,将误差值依次校正,并找出差别,还同时分析了 G 公司的 ZnO 电阻片。下面分别概述其分析鉴定结果。

1. 试样侧面玻璃釉的扫描电镜及能谱分析

(1) ZnO 电阻片试样侧面玻璃釉以及瓷体微观结构的分析。

化学元素分析结果如表 6.23 所示;玻璃釉的能谱分析结果如表 6.24 所示。图 6.71(a)展示了瓷体与玻璃釉交界处 SEM 图像;图 6.71(b)展示了 EDS 分析成分图谱。

表 6.23　图谱取样位置以及瓷体和玻璃釉的主要成分

取样位置	Al	Si	Mn	Co	Ni	Zn	Zr	Sb	Bi	合计
1 瓷体			1.15	1.42	2.37	64.96		12.81	17.29	100.00
2 瓷体			0.83	0.93	0.97	76.47		5.17	15.63	100.00
3 瓷体			0.92	0.99		77.60		3.41	17.08	100.00
4 玻璃釉	1.38	1.80				7.54	4.56		84.72	100.00

表 6.24　玻璃釉的能谱分析结果

元素	质量分数/%	原子分数/%	换算成氧化物质量分数/%
Zn	47.35	34.02	56.94
Pb	31.04	7.04	33.43
Si	3.57	5.96	7.63
O	16.05	52.98	

(2) 由西安综合岩矿测试中心光谱分析试样侧面玻璃釉的成分,分析结果如表 6.25 所示。

表 6.25　光谱分析试样侧面玻璃釉的成分(单位:%(原子分数))

元素	Zn	Na	Al	B	Zr	Sb	Bi	Mn	Mg*	Ni*	Si*	Fe*
含量	5~10	3~5	1~3	>1.0	1.0	0.5	≫0.1	0.12	300μg/g	200μg/g	50μg/g	20~50μg/g

*另含有以下微量元素:Co 100μg/g,Ag 70μg/g,Sn 40μg/g,Pb 50μg/g。

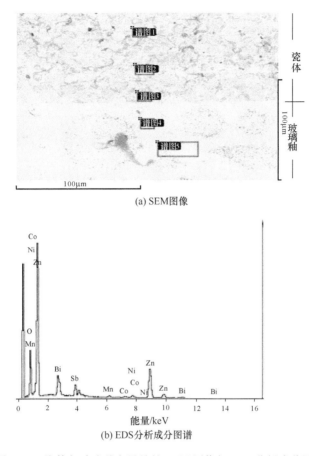

图 6.71　瓷体与玻璃釉交界处的 SEM 图像与 EDS 分析成分图谱

2. 五种 ZnO 瓷体的化学成分分析结果

主成分 ZnO 采用溶液滴定法分析,其他添加剂成分采用能谱法分析。为了便于校正分析误差,同时还分析了已知成分的电阻片瓷体,分析、换算及校正结果如表 6.26 所示。

表 6.26　ZnO 瓷体的化学成分分析结果

试样	成分	Zn	Bi	Sb	Co	Cr	Mn	Si	Ni	B	Ag
M		69.29	2.82	2.77	1.38	0.25	0.43	0.99	0.33	0.012	<5μg/g
J	元素含量	86.10*	4.54	2.27	1.22	0.87	0.26	0.30	0.022	<0.01	<0.01
E		69.29	3.144	2.77	1.38	0.25	0.43	0.99	0.33	0.012	<5μg/g
D		69.02	4.33	4.56	0.84	<0.002	0.56	—	1.09	—	0.018
G		66.92	3.06	2.65	1.31	0.48	0.25	1.01	0.0016	0.0057	146.4μg/g

续表

试样	成分	Zn	Bi	Sb	Co	Cr	Mn	Si	Ni	B	Ag
成分		ZnO	Bi_2O_3	Sb_2O_3	Co_2O_3	Cr_2O_3	$MnCO_3$	SiO_2	NiO	B_2O_3	AgO
M	换算成氧化物	86.245	3.144	3.316	1.942	0.365	0.680	0.990	0.680	—	0.0005
J		86.10	5.06	2.716	1.717	1.272	0.544	0.642	0.028	<0.01	<0.01
E		85.935	2.987	3.268	1.857	0.497	0.491	1.15	0.394	0.017	0.005
D		85.911	4.828	5.459	1.144	<0.003	0.886	—	1.387		0.002
G		87.72	3.813	3.196	1.912	1.388	0.565	0.791	0.032	0.0082	0.0168
A	按G校正后	87.911	4.935	4.691	0.949	0.172	0.696	0.082	0.930	<0.014	0.014
M		89.023	3.329	3.432	1.969	0.446	0.809	0.995	0.420	—	0.0005
J		86.931	4.881	2.795	1.678	0.785	0.624	0.824	0.028	0.0386	<0.01
E		86.702	3.221	3.382	1.883	0.607	0.584	1.156	0.394	0.0386	0.005
D		86.83	5.237	5.655	1.197	<0.0036	0.996	—	1.353	<0036	0.002

＊D样品中还含有微量稀土元素 Nb<0.004%、Y<0.001%。

3. 五种 ZnO 瓷体的微观结构鉴定

采用扫描电镜对五种 ZnO 瓷体的微观结构进行鉴定,确定了生成的各种物相;并通过 X 射线衍射、扫描电镜、能谱分析确定了物相的化学成分。各试样的 X 射线衍射、光学显微镜、扫描电镜图像及能谱分析图像分述如下。

1) J 试样

图 6.72(a)和(b)分别展示了 J 试样反光图像中的气孔尺寸与分布、SEM 微观结构的图像。图 6.73(a)和(b)分别展示了 J 试样的 X 射线衍射及能谱分析图谱。

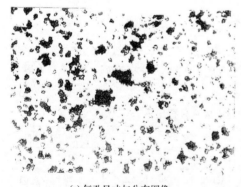
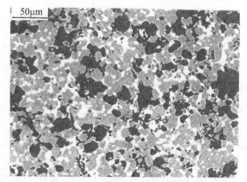

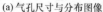
(a) 气孔尺寸与分布图像　　　　　　　(b) SEM 微观结构图像

图 6.72　J 试样的气孔尺寸与分布以及 SEM 微观结构图像

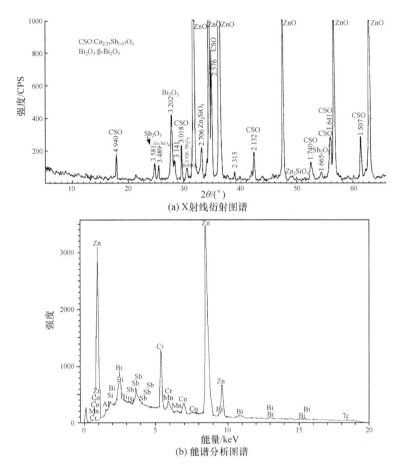

(a) X射线衍射图谱

(b) 能谱分析图谱

图 6.73　J 试样的 X 射线衍射和能谱分析图谱

　　在显微镜下呈深绿色,主要原因是含 Co 量高。至少可见两种矿物相呈浸染状,主体矿物为深绿色 ZnO,晶粒呈不规则粒状,粒径 $8\sim16\mu m$,平均粒径 $10\mu m$,明显比 A、G 试样的粗大;气孔孔径 $4\sim20\mu m$;位于边缘的气孔含量 $11.76\%\sim14.57\%$,位于中心的气孔含量 $16.05\%\sim16.90\%$。相比之下,J 试样的气孔最多,气孔尺寸也大。扫描电镜观察其与 A、G 试样最大的不同是白色相里只能区分出一种单一的相,然而 X 射线衍射显示的成分比较复杂。

　　根据 X 射线衍射图谱鉴定,其主晶相为:ZnO、$Co_{2.33}Sb_{0.67}O_4$、Bi_2O_3,次晶相为:Sb_2O_5、Zn_2SiO_4、$BiSbO_4$。由扫描电镜观察,黑色为气孔,尺寸为 $2\sim20\mu m$。灰色为较纯的 ZnO。白色明显可分为两种结晶相:较暗的相为含 Sb、Zn、Ni 的晶相,结合 X 射线衍射分析该矿物应为 $Co_{2.33}Sb_{0.67}O_4$ 及少量 Sb_2O_4、Ni_2O_3,其中 Zn 可能以类质同象形式替代 Co;白色相里较亮的相为含 Bi、Sb、Zn 的晶相,结合 X 射线衍射分析该矿物应为 Bi_2O_3。

能谱分析表明,除主元素 Zn 外,添加剂元素为:Bi、Co、Sb、Mn、Cr、Si、Al;未探测出 Ni、Ag 等。此外,还探测出有痕量稀土元素 Te。

2) E 试样

E 试样的 SEM 微观结构图像如图 6.74(a)、(b)所示;X 射线衍射全物相与各物相的图谱如图 6.75(a)和(b)所示。由图 6.74(b)可见,其中 1 为氧化锌,黑色晶形发育完好的 2 为硅酸锌,灰色的 3 为氧化钴锑,亮色的 4 为氧化钴锑与其连生体氧化铋,黑色的 5 为气孔。

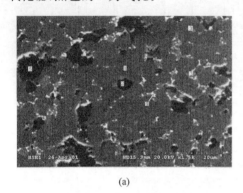
(a)
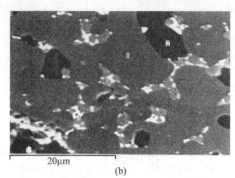
(b)

图 6.74　E 试样的 SEM 微观结构图像

X 射线衍射全物相与各物相图谱的定性、定量分析表明,各物相及其含量为:ZnO 73.68%;尖晶石($Zn_7Sb_2O_{12}$)7.15%;Bi_2O_3 3.36%;CoO 1.67%;$Zn_{2.33}Sb_{0.67}O_4$ 2.68%;Zn_2SiO_4 6.46%;其他 3.00%。实际上 $Zn_{2.33}Sb_{0.67}O_4$ 与 $Zn_7Sb_2O_{12}$ 是同一物相。

ZnO 中固溶有 Co;硅酸锌(Zn_2SiO_4)未固溶其他成分;尖晶石($Zn_7Sb_2O_{12}$)中固溶有 Co、Mn、Cr、Ni;富 Bi_2O_3 相中以及晶界面溶解偏析有 Co、Mn、Cr、Ni、Sb。

3) D 试样

西安交通大学电力设备电气绝缘国家重点实验室委托西安综合岩矿测试中心,利用背散射电子显微镜对 D、G 试样进行了微观结构和能谱分析,微观结构分别如图 6.76、图 6.77 所示。图 6.76 中,1 为固溶有 Co 的 ZnO 晶粒;2 为固溶有 Co、Cr、Ni 的锑锌尖晶石灰色晶粒和少量硅酸锌;3 为溶有 Co、Zn、Sb、Mn 和 Si 的富 Bi_2O_3 相。

分析鉴定认为,D 试样一定含有 Zn、Mn、Bi、Co、Sb、Ni 成分,几乎不含 Cr,可能含有微量 Si,还含有其他元素 Al、Ag 等。

4) G 试样

从图 6.77 中可见,G 试样除气孔外,有四种物相:1 为固溶有 Co 的 ZnO 晶粒;2 为固溶有 Co、Mn 的黑色硅酸锌;3 为固溶有 Co、Zn、Sb、Mn 的锑锌尖晶石灰

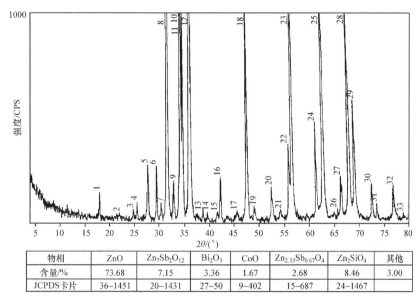

物相	ZnO	$Zn_7Sb_2O_{12}$	Bi_2O_3	CoO	$Zn_{2.33}Sb_{0.67}O_4$	Zn_2SiO_4	其他
含量/%	73.68	7.15	3.36	1.67	2.68	8.46	3.00
JCPDS卡片	36-1451	20-1431	27-50	9-402	15-687	24-1467	

(a) X射线衍射图谱

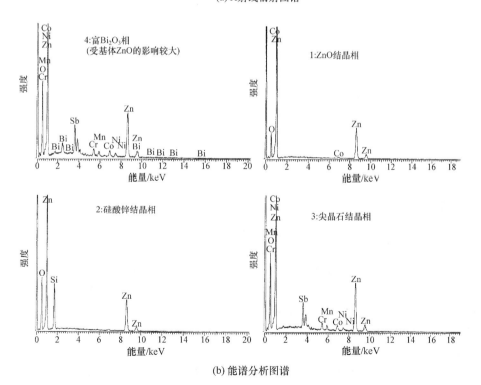

(b) 能谱分析图谱

图 6.75　E 试样的 X 射线衍射和能谱分析图谱

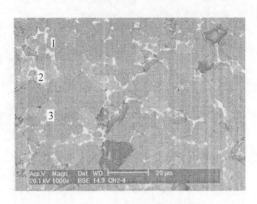

图 6.76　D 试样的微观结构

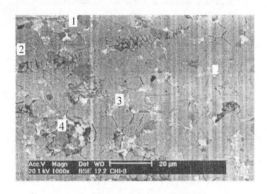

图 6.77　G 试样的微观结构

色晶粒;4 为溶有 Zn、Co、Sb 的富 Bi_2O_3 相。

　　在显微镜下呈深绿色,主要原因是含 Co、Cr 高。至少可见两种以上矿物相呈浸染状,主体矿物为深绿色 ZnO,说明 Co、Cr 固溶于其晶格。粒径 2~6μm(包括尖晶石),平均粒径 4μm;气孔孔径 6~20μm,其形状不规则;位于边缘的气孔含量 6.16%~6.87%,位于中心的气孔含量 11.16%~11.98%。相比之下,G 试样的气孔比 A 试样多,但比 J 试样少,气孔尺寸也大,图 6.77 中黑色部分均为气孔。

　　对 G 试样进行 X 射线衍射和能谱分析鉴定,结果如图 6.78(a)和(b)所示。

　　扫描电镜(图 6.79)观察结合 X 射线衍射及能谱分析鉴定,可得主要由以下四种矿物构成:①固溶 Co 的 ZnO;②固溶 Co、Cr、Mn 的 $Co_{2.33}Sb_{0.67}O_4$,实际上是尖晶石 $Zn_7Sb_2O_{12}$ 的固溶体;③溶有 Co、Mn、Cr、Sb 的富 Bi_2O_3 相;④硅酸锌 (Zn_2SiO_4)。

　　总之,A、G、J 三种 ZnO 陶瓷试样相比较,虽然大体相似,但其成分和微区观察有较大不同,特别是气孔含量差别较大,可能是由配方和工艺不同所致。

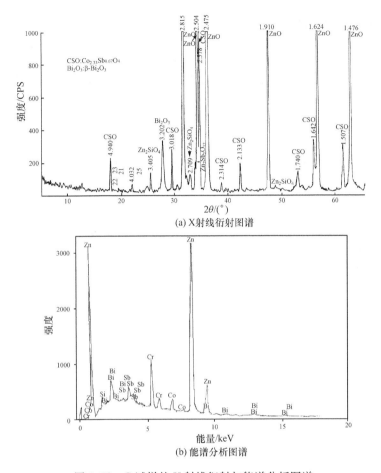

(a) X射线衍射图谱

(b) 能谱分析图谱

图 6.78　G 试样的 X 射线衍射与能谱分析图谱

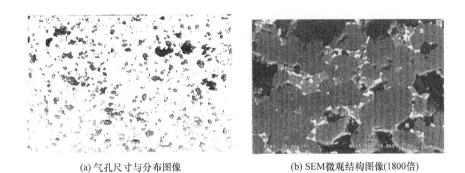

(a) 气孔尺寸与分布图像　　　　　　　　(b) SEM微观结构图像(1800倍)

图 6.79　G 试样的气孔尺寸与分布以及 SEM 微观结构图像

6.13.3　对分析结果的讨论

通过对四种国外 ZnO 电阻片与 G 公司试样的电气性能、化学成分及微观结构的对比,并针对与国外 ZnO 电阻片综合性能的差距,提出以下几点已经被实践证明是成熟可行的建议。

1. ZnO 电阻片的电气性能

综合对比可以看出,D 试样的整体性能较好,所试验的电阻片,其直径仅为 48mm,方波电流可以达到 600A,即电流密度达到了 33A/cm²;雷电 10kA 压比仅为 1.66 左右,远低于目前我国环形电阻片 D_7 规格的压比 1.72;其老化系数 K_{ct} 仅为 0.527,明显表现出下降型,远小于国内 K_{ct} 在 1.2 以下的数值。说明 D 试样不仅方波通流容量高,限制电压低,而且其长期运行的可靠性也好。

另一方面,从武汉电力科学研究院对四个厂家选送的装配 1000kV 避雷器 ZnO 电阻片的试验数据可以看出,东芝公司尺寸 $\phi100×22mm$ 电阻片的主要电气性能(如方波通流容量),在同一电流下的雷电波冲击、操作波冲击和陡波冲击残压都明显低于三个国产的电阻片。国产电阻片的尺寸有以下两种: $\phi136/\phi55×22.5mm$ 和 $\phi115/\phi42×22.5mm$。当时方波通流容量均仅通过了 2200A 试验,但即使都能通过 2500A 的方波试验,因为东芝公司的电阻片面积明显较小,所以其通流密度总是最高的,达到 31A/cm²。三个国产电阻片的 U_{1mA} 梯度均在 210～220V/mm 范围内。除南阳电阻片以外,另外两家的方波通流密度仅为 20A/cm² 左右。

E 试样的直径仅为 31.3mm,雷电 5kA 压比为 1.72 左右;在 U_{1mA} 梯度 260V/mm 的情况下,其方波通流能力可达到 150A,老化系数 K_{ct} 也低至 0.55,明显呈现出下降型。在所试验的五种国内外样品中,其老化系数是最低的。

M 试样虽然是 20 世纪 90 年代的产品,其直径与 D 试样相同,但方波电流可达 500A;雷电 10kA 压比仅为 1.75 左右。

A 试样(ASEA 公司的样品)的压比较差,漏电流也较大,这与其高阻层易吸潮有关。但其方波电流可达 1250A,电流密度接近 30A/cm²,这可能与其梯度低有关。

J 试样的雷电 5kA 压比为 1.67 左右,但漏电流较大,这与其高阻层未充分烧结易吸潮有关。

总之,电气性能最好的是 D、M 和 E 试样。国外 ZnO 电阻片的老化性能均呈下降型,这对于避雷器长期运行的稳定性是最有利的。提高电位梯度的 E 试样,也具有一些参考价值。

2. ZnO 电阻片的配方成分

化学成分的分析对比表明,尽管由于各种原因引起较大的分析误差,但总体可以看出配方成分的共同点与差别。所分析的样品配方均属于 ZnO-Bi_2O_3 系,大多是在 Bi-Sb-Co-Mn-Cr 五元配方基础上改进的。ZnO 含量均在 88% 左右,但是其配方成分的最大特点是:都添加有 Ni 的化合物,但是各添加剂的量不同。另外,与日立配方成分相比,大多具有含 Bi_2O_3、Sb_2O_3、MnO_2 量较高,含 Co_2O_3、SiO_2 量低或不含 SiO_2 的特点。

电位梯度较高的 E 试样具有含 Bi 量较低、含 Sb 和 Si 量较高同时添加有 Ni 的特点;整体电气性能最好的 D 试样具有未添加 Cr 和 Si 或者 Si 量极少,而添加 Bi、Sb、Co、Mn 和较多 Ni 的特点,它还含有微量稀土元素 Nb、Y 的氧化物,但是有意添加的,还是由原材料杂质引入的,尚不得而知。但是,实践已经证明,添加这些稀土元素成分,对于提高综合电气性能是非常有益的。

3. ZnO 瓷体的微观结构

作为多元多晶体复合 ZnO 陶瓷,由于其在各工序加工热处理过程发生很复杂的物理化学反应,制造工艺对其最终微观结构的形成和宏观电气性能的影响是不言而喻的。

从 X 射线衍射图谱结合各物相能谱分析图谱可见,主要由以下三种矿物构成:①固溶有 Co、Mn 的 ZnO;②固溶有 Cr、Co、Mn 及 Ni 的 $Co_{2.33}Sb_{0.67}O_4$,实际上是尖晶石 $Zn_7Sb_2O_{12}$ 的固溶体;③溶入 Co、Mn、Cr、Sb 的富 Bi_2O_3 相。另外,含有 SiO_2 的都生成硅酸锌(Zn_2SiO_4)相。但是由于配方成分和制造工艺特别是烧成冷却、热处理工艺的不同,各自的微观结构是有明显差别的。具体表现在晶粒尺寸的大小和分布,富 Bi_2O_3 晶界相的形态及其润湿 ZnO 的程度,特别是溶入的 Co、Mn、Cr、Sb、Ni 等元素在烧成冷却过程偏析于粒界的情况。

气孔是所有 ZnO 陶瓷都不可避免的有害的构成部分,由于受原材料、配方成分和制造工艺差别的影响,所观察到的试样是有明显不同的。其中,以 J 试样气孔最多,G 试样次之,而 D、E 试样最少。从其分布来看,位于电阻片中心部分的气孔较多。这可能与坯体成型时中心部位的密度最小,其中的气体难以排出有关。

由于所委托进行微观结构分析的都是矿冶研究部门,都未能根据复合 ZnO 陶瓷的特点进行更细微的分析,特别是对 ZnO-界面-ZnO 和 Bi_2O_3 的晶型分析是很不充分的,所以缺乏有关信息。

4. 关于高阻层与玻璃釉

从解剖 A 和 J 试样的侧面情况来看,只涂有无机高阻层,但均因未充分烧结,其结构呈疏松状态,很容易吸潮,所以很难确保避雷器长期运行的稳定性。E 和 M 试样的侧面均涂有玻璃釉,内层均涂有无机高阻层。而 D 试样表面只涂有像微晶玻璃一样的玻璃釉,其特点是:不含有国内玻璃釉中多含有的 Pb,这可能是受国际上对于环保的要求所不得已而为之。但是不含 Pb 釉的烧熔温度要高于通常所需的温度(约 530℃),估计需要 600℃ 以上才能玻璃化;但其是否与通常的热处理同时完成还是单独进行玻璃化处理尚不清楚。作者认为,高阻层或玻璃釉的膨胀系数必须与 ZnO 瓷体的膨胀系数相匹配,才能有助于提高电阻片的方波通流能力及耐受大电流冲击能力。特别是与 D 公司电阻片能够相匹配的玻璃釉或者高阻层是很难获得的。玻璃釉耐受大电流能力好,稳定性也好,这应该作为今后研究的方向。

5. 改进 ZnO 电阻片配方和工艺的新思路

近 30 年来大多数引进日立配方的生产厂家都清楚,其电阻片电气性能最主要的缺点是:①压比已经达到极限,再降低的难度很大;②其经受各种电流冲击时对小电流区的伏安特性破坏性较大,特别表现在通过大电流冲击以后 U_{1mA} 和 I_L 的变化很大;③按照现行热处理工艺,电阻片的老化系数偏大,K_{ct} 有时会大于 1.2,要想减小较为困难。

要改变这种状况,应从以下几个方面进行研究。

1) 从根本上改变配方组成

打破原来的老五元或老七元组分的框架,可以添加 NiO 取代或部分取代 Cr_2O_3 和 SiO_2;同时调整其他成分的添加量,如可以提高 Bi_2O_3、Sb_2O_3 的添加量,在增加 MnO_2 的同时适当减少 Co_2O_3 的添加量。D 公司的配方组成可以作为改进配方组成的主要参考,因为 NiO 对解决前述第二个和第三个存在的问题都是有利的。SiO_2 对改善电阻片稳定性、提高 U_{1mA} 和非线性系数是有利的,但是在烧结过程 SiO_2 与 ZnO 生成绝缘的硅酸锌,其含量越多,硅酸锌的生成量越多。因为硅酸锌的热导率远小于 ZnO,且其热膨胀系数也较大,所以它的大量存在对提高电阻片的方波通流能力特别是大电流能力是不利的,因为热应力过大会引起炸裂或热击穿。D 公司的电阻片配方中不添加 Co_2O_3 及 SiO_2 有利于增加瓷体的有效导电面积,因为其在烧结过程中没有绝缘的 Zn_2SiO_4 形成。另外,上述原因也改变了冷却过程位于晶界 Bi_2O_3 晶型的形态转变,所以不需要进行热处理与上述原因有着密切的关系。

试验结果表明,有些稀土元素在 ZnO 压敏陶瓷中不仅能起到与 Sb_2O_3 相似的作用,而且可以起到降低压比的作用,如 Y_2O_3 和 Er_2O_3 等,这也是国外成功添加微量元素的原因之一。但是,这些稀土元素不能添加过多,否则会引起漏电流增大。另外,在低压压敏电阻中成功添加少量或者微量的某些元素和稀有元素,如

Ti、Nd、Ce、Te、V 等,也可以用于高压 ZnO 陶瓷某些电气性能的调整。

2) 合理选择 ZnO 与添加剂混合浆料有机成分的种类和添加量

从解剖分析五种电阻片瓷体的气孔尺寸与分布情况可以看出,除 J、G 试样的气孔最大且最多外,其余试样均优于这两种。形成气孔的大小和数量除与配方、烧成温度有关外,与 ZnO 和各种添加剂混合浆料中的有机成分的种类和添加量也有着密切的关系,特别是与是否添加能起润滑作用的有机成分有关。这是因为凡有润滑剂或起润滑作用的分散剂的造粒粉料,在压制坯体达到一定密度的条件下,其最终压强较低、密度差小;反之亦然。

刚引进日立技术时,西瓷厂采用名为十四烷基醋酸胺的分散剂,它不仅起到分散的作用,而且还具有很好的润滑作用,所以坯体成型的压强仅为 $230kg/cm^2$。自从换为聚丙烯酸铵这类分散剂后,压制密度相同的坯体成型压强已增加到 $400kg/cm^2$ 以上。众所周知,坯体密度的不均匀性随其成型时压强的增加而增大,尤其是厚度越厚这种密度差越大;反之亦然。坯体密度差大小影响其烧结瓷体密度,从而影响电阻片承受电流冲击时电流密度的均匀性,因此可以理解,目前采用这种聚丙烯酸铵分散剂,而且又未添加任何润滑剂,对于降低成型压强、提高坯体密度的均匀性是不利的。

另一方面,通过实际观察几个厂家的 ZnO 电阻片坯体可以发现,在密度约为 $3.2g/cm^3$ 的情况下,坯体端面仍可以看到粉料的颗粒未被压碎,仍旧保持着造粒料的原貌,只是被挤压成方形或多边形;同时还可以看出,颗粒间的三角交界处保留有空气间隙,一些颗粒较大的造粒料的空洞中仍藏有小颗粒,其状态如图 6.38 (a)所示。可以想象,这样状态的坯体,在烧结温度下,仅靠有限的液相是不可能填满气孔的,这是造成瓷体中气孔大且数量多的主要原因。

然而,日本某公司的坯体密度仅 $3.1g/cm^3$ 的电阻片端面上,看不到任何未压碎的颗粒及颗粒间的空隙,参见图 6.38(b)。坯体中颗粒未能破碎的原因,一是添加 PVA 的量过多及含水率较低,造成颗粒强度太高;二是颗粒没有润滑性不仅提高了摩擦阻力,使得压强很高,而且也增大了坯体的密度差。润滑剂的加入可以降低 PVA 的玻璃化温度;不加润滑剂的粉料在气温低的冬天,不仅使得要达到一定坯体密度下的压强会提高,而且会因颗粒较脆而使坯体成型困难或造成潜在的缺陷。所以,要求成型期间保持一定的温湿度是有道理的。

要解决上述问题,最主要的是在确保成型坯体性能的条件下,①尽可能减少 PVA 的添加量;②采用有润滑性的分散剂或选择适宜的润滑剂,并确定适宜的添加量,如硬脂酸锌、丙三醇等。但是如果采用润滑性好的分散剂(如 8 至 14 烷基醋酸盐),PVA 的量不能太少,否则由于粉料颗粒的强度较低,颗粒没有足够的传递压力的能力,会因在未到达预定的密度前过早的破碎而堵塞,阻碍随后气体的排出,引起空气夹层缺陷。

　　3) 改善 ZnO 与添加剂的混合均匀性

　　如何提高混合浆料均匀性一直是业内所关心的问题。迄今,生产 MOA 用电阻片的厂家,多采用胶体磨加搅拌的混合工艺,由于其混合效率主要取决于胶体磨的间隙大小,而经过长期磨损胶体磨的间隙已经不可再调,所以在有限的时间内难以确保浆料成分达到均匀。为此建议采用高搅磨与混合罐串联,取代单独依靠混合罐混合的装备混合浆料,具体装备系统参见图 6.29。

　　可见,这种装备系统仅仅需要在现有混合系统上增加一个高搅磨和一个气动泵(最好是电动泵),并通过改变加料程序,取得比原系统更好的效果。本系统已在压敏电阻器制造行业应用,并获得了良好的效果。

　　4) 研究合理的烧成工艺制度

　　虽然配方不同其最高烧成温度和保温时间也有所不同,但其烧结前后的最佳冷却速度大体是一致的。烧成曲线应分为四个区域:①液相产生前的升温区,此阶段因无液相出现,可以快速升温,但如果添加剂没有煅烧,应稍缓升温。②开始收缩至最终烧结温度和保温区,此阶段因液相出现而加速了反应和烧结,应减慢升温速度,特别是 850℃ 至最终温度间更要慢速升温;就保温时间而言,应根据配方和坯体的尺寸差别选定,作者从 ZnO 陶瓷的烧结机理出发,认为在保持一定电位梯度的条件下,应尽可能使最终温度较低,并适当延长保温时间,这比最终温度较高、保温时间缩短的效果要好得多。可以说,至烧成保温为止,ZnO 压敏陶瓷微观结构组成的基础已经形成,但电阻片最终电气性能的好坏则是由冷却期间的冷却速度决定的。所以,将冷却区间分为两个阶段:③最高温度冷却至 950℃ 前的区间为第一冷却期,通常按 70~80℃/h 速度冷却。④950℃ 以后的区间为最关键的区域,因为原固溶或溶解于 ZnO 晶粒、尖晶石和富 Bi_2O_3 相中的各种添加剂即掺杂元素,如 Mn、Co、Cr、及 Ni 等,在富 Bi 液相由液态转变成固态时的晶界层上,其偏析的组分及数量的多少是由冷却速度决定的。众所周知,这些将决定非线性晶界转化的冷却过程,而掺杂元素会因随着温度的降低逐渐出现过饱和而析出,所以偏析产生势垒的高低决定于晶界偏析层。所以,可以理解这一阶段冷却速度之所以重要的原因。具体而言,配方组成不同,合理的冷却速度也会不同,速度过快或过慢都不太好,不能一概而论,一般要控制在 100℃/h 左右。所以,应根据配方工艺的不同,通过实验确定适宜的冷却速度。

　　冷却速度对 ZnO 电阻片漏电流大小影响最敏感的实例是,凡是在天气炎热的夏季,漏电流总是比气温低的季节大,电阻片直径尺寸越大,在夏季的增幅就越大。这种情况尤其发生在南方,如温州地区。其根本原因在于夏季环境温度高,使隧道炉的冷却速度减慢。因为冷却速度不仅影响到前述情况,而且会影响到 Bi_2O_3 最终晶相的形态转变以及尖晶石是否又转变成焦绿石和转变量的多少,而焦绿石是我们所不希望的。

5) 电阻片喷铝电极的留边大小和是否留边的问题

所见到的东芝和明电舍电阻片有些不留边(但有几度的倒角),也有些仅留0.5mm宽度的边,应引发我们反思。如果磨片机能够做到磨片时不打边,则可以不留边或尽可能减小留边量。因为铝电极边沿电场最高,方波试验时很容易引起铝边沿击穿。不留边或仅留0.5～0.6mm宽度的边,即可将电场集中的部分移向靠近侧面,这样既有利于充分利用其半导体的有效面积,也可以减少边沿击穿的概率。对此,可以通过试验来证明。但是,应加强侧面绝缘强度。所以,确定最佳的高阻层或玻璃釉是很重要的一个研究课题。

总之,只要以开拓创新的科学精神进行系统的研究,必定会在提高 ZnO 压敏电阻性能方面取得成效。以上思路仅起到抛砖引玉的作用,希望能与读者共同讨论。

6.13.4　近十年我国氧化锌电阻片性能水平的提高现状、原因分析和存在的主要问题

1. ZnO 电阻片性能水平的提高现状

通过十多年的研究,已经将研究成果应用于装配交流 1000kV 避雷器的 ZnO 电阻片的制造,如西安电力机械制造集团西电避雷器股份有限公司、南阳金冠避雷器公司。西安天工电气有限公司生产的电阻片的性能水平已经接近或者达到了东芝公司的水平,大量出口美欧多国。其电阻片在我国用于装配超高压避雷器。浙江丽水避泰电气科技有限公司也已经研究并生产出高性能的 ZnO 电阻片,其性能水平已经接近国际。例如,$\phi 32 \sim \phi 71$ 的电阻片能够耐受的方波电流密度可以达到 $40A/cm^3$。就可以耐受 $4/10\mu s$ 大电流的能力而言,$\phi 28 \sim \phi 35$ 的电阻片可以耐受65kA 2 次,$\phi 38$ 的电阻片可以耐受 $4/10\mu s$ 大电流 95kA 2 次,$\phi 42$ 以上的电阻片都可以耐受 100kA。就压比而言,比最早引进日立配方制造电阻片的压比降低0.03～0.05(因尺寸大小而异)。人工加速老化系数 $K_{ct} < 1.0$,漏电流均小于 $10\mu A$(因尺寸大小而异)。

上述综合电气性能提高的代表性主要表现在以下几个方面:①方波和耐受大电流冲击能力明显提高,如方波通流密度稳定达到 $35 \sim 40A/cm^2$;$\phi 33 \sim \phi 35$ 的小电阻片耐受大电流冲击能力可以达到 65kA,$\phi 42$ 的电阻片可以达到 100kA。②制造工艺中,不需要进行热处理,但老化系数 $K_{ct} \leqslant 1.0$,可以确保装配的避雷器长期稳定运行。③限制电压比明显降低,如 $\phi 42$ 电阻片的 10kA 压比为 1.72～1.73,相当于以前 $\phi 52$ 电阻片的水平。这在制造配方工艺方面是很大的进步,这些进步与作者近 20 年研究论文的发表以及技术工作者的贡献是密切相关的。

2. ZnO 电阻片综合电气性能提高的原因分析

ZnO 电阻片综合电气性能提高的主要原因可参见 6.13.2 节中有关新思路的阐述。这里仅重点提及几点。

(1) 配方的改进。采用 Co_2O_3、Bi_2O_3、Sb_2O_3、MnO_2、NiO、B_2O_3(或者硼玻璃粉)和 $Al(NO_3)_3 \cdot 9H_2O$ 为主的添加剂。改进浆料的有机添加剂,降低坯体成型压力,以减小密度差。

(2) 坯体烧成制度的改进。主要是降低烧成温度,采取适宜的保温时间,特别是调整烧成冷却速度,在烧成最高温度 850℃以后需要加快冷却速度 $60\sim70$℃/h。

(3) 电阻片侧面高阻层配方工艺的改进。与电阻片本体膨胀系数相匹配的高阻层对于提高其方波和大电流耐受能力是非常关键的一环,不少公司为此对高阻层配方进行了改进,此外还改进了涂敷工艺,特别是确保适宜的厚度及烧成过程两者结合的牢固程度。

(4) 电阻片制造后工序工艺装备的改进。例如,添加剂细磨和与 ZnO 混合浆料工艺及装备的改进;采用前述的金刚石切削磨片机,确保电阻片两端面的平整度,并且不打边,即不会引起边缘受损伤(缺损);两端面不喷铝留边由过去的 1mm 以上减少至 0.6mm 左右。这样,不仅可以确保电阻片有效通过冲击电流的面积,即增加了有效面积,而且端面圆周的缺损会使之成为冲击电流集中处,从而引发为击穿的源点。

根据上述思路和采取的措施所取得的效果,是作者通过分析国外某些公司性能良好的样品,参考有关专利和文献,找出改进方向,并通过 10 多年的实验和不断改进获得的成果。

3. 目前存在的主要问题

(1) 试验与新五元添加剂 Bi_2O_3-Co_2O_3-Sb_2O_3-MnO_2-NiO 配方电阻片的高阻层难以匹配。其原因在于二者的热膨胀系数不适宜,今后还需要进行试验研究。

(2) 喷铝电极层与陶瓷体结合不牢固。其原因可能是多方面的,通过与国外电阻片对比来看,是因为我国电阻片的铝层比较厚,铝面粗糙,用刀片可以刮下来,这可能主要是由电弧喷镀引起的。国外有关专利发布了采用等离子喷铝,但尚不清楚如何实现,因此可以进行研究。

(3) 与国外 ZnO 电阻片电气性能还有一定差距,如明电舍公布的专利,其方波耐受电流密度达到 $50A/cm^2$,特别是高梯度电阻片性能差别更大,所以还需要进行不断的探索,以达到国际水平。

参 考 文 献

范积伟,陈志清.1985.氧化锌阀片预烧工艺的研究[J].电瓷避雷器,2:54-57.

高奇峰,王振林,汤建江.2006.氧化锌非线性电阻片用无机高阻层研究[J].电瓷避雷器,2:26-31.

苟雅江.1998.阀片硅橡胶涂层的研究[J].电瓷避雷器,5:32-35.

黄海,靳国青,苏磊,等.2006.双端面磨床在氧化锌电阻片生产中的应用[J].电瓷避雷器,3:44-46.

黄海,苏磊,程晓,等.2006.烧成装载量的增加对氧化锌压敏电阻性能的影响[J].电瓷避雷器,4:44-46.

今井修.1990.电压非线性电阻的制造方法:日本,特开平 2-97002,特原昭 63-248964[P].1991-01-01.

康雪雅,陶明德,等.2003.纳米复合粉体制备压敏陶瓷的晶界相变及稳定性[J].电子元件与材料,22(1):13-16.

黎载红.1997.硅橡胶在氧化锌阀片上的应用[J].电瓷避雷器,2:38-40.

李盛涛.1990.氧化锌陶瓷晶界性质与添加剂[D].西安:西安交通大学.

李盛涛.1998.ZnO 压敏电阻的基础研究和技术发展动态[J].电瓷避雷器,3:42-48.

李有云.1988.添加物对氧化锌阀片性能的影响[D].西安:西安交通大学.

李宇翔,卢振亚.2007.Er₂O₃ 掺杂对 ZnO 压敏电阻性能的影响[C].中国电子学会敏感技术分会第十四届电压敏学会论文专刊,10:39-42.

龙香楷.2001.用环氧粉末树脂做氧化锌电阻片侧面绝缘釉的研究[J].电瓷避雷器,6:30-33.

卢寿慈.1999.粉体加工技术[M].北京:中国轻工业出版社.

鲁延宾,苟雅江.1989.ZnO 阀片成型模具的计算和制造[J].电瓷避雷器,5:48-51.

美国 GE 公司.1982.金属氧化物压敏电阻器:日本,特公昭 64-7481,特原昭 57-26920[P].1983-01-01.

三菱电机株式会社.1997.压敏非线性电阻体、压敏非线性电阻体制造方法及避雷器:中国,1163465[P].1997-10-29.

山崎武夫.1988.电压非线性电阻体及其制造方法:日本,特开平 1-313902,特原昭 63-144949[P].1989-01-01.

申海涛,霍建华,等.1994.添加尖晶石对氧化锌压敏电阻性能的影响[J].电子元件与材料,13(3):38-41.

宋晓兰.1990.非饱和过渡金属氧化物在 ZnO 压敏电阻陶瓷中作用的研究[D].西安:西安交通大学.

谭宜成,刘辅宜.1988.氧化锌压敏陶瓷用添加剂的预烧性能分析[J].电瓷避雷器,2:24-27.

王振林.1985.釉对高压电瓷机械强度的影响[J].中国电瓷,3:9-14.

王振林.1995.氧化锌非线性电阻制造[G].氧化锌避雷器制造讲义.西安:西安高压电瓷厂.

王振林.2005.SiO₂ 和 Cr₂O₃ 对 ZnO 压敏电阻形成的影响[C].中国电子学会敏感技术分会电压专业学部第 12 届学术年会,青岛:164-169.

王振林,陈越.2000.搅拌球磨机和压滤机在氧化锌陶瓷添加物制备中的应用[J].电瓷避雷器,3:41-45.

王振林,葛平安.1993.添加物的细磨粒度对氧化锌电阻片电气性能的影响[J].电瓷避雷器,3:43-46.

王振林,李盛涛.2007.国外 MOA 用 ZnO 压敏电阻片的剖析与思考[J].电瓷避雷器,1:26-31.

王振林,高奇峰,姜玉根.2005.热处理对 MOA 用 MOV 电气性能的影响[J].电瓷避雷器,5:35-38;6:38-41.

王振林,徐素萍,李英.2015.国内外优异氧化锌电阻片的性能分析[J].电瓷避雷器,6:26-31.

小野美忠.1990.低压压敏电阻器的制造法:日本,特开平 2-248003,特原平 1-69609[P].1991-01-01.

张海恩,刘辅宜.1987.Co₂O₃ 对 ZnO 晶粒电阻率的影响[J].电瓷避雷器,6:33-36.

张江树,等.1959.物理化学及胶体化学[M].北京:高等教育出版社.

张美蓉.1991.ZnO 压敏陶瓷老化机理的研究[D].西安:西安交通大学.

赵国玺. 1991. 表面活性剂物理化学[M]. 北京:北京大学出版社.

中田正美. 1989. 电压非线性电阻体:日本,特开昭 64-50502[P]. 1990-01-01.

中田正美. 1989. 非线性电阻及其制造:美国,4719064[P]. 1990-01-01.

Andoh H,Nishiwaki S,et al. 2000. Failure mechanisms and recent improvements in ZnO arresters elements [J]. IEEE Transactions on Delevery,16(1):25-31.

Carson W G,Gupta T K. 1982. Improved varistor nonlinearity via donor impurity doping[J]. J. Appl. Phys. , 53(8):5746-5753.

Eda K,Iga A,Matsuoka M. 1980. Degradation mechanism of non-ohmic zinc oxide ceramics[J]. J. Appl. Phys. ,51(5):2678-2684.

Gambino J P,Kingery W D. 1989. Effect of heat treatments on the wetting behavior of bismuth-rich intergranular phases in ZnO:Bi:Co varistors[J]. J. Am. Ceram. Soc. ,72(4):642-645.

Gupta T K,Carlson W G,et al. 1981. Current instability phenomena in ZnO varistors under a continuous AC stress[J]. J. Appl. Phys. ,52(6):4104-4111.

Gupta T K,Strub W D. 1990. Effect of annealing on the AC leakage components of the ZnO varistors[J]. J. Appl. Phys. ,68(2):845-855.

Hayashi M,Haba S,et al. 1982. Degradation mechanism of zinc oxide varistors under DC bias[J]. J. Appl. Phys. ,53(8):5754-5762.

Kanal H,Imai M. 1988. Effects of ZnO and Cr_2O_3 on the formation process of ZnO varistors[J]. J. Mater. Sci. ,23(12):4379-4382.

Katsumata M,et al. 1994. Lateral high-resistance additive for zinc oxide varistor zinc oxide varistor produced using the same and produces for producing the varistor:US,5294908[P]. 1995-01-01.

Katsumata M,et al. 2000. Zinc oxide varistor a method of preparing the same and crystallized glass composition for coating:US,6018287[P]. 2001-01-01.

Kim E D,Kim C H. 1985. Role and effect of Co_2O_3 additive on the upturn characteristics of ZnO varistors[J]. J. Appl. Phys. ,58(8):3231-3235.

Lukasiewicz S J. 1989. Spray-drying ceramic powders[J]. J. Am. Ceram. Soc. ,72(4):617-624.

Matsuoka M. 1997. Nonohmic properties of zinc oxide[J]. Jpn. J. Appl. Phys. ,10(6):736-746.

Miyoshi K,Maeda K,et al. 1981. Effects of dopants on the characteristics of ZnO varistors[J]. Advances in Ceramics,(1):309-312.

Olsson E,Dunlop G L. 1989. Characterization of individual interfacial barriers in a ZnO varistor material[J]. J. Appl. Phys. ,66(8):3666-3675.

Olsson E,Dunlop G L,Ostelund R. 1989. Development of interfacial microstructure during cooling of a ZnO varistor material[J]. J. Appl. Phys. ,66(10):5072-5077.

Olsson E,Dunlop G L,Osterlund R. 1993. Development of functional microstructure during sintering of a ZnO varistor material[J]. J. Am. Ceram. Soc. ,76(1):65-71.

Wong H,Schulze W A,et al. Averaging effect on current-voltage characteristics of ZnO varistors[J]. Jpn. J. Appl. Phys. ,1995,34:2352-2358.

Wong J. 1975. Microstructure and phase transformation in a highly non-ohmic metal oxide varistor ceramic [J]. J. Appl. Phys. ,46(4):1653-1659.

第三篇　氧化锌压敏陶瓷元器件的制造及其应用

第7章 氧化锌压敏电阻器制造及其应用

7.1 氧化锌压敏电阻器的原理及应用

7.1.1 氧化锌压敏电阻器的命名

关于压敏电阻的名称,有很多称谓。最早日本、美国称之为 zinc oxide nonline resistors(ZNR),其意思是 ZnO 非线性电阻。中国通用的专业名词是压敏电阻器,其意思是在一定电流电压范围内电阻值随电压而改变,或者是,电阻值对电压敏感的电阻器。在我国台湾,压敏电阻器是按其用途来命名的,称为突波吸收器。压敏电阻器按其用途有时也称为电冲击(浪涌)抑制器(吸收器)。与之相应的英文名称也有不同,如 varistors,意思是变阻器、非线性电阻或可变电阻,简写为 VOR;有的称为 voltage dependent resistor(VDR);在我国产品的型号里"MY"是取"压敏"汉语拼音的第一个字母而定。在我国的标准里称为 metal oxide varistors(MOV),其意义为金属氧化物压敏电阻。为了规范起见,应该统称为压敏电阻器或简称为 MOV。

7.1.2 压敏电阻器的压敏原理、应用及发展趋势

压敏电阻器是一种具有瞬态电压抑制功能的组件,可以用来代替瞬态抑制二极管、齐纳二极管和电容器的组合。压敏电阻器可以对 IC 及其他设备的电路进行保护,防止因静电放电、浪涌及其他瞬态电流(如雷击等)而造成对它们的损坏。使用时只需将压敏电阻器并接于被保护的 IC 或设备电路上,当电压瞬间高于某一数值时,压敏电阻器阻值迅速下降导通大电流,从而保护 IC 或电器设备;当电压低于压敏电阻器工作电压值时,压敏电阻器阻值极高近乎开路,因而不会影响器件或电器设备的正常工作。

压敏电阻器的应用广泛,从手持式电子产品到工业设备,其规格与尺寸多种多样。随着手持式电子产品的广泛使用,尤其是手机、手提电脑、PDA、数码相机、医疗仪器等,其电路系统的速度要求更高,并且要求工作电压更低,这就对压敏电阻器提出了体积更小、性能更高的要求。因此,表面组装的片式压敏电阻器组件也就开始大量涌现,而其销售年增长率要高于有引线的压敏电阻器一倍以上。

2002 年统计压敏电阻器的市场增长率为 15%,其中,多层片式压敏电阻器市

场增长率为 20%～30%,径向引线产品增长率为 5%～10%。需求主要来自于电源设备,包括直流电源设备、不间断电源,以及新的消费类电子产品,如数字音频/视频设备、视频游戏、数码相机等。片式压敏电阻器已占美国市场销售总额的40%～45%,其中 0402 型(0.4mm×0.2mm)的片式压敏电阻器最受欢迎。AVX公司的 0402 型片式压敏电阻器有 5.6V、9V、14V 和 18V 等几种电压范围的产品,它们的额定功率为 50mW,典型电容值范围从 90pF(18V 的产品)到 360pF(5.6V的产品)。Maida Development 公司也生产片式系列的压敏电阻器,但目前只推出了非标准尺寸的产品,1210 型、1206 型、0805 型、0603 型和 0402 型的产品正在试产。

Littelfuse 公司在 2000 年底前推出 0201 型产品。AVX 和 Littelfuse 公司已推出电压抑制器阵列,如 AVX 推出的 Multiguard 系列四联多层陶瓷瞬态电压抑制器阵列(即压敏电阻器阵列)已经被市场接纳。可节省 50% 的板上空间,75% 的生产装配成本。Multiguard 系列采用 1206 型规格,其中有一种双联组件采用0805 型规格,工作电压有 5.6V、9V、14V 和 18V 等几种,额定功率为 0.1W。AVX 公司推出 Transfeed 多层陶瓷瞬态电压抑制器,该产品综合了公司 Trans-guard 系列压敏电阻器和 Feedthru 系列电容器/滤波器的功能,采用 0805 型规格。该组件具有性能优势,更快的导通时间(或称响应时间在 200～250ps)和更小的并行系数。

Littelfuse 制造的 MLN 浪涌阵列组件 1206 型规格,内装 4 只多层压敏电阻器,该产品的 ESD 达到 IEC 67100-4-2 第四级水平。其主要特性包括感抗为 1nH,相邻通道串扰典型值为 50dB(频率 1MHz 时),在额定电压工作状态下漏电流为5A,工作电压高达 18V,电容值可由用户指定。这种 MLN 贴片组件可用于板级ESD 保护,应用领域包括手持式产品、计算机产品、工业及医疗仪器等。

EPCOS 公司推出了 T4N-A230XFV 集成浪涌抑制器,内含两只压敏电阻器和一种短路装置;该产品用于电信中心局和用户线一侧的通信设备保护。

当多层片式压敏电阻器尺寸更小时,其电极面积也变得更小,结果是抗电涌的电容也更小,这就要求把压敏电阻器做得更薄,以适应低压电路。TDK 采用细微结构控制技术创造出细小、均匀的晶体颗粒、用多层技术实现高精度开发出稀土ZnO 压敏电阻器。这种稀土 ZnO 压敏电阻器除了尺寸达到 0603 型水平,其稳定性也很好,即使经静电冲击之后性能劣化也很小。

新型 0603 多层片式压敏电阻器将适用于 IC 电源电路、复位电路和输入/输出终端,避免移动设备故障和受静电损坏。此外,该压敏电阻器完全无 Pb,其电极镀Ni 和 Sn,接地端镀 Ag。新型 0603 多层片式压敏电阻器还有极好的焊料吸湿性和焊料热阻。

TDK 开始大量生产 0603 型多层片式压敏电阻器,0603 型多层片式压敏电阻器体积和重量是前一代产品的 1/5。为满足更小电路板的要求,与 1005 型压敏电阻相比,新型 0603 多层片式压敏电阻器体积缩小约 78%,平面面积缩小约 64%。即使在很小的电路板上也可以安装必须数量的 0603 型多层片式压敏电阻器。

7.1.3　我国压敏电阻器工业的发展概况

我国的压敏电阻器工业,如果从 1966 年咸阳 795 厂生产 SiC 压敏电阻器开始计算起,已经有 40 年的历史了。可以将这段历史划分为四个阶段。

1. SiC 压敏电阻器研制、生产阶段

当时在 SiC 避雷器生产工艺的基础上研究开发生产的只有咸阳 795 厂一家。

2. 20 年独立自主开发和工业化生产 ZnO 压敏电阻器阶段

1975 年,由咸阳 795 厂、华中科技大学(原华中工学院)和铁道部电化三局三方联合进行的"压敏电阻器会战",是我国压敏电阻发展史的重要事件。作为这次会战成果的第一批 ZnO 压敏电阻器,用于南京长江大桥铁路信号系统防雷保护获得成功,而且这些产品的配方工艺完全是我国自主研究的成果。此后,我国陆续有十多家大小企业生产 ZnO 压敏电阻器,特别是 1989 年西安无线电二厂建成压敏电阻器生产线并在当年投产后,我国的压敏电阻器产量大增。但直到 90 年代中期,年产量在 1000 万只以上者只有咸阳 795 厂、西安无线电二厂和广州福特敏感电子有限公司。

3. 产业迅速发展阶段

20 世纪 70 年代以来,压敏电阻器产业随着电子工业的迅速发展的需求得到了迅速发展。1995 年西安无线电二厂压敏电阻生产线完成第二次技术改造,年产量达到 1.5 亿只;1996 年国内同行业压敏产量排名第一;1998 年 SPD 取得公安部生产销售许可证;2001 年西安西无二电子信息集团有限公司成立,又投资 1.1 亿元进行生产线第三次技术改革;2002 年与日本北陆公司签订技术转让及 OEM 加工协议;2004 年获得 CQC、SGS 认证,年产量已达到 4.5 亿只,成为我国的排头兵。

1992~2000 年,台湾的同浩、久尹、兴勤、永臻的奥克兰电子厂、舜全、光基的瑞普电子公司、华新科技、嵩隆电子公司和联顺精密工业公司以及汇桥、嘉耐电子公司等共建立了 19 个生产基地。其中,舜全电器器材有限公司成立于 1992 年,从台湾工业技术研究院取得转让技术,1994 年正式批量生产;1997 年在广东的新埔、东莞和江苏的苏州建立三个工厂,员工近 500 人;1998 年压敏电阻年产量为 4.5

亿片,位居第一位。现生产压敏电阻、玻璃和陶瓷放电管、低压避雷器。迄今,年生产压敏电阻的能力已达到 7.2 亿片,2004 年销售收入 2300 万美元,成为中国最大的压敏电阻生产厂。

嵩隆电子公司的前身是中美硅晶公司,成立于 1981 年,90 年代并为嵩隆电子公司。1998 年在东莞建立宝升电子公司,最初是来料加工;1993 年在东莞又建厂房,成立嵩隆电子公司。目前月产 4000 万片,2005 年将达到月产 6000 万片。

2011 年西安恒翔电子新材料有限公司成立。该公司是我国首家专门致力于 ZnO 压敏电阻瓷粉料技术研究的专业公司,依托西安市雄厚的技术实力,与西安交通大学、西北大学等多家高校和科研单位共同研制出新型 ZnO 压敏电阻陶瓷材料,在压敏瓷粉方面拥有多项专利。区别于传统产品,该系列瓷粉具有以下特点:

(1) 中、高压产品具有跨梯度的瓷粉。用户可以调整烧结温度得到所期望的梯度,以适应不同产品的要求。

(2) 通过特殊的工业设计,使该瓷粉的单个批次在 1000kg 以上,极大地减少了小批量多批次对于入厂检验、参数设计、过程批次管控的工作量。

(3) 产品除了拥有优良的电气性能以外,同时因采用特殊的有机体系,且粉料在出厂以前进行了严格的控制,使得粉料不用进行含水陈腐处理即可直接成型。

早在十多年以前,昆山万丰电子有限公司于昆山正式成立。该公司专业生产压敏电阻芯片,致力于国内外中高端市场,产品以精致的外观质量以及优良的电气性能和稳定性著称业内,受到国内外大厂的长期信赖和广泛使用。

我国内地的压敏电阻器很快从一亿只上升到十多亿只。此外,产品的技术质量性能有了重大提高,几个主要企业的产品性能逐渐接近国外先进水平。

4. 我国已成为全球压敏电阻器生产和需求的大国

随着我国电力、电子工业的迅速发展,对压敏电阻器需求品种、数量和对其性能要求也在提高。这样,一方面促进了我国压敏电阻器的发展和性能的提高;另一方面吸引国外知名的企业进入我国,如西门子(EPCOS)和 Maida 等世界压敏电阻器行业的大公司进入我国内地。我国正成为全球压敏电阻器的生产大国,已成为不争的事实。这不仅表现在压敏电阻器的产量和性能水平上,而且全部原材料、生产工艺装备、检测设备均能配套自给。据初步统计,现在通用型压敏电阻器的年产量大体上在 10 亿～12 亿只,约占世界总产量的 1/5 左右。

5. 近 10 年压敏行业的主要变化

1) 产业结构方面

专业分工更加细化:出现了以西安恒翔电子新材料有限公司为代表的压敏瓷

粉专业生产公司,以广西新未来、万丰电子为代表的压敏通用型芯片专业生产公司,以隆科电子为代表的防雷型芯片专业生产公司,以及众多的后道装配公司,使得各自的专业特长和规模效应得以体现,行业的整体技术水平得到快速提升。

2) 技术方面

(1) 针对压敏电阻在应用中出现的短路起火问题,出现了新的解决方案。其中主要方式有:压敏电阻与热温度保险丝贴装组成复合器件,基于弹簧、弹片、低温焊点的机械脱扣装置与压敏电阻组成复合器件。这些器件广泛应用于通信、铁路及新型电源。

(2) 压敏电阻贱金属电极的研究和应用。2005 年以后出现了几轮贵金属涨价潮,白银最高时突破了 6000 元/kg,使得压敏行业承受了巨大的成本压力,面对这样的压力各个厂家都致力于以贱金属替代银电极的各种研究。目前具有应用前景的技术方案主要有:①铜浆替代银浆丝网印刷后在氮气保护下进行电极还原;②无氧铜真空溅射;③铜基复合材料喷涂。这几种方案中,铜浆方案的优点是印刷工艺与银浆相同,较易掌握。缺点是需要购置专用的氮气气氛炉,更重要的是由于瓷片是在氮气环境下还原,需要特殊配方的压敏瓷粉。整个过程耗材较高,铜电极的成本优势不明显。真空溅射方案的优点是对瓷片的配方组成没有要求,溅射后产品的静态电性能几乎没有劣化,电极致密度良好。缺点是需要购置真空溅射设备,如果要得到较厚的电极需要较长的溅射时间,生产效率较低。铜基复合材料喷涂方案的优点是电极材料成本较低,产品大电流性能优良,对瓷片的配方组成也没有要求,生产效率介于前两者之间。缺点是需要购买专用设备,且该技术受专利保护,不易推广。

(3) UL 1994 对于组合波的要求以及用户对脉冲寿命的要求,使压敏电阻的主流梯度卜降。此前,为了追求更低的材料成本,中、高压压敏电阻的梯度较高,甚至有些厂家的芯体梯度达到 300V/mm 以上;而目前为了满足 UL 1994 的要求,主流的梯度保持在 180～230V/mm 范围内。

7.1.4　多层贴装片式压敏电阻器的研究与生产

瞬变电压和浪涌电压造成的损害是众所周知的,静电放电(ESD)对 IC 和半导体器件的破坏是致命的。为了应对这些问题,已经研制了多种过电压保护组件,如气体放电管、瞬变电压抑制二极管 TVS、闸流管、ZnO 压敏电阻器等。特别是近年来由于 IC 和半导体器件的电压一降再降,2005 年已降到 1.2V,过电压保护越发重要。近几年出现的叠层型 ZnO 压敏电阻器值得人们关注。

叠层型片式陶瓷压敏电阻器(简称 MLV),半导体 ZnO 压敏陶瓷电阻器已有多年历史,应用范围广泛,特别是在中压和高压电器的保护和防雷电中受到青睐。

但由于其压敏电压与两个电极之间的距离成比例,因而块状结构的 ZnO 压敏电阻器在体积和低电压方面均不可能满足现代电子产品的要求。近年来已经利用陶瓷叠层共烧技术,用掺杂改性 ZnO 半导体陶瓷材料制造出了其结构与 MLCC 完全相同的叠层型片式 ZnO 压敏电阻器。其特点是:压敏电压低,可低达 2V 左右;通流量大;响应速度快,达 300ps;可靠性高、电容量的选择范围大,包括相当低的电容量以满足高速数据线的要求。其封装尺寸系列符合 EIA 标准。这种产品适合于各种集成电路、MOSFET、I/O 接口、功放等过电压保护,发展前景十分广阔。有人预测今后几年增长速度可达 30%。我国相对发展缓慢。

如上所述,叠层型压敏电阻器可以保护电路,其响应时间 T_r 和自谐振频 SRF 与寄生电感 L_p 有密切关系,L_p 越大,T_r 越长,SRF 越低。如果将叠层型压敏电阻器做成穿心式结构,如叠层型三端穿心电容器那样,则其寄生电感 L_p 将有 70% "转移到"输入/输出信号线上,这样就缩短了 T_r,提高了 SRF,而且组成了一个 T 形 LC 低通滤波器,有助于抑制高频噪声,可谓一举两得。美国 AVX 公司首先推出了这种 Transfeed 新产品,压敏电压为 5.6～18V、允许通过的电流为 0.5～1.0A。

内置 ESD 保护功能的 IC。一些 IC 生产厂家,为了防止静电放电对 IC 的损坏,在制造过程中将过电压保护组件(如二极管)集成在一起,使 IC 自身具备防静电功能。在许多情况下,热保护是十分重要的,不仅是为了防止事故的发生,有时也是为了保证电路或电子元器件能够在宽温范围内正常工作。

随着电子产品向微型化、薄型化、集成化和多功能化的方向发展,要求压敏电阻器低压化和叠层片式化。移动设备的普及、体积的减小和所需电源电压的降低使其防静电放电的保护变得日益重要和广泛。国内生产和准备生产多层片式压敏电阻器的企业正在崛起,成为压敏行业的新军。主要生产厂家有:河南金冠王码公司、深圳三九顺络公司、常州星翰公司、广东风华高科公司,以及台湾的佳邦公司、华科公司、武进兴勤公司等。

7.1.5　我国压敏技术的现状和产品水平

2003 年,为了验证我国压敏技术现状,中国电子学会压敏专业学部组织开展的一次全国性压敏电阻器性能摸底试验,试验加入了国外知名公司的产品,试验试品共 7000 多只。试验结果证明,我国压敏技术已有了全面提高。主要表现在 $8/20\mu s$ 通流容量、2ms 方波能量和限压特性方面有了长足的进步。其中大多数生产厂家的通用型压敏电阻器的主要品种的水平已与国际先进水平相当,并且个别规格的最高水平超过国际先进水平。

从由两岸参加的全国产品摸底试验结果看,产品性能水平大体相当。在赶超国际水平方面,两岸几乎处于同一水平线上,所面临的问题相同,机遇也相同。

(1) 单片式压敏电阻器的技术趋势归纳如下:

① 提高通流容量。现行各种规格的通流容量希望能再提高 20%～25%。

② 提高电位梯度。现在,压敏电压 200V 以上产品电位梯度大体都在200V·cm^{-1}左右,希望在不降低性能的前提下提高到 300V·cm^{-1}左右,以进一步减小尺寸、降低生产成本。

③ 降低生产成本及使用故障率。

④ 采用新型原材料,如纳米材料等。

(2) 多层贴装压敏电阻器的技术趋势归纳如下:

① 在工艺和应用上,多层片式压敏电阻向小型化、阵列化、复合化(模块)及低容化等方向发展。

② 在材料体系上,采用 ZnO-玻璃系、ZnO-V$_2$O$_5$ 系压敏材料或纳米材料,以降低压敏陶瓷的烧成温度;使用纯银或者更便宜的金属作为内电极,从而降低成本。

③ 现在的 MLV 都是 ZnO 材料的,但是日本松下电器正在研究钛酸锶材料的MLV,值得关注。我国也应该研究新的配方体系。

目前,ZnO 压敏电阻器在世界的各领域的应用范围越来越大,全世界每年大约需要 50 亿～60 亿只,我国年需求量约为 10 亿只,而且需求量逐年增加。迄今包括台资企业在内,我国每年大约共生产 10 亿～12 亿只,约占世界产量的 1/5;而仅日本松下电器每年产量约 12 亿～15 亿只,德国西门子公司每年产量也在 10 亿只左右。多层片式压敏电阻是今后的发展方向,其占压敏电阻的比例越来越大,年增长率高达 25%。多层片式压敏电阻的生产可优化产品结构,使压敏电阻产品从低压(2～18V)到高压系列化、全面化。近来松下电器和西门子公司联合,期望保持世界压敏的强国地位。相比之下,我国面临的竞争对手是强劲有力的。所以,我国要进入世界压敏强国地位,任务是十分艰巨的。但我们相信在政府产业政策的支持和各企业的努力下,再经过十年潜心钻研可进入世界压敏强国行列。

40 年来,我国 ZnO 压敏电阻器虽然有了划时代的发展与进步,但与国外水平相比仍有较大差距。日本松下电器在最初研制成功的基础上不断改进配方体系,并在制造工艺和设备配置方面下了很大工夫,在国际上一路领先。尤其是经历了发展相对平衡之后,于 1996 年推行了新的产品样本,大幅度提高了产品的性能指标,把低压(68V 以下)8/20μs 通流容量提高了 1.5～2.5 倍,2ms 方波能量电流提高了 1.03～2 倍。中、高压(82～1800V)部分,8/20μs 通流容量提高了1.6～3 倍,2ms 方波能量电流提高了 1.5～1.8 倍。如此大幅度提高产品性能是前所未有的,这是日本松下电器长期技术积累的必然结果。另外,在产品结构上也有所改变,外径减小,厚度增大,这也是配合提高产品性能而采取的措施。外径减小是为了改善瓷体的均匀性,减少影响性能的缺陷几率;增加厚度则是为了提高其热容量,这对于提高通流容量和方波都是有利的。

遗憾的是,我国在经历了初步繁荣之后,却没有进入突破性跨越发展期。直到20世纪80年代末期我国的压敏技术在20年间没有太大的进展。其原因有主观、客观的许多方面。一是全国范围内没有形成一个研究、开发中心,而企业的研发力度不够,后续工作没有深入下去,致使多年来配方体系没有多大改变。二是投资力度不够,咸阳795厂在国家"七五"期间用于压敏电阻器的投资不足1000万元,其后再无大的投入;其他企业更是捉襟见肘,以致造成工艺更新慢、生产设备落后,形成不了规模经济。三是原材料来源不稳定,导致产品性能不稳定。另外,由于市场应用开发工作不够深入,产品产业化进展缓慢,致使我国压敏技术与国外先进企业的差距加大,产品性能和产业化方面不能与日本松下电器为代表的先进水平相提并论。

但是,经过我国压敏行业的专家分析认为,我国压敏电阻器行业蕴藏着巨大的潜力。20多年来,虽然压敏技术进展缓慢,但已积累了丰富的经验。全国许多大专院校和生产企业在不断深化研制工作,并且国家陆续培养了大批勤于事业的科技人才,这是一批不容忽视的宝贵财富。另一方面,国家在"十五"期间产业发展规划中给予敏感组件以重点支持,将投资5亿多元发展敏感元器件与传感器,压敏元器件占有十分重要的位置,其投资占1亿元左右。同时各省市地方政府及乡镇企业也在本地区的敏感元器件中加大了投资力度,这将给我国压敏技术水平的提高和发展创造非常有利的物质基础;加上中国人独具的创造能力,压敏技术在"十一五"期间会有更大的发展,一定能把我国压敏电阻器性能和制造技术提升到国际先进水平。

7.2　氧化锌压敏电阻器的分类和主要性能参数

7.2.1　压敏电阻器的分类

压敏电阻有各种分类方法。按照应用类型划分,即因其使用场合的不同、应用压敏电阻的目的、作用在压敏电阻上的电压/电流应力并不相同。因而对压敏电阻的要求也不相同,注意区分这种差异,对于正确使用是十分重要的。通常可大体划分为:①通用型;②浪涌型;③浪涌保护型(SPD);④多层片式压敏电阻器。根据使用目的的不同,可将压敏电阻区分为两大类:①保护用压敏电阻;②电路功能用压敏电阻。按此细述分类如下。

1. 保护用压敏电阻

区分电源保护用,还是信号线、数据线保护用压敏电阻器,它们要满足不同的技术标准的要求。

施加在压敏电阻上的连续工作电压的不同,可将跨电源线用压敏电阻器区分为交流用或直流用两种类型,压敏电阻在这两种电压应力下的老化特性表现不同。

根据压敏电阻承受的异常过电压特性的不同,可将压敏电阻区分为浪涌抑制型、高功率型和高能型,这三种类型的特点如下。

(1) 浪涌抑制型是指用于抑制雷电过电压和操作过电压等瞬态过电压的压敏电阻器。这种瞬态过电压的出现是随机的、非周期的,电流电压的峰值可能很大。绝大多数压敏电阻器都属于这一类。电涌保护器(surge protective device, SPD)又称浪涌保护器或过电压保护器。有些厂商称作避雷器,或防雷保安器是不符合统称名称的。

(2) 高功率型是指用于吸收周期出现的连续脉冲群的压敏电阻器。例如,并联在开关电源变换器上的压敏电阻,这里冲击电压周期出现且周期可知,能量值一般可以计算出来,电压的峰值并不大,但因出现频率高,其平均功率相当大。

(3) 高能型是指用于吸收发电机励磁线圈、起重电磁铁线圈等大型电感线圈中的磁能的压敏电压器,对这类应用,主要技术指标是能量吸收能力。

压敏电阻器的保护功能,在绝大多数应用场合下是可以多次反复作用的,但有时也将它做成电流保险丝那样的"一次性"保护器件。例如并联在某些电流互感器负载上的带短路接点压敏电阻。

2. 电路功能用压敏电阻

压敏电阻主要应用于瞬态过电压保护,但是它类似于半导体稳压管的伏安特性,具有多种电路组件功能,可用作:①直流高压小电流稳压组件,其稳定电压可高达数千伏以上,这是硅稳压管无法达到的;②电压波动检测组件;③直流电平移位组件;④均压组件;⑤荧光启动组件。

3. 保护用压敏电阻的基本性能

(1) 保护特性,当冲击源的冲击强度(或冲击电流 $I_{sp} = U_{sp}/Z_s$)不超过规定值时,压敏电阻的限制电压不允许超过被保护对象所能承受的冲击耐受电压(U_{rp})。

(2) 耐冲击特性,即压敏电阻本身应能承受规定的冲击电流、冲击能量,以及多次冲击相继出现时的平均功率。

(3) 寿命特性有两项:一是连续工作电压寿命,即压敏电阻在规定环境温度和系统电压条件下,能可靠地工作规定的时间;二是冲击寿命,即能可靠地承受规定的冲击次数。

(4) 压敏电阻介入系统后,除了起到"安全阀"的保护作用外,还会带入一些附加影响,这就是"二次效应",它不应降低系统的正常工作性能。这时要考虑的因素主要有三项:一是压敏电阻本身的电容量(几十到几万皮法);二是在系统电压下的漏电流;三是压敏电阻的非线性电流通过源阻抗的耦合对其他电路的影响。

7.2.2　压敏电阻器性能的主要参数

压敏电阻器的性能参数与用于高压的 ZnO 避雷器基本相似,主要性能参数为:

1. 压敏电压 U_{1mA}(18～1800V)

压敏电阻器习惯用 U_{1mA} 表示压敏电压,为了统一均采用 U_{1mA} 表示。该参数是 ZnO 压敏电阻器伏安曲线中预击穿区和击穿区转折点的一个参数,一般情况下是 1mA(ϕ5 产品为 0.1mA)直流电流通过时,产品两端的电压值,其偏差为±10%。

2. 漏电流 I_L(A)

该参数是考核产品在预击穿区正常工作时通过产品的电流,也就是产品正常工作时的功耗情况。它是在施加最大直流电压或 70%～85% U_{1mA} 时通过的电流。

3. 非线性系数 α

ZnO 压敏电阻器是一种非线性导电电阻,其非线性系数在预击穿区和击穿区是不同的。一般是指预击穿区的非线性系数。

$$\alpha = \frac{1}{\lg K_\alpha} \tag{7-1}$$

$$K_\alpha = U_{1mA}/U_{0.1mA} \tag{7-2}$$

式中,$\alpha \geqslant 30$,$K_\alpha \leqslant 1.08$($U_{1mA} \geqslant 82V$);$\alpha \geqslant 15$,$K_\alpha \leqslant 1.15$($18V \leqslant U_{1mA} \leqslant 68V$)。在击穿区,$K_\alpha$ 越小,α 越大。

4. 最大使用交流电压

产品工作时所能承受的最大交流电压,其值为 60%～65% U_{1mA},或产品在 85℃下,正常工作 1000h,施加的最大交流电压。

5. 最大使用直流电压

产品工作时所能承受的最大直流电压,其值为 80%～92% U_{1mA},或产品在 85℃下,正常工作 1000h,施加的最大直流电压。

6. 限制电压

该参数是考核产品在击穿区工作时的保护水平。即产品通过 $8/20\mu s$ 脉冲电流（击穿区内等级电流）时其两端的脉冲电压。限制电压越低，产品的保护水平越高，这是用户选择 ZnO 压敏电阻器时的重要参考值。

7. 最大峰值电流

产品能够承受规定次数的 $8/20\mu s$ 脉冲电流峰值，这是用户选择防护感应雷电过电压用 ZnO 压敏电阻器时的重要参考值。

8. 能量耐量

产品能够承受规定次数的 2ms 方波或 $10/1000\mu s$ 脉冲电流峰值，这是用户选择防护操作过电压用 ZnO 压敏电阻器时的重要参考值。

对于通用型产品，以上性能参数均按 SJ/T 10348～10349—1993 标准执行，其余产品按企业标准或国外产品样本相应指标。

7.3　氧化锌压敏电阻器的生产工艺及工艺装备

7.3.1　单片式氧化锌压敏电阻器的配方与生产工艺

ZnO 压敏电阻器芯片的生产所采用的主要原材料与 MOA 用 ZnO 压敏电阻片的生产工艺烧结前的工序基本相同，仅是烧结后工序有较大的不同。其简化的一般制造工艺流程为：

添加剂细磨→料浆制备→喷雾造粒→含水→坯体成型→排胶→烧结→涂烧电极→引线成型→插片→焊接→包封（或装配）→标志→测试→包装→入库。

就 ZnO 压敏电阻器芯片的配方而言，虽然其产品的应用电压范围均在 380V 以下，但因为其应用范围太广，而且 ZnO 压敏电阻器芯片的生产配方的主要原材料和第 5、6 章已经详细论述的有关原材料和工艺部分相同，因此本节就压敏电阻器与 MOA 用电阻片制造工艺不同的工序加以概述。

1. ZnO 压敏电阻器芯片的配方

由于压敏电阻器受其限制电压、尺寸和电阻芯片几何效应的制约，为了满足其性能的要求，通常需要三种以上具有不同电位梯度的配方，即需要其梯度分别为：$200V \cdot mm^{-1}$、$120～150V \cdot mm^{-1}$、$40～50V \cdot mm^{-1}$ 和 $10～20V \cdot mm^{-1}$ 的配方。尽管这些配方不同且差异很大，但其主要添加物成分大体都含有 Bi_2O_3、Co_2O_3、

Sb_2O_3、MnO_2(或 $MnCO_3$)、Cr_2O_3 和 NiO 等。因为这些是产生和改善非线性、提高稳定性必要的成分。

压敏电阻行业通常所说的高压料配方与避雷器通用的电阻片配方几乎相同。就是说,采用避雷器通用的电阻片配方可以用于制造 $220\sim380V$ 系统保护用的压敏电阻器。

为了电阻片的降低梯度,主要是通过调整高压料配方中添加物成分的种类及其添加量并改变添加物的处理工艺来实现。其目的是在添加促使 ZnO 晶粒长大、降低梯度的条件下,确保电阻片的压敏特性和老化性能及稳定性。

中、低压配方多采取适当增加 Bi_2O_3 及添加 B_2O_3 或其化学合成物、减少或不加 Sb_2O_3、添加 TiO_2 或其含 TiO_2 的预合成物等措施。增加 Bi_2O_3 及添加 B_2O_3 或其化学合成物的主要作用在于降低烧成温度、降低液相的黏度,促使 ZnO 晶粒长大。当然,减少或不加 Sb_2O_3 的作用在于减小或消除 Sb_2O_3 对抑制 ZnO 晶粒长大的作用。众所周知,TiO_2 是常用而且最有效的促进晶粒生长的促晶剂,但是由于其添加量很少,如果直接以 TiO_2 的形式加入,在制备混合料时很难与其他成分混合均匀,因而烧结瓷体中 ZnO 晶粒尺寸很不均匀,即出现异常大的 ZnO 晶粒;因而不仅造成电阻片的性能分散性大,而且其他性能也恶化。为避免上述情况的发生,多采取将 TiO_2 与其他适宜成分,如 Bi_2O_3,Sr、Ba 的氧化物或其他化合物等预烧后的形式加入。

Sb_2O_3 对抑制 ZnO 晶粒长大、提高梯度的作用是很敏感的,而且它对减小 ZnO 晶粒的分散性的作用也是很明显的。为了利用这种特性来改善中、低压压敏电阻的综合性能,采取将其预合成尖晶石措施,再添加少量是有效的。

在配方选择试验中最难的是梯度为 $10\sim20V\cdot mm^{-1}$ 的低压料,例如,籽晶法可以达到性能要求,但要使工艺稳定、做到芯片的一致性小,也是很困难的。尽管人们克服各种困难,研究出很多低压配方,但其工业化大批量生产中成品的合格率降低。

要研究出性能好、成品的合格率高的中低压配方是需要通过大量试验才能取得的。所以,像松下电器、西门子这些国际知名公司的压敏电阻的配方、工艺,特别是低压料对外是绝对保密的,而且不会轻易出卖其专利权。

2. 制造工艺与工艺装备

(1) 粉料制备与成型。

压敏电阻粉料的制备与 MOA 电阻片完全相同。即先将添加物利用高搅磨细磨后与 ZnO、$Al_3(NO_3)_3\cdot9H_2O$ 和各种有机结合剂、分散剂、消泡剂等经过胶体磨和搅拌机在混合罐中混合均匀。再经喷雾干燥剂干燥成颗粒状粉粒。

成型前十多个小时先将粉料用自动化含水机增湿,陈腐后再成型。近年来西安恒翔电子新材料有限公司通过优化有机体系和精细控制,使其生产的压敏粉料可以不用含水陈腐而直接上机成型,从而使得成型工艺过程大为简化。由于压敏电阻芯片的尺寸比 MOA 电阻片小,而且其厚度只有一至几毫米,所以都采用液压或机械传动的冲压式压机成型。坯体的厚度可以自动或手动调整;其密度多控制在 3.3～3.35g/cm³。图 7.1、图 7.2 为干压成型工序的工艺装备及其作业情况。

图 7.1　尺寸大的圆片坯体成型　　　图 7.2　尺寸小的圆片坯体成型

（2）排胶与烧成。

排胶和烧成分别通过电热隧道炉完成。坯体散装或码放于匣钵中,经过低温（500℃左右）处理将坯体中的各种有机物分解排除后即进行烧成。压敏电阻的装钵方式主要分为立排和平排。立排就是将坯片圆柱侧面接触钵底平面排放,这种方式适合轴径比较大的坯片;平排就是将坯片圆面接触钵底平面排放,这种方式适合所有品种。平排的缺点是:装入烧成匣钵时,钵底和片与片之间需撒上预处理的ZnO 粒状垫料,以免高温下瓷片互相粘连,而这些垫料在烧结后需要专门清理。烧成温度依各种料的配方不同而异,一般最高温度在 1200℃左右;保温时间一般为 2h 左右。图 7.3 为有代表性的排胶与烧成炉概况。

图 7.3　有代表性的排胶与烧成装钵情况

（3）电极制作。

芯片烧结体在烧成后,其表面黏附的垫料颗粒必须清除。对于直径小的芯片,通常采用滚桶湿磨的办法,即在滚动的水介质中依靠其互相摩擦清除垫料颗粒。而对方形及直径大的芯片,则需用特殊的,甚至是手工方法清除。

芯片必须是涂银电极,这与 MOA 电阻片截然不同,因为压敏电阻的耐受雷电压和操作电压都比 MOA 低得多,同时因其面积减小,必须充分利用其有效面积并减小电极与瓷体表面的接触电阻,银是较理想的材料。银电极的质量对压敏电阻的性能是显而易见的,但银电极的耐弧性不如铝电极,而且成本也高得多。

银浆通常是采用 $AgNO_3$ 先经过还原反应制成 Ag_2O,然后制备成含有机玻璃粉和结合剂等溶剂且浓度适宜的浆料。

为了确保芯片银层厚度的均匀一致和周边的规整一致性,大都采用筛印法涂敷 2~3 次,才能满足厚度要求。每涂一遍需通过带式低温炉烘干后再涂下一遍,涂银完成后,即进行烧银。

烧银的过程起以下作用:一是经过温度 500~600℃ 处理将 Ag_2O 还原为金属 Ag,成为优良的导体;二是经过该温度的处理起到对芯片的热处理作用,即起到使压敏电阻改善老化及其他性能的作用。但是由于各芯体配方的不同,适宜的烧银温度对于适宜的热处理温度制度不一致,不少制造厂家采取避雷器用电阻片的热处理方法另行处理,以获得更好的热处理效果。图 7.4、图 7.5 分别为涂银、烧银工序的工艺装备图。

图 7.4　筛印法涂敷银层

图 7.5　链式炉烧银

(4) 打引线、插线、焊接。

由于压敏电阻通过的瞬态电流较大,其引线在 2000 年以前大都采用镀锡铜线,目前除高能型品种外大都采用热镀锡钢线(CP 线)替代。鉴于欧盟 ROHS 指令对铅的限制,焊料都换成了无铅焊锡。无铅焊锡焊接工艺性差、焊接温度高,这对压敏芯片的耐热冲击性能提出了更高的要求。

本工序的工艺分为浸焊和热风焊。其中,浸焊工艺较为传统,其工艺次序是:引线成型→夹片→浸助焊剂→预热→浸锡→超声清洗。这种工艺的优点是:整个电极都有焊锡,使得电极有效厚度增加,有利于均流和均热,高能型压敏电阻多采用这种工艺。这种工艺的缺点是:焊料消耗量较大,焊接后的助焊剂必须进行三级超声清洗。热风焊的工艺次序是:引线成型→引线过助焊剂→引线蘸锡→引线打扁→插片→预热→热风焊。这种工艺的优点是:焊料消耗量小,由于多采用含固量较小的助焊剂,可以做到免清洗,从而使生产成本大大降低。这种工艺的缺点是:有效焊接面积较小,银层质量稍差就会使产品在大电流侵入时因沟道效应而使引线从电极上掀起。

（5）包封。

压敏电阻目前普遍采用的包封方式是环氧粉末包封。压敏电阻的包封质量直接影响压敏电阻的稳定性。压敏电阻经常出现的受潮失效问题与包封有直接的关系。压敏电阻的受潮失效一般表现为：在静态测试时，漏电流不断飙升，压敏电压出现下降，将问题元件在 120℃ 的烘箱中烘烤 30min，使元件冷却至室温后测量，若漏电流和压敏电压恢复正常，则可判定元件是由包封不良引起的受潮失效。

影响压敏电阻耐潮湿性能的因素很多，王建文等对瓷片配方、料浆工艺、烧结工艺、包封材料和包封工艺对压敏电阻耐潮湿性能的影响进行了系统研究，其研究结论对制订相关工艺有指导意义。

压敏电阻环氧粉末包封的工艺次序是：焊后半成品预热→包封机浸粉→加热流平→二次浸粉→流平→固化。

压敏电阻的环氧固化温度一般取 150℃ 或参照厂家提供的温度，固化时间根据烘箱大小取 30～60min。在具体生产过程中，许多厂家采用丙酮棉球擦拭压敏表面并观察有无掉色作为固化是否完成的一种检查方法。

（6）电气性能测试。

压敏电阻的静态三参数（压比、漏电流、压敏电压）在压敏电阻的生产过程中是全检的。压敏电阻漏电流的测试有两种：定比例法和定电压法。定比例法就是在进行漏电流测试时，在压敏电阻两端所加电压为在测压敏电阻压敏电压的 78％ 或 83％。定电压法则是在进行漏电流测试时，无论压敏电阻的压敏电压是多少，均在压敏电阻两端施加该规格最大使用直流电压。一般自动测试机多采用定电压法进行测量，这种情况下压敏电压偏下限的个体因荷电率较高，所测得的漏电流会较大。

图 7.6～图 7.9 为西安无线电二厂信息集团有限公司有代表性的五工位连续生产线的工作情况。

图 7.6　插引线装备

图 7.7　焊接引线装备

图 7.8　环氧粉末包封　　　　　　图 7.9　电气性能测试

(7) 电气性能抽查与包装、入库。

按照相关标准对每批产品进行规定的性能抽查,合格后再进行包装、入库。

7.3.2　多层片式压敏电阻器的配方与生产工艺

1. 多层片式压敏电阻器材料的配方

多层片式压敏电阻器材料的配方因用途及对性能的要求不同而有很多种,主要配方系统有以下几种。

(1) ZnO 系。

ZnO 系是比较理想的一种多层片式组件材料,多层片式陶瓷配方常规用 ZnO-Bi_2O_3-Sb_2O_3 系统配方。其中添加物 Sb_2O_3、Co_2O_3 各为 1‰(摩尔分数);Bi_2O_3、Cr_2O_3、MnO 分别为 0.5‰(摩尔分数)。一般用 30% Pd 和 70% Ag 作内电极。

因为内电极材料中的 Pd 易与 Bi 反应,以低熔点玻璃(硼硅酸铅锌玻璃是由 B_2O_3、PbO、ZnO、SiO_2 按适当比例混合,经 800℃烧结 2h 后淬火而得到)代替普通 ZnO 压敏电阻器中的 Bi_2O_3,可具有较低的烧结温度,一般为 1000~1250℃。

另外,在 ZnO、V_2O_5 的基础上,加入适量的 Mn、Co、Ni、Nb 等金属的氧化物和 Na 玻璃,用传统的陶瓷工艺或微波烧结工艺,利用 Ag 与 Pd 合金为组件的内电极在较低温度(900℃)下可制得性能良好的片式组件。该组件的性能受工艺条件影响较大,在优化工艺参数情况下,可得到非线性系数为 30,击穿场强为 250V·mm^{-1},漏电流 I_L 为 50μA·cm^{-2} 的产品。

(2) $SrTiO_3$ 系。

$SrTiO_3$ 系材料颗粒晶界击穿电压为 0.8V,非线性系数 α 较低,且其烧结温度高(>1350℃),故要使其作为多层片式压敏电阻器材料,必须降低其烧结温度。Ueno、Iwao 等以 $SrTiO_3$ 为主要材料(95%(摩尔分数)以上),再掺杂适量 Nb_2O_5、Ta_2O_5、SiO_2、MnO_2、Sb_2O_3、Bi_2O_3、Co_2O_3、CuO 等,内电极材料用 Ni 加 Li_2CO_3 或

Na_2CO_3，在 1000～1100℃保温 1～2h 后，经研磨去边，再在两端涂上与内电极材料一样的内层外电极，在 1250℃下还原，保温时间为 2～5h，之后再施加一层银层外电极，在大气中于 850℃下烧成。

（3）钛酸钡系。

Arashi、Tomohiro 等以 $(Ba_{1-x-y}Ca_xSr_y)_m(Ti_{1-z}Zr_z)O_3$ 为主要材料（$0.1 \leqslant x \leqslant 0.4$，$0.1 \leqslant y \leqslant 0.4$，$0.1 \leqslant z \leqslant 0.3$，$0.9 \leqslant m \leqslant 1.2$）；以 SiO_2 或 Al_2O_3 为次要材料，掺杂量不超过 5%（质量分数），以 Si 或 Al 代替 Cr，使得抗浪涌性能得到改善；掺入包括改善非线性系数的物质，如 Mn 掺量 0.05%～1%（质量分数）；掺加还包括了改善介电常数温度系数、介电损耗和提高非线性系数的物质，如 MgO、Fe_2O_3、CoO、NiO、CuO、ZnO、SnO_2、Sb_2O_3 及 Bi_2O_3 等，还至少掺加 Nb_2O_5、Ta_2O_5、Y_2O_3、WO_3、La_2O_3、CeO_2、Pr_2O_3、Nd_2O_3、Sm_2O_3、Eu_2O_3、Gd_2O_3、Tb_2O_3、Dy_2O_3、Ho_2O_3、Er_2O_3、Tm_2O_3、Yb_2O_3、Lu_2O_3 等中的一种，其掺量不超过 5%（质量分数）。以 Ni 或 Ni 合金为内电极，在 1300℃烧结，保温时间为 1～3h，氧分压为 $1×10^{-8}$～$1×10^{-12}$atm（1atm＝$1.01325×10^5$Pa）。

（4）SiC 系。

Nakamura、Kazutaka 等以 SiC 为主要材料，掺加了 SiO_2、Bi_2O_3、PbO、B_2O_3、ZnO 等，掺量为 0.1%～20%（摩尔分数）。以 Pt、Au、Ag、Pd、AgPd、Ni 和 Cu 为内电极。在 700～1100℃下烧结，晶粒尺寸在 1.0～10μm。该系列的多层片式压敏电阻器的电容量小（1MHz 下为 10～30pF），α 为 10～30，且抗浪涌能力好。可用在高频电路中。

2. 多层片式压敏电阻器的制造工艺流程

多层片式压敏电阻器的制造工艺流程，主要分以下 15 个工序进行：

配料→球磨→流延→丝印（层叠）→等静压→切割→排胶→烧结→倒角→质量控制→封端→烧银→端头处理→分选→编带。具有代表性的简要制造工艺流程及装备图如图 7.10 所示。

其中最关键的是内电极材料、内电极形状和结构的改进情况。

1）常用的内电极材料

（1）Pd 对含 Bi 的 ZnO 多层片式压敏电阻器性能的影响。

为了降低烧成温度，提高压敏性能，在主成分 ZnO 中往往需添加少量的 Bi_2O_3，而组成中的 Bi 与电极材料中的 Pd 易起反应，因此 Pd 的含量要适当地加以控制。上野靖司等研究发现，当使用 AgPd 电极材料时，Ag 与 Pd 的比例符合（$1-x$）：x（$0.05 \leqslant x \leqslant 0.5$），则可抑制内电极 Pd 与烧结体中的 Bi 的反应，还可抑制 Ag 的扩散。将 Pd 含量进一步减少（$0.05 \leqslant x \leqslant 0.15$），则效果更好，不仅使内电极的电阻率减小，并使浪涌耐量和静电耐量得到进一步改善。

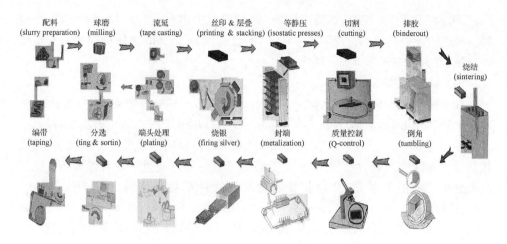

图 7.10　层片式压敏电阻器典型的制造工艺流程

（2）便宜金属材料的应用。

Ni 电极的化学稳定性比 Ag 和 AgPd 电极好,机械强度高,电极的浸润性和耐热性也较好。存在的问题是如何解决 Ni 电极比陶瓷层收缩速度快(易造成陶瓷介质层再分层的现象)和如何减轻或避免 Ni 电极氧化。日本松下电子组件公司利用 Ni 作为内电极,在 1250℃ 以下烧成 $SrTiO_3$ 多层片式压敏电阻器。该多层片式电阻器的主要组成以 $SrTiO_3$ 为主,将 A 位/B 位的比例取作富 A 位(Sr),在其组成内,另添加 Mn、SiO_2、TiO_2 系的低熔点助熔剂。先在大气中将黏结剂排出,再置于还原气氛下,使材料半导化与 Ni 电极的金属化同时进行;随后,在大气中烧成,使材料再氧化与外电极的烧渗同时进行。

2）内电极材料的改进

在内电极材料中,添加 0.5%～10%（质量分数）玻璃材料,利用其易扩散到 ZnO 晶界处的特点,以改善电极与烧结体的黏合强度和烧结体的烧结性,使压敏电压分散性和耐浪涌量的变化率得到改善,可分别减少 25% 和 70%。

另外,在 Pt 内电极材料中,加入 0.01%～10%（质量分数）的稀土氧化物（如 La_2O_3、Sm_2O_3、Ce_2O_3 等）,利用其提供充分的氧,扩散到 ZnO 的晶界处,使非线性系数由原来的低于 20 提高到 30 以上。

3）内电极形状和结构的改进

在改进电极形状方面,采用梳状内电极,减少多层片式体在烧成过程中因生坯片内有机物向外逸散引起内电极层从生坯片上剥离和生坯片间的分层现象,使压敏电压和电容量的分散性分别减少 80% 和 60%。在高温烧成过程中,表、底层的成分容易挥发而引起组成的改变,将导致表面漏电流的增加和耐浪涌能力的下降。将表、底层内的电极印刷长度缩短至内层电极印刷长度的一半,可使改进结构的样品的耐浪涌能力和漏电流特性得到明显改善。

Nakamura、Kazutaka 等调整 $T_x/T(1.5\sim3.0)$ 和 $T_y/T(\geqslant1)$ 的数值，可以得到高的耐浪涌能力。其中，T 为指陶瓷层的厚度，T_x 为内电极与陶瓷边缘的距离，T_y 为最外层电极与烧结体表面之间的距离。

Hadano、Kenjiro 等为了改善内电极与外电极的接触，使它们之间的接触电阻下降，降低限制电压，增大最大峰值电流和能量耐量，把除了表、底两层内电极外的内电极都分为两层，中间用小于 1/4 有效陶瓷层厚度的无效层隔开。

3. 多层结构的形成与改进

采用两种不同生坯片厚度，在厚生坯片上印刷内电极材料，然后将印有电极的厚生坯片和未印电极的薄生坯片依次叠合起来。利用该改进制法，压敏电压和电容量的分散性均分别降低到过去的 1/10～1/8，且浪涌耐量和限制电压比特性都得到改善。

在两内电极之间，再插入一片或一片以上印有非接触（不延伸到端头）内电极的生坯片，使得位于内电极与非接触内电极之间的晶粒控制在 2 个以内，这可使非线性系数提高到 40，压敏电压变化率减小 10 倍以上。

多层片式压敏电阻器存在"枕形"现象。在未印有电极的边缘部分，印刷上与生坯片同一材料的介质浆料，使整个生坯片厚度保持一致。这对减少压敏电压的变化，提高多层片式电阻器的使用可靠性有明显的效果。

另外，在叠合的生坯片之间增插一层多孔陶瓷生坯片，可起到减少其漏电流的效果；在多层片式压敏电阻器的表底两面印刷上电极，以扩大其电极的有效面积，使耐浪涌能力得到提高。

在形状上，还有圆筒状多层片式结构，其外形与圆筒状生坯片电阻器（MELF片式电阻器）相类似，具有不同编带、安装方便、成本低等优点。

Ahn 等把一种低介电常数的陶瓷层作为支撑层，在其上印刷包封层、内电极层（厚 0.1～1mm）和压敏电阻层，而制得低电容量的压敏电阻器（电容量＜10pF），用以满足信号高速传输（传输速度超过 1MHz）的要求。

4. 表面处理

近腾昭仁等采用将烧成后的多层片式压敏电阻体置于包含 CuO、Li$_2$O、Ag$_2$O、K$_2$O 等氧化物的 Al$_2$O$_3$ 和 MgO 的混合材料内，在 500～900℃下热处理 10～60min，利用元素 Cu、Li、Ag 或 K 等扩散到多层片式体内部，使部分的 ZnO 结晶变成绝缘体，比电阻明显增大，加上外面形成的均匀高阻绝缘层，可提高多层片式压敏电阻体的防潮性和耐浪涌能力，使压敏电压的变化率减少。

另外,还有用 Fe_2O_3、Ni、Cu 在外层罩一层保护层。Ueno 等利用 Ni 或 Ni 化合物,加上 Si、Ti、Al、Mg、Zr 的化合物,再加上 $0.03\sim0.06g/mL$ 的铅玻璃,给烧结体罩一层 $1\sim3\mu m$ 的保护层,然后在其上罩一层玻璃层。该玻璃层的组成以 Si、Ti、Al 的有机盐为主要材料,加入改性剂 Na、Li、K、Bi、B、Pb;为了提高其机械强度和韧性,加入 $0.5\%\sim2.0\%$(质量分数)的针状晶体 Al_2O_3、Ti_2O_3、ZnO、SiC、Si_3N_4、SiO_2 或碳纤维、玻璃纤维(长度$\leqslant5.0\mu m$、直径$\leqslant1.0\mu m$);为了提高与保护层的黏结强度,还加入了 $0.2\%\sim2.0\%$(质量分数)的 Bi_2O_3、Sb_2O_3。玻璃层的热处理是埋在 Si、Ti、Al、Mg、Zr 的氧化物中进行加热。经过处理后的样品具有很好的耐湿、耐化学腐蚀能力、很好的机械强度及良好的绝缘性能。

5. 烧端工艺

烧端工艺对片式 ZnO 压敏限制电压比有较大影响。采用添加剂为 Bi-Sb-Co-Mn-Cr-Si 的 ZnO 配方,经过混合、球磨、流延、丝印叠层、切割、排胶、烧结、烧端工艺,制作试样。烧端工艺分两组情况进行:第一组,烧端温度分别为 750℃、800℃、750℃、900℃,保温 15min;第二组,烧端温度为 850℃,保温时间分别为 5min、15min、25min、35min。然后分别对两组试品测试 $8/20\mu s$ 波形电流为 1A 下的残压,压敏电压为 1mA 电流下的电压。测试不同烧端温度与不同保温时间情况下的压比数据列于表 7.1。

表 7.1　不同烧端温度下试品的限制压比以及不同保温时间下试品的限制压比

编号	烧端温度 /℃	压敏电压 U_{1mA}/V	限制电压 U_{1A}/V	限制电压比 U_{1A}/U_{1mA}	编号	保温时间 /min	压敏电压 U_{1mA}/V	限制电压 U_{1A}/V	限制电压比 U_{1A}/U_{1mA}
1	750	7.98	17.16	2.16	5	5	7.96	17.03	2.14
2	800	8.02	16.12	1.92	6	15	8.10	15.55	1.92
3	850	8.10	15.55	1.95	7	25	8.13	15.85	1.95
4	900	8.12	18.19	2.17	8	35	8.32	18.05	2.17

从表 7.1 可以看出,随着烧端温度的升高,试品的限制压比开始降低,在850℃时,出现最小值,当超过 850℃时,又增大。说明通过选择最佳温度点,可以使其限制压比达到最小值。因为烧端工艺的实质也是电极还原和内电极连接的过程,当温度太低时,银电极还原不充分,银电极微观结构成单独颗粒状,颗粒之间存在大量气孔,电阻大限制压比高。还可以看出,随着烧端保温时间的延长,试品的限制压比开始降低,当保温时间为 15min 时,限制压比最低,当保温时间继续延长时,限制压比有升高。因为随着保温时间的延长,Ag 还原充分,端电极与内电极连接紧密,接触电阻小。但当保温时间过长时,由于端电极的 Ag^+ 容易扩散进入介质层,并且随着时间的延长而扩散加剧,造成端电极与内电极连接处发生稍许分

离,使接触电阻变大,从而导致限制电压比增高。

所以实验证明,片式压敏电阻器的限制压比不仅与配方有关,而且与制造工艺有密切关系;选择合适的烧端温度及保温时间,可以降低限制压比。

总之,鉴于 ZnO 压敏电阻器的应用范围很广泛,对其性能的要求也因用途不同而有很大差别,所以其配方、工艺也不同;特别是片式压敏电阻器,由于其压敏电压很低,工艺也很复杂,所以必须要采用特殊的配方、工艺及工艺装备。相对而言,压敏电阻器的生产工艺和工艺难度比高压避雷器大。

7.4　氧化锌压敏电阻器芯片的几何效应及其应用

7.4.1　氧化锌压敏电阻器芯片几何效应问题的提出

ZnO 压敏电阻器存在的主要技术问题在于:

(1) ZnO 压敏电阻器瓷料配制及优化;

(2) ZnO 压敏电阻器制作工艺分散性,如成型、烧结、被银和烧银工艺都影响压敏电阻器的一致性和均匀性;

(3) 喷雾造粒粉的成分均匀性及流动性,影响 ZnO 压敏电阻器芯片的电气性能;

(4) 对于要求瓷片厚度薄的高、中、低压压敏电阻,一般要求压敏电压很低,必须将坯体成型得很薄,而且烧结后的晶粒大小都是很难控制的。

针对以上问题除改进配方和相关工艺外,为解决芯片薄的问题通常需采用其他制作工艺如下:

(1) 一般采用轧膜工艺,但这种方法多应用于片式压敏电阻、片式电容及电路基片等。由于这种制作坯体的浆料的黏合剂添加较多,致密化程度差因而影响制品性能。另一方面,它的工艺复杂,且要求自动化程度高的专用工艺装备,不适合产量大的压敏电阻芯片生产。

(2) 日本特开专利昭 64-21901 介绍,将制成后的 ZnO 压敏电阻烧结体,采用粒度一定的研磨粉研磨,直到所要求的厚度。然而,这种工艺要求磨粉的粒度很严,否则会影响压敏电压。

(3) 日本特开专利平 64-106402 介绍,在制备电极前,用绝缘性或半导体的填充剂将烧结磨平后的表面气孔填充,使被银电极后表面电场均匀化,提高 ZnO 压敏电阻耐受电浪涌的能力。此方法对低压电阻制作是有效的,但不能用于批量生产。

(4) 采用籽晶法可抑制晶粒的不连续生长,增大 ZnO 晶粒并使均匀分布。

(5) 采用添加剂和 ZnO 单晶薄层交替叠加制作 ZnO 压敏电阻,即称之为"三明治型叠片法"。单元压敏电阻晶界击穿电压为 3.0~4.0V,整体压敏电阻的阈电压为 3.5V 乘以添加剂夹层数目。但这种方法能否保证冲击性能满足技术要求仍需验证。

(6) 添加晶粒生长促进剂,降低压敏电压梯度,即通常采用较多的是添加 TiO_2、BeO、SnO 等,另外也可添加低熔点玻璃,其中最有效的是 TiO_2。但 TiO_2 的添加会使晶粒异常生长,晶粒形貌异常,这样就会影响瓷片的耐受冲击性能等。这种措施可以实现低压化,但必须与工艺条件配合才能充分发挥其作用。

对于上述工艺出现的问题,国外可能已经大部分解决,而国内尚有待或正在解决。考虑到工业应用,普遍采用电位梯度、非线性系数来表征 ZnO 压敏材料的动态特性,脉冲电流冲击后的压敏电压变化率来表征其耐受大电流能力,即动态特性。而用以上参数作为材料性能参数是不随压敏电阻芯片的几何尺寸的变化而变化,应该是一常数。然而,生产实践中发现,即使同一配方、同样工艺制作的不同直径(D)、不同厚度(d)的圆片式压敏电阻芯片,其性能参数常随直径、厚度发生变化,而且各种高、中、低压压敏电阻都存在着这种现象。其中,低压瓷片的电性能参数随直径和厚度变化更显著。可以看出,这种现象给设计者会带来很大困难。既然不能按照恒定的电性能参数设计不同电压等级的压敏电阻瓷片尺寸,那么这种现象是怎样变化的? 其机理是如何形成的? 怎样才能获得所需要的性能良好的芯片? 基于上述现象提出了 ZnO 压敏陶瓷几何效应的问题,下文就此问题的研究概况和结果概略综述。

7.4.2　圆片式氧化锌压敏陶瓷几何效应规律及影响因素

1. 试样制备及测试方法

以某压敏电阻器厂大批量生产的低压瓷芯片为研究对象,坯体成型密度为 $3.2g \cdot cm^{-3}$;烧结体的尺寸直径在 $\phi5 \sim \phi40$(共 8 种规格),厚度为 0.6~3.0mm(共 8 种规格);在生产隧道炉同一条件下烧成。

主要电气性能采用伏安法测取成品 $U_{DC\,1mA}$ 为试样的压敏电压;其值除以厚度,即求得电位梯度;分别测定 0.1mA、1mA 下的 $U_{0.1mA}$ 及 U_{1mA} 按 $\alpha = 1/\lg(U_{1mA}/U_{0.1mA})$ 关系求得非线性系数 α。脉冲电流冲击后的压敏电压变化率 $\Delta U_{1mA}/U_{1mA}$,以标准雷电波 $8/20\mu s$,并以相同的电流密度冲击两次(间隔 5min),过 1~2h 测量其反向压敏电压求得。因为经大电流冲击后压敏电压会降低,非线性变差,漏电流增大,尤其是反向测量时这些变化比正向大,所以以反向的性能变化来表征其抗冲击的能力好坏。

需要说明的是,因为考虑到电极的焊接、包封工艺对 ZnO 压敏电阻器的最终性能会有影响,为了取得本实验的几何效应规律有实用性,均按正常工艺进行焊接、包封后再测量电气性能。

2. ZnO 压敏陶瓷几何效应规律

（1）电位梯度的几何效应规律。

图 7.11（a）和（b）给出了 ZnO 压敏陶瓷电位梯度的几何效应规律。从图 7.11（a）中可以看出，在同一直径下，随着厚度的增加，电位梯度 E_{1mA} 相应增加。当 $d \geqslant d_0$ 时，电位梯度基本上保持不变；当 $d < d_0$ 时，E_{1mA} 随 d 增大呈线性正比增加。其中 d_0 定义为压敏陶瓷性能突变的临界厚度。

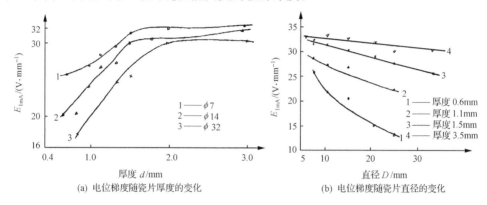

(a) 电位梯度随瓷片厚度的变化　　　　　　(b) 电位梯度随瓷片直径的变化

图 7.11　ZnO 压敏陶瓷的几何效应

经数学一元线性回归处理，图 7.11（a）中，当 $d \leqslant d_0$ 时，E_{1mA} 随 d 变化，可写为 $E_{1mA} = Cd^{-a}$；当 $d > d_0$ 时，$\partial E_{1mA}/\partial d = 0$。

从图 7.11（b）可得

$$E_{1mA} - \begin{cases} C'D^{-0.3155}, & d \leqslant 1.1\text{mm} \\ C''D^{-0.0575}, & d > 1.1\text{mm} \end{cases} \tag{7-3}$$

其中，C'、C'' 为系数。可见电位梯度随试样厚度的变化程度大于随直径的变化，而且在试样较薄时，E_{1mA} 随直径 D 有较大下降；在试样较厚时，E_{1mA} 随直径 D 略有下降。

（2）非线性系数的几何效应规律。

图 7.12（a）和（b）表示 ZnO 压敏陶瓷非线性系数 α 的几何效应规律。即在同一直径下，随着厚度的增加，α 相应增大；随直径增大，α 单调下降。

将图 7.12（a）进行一元线性归一化处理，可以得到当厚度小于临界厚度 d_0 时，α 随厚度变化很大，其关系式为

$$\alpha = \begin{cases} A_a d^{0.55}, & d_0 = 1.1\text{mm}; \phi 7 \\ B_a d^{0.35}, & d_0 = 1.5\text{mm}; \phi 14 \\ C_a d^{0.45}, & d_0 = 2.0\text{mm}; \phi 32 \end{cases} \tag{7-4}$$

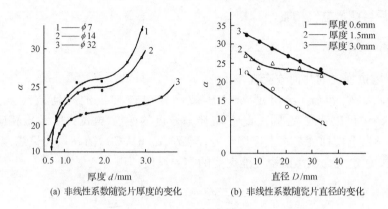

(a) 非线性系数随瓷片厚度的变化　　　　(b) 非线性系数随瓷片直径的变化

图 7.12　ZnO 压敏陶瓷非线性系数 α 的几何效应规律

式中, A_α、B_α、C_α 为系数。就非线性系数 α 而言,试样也存在一临界厚度 d_0,当厚度大于 d_0 时,α 趋于一定值;而当试样厚度再增大时,出现 α 显著增大的现象。这可能是由晶界添加剂含量决定,即试样厚度增加,添加剂的挥发影响减小。

　　对图 7.12(b)进行数学归一化处理,发现非线性系数随直径增大而减小,其关系式为

$$\alpha = E_\alpha D^k \qquad (k = -0.3 \sim -0.1) \tag{7-5}$$

式中, E_α 为系数,比较式(7-4)和式(7-5)中的指数绝对值,可以认为非线性系数随厚度的变化大于随直径的变化。

　　(3) 压敏电压变化率的几何效应规律。

　　图 7.13(a)和(b)给出了受电流冲击后压敏电压变化率的几何效应规律。在同一直径下,$\Delta U_{1mA}/U_{1mA}$ 随厚度增加而降低;而随直径增加而增大。

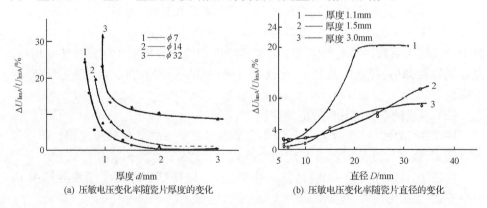

(a) 压敏电压变化率随瓷片厚度的变化　　　(b) 压敏电压变化率随瓷片直径的变化

图 7.13　冲击后压敏电压变化率的几何效应规律

　　图 7.13(a)和(b)表明,对于同一直径的试样,当其直径小于临界厚度 d_0 时,试样的耐冲击能力随厚度增加而大幅度增强;当 $d > d_0$ 时,试样的耐冲击能力基

本上不随厚度变化而变化。

从 ZnO 压敏陶瓷电性能参数的几何效应规律中,都可以得到试样的临界厚度 d_0,而且对每一电性能参数来说都大致如式(7-6)所示:

$$d_0 = \begin{cases} 1.1\text{mm}, & \phi 7 \\ 1.5\text{mm}, & \phi 14 \\ 2.0\text{mm}, & \phi 32 \end{cases} \tag{7-6}$$

即随着试样直径增大,其临界厚度 d_0 也相应增大。

测试电性参数时,采用 $U_{1\text{mA}}$ 进行计算,经过推算认为对于直径不同的试样这样选取也是比较合理的。在 1mA 电流处,流经瓷片的电流密度 J 与直径 D 的关系为

$$J = fD^{-2.026} \tag{7-7}$$

式中,f 为系数。比较式(7-6)与式(7-3)、式(7-7)可见,随着试样直径的增大,引起电流密度迅速下降,并未对电性能参数 $E_{1\text{mA}}$、α 造成很大的影响。因此认为选取的 $U_{1\text{mA}}$ 电流区处于试样 E-J 特性的击穿区域,电流密度 J 的变化对 E 的影响不大。

由此可以得出以下结论:ZnO 压敏陶瓷的电气性能参数都随其几何尺寸按一定规律变化,电性能参数随厚度变化比较大,而且在试样的临界厚度 d_0 处,其电性能发生突变。可以认为,对于任一配方而言,都存在着其性能参数的几何效应规律和临界厚度,只是配方不同,d_0 及表达式中系数会相应改变,但电性能参数随试样几何尺寸的变化规律是一致的。这可以作为设计 ZnO 压敏电阻瓷片的理论依据和设计参数之一。

7.4.3　氧化锌压敏陶瓷电气性能产生几何效应的机理

1. ZnO 压敏陶瓷材料的物理性能对性能的影响

为了找出影响 ZnO 压敏陶瓷几何效应的规律因素,必须从实际测量瓷体的物理性能参数(体积密度、开口气孔率、收缩率)研究致密化程度,再通过微观结构观察分析晶粒尺寸、分布和晶粒形貌考察其晶粒生长过程。

图 7.14 给出了 ZnO 瓷体的密度随其几何尺寸的变化关系。从图中可见,随着直径和厚度的增加,当 $d \geqslant 1.1\text{mm}$ 时,烧结体密度增大趋于一定值;当 $d < 1.1\text{mm}$ 时,其密度较小。

图 7.15 展示了 ZnO 瓷体开口气孔率随其几何尺寸的变化关系。可见,随着直径和厚度的增加,当 $d \geqslant 1.1\text{mm}$ 时,烧结体气孔率都减小,降低到 0.2% 左右;当 $d < 1.1\text{mm}$ 时,气孔率较大。可见图 7.14 和图 7.15 是相互对应的,说明开口气孔率严重影响瓷体密度。开口气孔率是由于瓷片在烧成过程表面某些添加剂挥发的结果。其挥发状况与瓷体的比表面积有密切关系。

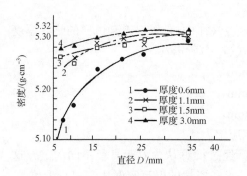

图 7.14　ZnO 瓷体的密度随其几何
尺寸的变化关系

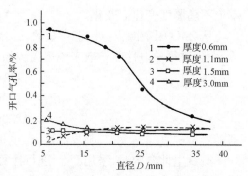

图 7.15　ZnO 瓷体的开口气孔率随
其几何尺寸的变化关系

图 7.16 表示瓷体的比表面与几何尺寸的关系。曲线表明,瓷体的比表面积随厚度增大而大大减小,因而添加剂挥发量减少,所以开口气孔率减少;其比表面积随直径略有减小,因此随着直径增加气孔率是减少的,瓷体密度是增大的。

比较图 7.14 和图 7.15 可知,物理性能参数随厚度的变化存在着一个性能突变的厚度 1.1mm,但这不能称其为临界厚度,但可以认为 d_0 在 1.1mm 附近。比较图 7.14、图 7.15 与图 7.13(a)可知,瓷体密度、开口气孔率直接影响着瓷体的耐冲击能力。

图 7.17 表明坯体的收缩率随其几何尺寸的变化。可见,试样的径向收缩率总是大于轴向的收缩率,而且随着直径增大,径向收缩率不变,但轴向收缩率增大,且逐渐接近径向收缩率;同一直径的试样随着厚度增加,轴向收缩率增大。这说明坯体在径向和轴向的致密化程度不同,可能会影响晶粒生长及瓷体的电气性能。

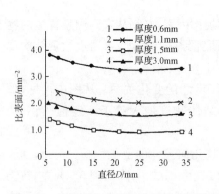

图 7.16　瓷体的比表面与几何尺寸的关系

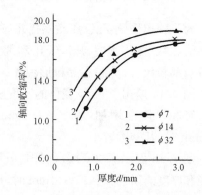

图 7.17　坯体的收缩率随其几何尺寸的变化

图 7.18(a)和(b)展示了试样的平均晶粒尺寸大小、分布和厚度与直径的关

系。图 7.19(a)和(b)展示了试样的晶粒大小偏差 σ 随厚度、直径变化的曲线。分析表明,随试样厚度增加,平均晶粒尺寸增大。晶粒尺寸趋向于均匀化;晶粒形貌越接近六边形,气孔数目和其体积都减少。随着直径增大,晶粒尺寸稍有增加,晶粒大小分布略趋于不均匀,晶形变化不大。特别是薄的试样,晶粒形貌很不规整,有些呈条形。Hennings 和 Holfmann 阐明,在低压 ZnO 压敏电阻中,因晶粒不连续生长,造成不均匀的微观结构,严重影响了其电气性能,因此如何控制晶粒生长、晶粒大小分布和晶粒形貌是值得关注的问题。

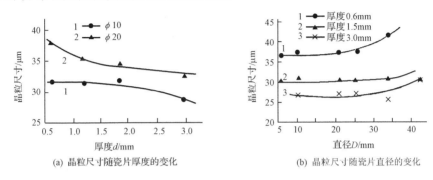

(a) 晶粒尺寸随瓷片厚度的变化　　　　(b) 晶粒尺寸随瓷片直径的变化

图 7.18　试样的平均晶粒尺寸大小与厚度和直径的关系

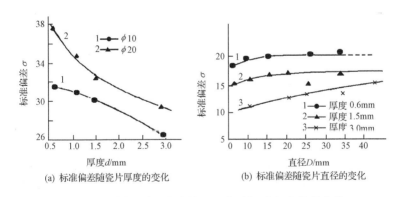

(a) 标准偏差随瓷片厚度的变化　　　　(b) 标准偏差随瓷片直径的变化

图 7.19　试样的晶粒大小偏差 σ 随厚度、直径变化的曲线

2. 成型坯体的密度分布及其对 ZnO 压敏电阻性能的影响

ZnO 压敏电阻器芯体的坯体大多都是采用单向液压机压制成的,由于粉粒与模壁之间的摩擦阻力较大,其结果必然出现明显的压力梯度,这样压成的坯体在受力面及其近模壁处具有最大的密度,其下方近模壁处及中心部分则密度最小。设 d 为坯体高度,D 为直径。d/D 值越大,则由于压力传递和粉粒之间、粉粒与模壁之间的摩擦,坯体内部沿厚度方向的压强差越大;d/D 越小,则坯体中的压力分布较集中、压强差小,而且薄片的内部平均压力高于厚片。

（1）成型密度对 ZnO 压敏电阻性能的影响。

以单向加压获得密度分别为 3.00g·cm^{-3}、3.05g·cm^{-3}、3.10g·cm^{-3}、3.15g·cm^{-3}、3.20g·cm^{-3}、3.25g·cm^{-3}、3.30g·cm^{-3}、3.35g·cm^{-3}、3.40g·cm^{-3}、3.45g·cm^{-3} 和 3.50g·cm^{-3} 的 ϕ14×1.5mm 的坯体。在同一条件下烧成，测量其 E_{1mA}、非线性系数 α、冲击电流作用后压敏电压的变化率 $\Delta U_{1mA}/U_{1mA}$。测量数据分别如图 7.20 和图 7.21 所示。

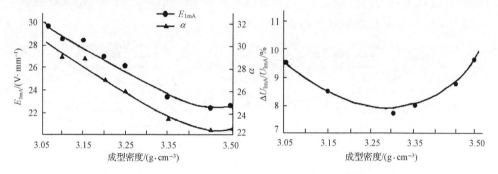

图 7.20　E_{1mA}、α 随成型坯体密度的变化　　　图 7.21　冲击作用后 $\Delta U_{1mA}/U_{1mA}$ 随坯体成型密度的变化

从图 7.20 和图 7.21 中的曲线变化可知，成型坯体密度对 ZnO 压敏电阻的电气性能有显著影响。即坯体密度增加，电位梯度 E_{1mA} 和非线性系数 α 几乎呈线性关系下降，其降低程度分别为 18.8V·mm^{-1}·(g/cm^3)$^{-1}$、21.6V·mm^{-1}·(g/cm^3)$^{-1}$。在密度为 3.45g·cm^{-3} 时，E_{1mA} 和 α 达到最小值；当密度大于 3.45g·cm^{-3} 时，E_{1mA} 和 α 有所增加。当冲击电流作用后 $\Delta U_{1mA}/U_{1mA}$ 为最小值。因此，对本配方而言，在某一烧成条件下，要获得低电压 ZnO 压敏电阻，成型体密度应在 3.30～3.35g·cm^{-3} 比较合适。

（2）成型坯体密度对 ZnO 压敏陶瓷物理性能及微观结构的影响。

图 7.22 和图 7.23 分别表明烧结瓷体密度、收缩率随坯体密度的变化。可见，随着坯体密度的增加，开口气孔率基本不变，体密度增大，但其增加程度略小于坯体密度的增大程度，这是添加剂挥发和闭口气孔形成的结果。

在坯体密度为 3.35g·cm^{-3} 时，瓷体密度达到最大值。此后，瓷体密度降低。这可能因为在密度高于 3.35g·cm^{-3} 后，就会阻碍烧结过程粉粒的烧结重排，因而影响了其致密化程度，从而影响着其耐冲击性能。

图 7.23 的曲线表明，径向和轴向收缩率均随坯体密度增加而减小，但轴向总小于径向收缩率。这说明因为坯体很薄，轴向比径向的密度差小所致；也说明在一定范围内提高坯体密度，有助于促进烧结和致密化。

对坯体密度不同烧结后瓷体的 ZnO 晶粒尺寸进行了观测，其观测统计结果绘于图 7.24。

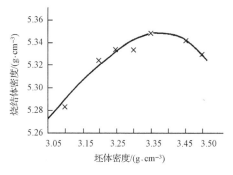

图 7.22　烧结瓷体密度随坯体密度的变化

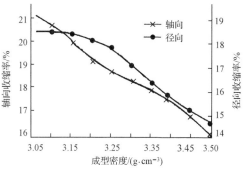

图 7.23　坯体烧结的收缩率随坯体密度的变化

可见,随着坯体密度的增加,烧结体 ZnO 晶粒尺寸很有规律地增大,但其尺寸的偏差也随之增加,尤其是在密度大于 $3.40\mathrm{g \cdot cm^{-3}}$ 时,这种偏差急剧增大。说明过大的晶粒尺寸会引起其大小分布的不均匀性。

Long 和 Kingery 的研究表明,坯体密度增大可以促进致密化过程,对晶粒生长过程没有影响。而本实验发现,坯体密度不仅影响着 ZnO 压敏陶

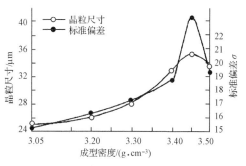

图 7.24　晶粒尺寸随成型密度的变化

瓷的致密化过程,而且也影响晶粒的发育,即提高坯体密度增加了致密化过程,并促进晶粒长大。由于坯体密度增大有助于晶粒生长,故在其密度为 $3.45\mathrm{g \cdot cm^{-3}}$ 时,少数晶粒很大,尺寸偏差增大,使 E_{1mA}、α 为最小。

3. ZnO 压敏陶瓷几何效应形成的根源

(1) 圆片式 ZnO 压敏电阻片的电气性能、晶粒大小的分布状态。

在烧结过程中,由于坯体密度的对称性,其收缩都向中心轴,晶粒发育也以中心轴为中心对称的。因此,在瓷片电极端面制作成许多同心圆(同心圆半径为 r)的点电极,每个点电极相当于一个压敏电阻单元,测出它的阈值电压。在同一圆上,各个点电极上的阈值电压基本相同,可以得到单元压敏电阻阈值电压沿径向的分布,如图 7.25 所示。图中单元压敏电阻阈值电压处的电流为 $0.5\mu A$。可以看出,随着半径比 r/R 增大(R 为半径),其阈值电压下降,中心区域例外。

在瓷体中以轴为中心,随同心圆半径增大,晶粒尺寸则相应呈“L”形先减小而后增大,中心区域例外,如图 7.26 所示。瓷体中各点电极晶粒的阈值电压、尺寸沿

径向的分布类似于坯体中的压力分布,即随分布压力增大或减小,阈值电压和晶粒大小也随之增大或减小。这说明它们之间存在着密切的对应关系。

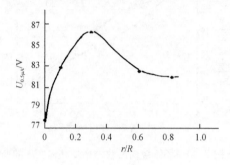 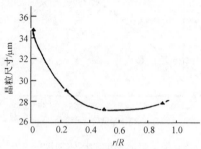

图 7.25　阈值电压沿径向的分布　　　图 7.26　晶粒尺寸沿径向的分布

同时对瓷片试样断面进行光学分析,获得晶粒尺寸沿轴向有不同,如表 7.2 所列数据。在轴向晶粒尺寸由大到小顺序排列,即压力最大的上端面晶粒尺寸最大,压力最小的底面晶粒最小。

表 7.2　轴向晶粒尺寸的分布

位置	晶粒尺寸/μm	标准偏差 σ
压力面	27.9	17.9
$d/4$ 处	25.0	18.5
底面	23.1	12.3

(2) 元素沿电阻片不同几何尺寸试样的分布。

利用电子探针对不同几何尺寸的试样内部各处的元素含量进行了探测,结果如表 7.3 所示。

表 7.3　不同几何尺寸的试样内部各处的元素含量(单位:%(质量分数))

元素	$\phi 10$		$D=3.0mm$		$\phi 10 \times 3.0mm$		
	0.6mm	3.0mm	$\phi 10$	$\phi 42$	$r/R=0$	$r/R=0.5$	$r/R=1.0$
Bi_2O_3	0	0.1	0.10	0.08	0.21	0.10	0
CoO	1.73	1.89	1.89	1.37	1.92	1.77	1.98
MnO	0.30	0.34	0.34	0.3	0.34	0.29	0.39
BaO	0	0.13	0.13	0.06	0.23	0.15	0
SrO	0	0.15	0.15	0.10	0.30	0.15	0

从分析数据可知,厚度薄的试样挥发严重,直径大的试样比直径小的试样挥发

量多,这是由于其比表面不同所致。瓷体内低熔点氧化物含量都是随直径增大方向而减少的,正因为中心轴熔点氧化物挥发量较少,促进了轴中心的晶粒生长,使此处的阈值电压较低。

对各种不同尺寸的瓷片而言,虽然在高温烧成过程都会有低熔点物挥发,但对厚度越薄且直径越大的瓷片来说,这种挥发引起的成分变化对其电性能的影响就很大。通过对不同厚度试样中的 Bi 含量在厚度方向的分布测量,结果如图 7.27 所示。

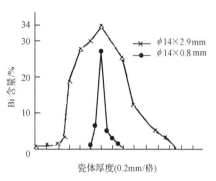

由图 7.27 可见,由于 Bi_2O_3 的挥发,瓷片表面均有挥发层存在,相对于总厚度而言,挥发层厚度所占比例是随其厚度增加而减小的,也就是说除挥发层外,其有效厚度比例是随试样增加而增大的。如果认为 Bi_2O_3 含量小于 4% 的是挥发层,则 $\phi14\times0.8mm$ 瓷片的挥发层所占比例为 57%,对 $\phi14\times2.9mm$ 的瓷片所占比例为 32%。这就是同一直径薄的

图 7.27　瓷体内 Bi 含量随厚度的变化

试样非线性系数小、耐电流冲击能力差,反之亦然的原因。

总结以上实验结果可以得出 ZnO 压敏陶瓷几何效应形成的根源有以下两个方面:

(1) 由于成型时坯体密度的差异,引起烧结时晶粒发育的不均匀性。在密度小处收缩大,晶粒生长小。厚度小的坯体内部轴向压强差小,内部平均分布压力较大,晶粒生长较快,晶粒大小分布不均匀;厚度大的坯体内部轴向压强差大,内部平均分布压力较小,晶粒生长较慢,晶粒大小比较均匀,造成 ZnO 压敏电阻的电位梯度和非线性系数的几何效应规律。

(2) 在烧结过程中,由于不同几何尺寸瓷片中添加剂的挥发程度不同,引起瓷体密度不同,同时挥发层的存在和晶粒大小的不均匀性分布,造成 ZnO 压敏电阻耐受冲击能力的几何效应规律。对于 d/D 比较小的薄瓷片,由于比表面很大,添加剂挥发层对其非线性和耐冲击能力影响很大,电位梯度则决定于晶粒大小及其分布。

4. ZnO 压敏陶瓷致密化和晶粒生长理论

陶瓷烧结是一个很复杂的过程,可大体将其分为致密化和晶粒生长过程。ZnO 压敏陶瓷的性能与烧结过程密切相关。所以必须清楚这些过程,同时了解 ZnO 压敏陶瓷几何效应形成根源在烧结中的作用。

(1) ZnO 压敏陶瓷中的晶粒生长。

晶粒生长的动力是晶粒表面自由能,晶粒生长过程就是晶粒比表面下降,表面

自由能降低的过程。ZnO 压敏陶瓷的晶粒生长速率为

$$d_{\mathrm{g}}^{n} = Kt\exp\left(-\frac{Q}{RT}\right) \tag{7-8}$$

其中,Q 为晶粒生长激活能;d_{g} 为 T 温度下烧结时间为 t 的晶粒大小;n 为晶粒生长指数,它与添加剂种类有关,一般为 3～5。随着烧结温度 T 或烧结时间 t 的增加,晶粒都是长大的。随着温度升高,晶粒生长速率为

$$\frac{\partial d_{\mathrm{g}}}{\partial t} = \frac{Q}{Rn}\frac{d_{\mathrm{g}}}{T^{2}} \tag{7-9}$$

随着烧结时间 t 延长,晶粒生长速率为

$$\frac{\partial d_{\mathrm{g}}}{\partial t} = \frac{K\exp\left(-\dfrac{Q}{RT}\right)}{nd_{\mathrm{g}}^{n-1}} \tag{7-10}$$

由式(7-8)和式(7-9)可知,随着烧结温度升高,晶粒生长速率减小;随着烧结时间延长,晶粒生长速率减慢。

(2) ZnO 压敏陶瓷烧结过程中温区划分。

图 7.28 为经过实验获得的 ZnO 压敏陶瓷 $E_{1\mathrm{mA}}$ 和瓷体密度随烧结温度变化的关系。图 7.29 为平均晶粒尺寸随烧结温度变化的关系。从这两图可以看出:①在 1050℃以前,属于致密化过程,1050℃时瓷体密度最大,高于 1050℃时由于添加剂挥发使其密度下降;②ZnO 晶粒开始明显生长是在 1000℃时,同时形成晶界;③在 1000～1120℃,晶粒生长速度最快,达到 0.1μm/℃。同时估算出烧结过程晶粒生长的平均速率 $\Delta d_{\mathrm{g}}/t$,如表 7.4 所示。在 1000～1120℃,$\Delta d_{\mathrm{g}}/t$ 最大为 9.46μm/h,这与式(7-9)、式(7-10)一致。

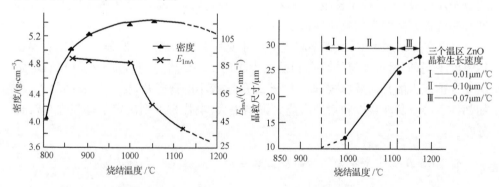

图 7.28　瓷体 $E_{1\mathrm{mA}}$ 和密度随烧　　　　图 7.29　平均晶粒生长速度随烧
　　　结温度变化的关系　　　　　　　　　结温度的变化

以上计算 ZnO 晶粒生长的平均速率时,没有考虑保温时间对它的影响,这有待进一步研究。从式(7-8)可知,随着保温时间延长,晶粒生长速度减小。

陶瓷的致密化过程就是密度低的坯体转变为致密的烧结体的过程,其推动力是粉粒通过不同传质使表面自由能由高到低的过程,同时也是形成新的能量更低的表现。

表 7.4　晶粒生长的平均速率

温区	1120℃	1120～1200℃	1200～1265℃
$(\Delta d_g/t)/(\mu m/h)$	1.60	9.46	6.30

7.4.4　圆片式氧化锌压敏陶瓷几何效应控制及改善途径

1. 改善粉料的成型润滑性,以改善坯体密度的均匀性

因为沿坯体径向和轴向密度的不均匀性,引起电阻片性能的不良现象,说明 ZnO 喷雾造粒粉料的成型性能不佳。其中最为关键的问题是,因为制备的浆料中未添加滑润剂或增塑剂,所以粉料颗粒表面没有润滑性。在压型过程中,由于粉料之间及粉料与模具之间的摩擦阻力较大,会造成要获得所需坯体密度的压强较大,压强越大就会引起沿坯体径向和轴向的密度差越大。这就是必须从改善粉料成型性能入手,来改善坯体密度均匀性的根本措施。这一点对于采用单向冲压方法,特别是快速冲压成型压敏电阻片的工艺尤其是关键。

2. 采取提高坯体密度和增加坯体厚度的措施制作压敏电阻,特别是低压压敏电阻瓷片

从对前述实验结果的讨论可以看出,坯体厚度小于临界厚度以下和密度较低时,对烧结瓷体的密度、晶粒大小等性能都有不利的影响,最终都反映在电阻片的宏观性能上。所以在配方一定的条件下,应通过实验选择适宜的坯体密度、厚度和烧成制度,来实现最佳的效果,其厚度应大于临界值 d_0。但是,提高坯体成型密度来改变压敏电压有一定限度,即密度也不能过高,应根据具体情况通过实验确定最佳值。

3. 调整烧成工艺制度制作低压压敏电阻

(1) 升温速度对 ZnO 压敏陶瓷的影响。

在烧成过程中,坯体收缩到一定程度时,晶粒开始生长,晶界发生移动的同时粉粒之间的气体继续向外排除。如果粒界的移动速度大于气体排出的速度,则气体会成为闭口气孔存在于晶粒或晶界中,二者的速度均依赖于升温速度。本配方坯体烧成时,晶粒生长和致密化过程重叠温区是 1000～1050℃,此温区间晶粒生长速率最大,所以该温区对 ZnO 压敏陶瓷的性能至关重要。因此,考虑到致密化

过程,必须在 660～1050℃温区选择合适的升温速率,使它与晶粒生长速率和气体排出速率相协调。

实验得到,对于 $\phi14 \times 1.5mm$ 规格的电阻片而言,此温区的升温速率约为 50℃/h时,瓷体的致密化程度最好,也就是说其密度最大,同时其耐冲击性能最好。电位梯度和非线性系数随升温速率增加而增大。对于 $\phi14 \times 0.8mm$ 规格的电阻片升温速率应提高到 90℃/h 左右较合适,这可能是这种薄片晶粒生长速率大的原因。

(2) 烧成温度对 ZnO 压敏陶瓷性能的影响。

对于同一种低压 ZnO 压敏电阻,一般采取减小厚度、提高烧结温度的方法,然而得到的结果并不理想。实验表明,提高烧结温度,可以降低电位梯度,但同时也降低了非线性系数,更不利的是耐电流冲击能力随温度的升高而大大降低。因为瓷片较薄,比表面积大,本来其在烧结过程因添加剂挥发就不利,如果再提高烧成温度,会更加剧挥发,使性能恶化。所以,在瓷片厚度大于临界值的条件下,应采取在尽可能低的温度下延长保温时间的办法烧结。

(3) 降温速度对 ZnO 压敏陶瓷性能的影响。

一般认为,降温过程对 ZnO 压敏陶瓷的非线性和耐受冲击能力等电气性能都有影响,因为其性能决定于该过程添加剂偏析在晶界形成的表面态。如果降温速度过快(急冷),由于添加剂在晶界层的偏析很少,非线性变得很差;另一方面,因 ZnO 压敏陶瓷中的各种物相的膨胀系数不同,快速降温容易引起应力,严重时会产生裂纹,影响其耐冲击性能。

通过实验认为,由最高烧结温度到 950℃阶段可以稍快冷,但在 950℃至晶界层液相固化以前应该减缓冷却。在该阶段正是固溶于 ZnO 或尖晶石和溶解于富 Bi 液相中的添加剂,因温度降低造成过饱和,而偏析于晶界层提高晶界势垒的阶段,偏析过程需要一定时间,所以不能太快地冷却。这些试验结果与第 6 章所论述的冷却速度对电阻片非线性影响的原因是一致的。

7.5　过电压保护器及其应用

7.5.1　产品型号命名方法及分类

压敏电阻用字母"MY"表示,第三个字母代表不同应用的型号,如 J 为家用,后面的字母 W、G、P、L、H、Z、B、C、N、K 分别用于稳压、过压保护(通用型)、高频电路、防雷、灭弧、消噪、补偿、消磁、高能或高可靠等方面,如图 7.30 所示。

根据产品的最大峰值电流和结构,将产品分类为以下几类。

(1) MYG 型 ZnO 压敏电阻器(即通用型)。

$\phi5 \sim \phi20$ 引线式结构,标称脉冲电流(8/20μs)小于 4500A,极限脉冲电流(8/20μs)不超过 10kA,其型号及命名方法如图 7.31 所示。

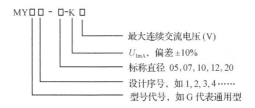

图 7.30　压敏电阻器一般型号及命名方法

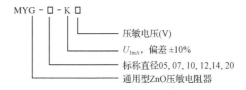

图 7.31　通用型 ZnO 压敏电阻的型号及命名方法

（2）MYL 型 ZnO 压敏电阻器（即防雷型）。

具有引线式和绝缘式结构，标称脉冲电流（8/20μs）为 3～100kA。引线式（非绝缘式）结构有 MYL1、MYL3、MYL4、MYL5、MYL7、MYL9、MYL10；绝缘式结构有 MYL2、MYL6、MYL8。

（3）MYS 型 ZnO 压敏电阻器（即浪涌型）。

具有劣化指示或（和）报警、绝缘式结构的过电压保护器，标称脉冲电流（8/20μs）为 5～100kA。

（4）其他。

由 ZnO 压敏电阻器与（或）气体放电管、TVS 管组件组合的过电压保护器，如 BYF101、BYF201、BYF202、BYF204、BYF205、KXB 等。

7.5.2　各种压敏电阻器的特点及其应用

压敏电阻虽然能吸收很大的浪涌电能量，但不能承受毫安级以上的持续电流，在用作过压保护时必须考虑到这一点。压敏电阻的选用，一般选择标称压敏电压 U_{1mA} 和通流容量两个参数。

压敏电压，即击穿电压或阈值电压。指在规定电流下的电压值，大多数情况下用 1mA 直流电流通入压敏电阻器时测得的电压值，其产品的压敏电压范围为 10～9000V，可根据具体需要正确选用。一般 $U_{1mA}=1.5U_p \approx 2.2U_{AC}$，其中 U_p 为电路额定电压的峰值，U_{AC} 为额定交流电压的有效值。ZnO 压敏电阻的电压值选择是至关重要的，它关系到保护效果与使用寿命。例如，一台家用电器的额定电源电压为 220V，则压敏电阻电压值 $U_{1mA}=1.5U_p=1.5\times\sqrt{2}\times220V=476V$，或 $U_{1mA}=2.2\times U_{AC}=2.2\times220V=484V$，因此压敏电阻的击穿电压可选在 470～480V。

通流容量,即最大脉冲电流的峰值(环境温度为 25℃),对于规定的冲击电流波形和规定的冲击电流次数而言,压敏电压的变化不超过±10%时的最大脉冲电流值。为了延长器件的使用寿命,ZnO 压敏电阻所吸收的浪涌电流幅值应小于手册中给出的产品最大通流容量。然而从保护效果出发,要求所选用的通流容量大一些好。在许多情况下,实际发生的通流容量是很难精确计算的,则选用 2～20kA 的产品。当产品的通流容量不能满足使用要求时,可将几只单个的压敏电阻并联使用,并联后的压敏电压不变,其通流容量为各单只压敏电阻数值之和。要求并联的压敏电阻伏安特性尽量相同;否则,容易引起分流不均匀而损坏压敏电阻。

1. 各种压敏电阻器的特点

(1) 通用型 MYG 压敏电阻器的特点。

① 传统的圆片式外观设计,通流能力$(8/20\mu s)$为 50～6500A。

② 性能已达到日本松下电器 96/97 样本水平,尤其最大峰值电流$(8/20\mu s)$已达到国家标准 SJ/T 10348～10349—1993 指示的两倍。

(2) 浪涌型 MYL1、MYL2、MYL3、MYL8 压敏电阻器的特点。

① 传统的绝缘型、非绝缘型外观设计,体积小,安装与接线更可靠。

② 通流容量为 3～70kA,其中 MYL、MYL2 型产品可以达到 40kA,MYL1B、MYL8 型产品分别达 65kA 和 70kA,处于国内领先水平。

③ 残压远低于产品标准要求,如 $\phi32$ 瓷片:

当 $U_{1mA}\leqslant120V$ 时,$U_{2.5kA}/U_{1mA}=3.55$(标准为 4.46);

当 $U_{1mA}\geqslant150V$ 时,$U_{5kA}/U_{1mA}=2.0$(标准为 3.08)。

④ SJ/T 2307.1—1997 MYL1 型防雷用 ZnO 压敏电阻器,MYL2、MYL3 型防雷用 ZnO 压敏电阻器产品行业标准正在起草,后者正在审批之中。

⑤ 某些产品已批量远销美国 GE 公司,并取得 UL 认证,如 MYL1B-/40、MYL1B-/65、MYL8-/70。

(3) 报警指示型 MYS1、MYS2、MYS3、MYS4、MYS5、MYS6、MYS7、MYS8、MYS9 压敏电阻器的特点。

① 通流容量为 5～65kA。

② 残压非常低。

③ 具有劣化指示功能,同时脱离电源避免事故。

(4) FD1、FD2 型过电压保护器的特点。

① 用于 TNS、TT 系统中的 N-PE 等电位防护。

② 与 MYS4、MYS5、MYS6、MYS8 配合进行工频电源的过电压保护。

③ 通流容量为 20kA、40kA$(8/20\mu s)$。

④ 可以在共享接地系统中隔离不同接地,避免其相互影响。

（5）BYC1-09、BYC1-25/S-P(P-S)型串口保护器。

用于数据处理系统和设备的精细级过电压保护器，广泛应用于邮电、通信、证券、气象、学校、企业等领域的计算机及其网络系统的 RS-232CD、RJ-11、RJ-45 串行接口的保护。

（6）BYF201、BYF202 型电话线过电压保护器。

用于固定电话和程控电话线数据处理系统的过电压保护。

2. 压敏电阻器主要应用的领域

（1）低压电器行业。

用于低压电器电源的感应过电压和操作过电压的防护，采用通用型 ZnO 压敏电阻器。空调、冰箱、洗衣机等家用电器中，ZnO 压敏电阻器主要吸收操作过电压引起的能量耐量，一般采用 MYG3-10K300、MYG3-10K325、MYG3-10K360、MYG3-10K385、MYG3-10K420、MYG3-14K300、MYG3-14K325、MYG3-14K360、MYG3-14K385、MYG3-14K420、MYG3-20K300、MYG3-20K325、MYG3-20K360、MYG3-20K385、MYG3-20K420。

漏电保护器中，ZnO 压敏电阻器主要吸收其电源系统感应电压升高和电源系统操作故障引起的能量耐量，一般采用 MYG3-7K300、MYG3-7K325、MYG3-7K360、MYG3-7K385、 MYG3-7K420、 MYG3-10K300、 MYG3-10K325、 MYG3-10K360、MYG3-10K385、MYG3-10K420。

电子电度表中，ZnO 压敏电阻器主要吸收其电源系统感应电压升高和电源系统操作故障引起的能量耐量，一般采用 MYG3-14K385、MYG3-14K420、MYG3-14K460、MYG3-14K510、MYG3-20K385、MYG3-20K420、MYG3-20K460、MYG3-20K510。

电话、交换机中，ZnO 压敏电阻器主要吸收其电源系统感应过电压引起的能量耐量，一般采用 MYG3-7K、MYG3-10K 产品系列，其具体参数根据线路而定。

（2）低压配电系统。

用于低压配电系统的感应过电压和操作过电压的防护，采用浪涌型 ZnO 压敏电阻器和过电压保护器，如所有防雷工程公司。

（3）通信电源。

用于通信电源系统的感应过电压防护，采用浪涌型 ZnO 压敏电阻器和过电压保护器，如 MYS9、MYS8、MYS5、MYS4、MYL2 等。

（4）气象、通信、邮电、金融、公安、民航等系统。

用于 220V/380V 交流电源或直流电源，采用 MYS4、MYS5、MYS6、MYS8、MYS9 型过电压保护器及防雷箱。

（5）铁路系统。

采用 MYS1、MYS2、MYS3、MYS6、MYS7 型过电压保护器。

7.5.3 氧化锌压敏电阻器应用及注意事项

1. ZnO 压敏电阻器应用原理

ZnO 压敏电阻器的应用采用如图 7.32 所示的 ZnO 压敏电阻器。从图中可以

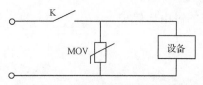

图 7.32　ZnO 压敏电阻器接线图

看到,压敏电阻器与被保护的电器设备或元器件并联。当电路中出现雷电过电压或瞬态操作过电压 U_s 时,压敏电阻器和被保护的设备、元器件同时承受 U_s。由于压敏电阻器响应速度很快,它以纳秒级时间迅速呈现优良非线性导电特性,此时压敏电阻器两端电压迅速下降,远远小于 U_s,这样被保护的设备、元器件上实际承受的电压远低于过电压 U_s,从而该设备、元器件免遭过电压的冲击。

当压敏电阻器用于家用电器等电子线路的过电压防护时,由于电源已经经过几级防护,过电压幅值不是很大,压敏电阻器可将大部分过电压能量吸收。当过电压能量不很大时,压敏电阻器能够承受这部分能量而不损坏,过电压消失后,压敏电阻器仍旧能够恢复到最初的特性,即压敏电阻器具有可恢复性;当过电压幅值很高、能量很大时,压敏电阻器因不能承受如此大的能量冲击而发生劣化甚至热击穿,此时压敏电阻器仍然将过电压限制在较低的水平上,使被保护电器设备免遭过电压损坏,但这时压敏电阻器必须更换。

当压敏电阻器用于电力线路的过电压防护时,由于电力线路上的过电压幅值很高、能量很大,压敏电阻器在动作时吸收的能量很有限,因此通过将过电压转化为大电流对接地电阻进行释放来保护的。

不论压敏电阻器应用于电力线路或电子线路,若各种类型的过电压频繁出现,那么压敏电阻器就会频繁动作来抑制过电压幅值和吸收释放浪涌能量来保护电气设备及元器件,这势必导致压敏电阻器的性能劣化直到失效。此时,该压敏电阻器必须立即更换才能保证电气设备及元器件的正常工作。

2. 压敏电阻器的参数选择

根据被保护电源电压选择压敏电阻器在规定电流下的电压,即压敏电压 U_{1mA} 值。一般选择原则为

(1) 对于直流回路:U_{1mA} 标称值 $\geqslant 2.0U$(电源电压)。

(2) 对于交流回路:U_{1mA} 标称值 $\geqslant \dfrac{\sqrt{2}U(1+0.15)}{0.9 \times 0.85(n-r)} \approx 2.2U$(有效值)。

　　其中考虑交流电压的波动上限为 15%,ZnO 压敏电阻器 U_{1mA} 标称值的下限为标称值的 90%,另外,由于温度、存放、多次冲击等因素使组件老化,取老化系数为 0.85。

　　对于电源保护用的防雷型压敏电阻器,其通流量可选择的电流等级为:3kA、5kA、10kA、15kA、20kA、40kA、60kA、100kA,根据所需保护电源可能遭受到的雷电流大小及场合来选择通流量;对一般的用户电源,由于已进行过初级保护,而且是户内使用,其遭受到的雷击电流较小,因此可选择通流量为 3~10kA 的产品。

　　对于家电设备已经到电源系统的四级保护,家电中的操作过电压也较小,一般采用通用型压敏电阻器来保护,其电流等级为 200A、600A、1250A、2500A、4500A 五种,根据家用电器中实际可能出现的过电压引起的冲击电流值可选择 $\phi10$ 以上产品。

　　家用电器回路中经常出现操作过电压引起的浪涌能量,需要压敏电阻来吸收。一般的,一定配方的压敏电阻器的吸能本领与瓷片体积有关,要提高吸收浪涌能量能力,需要增大其瓷片尺寸,即要选择直径较大型号的产品。

　　由以上可见,以 220V 作为电源的家用电器,压敏电阻器可选择的型号如图 7.33 所示。

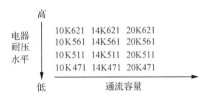

图 7.33　家用电器用压敏电阻器型号

　　对于具体线路过电压保护用压敏电阻器参数选择必须按照该电路中可能出现的过电压(雷电过电压、操作过电压)幅值、冲击电流的大小、过电压持续时间、被保护元器件的绝缘耐压水平进行具体计算来选择。

　　如果电器设备耐压水平 U_0 较低,而能量耐量又需要较大,则可将 U_{1mA} 选择较低,片径选大;如果 U_0 较高,则可将 U_{1mA} 选高,这样既可以保护电器设备,又可以延长压敏电阻使用寿命。具体参数选择可参照相关产品样本。

3. 压敏电阻器的使用方法

　　压敏电阻器是一种无极性过电压保护组件,无论是交流还是直流电路,只需将压敏电阻器与被保护电器设备或元器件并联即可达到保护设备的目的(图 7.34),与不同 MOV 串联匹配熔断器 F 的额定电流如表 7.5 所示。

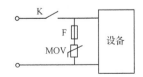

图 7.34　串联熔断器 F 的设备接线图

表 7.5　不同 MOV 串联匹配熔断器 F 的额定电流

品种	5K	7K	10K	14K	20K
熔断器 F 的额定电流	3A	5A	7A	10A	10A

当过电压幅值高于规定电流下的电压,过电流幅值小于压敏电阻器的最大峰值电流时(若无压敏电阻器足以使设备元器件破坏),压敏电阻器处于击穿区,可将过电压瞬时限制在很低的幅值上,此时通过压敏电阻器的浪涌电流幅值不大($<100A \cdot cm^{-2}$),不足以对压敏电阻器产生劣化;当过电压幅值很高时,压敏电阻器将过电压限制在较低的水平上(小于设备的耐压水平),同时通过压敏电阻器的冲击电流很大,使压敏电阻器性能劣化即将失效,这时通过熔断器的电流很大,熔断器断开,这样既使电器设备、元器件免受过电压冲击,也可避免由于压敏电阻器的劣化击穿造成线路 L-N、L-PE 之间短路。

压敏电阻器在电路的过电压防护中,如果正常工作在的预击穿区和击穿区,理论上是不会损坏的。但由于压敏电阻器要长期承受电源电压,电路中暂态过电压、超能量过电压随机的不断冲击及吸收电路储能组件释放能量,所以压敏电阻器也是会损坏的,它的寿命根据所在电路经受的过电压幅值和能量的不同而异。压敏电阻器的损坏方式有三种情况。

(1) 劣化:表现为漏电流增大,压敏电压显著下降,直至为零。

(2) 炸裂:若过电压引起的浪涌能量太大,压敏电阻器无法承受,致使压敏电阻器在抑制过电压的同时瓷片击穿炸裂。

(3) 穿孔:若过电压峰值特别高,导致压敏电阻器瓷片瞬间发生电击穿,表现为穿孔。

这三种情况下都是由于压敏电阻器对过电压抑制,对浪涌能量吸收或释放造成自身劣化失效,使电路中被保护元器件免受破坏。因此,当电器设备运行中出现故障时,关于压敏电阻器可作以下维修:

(1) 若压敏电阻器发生失效时,首先应检查线路保险是否完好。若保险被烧,则更换保险,再更换同型号的压敏电阻器;若保险完好,则需要更换压敏电阻器。

(2) 保险和压敏电阻检修完毕,闭合电源,启动电器设备,若电器设备运行正常,则说明炸裂的压敏电阻器已经起到了其保护功能。若被保护组件失效,说明电路中发生的过电压幅值特别高,超过压敏电阻器的保护范围使被保护元器件损坏,这时需要更换损坏的组件,这种情况极少发生。

(3) 压敏电阻器在电路中以自身逐渐失效来保证电路正常工作。当电器设备中只出现压敏电阻器失效时,这并不是电器设备出现质量事故,而是由于电源电路中出现了大能量的过电压,压敏电阻器起到了应有的作用,只需要更换压敏电阻器即可使电器设备恢复其原有性能。

7.5.4　过电压保护器结构及性能参数

过电压保护器 MYS 型产品结构及性能参数如表 7.6 所示；MYS4 型过电压保护器中热熔断器性能如表 7.7 所示（MYS5～MYS9 型过电压保护器中热熔断器均与 MYS4 型相同）。

表 7.6　MYS 型产品结构及性能参数

产品型号	通流容量 $(8/20\mu s)/kA$	极限通流容量 $(8/20\mu s)/kA$	电流熔断器熔断 电流/A	报警方式	安装方式
MYS4	20	40	50	组件报警、声光、远程监控	
MYS5	20	40	63	单件报警、远程监控	35mm 标准
MYS8	40	60	100	单件报警、远程监控	轨道
MYS9	100	130	63～250	单件报警、声光、远程监控	

表 7.7　MYS 型产品热熔断器性能

产品型号	U_{1mA}/V	施加电压 U/Vrms	热熔断器响应时间/min
MYS4-560/20	566	500	4.5
MYS4-680/20	688	600	6
MYS4-680/20	694	600	6
MYS4-680/20	690	600	7

西安无线电二厂与国外同类 MYS4、MYS5、MYS6 型过电压保护器在不同脉冲电流（8/20μs）下的残压比的对比结果，如表 7.8 所示。可见，国产优于国外同类 MYS4、MYS5、MYS6 型过电压保护器的保护性能。

表 7.8　西安无线电二厂与国外同类型保护比的对比试验结果

样品来源	U_{1kA}/U_{1mA}	U_{3kA}/U_{1mA}	U_{5kA}/U_{1mA}	U_{10kA}/U_{1mA}	U_{15kA}/U_{1mA}	U_{20kA}/U_{1mA}
西无二厂	1.67	1.85	2.01	2.48	2.80	3.16
DEHN*	1.72	1.98	2.15	2.66	3.00	3.45

* 德国 OBO、德国 DEHN 和法国索尔产品均采用西门子公司瓷片。

MYS8、MYS9 型过电压保护器在不同脉冲电流（8/20μs）下的残压如表 7.9。

表 7.9　MYS8、MYS9 型的残压

型号	U_{20kA}/U_{1mA}	U_{35kA}/U_{1mA}	U_{40kA}/U_{1mA}	型号	U_{55kA}	U_{80kA}	U_{100kA}	U_{115kA}
MYS8	2.50	3.12	3.31	MYS9	1.87kV	2.22kV	2.50kV	2.74kV

依据 GB 1497—1985《低压电器基本标准》和 IEC 664-1、IEC 1312、IEC 1643 标准，防雷及过电压保护器按如下划分、选择和使用。

1) 类别划分

类别的划分、选择和使用,如表 7.10 所示。

表 7.10　类别的划分、选择和使用

类别划分	IV电源水平级 初级保护	III配电控 制水平级	II线路负载级	I小功率设备
220V/380V 线路设备承受的 脉冲电压(1.2/50μs)/kV	6	4	2.5	1.5
雷区划分	0—1	1—2	2—3	3—4
额定脉冲电流 (8/20μs)/kA	75	10	5	3
过电压保护器选择	MYS9,FD3, MYL10	MYS8,MYS4, MYS5,MYS6, MYL1B,MYL8, FD2	MYS4,MYS5, MYS6,MYL1, MYL2,MYL8, MYL3,FD1, MYL1B	MYL1,MYL2, MYL1B,MYD
额定脉冲电流(8/20μs)/kA	100	40	20	5~10
额定脉冲电流(8/20μs) 下峰值电压/kV	≤4	≤2.5	≤1.5	≤0.9

2) 线路的过电压保护方法

(1) 根据 IEC 标准和国家标准,线路的过电压保护采用分级保护,如图 7.35 所示。

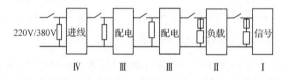

图 7.35　线路的过电压分级保护

(2) 过电压保护器的选用方法见表 7.10,压敏电压的选取应考虑电源波动、暂时过电压及压敏电阻特性等。

(3) 对三相电源一般采用 L-N、L-PE、N-PE 间过电压保护。

① 全部采用压敏电阻器或过电压保护器;

② "3+1"形式,即三只压敏电阻器或过电压保护器与一只或数只 FD1、FD2 配合,其中 N-PE 间采用 FD1、FD2。

3) 过电压保护器使用方法

该产品具有劣化指示报警功能,还有自身劣化导致线路短路后的过流保护功能,其中电流熔断器的熔断电流见表 7.5。为了线路的运行安全,必须在过电压保护器支路上串联断路器或保险丝。

7.5.5　雷电过电压保护器的应用与选择

1. 配电系统的雷电过电压保护器件的分类和选择

电源用雷电过电压保护器 SPD,根据 IEC 1312-1(通则)、IEC 1312-3(浪涌保护器的要求)、IEC 1643-2(低压系统的浪涌保护器)及 ITU-TK36(保护装置的选择),可由气体放电管、放电间隙、MOV、半导体放电管(SAD)、齐纳二极管、滤波器、保险丝等组件混合组成。国内外各种类型 SPD 产品一般都由这些元器件组成。浪涌保护器可分为三类:电压开关型 SPD(voltage switching type SPD);限压型 SPD(voltage limiting type SPD)和组合型 SPD(combination type SPD)。

(1) 雷击电流型 SPD(归属于电压开关型 SPD 类)是安装在通信局(站)建筑物外雷电保护区 0 区的 SPD,可最大限度地消除电网后续电流,以疏导 $10/350\mu s$ 的模拟雷电冲击电流(无论这些电流是远处的雷电过电压还是由直击雷引起的)。雷击电流型 SPD 一般由高性能火花隙组成,它的特点是放电能力强,但残压较高,通常为 $2000\sim4000V$,检验测试器件采用一般 $10/350\mu s$ 的模拟雷电冲击电流波型。

(2) 限压型 SPD 一般由 MOV 及 SAD 等元器件组成,是安装在雷电保护区建筑物内的 SPD,可疏导 $8/20\mu s$ 的模拟雷电冲击电流,在过电压保护中具有逐级限制雷电过电压的功能,检验测试器件的残压一般采用 $8/20\mu s$ 的模拟雷电冲击电流波型。

(3) 混合型电源 SPD 由 MOV 与 SAD 或滤波器组成。

半导体放电管主要技术特征包括:对浪涌电压的响应速度非常快,与原有的保护单元相比,对陡峭的雷击电压可以充分抑制,这样使原来的保护单元多级保护设计变得简单,而且更加小型化;利用半导体内部的电子和空穴原理进行工作,不存在劣化问题,保养简单,使用寿命增加;用硅 pn 结的工作原理设计半导体放电管,其双向、单向、开关动作均能自由、精确地设计出来,一致性较好。因此,采用 SAD 与 MOV 组成的混合型电源 SPD,可能利用 SAD 对浪涌电压的响应速度非常快等特点,在一般雷电过电压的保护时,由 SAD 承受浪涌电流,其标称放电电流可达 $10\sim20kA$;若遇到较大量级的雷电过电压,第一级由 SAD 组成的电路保险管可自动断开,由第二级 MOV 作为雷电过电压保护,作为混合型电源 SPD,其 MOV 能承受冲击通流容量一般大于 $100kA$。

MOV 与滤波器组成的混合型电源 SPD:根据一个典型的沿配电线路侵入的雷电波,其浪涌波形是符合傅里叶变换的,其大部分能量分量具有相对较低的频率,采用 MOV 与滤波器组成的混合型电源 SPD 在同一测试条件下,可以具有比单一并联的 SPD 更低的残压。RFI 滤波器可对 $150kHz\sim20MHz$ 的雷电波进行滤波;标称放电电流 $40kA$ 时残压可小于 $1000V$。

2. SPD 技术参数和名称术语

(1) 标称导通电压:在施加恒定直流 1mA 电流的情况下,MOV 起始动作电压。

(2) SPD 的标称放电电流:用来划分 SPD 等级,具有 8/20μs、10/350μs 模拟雷电电流冲击波的放电电流。

(3) 冲击通流容量:应按照 GB 18802 规定,SPD 不发生实质性破坏而能通过规定次数、规定波形的电流峰值最大限度。

(4) SPD 残压:模拟雷电冲击电流通过 SPD 时,SPD 端子间呈现的电压(其中采用 MOV 的限压型 SPD,残压的大小与采用组件的直流 1mA 参考电压、组件的组合形式及所承受的雷电电流大小等参数有关)。

(5) 10/350μs 与 8/20μs 模拟雷电电流冲击波能量的比较:10/350μs 是描述被保护者遭受直击雷时的模拟雷电电流冲击波,脉冲为 10/350μs 波形的电荷量约为 8/20μs 模拟雷电电流冲击波电荷量的 20 倍。即 $Q_{10/350\mu s} \approx 20Q_{8/20\mu s}$,由于 10/350μs 模拟雷电电流冲击波的能量远大于 8/20μs 模拟雷电电流冲击波的能量,因此,一般需要使用电压开关型 SPD(如放电间隙、放电管)才能承受 10/350μs 模拟雷电电流冲击波,而由 MOV、SAD 组成的 SPD 所承受的标称放电电流是 8/20μs 模拟雷电电流冲击波。

3. 限压型 SPD 与通用型压敏电阻的主要区别

限压型 SPD 与通用型压敏电阻的主要区别如表 7.11 所示。

表 7.11　限压型 SPD 与通用型压敏电阻的主要区别

项目/规格	SPD 专用芯片	通用型压敏电阻	备注
U_{1mA}	注重	注重	—
I_r	注重冲击后的稳定性	注重	—
非线性系数 α	—	注重	—
限制电压	一般	注重	—
额定通流 I_n 下残压	非常重要	—	—
−10% 失效判断	由老化特性决定	注重	制成 SPD 脱扣机构决定
热稳定性	非常重要	—	—
额定通流 I_n 下冲击寿命	非常重要	一般	—
冲击寿命曲线趋势	非常重要	—	—
最大通流 I_{max}	非常重要	—	—
基片平整度	注重	—	—
银层厚度和附着力	非常重要	—	—

4. SPD 的功能要求

电源用 SPD 模块及 SPD 箱的功能既要满足 SPD 一般性能的需要,又要考虑环境集中监控对 SPD 性能监控的要求。另外,根据 IEC 1643-1 标准规定,用于电源配电系统、由 MOV、SAD 及滤波器组成的混合型 SPD 在国内外通信局(站)已经大量使用。

(1) 一般要求。SPD 应根据雷电保护区分区原则,按照雷电保护区所在位置正确选用;SPD 的残压并非衡量 SPD 好坏的唯一指标,选择 SPD 应在同一测试指标下考虑 SPD 所选元器件的参数及元器件组合方式;SPD 的选择应考虑通信局(站)遥信及监控的需要;用于交流系统的过压型 SPD 标称导通电压一般为 $U_n =$ $2.2U$(U 为运行工作电压的最大值);用于直流系统的过压型 SPD 标称导通电压一般为 $1.2U \leqslant U_n \leqslant 1.5U$($U$ 为运行直流工作电压的最大值)。

(2) 功能要求。建在城市、郊区、山区等不同环境下的通信局(站),设计选用过压型 SPD 时,必须考虑通信局(站)供电电源的不稳定因素,对 SPD 的标称导通电压提出要求。通信局(站)采用的雷电过电压模块 SPD,应具有以下功能:SPD 模块损坏告警、遥信插孔、SPD 模块替换、热熔断和过流保护;通信局(站)采用的雷电过电压保护电源避雷箱,应根据通信局(站)的具体情况,具有供电电压显示、SPD 模块损坏告警、雷电记数、保险跳闸显示、备用 SPD 模块自动转换、遥信插孔、SPD 模块替换、浪涌识别抑制器、热容和过流保护等功能,可根据用户要求进行选择。

SPD 冲击通流容量的选择。单纯从价格的意义上讲,冲击通流容量较小的 SPD 的价格小于冲击通流容量大的 SPD,但从技术经济比的角度去考虑问题,这一观点又有了新的含义,通流容量是指 SPD 不发生实质性破坏而能通过规定次数、规定波形的最大电流峰值,冲击通流容量较小的 SPD 在通过同样的雷电流的条件下其寿命远小于冲击通流容量大的 SPD。有关资料介绍:MOV 组件在同样的模拟雷电流 $8/20\mu s$、10kA 测试条件下,通流容量为 135kA 的 MOV 的寿命为 1000~2000 次,通流容量为 40kA 的 MOV 的寿命为 50 次,两者寿命相差几十倍。据分析,被测试的 MOV 组件可能是由小通流容量的 MOV 组合型的产品。但测试结论也可以说明,冲击通流容量较小的 SPD 在通过同样的雷电流的条件下其寿命远小于冲击通流容量大的 SPD。由于配电室、电力室入口处的 SPD 要承受沿配电线路侵入的浪涌电流的主要能量,所以其 SPD 在满足入口界面处标称放电电流要求的前提下,可根据情况选择较大通流容量的 SPD。

5. 网络数据线雷电过电压保护器件的选择

1) SPD 标称导通电压

各类信号线、数据线、天馈线、计算机网络接口的 SPD 标称导通电压应满足

$1.2U{\leqslant}U_n{\leqslant}1.5U(U$ 为额定工作电压的最大值),工作电流应满足系统的要求。

2) 各类 SPD 用元器件

各类信号线、数据线、天馈线、计算机网络接口的 SPD 元器件一般可由陶瓷放电管、SAD、MOV、PTC 等元器件组成。陶瓷放电管的优点在于通流能力大,但响应速度慢,该器件主要用于非灵敏设备的保护。MOV 的缺点主要是极间电容较大,不适合传输速率较快的快速以太网和 ATM 网络。SAD 的广泛应用是由于响应速度快,极间电容界于放电管和 MOV 之间,缺点是通流容量小(其失效模式是短路接地,在信号回路中作为防雷使用是最好的选择)。

在满足信号传输速率及带宽的情况下,尽可能采用半导体放电管,半导体放电管有以下主要技术特征:

(1) 对浪涌电压的响应速度非常快,与原有的保护单元相比,对陡峭的雷击电压可以充分抑制,使原来的保护单元多级保护设计变得简单,而且更加小型化。

(2) 利用半导体内部的电子和空穴原理进行工作,不存在劣化问题,其保养简单,使用寿命增加,无须进行经常性保安单元放电管的检测工作。

(3) 用硅 pn 结工作原理设计的半导体放电管,其双向、单向开关动作均能自由精确设计,一致性较好。

(4) 半导体放电管既适用于普通电话的 $300\sim3400\mathrm{Hz}$ 模拟传输,又适用于 ISDN 的 2B+D 数字传输。MDF 配线架国内基本上采用由放电管作为雷电的过电压保护器件,随着程控交换机在国内的普及,程控交换机内集成化程度不断提高、控制方式不断更新,程控交换机内部使用的器件要求具备高速率、宽频带、可靠性强等特点,现代化程控交换机需要与之特点相适应的保安单元。因此,原有放电管式的保安单元已经不可能有效地保护程控交换机的安全运行,现阶段半导体放电管是取代现有气体放电管保护电话交换机和用户终端设备抗雷电浪涌理想的器件。为此,国外已经大量采用固体放电管 SAD 组成的保安单元。

3) SPD 的选择

SPD 选择原则可参考下列要求。

(1) 信号线 SPD 的选择。

① 信号线 SPD 的箝位电压应满足网络系统接口的需要,工作电压及电流应满足系统的要求,对雷电响应时间应在纳秒级;

② 总配线架的保安单元应符合 YD/T 694—1993《总配线架技术要求和试验方法》的规定;

③ 信号 SPD 应满足信号传输速率及带宽的需要,其接口应与被保护设备兼容;

④ 信号 SPD 的插入损耗应满足通信系统的要求;

⑤ 信号 SPD 的标称放电电流为 3kA。

（2）同轴 SPD 的选择。

① 同轴 SPD 插入损耗应小于 0.2dB，驻波比应小于 1.2，工作电压及电流应满足系统的要求，同轴 SPD 最大输入功率能满足发射机最大输出功率的需要，安装与接地方便，具有不同的接头，同轴 SPD 与同轴电缆接口应具备防水功能。

② 同轴 SPD 的标称放电电流应大于 5kA。

（3）网络数据线 SPD 的选择。

计算机接口、控制终端、监控系统的网络数据线 SPD 有 RJ-45、RJ-11、RS-232、RS-422、RS-485 接口及同轴型数据线 SPD 等，其中，RJ 系列的 SPD 分为单端口和多端口产品，其 SPD 的工作电压和传输速率可供选择。

计算机接口、控制终端、监控系统的网络数据线 SPD 应满足各类接口设备传输速率的要求，SPD 接口的线位、线排、线序应与被保护设备接口兼容。设计时应在满足设备传输速率条件下，优先采用由半导体放电管组成的保护电路 SPD。计算机接口、控制终端、监控系统的网络数据线 SPD 的标称放电电流应大于 3kA。

6. SPD 脱离器失效后的后备保护

根据前面 SPD 产品自身保护分析，脱离器失效后 SPD 有可能出现两类故障状况：一类热击穿造成 L-N/PE 线间接地短路，其电流值可使后备过电流保护组件动作；另一类由于接地故障电流小，过流保护组件不动作，组件（MOV）因发热而起火。图 7.36 分析了市场上多数 SPD 产品在 MOV 失效后，MOV 通过故障电流与SPD 脱离器、熔断器、微型断路器配合关系，从图中可以看到多数 SPD 脱离器与熔断器、微型断路器等过流保护组件间存在一定盲区。对于此类故障标准要求，SPD产品的外壳材料应通过相应的耐受非正常热和耐热试验，如对此类故障进行保护，其后备保护组件应是具有接地故障保护的组件。

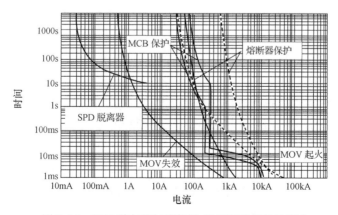

图 7.36　SPD 脱离器与熔断器、微型断路器保护配合

7.6　防雷工程

1. 外部防雷

依据 GB 50057—1994《建筑物防雷设计规范》,按照建筑物的重要性和防雷成本将其划分为三类防雷建筑物进行防雷,包括直击雷、感应雷和防雷电波侵入,主要要求如下。

(1) 接闪器:避雷针、避雷带、避雷线、避雷网。

材料:圆钢、扁钢、焊接钢管、镀锌钢绞线。

结构尺寸:按照 GB 50057—1994 标准设计。

(2) 引下线:由接闪器以最直和最短的途径接至接地装置的金属材料,按照GB 50057—1994、IEC 61024-1 标准设计并选择。

材料:圆钢、扁钢或建筑物消防梯、钢柱、钢筋等。

方式:①钢筋混凝土结构或钢架结构的垂直金属结构的自然引下线;②人工引下线。

(3) 接地装置(电阻):依照 DL/T 621—1997 电力行业标准《交流电气装置的接地》。直击雷冲击接地电阻为 $10\sim30\Omega$,雷感应冲击接地电阻为 $10\sim30\Omega$,以上两种接地体可以连接,也可以分离,其接地电阻阻值及其是否连接视防雷类别确定。

材料:角钢、圆钢、扁钢、钢管、热镀锌钢管等。

形式:垂直接地体,水平接地体(环、网)。

方式:自然接地;人工接地。为了安全,接地体距建筑物出入口或人行横道不应小于 3m。

2. 内部防雷

依据 IEC 61312、IEC 664-1、IEC 1643 标准对建筑物和电气设备进行内部防雷。

(1) 雷电防护区划分(LPZ)。

根据 IEC 标准将建筑物和电气设备及其空间雷电防护区划分为 0A/0B、1、2、3、4 区,这与 GB 50057—1994 标准规定的雷区是相对应的,各防护区之间称为界面。实际上,外部防雷就是对雷电防护 0A/0B 区的防护。

(2) 屏蔽保护技术(电磁感应):包括静电屏蔽、电磁屏蔽、磁屏蔽。

材料:低电阻金属材料、高磁导率高饱和磁性材料。

形式:板式、网式、薄膜式。

方式:①建筑物屏蔽。钢筋、金属构架、金属门窗、地板等连在一起。②设备屏蔽。取决于屏蔽层对于入射电磁波反射损耗和吸收损耗,重点是各种"洞"屏蔽。③线缆屏蔽。金属丝编织网、金属软导管、硬导管等均可屏蔽电缆。

必须注意:屏蔽管线的接地、电缆连接器的屏蔽(360°)、高频率电磁波的双层屏蔽和光缆的屏蔽。

(3) 等电位连接和共享接地系统。

① 防雷等电位连接是将分开的导电装置各部分用等电位连接导体或电涌保护器做等电位连接。

② 等电位连接网络是由一个系统的外露各导电部分做等电位连接的各导体所组成的网络。

③ 共享接地系统是一建筑物接至接地装置的所有互相连接的金属装置(包括外部防雷装置),并且是一个低电感的网形接地系统。

④ 接地基准点是一个系统的等电位连接网络于共享接地系统之间唯一的连接点(ERP)。

根据以上要求,将每一雷电防护区进行屏蔽、局部等电位连接(LEB),LEB 之间采用最短最直的导线(包括水管和其他金属管道)连接,同时连接到共享接地系统,形成总的等电位连接(MEB)。

(4) 电涌保护器(SPD)。

电压开关型:放电间隙、气体放电管,主要应用于 0B 区。

电压限制型:压敏电阻器、瞬态抑制二极管,主要应用于 1～4 区。

混合型:主要应用于 0～4 区。

7.7　多层片式压敏电阻器及其应用

压敏电阻器以其优异的非线性和高浪涌吸收能力被广泛应用于电子电路的保护中 。近年来,随着电子产品向微型化、薄型化、集成化和多功能化的方向发展,要求压敏电阻器低压化和叠层片式化。20 世纪 70 年代后期,日本电气公司的内海和明,最先采用类似独石陶瓷电容器(MLCC)的生产工艺制成了多层片式压敏电阻器(multilayer chip varistor,MLCV)。由于商标原因,多层片式压敏电阻器在有些公司称为多层陶瓷瞬态电压抑制器(TVS)或其他名称。其特点是:体积小、通流容量大、响应速度快、电容量的选择范围大、良好的限制电压特性、较好的温度特性、适合表面安装和易实现低压化等。另外,它的静电放电(ESD)吸收能力达到甚至超过 IEC 61000-4-2:2000 标准规定的静电放电试验时的接触放电和空气放电 4 级水平(即接触放电 8kV 和空气放电 15kV 的 ESD 吸收能力)的要求。

移动设备的普及、体积的减小和所需电源电压的降低使防静电放电保护变得日益重要。多层片式压敏电阻器的主要应用领域为汽车电子、通信、计算机、消费类电子产品和军用电子产品等,特别适用于 LCD、键盘、I/O 接口、IC、MOSFET、CMOS、传感器、霍尔组件、激光二极管、前置放大器、声频电路等电路中的过电压保护和 ESD 保护;在许多领域中可代替较大的表面贴装瞬态电压抑制器——齐纳二极管,用于协助各种终端产品实现电磁兼容性(EMC),发展前景十分广阔。

7.7.1 多层片式压敏电阻器的性能特点、分类与选择

1. 多层片式压敏电阻器的性能特点

多层片式压敏电阻器是一种对电压敏感的电阻器,具有对称的伏安特性,其阻值随着电压上升呈非线性下降,当电压在一定范围内进一步上升时,这种"短路"现象更加剧烈。如图 7.37 所示,当施加的电压升高到压敏电压时,压敏电阻器的电流急剧上升,被保护设备的浪涌电压迅速减小,从而使装有压敏电阻器的设备抗浪涌噪声能力达到相应要求。压敏电阻器可以抑制各种各样的浪涌电压,使电子设备免受干扰和破坏。

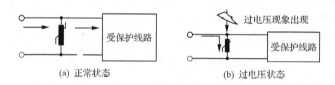

(a) 正常状态　　　　　　　　(b) 过电压状态

图 7.37　多层片式压敏电阻器在电路过电压保护中的应用原理

MLCV 在结构上类似独石电容器,由多个分立压敏电阻器并联构成,与传统的单层圆片带引线压敏电阻器相比,具有体积小、通流容量大、响应速度快、良好的限制电压特性、较好的温度特性、适合表面安装和易实现低压化等特点。无论是单只多层片式压敏电阻还是多元压敏电阻阵列,其端电极均可采用 Ag/Ni/Sn 三层无 Pt 的可焊电镀电极,产品符合 IEC 61000-4-2:2000 标准规定的静电放电试验时的接触放电和空气放电 4 级水平的要求。

MLCV 比传统的保护装置(如二极管)具有物理和电性能方面的优势。优势包括尺寸小、响应时间快和抗重复冲击的能力等。MLCV 大约比其他保护装置小约 90%。仅单只 MLCV 便可代替一对背对背二极管加一只 EMC 滤波电容器。

多层片式压敏电阻器响应时间的典型值为 0.3~0.7ns,精确速度取决于MLCV 的外形尺寸大小,尺寸越小,响应时间越短。ESD 脉冲的上升时间小于1ns,然而二极管的响应时间为 1.2~1.5ns(取决于其封装后的尺寸)。快速响应时间组件对晶体管和 IC 提供优良的保护,并已证实其比慢响应时间组件的效率高。另外,MLCV 有抗反复冲击能力,可允许它们能承受几万次 ESD 冲击而无性

能降低。更重要的是, MLCV 可承
受大容量的 $8/20\mu s$ 的冲击电流而
无性能降低。可见, 对于 ESD 的防
护, 多层片式压敏电阻器性能明显
优于二极管。图 7.38 为典型 ESD
电流波形。

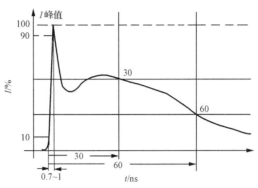

图 7.38　IEC 61000-4-2:2000
标准典型 ESD 电流波形

2. 多层片式压敏电阻器的分类

多层片式压敏电阻器按结构可
分为两大类: 一类是外形尺寸为
0201～2220 的单只独立型; 另一类
是多元阵列型。阵列是由几个相同规格的多层片式压敏电阻器集合而成的, 在使
用时具有安装方便和节省安装面积及成本等优点。多层片式压敏电阻器也可以作
成类似穿心电容器的穿心式结构, 称之为多层片式穿心压敏电阻器和穿心压敏电
阻陈列。

根据瓷体材料不同, 多层片式压敏电阻器主要分为两大类: 以 ZnO 为主要瓷
体材料的多层片式 ZnO 压敏电阻器和以 $SrTiO_3$ 为主要瓷体材料的多层片式
$SrTiO_3$ 压敏电阻器, 其中多层片式 ZnO 压敏电阻器又根据添加剂的不同, 又可分
为 Bi 系 ZnO 压敏电阻器和 Pr 系(或稀土系)ZnO 压敏电阻器。由于 $SrTiO_3$ 压敏
陶瓷的晶界击穿电压约为 0.8V, ZnO 压敏陶瓷的晶界击穿电压约为 3.5V, 所以
多层片式 $SrTiO_3$ 压敏电阻器的压敏电压可以做得很低(约 2V)。同时, $SrTiO_3$ 本
身就是一种较好的电容器材料, 所以以多层片式 $SrTiO_3$ 压敏电阻器的电容量一般
比多层片式 ZnO 压敏电阻器的电容量大得多。

3. 多层片式压敏电阻器的选择

如图 7.36 所示, 多层片式压敏电阻器和被保护对象是并联连接。多层片式压
敏电阻器的选择应按以下三个步骤来进行: ①寻找适合的工作电压的压敏电阻器;
②考虑脉冲电流、能量耐量和持续容许负荷来确定用于规定的应用情况下最适合
的压敏电阻器; ③确定在被选出的压敏电阻器上, 过电压情况下最大可能的电压上
升, 并与被保护的组件或电流回路的耐电压强度进行比较。

对于作为一般用途的多层片式压敏电阻器, 主要是选用压敏电压和通流容量。
压敏电压应大于电路额定电压峰值 U_p, 一般选 $U_{1mA} = 1.5U_p$。压敏电阻器的限制
(箝位)电压应小于被保护对象的耐压 U_s, 限制电压与压敏电压的比值(又称残压
比)可在使用手册中查到, 设残压比为 n, 则压敏电压的上限应满足: $nU_{1mA} =$

$0.9U_s$。通流容量可根据加在压敏电阻器上的浪涌能量来进行选择,也可从能量角度选择,即通过压敏电阻器的能量应小于压敏电阻器的能量耐量。

对于用于汽车电子行业的多层片式压敏电阻器,除考虑压敏电压和通流容量(能量耐量)外,还应考虑它的限制电压和电感量(当适用于 ESD 保护时)。对于用于通信和计算机等领域 ESD 保护的多层片式压敏电阻器,除考虑压敏电压和通流容量外,还应考虑它的 ESD 保护水平、响应时间和电容量;对于用于通信的多层片式压敏电阻器,还应能承受 IEC 61000-4-2:2000 标准规定的 $10/700\mu s$ 脉冲的浪涌电流。对于高频信号线路(如 USB 2.0 接口和 IEEE 1394),其电容量应控制在一定范围内(如 $C<3pF$)。当用于防护电路免受 ESD 的侵害时,快速的导通比最终的限制电压更为重要。响应速度快,被保护对象所承受的峰值电压和总能量都要小得多,而大的峰值电压极易损坏被保护对象,尤其是数字电路。

7.7.2　多层片式压敏电阻器的应用概况

根据美国 Paumanok 公司的市场报告,2005 年全球多层片式压敏电阻器的年产量已达到 119 亿只,中国市场每年的多层片式压敏电阻器的消耗量不少于 25 亿只。

多层片式 $SrTiO_3$ 压敏电阻器的电容量较高,主要用于低频信号线路(如电源和声频信号线路)的浪涌保护和 ESD 保护,尤其是抑制高频噪声(ESD 及突发噪声);多层片式 ZnO 压敏电阻器可以用于高频和超高频信号线路中的浪涌和 ESD 保护,抑制脉冲噪声。在多层片式 ZnO 压敏电阻器中,Bi 系 ZnO 压敏电阻器的优点是:具有优良的抗浪涌能力、高能量耐量,主要用于汽车电子行业等;Pr 系 ZnO 压敏电阻器的优点为:优良的 ESD 保护能力,主要用于手机和计算机等。多层片式穿心压敏电器及阵列兼备压敏电阻器抑制过电压和穿心电容器滤除高频 EMI 的作用,可用于计算机、汽车及通信行业的 EMI 抑制。

随着移动设备(如移动电话)的普及,防静电放电的保护变得日益重要。随着设备体积的减小和所需电源电压的降低,越来越多的设备需要 ESD 保护。静电放电是具有不同静电电位的物体相互靠近或直接接触引起的电荷转移。摩擦产生静电,与闪电产生的瞬变浪涌相比,ESD 的总能量不大,但由于静电势很高,可达几万伏,而 ESD 的脉冲前沿上升速度很快(纳秒级),所以它对 CMOS 类电子器件损害较大。根据 Intel 公司的数据,低于 400V 的电压就能损害 IC 组件(能感觉到的 ESD 在 3000V 以上,能听到的 ESD 在 6000V 以上,能看到的 ESD 在 8000V 以上)。ESD 和浪涌冲击是半导体组件失效的主要原因,占总失效模式的近 60%。

　　表 7.12 是日常活动产生的静电电压,表 7.13 列出了部分器件的静电破坏电压。电子元器件受 ESD 损伤后有两种情况:即时失效和延时失效。即时失效可通过筛选剔除,而延时失效无法筛选,是一种潜在威胁。ESD 对数字电路危害特别大,因为数字电路对干扰波的边沿和幅度非常敏感,而 ESD 正是这种干扰波,为此,IEC 61000-4-2:2000 给出了 ESD 电流波形标准(图 7.37)。MLCV 能满足 IEC 61000-4-2:2000 标准规定的静电放电试验时的接触放电和空气放电 4 级水平的要求,从而有效地保护电子元器件免受 ESD 的损伤。

表 7.12　日常活动产生的静电电压

活动形式	静电电压/V	
	相对湿度 10%~20%	相对湿度 65%~95%
走过地毯	35000	1500
走过塑料地板	12000	250
抖动 PVC 塑料袋	20000	1200
在工作台上动作	6500	150
坐在塑料椅上转动	18000	1500

表 7.13　部分器件的静电破坏

器件种类	VMOS	MOSFET	GaAsFET	EPROM	JFET	SAW	OP-AMP	CMOS
静电破坏电压/V	30~1200	100~300	100~300	100~300	150~7000	150~500	190~2500	250~3000

器件种类	Schottky 二极管	薄膜电阻	双极晶体管	半导体可控整流器	Schottky TTL
静电破坏电压/V	300~2500	300~3000	380~7000	680~1000	1000~2500

　　如图 7.39~图 7.41 所示,进入电子系统内部的 ESD,当其电压超过 ESD 抑制器(MLCV)的压敏电压,MLCV 就会导通,将大部分的 ESD 能量导向接地端,残余的能量在传输过程中仍会减弱,到达内部电路时已降到很低的水平,不会对电路构成危害。

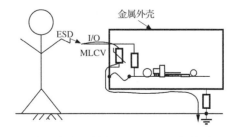

图 7.39　多层片式压敏电阻用于 ESD 保护时的示意图

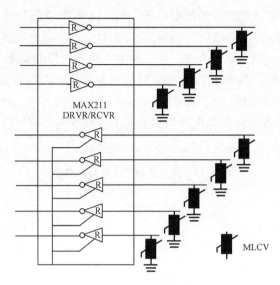

图 7.40　I/O 口保护

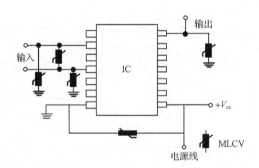

图 7.41　IC 保护

7.7.3　多层片式压敏电阻器的主要应用领域

多层片式压敏电阻器的主要应用领域为汽车电子、通信、计算机、消费类电子产品和军用电子产品等。表 7.14 给出了多层片式压敏电阻器的主要应用领域。图 7.40 和图 7.41 为其典型的线路应用图。

表 7.14　多层片式压敏电阻器的主要应用领域

应用领域	应用	产品尺寸	数量/只
	手机	0201	10～25
通信	数据线连接	0402	0～6
	传真机	0603	0～5

续表

应用领域	应用	产品尺寸	数量/只
计算机	个人计算机	0201	1～10
	笔记本电脑/PDA	0402	10～25
	调制解调器	0603	0～4
	机顶盒	0805	0～14
消费类产品	数码摄像机/数码相机	0201/0402	0～5
	DVD 播放器	0603	0～5
	数字电视	0805	0～14
汽车电子	自动刹车系统（ABS）	0603	0～2
	音频系统	0805	0～4
	空调	1206	0～2
	气囊系统		0～2
	导航系统	1210	0～6
	控制器局域网（CAN）总线	2220	2～13
	马达控制板		0～4

1. 多层片式压敏电阻器在手机和汽车电子中的应用

一部手机中大约使用 10～25 只多层片式压敏电阻器，这些压敏电阻器的数量分布如表 7.15 所示。

表 7.15　手机中多层片式压敏电阻器的分布

分布位置	数量/只
用户界面板（键盘、显示屏）	1～4
数据线（功能线、信号线、数据传输及串行接口）	1～4
电池充电器连接	1～2
电池连接	1～4
音频线（耳机、麦克风及扬声器）	1～6
用户标识模块（SIM）卡片读出器（串行接口）	1～6

汽车工程学会根据数据传输速率，把汽车中的总线系统分为 A、B、C 三类，具体划分及应用如表 7.16 所示。图 7.42 表示 MLCV 及其阵列用于汽车 CAN 网络的示意图。

表 7.16　汽车中的总线系统分类

	数据速率	总线（BUS）系统	应用
A 类	<10Kbit/s	局部互联网络（LIN）、CAN/A	智能传感器及开关
B 类	10Kbit/s～100Kbit/s	CAN/B	气囊及汽车无线电等
C 类	100Kbit/s～10Mbit/s	CAN/C、金属氧化物半导体晶体管（MOST）及蓝牙	实时系统及多媒体等

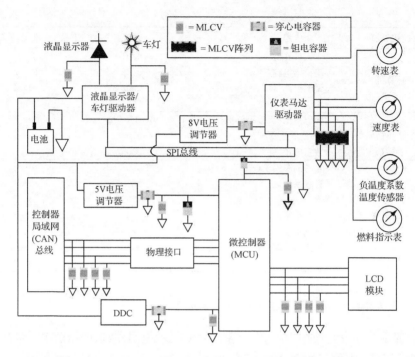

图 7.42　汽车 CAN 网络中的多层片式压敏电阻器及其阵列

汽车中的集成电路失效的 1/6 是 ESD 造成的,正是由于这些系统所处的恶劣环境,所以总线控制器要在整个环节中加以保护。MLCV 的 ESD 保护水平可达到 IEC 61000-4-2:2000 标准规定的静电放电试验时的接触放电 25kV 的 ESD 吸收能力(即 ISO 10605:2001 标准的 4 级水平),而且它们非常可靠,所以它是 LIN和 CAN 总线 ESD 保护的最佳选择。对于汽车总线系统用的 MLCV,可根据汽车电源电压、最大电容量和所需的 ESD 保护水平进行选择。表 7.17 为汽车总线系统用压敏电阻的选择标准。

表 7.17　汽车总线系统用压敏电阻器的选择标准

总线	工作电压 /V	1MHz 下最大 电容量/pF	1A 下的最大 限制电压/V	ESD 保护 水平/kV	最大工作 温度/℃	产品尺寸 (EIA 标准英制)
LIN	12,24	<100	67	25	125	0603
LIN	12	<100	40	15	150	0603
CAN/B	12,24	<100	67	25	125	0603
CAN/B	12	<100	40	15	150	0603
CAN/C	12,24	<20	120	25	125	0603
CAN/C	12	<30	67	15	125	0603

2. 多层片式压敏电阻器在军用电子产品中的应用

近年来,多层片式压敏电阻器一直用于工业电子产品的设计中,以对线路提供电源保护和衰减电磁干扰/射频干扰(EMI/RFI)。现在的多层片式压敏电阻器为线路设计者提供比传统保护设计具有更多的电性能上的优势,如小的外形尺寸和快速"导通"时间(或响应时间)等,这不仅反映在工业产品上,同时在军用电子系统中也有体现。

军事应用需要很强的处理能力和低电压的 IC,通常微型 IC 在低压总线(3.3V及更低)下运行。典型的,这些 IC 运行的时钟频率和数据流速率相当高,以致不能忽视其辐射问题。另外,IC 对因电压瞬变和波动所产生的数据错误和永久失效也比较敏感,MLCV 用于 I/O 数据线和阴极电压(V_{cc})线的电磁干扰减少和瞬态保护。MLCV 由于其高质量、优异的性能和处理系统需要的电流能力而在军事必需品中得到快速发展。

3. 多层片式压敏电阻器在高频信号线路静电放电保护中的应用

对于低频电路,大的抑制器电容是有益的,因为它可以滤去高频干扰而使低频信号顺利通过。而对于高频电路则完全相反,大的抑制器电容会导致信号恶化,降低电路对信号的识别能力。在通用串行总线标准(USB 2.0)所支持的最高传输率为 480Mbit/s 的数据传输线路中,加入电容量仅为 10pF 的 ESD 抑制器就足以使其信号的上升和下降时间增加 140%。图 7.43 为 MLCV 在 USB 2.0 接口和 IEEE 1394 中应用的示意图。

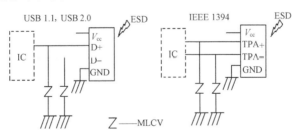

图 7.43　MLCV 在 USB 2.0 接口和 IEEE 1394 中应用的示意图

因为多层片式压敏电阻器与多层陶瓷电容器的内部结构相同,而且压敏电阻材料具有一定的介电常数,因此其电容特性是不能忽视的。然而在高速信号线,如在 USB 2.0 接口和 IEEE 1394 中,它们的电容量分量可使波形衰退,从而限制了它们的线路应用。现在研制生产的超低电容系列(电容量小于 3pF)MLCV,符合IEC 61000-4-2:2000 标准中规定的静电放电试验时的接触放电和空气放电 4 级水平的要求,可以用在 USB 2.0 接口和 IEEE 1394 中。随着设备频率的增加,ESD保护组件还需进一步降低其电容量。

7.7.4 多层片式压敏电阻器的应用发展趋势

1. 多层片式压敏电阻器向小型化方向发展

现在市场上 0402 型多层片式压敏电阻器最受欢迎,0201 型也已经上市。为满足更小电路板的要求,松下和 TDK 已开始量产 0201 型多层片式压敏电阻器,适用于手机、PDA、膝上型电脑、数码相机和数码摄像机的静电放电保护。与 0402 型多层片式压敏电阻器相比,新的 0201 型多层片式压敏电阻器体积缩小约 78%,平面面积缩小约 64%。即使在很小的电路板上也可以安装必须数量的 0201 型多层片式压敏电阻器。

2. 向多元压敏电阻阵列方向发展

EPCOS、AVX、Littelfuse 和 Amotech 等公司均已推出 0405 型、0508 型、0612 型等多元压敏电阻阵列。例如,AVX 公司推出的 Multiguard 系列 4 联多层陶瓷瞬态电压抑制器组件(即四元压敏电阻阵列)已经被市场接受,可节省 50% 的板上空间,75% 的生产装配成本;韩国 Amotech 公司制造的 0508 型规格的八元压敏电阻阵列,内部集成了 8 只多层片式压敏电阻器,该产品的 ESD 保护水平达到 IEC 61000-4-2:2000 标准中规定的第 4 级水平。

3. 向复合化方向发展

瞬态电压的变化范围很宽,情况复杂,加之可能同时伴随浪涌电流及热效应的影响,因而有时仅靠一个电路保护组件是不够的,需要将几个保护组件组合在一起,制成具有双重功能的复合组件(模块),如用于汽车发动机控制装置 I/O 端口的 MLCV 和 MLCC 集成模块。EPCOS 公司正在研究将压敏、热敏、浪涌抑制组件集成在一起的模块。因此,为了达到组件小体积多功能的目的,必须走阵列化、复合化的道路,以满足更高的需求。

4. 降低多层片式压敏电阻器的电容量

高频信号传输线路中的 ESD 抑制器必须具有足够小的电容量以保证传输数据的连续和完整,这必然要求 MLCV 向低电容和超低电容的方向发展。

总之,在我国多层片式压敏电阻器的研发、生产及应用已受到科技界、工业界的高度重视。多层片式压敏电阻器是压敏电阻器今后的发展方向,其占压敏电阻器的份额越来越大。随着电子产品向数字化、高频化、多功能化、微型化、便携化、低压化、高可靠方向发展以及电磁兼容法规的严格执行,对抑制电磁干扰组件和电路保护组件的需求将更加迫切。因此,作为电路中浪涌防护最佳保护组件和 ESD

保护首选组件的多层片式压敏电阻器必将在汽车电子、通信、计算机、消费类电子产品和军用电子产品等领域更广泛的应用,同时也会促进多层片式压敏电阻器的创新,使其向小型化、阵列化、复合化及低电容化等方向发展。多层片式穿心压敏电阻器及其阵列正是这种创新的结果。

7.8　氧化锌压敏电阻器的主要性能试验及试验方法

压敏电阻器与避雷器的性能试验及试验方法大体相同,但是由于 ZnO 压敏电阻器的种类很多、用途也很广,并且多个部门分别制定的标准也不相同,因此其各自相应标准对其性能的要求和测试方法也有不同,例行试验和抽查试验项目及抽样数量也不相同。所以这里仅就通用的主要例行试验和抽查试验项目及试验方法加以概述。

7.8.1　常规试验

常规试验,又称为例行试验。该类试验是针对已包封或组装前的组件进行的逐个试验,按常规试验程序进行以下试验。

1. 标称电流的雷电冲击一次试验

标准电流波形是 $8/20\mu s$,电流波形的允许误差为:①峰值:$\pm 10\%$;②波前时间:$\pm 10\%$;③半峰时间:$\pm 10\%$。

允许冲击波上有小过冲或振荡,但其幅值应不大于峰值的 5%。在电流下降到零后的任何极性反向的电流值应不大于峰值的 20%。

按照标准规定对试品施加 $8/20\mu s$ 雷电冲击电流(I_n)一次,同时记录残压,其目的在于筛选出芯片中有内在缺陷的废品。

2. 直流 1mA/0.1mA 下的电压($U_{1mA}/U_{0.1mA}$)

其目的在于筛选出压敏电压、压比($U_{1mA}/U_{0.1mA}$)和漏电流不符合要求范围的试品。

3. 漏电流试验

在施加 0.75% 直流 U_{1mA} 下测得试品的漏电流,目的在于剔除漏电流不符合要求范围的试品。

7.8.2　抽查试验

该类试验的目的是为了确保每批产品质量而必须进行的试验,一般按各企业标准规定的频次或批次从已经过筛选的产品中进行抽样试验。抽样数量每项试验一般为每批 10 只。

1. 标称压敏电压(U_N)

本试验的目的是为了检验 MOV 在规定脉冲电流和规定温度下的压敏电压,试验电流(I_n)施加的时间应小于 400ms。试验电流一般应选用直流 1mA。测量时,电源应使用恒流源,不管负载阻抗的大小电流应保持一个稳定值。

2. 最大限制电压(U_C)

规定脉冲峰值电流(I_P)及规定波形下测得 MOV 两端的电压峰值,如图 7.44所示。

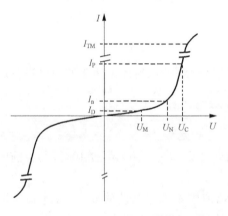

图 7.44　MOV 的 I-V 特性

本试验的目的是为了确定通过规定波形及峰值的脉冲电流 I_P 时 MOV 的保护水平。限制电压峰值及试验电流峰值基本同时出现。无特定要求时,试验电流选取 $8/20\mu s$ 波形。

采用 $8/20\mu s$ 冲击电流测量残压的试验步骤如下:

(1) 应依次施加峰值为 $0.1I_n$、$0.2I_n$、$0.5I_n$、$1.0I_n$ 和 $2.0I_n$ 的 $8/20\mu s$ 冲击电流[①]。

(2) 对 SPD 施加一个正极性和一个负极性序列。

(3) 如果 I_{max} 或 I_{peaks} 大于 I_n,则至少对 SPD 施加一次 I_{max} 或 I_{peaks} 冲击电流,电流极性为前面试验中残压最大的极性。

(4) 每次冲击的时间间隔足以使试品冷却到环境温度。

(5) 每次冲击应记录电流和电压的示波图。把冲击电流和电压的峰值(绝对值)绘成放电电流与残压的关系曲线,曲线应吻合试验数据点,并且应有足够的点,以确保直至 I_{max} 或 I_{peaks} 的曲线没有明显的偏差。

(6) 决定限制电压的残压由下列电流范围内相应曲线的最高电压值来确定。

Ⅰ级:直到 I_{peaks} 或 I_n,取较大值。

Ⅱ级:直到 I_n。

---

① 如果 $2I_n$ 试验电压超过电器的 I_{max},那么最终的试验值可放宽到 $1.2I_n$。

3. 操作冲击残压(1.2/50μs 冲击电压)

本试验的目的是为了确定通过规定波形及峰值的操作冲击电流 I_P 时,MOV 残压的保护水平。

标准电压波形 1.2/50μs(图 7.45)。电压波形的允许误差为:①峰值:±3%;②波前时间:±30%;③半峰时间:±20%。

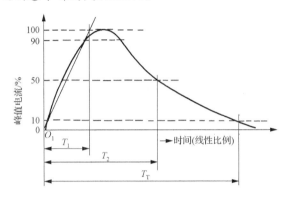

图 7.45　操作冲击波形

在冲击电压的峰值处可以发生振荡或过冲。如果振荡频率大于 500kHz 或过冲的持续时间小于 1μs,应绘出平均曲线,从测量的要求来讲,曲线的最大幅值确定了试验电压的峰值。

试验发生器的短路电流应小于被试 SPD 的标称放电电流的 20%。

视在波前时间(从 10% 上升到 90% 的时间)为 1.2μs,半峰值时间为 50μs 的冲击电压。其波形是:电流从零值以很短的时间上升到峰值,然后以近似于指数的或过阻尼正弦振荡的波形下降到零。这种类型的波形如图 7.45 所示,以视在前沿时间 T_1 和视在半峰值时间 T_2 来表示。

(1) 以每个冲击电压幅值对 SPD 施加 10 次冲击,正负极各 5 次。

(2) 每次冲击时间间隔应足以使试品冷却到室温。

(3) 在预备性试验中,输出电压的设定值以约 10% 的幅度分级增加,直到发生器放电为止。

(4) 从发生器最后一次没有发生放电的设定值重新开始试验,发生器输出电压以 5% 的幅度分级增加,直到所有 10 次施加的冲击(每次极性各 5 次)都发生放电。用示波器记录 SPD 接线端子间的电压。

(5) 限制电压是 10 次测量峰值(绝对值)的平均值。

4. 能量耐量

方波通流能量按 2ms 矩形波试验,其波形如图 7.46 所示。

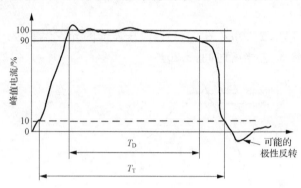

图 7.46　2ms 方波电流冲击波形
T_D—有效的峰值电流宽度;T_T—有效的总宽度

方波脉冲电流的视在峰值宽度 T_D 是指电流值大于峰值 90% 的持续时间;方波脉冲电流的视在总宽度 T_T 是指脉冲电流值大于峰值 10% 的持续时间。如果前沿上有振荡,则应按平均曲线来确定达到 10% 的时刻。

通常,国内产品经不住松下电器样本(高出国家标准 1.2~1.6 倍)的能量考核,并且我国是使用 2ms 方波进行考核,这样计算国家标准冲击电流仅为松下电器的 70%。对于能量耐量,应经按照能经受住松下电器规定的尖波 2 次冲击考核,或按照国家标准考核,即在不间断的 10 次冲击后,$\Delta U_{0.1mA} \leqslant \pm 5\%$。这个要求并不严格,从使用者的角度讲,更希望它经受 $10/500\mu s$ 电流波。国内产品很难做到 $2ms \times 10$ 次 $80A/cm^2$ 的通流水平。主要原因是国内的银电极焊接质量差,使许多对配方的努力都因此付之东流。

5. 老化试验

试验前,测量并记录试样标称压敏电压和待机电流值,本试验是 MOV 加热到温度 T_V 时,施加 110% 的最大持续工作电压,持续时间为 L_f。

当 MOV 设计改变或顾客要求时均应进行试验。进行试验的试样是一只完整的 MOV,从一个批次的 MOV 产品中随机抽取 10 只试样。

温度应选择最高工作温度,时间持续 1000h。试验期间,试验箱内试样的温度应均匀,并且温度变化保持在 5% 以内。

试验完成时,试样应冷却 1~2h,在环境温度下测量电压或漏电流。若电压或电流的终值不超过起始值的 120%,则试验通过。若 10 个试样中有 1 个以上试样未通过,则试验未通过。

参 考 文 献

陈泽同. 2005. 探论限压型 SPD 专用氧化锌压敏电阻器电性年标准[J]. 中国电子学会敏感技术分会第十二届电压敏学会论文专刊,(10):58-62.

韩长生,李永祥. 2004. 加强两岸交流共创世界压敏强国[J]. 第十一届电压敏学会年会论暨海峡两岸首届技术讨论会文专刊,(9):1-5.

贾广平. 1995. 圆片式 ZnO 压敏陶瓷几何效应研究[D]. 西安:西安交通大学.

康雪雅. 2004. 片式压敏电阻器[J]. 电子组件与材料,23(增刊):66-69.

雷鸣,成鹏飞,李盛涛. 2002. 叠层片式 ZnO 压敏电阻器及其在 ESD 保护中的应用[J]. 电子元器件应用,4(7):14-16.

李盛涛,刘辅宜,贾广平. 1996. 氧化锌压敏陶瓷的击穿几何效应与微观结构的关系[J]. 西安交通大学学报,30(11):60-64.

王建文,等. 2000. ZnO 压敏器防潮性能影响因素的研究[J]. 传感器技术,19(2):13-16.

王兰义. 2003. 多层片式 ZnO 压敏电阻器的现状与发展方向[J]. 电子组件与材料,22(7):42-45.

王兰义,吕呈祥,景志刚,等. 2005. 多层片式压敏电阻器的应用[J]. 中国电子学会敏感技术分会第十二届电压敏学会论文专刊,(10):8-17.

薛泉林. 1998. 叠层压敏电阻器的近期研制动向[J]. 电子元件与材料,17(3):26-28.

赵志海. 2001. 压敏电阻器的应用趋势[J]. 世界产品与技术,(12):40.

钟明峰,钱皆,庄严. 2002. 多层片式压敏电阻器及其应用[J]. 电子元器件应用,4(7):7-9.

庄严. 1996. 静电浪涌吸收组件——片式多层压敏电阻器[J]. 电子科技导报,15(12):30-33.

Demcko R. 2003. The new utility of multilayer varistors in military electronics[J]. Passive Component Industry,(11/12):12-13.

Feichtinger T. 2005. Protecting sensitive bus systems against ESD[J]. Passive Component Industry,(5/6):6-7.

Hennings D F K, et al. 1990. Grain size control in low-voltage varistors[J]. J. Am. Ceram. Soc. ,73(3):645-648.

Holfmann B,Scheing U. 1987. Low-voltage varistors[J]. Advances in Ceramics,1:345.

IEC. IEC 61000-4-2:2000. 2000. Electromagnetic compatibility testing and measurement techniques electrostatic discharge immunity test[S]. 2001-01-01.

Jean J H,Gupta T K,Nair K M,et al. 1999. Multilayer Electronic Ceramic Devices[M]. Ohio:The American Ceramic Society.

Kingery W D,等. 1982. 陶瓷导论[M]. 清华大学无机非金属材料教研组,译. 北京:中国建筑工业出版社.

Long G G,Krueger S,Page R A. 1991. The Effect of green density and the role of magnesium oxide additive on the densification of alumina measured by small-angle scattering[J]. J. Am. Ceram. Soc. ,74(7):1578-1584.

Raghavendra R,Bellew P,Mcloughlin N,et al. 2004. Characterization of novel varistor inductor integrated passive devices[J]. IEEE Electron Device Letters,25(12):778-780.

Senda T,et al. 1990. Granin growth in sintered ZnO and ZnO-Bi$_2$O$_3$ Ceramics[J]. J. Am. Ceram. Soc. ,73(1):106-114.

Toal F J,Dougherty J P,Randall C A. 1998. Processing and electrical characterization of a varistor-capacitor cofired multilayer device[J]. J. Am. Ceram. Soc. ,81(9):2371-2380.

Yamazaki T. 2004. TDK designs multilayer chip varistors to address ESD problems[J]. AEI Asia Electronics Industry,9(90):58-60.

第8章 氧化锌避雷器制造及其应用

8.1 概　述

在介绍金属氧化物避雷器(metal oxide arresters，MOA)的制造及其应用之前，有必要先简要要介绍过电压防保护装置避雷器的发展历史，以及作为 MOA 核心元件的 ZnO 芯体的金属氧化物非线性电阻(metal oxide varistors，MOV)的主要性能及作用。

8.1.1　避雷器的发展演变历史

1896～1908 年开始出现最原始最简单的避雷器是制成羊角保护间隙型，即通常做成羊角型有利于灭弧(图 8.1(a))。其原理是当过电压作用时，间隙下部的距离最小，所以在该处放电。放电所产生的高温使周围空气温度剧增，热空气上升时就把电弧向上吹，使电弧拉长；此外电流从电极流过电弧通道到另一电极所形成的回路，也产生电动力使电弧增大。电弧拉伸到某一长度时，电网电压不再能维持电弧的燃烧，电弧就熄灭了，从而使过电压得到抑制。

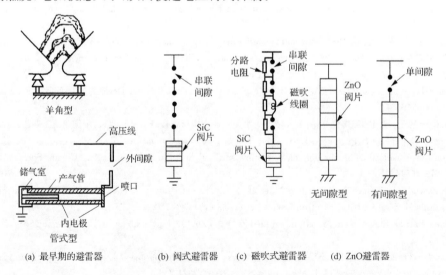

(a) 最早期的避雷器　　(b) 阀式避雷器　　(c) 磁吹式避雷器　　(d) ZnO避雷器

图 8.1　避雷器的发展演变过程示意图

但是，由于这种保护间隙不能切断雷电流之后的工频短路电流，所以后来被管式避雷器所取代。为了克服保护间隙不能对工频短路电流电弧灭弧的缺点,在管式避雷器中将间隙安放在用气体产生气体材料制成的管内。常用产气管的材料为纤维纸板或采用橡胶、乙烯塑料、有机玻璃。在雷电过电压作用下间隙击穿,雷电流通过后工频短路电流沿着已形成的火花通道流过,产生高温使气管分解出大量气体,因此管内气压急剧增高到几十个大气压,在工频电流第一次过零时将电弧熄灭,使电力系统恢复正常状态。因为产气管机械强度较差,所以外面套用胶木管加固。为了避免正常状态时有漏电流流过胶木管和产气管,需串联一个外部间隙(图8.1(a))。可见,内外间隙决定避雷器的放电电压,而由内部间隙起灭弧作用。管式避雷器伏秒特性陡,放电分散性大,动作时产生截波,因此不能用来保护高压电器的绝缘,仅用于线路弱绝缘和电站进线保护。

　　为了解决一般管式避雷器产生灭弧过程中存在的问题,开发了一种新式管式避雷器(图8.2)。其特点是在两个电极之间有一个与产气管内壁紧密配合的产气芯棒。当雷电过电压作用时,沿芯棒与管壁间的夹缝发生放电。冲击电弧与产气材料紧密接触,因而产生大量气体,且气压极高,所以其灭电弧能力比一般管式强得多。新式管式避雷器由于几乎没有续流,因而产气材料消耗少、寿命长,对机械强度的要求也有所降低。这种避雷器的主要问题是:因雷电流幅值小,在波

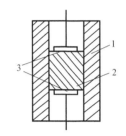

图8.2　新型管式避雷器
1—产气管;2—产气芯棒;3—电极

尾长的情况下,不易实现无续流动作。由于雷电流越小产气越少,灭弧能力下降;而雷电波越长,所以必须截断的瞬时值越大,因此不容易实现强制灭弧。这种避雷器在雷电活动频繁的地区,用作农村电网配电设备的保护。

　　1930~1940年,发明了SiC非线性电阻,使阀式避雷器发生了质的变化,取得了飞跃的发展。实际上SiC非线性电阻的研发是在1923年开始的。在人们不断的努力下,SiC阀片的配方和工艺不断的改进,使阀片断冲击通流能力不断提高。

　　阀式避雷器的主要部件是阀片和间隙。阀片的作用是限制续流;间隙的作用是切断工频续流。由于SiC非线性电阻具有电压低时电阻大、电压高时电阻低的特点,这就解决了灭弧和保护特性的矛盾。因为阀式避雷器有非线性电阻,与管式避雷器动作的波形相比对保护电气设备更为有利,所以最初设计成用单间隙阀式避雷器,由于多个串联间隙的性能比一个同样放电电压的大间隙要好得多,因此后来发展了多单间隙阀式避雷器(图8.1(b))。但多个间隙串联引起电压分布比均匀的问题,为此,对性能要求较高的FZ型避雷器采用并联电阻(或称为分路电阻)改善其电压分布。为了提高间隙的灭弧能力和稳定性,又开发了磁吹阀式避雷器(图8.1(c))。磁吹阀式避雷器系利用磁场对电弧的电动力使电弧运动,从而提高

间隙的灭弧能力(即可以切断更大的续流),有助于降低冲击电流下的残压,并进一步改善其保护性能。

第一个五年计划期间,西安高压电瓷厂(以下简称西瓷厂)由苏联帮助建设156项中的电瓷、避雷器两项。从此,西瓷厂与抚顺电瓷厂成为我国生产避雷器的骨干企业,使避雷器得到了迅速的发展。60年代初西瓷厂已生产配电型阀式避雷器系列,10个品种16种规格。电站型普通阀式避雷器系列,10个品种11种规格。1973年开发了FCZ3型磁吹式避雷器。1980年研制500kV线路型避雷器时,采用复合式结构。直到1981年引进美国GE公司Aiugard Ⅱ型避雷器制造技术,采用电弧压降高、放电性能好、阀片通流能力大、保护性能好的多孔性陶瓷限流间隙及通流能力高的高温阀片,克服了上述缺点。1985年开发了FCZ10-444、FCZ10-468、FCZ10-492型第三代500kV磁吹式避雷器系列,其性能达到国际80年代同类产品水平。

保护旋转电机型磁吹式避雷器系列15个品种15种规格。1973年开发了FCD3型产品,采用局部瓷套外表喷铝,并在限流间隙上加了离子照射装置,降低了冲击系数,使产品重量减轻了2/3。1986年为适应保护阻波器的需要,研制了FCD5型产品,改进了密封结构,增加了防爆装置,将原上部的铁盖改用瓷盖,避免了阻波磁场形成涡流发热的弊病。直流阀式避雷器系列,70年代研制了FCDL-0.75kV、0.825kV、1.65kV型直流磁吹式避雷器。

1940~1950年,阀式SiC阀片得到迅速发展和普及。1950~1960年,随着SiC阀片通流能力的提高和残压的降低,冲击电流达100kA以上、2ms方波通流达500A以上,进一步改善了阀式SiC阀片的电气保护水平。矛盾转向了放电间隙上,国内外都在致力于改进放电间隙结构、降低放电电压、提高截断续流能力,我国的磁吹式避雷器是其中发展最快和应用最普及的。

总之,随着电力工业发展的需要,避雷器经历了由最初的羊角型、管型发展到以SiC阀片为芯体的普通阀式避雷器、磁吹式避雷器。

ZnO避雷器是从日本松下电器于1968年首先研制成功后,在世界迅速发展起来的新一代避雷器,通常称其为金属氧化物避雷器(MOA)。由于它具有优异的保护等特性,因而被认为是当今国际上最佳的过电压保护装置。在近20年间几乎全部取代了老型的SiC避雷器。当然,这有其发展的过程。日本松下电器于1972年向明电舍电气公司转让技术,通过两公司合作于1976年完成了3.3~275kV电力系统用MOA系列;1977年开始试制出500kV产品。美国GE公司1971年购买松下电器专利技术后,于1977年前后开发出了3~588kV交流系统系列MOA,并研制出±500kV直流系统系列MOA。1978年松下电器向日立公司转让技术后,日立公司很快完成了66~500kV系列的MOA的制造。1977年瑞典ASEA公司购买松下电器技术后,投资1000万美元建立一条自动化程度很高的ZnO

MOV 生产线,不仅能生产 800kV 超高压交流 MOA,而且还能生产±500kV 的直流 MOA。苏联于 1976 年自主开发 MOV,1978 年公布了 110~500kV 电力系统用 MOA 的研究及应用成果。

总之,迄今世界最大的电器公司,除上述以外还有日本的三菱公司、NGK 公司,美国的 OB 公司,瑞典和瑞士合资的 ABB 公司等,都可以生产高性能高压和超高压的 MOA。

8.1.2　我国氧化锌避雷器的研发及运行概况

我国于 20 世纪 70 年代自主开发 MOV 配方与工艺,并开发生产交、直流配电及电站型 MOA。1984 年 5 月由西安电瓷研究所、水电部北京电科院和武汉电力科学研究院对全国十多个厂家选送不同规格的 ZnO 阀片及 MOA 分别进行摸底试验。据当时统计,全国已有 20 多个单位研制和生产 ZnO 避雷器,约 5000 台投入 3~220kV 系统运行。结果表明,存在以下问题:

(1) 我国阀片的方波通流容量接近国际水平,1s 工频耐受能力尚能满足要求。有关阀片稳定性的通流容量前后 U_{1mA} 的变化率及 U_{1mA} 的温度系数与国际水平差距不大,但是代表其保护性能特性的压比和荷电率差距较大。用这些阀片制造出的无间隙 MOA 的保护性能只能达到普通阀式避雷器的水平,可以说仅接近 70 年代中期水平。

(2) 摸底试验的阀片一般都是各单位送的性能最好的样品,而国际水平是大批量生产的水平,这本身就是一个很大的差距。

(3) 从摸底试验反映的情况看,阀片的性能分散性很大。普遍存在的问题是,有的可以通过很高的方波容量,而其中却有一两片在很少次数时就损坏。这样大的分散性很难保证 MOA 的质量。

其主要原因是配方不佳,工艺装备比较简陋,大多都是手工操作。必须改进配方和工艺装备,加强工艺控制,提高阀片材料的均匀性。总的情况表明,在引进日立技术以前,我国自主研发生产的 ZnO 避雷器水平与国际水平仍有较大差距。

1987 年 11 月~1988 年 4 月,机械电子工业部和水利部电力工业部组织联合调查组,着重对 110kV 及以上电压等级的 MOA 生产厂和使用运行单位进行了第一次调查。结果表明,截至 1988 年 3 月,我国生产已运行 110kV 及以上电压等级的 MOA 共计 2520 台,其中 110kV 1729 台,220kV 722 台,330kV 69 台。电力部门还引进购买了一些产品。截至 1987 年底共有 16 相 MOA 发生事故,其中国产 MOA 12 台(采用进口电阻片组装)、进口原装的 4 台。

发生事故的最主要的原因是产品受潮,芯体固定用绝缘杆的结构、材质、耐压不合要求,芯体散架及运行部门操作不当。直接原因是阀片、零部件受潮,密封不良及设计失误,装配工艺条件及运行维护操作不妥等。

为了尽快赶上国际先进水平,1985 年西安高压电瓷厂、抚顺电瓷厂与西安电瓷研究所联合引进日立 MOA 制造技术和主要工艺装备。通过 1986～1988 年的工艺、原材料调试消化,实现了 MOV 原材料及 MOA 产品零部件的全国产化生产。全国产化的 110～500kV 的 MOA 分别于 1989 年通过能源部和机械部的鉴定,产品性能到达了引进日立的水平,运行情况良好,从而使我国的 MOA 制造技术跨越入了 80 年代世界先进行列。

在引进技术刚刚实现全国产化不久,1992 年机械电子工业部和能源部组织对我国 110kV ZnO 避雷器的生产、使用情况进行了第二次全面的调查。调查组走访了 43 个电力局、8 个生产厂家,主要情况如下。

(1) 运行情况。自 1986 年大量的高压 MOA 进入电网以来,至 1990 年 10 月为止已生产 110kV 及以上电压等级 MOA7060 相,累计运行 16789 相年。在此期间,98％的高压 MOA 运行良好,共有 48 相发生事故占 0.68％,尚有 1.3％的 MOA 退出运行。统计事故率为 0.286 相/百相年。这些数字比第一次两部调查有所下降。同样,如果按百相年淘汰率计算,则提高三倍,即为 2.00 相/百相年。如果去掉第一次调查后停产整顿的景德镇电瓷电器公司的产品,则事故率几乎下降了 40％。从以上数字来看,说明运行情况基本上是好的,同时也得到电力部门的认可。当时在电力部门新建变电站中 90％选取 MOA,在旧设备改造过程中大都采用 MOA 取代 SiC 避雷器。

(2) 事故原因。分析认为事故主要由制造质量问题和应用不当引起,自然灾害只占少数;而在制造质量问题中,受潮又占 60％。最主要的原因是:避雷器受潮,MOA 的直流 1mA 电压过低,MOA 电位分布不均和耐受特殊运行条件能力差,以及运行不当和系统其他原因引起的事故。

(3) 国产与进口 MOA 比较。自 1985 年起,我国进口 110kV 及以上电压等级 MOA 近 200 相投入电网运行,主要产品的国家和公司是:日本的日立、明电舍、三菱,美国的 GE,瑞典的 ASEA,瑞士的 BBC 以及苏联的无产者工厂。电压等级为 6～500kV,特别是 500kV 系统产品占多数;而 6～10kV 产品大都是与成套设备一起进口的。

这些 MOA 运行情况基本良好,但也出现了一些事故,而且其事故率较国产 MOA 高。全国统计事故率为 0.34 相/百相年。国产与进口原装 MOA 运行相比较,有以下特点:①进口 MOA 的事故率比国产的略高;②进口产品发生事故有些是阀片本身质量不高、老化快,而国产 MOA 事故大多是受潮;③U_{1mA} 电压过低,进口与国产均有此情况。

调查得出的结论是:

(1) 国产高压 MOA 在我国电网中大量应用情况良好,收到一定效果,电力部门基本上满意。高压 MOA 取代 SiC 避雷器的趋势已经形成。制造厂也在努力提高 MOA 制造技术,广泛采用全面质量控制体系,使产品质量逐年提高。

(2) 由于 MOA 保护性能好,为进一步降低电器绝缘水平提供了可靠的物质条件;并且由于其性能好,大大减少了设备事故,为安全运行提供了保障。

(3) 我国已生产 MOA 有 7060 相,累计运行 19654 相年,98% 的高压 MOA 运行良好,0.68%(共 48 相)发生事故,统计事故率为 0.268 相/百相年。

(4) 进口原装高压 MOA 事故率比国产高。事故率最高的在广东地区,事故率为 1.9 相/百相年,这与该地区温度、湿度高有较大关系。

(5) 进口高压 MOA 发生事故的有些是大批量同时老化、损坏,多为阀片本身质量问题;而国产 MOA 的事故是因为管理不善造成的。

(6) 国产高压 MOA 阀片质量已达到较高水平,所引进的技术所已通过机械部、电力部鉴定,达到 20 世纪 80 年代水平,当时 5 个定点厂生产的阀片均未发现明显的老化现象。

(7) 正确选用避雷器,避免使用 MOA 残压过低产品,U_{1mA} 过低也是 MOA 发生事故原因之一,过多地降低 MOA 残压,会把 MOA 推向危险边缘。

(8) 推广带电检测,可以在很大程度上诊断出 MOA 受潮和老化。

(9) 各生产厂应以提高产品质量为中心,减少运行事故为目标,严格工艺纪律,强化质量管理体系,处理好产品先进性与可靠性的矛盾,同时应在装配环境、密封检查上下工夫。自第二次调查后,通过近十几年的研究和改进,在提高 MOV 的全面电气性能方面已取得了较大发展。研制并大量生产 110~750kV GIS 罐式避雷器,满足了电力工业发展的需要。这标志着我国已完成了新一代避雷器的全国产化。

20 世纪 70 年代以来,世界多数国家除发展瓷套型避雷器以外,长期以来最主要研究开发的重点是避雷器的心脏——MOV。通过改变配方制造工艺,提高通流能力。迄今,我国某些厂家已经将 MOV 的电位梯度提高至 300~350V · mm^{-1},使 GIS 避雷器的体积大大减小,制造成本降低。

8.1.3　进口 ASEA 500kV 氧化锌避雷器退出运行后的解剖分析

我国京津唐地区 1987 年从瑞典 ASEA 进口的 ZnO 避雷器数十台安装于晋京 500kV 输变电站,运行 5~8 年期间监测发现其 U_{1mA} 逐渐降低,漏电流相应地增大,不得不先后退出运行。1995 年天津电力公司委托西安高压电瓷厂检修 4 台,通过解剖分析找出了原因,修复了 3 台提供运行。

为了考察 ASEA 产 MOV 的实际水平,除对其电气性能进行试验外,还分析了电阻片的化学成分与微观结构。这些分析结果对提高我国 ZnO 避雷器和 MOV 性能水平有一些参考价值。

1. 避雷器的运行监测概况

天津的监测数据表明,随着运行时间的延续,避雷器 U_{1mA} 逐渐下降,漏电流相应增大。$0.75U_{1mA}$ 下的漏电流从 $30\mu A$ 逐渐增大到 $100\mu A$ 以上。其中取有代表性的 1 台四节中的第二、三节监测 U_{1mA} 的数据说明该情况。测试数据如表 8.1 所示。

表 8.1　监测的 U_{1mA} 数据(单位:kV)

监测年份 瓷套	1987	1991	1993	1995
第二节	178	166	156	110
第三节	119	117	112	106

2. 避雷器的解剖分析

1995 年 5 月进行解剖分析,每台由高度不同的四节瓷套装配而成,解剖了 1 台中高度不同的两节。其结构均采取双柱 MOV 并联,每柱分四片为一组(两柱并联共八片)与两只电容器并联;为了调整高度也有的两片为一组,与一只电容器并联;每片之间放置有金属片电极定位以确保其电气接触。每层靠金属圆板承重联结,对其压力释放装置的观察分析发现,主要是靠每节下端底部的碟形弹簧板对压力释放起作用。解剖时发现,两节中的金属零部件均有程度不同地锈蚀,固定电容器的铜插销表面已布满了绿色铜锈;第三节比第二节锈蚀情况最严重。避雷器的内部结构如图 8.3 所示。

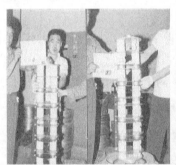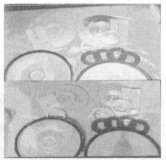

图 8.3　避雷器的内部结构及内部零部件

初步分析结果认为,该避雷器的 U_{1mA} 逐渐下降、漏电流相应增大的主要原因是密封不严,引起潮气侵入使 MOV 受潮所致。

3. 陶瓷电容器和的性能测试

陶瓷电容器的尺寸为 $\phi 25\times 25mm$,表面为浅灰色玻璃釉,其两端的中心内置有内径约 4mm 的铜螺套供电气连接固定用。随机抽取对 18 只电容器测定了电容量,单个电容器的电容量范围为 $403\sim440pF$,平均为 430pF。

4. MOV 电气性能测量

MOV 尺寸为 $\phi73.5\sim\phi73.9\times22.9\sim23.1mm$;两端面喷镀铝电极,圆周边缘留 $1.5\sim2mm$ 不喷铝;侧面为白色高阻层,刀片可以将其刮掉,结构很不致密说明高阻层未烧结。

从第二、三节中取出位于上端(第一组)MOV 各 8 片,对共计 16 片进行了主要电气性能试验。在弄清了直流电压下降的原因之后,为了找出采取措施的可靠性,又取了上端的 8 片,共计 24 片。

(1) MOV 小电流区的电气性能。

用直流 I-V 特性测试仪测定了 24 片 MOV,在原有状态下,进行过多次烘干并进行特殊热处理后的 1mA、$10\mu A$ 残压以及在 $0.75U_{1mA}$ 下的漏电流。测试结果表明表现出 U_{1mA} 不稳定,并且有逐渐下降的趋势;阻性电流为 $24\sim47\mu A$。

(2) 冲击残压测量。

对经过热处理后的 MOV 随机抽取 16 片在避雷器生产线测试 $8/20\mu s$ 在冲击电流 5kA、10kA、20kA 下的残压,在实验室测试了 $30/60\mu s$ 在操作冲击电流 1kA、2kA、3kA 下的残压,测试数据如表 8.2 所示。

表 8.2　测量冲击残压数据(单位:kV)

主要性能	$8/20\mu s$ 冲击残压			$30/60\mu s$ 冲击残压		
	U_{5kA}	U_{10kA}	U_{20kA}	U_{1kA}	U_{2kA}	U_{3kA}
残压平均值	6.526	6.956	7.735	5.790	5.805	6.180
平均压比*	1.703	1.816	2.019	1.511	1.516	1.614

* 平均压比均按照稳定后的直流 U_{1mA} 平均值 3.83kV 计算。

(3) 2ms 方波电流 1250A 抽查试验。

抽取小电流性能好的和差的各 2 片由质检处避雷器试验站进行 2ms 方波电流 1250A 抽查试验,均通过 18 次试验。

(4) $4/10\mu s$ 大电流冲击 2 次耐受能力试验。

抽取 4 片进行 $4/10\mu s$ 大电流冲击 2 次耐受能力试验,只能通过冲击电流 $67\sim73kA$ 试验。

(5) 人工加速老化试验。

根据企业标准规定的老化试验方法进行,即将试品加热稳定在 135℃±4℃约 160h,荷电率 90%,随机取试品 2 片,老化系数 K_{ct} 分别为 0.45、0.65。

5. 侧面高阻层的化学成分分析结果

高阻层的化学成分分析平均值如表 8.3 所示。

表 8.3　高阻层的化学成分

成分	Al_2O_3	SiO_2	CaO	MgO	ZnO	Cr_2O_3	Sb_2O_3	Bi_2O_3	PbO	合计
含量/%	65.595	22.27	2.20	3.17	0.38	0.03	0.18	0.59	0.26	94.675

通过解剖和分析可以得出以下结论:

(1) 根据避雷器瓷套内部的金属零部件锈蚀严重和 MOV 小电流区的电气性能明显下降的情况,可以判断该避雷器的性能劣化是由于密封不良、潮气侵入,使 MOV 严重受潮所致。

(2) 在对 MOV 性能试验及处理的 20 多天的过程中,发现经过多次 150℃烘干后的试品,在室内存放几小时后其直流 1mA、10μA 下的电压都明显下降,尤其是 10μA 下的电压下降最明显。这说明 MOV 的侧面高阻层很容易吸潮,分析其容易吸潮的原因是:高阻层未充分烧结,刀片可以很轻松地将高阻层刮下来,说明其结构呈疏松状态,所以它容易吸附水分并向内部渗透。运行过程在电场的作用下,由于静电作用使水分更容易向 MOV 侧面集中。所以认为,高阻层很容易吸潮也是引起避雷器 U_{1mA} 下降、漏电流增大的内在原因。因此,该避雷器的性能劣化,实际上主要是 MOV 的侧面高阻层的劣化。要解决上述缺陷,必须从配方改进入手,使其达到充分烧结状态。

(3) 经过特殊的热处理工艺等处理后,MOV 的冲击残压、方波容量、大电流耐受能力和老化性能试验数据证明,其主要电气性能可以恢复,并可以克服其吸潮性,保持其小电流区的性能稳定。

(4) 产品严重受潮与其密封系统结构设计不完善、密封橡胶已失去弹性有关,经过解体分析和共同研究找出了完善的办法。通过可靠的检测手段对每节避雷器检漏,可以使修复后的避雷器长期保持不受潮。

(5) 根据上述分析,将 MOV 经过特殊严格的热处理工艺处理后,统计约有 80% 的 MOV 可以恢复到正常水平;其他除部分零部件(如密封胶垫等)需更换外,对锈蚀的金属零部件进行工艺处理后,可以对避雷器修复。最后,向天津电力公司提供了修复好的 3 台投入运行。

(6) 将 MOV 的电气性能和理化性能分析结果与引进日立配方对比来看,ASEA 的方波电流为 1250A、通流密度已达到 29.46A·cm^{-2},接近 30A·cm^{-2};比我们现行生产的环形 $D_{72}/\phi 26 \times 22.5mm$ 的方波电流 800A、通流密度 23.33A·cm^{-2} 高 20%。当然,这与其 U_{1mA} 电位梯度较低,仅 175~180V·mm^{-1} 有关。另一差别是,前者的老化性能为功耗呈下降型,老化系数 $K_{ct}=0.65$,而后者一般约为 1.0。但前者压比较后者明显大得多,雷电 10kA 压比前者达到 1.8 以上;而后者现在已从原 1.75 降低到 1.72 左右。说明国产 MOV 的压比远比 ASEA 的好,但 ASEA 的方波通流能力高。

8.1.4　压敏电阻器的主要特性

1. MOV 的非线性 J-E 特性

MOV 最重要的性质是它的高非线性 J-E 特性,其典型的 J-E 曲线如图 8.4 所示。为了清楚地表示出其在很宽的电流密度范围内电场强度与电流密度之间的关系,通常用双对数坐标表示。按照各电流区域作用和性能的不同,可以划分为如下三个区域。

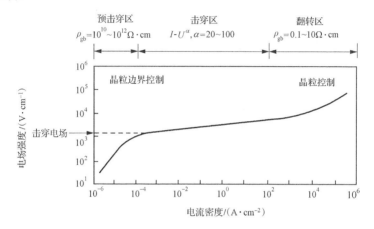

图 8.4　MOV 的非线性 J-E 特性

(1) 预击穿区。该区也称为小电流区。在该区施加小于压敏电压,即临界(或阈)电压,其 J-E 特性几乎是线性的,且与温度有密切关系。电阻率很高,$\rho_{gb}=10^{10}\sim10^{12}\Omega\cdot cm$,电阻温度系数为负值。在给定的运行电压下,交流电流约比直流电流大两个数量级。这种差别可能归因于施加交流电压下产生介电损耗的作用。在该区域的 J-E 特性受温度的影响较大,其电阻温度系数为 $-0.03\%\sim0.05\%/℃$,它是由微观结构中颗粒边界的阻抗决定的。

(2) 击穿区。该区也称为中电流区是 MOV 的核心,在该区域中,电压的微小增大会引起电流很大的增量。所以该区段又称为非线性区,是 ZnO 压敏电阻最重要的特征,它可跨越电流的 6～7 个数量级。正是因为在很大的电流密度范围内有很大的非线性,使 ZnO 压敏电阻器件完全不同于其他任何非线性器件,因而使它有可能应用于各种不同的领域。非线性的大小取决于曲线的平坦度,即其 J-E 曲线越平坦,器件的性能越好,它介于临界电压的电流密度为 $10^2\sim10^3 A\cdot cm^{-2}$,该区域的 J-E 特性几乎与温度无关。

(3) 翻转区。该区域的电流密度约为 $10^2\sim10^3 A\cdot cm^{-2}$,又称为高电流线性区。与低电流区域有些相似,其 J-E 特性又表现出线性,其电场强度随电流密度上升比非线性区快。该区是受 ZnO 微观结构中颗粒的阻抗控制的。

MOV 的 J-E 特性,在上述三个区域内显示出不同的特点,表明其对应着不同的导电机制。在小、中电流区域,其导电机制主要是由压敏陶瓷的晶界和晶粒特性决定的;而大电流区则是由其 ZnO 晶粒的电阻特性决定的。

2. MOV 的主要参数

压敏电阻器的各种应用都要用到图 8.4 中 J-E 特性曲线的各个区段,小电流区的线性决定着外加稳态电压时的工作电压功耗;非线性区决定着施加浪涌时的限制电压;大电流区的特性代表着抑制电流冲击(如直击雷电流)的极限能力。

压敏电阻器几个最主要的实用参数与 J-E 特性曲线的各个区段有关,这些参数及其实用功能,如表 8.4 所示。

表 8.4　器件的主要参数及其应用功能

参数	功能	方程式
非线性系数	保护电平	$I=(U/C)^\alpha$
压敏电压(非线性电压)	与额定电压有关	$C=U/I^\alpha$ (1mA 时的 U)
漏电流	功耗与工作电压相关	$I_R=U_{ss}/R_{gb}$
寿命	稳定性	$P_G<P_D$
吸收能量的能力	不破坏	$W=IUt$

注:I 为电流;U 为电压;C 为常数;I_R 为阻性电流;U_{ss} 为稳态电压;R_{gb} 为粒界电阻;P_G 为产生的功率;P_D 为耗散的功率;W 为能量;t 为时间。

(1)非线性系数 α。

非线性系数 α 是 ZnO 压敏电阻最重要的参数之一,它是非线性区 I-V 曲线斜率的倒数,为

$$\alpha = \frac{\mathrm{d}\ln I}{\mathrm{d}\ln U} \tag{8-1}$$

α 值越大,元件性能越好,α 值趋于无限大,表明压敏性最完美。随着电流密度的增大,α 值是逐渐变化的,这可用图 8.5 来说明。在预击穿区 α 值逐渐增大,到

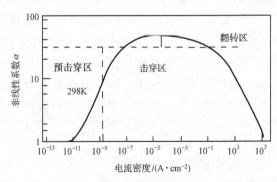

图 8.5　非线性系数与电流密度的关系

击穿区达到最大值;到翻转区又逐渐减小。正因为 α 值随着电流密度的这种变化,所以在确定 α 值时,很重要的一点是要指定电流数值的范围。实用中总是依据两个要求的电流值及其对应的电压按式(8-2)计算:

$$\alpha = \frac{\ln(I_2/I_1)}{\ln(U_2/U_1)} \tag{8-2}$$

式中,U_2 和 U_1 为与电流 I_2 和 I_1 对应的电压值($I_2 > I_1$)。按照上述定义,确定 α 值的电流范围通常为 $0.1 \sim 1\text{mA}$、$1 \sim 10\text{mA}$,最好达到 100mA。这是在设计压敏电阻器时,设计者应依据实际应用场合选择。

然而,应该指出,不管怎样的 α 值,作为对元件质量的要求都必须标明所处的电流范围。一般引用的电流范围位于 $0.1 \sim 100\text{mA}$,对于高电流应用,就 1kA 而言,选择 α 值应特别小心。此外,α 值明显受使用时环境温度和电压的影响。α 值随温度和电压的升高而降低,这说明在设计应用时必须考虑对于外界环境的限制和控制。

$I\text{-}V$ 曲线的非线性区段通常用以下经验方程式来表示:

$$I = (U/C)^\alpha = KU^\alpha \tag{8-3}$$

式中,C 和 K 是与材料相关的常数,且 $K = (1/C)^\alpha$。式(8-3)的实用意义在于说明,就确定的放电电流而言,随着 α 值的增大,电压的增加值很小。这是保护电器设备免受浪涌冲击损坏的基础。器件的保护特性可用图 8.6 来说明。保护特性定义为 U_2/U_1,其中 U_2 是规定放电电流 I_d 时的电压,U_1 是与规定漏电流 I_L 对应稳定连续工作电压。该比值($P_1 = U_2/U_1$)即称之为保护水平(protective level)。它是器件限压效果好坏的度量。从图 8.6 对两条曲线进行的比较可以看出,曲线 2 比曲线 1 的限压效果要好得多。应用该图中的方程式很容易求得 α 值和保护水平之间的关系。

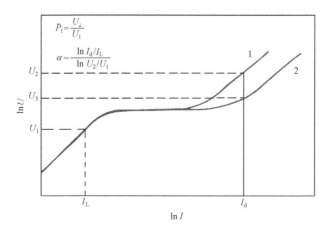

图 8.6　压敏电阻器的 $I\text{-}V$ 特性及保护水平与非线性系数的关系

就其保护性能而言,MOV 的重要性正是源于其非线性系数 α,比其他压敏电阻器高得多。SiC 的 α 值约为 5;Se 整流器的 α 值约为 8;Si 二极管的 α 值约为 35;MOV 的 α 值为 35～100。但要注意,当用其表征器件的质量时,应指明与其相应的电流范围,因为文献引用的 α 值并未指明电流范围。

(2) 压敏电压(或称为临界(阈)电压)。

压敏电阻器及 ZnO 避雷器均是以其从线性向非线性转变的电压为标志特征的,其非线性区开始点在 I-V 曲线的拐点附近。此时的电压也称之为非线性或"导通电压",通常将该电压确定为元件的额定电压。由于 I-V 曲线的转变点清晰度不是很明确的,所以该电压的确切位置,对大多数压敏电阻而言都难以确定。然而,根据式(8-1),压敏电压依据式(8-3)可定义为

$$C = U/I^{1/\alpha} = U_{1\text{mA}} \tag{8-4}$$

根据这一定义,文献中通常把在直流 1mA 下测得的电压($U_{1\text{mA}}$)作为压敏电压,也有人把在交流 3～5mA 下的电压($U_{m\text{mA}}$)作为参考电压。然而,这些都不能确切表达真实的压敏电压,因为它与 MOV 的尺寸有密切关系;就是说还应该考虑到元件几何尺寸的影响。采用电压和电流的归一化数值可以解决统一问题。即可用电压和电流的标称值表示,这种标称电压定义为:在 $0.5\text{mA} \cdot \text{cm}^{-2}$ 电流密度下测定的电场强度 $E_{0.5\text{mA}}$。实践证明,对于大多数压敏电阻而言,$E_{0.5\text{mA}}$ 值接近于非线性的起始点。

(3) 漏电流。

应该重视 ZnO 压敏电阻预击穿区的漏电流有以下两方面的重要原因是:①漏电流决定着压敏电阻的功耗,可以预计在施加稳定态运行电压下所产生的功耗;②漏电流的大小决定元件不产生过量的热,即可以接受稳态运行电压的量。对于施加交流电压而言,其总漏电流 I_L 是由阻性电流 I_R 和容性电流 I_C 构成的,最重要的是阻性电流,因为它会使元件内产生热量。在给定的温度下,由于压敏电阻承受外界施加的电应力,I_R 会随时间延长而增大。这种现象,在承受较高运行电应力时会加速,若再加上高温则会更加恶化。ZnO 压敏电阻的寿命,主要决定于 I_R 以及其随温度增加的大小、电压和时间。随着 I_R 的增大产生的热量也会增大,如果热量不扩散,温度会迅速升高。这可能会引起热崩溃,也会引起短路甚至元件整体炸裂。

基于以下两个方面的原因,懂得 MOV 的漏电流特性是非常重要的。首先它确定了当 MOA 或 MOV 加上稳定工作电压后的有功功耗,图 8.6 表明了这种情况。电压 U_1 引起漏电流 I_L,表现为 I_L^2R 的热量。SiC 避雷器几乎总是有间隙的,因此不存在漏电流问题。就这一点而言,SiC 元件是一种被动元件,而 MOV 则是一种活性元件。其次,漏电流的大小确定了稳态工作电压 U_1 的数值,在该电压下器件不会因 I_L 而产生过大的发热现象。若发热过度,则必须降低 U_1 值,以减小

I_L。有必要从以下两个方面来权衡选择 U_1 及其所产生的 I_L：一方面希望把工作电压设定在尽可能接近非线性开始点，即尽可能临近 $U_{0.5mA}$，以获得最佳的保护水平；另一方面要防止器件因过度发热而失控。对于电力系统应用的大多数情况而言，将稳态工作电压设定在 $U_{0.5mA}$ 的 70%～80%。

在了解漏电流的意义以后，还有必要了解 MOV 漏电流的另一个重要分量，即在交流系统应用的情况下，预击穿区的总漏电流是由阻性电流和容性电流所构成的，它们分别与晶界电阻和晶界电容相对应。每只压敏元件的这些漏电流各不相同，但就总体来看，总的漏电流主要是由容性电流构成的，它比阻性电流要高出好几倍。尽管实际上有 $I_R \ll I_C$，但凡是对阻性电流有影响的各种因素都会影响到在连续交流电压下的交流损耗。影响 I_R 值的因素有：MOV 的配方、环境温度、施加的电压荷电率及施加电压的时间。

（4）寿命。

由于 MOA 除长期承受稳态工作电压应力外，还要承受各种异常过电压应力的作用，因此作为其核心元件 MOV 的寿命是与漏电流密度相关的。在不发生机械或其他电气性能失效的情况下，其寿命主要是由 I_R 的量值及其随温度、电压和时间上升情况决定的。随着 I_R 的上升，发热量将增大，若热量不能散失，鉴于其负温度系数的特性而更进一步使 MOV 温度上升，如此恶性循环下去，最终有可能达到热崩溃而引起炸裂破坏。

最早预测"寿命"的一种简便方法是，在规定的温度及外加电压下假定电流或功率达到某一临界值时寿命就终止了。有些试验采用该方法，将电流或功率"加倍"作为达到这一临近值的判断。这种规定显然有相当大的随意性。

国内外普遍采用提高温度的方法来进行加速老化试验。我国均按 GB 11032—2000 标准（等效 IEC 60099-4 国际标准）进行该项试验。试验方法详见 8.4.2 节 MOA 的交流电压试验中加速老化试验有关升高的额定电压和持续运行电压的确定。

（5）能量吸收能力。

MOA 的主要功能是在泄放浪涌冲击过程，将电压限制到对于被保护的电气设备无害的程度。实验证明，在电力系统的各种内、外过电压浪涌冲击时，所注入的能量因其幅值和持续时间不同而有很大差别，因而所引起其 $I\text{-}V$ 特性的蜕变程度不同。一般的，冲击电流密度越大、冲击时间间隔越短、冲击次数越多，其蜕变程度越大；反之亦然。而且 MOV 的 $I\text{-}V$ 特性蜕变主要表现在小电流区。在不同冲击波形（如陡波 $1/5\mu s$、大电流 $4/10\mu s$、雷电 $8/20\mu s$、操作波 $30/60\mu s$ 等）中，以电流幅值为 65kA、100kA 的冲击引起的蜕变最大。另外，蜕变程度与电流的极小有关，通常负极性比正极性引起的蜕变大。

MOV 的 $I\text{-}V$ 特性蜕变程度不仅与冲击电流密度、冲击时间间隔、冲击次数有关，而且与冲击电流在瓷体内部引起的热过程有关。不同配方工艺制作的 MOV，其耐受电流冲击的能力也不同,这与其材料内在的微观结构及其均匀性有密切关系。

8.1.5　氧化锌避雷器的特点

避雷器是用来限制过电压的一种保护电器,通常与被保护的设备并联于系统与地之间。在正常运行电压下,由于 MOV 表现出很高的电阻,通过它的漏电流仅为微安-毫安级,相当于绝缘体;而当系统出现危及电气绝缘的过电压时,由于其具有优异的 I-V 非线性使其高阻性变为低阻性,MOA 两端的残压被限制在允许的水平下,并吸收过电压能量,从而保护了电气绝缘。对于传统的 SiC 避雷器而言,由于其阀片的非线性不太好,在通常灭弧电压下将有百安级的电流通过,如果不用串联间隙隔开,将会导致阀片热损坏,所以串联间隙是必不可少的重要元件。如图 8.7 所示,可以看出这两类避雷器的伏安特性的明显差别。

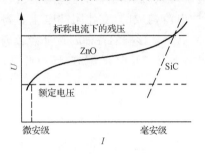

图 8.7　MOA 与 SiC 避雷器的伏安特性对比

MOA 使避雷器的结构、性能、制造工艺及试验等带来根本性的变革,也可以说是避雷器的一场革命。与传统的避雷器相比,MOA 具有以下最突出的优点:

1. 保护特性优异

因为 MOA 采用非线性优异的 MOV 为芯体,取消了 SiC 避雷器必不可少的串联间隙,提高了其保护性能。其保护性能是其由芯体的陡波冲击残压、雷电冲击残压及操作冲击残压三者决定的。正是因为 MOV 比 SiC 阀片的非线性优异得多,特别是陡波残压及操作残压的明显降低,因而可对电气设备提供最佳的保护。图 8.8 和图 8.9 分别表示 MOV 和 SiC 阀片的电流响应曲线及其陡波响应的特性对比。由图 8.8 可见,MOV 与 SiC 阀片 $1\mu s$ 陡波残压约降低 6%,加上放电延迟

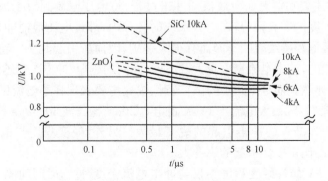

图 8.8　MOV 和 SiC 阀片的电流响应曲线

的影响差异更大,因为 MOV 对陡波无延迟。操作波残压 SiC 约降低 7%。这样增大了陡波、操作波的保护裕度,从而对电气设备提供最佳保护,这也是 SiC 避雷器最难应付的场合。

以 110kV 普通阀式避雷器 FZ-110J、磁吹式避雷器 FCZ3-110J 为例,与 110kV Y10W5-100/260 型 MOA 的性能对比如表 8.5 所示。

从表 8.5 的数据可以看出,110kV MOA 的雷电冲击残压比磁吹式避雷

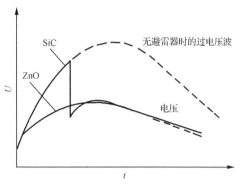

图 8.9　MOA 和 SiC 避雷器的陡波响应特性

器降低 9.61%,比普通阀式避雷器降低 37.69%;操作冲击残压与陡波冲击残压比普通阀式和磁吹式避雷器降低也同样如此。

表 8.5　同一电压等级两种避雷器与 MOA 的性能对比

产品型号	波前冲击残压(峰值)/kV	8/20μs 冲击残压(峰值)/kV		30/60μs 操作冲击残压(峰值)/kV	1/5μs 陡波冲击残压(峰值)/kV	降低值*/%
		5kA	10kA			
FZ-110J	408	326	358	—	—	37.69
FCZ3-110J	312	260	285	—	—	9.61
Y10W5-100/260	—	242	260	221	291	0

* 以 Y10W5-100/260 的 U_{10kA} 为 100% 计算。

2. 吸收过电压能量大

传统避雷器的吸收过电压能力不仅受阀片的限制,而且受间隙灭弧能力的限制;而 MOA 的能量吸收能力仅由其芯体 MOV 决定。就单位体积吸收能量的比能计算,MOV 比 SiC 阀片约大 4 倍。例如传统的磁吹式避雷器所采用的 $\phi 100 \times 20$mm 的高温阀片的方波通流能力仅为 600A,而尺寸为 $\phi 71/\phi 26 \times 22.5$mm 的 MOV 方波通流能力可以达到 800A;$\phi 115/\phi 42 \times 22.5$mm 的 MOV 方波通流能力可以达到 2000A。

另外,传统避雷器因为带有间隙而难以并联,而 MOA 中的 MOV 在高电流区具有微小的正温度系数的特点,若采取并联结构会有利于自动补偿均流。

3. 结构简化、尺寸减小、重量减轻

传统的 SiC 避雷器,特别是高电压避雷器,由于采用很多的串联间隙,为了获得较平坦的伏-秒特性,就必须采取许多复杂的电压控制措施,如并联电阻、并联电

容器、控制间隙等,因此其结构非常复杂,体积庞大。而 MOA 不用串联间隙,这样就大大简化了结构,使尺寸减小。据估算同一电压等级的产品高度降低 1/3～1/2,重量减轻 1/3～2/3,并提高了综合可靠性,简化了生产流程,也降低了造价。

表 8.6 列出了 110kV 普通阀式避雷器 FZ-110J、磁吹式避雷器 FCZ3-110J 与 110kV Y10W5-100/260 型 MOA 的高度、重量等参数。从数据可以看出,Y10W5-100/260 的高度、重量分别仅为普通阀式的 40% 和 62.5%,磁吹式避雷器的 80% 和 60%,明显实现了产品的小型化。

表 8.6　传统避雷器与 MOA 物理参数的对比

产品型号	高度/mm	最大外径*/mm	重量/kg
FZ-110J	3480	350(均压环)	250
FCZ3-110J	1720	432	271
Y10W5-100/260	1375	280	160

* 最大外径是指产品安装后所占的空间尺寸。

4. 具有良好的耐污秽性能和带电冲洗特性

传统型的避雷器,当瓷套表面污秽严重和带电冲洗时,瓷套上的电位分布不均或发生局部闪络会耦合到产品内部,使间隙上的工频放电电压下降;放电电压的下降可能导致在低过电压下发生动作,因不能灭弧而引起爆炸。而 MOA 没有串联间隙,不存在间隙放电电压降低、续流遮断能力降低等弊端。

8.2　氧化锌避雷器的设计

8.2.1　氧化锌避雷器的主要特性参数

表征 MOA 特性的基本参数如下。

1. 避雷器的额定电压(U_r)

允许施加到避雷器两端间的最高工频电压有效值。按照此电压设计的避雷器,能够在规定的动作负载试验中确定的暂时过电下正确工作。它是表明避雷器运行特性的一个重要参数,其值由系统暂态过电压决定。

2. 避雷器的持续运行电压(U_c)

允许持久施加在避雷器两端间的最高工频电压有效值。避雷器在此电压下能正常运行。在持续运行电压下流过避雷器的工频电流包括阻性电流分量和容性电流分量,称为全电流,其值在几百微安至毫安级。持续运行电流是随温度的改变而变化的,因为 MOV 在小电流区伏安特性具有明显的负温度系数。

3. 避雷器的工频参考电流

用于确定避雷器工频参考电压的工频电流阻性分量的峰值(如果电流是非对称的取两个极性高的峰值)。工频参考电流应足够大,使杂散电容对所测避雷器或元件(包括设计的均压系统)的参考电压的影响可以忽略,该值由制造厂规定。工频参考电流应注意以下两点:

(1) 工频参考电流取决于避雷器的标称放电电流及(或)线路放电等级。对单柱避雷器参考电流密度的典型范围为 $0.05\sim1.0\mathrm{mA\cdot cm^{-2}}$。

(2) 虽然各避雷器制造厂规定的工频参考电流值有所不同,但从各自的伏安特性来看,此值都在其伏安特性曲线的拐点处。当外加电压大于工频参考电压时,即使少量的电压增加也引起电流大幅度增长。从整个伏安特性来讲,该点就像限制或释放电流的临界点。

4. 避雷器的工频参考电压(U_{ref})

当避雷器通过工频参考电流时,测出避雷器的工频电压最大值除以 $\sqrt{2}$。多元件串联组成的避雷器的电压是每个元件工频参考电压之和,一般用 U_{ref} 表示。

5. 避雷器的直流参考电压($U_{DC\,ref}$)

在避雷器通过直流参考电流时,测出避雷器的直流电压平均值。一般直流参考电压取 1mA。从理论上讲,直流参考电压是没有意义的,因为在系统使用时通过避雷器的是交流电压,不可能有直流通过,但在避雷器制造过程中,直流测量比较准确、方便,而且交流和直流之间又有一定关系。所以制造厂往往采用测量单片 MOV 的直流 1mA 电压来控制其性能,进行 MOV 的配组等。制造厂及用户均采取测量避雷器元件或产品的 U_{1mA} 电压作为判断其性能的主要手段之一。

6. 避雷器的保护特性

残压表征是避雷器保护水平的主要参数。包括以下各项:

(1) 陡波冲击电流下的残压。它相当于传统避雷器的波前放电电压,表征避雷器在陡波下的保护特性,用 $1/5\mu s$ 波形的标称放电残压来表征。

(2) 雷电冲击电流下的残压。与传统避雷器一样,一般用 $8/20\mu s$ 避雷器的残压来表征。

(3) 操作冲击电流下的残压。它相当于传统避雷器的操作波保护水平。测量时采用的波形为视在波前时间大于 $30\mu s$ 而小于 $100\mu s$,视在半波峰值时间约为波前时间的两倍。电流峰值根据不同类型的产品可分别为 100A、250A、500A、1000A、2000A 等。

避雷器的雷电(过电压)保护水平是取下列两相的最高者:①陡波冲击电流下最大残压除以 1.15;②标称放电电流下最大残压。

避雷器的操作冲击保护水平是规定的操作冲击电流下的最大残压。

7. 标称放电电流(I_n)

标称放电电流(nominal discharge current of an arrester)是用来划分避雷器等级,具有 $8/20\mu s$ 波形的放电电流峰值。一般最大为 20kA,最低为 1kA,共分 6 级。

8. 通流容量

避雷器的通流容量包括 $4/10\mu s$ 的大电流冲击耐受能力、线路放电耐受和 2ms 方波冲击电流耐受能力。

9. 工频过电压耐受能力

系统单相接地、长线电容效应以及甩负荷等原因引起工频暂态过电压升高,并持续相当长的时间。传统的 SiC 避雷器因有间隙隔离,不会引起避雷器动作;而无间隙 MOA 则不一样,它应能耐受这种过电压而不致损坏。MOA 的工频过电压耐受能力,一般是用工频过电压倍数与时间关系的曲线表示。

10. 局部游离放电水平和无线电干扰水平

额定电压 2.4kV 及以上避雷器应测定局部放电量。额定电压 96kV 及以上避雷器,还应测定其无线电干扰电压。

避雷器在 1.05 倍持续运行电压下的局部放电量不应大于 50pC,无线电干扰电压不应大于 $2500\mu V$。

11. 压比

MOA 的压比(也称为保护比)是指标称电流下的残压与直流 1mA 电压的比值。压比可用下式表达:

$$K = \frac{\text{MOA 的标称冲击电流残压}}{\text{MOA 的直流 1mA 电压}} \tag{8-5}$$

压比是表征 MOA 的保护水平,也是表征其中芯体 MOV 非线性特性好坏的重要参数。它是由 MOV 的配方和工艺决定的,压比越小,表明 MOV 的非线性越好,即 MOA 的保护性能越好。

12. 荷电率

荷电率是指长期施加在 MOA 上工作电压峰值与参考电压的比值。它表征单

位 MOV 的电压负荷,这也是避雷器必须认真考虑的一项重要参数。荷电率的大
小直接影响避雷器运行的稳定性,荷电率选取得高,避雷器的保护性能好,但产品
的寿命及可靠性会降低;若荷电率选取得低,虽然产品的寿命可以延长,运行可靠,
但其保护性能变差,因此正确地选取荷电率是十分重要的。

　　为此,首先应按照国家标准规定进行比例元件的加速老化试验。然而,老化试
验的荷电率应高于实际运行时荷电率,如用于 330kV 以下 MOA 的荷电率一般取
85%、500kV 的一般取 90%,以确保 100 年寿命要求的荷电率。然后综合考虑上
述各种因素最后确定荷电率。通常,实际运行在中性点不接地或经消弧线圈接地
系统中的 MOA,荷电率比较低,约为 75%;使用在中性点直接接地系统中的荷电
率,对于 110～330kV 等级,约为 80%;对于 500kV 等级可达到 85%,因此都有一
定的裕度。

8.2.2　氧化锌避雷器的产品分类

　　MOA 依照电力系统应用的不同,分为交流与直流系统用避雷器两大类,这里
仅就交流系统用来分类。

　　按照 MOA 外壳材料不同可分为三大类:①瓷套式 MOA;②罐式 MOA;③有
机复合外套式 MOA。

　　按照 MOA 使用场所不同可分为七大类:①配电型 MOA;②电站型 MOA;
③线路型 MOA;④变压器中性点保护用 MOA;⑤并联补偿电容器组保护用
MOA;⑥电气化铁道保护用 MOA;⑦发电机、电动机保护用 MOA 等。

　　按照标称放电电流分类,可分为 20kA、10kA、5kA、2.5kA、1kA 等级的
MOA,它包含了上述用途分类的避雷器,其对应情况如表 8.7 所示。

表 8.7　按照标称放电电流分类

等级	用途
20kA	500kV 电站 MOA
10kA	110～500kV 电站 MOA
5kA	3～220kV 电站 MOA
	3～10kV 配电 MOA
	3～66kV 并联补偿电容器 MOA
	27.5～55kV 电气化铁道 MOA
2.5kA	3.15～15.75kV 电机 MOA
1kA	10～500kV 中性点 MOA

8.2.3　氧化锌避雷器的型号

　　产品型号通常由产品的类型(或系列)、结构特征、使用场所、设计序号,以及避
雷器的特性数字及附加特征代号的汉语拼音字母和阿拉伯数字所组成,如图 8.10
所示。

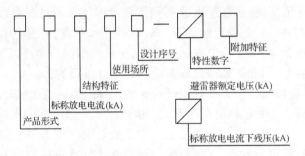

图 8.10　产品型号构成

(1) 产品形式:Y 表示 ZnO 避雷器。

(2) 标称放电电流值:此数字表示 ZnO 避雷器的标称放电电流值,其单位为 kA。

(3) 结构特征:用拼音字母表示避雷器在结构特征方面所具有的特征,如 W 表示无间隙、C 表示有串联间隙、B 表示有并联间隙。

(4) 使用场所:用拼音字母表示避雷器使用场所的特征,如 R 表示用于电容器组的保护、T 表示用于铁道电力系统的保护、F 表示用于全封闭组合电器中的保护、S 表示用于配电系统的避雷器、Z 表示用于电站的避雷器。

对于旋转电机、变压器中性点避雷器等均不采用使用场所用代号表示。

(5) 设计序号:当产品结构特征、使用场所及特性数字均相同,但其外形、内部结构、安装尺寸或其他特性不同时,需要在产品型号上有所区别,而使用设计序号。为了区别不同制造厂生产的产品,即使外形、结构相同,也采用不同的设计序号。例如,西瓷厂的设计序号为 5。但是设计序号并不是必不可少的,许多厂并没有编入设计序号。

(6) 特性数字:由避雷器最重要的特性表示。各类 MOA 此特性数字由两部分组成,在斜线上方为 MOA 的额定电压值(kV),斜线下方为 MOA 的标称放电电流下的残压值(kV)。

(7) 附加特征代号:为了表明避雷器适用的某些特殊环境条件而附加的拼音字母,如 W 表示耐污型避雷器、K 表示避雷器具有抗震能力、T 表示适用于湿热带地区。

8.2.4　氧化锌避雷器的标准及对产品的技术要求

MOA 的技术特性及其制造应符合国家标准 GB 11032—2000《交流无间隙金属氧化物避雷器》及各工厂企业标准的相应规定。电站用 MOA 的主要性能参数如表 8.8 所示。

表 8.8　典型的电站和配电型用避雷器参数(参考)(单位:kV)

避雷器额定电压有效值	避雷器持续运行电压有效值	标称放电电流20kA等级 电站避雷器				标称放电电流10kA等级 电站避雷器				标称放电电流5kA等级 电站避雷器				标称放电电流5kA等级 配电避雷器			
		陡波冲击电流残压峰值(≤)	雷电冲击电流残压峰值(≤)	操作冲击电流残压峰值(≤)	直流1mA参考电压(≥)	陡波冲击电流残压峰值(≤)	雷电冲击电流残压峰值(≤)	操作冲击电流残压峰值(≤)	直流1mA参考电压(≥)	陡波冲击电流残压峰值(≤)	雷电冲击电流残压峰值(≤)	操作冲击电流残压峰值(≤)	直流1mA参考电压(≥)	陡波冲击电流残压峰值(≤)	雷电冲击电流残压峰值(≤)	操作冲击电流残压峰值(≤)	直流1mA参考电压(≥)
5	4.0	—	—	—	—	—	—	—	—	15.5	13.5	11.5	7.2	17.3	15.0	12.8	7.5
10	8.0	—	—	—	—	—	—	—	—	31.0	27.0	23.0	14.4	34.6	30.0	25.6	15.0
12	9.6	—	—	—	—	—	—	—	—	37.2	32.4	27.6	17.4	41.2	35.8	30.6	18.0
15	12.0	—	—	—	—	—	—	—	—	46.5	42.5	34.5	21.8	52.5	45.6	39.0	23.0
17	13.6	—	—	—	—	—	—	—	—	51.8	45.0	38.3	24.0	57.5	50.0	42.5	25.0
51	40.8	—	—	—	—	154.0	134.0	114.0	73.0	—	—	—	—	—	—	—	—
84	67.2	—	—	—	—	254	221	188	123	—	—	—	—	—	—	—	—
90	72.5	—	—	—	—	264	235	201	130	270	235	201	130	—	—	—	—
96	75.0	—	—	—	—	280	250	213	140	288	250	213	140	—	—	—	—
100*	78.0	—	—	—	—	291	260	223	145	299	260	221	145	—	—	—	—
102	79.6	—	—	—	—	297	266	226	148	305	266	226	148	—	—	—	—
108	84.0	—	—	—	—	315	281	239	157	323	283	239	157	—	—	—	—
192	150	—	—	—	—	560	500	426	280	—	—	—	—	—	—	—	—
200*	156	—	—	—	—	582	520	442	290	—	—	—	—	—	—	—	—
204	159	—	—	—	—	594	532	452	296	—	—	—	—	—	—	—	—
216	168.5	—	—	—	—	630	562	478	314	—	—	—	—	—	—	—	—
288	219	—	—	—	—	782	688	593	408	—	—	—	—	—	—	—	—
300	228	—	—	—	—	814	727	610	425	—	—	—	—	—	—	—	—
306	233	—	—	—	—	831	742	630	433	—	—	—	—	—	—	—	—
312	237	—	—	—	—	847	760	643	442	—	—	—	—	—	—	—	—
324	246	—	—	—	—	880	789	668	459	—	—	—	—	—	—	—	—
420	318	1170	1046	858	565	1075	960	852	565	—	—	—	—	—	—	—	—
444	324	1238	1106	907	597	1137	1015	900	592	—	—	—	—	—	—	—	—
468	330	1306	1166	996	630	1198	1070	950	630	—	—	—	—	—	—	—	—

* 过载。

1. 标准额定值

(1) 标准额定电压。各种其他用途 MOA 的主要性能如表 8.9～表 8.14 所示。

表 8.9　典型的电气化铁道用避雷器参数(参考)(单位:kV)

避雷器额定电压有效值	避雷器持续运行电压有效值	标称放电电流 5kA 等级			
		陡波冲击电流残压峰值(≤)	雷电冲击电流残压峰值(≤)	操作冲击电流残压峰值(≤)	直流 1mA 参考电压(≥)
42.0	34.0	138.0	120.0	98.0	65.0
84.0	68.0	276.0	240.0	196.0	130.0

表 8.10　典型的并联补偿电容器用避雷器参数(参考)(单位:kV)

避雷器额定电压有效值	避雷器持续运行电压有效值	标称放电电流 5kA 等级		
		雷电冲击电流残压峰值(≤)	操作冲击电流残压峰值(≤)	直流 1mA 参考电压(≥)
5	4.0	13.5	10.5	7.2
10	8.0	27.0	21.0	14.4
12	9.6	32.4	25.2	17.4
15	12.0	40.5	31.5	21.8
17	13.6	46.0	35.0	24.0
51	40.8	134.0	105.0	73.0
84	67.2	221.0	176.0	121.0
90	72.5	236.0	190.0	130.0

表 8.11　典型的电机用避雷器参数(参考)(单位:kV)

避雷器额定电压有效值	避雷器持续运行电压有效值	标称放电电流 5kA 等级				标称放电电流 2.5kA 等级			
		发电机用避雷器				电动机用避雷器			
		陡波冲击电流残压峰值(≤)	雷电冲击电流残压峰值(≤)	操作冲击电流残压峰值(≤)	直流 1mA 参考电压(≥)	陡波冲击电流残压峰值(≤)	雷电冲击电流残压峰值(≤)	操作冲击电流残压峰值(≤)	直流 1mA 参考电压(≥)
4	3.2	10.7	9.5	7.6	5.7	10.7	9.5	7.6	5.7
8	6.3	21.0	18.7	15.0	11.2	21.0	18.7	15.0	11.2
13.5	10.5	34.7	31.0	25.0	18.6	34.7	31.0	25.0	18.6
17.5	13.8	44.8	40.0	32.0	24.4	—	—	—	—
20	15.8	50.4	45.0	36.0	28.0	—	—	—	—
23	18.0	57.2	51.0	40.8	31.9	—	—	—	—
25	20.0	62.9	56.2	45.0	35.4	—	—	—	—

表 8.12　典型的低压避雷器参数(参考)(单位:kV)

避雷器额定电压有效值	避雷器持续运行电压有效值	标称放电电流 1.5kA 等级	
		雷电冲击电流残压峰值(≤)	直流 1mA 参考电压(≥)
0.28	0.24	1.3	0.6
0.50	0.42	2.6	1.2

表 8.13　典型的电机中性点用避雷器参数(参考)(单位:kV)

避雷器额定电压有效值	避雷器持续运行电压有效值	标称放电电流 1.5kA 等级		
		雷电冲击电流残压峰值(≤)	操作冲击电流残压峰值(≤)	直流 1mA 参考电压(≥)
2.4	1.9	6.0	5.0	3.4
4.8	3.8	12.0	10.0	6.8
8.0	6.4	19.0	15.9	11.4
10.5	8.4	23.0	19.2	14.9
12.0	9.6	26.0	21.6	17.0
13.7	11.0	29.2	24.3	19.5
15.2	12.2	31.7	26.4	21.6

表 8.14　典型的变压器中性点用避雷器参数(参考)(单位:kV)

避雷器额定电压有效值	避雷器持续运行电压有效值	标称放电电流 1.5kA 等级		
		雷电冲击电流残压峰值(≤)	操作冲击电流残压峰值(≤)	直流 1mA 参考电压(≥)
60	48	144	135	85
72	58	186	174	103
96	77	260	243	137
144	116	320	299	205
207	166	440	410	292

　　MOA 的额定电压标准值(有效值)(kV)在规定的范围内的电压级数如表8.15所示。

表 8.15　额定电压范围与电压级数

额定电压范围/kV	额定电压级数
<3	正在考虑中
3～30	1
30～50	3
54～96	6
96～288	12
288～396	18
396～756	24

注: 其他额定电压值也可接受,但应为 6 的倍数。

（2）标准额定频率。标准额定频率为 50Hz 和 60Hz。

（3）标准标称放电电流。标准 8/20μs 标称放电电流为：20kA、10kA、5kA、2.5kA、1.5kA。

2. 运行条件

1）正常运行条件

下述条件是典型的正常运行条件，避雷器应能正常运行。

（1）环境温度不高于＋40℃，不低于－40℃；

（2）太阳辐射①；

（3）海拔不超过 1000m；

（4）电源的频率不小于 48Hz，不超过 62Hz；

（5）长期施加在避雷器端子间的工频电压应不超过避雷器的持续运行电压；

（6）地震烈度 7 级以下地区，最大风速不超过 35m/s。

2）异常运行条件

下述条件是典型的非正常运行条件，避雷器在制造和使用时需按特殊条件考虑。

（1）环境温度高于＋40℃，或低于－40℃；

（2）海拔超过 1000m，这可能使绝缘表面或安全金具产生裂化的烟气或蒸气；

（3）因烟尘、灰尘、盐雾或其他导电物质引起的严重污染；

（4）避雷器带电冲洗；

（5）粉尘、煤气或烟气的爆炸性混合物；

（6）异常的机械强度（如地震烈度 7 级以上地区、最大风速超过 35m/s、覆冰厚度超过 2cm 等）；

（7）过度遭受潮湿、湿气、雨水的侵袭。

3. 避雷器的技术要求

1）避雷器外套的绝缘耐受性能

避雷器外套的绝缘耐受电压应根据避雷器使用的系统标称电压按 GB 311.1 标准中对高压电器外绝缘的规定进行绝缘耐受试验。

对变压器中性点用避雷器、电机中性点用避雷器，可按以下要求对避雷器进行绝缘耐受试验。

（1）避雷器外套应耐受下列雷电冲击电压：避雷器雷电冲击保护水平乘以 1.4；

---

① 太阳最大辐射(1.1kW/cm²)的影响已通过在型式试验中把试品预热的方法予以考虑，如果在避雷器附近有其他热源，避雷器的使用需经供需双方协商。

（2）避雷器外套应耐受下列工频电压峰值（kV）：避雷器雷电冲击保护水平乘以 0.88，持续时间 1min。

低压避雷器外套绝缘耐受电压见表 8.16。

表 8.16　低压避雷器外套绝缘耐受电压

避雷器额定 电压有效值	短时间 1min 工频耐受电压 （干试）有效值（≥）	短时间 1min 工频耐受电压 （湿试）有效值（≥）
0.28	3.0	2.0
0.5	4.0	2.5

2）参考电压

（1）每只避雷器的参考电压应在制造厂选定的参考电流下由制造厂测量。在例行试验中，应为选定参考电流下的避雷器最小参考电压值，并在制造厂的资料中公布。

（2）对整只避雷器（或避雷器元件）测量直流 1mA 参考电流下的参考电压值 U_{1mA}，其值应符合应表 8.9～表 8.15 的规定。

3）避雷器的持续电流

在持续运行电流下通过避雷器的持续电流不应超过规定值，该值由制造厂规定和提供。

4）0.75 倍直流参考电压下的漏电流

$0.75U_{1mA}$ 下的漏电流一般不应超过 $50\mu A$。多柱并联和额定电压 216kV 以上的避雷器的漏电流由制造厂和用户协商并做规定。

5）避雷器的残压

测量残压的目的是为了获得各种规定的电流和波形下某种给定设计的最大残压，这些残压可从型式试验数据中得到，也可从制造厂规定和公布的例行试验用的雷电冲击电流下的最大残压中得到。

对于任何电流和波形，某种给定避雷器设计的最大残压可从型式试验时被试的比例单元乘以比例系数算出①。比例系数等于公布的最大残压（例行试验时已被检验）与在同样电流和波形下单元所测残压之比。避雷器在陡波、雷电、操作冲击电流下残压值应符合表 8.9～表 8.15 的规定。

6）避雷器的局部放电和无线电干扰电压

额定电压 2.4kV 及以上的避雷器应测定局部放电量。额定电压 96kV 及以上的避雷器，还应测定其无线电干扰电压。

避雷器在 1.05 倍持续运行电压下的局部放电量不应大于 50pC；避雷器在

① 对于额定电压低于 42kV 的避雷器，可用直流参考电压或工频参考电压来代替残压的计算。

1.05 倍持续运行电压下的无线电干扰电压不应大于 2500μV。

7）密封性能

带密封壳的避雷器元件应无任何可测到的泄漏。

8）避雷器的电流分布

制造厂应规定多柱避雷器中一柱的最大电流值。

9）热稳定性

经供需双方协商,可按规定进行专门的热稳定试验。

10）电流冲击耐受

避雷器应耐受在型式试验校核时的长持续时间电流冲击的考核。

对于 10kA 和 20kA 等级,以及 5kA 等级(额定电压 90kV 及以上)避雷器,应按用户要求的线路放电等级通过线路放电试验验证长持续时间耐受能力。

对 1.5kA 和 2.5kA 等级,以及 5kA 等级(额定电压 90kV 以下)避雷器,应通过方波电流冲击试验验证长持续时间耐受能力。

长持续时间电流冲击耐受试验后观察试品,MOV 应无击穿、闪络、破碎或其他明显损伤的痕迹,且试验前后残压变化应不大于 5%。

11）大电流冲击耐受

大电流冲击耐受用于抽样试验,以及大电流冲击动作负载试验、强雷电负载避雷器动作负载试验,操作冲击动作负载试验的预备性试验、工频电压耐受时间特性试验和避雷器热稳定试验。应该符合大电流冲击耐受要求。

12）动作负载

避雷器应能耐受动作负载试验所示的运行中出现的各种负载,这些负载不应引起损坏或热崩溃。对并联补偿电容器用避雷器和放电等级 5kA(额定电压90kV 及以上电站用)避雷器也应用操作冲击动作负载试验验证。如果达到热稳定,试验后检查试品,若 MOV 无击穿、闪络或破损的痕迹,试验前后残压变化不大于 5%,则避雷器通过试验。

13）避雷器工频电压耐受时间特性

制造厂应提供避雷器在预热到 60℃并分别经受大电流、线路放电等级能量负载后,允许施加在避雷器上工频电压的持续时间及相应的工频电压值,而不发生损坏或热崩溃的数据。

提出的资料应为工频电压与时间的曲线,且在曲线上应标明施加工频电压前的冲击能量消耗。值得注意的是:

（1）该曲线对于选择避雷器额定电压是必要的。避雷器的额定电压由当地系统条件(如雷电、操作和暂时过电压)决定。

（2）暂时过电压曲线应包括时间范围为 0.1s～20min。对于使用在无清除接地故障装置的中性点绝缘系统或谐振接地系统,时间应扩大到 24h。

工频电压耐受时间特性的试验程序按 GB 11032—2000 标准进行。

14）压力释放

当避雷器装有压力释放装置时，避雷器故障不应引起外套粉碎性爆破。试验按国家标准规定的电流值进行试验。

额定电压 42kV 及以上避雷器和保护发电机用避雷器应具有压力释放装置，并按表 8.17 规定的电流进行试验。

表 8.17　压力释放试验的电流值

避雷器等级	避雷器使用场合	大电流压力释放预期标称电流（有效值）/kA	小电流压力释放电流值（有效值）/A
20kA	电站用避雷器	80	
		63	
		40	
		20	
10kA	电站用避雷器	40	
		20	800
		10	
5kA	电站用避雷器 并联补偿电容器用避雷器 发电机用避雷器	16	
	电气化铁道用避雷器	10	
2.5kA	电动机用避雷器	5	
1.5kA	中性点用避雷器		

如果外套仍然完整或者外套发生非爆破性破裂，并且试品的全部零部件落在规定的范围内时，则认为试品通过试验。

15）脱离器

（1）脱离器耐受。

当避雷器装有脱离器或与脱离器相连时，脱离器应耐受下列各项试验而不动作。

① 长持续时间电流冲击试验；

② 动作负载试验。

（2）脱离器动作。

对 20A、200A、800A 三种电流值确定脱离器的动作时间。脱离器应有有效和永久脱离的清晰标志。

16) 避雷器的机械性能

(1) 承受的长期机械力。

避雷器在下述机械负荷共同作用下,应能可靠运行。

① 避雷器顶端承受导线的最大允许水平拉力 F_1,其值按表 8.18 规定。

表 8.18　最大允许水平拉力 F_1

避雷器额定电压(有效值)/kV	2.4~25	42~90	96~216	288~468
最大允许水平拉力/N	147	294	490,980	980,1470

② 作用于避雷器上的风压力 F_2 应按式(8-6)计算:

$$F_2 = \frac{v_0^2}{16}\alpha S \times 9.8 \qquad (8\text{-}6)$$

式中,v_0 为最大风速,m/s;S 为避雷器的迎风面积(应考虑表面覆冰厚度 20mm),m^2;α 为空气动力系数,依风速大小而定,当 $v_0 \leqslant 35m/s$ 时,$\alpha = 0.8$。

(2) 承受地震力。

制造厂应通过计算或试验,提供避雷器可承受的地震加速度能力。

17) 避雷器的耐污秽性能

避雷器外套的最小公称爬电比距应符合以下要求:

    Ⅰ级轻污秽地区   17mm/kV

    Ⅱ级中等污秽地区   20mm/kV

    Ⅲ级重污秽地区   25mm/kV

    Ⅳ级特重污秽地区   31mm/kV

Ⅲ级及以上重污秽地区用避雷器应做污秽试验,污秽等级划分及人工污秽试验方法见 GB 11032—2000 标准。

8.2.5　氧化锌避雷器的结构设计

Y5W5、Y10W5、Y20W5 系列 MOA 的结构大致可分为整体结构、芯体结构、防爆结构、绝缘结构、均压结构等。这里就瓷套型的情况分述如下。

1. 整体结构

Y5W5、Y10W5、Y20W5 系列的 MOA 均采用单柱自立式结构,由基本元件、均压环(额定电压 192kV 及以上产品)、绝缘底座等组成。图 8.11 为 110~500kV MOA 的整体结构外形。

2. 芯体结构

MOA 的芯体结构比较简单,其基本元件内部主要由 ZnO 压敏电阻器串联组

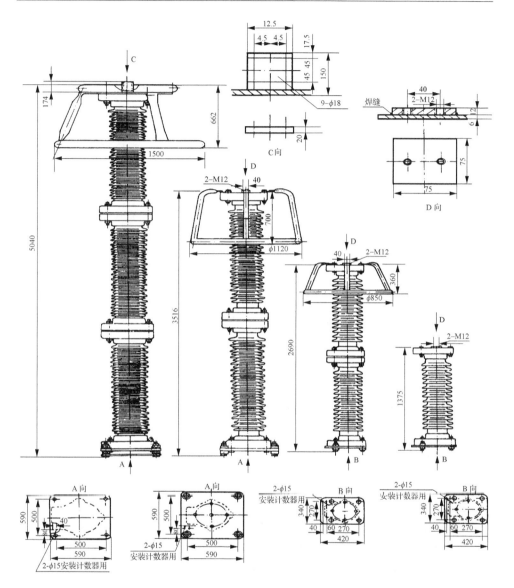

图 8.11　110～500kV 瓷套型 MOA 的整体结构(单位:mm)

成,不同额定电压等级的 MOA 选用不同尺寸的 MOV。96kV 及以上的 MOA 若采用环形 MOV,其中间可以用绝缘棒固定;如果采用饼状的 MOV,则必须在电阻片的外沿采用三根以上绝缘棒将其固定成一体。

对于系统电压 500kV 以上的 MOA,为了改善其电位分布,必须并联用于均压的陶瓷电容器。

3. 压力释放结构

电力系统的过电压是多种多样的,MOA 能够耐受大气过电压和操作过电压,但对于谐振过电压难以耐受,根据已测得的数据其峰值可达 2.6pu,持续时间达 1s,即相当于额定电压 1.8 倍的工频电压持续时间 1s,这是一般的避雷器都承受不了的;MOA 也难以承受。还有类似这种难以承受的情况,它们将会导致避雷器的损坏。这种损坏是允许的,但是要求产品不发生爆炸而扩大事故后果。因此避雷器必须具有压力释放装置,以确保内部故障压力增大时能自动释放,避免瓷套因爆炸扩大危害范围,伤及周围的其他装置。

通常压力释放装置的结构由隔弧筒、放压板和压力释放排气口组成。隔弧筒可避免电弧直接烧伤瓷壁,并能有效地防止电弧的热冲击引起瓷套碎裂;放压板能保证动作可靠,能及时释放内部压力;排气口能使电弧从内部迅速转移到外部,在瓷套外形成电弧短接。图 8.12 表示 MOA 压力释放结构示意图。

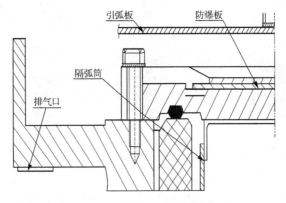

图 8.12　MOA 的压力释放结构

通过试验考核,证明这种压力释放装置是可靠的。在短路电流 40kA 或 20kA 下的大电流试验时,压力释放装置的 0.2s 内打开;在短路电流 800A 下的小电流试验时,压力释放装置 1s 内准确动作。经过这两项试验后 MOA 瓷套完好无损地直立在原地。

4. 密封结构

密封结构对确保避雷器在长达 20 多年的运行中不因密封不良而受潮,能可靠地运行是非常关键的。其关键是密封材料和结构的选择。过去最早采用氯丁橡胶发现其虽然抗臭氧性好,但因其弹性差,易发生永久变形而引起受潮,用其装配的MOA 曾经出过多起事故。这些惨痛的教训是值得吸取的。后来改用永久变形小的优质三元乙丙胶作为密封材料,获得了很好的效果,从此再也没有发生过上述事故。这里之所以强调"优质",也是很重要的,因为即使同样的三元乙丙胶配方,但会因其制作工艺,特别是硫化温度、时间等的不同,其最终性能是大不相同的。这必须同过试验后来选择。

密封结构主要是指密封面的粗糙度、密封圈的断面形状及其表面涂层和压缩量等。密封面的粗糙度对瓷件与金属件一般不低于 $\nabla 3.2 \mu m$;密封圈的断面形状应为椭圆形,这样从受力状态看,因椭圆截面各点受力不一致,中间最大、向外依次减小,因而中间压缩量最大,两边逐渐降低。这种结构有利于提高密封质量,密封圈的压缩量一般在 $25\% \sim 30\%$ 为宜。为控制其压缩量需在金属压板上开有梯形槽,并且涂上密封胶与密封圈合理配合,以达到最佳密封效果。图 8.13 为 MOA 常用的密封结构示意图。

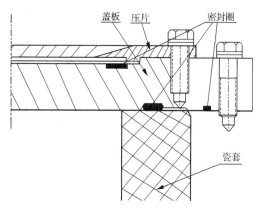

图 8.13　MOA 常用的密封结构示意图

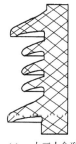

(a) 标准伞形　　(b) 大小伞形　　(c) 一大三小伞形

图 8.14　瓷套的三种标准伞形结构示意图

5. 绝缘结构

瓷套式 MOA 的绝缘结构主要是外绝缘。因其安装在户外,受各种气候条件和环境污染的影响,而降低其绝缘性能。为了确保绝缘性能,除应考虑满足爬电距离一定的要求外,还应选择合理的瓷套伞形机构。图 8.14 展示了不同 MOA 需要常采用的三种标准不同瓷套伞形的结构示意图。

6. 均压结构

虽然 MOV 具有较高的电容量,其受杂散电容的影响不像 SiC 避雷器那么严重,但对于高压和超高压而言,如不采取均压措施,其电位分布的不均匀程度仍然是非常严重的。因此,根据电压等级及具体需要的不同,采取不同的均压措施,以改善 MOA 的电压分布,这也是产品结构设计中的重要环节。通常最简单易行的措施是:

(1) 在 MOA 的高压端装置均压环。通过装置均压环增大对高压端的杂散电容,从而补偿因对地杂散电容对电压分布的影响,以减小电压分布的不均匀程度。

对于额定电压在 192kV 及以上的 MOA,因由两节以上元件组成,高度较高,故加装了直径大小不同的均压环。通过对产品的实测和计算证明,加均压环后,明显改善了其电压分布。

(2) 对 500kV 超高压的 MOA,因其高度更高(多节瓷套),仅装置均压环不能达到预期的效果,电位分布不均匀系数仍然很大,难以保证产品的安全可靠运行。为了进一步改善其电位分布,产品内装置有与 MOV 并联的陶瓷电容器,上节并联两柱电容器,中节并联一柱电容器,最下节不并联电容器。具体参数如表 8.19 所示。

表 8.19　500kV MOA 并联电容器的实测参数

产品型号	第一节元件电容器电容/pF	第二节元件电容器电容/pF	第三节元件电容器电容/pF
Y10W5-396~468	46.667	23.333	0
Y10W5-396~468W	53.85	26.92	19.44*
Y20W5-396~468	46.667	23.333	0

＊ 四节元件。

7. 微正压结构

对于特别重要、特殊用途的 MOA 产品内部充以微正压的 SF_6 气体或 N_2。对于高海拔地区用 330kV 的 MOA,为了提高产品的内绝缘,内部充以 0.05MPa 正压的 SF_6 气体;500kV 的 MOA 充以 0.03MPa 正压的 N_2,可以杜绝潮气的侵入,提高产品运行的可靠性。

为了实现上述目的,产品采用自封阀的结构,使产品在正常运行条件下保持正压,便于用户监测内部压力。

8.2.6　主要元件的选择与计算

1. MOV 规格与数量的确定

MOA 的特性主要决定于 MOV,对其选择首先应考虑 MOV 的压比和通流能力两项最重要的指标。各种规格 MOV 的主要性能如表 8.20 所示;图 8.15 展示了各种规格 MOV 的外形图像。

表 8.20　各种规格 MOV 的主要性能

规格	D_3	D_4	D_5	D_7	D_8	D_{10}	D_{11}
尺寸/mm	$\phi33\times24$	$\phi42\times24$	$\phi53\times24$	$\phi71/\phi26\times22.5$	$\phi79/\phi26\times22.5$	$\phi105/\phi38\times22.5$	$\phi115/\phi42\times22.5$
压比	1.75	1.72	1.64	1.73	1.70	1.66	1.60
方波容量/A	150	250	400	800	1000	1500	2000

注:D_3、D_4、D_5 为 5kA 压比;其余为 10kA 压比,而且是环状,其尺寸中的分子为外径,分母为内径。

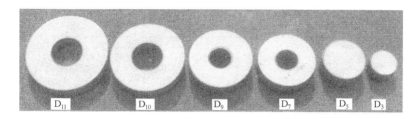

图 8.15　各种代表性规格 MOV 的外形图片

1）MOV 规格的选定

根据 MOA 用于不同电压等级及用途选择相应规格的 MOV。例如,对于 10kV 配电和电站系统,可分别选用 D_3 和 D_4;对于 35kV 电站系统,可选用 D_5;对于 110kV、220kV 电站系统,可选用 D_7;对于 330kV 电站系统,可选用 D_8;对于 500kV 电站以其应用的情况不同应分别采用 D_{10} 或 D_{11}。

2）MOV 数量的确定

以 Y10W5-100/260 MOA 为例计算,采用 D_7 MOV,其 $U_{10kA} \leqslant 7.8kV \pm 0.8kV$,$U_{DC\,1mA} \geqslant 4.5kV \pm 0.5kV$,平均压比按 1.72 计算,最少 MOV 数为

$$N_1 = \frac{U_m / \sqrt{3} \times \sqrt{2} \times \alpha}{U_{DC\,1mA} \times \eta} \tag{8-7}$$

式中,U_m 为最高系统电压(有效值);α 为电位分布不均匀系数,取 1.15;$U_{DC\,1mA}$ 为单片 MOV 直流 1mA 下的电压,kV;η 为荷电率,取 85%。

最多 MOV 数为:$N_2 = ($总 U_{10kA}/单片 $U_{10kA}) = 260/7.8 \approx 33.3$ 片。因此,根据 $N_1 < N < N_2$,这种 MOA 实际装配 MOV 数 N,应取 33 片。

3）瓷套的机械强度计算

避雷器通常安装在户外,由于瓷套本体细高,而且电瓷属于脆性材料,在运行过程它将承受风力、导线拉力及地震力等的作用,所以它必须具有足够的机械强度。

作用在避雷器上的各种力所产生的弯矩集中在整体瓷套的根部。因此避雷器的机械破坏通常发生在最下端根部。如果瓷套的允许应力大于根部的最大弯曲应力,则避雷器不会被破坏。

（1）使用在地震烈度 7 级及以下地区的避雷器,要求其对于导线拉力与风力之和具有 2.5 倍的安全裕度。西安高压电瓷厂生产的 35～500kV MOA 的安全系数如表 8.21 所示。

表 8.21　35～500kV MOA 的安全系数

产品型号	导线水平拉力/N	风力(35m/s)/N	安全系数
YW5-42	294	80	13
Y10W5-93～108,Y10W5	490	199	22
Y5W5-192～228,Y10W5	980	440	5.0
Y10W5-288～312	980	609	4.0
Y10W5-396～468	1470	1309	3.0
Y20W5-396～468	1500	1507	4.0

图 8.16　500kV MOA 进行模拟地震试验的情况

（2）使用在地震烈度 7 级及以上地区的避雷器,要求其对于地震力进行地震台的模拟地震试验,要求应具有 1.67 倍的安全裕度。Y10W5-444 型 500kV MOA 曾经在哈尔滨理工大学研究所进行过震动台的模拟地震试验,结果证明标准型的产品可以耐受 8 级地震烈度,抗震型产品可以耐受 9 级地震烈度。图 8.16 展示了 500kV MOA 正在进行模拟地震试验的情况。

提高瓷套型避雷器抗震强度的措施:一是提高瓷质本身的机械强度;二是增大瓷套根部的断面或改进其胶装材料及结构。

4) 关键零部件

（1）绝缘棒。

绝缘棒是 MOA 内部的支撑元件,对 MOV 起固定作用,它必须具有较好的绝缘和机械性能。日立公司是采用无气泡玻璃纤维加强塑棒（FRP）。我国正在研究这种材料的制造工艺。根据避雷器电压等级的不同,大多采用的直径尺寸为 24mm 及以上的引拔棒,其材质与 FRP 相同,仅仅是制造工艺不同。FRP 采用的是真空脱泡处理措施,而且引拔棒是在空气中加热固化,直径大于 24mm 的和 GIS 用 MOA 所用的绝缘棒则采用真空浸胶处理。各规格绝缘棒例行试验的技术条件如表 8.22 所示。

表 8.22 绝缘棒例行试验的技术要求

电压等级 /kV	尺寸 /mm	工频耐受电压 有效值(5min)/kV	1.2/50μs 冲击耐受电压峰值(正负极性各三次)/kV	U_c 有效值/kV
35	$\phi12\times500$	115	260	29
	$\phi12\times600$	138	312	24
110、220	$\phi24\times1125$	300	710	73
	$\phi24\times1390$	360	875	90
	$\phi24\times1525$	395	960	100
330	$\phi24\times1232$	295	684	110
	$\phi24\times1522$	365	840	136
550	$\phi36\times1433$	345	775	110

绝缘棒的电气性能包括工频和冲击耐压、漏电流等；机械性能包括抗弯、抗压强度、冷热循环试验等，这些性能应满足相应的技术要求。为了控制绝缘棒的质量，凡是进厂的绝缘棒每根进行工频耐压及漏电流试验，定期进行冲击耐压抽查试验，试验合格后才能使用。

(2) 压力释放板。

压力释放板的选择决定避雷器压力释放装置动作准确性和可靠性的关键零件。日立采用的是复铜层压酚醛纸板，虽然灵敏度高，但强度过低。在生产过程中曾发现在做密封试验充 N_2 时，由于内外压差而使个别释放板破裂。西瓷厂采用 G-10 环氧玻璃布单面复铜板，因为它具有较好的机械、电气性能，特别是经过静水压破坏试验，证明其抗破坏力比日本进口的板约高三倍以上，而且便于操作。压力释放试验结果表明，该压力释放板在大、小短路电流下均能可靠动作。

(3) 橡胶密封件。

橡胶密封件是确保避雷器在运行中不受潮最关键的内部元件。合理的密封结构、优质的密封材料，以及密封面的加工精度是保证良好密封的重要环节。

丁基橡胶以其气密封性好、压缩变形小而优于其他橡胶，早已被美国、日本等国家采用。西瓷厂 MOA 早期曾采用这种橡胶密封件，后来供应的橡胶件因生产厂工艺不稳定，硫化温度、压力、时间等得不到控制，造成压缩永久变形超过 35%。这就意味着密封件的弹性不好，使用不久即失去弹性因而影响产品的密封性能。后来改用武汉中美合资派克密封件厂采用进口的三元乙丙橡胶制作的密封件，因其硫化工艺采用计算机控制，胶垫的质量稳定，恒定压缩永久变形均小于 20%，满足了产品的要求。橡胶密封件的主要性能如表 8.23 所示。

为了确保供货质量，凡进厂的密封件对每批都进行邵氏硬度及恒定压缩永久变形的抽查试验，试品合格后才能使用。

表 8.23　橡胶密封件的主要性能

类别	序号	项目		技术指标
胶料试验	1	常态 20℃	邵氏 A 型硬度	(70±5)°
	2		扯断强度(≥)	9MPa
	3		扯断伸长率(≥)	180%
	4	耐热空	硬度变化(≤)	10℃
	5	气老化	扯断强度变化率(≤)	25%
	6	100℃,48h	伸长率变化率(≤)	25%
成品试验	7	邵氏 A 型硬度		(70±5)°
	8	恒定压缩永久变形 (70℃,48h 压缩率 30%)(≤)		20%

(4) 隔弧筒。

隔弧筒是压力释放装置的重要组成部分,它的作用是防止电弧直接烧灼瓷套壁,能有效防止电弧的热冲击引起瓷套破裂。110kV 及以上电压等级的 MOA,因系统短路电流较大,需全部装置隔弧筒。它的要求与绝缘棒的性能要求一致,但还应具有耐电弧性(>120s)、耐燃性(达到 FH2 等级要求);用于 MOA 内部充 SF_6 气体的绝缘筒,还应具有耐 SF_6 气体的特殊性能,以保证其长期运行的稳定性。其例行试验标准与表 8.22 完全相同。

(5) 陶瓷电容器。

陶瓷电容器是 500kV 以上 MOA 的均压元件,要求其耐压高、介电损耗小、电容量分散性小,并具有一定的机械强度,其性能应满足表 8.24 所示的性能要求。

表 8.24　陶瓷电容器性能的要求

序号	项目	技术要求	
		条件*	指标
1	电容量	频率 50Hz,3.5kVrms 电压下	(700±70)pF
		频率 1kHz,电压 5V 下	(500±70)pF
2	介质损耗角正切	频率 1kHz,3.5kVrms 电压下	$\tan\phi \leq 0.07$
		频率 1kHz,电压 5V 下	$\tan\phi \leq 0.025$
3	局部放电起始 电压、熄灭电压	在规定局部放电量 10pC 下	$U_{起始} \geq 7kVrms$ $U_{熄灭} \geq 7kVrms$
4	工频耐受电压	施加 15kVrms 工频电压保持 1min	不击穿,不闪络
5	油中耐受电压	施加 $1.2/50\mu s$ 波形电压幅值 130kV 正反极性各 3 次	不击穿

　*各项目试验条件均为空气中、规定大气压下,即环境温度(25±5)℃,相对湿度 45%～85%,大气压(101.3±4)kPa。

凡进厂的电容器例行进行电容量、介质损耗及工频耐压试验,每批抽查进行局部放电及冲击耐压试验,合格后才能使用。

5) 外露件

避雷器的外露件应保证一定强度并经久耐用,在产品使用期内不应发生损坏和腐蚀。外露金属件的材料一般都选用 A3 钢,法兰采用球墨铸铁,保护层采用热镀锌,热镀锌的厚度约为 $40\mu m$,而一般电镀层仅为 $10\sim20\mu m$。连接螺栓等标准件及底座钢板等都采用热镀锌,这样才能保证产品的使用寿命。

另一重要的外露件是绝缘瓷垫,它在底座中起支撑绝缘作用。该瓷垫应采用高铝瓷材料制造,以确保有足够的强度。绝缘瓷垫的技术要求如表 8.25 所示。

表 8.25　绝缘瓷垫的技术要求

序号	项目	技术要求
1	空隙性试验($5880N/(cm \cdot h)$)	不吸红
2	绝缘耐受	$\geqslant 5kV \cdot cm^{-1}$
3	冲击耐受正负极性各 3 次	按图纸要求
4	工频耐受 1min	按照标准要求
5	耐冷热急变性(冷热循环次数)	70℃

8.3　氧化锌避雷器的装配

运行故障率的统计表明,MOA 的装配质量不良问题造成事故占一半以上。这充分说明在避雷器制造中,MOA 的装配质量与 MOV 的制造质量同样重要。而且,在很大程度上说明,MOA 的装配质量对于确保运行安全是非常关键的重要环节,所以应该高度重视。

尽管避雷器的种类、结构和品种不同,但对其装配环境条件、操作人员、装配程序等方面的要求是相同的。为简化起见,这里仅就 MOA 装配共同的主要问题及注意事项加以概述。

1. 对装配环境的要求

(1) 装配厂房必须是可以控制温度、湿度的特殊净化封闭式厂房,水磨石地面、墙壁和顶部刷漆或采用现代化装修材料装修。装配间的相对湿度应该保持在45%以下。在装配期间作业间要关上门窗,出入必须随时关门。

(2) 装配人员进入装配间时必须更换作业专用的工作服、鞋和帽,衣服口袋中不得装有钢笔、硬币等,以避免落入产品中。与作业无关的人员禁止入装配间。

(3) 装配人员每天作业前应该清洁地面及工作台。作业后应及时清除垃圾,清扫地面。每周大扫除一次。

(4) 作业前启动空调机、去湿机,当相对湿度达到 45% 保持 30min 后才能开始装配。

(5) 装配期间禁止向装配间运送零部件或运出产品。

2. 对装配人员的要求

(1) 装配人员必须先经过专业培训,做到熟悉产品结构,掌握装配技术,通过考核合格方能上岗。未通过培训的非装配人员不允许从事装配工作。

(2) 对于不符合技术要求的零部件,装配人员有权拒绝装配。

(3) 装配期间,必须戴清洁专用手套,拿取绝缘棒、绝缘筒等零部件;拿取电阻片需戴橡胶手套,严禁赤手拿取。如果清理各种零部件时,也应该戴手套,但不得与装配时的手套混淆。

(4) 装配作业时操作人员应该分岗位作业,每道工序完成后应在《氧化锌避雷器产品装配工艺过程质量控制卡》的指定位置上签字,不得补签,并在产品相应位置上盖作业号章。装配时不得越岗位操作,以免装错。所有装配人员对于所装配的产品质量负有重要责任。

3. 装配前各种零部件的处理与管理

所有瓷套及零部件需经专业检验人员检验合格后,方可领用。其中瓷套、上下压盖、密封橡胶垫圈等关键零件应逐个检查。绝缘棒、绝缘筒、陶瓷电容器等必须经过逐个检查性能和外观合格后并附有合格证方可领用。

1) 瓷套的清洗

(1) 将合格的瓷套放入 0.3% 的硼酸水池中浸泡 10min 除去瓷套内、外影响绝缘性能的尘土、烟油、硫化物等,水温应保持在 80℃ 左右;泡洗过的瓷套再在清水池中冲洗干净。用干净的白布包上海绵逐个擦洗瓷套内壁。

(2) 将瓷套两端法兰面和密封面用砂纸除锈、清理,法兰螺孔要逐个用丝锥检查,攻丝到位。

(3) 干净的瓷套进入装配间后,必须放置 12h 后方可使用。

(4) 装配前应用干净的白布蘸无水酒精或四氯化碳擦洗瓷套内壁及密封端面,备装配用。

2) 零部件的准备

(1) 为确保产品质量,对领取的有合格标记的零部件,在装配前作业人员还应该逐个进行重点检查,特别是与密封相关部件的部位。

(2) 经检查合格的零部件应分类保管。金属部件、绝缘件和密封件绝对不能混放,以免互相碰伤。密封橡胶垫要平整放置,装配前用无水酒精擦干净。

（3）内部金属零部件除电镀件、滚磨处理件外，均应用去污剂清除表面油污。经处理后放入 60～80℃的烘箱内干燥 4～6h。装配前需将金属零部件用无水酒精擦洗表面。

（4）绝缘棒、隔弧筒、电容器等，用干净白布擦去附灰后放入 60℃的烘箱内干燥 4～6h。

（5）弹簧在装配前预压好并套上导电带。

3）电阻片的干燥处理

将按照产品技术条件要求配好组的电阻片，分组放置在搬运箱内并盖上防尘罩待烘干。

（1）按配组单将电阻片的高低点残压记入《装配质量卡》，并将各组电阻片分别放在不锈钢或搪瓷盘内，再放入烘箱。电阻片应在 120℃下干燥 10h 以上，然后自然冷却到 60℃并保温。

（2）在装配间相对湿度达到 45％以下时，方可取出，用于装配。

（3）装配前用吸尘器逐个吸去电阻片两面的浮尘等物。

4）干燥剂的处理与保管

（1）干燥剂选用 3A 或 5A 规格的分子筛。干燥剂不能直接暴露在空气中，必须用塑料袋封装，置于干燥处。

（2）使用前取出当月用量，经 550℃±10℃加热 2h，进行活化处理，冷却至室温出炉后即存放于干燥器中待用。但在干燥器中的存放时间不得超过 1 个月，否则需重新进行活化处理。

（3）产品装配时，将干燥剂装入小白布袋内，110～500kV 的 MOA 每节元件干燥剂的质量不少于 100g；35kV 以下的 MOA 不少于 50g。

5）准备装配

（1）装配产品所需各种零部件按单台配齐，放入专用作业盘内，并由另一名装配人员复核。

（2）将装配用的工具放在专用车上，排放整齐，以便作业时选用。用后放归原处，做到有序作业。

（3）按产品将装配工艺过程质量控制卡放入工作盘内，随同产品装配过程按工序内容逐项认真填写，并由操作者签字。

4. 装配作业

按照不同产品的装配工艺规程进行操作。装配好的产品要进行密封检漏，充 N_2 或 SF_6 气体。然后将装配好的产品交给检验部门再一次检漏，并按性能试验要求进行各项性能检测和试验。

8.4　氧化锌避雷器的试验及试验方法

8.4.1　引言

1. 试验目的和分类

任何一种电力设备的特性参数都需要通过一定的客观方法予以测定并判断其是否符合相关技术标准的要求,MOA 也不例外。这种测定含有考验的性质,所以常常称为试验或检验。由于 MOA 的特性参数很多,需要做的试验项目也很多,而且各项之间的相互关系也不同,所以国家标准根据不同的目的和要求,将试验分为以下几类:

(1) 型式试验。全面考核 MOA 的各项性能,也称为设计试验,包括所有项目,一般在新产品试制时进行。

(2) 抽样试验。主要是对 MOV 进行的试验,试品从生产线抽取。

(3) 逐个试验。每只产品在出厂前进行的试验项目。

(4) 验收试验。供需双方对交货产品协商进行的试验项目,一般由需方主导进行,样品抽自交货批中。

(5) 定期试验。按一定期限重复进行的试验项目,以保证产品品质,补足型式试验只在试制初期进行一次的不足。

当然,还可以按其他原则分类,这里,按试验设备的类别将 MOA 的试验项目分为交流、直流、冲击、大容量、联合、密封及机械强度、其他等几类。

2. 试验条件与程序

为了使试验结果有重复性及可比性,结论确切,必须严格规定试验的各个环节,尤其对试验结果影响显著的要素。其中包括试样的抽取方法、数量、保存状态;试验设备的参数、容量、调节范围;仪表、测量系统的特性;大气条件(温度、湿度、气压、降雨率);与外物距离、高压引线走向、试品安装方向等。这些在标准中均有详细规定,属于各项目通用的,在一般试验条件中可以找到,针对某一项目的,则应在该项目的试验方法中详细规定,严格执行。

试验程序还规定了电(或机械的)负荷施加的次序、大小、间隔、需记录的量值,数据的处理、结果判断等。

3. 数据记录与处理

试验过程中记录的大量数据来之不易,要严肃认真处理。记录的数据应清晰美观,不许涂改,如需修改可以用平行双直线划掉,把正确地写在附近;也不要漏记当时各项常数,如分压比、分流器电阻、表计档位、量值单位、时间地点、试品编号等。

常见的统计量算法公式如下:

(1) 平均值。

$$\bar{x} = \frac{1}{n}(x_1 + x_2 + x_3 + \cdots + x_n) \tag{8-8}$$

式中,$x_1, x_2, \cdots, x_n$ 为第 1 到第 n 次观测值。

(2) 标准偏差(为有限次观测)。

$$S = \sqrt{\frac{(\bar{x}-x_1)^2 + (\bar{x}-x_2)^2 + (\bar{x}-x_3)^2 + \cdots + (\bar{x}-x_n)^2}{n-1}} \tag{8-9}$$

即将观测值与平均之差的平方和除以观测次数($n-1$)后再开方,简称均方根差。

4. 检验结果的判定及试验报告

试验的数据、结果是客观而严肃的现实,只能按照规定的判据下结论。如果检验程序和条件都严格按照标准规定施行,其结论必然是客观公正的,结论应如实反映在报告中。试验报告形式虽有不同,但主要内容应包括试品、试验项目、试验标准、测试数据以及试验结论等主要项别。报告应尽量详细,以最大限度地反映试验过程与结果。试验数据可视需要列出直接测到的数据及经换算或处理后的数据,最后报告经报告人、校核(认证)人等签署生效。

8.4.2　氧化锌避雷器的交流电压试验

1. 交流电压的产生和测量

现代电力系统大多是交流三相系统,所使用的 MOA 长期经受工频交流电压作用。交流电压试验是最基本的,为了产生高的工频电压,一般是将可调节的低电压经过试验变压器升到需要的值,对 MOA 进行试验;同时使用仪表直接测量高电压或经过互感器、分压器测量施加在试品上的高电压。GB 311.4 标准规定了一般高电压试验中对电压波形的要求,即波形应是实际上的正弦波;其波峰值除以 $\sqrt{2}$,被称为个该工频电压的有效值(波形畸变率应小于 5%)。实际经验证明,电压畸变率对于 MOA 持续电流的测量至关重要,5% 是不能接受的。最多允许 3 次谐波含量 1.5%,5 次谐波含量 1%,7 次谐波含量 0.5%,即使这样,持续电流容性分量的各次谐波含量也已达到 3%～5%,十分不利于电流测量。

调压设备常用的有接触式调压器、移圈式调压器、感应式调压器、电动发电机组等。前一种和后一种输出波形较好,第三种波形较差,选用时应进行实际考查。

直接测量工频高压可使用铜球(峰值)或静电电压表(有效值)。间接测量可使用互感器(电压不太高时)或电容分压器(电压范围很大)。接在分压器低压臂的指示仪表需有较高的输入阻抗,必要时应将表计的输入阻抗计算到分压器低压臂阻抗中去。有的高压试验变压器除原边和副边绕组之外尚有一个测量绕组,也可以测量试验变压器高压输出,但不是试品上的电压,因为试验回路中介于试品与试验变压器之间,一般都设置保护电阻,它的作用在于限制试品短路(闪络、放电)时流过变压器的电流,限制变压器上承受的过电压和阻尼变压器高压端传向试品一方的干扰电压。

使用静电电压表可以直接读出当时的工频电压有效值。一般的静电电压表的准确级次为 1‰~1.5‰,且不能测峰值。

使用球间隙测量电压,因球间隙要放电,破坏了试验的稳态;占用空间较大,且在遵守一系列的有关规定后所保证的测量误差只能达到 3‰,现已逐渐退出使用。

其余测量方法都需要将表计(V,V_1,V_2,V_3)的显示值(或存储记录值乘以一定倍率),才能得出高压端的电压值。这倍率由测量设备的降压比例决定。例如,电容分压器的低压臂电容量分别是 C_1 和 C_2,则表计 V_3 显示的电压 u_2 与高压端的电压 U_2 存在以下比例关系:

$$U_2 = \frac{C_1 + C_2}{C_1} u_2 \qquad (8\text{-}10)$$

式中,$(C_1 + C_2)/C_1$ 为分压比。上述表计(V,V_1,V_2,V_3)不仅限于电压表,也可以是示波器或录波仪。因此可以提供更多的信息如波形相位及其组合关系等。

2. 绝缘的工频耐受试验

MOA 的封装结构基本上有两类:一类是用绝缘材料做外壳,如瓷套、有机聚合材料等;另一类是封装在金属接地外壳中,只通过局部绝缘结构与高压母线相连接,称为罐式。

为了保证各种 MOA 的内外绝缘达到规定要求,需进行工频和冲击的耐电压试验。其中外绝缘试验通常要在淋雨的状态下进行(对户外用 MOA)。由于试验电压远远大于避雷器的额定电压,甚至远大于其标称电流下的雷电残压,因而试验时无例外的需除去其内部的 MOV,但内部的绝缘部件及金属部件(如均压部件、连接部件)等应配备齐全。试验时按照规定对试验时大气条件(如气压、湿度、温度)所确定的大气条件修正系数,对试验电压先进行修正,然后按规定升压速度提升施加在试品上的电压;淋雨条件下应先期淋雨并调好降雨率,当电压升到规定值后保持 1min,然后平稳降低电压,最后切断电源电压。如果试验过程中未发生绝缘的破坏性放电(闪络、击穿),则认为试品通过了此项试验。试品数量按 MOA 额定电压分,41kV 以上的 1 只,41kV 以下的 2 只。

3. 加速老化试验

此项试验属于 MOV 抽查项目,也是型式试验中比例单元承受动作负载试验前的一项预备性试验,目的在于得出功耗增加系数 K_{ct},并进而求出该比例单元应施加的提高的 U_{ct}^* 和提高的额定电压 U_r^*。

将已校正的最大持续运行电压 U_{ct}(见下述)施加到 3 只 MOV 试品上 1000h(加压期间,不得停电),在 1000h 期间应控制 MOV 的表面温度在 115℃±4℃。加速老化期间,MOV 应置于避雷器中所使用的介质中。在这种情况下,老化试验应在处于封闭容器内的单片 MOV 上进行,容器的容积应至少为 MOV 体积的 2 倍,并且容器内的介质密度不能低于避雷器中介质密度。

用于本试验程序中的电压是 MOV 在避雷器中应承受的校正后的最大持续运行电压(U_{ct}),该电压包括电压分布不均匀影响,由下式确定:

$$U_{ct} = U_c(1+0.05L) \tag{8-11}$$

式中,L 为避雷器总高度。若制造厂宣称低于上式的值时,必须由电压分布测量或计算来证实。或者,若已通过测量或计算确定了多元件避雷器中每个元件的电压分布,则在电压分布最大的元件上使用该公式。当使用不同于上述公式的程序时,确定电压分布所选用的程序细节(要考虑避雷器在运行中可能的安装布置),需经供需双方协商。

上述老化试验程序应在 3 只典型的 MOV 元件试品上进行,试品的参考电压应满足规定的要求。工频电压应满足对动作负载试验规定的要求。

(1) 升高的额定电压和持续运行电压的确定。

将 3 只试品加热到 115℃±4℃,并施加电压 U_{ct},在 1~2h 测量在电压 U_{ct} 下 MOV 的功率损耗 P_{1ct}。在不间断地施加 U_{ct} 计 $1000h_0^{+100h}$ 时间后,在相同条件下测量功率损耗 P_{2ct},两项测量均应在允许的温度范围内,且温度相差控制在 ±1℃ 下进行。如果 $P_{2ct} \leqslant P_{1ct}$,则动作负载试验时,施加的使用的 U_{ct} 和 U_r 可不作任何修正。如果 $P_{2ct} > P_{1ct}$,则可得 $P_{2ct}/P_{1ct} = K_{ct}$。当在未经老化试验的试品上进行动作负载试验时,试品的持续运行电压 U_{ct} 和额定电压 U_r 应升高到 U_{ct}'' 和 U_r''。

(2) 老化系数的确定。

在室温及电压 U_{ct}、U_r 下测量未经老化试验试品的功率损耗 P_{1ct} 和 P_{1r},然后将电压升高到 U_{ct}^* 和 U_r^*,其相应的功率损耗 P_{1ct} 和 P_{1r} 应满足下列关系的要求:

$$\frac{P_{2ct}}{P_{1ct}} = K_{ct}, \qquad \frac{P_{2r}}{P_{1r}} = K_{ct}$$

其中,K_{ct} 是加速老化试验所确定的三个试品中的最大者;U_{ct}^* 及 U_r^* 也应取升高电压的最大者。

当使用新的 MOV 组成的比例单元做动作负载试验时施加 U_{ct}^* 及 U_r^* 电压,就相当于是对老化了的 MOV 施加 U_{ct} 和 U_r 进行的动作负载试验,具有等价性。

(3) 提高试品温度缩短老化时间的确定。

按照该标准进行老化试验的周期时间至少需要 42 天,作为生产工艺控制来说时间太长。为了寻找更快的判断方法,按照美国 1984 年提出的《交流系统氧化锌

避雷器标准(草案)》中的温度加速系数公式:

$$AF_T = 2.5^{\frac{\Delta T}{10}}$$

该方法也称为"十倍半法则",根据这一法则,当知道电阻片在 115℃下的寿命为 1000h 时,就可以推算其在 40℃下的寿命为

$$\frac{1000}{24 \times 365} \times 2.5^{\frac{115-40}{10}} = 110 \text{ 年}$$

为了验证温度提高后的适用性,进行了 115℃及 135℃两种温度下采用同一规格 D_{72} 的试品分别进行荷电率相同的平行对比试验。135℃下的老化时间为

$$1000 \times 2.5^{\frac{115-135}{10}} = 160 \text{h}$$

将试品温度在比国家标准提高 20℃的条件下,加速老化的时间可以大大缩短。实验结果证明,两种条件下前一种情况的功耗于比后一种情况明显大,但是老化系数近似相同。随后为了证明这些老化后的试品能否通过操作动作负载试验,委托西瓷所避雷器检测中心进行了该项试验,结果顺利通过了该项试验,说明采取在标准基础上再提高 20℃的加速老化试验方法是可行的。此后,西安高压电瓷厂一直采用本方法进行生产工艺抽查试验,以适应经常控制电阻片老化性能的考核和控制。

多年以来,该方法已被全国各避雷器生产厂家普遍采用,作为老化试验国家标准的补充。但是这种方法只能用于生产老化性能工艺的控制,不能代替国家标准应用。

4. 持续电流试验

此项试验属逐个试验项目,目的在于了解出厂试验时及运行后的 MOA 内部变化趋势。由于持续运行电压下流过试品主体的电流以容性电流为主,且会受到杂散电容所引起的电流分布不均匀的影响,所以应在整体避雷器上进行试验,而且应安装上规定的均压环。在现场带电的 MOA 上进行测量时,试验会受到邻近带电设备(主要是邻相的 MOA)寄生耦合所造成的干扰,也会受到 MOA 表面污染漏电流的干扰,尤其多元件 MOA 的表面泄漏会在连接法兰处与主体内的持续电流混合,造成干扰。

持续电流虽然以容性分量为主,但人们特别关心的却是其阻性分量,因为它表征着功率损耗的大小。因此发展了多种测试方法,常用的有两种:电容电流补偿法(适用于试验室)和电压移相补偿法(适用于现场)。

(1) 电容电流补偿法测定电流阻性分量。

持续电流是指在承受持续运行电压 U_c 时其主体的电流。一般除测出全电流峰值(或有效值)外,特别希望测出阻性分量(峰值)。在试验室的条件下试验回路接线如图 8.17 所示,通过手动调节补偿,示波器观察测量。

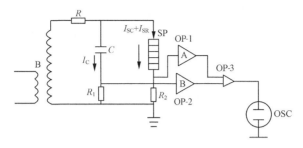

图 8.17　用电容法测量阻性分量的处理回路

B—试验变压器；R_1、R_2—采样电阻；R—保护电阻；OP-1、OP-2、OP-3—运算放大器；

OSC—示波器屏；SP—试品 MOA；C—电容器

　　试验时试品 MOA 与一台电容器 C 并联，并且各自串入一只采样电阻。R_2 约为 1kΩ，R_1 数值视电容量值而定，采样时取自 R_1 的电压与 R_2 上的近似为佳。测试时避雷器承受规定持续运行电压 U_c，此时流过 MOA 主体的持续电流为阻性分量 I_{SR} 及容性分量 I_{SC} 之和，它们流过采样电阻 R_2，产生压降送入示波器 A 通道，在示波器屏上可以测算出其峰值，即全电流峰值，它在数值上等于容性分量 I_{SC} 的峰值。

　　然后将电容器 C 中的电流 I_C 在 R_1 采样电阻上的压降 $I_C R_1$ 也送入示波器 B 通道，通过调节放大倍数或采样电阻 R_1 可以使峰值 $I_C R_1$ 等于峰值 $I_{SC} R_2$，此时即可用示波器上的反向功能将 B 通道波形反转，再用示波器上的 A＋B 相加功能将两波形叠加，结果成为 A－B＝$I_{SC} R_2 + I_{SR} R_2 - I_C R_1 = I_{SR} R_2$，即示波器屏上显示出阻性分量在 R_2 上的压降波形，取波形峰值单向峰值较大的值 h_1 除以 R_2 值即可测出持续电流阻性分量 I_{SR}（一般用 μA 或 mA 峰值表示）。整个补偿操作过程如图 8.18 所示。

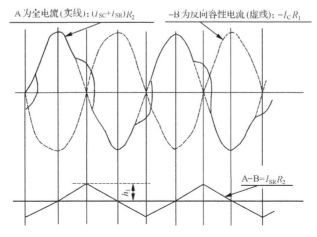

图 8.18　电容法测量阻性分量的过程

由于此法是采用电容器 C 中流过的电容电流 I_C 去补偿 MOA 中全电流的容性分量,所以可以做到完全补偿。即使电压波形有些畸变,相应的电容器电流和持续电流中的高次谐波明显,但因其本质是一致的,容易做到较完美的补偿。加上测量过程比较直观,因而在试验室内获得广泛采用。

(2) 电压移相补偿法测量持续电流阻性分量。

本方法是将全电流与移相 90°(电角度)的试验电压波形相加,补偿掉全电流中的容性分量。

试验时除了要采集避雷器全电流信号外,还要采集到与试品上施加电压成比例的电压(现场是通过电压互感器取得),通过电子线路处理,就可以得到阻性分量,不需要另外取某一电容电流。因此,为在现场特别是在带电情况下检测 MOA 提供了方便。其测量原理接线如图 8.19 所示。仪器有两路输入:一路是 MOA 的全电流 I_0(通过精密钳形电流互感器);另一路是与 MOA 上高压成比例的电压信号 E_S,可称为基准电压。此电压经微分电路相位移前 90°,再经过恰当的放大可以抵消全电流 I_0 中的电容分量 I_C,由图 8.19 图 8.20 可以看出经过处理的结果只剩阻性分量 I_R。至于恰当地放大则是仪器自动完成的,仪器中把 $(I_0-E_S\phi G_0)$ 信号与移相 90°的电压信号 $E_S\phi$ 相乘,并自动改变放大倍数 G_0,直到 $(I_0-E_S\phi G_0) \cdot E_S\phi$ 的平均值,即一段时间的积分等于零时为止,这时两个信号的相角差为 90°。如果直接只输入 I_0 信号就可测出全电流 I_0,仪器还可以将阻性分量与电压信号相乘测出 MOA 的功耗。由于这种测量法会受到电压谐波、现场电磁干扰等因素的影响,国内已有数十家单位研制出各具特色的改进仪器,可根据需要选用。

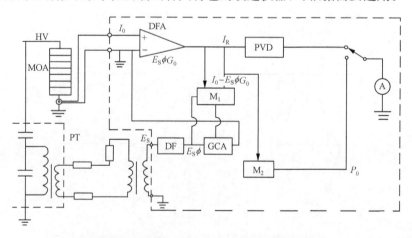

图 8.19 用移相测量阻性分量的仪器处理回路

DFA—差动放大器;GCA—可控放大器;PT—电压互感器;

DF—微分电路;M_2、M_1—乘法器;PVD—峰值放大器

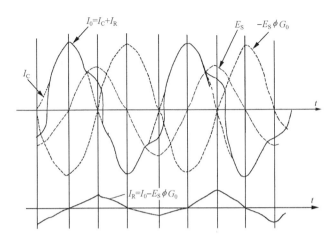

图 8.20　移相法测量阻性分量过程

5. 交流参考电压试验

首先应建立比例单元(比例节)的概念。对于任何一台完整的 MOA 来说,如果设计和制造都是正确的,那么就可以截取其部分芯体,而且在一定条件下,该芯体的特性可以代表整体的特性(即等效性),因为它又是与整体避雷器成一定比例,故称为比例单元。有些试验不必在整体 MOA 上进行,只对比例节进行即可。例如,根据比例单元所测出的残压值,确定整体 MOA 的残压时,只要测出比例值 N,乘以比例单元上的残压值就可以确定整体 MOA 的残压。首先可以在较低电流下测出整体 MOA 伏安特性上的一点,然后在同样电流下测出比例单元上对应的电压点,这两点电压之比即为比例值 N。如果此电流是某一容易得到的直流电流,这两个直流电压之比就可以定为比例值 N;如果该电流是某一交流电流值,也应得出相同的 N。但是此电流值不应太小,以避免杂散电容引起的麻烦。根据 IEC标准及 GB 11032—2000 标准,要求此电流为阻性分量而且足够大,使杂散电容影响可忽略不计,并且定名为避雷器的参考电流。其数值由生产厂自定,IEC 99-4标准中规定此项避雷器的参考电流(阻性分量峰值)对于单柱避雷器,典型值是$0.05 \sim 0.1 \mathrm{mA} \cdot \mathrm{cm}^{-2}$,大部分厂家按 MOV 面积大小取 1mA、2mA、3mA、5mA 等的整数。

工频参考电压就是在规定参考电流值下测出的 MOA(或其比例单元上)工频电压降除以 $\sqrt{2}$。试验接线法与阻性电流测量时相同,使用的仪器也相同,只是需要有同时测量工频电压峰值的仪器。实施整体 MOA 工频电压测量时如果参考电压在交流正、负半周不同,则以较小的为准。工频参考电压实测值应大于或等于规定值,以保证产品在正常运行期间安全,但也不宜过高,以保证残压值不超过规定值。

6. 局部放电试验

这项试验是整体 MOA 试验。在 MOA 上施加工频电压时，在接触不良的地方，电场强度高的部位或绝缘强度低的部位都有可能产生局部放电。试验的目的就是检出这些内部有缺陷的产品。

试验回路如图 8.21 所示。应保证整个试验回路不会产生局部放电，也不受外界干扰的影响。这对于高电压等级产品难度较大，既要做到变压器、分压器等回路元件本身不会产生局部放电(称为无局放试验设备)，又要做到高低压引线也不会产生电晕，还要防止外界干扰(包括空间电场干扰和通过电源耦合的干扰)。必要时可在局部电位梯度高，即呈现尖端或粗糙载流导体处局部添加屏蔽，改善电场分布。

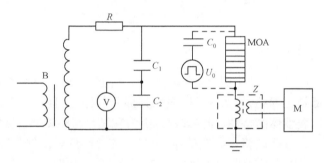

图 8.21　局部放电试验原理电路
B—试验变压器；Z—输入单元；R—保护电阻；C_1、C_2—电容分压器；
U_0—方波校正脉冲；C_0—耦合电容；MOA—试品；M—测量仪器

测试分校核及测量两部分。

(1) 校核部分。目的是确定测试回路灵敏度，在试验回路完全接好之后，未施加试验电压时进行。利用方波发生器经过一耦合电容 C_0 向试品注入电荷 $q_0 = U_0 C_0$，模拟试品两端发生局部放电时的视在电荷。实际此电荷也同时注入与 MOA 并联的一段回路(C_1、C_2、Z 的原边)上，经过输入单元的耦合而将信号电压输入测量仪器 M。这时应将指示仪器的显示值按 $q_0 = U_0 C_0$ 定标。例如，$U_0 = 1V$，$C_0 = 100pF$，$q_0 = 100pC$，则检测仪器的显示值应调整为 100pC，并保证放大倍数不变，以准备正式测试 MOA 的局部放电视在电荷。

(2) 测试部分。校核工作结束之后，测试的灵敏度(也称刻度系数)已确定，可以撤掉图中虚线部分的核对支路，正式施加规定的工频电压。并且按检测仪器的显示确定 MOA 的局放视在电荷，一般规定视在电荷应小于 5～10pC。根据实践，此项试验的难点在于如何排除外界干扰。这依赖于总结经验，选用适当的仪器等各项措施。具体试验方法细则应参阅 GB 7354 标准《局部放电测量》的规定。

7. 无线电干扰电压试验

高压电器设备在正常运行电压下若产生电晕等局部放电现象,则会把干扰电压沿着高压导线传播,或向空间发射干扰电磁场信号,对通信联系造成障碍、污染。因此要对此加以试验,限制其数值。标准定义无线电干扰电压(RIV),是指设备产生的无线电干扰电流在 300Ω 电阻上的电压降。一般规定不超过 2500μV。MOA 的额定电压若在 100kV 及以上,型式试验项目中均含有此项 RIV 试验。试验的详细规定应符合 GB 11604 标准《高压电器设备无线电干扰试验方法》的规定,试验也分为校核及测量两部分。原理电路图如图 8.22 所示,因为试品的电晕或内部放电现象可看做是干扰电流源,它在试品及耦合测试支路构成的封闭回路内回流。另有一小部分通过杂散电容等其他途径被旁路,不通过测量仪器。试验回路装置应限制其大小,不超过 10%,同时高压导线及整套设备(除试品外)均不得在规定的试验电压下发生电晕等干扰现象。即使出现一些,也不应大于规定的干扰电压值的 10dB(称为背景干扰)。其他回路元件应达到以下要求:

(1) 高频扼流器 Z 在测量频率下呈高阻抗;

(2) Z_S 是电容或电容与电感串联的阻抗,在测量频率下 Z_S 和 R_1 串联后的阻抗应为(300 ± 40)Ω;

(3) R_L 是电阻 R_2 与测量仪器 M 输入阻抗并联后,再与 R_1 相串联后形成的总电阻,最好是 300Ω;

(4) L 是旁路电感,将低频电流旁路,而对测量频率具有很高的阻抗,大于 3kΩ。

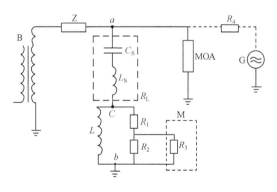

图 8.22　无线电干扰电压试验原理

B—试验变压器;G—高频源;R_3—仪器匹配电阻;Z—高频扼流器;

R_1、R_2—电阻网络;MOA—试品;C_S—耦合电容;L_S—补偿电感;

R_4—外加电阻;L—旁路电感;M—测量仪器

试验之前应进行校核,图 8.22 中用高频信号发生器 G 经过电阻(10kΩ)向回路输入高频电流。分别在试品 MOA 及 R_L 上测出高频压降 U_1 及 U_2,算出分流衰减分贝数 A。再计算出 R_L 与($R_2 /\!/ R_3$)电阻网络的信号衰减分贝数 B。这样测量仪器显示出的 RIV 值分贝数 C 再加上 A 和 B 即为试品上出现的 RIV 总值(用分贝数表示即 $A+B+C$);如果仪器显示的是 $K\mu V$,则转换为分贝数时以 $1\mu V$ 为基数,即

$$C = 20\lg \frac{K\mu V}{1\mu V} \tag{8-12}$$

校核之后可正式开始试验,先撤去校核用仪器及高频电压表等,然后按规定升高试验电压到额定电压并在 10s 之内降回到 $1.05U_c$(持续运行电压)。在此电压下测出的无线电干扰电压水平应不超过 $2500\mu V$。标准中规定的无线电干扰电压是指在 1.0MHz 测量频率下的高频电压,即在规定的工频电压下试品上出现的放电电流(干扰电流源)在 300Ω 阻抗上产生的 1.0MHz 干扰电压值。

8.4.3　氧化锌避雷器的直流电压(电流)试验

1. 直流电压的产生和测量

直流高电压产生的方法很多,常用的有两种:工频高电压整流和高频高电压整流。为了进一步提高电压,上述两种都可利用倍压电路,但要以脉动率高为代价。图 8.23 为半波整流直流试验原理电路,如果电容器的电容量足够大,变压器高压

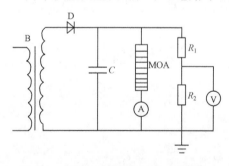

图 8.23　半波整流直流试验原理图
B—升压变压器;MOA—试品;C—滤波器;
A—电流表;D—硅堆;V—高内阻电压表;
R_1、R_2—分压器

输出电压峰值为 U_a,则 C 上可以得到接近 U_a 的直流电压。实际上由于试品(负载)及分压器、元件绝缘电阻不停地消耗 C 上的电荷,所以 C 上的电压在 D 导通期间充不到 U_a,而在 D 截止期间不断降低其电压,形成直流电压的脉动。一般情况下直流仪表测出的只是电压的有效值,它接近于其平均值,记为 U_d。而直流电压瞬时值的最大值与最小值差的一半就是平均值之差,表示脉动的大小。MOA 试验标准规定脉动率不大于 1.5%,即 $K_a \leqslant 1.5\%$。

$$K_a = \frac{U_{max} - U_{min}}{2U_d} \leqslant 1.5\%$$

显然整流电源内阻小、电源频率高、滤波电容大、负载电流小都会降低脉动率。

其中负载电流是试验要求的,不能改变,所以常用提高电源频率(甚至还减少电容)的方法获得合格的电压。用倍压法(图8.24)可以得到更高电压。当变压器输出电压为负极性时,C_{11}可以充电到接近峰值U_a;正极性半周时,变压器峰值电压U_a与C_{11}串联向C_{21}充电,使C_{21}充到接近$2U_a$的峰值电压。实际上负半周时左面一列电容器$C_{11}\sim C_{1n}$充电;正半周时右面一列电容器$C_{21}\sim C_{2n}$充电。因为上层电容靠下层电容供给电荷,所以脉动率随级数n猛增,一般n不宜太

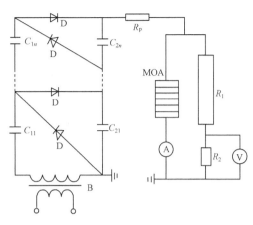

图8.24 n级单相倍压整流回路
R_p—保护电阻

多。如果$n=2$,则粗略计算设备可输出直流电压$U_d=2nU_a=4U_a$。现场试验时,为了减轻设备重量,采用提高电源频率的方法可以减小电容器电容量而不增大脉动率。

直流电压的测量大都采用直流分压器或标准直流电阻串电流表的方法。如果电压不太高还可采用静电电压表,静电电压表的准确级次为$1.0\sim1.5$级。

2. 直流参考电压试验

交流MOA需进行直流参考电压试验仅见于我国的标准。虽然定义直流参考电流为$1\sim10$mA,但对MOA却只规定1mA直流参考电压。试验原理图见图8.23和图8.25。试验时试品表面应清洁干燥,平稳升高直流电压直到流过试品的直流电流达到1mA时,读取试品上的直流电压值,即1mA直流参考电压。此值应大于等于标准规定值,试品方为合格。

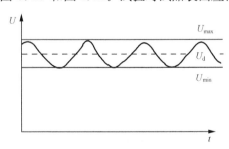

图8.25 半波整流直流试验原理图

直流参考电压也可用来确定比例单元的比例系数N。例如,MOA整体的1mA参考电压为U_{1mA},而比例单元的1mA参考电压为u_{1mA},则比例单元的比例系数$N=U_{1mA}/u_{1mA}$。

3. MOA的直流漏电流试验

直流漏电流试验是对MOA施加直流1mA参考电压值的75%,测量MOA中流过的电流。并且规定此漏电流不得超过规定值。此项试验本来是MOV的试验

项目,电力部门引入到 MOA 的交接试验项目中,制造部门也相继执行,其合理性有待探讨。

试验时常同 1mA 直流参考电压试验结合进行。首先测出 MOA 的 U_{1mA},然后降低电压到 $0.75U_{1mA}$ 时记录避雷器的电流,记为 $0.75U_{1mA}$,其值应小于规定值(一般为 $30\sim50\mu A$)。

8.4.4　氧化锌避雷器的冲击电流冲击电压试验

1. 冲击电流发生器原理及电流测量

标准雷电冲击电流波形规定为 $8/20\mu s$,波形参数如图 8.26 所示,雷电波形及其他波形规定如表 8.26 所示。确定波形参数可用作图法或计算法。如果示波图时间坐标是线性的可按下列步骤确定。分别在波形的幅值 100%、90%、50%、10% 作出平行于零线(时间轴)的直线,通过 90%、10% 的交点 B、A 作直线,它交时间轴于 O' 点,交 100% 线于 D 点,称 O' 为视在原点,由 D 作垂线交零线于 E 点,定义 $O'E$ 表示视在波前时间 T_f,而 $O'F$ 为视在半波峰时间 T_t,记为 T_f/T_t,其中斜线无数学意义。波峰到零之后如果出现反向振荡,其幅值 C 的大小不应超过规定值(10% 或 20%)。不同的试验项目要求通过试品的冲击电流不但波形不同,而且幅值(即 100% 电流峰值)也不同。

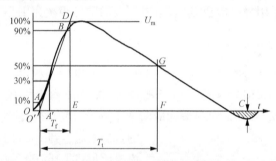

图 8.26　冲击电流波形参数定义

O—自然原点;A—10% 交点;$O'E=T_f$ 视在波前时间;

O'—视在原点;B—90% 交点;$O'F=T_t$ 视在半峰时间;

C—反向振幅

表 8.26　标准冲击电流波形参数

名称		雷电冲击	操作冲击	陡波冲击	大电流冲击
定义波前时间/μs		8	$30\sim100$	1	4
定义半波时间/μs		20	约为波前时间两倍以上	不定	10
标识		$8/20\mu s$	$30/75\mu s$	$1/2.5\mu s$	$4/10\mu s$
允许反向峰值/%		10	10	10	20
允许偏差	波前时间/μs	$7\sim9$	—	$0.8\sim1.1$	$3.5\sim4.5$
	半峰时间/μs	$18\sim22$	—	不定	$9\sim11$

为了产生符合标准要求的冲击电流,一般将充了一定电压的电容器通过一定电感电阻向试品放电。MOV 构成回路元件的一个组成部分,其原理如图 8.27 所示。

储能电容器 C 由直流电源充电到预定电压 U_{c0} 之后,点火间隙动作,回路中通过试品的电流 $I(t)$ 随时间变化的规律取决于回路中各元件 L、C、MOV 的数值和特性。如果回路中各元件都是线性的,有三种典型的变化规律,如图 8.28 所示。

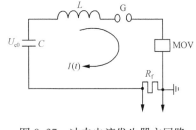

图 8.27　冲击电流发生器主回路

C—储能电容;$U=R_f I(t)$;

L—调波电感;R_f—分流器;

G—点火间隙

（1）减幅振荡:回路总电阻小于临界电阻 R_k。

$$R_k = 2\sqrt{\frac{L}{C}} \qquad (8-13)$$

（2）临界阻尼:回路总电阻等于临界电阻 R_k。

（3）过阻尼:回路总电阻大于临界电阻 R_k。

由图 8.28 可见,随着回路电阻逐渐增大,在其他条件不变的情况下回路放电电流波形由振荡型变成单极型。但根

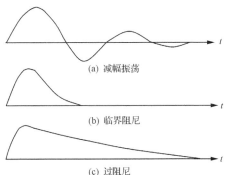

(a) 减幅振荡

(b) 临界阻尼

(c) 过阻尼

图 8.28　三种典型电流变化规律

据计算,即使在临界阻尼条件下按标准所规定的 T_f/T_t 比值高达 1/3.8,离标准要求尚远。而减幅振荡条件下若 T_f/T_t 符合标准要求为 1/2.5 的波形,则又会出现反向振荡幅值高达 50% 的后果。因此,在线性回路元件条件下,不可能获得预期符合标准规定的冲击电流波形。分析计算和实际验证都证明在非线性电阻的回路中可以得到严格符合标准规定的冲击电流波(特别是指 T_f/T_t 符合严格规定为 1/2.5 的波形)。

非线性电阻,特别是 MOV 具有优异的非线性,其瞬态伏安特性 $U=f(I)$ 可表示成如图 8.29 所示的情况,形成一个环,电流的波前部分残压高于波尾部分。用 DU_0B 折线代替复杂的回环线。在此情况下 MOV 上的电压降可表示为

$$U = U_0 + R_d I(t) \qquad (8-14)$$

式中,R_d 为动态电阻,它等于 $\angle BU_0D$ 的正切 $\tan\angle BU_0D$。

如图 8.29 中当试品 MOV 的电压降用式(8-14)表示之后,回路中总电阻 R 由 R_d 及其余电阻(如分流器电阻 R_f 及导线电阻等)所构成都可以看成线性电阻。只需要将不变量 U_0 与电容器原始充电电压 U_{c0} 相减,在电流未过渡到反向之前,回

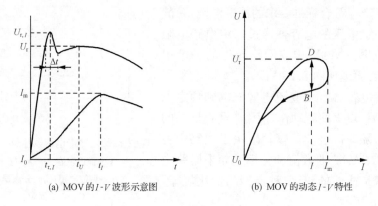

(a) MOV 的 I-V 波形示意图　　　　(b) MOV 的动态 I-V 特性

图 8.29　MOV 的瞬态与动态伏安特性

路计算就成了典型线性回路计算。在第一个半波(正向电流过程)利用计算分析得到的条件即回路满足条件(8-15),即可得到完全符合 $T_\mathrm{f}/T_\mathrm{t}=1/2.5$ 的波形规定。

$$\frac{R}{2}\sqrt{\frac{C}{L}} = 0.33 \qquad\qquad (8\text{-}15)$$

当第一个半波结束时如果电容器上的电压趋于零,不会出现反向电流波。如果电容器上的电压反向,它的数值已大为减小,再受到试品上反向的 U_0 的抵消作用,反极性电流就会明显减小,不易再达到规定值的上限,从而获得完全满足规定的冲击电流波。

　　冲击电流的测量,一般都用无感电阻,当然该电阻在测大电流时阻值很低,做到无感很难。管形结构的分流器残余电感很低,获得普遍采用。测量分流器的阻值有电桥法及大电流法。用电桥测阻值时需按四端电阻的接线法使用双臂电桥,接线原理可见图 8.30。为了消除可能存在的热电势对测量结果的干扰,可变换电源的极性取两次测量的平均值。为了接近实际工作状态,也常用大电流法测电阻,例如,用较大工频电流通过分流器测出分流器电压端的电压值,从而计算出大电流下的电阻值。不过测试电流大小要按分流器允许功率而确定,测量时间要短,以免发热甚至超载损坏分流器。接线方式见图 8.31。

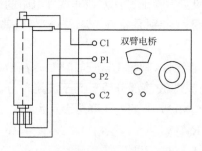

图 8.30　用双臂电桥测量分流器的阻接线法
P1、P2—电源端子；C1、C2—电桥端子

2. MOA 的残压试验

残压试验是为了检验 MOA 最重要的特性之一,即陡波、雷电、操作冲击电流下整个避雷器的残压,也就是伏安特性的正常非线性区的特性。它对避雷器的保护特性至关重要,因此作为逐个(出厂)试验项目,同时也作为验收试验项目。因为不易实现高电压等级的 MOA 残压试验,所以允许在比例单元上做残压试验,然后推算到整体。而在生产过程中,整体残压是由每片 MOV 残压相加而成的,各项试验要求如表 8.27 所示。

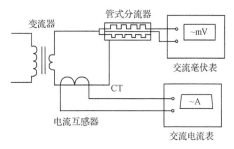

图 8.31　采用交流大电流法测分流器阻值接线法

表 8.27　各项残压试验要求

试验项目	电流幅值	波前时间 /μs	半峰时间 /μs	测量系统响应时间/ns	试品数量*	施加次数	结果取值	合格判断
陡波残压	$(1\pm5\%)I_n^{**}$	1	不规定	20	3	各 1	最高值	不大于规定值
雷电残压	$0.5I_n$ $1.0I_n$ $2.0I_n$	7~9	18~20	200	3	各 3	作图定	$1.0I_n$ 下不大于规定值
操作残压	$(1\pm5\%)I_{n1}^{***}$	30~100	波前两倍以上	—	3	各 1	最高值	I_{n1} 下不大于规定值

＊　试品数量指型式试验,用比例单元或整体 MOA。

＊＊　I_n 指标称放电电流值(20kA、10kA、5kA、2.5kA、1.5kA 不等)。

＊＊＊　I_{n1} 指标称放电电流值(100~5000A 不等)。

试验原理接线图如图 8.32 所示。电容器充电电压可控制输出电流幅值。当波形调节符合规定标准后,可以用脉冲峰值电压表代替示波器测量电流、电压峰值。接线时为了避免引线上电感压降的干扰,试品接地点 C 与分流器分压器接地点 A、B 实际上应是一点,紧接着试品下端引线,用较宽的导电带连接在一起。同时试品上端直接引线到分压器的高压端。

图 8.33 展示了典型的雷电冲击电流及该电流下 MOV 的残压波形示波图。虽然两波形的起点都在同一时刻,但峰值出现的时刻不同,$U(t)$ 的峰值先到(图中箭头指向各自的峰值点),在电流波头及波尾上瞬时值并不相同(图 8.29),形成回环状伏安特性。当电流波形已趋近零值时,残压波形明显存在负的平坦区域,说明

电流波在该区段具有很小数值的电流值,但是从示波图上已无法判别。残压波形在电流峰值已降到零值时有稍高的振荡,其原因是在那时试品 MOV 主要表现为等效电容,而整个主回路的固有振荡频率大为提高,球隙多次放电。

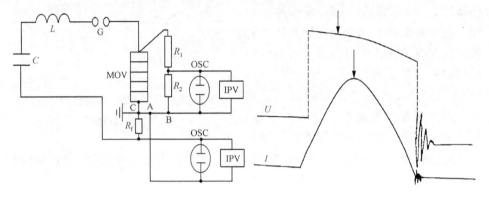

图 8.32　残压试验原理图

R_1、R_2—电阻分压器;R_f—分流器电阻;

OSC—示波器;IPV—峰值电压表

图 8.33　典型的 MOV 残压冲击

及电流冲击示波图

3. 冲击大电流耐受试验

此试验属 MOV 抽查试验项目,在型式试验中作为联合动作负载试验的一个组成部分并不单独进行。试验回路原理图与残压试验原理图相同,只是需要 $4/10\mu s$ 的冲击大电流,幅值按不同试品选取 40kA、65kA、100kA。试样应取自同批试品 MOV 中直流或工频参考电压最高的 5 片。试品应耐受两次冲击大电流,电流值应在规定值的 90%~110%。两次冲击之间应能使试品冷却到环境温度。试品不发生击穿、侧面放电、破碎等现象方为通过试验。

4. 方波冲击电流的发生与测量

1) 方波冲击电流的发生

MOA 除了会受到前面所述的短促而峰值较高的冲击电流作用外,还有可能受到由于长输电线路过电压能量经 MOA 泄放时所出现的持续时间较长而峰值稍低的电流冲击作用。故标准中常称此种脉冲电流为长持续时间脉冲电流。实际上常采用有限链数的集中参数人工长线产生此类方波冲击电流。其原理图如图8.34所示,产生的电流波形按图 8.34 定义的参数符合标准要求。其工作原理及参数计算简述如下。

如果发生器的负载(包括试品及分流器电阻)都是线性电阻(且总电阻值 R 等于特征阻抗 Z),链数为 n(一般为 10 链就可得到较理想的波形),主链电感 L 与主链电容 C 都是相同的,当充电到 U_∞ 的各电容在点火间隙 G 放电后,发生器的输出

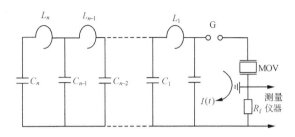

图 8.34　方波脉冲电流发生器原理图

$L_1 \sim L_n$—主链电感；R_f—分流器电阻；$C_1 \sim C_n$—主链电容；

MOV—试样；G—占火间隙

电流 $I(t)$ 呈现如图 8.35 所示的方波电流。电流的幅值为

$$I_m = \frac{U_{c0}}{(R+Z)} = \frac{U_{c0}}{2R} \qquad (8\text{-}16)$$

电流视在持续时间为

$$T_{0.9} = 2(n-1)\sqrt{LC} \qquad (8\text{-}17)$$

发生器储能（U_c 为电容器可充电压上限）为

$$Q = nCU_c^2/2 \qquad (8\text{-}18)$$

链形网络的特征阻抗（也称波阻抗）为

$$Z = \sqrt{L/C} \qquad (8\text{-}19)$$

当回路的负载电阻 R 不等于波阻抗 Z 时，波的幅值就改变了，波形

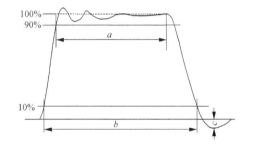

图 8.35　方波冲击电流波形的定义及规定

a—波峰的视在持续时间 2000 μs，允许偏差 $+20\%$；

b—总的持续时间，$b/a \leqslant 1.5$；c—反向振幅，偏差 $\leqslant 10\%$

也随之改变。表现为主波过程之后还不能立刻趋于零，因为主波过程期间，全部能量尚未耗尽，典型波形如图 8.36 所示。当负载短路（R=0）时，输出电流幅值为匹配时的两倍，用此方法可以根据充电电压及短路电流幅值实测出方波电流发生器链形网络的特征阻抗（波阻抗），即 $Z = U_{c0}/I_m$。

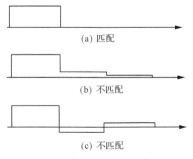

图 8.36　典型的三种方波波形

实际上面对的负载是非线性负载，MOV 是非线性很强的试品。当主波结束时电容上存在的能量不足以供出较大电流时，非线性电阻负载的静态电阻已增大甚多，能进一步减小可能继续维持的电流，甚至由于点火间隙的去离游作用而切断电流。因此，对高非线性的 MOV 试品，匹配要求已不太严格了，除非试品等值电阻与网络的波阻抗相差悬殊，否则不会

出现图 8.37(b)和(c)中的波形。但要注意不易察觉的维持电流在主波之后向试品继续注入能量的影响。方波电流发生器主要用于 MOV 的冲击电流耐受试验(抽样试验)、线路放电试验以及动作负载试验中。

(1)方波电流冲击耐受试验。

MOV 抽样试验中及 5kA 等级 126kV 以下避雷器型式试验中有此项目。抽样试验用的试品是 MOV(5 片),型式试验中用比例单元(3 片),详细的规定如表 8.28 所示。

表 8.28　方波电流冲击耐受试验规定

试验类别	型式试验	抽样试验
试样及数量	比例单元 3 片	从本批中抽 5 片参考电压最高的 MOV
冲击次数及方式	每轮 3 次,每次间隔 50～60s,冷却到环境温度后再做下一轮,共 6 轮 18 次	
合格判断	无击穿、闪络、炸裂,标称电流下残压变化<5%	
加倍程序	如果有一片试品达不到 18 次,可加倍数量 重新试验,如果全部通过 18 次才算合格	
降低参考电压程序	无	如果不合格,应从本批中剔除等于或高于此 参考电压 MOV,对余下的重新进行抽样试验
2000μs 电流峰值	无	按标准规定有 75A、150A、250A、 400A、600A、1000A、1500A、2000A 等

(2)线路放电耐受试验。

对于 10kA、20kA 或额定电压 100kV、200kV,5kA 等级的电站避雷器需在型式试验中施行线路放电试验。此项试验不直接要求试品能耐受某一峰值、某一持续时间的方波冲击电流若干次,而是要求能耐受某一系统电压、一定线路长度、一定过电压时可能注入的能量。因此试验回路的波阻抗、模拟线路长度及充电电压应配合试品(避雷器比例单元)的参数。国家标准分为 4 个等级(IEC 标准分为 5 个等级)线路放电试验参数如表 8.29 所示。

表 8.29　线路放电试验参数

避雷器 等级/kA	线路放 电等级	线路波阻抗 Z/Ω	峰值的视在 持续时间 $T/\mu s$	充电电压(DC) U_L/kV	相当于系统额定 电压等级/kV
5、10	1	$4.9U_r$*	2000	$3.2U_r$	110
5、10	2	$2.4U_r$	2000	$3.2U_r$	220
10	3	$1.3U_r$	2400	$2.8U_r$	330
10、20	4	$0.8U_r$	2800	$2.6U_r$	500
20	5	$0.5U_r$	3200	$2.4U_r$	500、750

＊ U_r 为试品额定电压有效的千伏数值。

① 表 8.29 中等级 1～5 与逐级增高的放电要求相对应。

② 试验回路波阻抗与表中规定的线路波阻抗的偏差(≤10%)应由不大于

±10%试验设备参数变化的限制,常要按设备方波脉冲发生器的参数来选试品额定电压,标准规定波阻抗偏差不大于 15%,实际波形的要求除视在持续时间外均同方波冲击波形。试验加载方式同方波冲击耐受试验。三个试品(比例节)中最低一个操作冲击残压表示为 U_{res},通过试品的能量取决于表 8.29 所列参数,且按下式计算:

$$W = U_{res}(U_L - U_{res})/(T/Z) \tag{8-20}$$

对试品共施加 18 次冲击,第一次的能量应为 $W(90\% \sim 110\%)$,其余 17 次冲击的能量也应为 $W(100\% \sim 110\%)$。但每次冲击后发生器在冲击电流第一个总持续时间的 1~2 倍时与试品断开,这也是为了避免由于网络的不匹配,有额外的能量注入试品,会增大试品的负担。

2) 冲击电压的发生和测量

电力系统中各种电力设备有可能遭受大气过电压和操作过电压的作用,避雷器的功能就是限制可能出现的过电压到可以接受的程度,同时避雷器本身的绝缘也应该耐受住规定的过电压。考核的方法就是按标准化的冲击电压波规定程序进行试验。在 GB 311—1983 标准高压试验技术中已有详细规定。冲击电压波形定义及标准分别如表 8.30 和图 8.37 所示。最主要的参数是极性、波前时间 T_f、半峰时间 T_t 及峰值 U_m 等。

表 8.30　冲击电压波形定义及参数

波形	标准雷电全波	标准操作全波
波前时间	$T_f = CD' = 1.67A'B' = 1.2(1\pm30\%)\mu s$	$T_f = OA' = 250(1\pm20\%)\mu s$
半峰时间	$T_t = CF' = 50(1\pm20\%)\mu s$	$T_t = OB' = 2500(1\pm60\%)\mu s$
峰值	$(1\pm3\%)U_m$	$(1\pm3\%)U_m$
表示法	$1.2/50\mu s$	$250/2500\mu s$

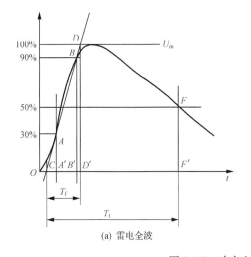

(a) 雷电全波

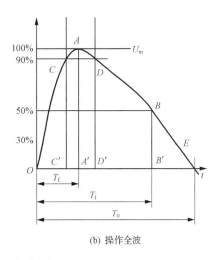

(b) 操作全波

图 8.37　冲击电压波形定义

　　实践中常将并联充电的高压电容器通过串联方法得到更高的电压,并且调整放电回路中各元件参数使之符合标准要求,施加于试品上,按照标准程序进行试验。常见的冲击电压发生器举例如图 8.38 所示。它主要由充电部分、主回路、控制和测量部分组成。充电变压器 B 为两端绝缘结构,原边电压可调;副边高压 U_1 (设指峰值)经 D_1 高压硅整流二极管硅堆,以及 R_p、R_s、$R_p/2$ 向 C_1、C_3 充电,又通过硅堆 D_2 向 C_2、C_4 主电容充电,每台可充到接近 U_1 的直流电压。每级可充到约两倍 U_t,即最高对地电压为 $U_s = 2U_t$,此级充电电压可通过测量电阻 U_m 及表计 A 测出。充电到适当电压值后,利用点火脉冲使 G_1 下球与点火针芯间放电,从而引燃 G_1 导致 C_1 上端突变为地电位,同时下端突变对地电位 $-U_s$,G_2 上的球由于寄生电容的作用尚未明显改变原来对地电位 $+U_s$,而 G_2 下球通过 R_f 已变为 $-U_s$,间隙突然加上 $3U_s$ 的电压立即点火,使试品及电容分压器上出现了冲击电压波。此电压被电容分压器分压之后送到示波器 OSC,予以记录,同时也完成了一次试验。放电过程中 R_s 因其阻值甚大,而起到了隔离级间电位差的作用。适当调整主回路元件参数即能获得规定的冲击电压波形。

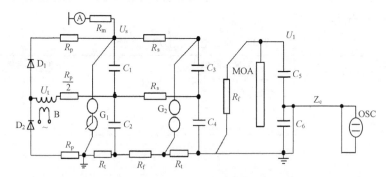

图 8.38　两极冲击电压发生器原理图

B—充电变压器;$C_1 \sim C_4$—主电容;G_2—放电间隙;

D_1、D_2—硅堆;C_5、C_6—分压器;R_f—波前电阻;

R_p—保护电阻;G_1—点火间隙;R_t—波尾电阻;

R_m—测量电阻;Z_c—电缆;R_s—充电电阻

　　冲击电压一般都不能直接测量,而采用冲击分压器将高压 U_1 中分出部分 u_2,要求 u_2 与 U_1 具有确定的比值,而波的形状(即随时间变化的过程)应严格保持不变。前一要求是为了分压比的稳定,后一要求则用测量系统的响应来描述。又因为测量系统中使用同轴电缆,在波的过程中要充分考虑匹配问题。按有关标准,各元件参数的阻抗需用精度较高的电桥(误差≤±0.1%)进行测量,是测量分压比的基本方法。但是应该在较高工作电压下用已知准确度的高压测量系统予以校核,以证实高压下各元件的稳定性。

　　表征测量系统暂态特性的指标称为方波响应,它是当输入电压为直角波电压时,输出电压(已归一化)的波形,与直角波之间的差,称为响应时间。如图 8.39 给出的两种典型的方波响应波形,幅值 1 代表归一化的输入幅值,从 0 阶跃到 1 的是输入波形,而曲线是实际测到的输出波形。为确定响应的起点 $0'$,需在波前陡度最大部分作切线,交零线于视在原点 $0'$。自 $0'$ 点起到幅值线及曲线所包含的面积,对指数型有 T_α,而对振荡型还有 T_β、T_γ、T_δ 等。分压系统的响应时间分别为 T_α 或 $T_\alpha - T_\beta + T_\gamma - T_\delta$,其中第一块面积称为部分响应时间。测量不同的波形,要求的响应时间 T 也各异。如图 8.40 所示测量截断时间短的电压幅值误差就较大;而测量缓慢的、长的波幅值误差就较小。表 8.31 列出了标准对测量系统响应时间的规定,包括冲击电流测量系统。

　　对于振荡型响应要求就比较复杂,除了考虑过冲 β(图 8.39(b))外,还要考虑部分响应时间 T_α 同所测冲击电压波前时间 T_f 之比。最终目的是达到 IEC 60-73 标准及 GB 311—1983 标准所规定的冲击电压测量准确度的要求。

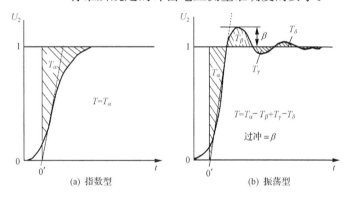

图 8.39　典型的方波响应

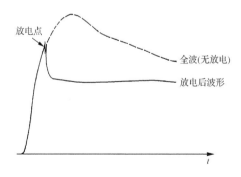

图 8.40　冲击放电典型示波图

表 8.31 指数型响应时间的规定值

测量对象	响应时间($\leqslant$)
陡波冲击残压	20ns
冲击电流 4/10μs	0.8μs
冲击电流 8/20μs	1.6μs
操作波幅值或波尾截断	0.1T_f
操作波前截断时间	0.03T_c
雷电全波或波尾截断	0.2μs
雷电波前截断线性上升的冲击截波时间(上升率)	0.2μs(0.05T_r)

(1) 峰值测量误差限值:冲击全波误差$\leqslant$3%;峰值附近或波尾截断冲击波误差$\leqslant$3%。

(2) 波前截断冲击波截断时间:①T_c>2μs,误差为 3%;②0.5μs<T_c<2μs,误差为 5%;③T_c<0.5μs,误差>5%,不作具体规定。

(3) 波形时间测量误差限值:波前、半峰值及截断时间等误差$\leqslant$10%;截波的电压下降时间不作具体规定。

冲击发生器主要用于 MOA 的冲击耐压、冲击放电试验。

(1) 冲击耐压试验。

此项试验仅对 MOA 的内外绝缘施行,因为试验电压远大于避雷器的雷电残压,故试验前需改动 MOA 的内部,取出 MOV 芯体,或加大间隙放电电压。对于瓷套型避雷器,绝缘耐受试验的种类和电压值如表 8.32 所示。而按照 IEC 标准等,绝缘耐受电压是直接和避雷器的雷电冲击残压和操作冲击残压相关联的。其中冲击电压试验一般采用 15 次冲击序列的方式。如果 15 次冲击中外部破坏性放电不超过 2 次,内部没发生破坏性放电,则认为试品通过了试验。

表 8.32 避雷器绝缘耐受电压(GB 311.1)

系统额定电压/kV	1min 工频耐受电压(干、湿)/kV	标准雷电全波冲击耐受电压/kV	操作冲击耐受电压(干、湿)/kV
3	18	40	—
6	23	60	—
10	30	75	—
15	40	105	—
21	50	125	—
35	80	185	—
63	140	325	—
110	185	450	—
220	360、395	850、950	—
330	460、510	1050、1175	850、950
500	630、680、740	1425、1550、1675	1050、1175

(2) 冲击放电试验。

此项试验仅对有串联间隙的 MOA 施行,因为目前只有 220kV 以下的系统用避雷器需要进行此项试验。接线图参见图 8.38。试验时先调节冲击发生器使发生器输出的空载波形符合规定的 $1.2/50\mu s$,然后调整峰值到规定的冲击试验电压规定值的 97%~100% ,并保持每次点火后输出电压均在此范围。将试品接入回路,依次施加正负极性的冲击 5 次,如果每次均放电则可认为试品通过本项试验。如果有一次未放电,可以再加试 10 次,若再发生未放电现象,则不合格。典型放电波形如图 8.40 所示。

8.4.5　交流大容量试验

1. 交流大容量试验设备的特点

避雷器的压力试验及工频电压耐受时间特性试验均要求工频交流电源有相当大的容量,也就是说试验电源内阻要低。当输出较大的电流到试品上时,电压不得有明显的压降(不得下降 1%)。其次,设备需要有保护用开关,当合闸开关闭合后,在规定的时间或发生故障时保护开关应及时断开。

2. 压力释放试验

MOA 在异常情况下,如内部出现故障,强大的电弧能量会增大内部空间的压力。为了避免瓷套因产生粉碎性爆炸危及现场设备及人身安全,设计上要求避雷器在具有可靠密封的同时,还考虑到能适时释放内部压力的措施,称为压力释放装置。压力释放试验就是用于考核此类释放装置的功能。试验是人为造成元件内部短路电弧,通过规定幅值的工频大、小电流时,考核其能否顺利出现压力释放(压力释放装置动作喷出内部气压)避免瓷套爆炸。标准规定的几档大电流(对称分量有效值)和小电流的要求如表 8.33 所示。试验接线原理如图 8.41 所示。

表 8.33　压力释放试验的电流值

避雷器等级	避雷器使用场合	大电流压力释放预期对称电流(有效值)/kA	小电流压力释放电流值(有效值)/A
20kA	电站用避雷器	80 63 40 20	800
10kA	电站用避雷器	40 20 10	800
5kA	电站用避雷器 并联补偿电容器用避雷器 发电机用避雷器	16	800
5kA	电气化铁道用避雷器	10	800
2.5kA	电动机用避雷器	5	800
1.5kA	中性点用避雷器	5	800

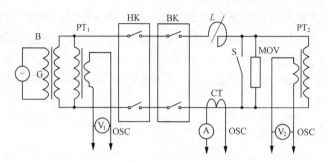

图 8.41　压力释放试验原理图

G—发电机或系统;HK—合闸开关;L—电抗;CT—电流互感;
PT—电压互感器;BK—保护开关;S—短路棒;OSC—录波器

本试验用于绝缘外套密封并装有压力释放装置的避雷器。对于其他型式的避雷器,如用于封闭式组合电器(GIS)的避雷器,试验应经供需双方协商。

为了触发电流在避雷器试品内部流通,全部 MOV 用熔丝旁路,熔丝将在试验电流开始后第一相位角为 30° 以内熔断。旁路 MOV 的熔丝应沿着并紧贴 MOV 表面。

按照制造厂推荐的方法,模拟实际安装条件安装试品。上端与另一元件端部结构或端盖相接,两者取较能限制压力释放的那一种。底座的底平面应与一个近似圆形围栏顶部在同一水平面上,围栏至少高 30cm,围绕试品且与之同心。围栏直径等于试品直径加两倍试品高度,但最小直径为 1.8m。如试品保持完整无损,或者是非爆炸性破裂,且全部零部件都落在圆形围栏之内,则认为试品通过试验。试验电源的频率不低于 48Hz,不高于 62Hz。

1) 大电流压力释放试验

试品应为同类型避雷器设计中最长的元件,如能满足下列要求,则应认为同一设计所有额定电压避雷器均符合本试验要求。

(1) 把串联和并联的 MOV 组装在元件内与元件的额定电压成比例。若避雷器每个元件中含有不同比例和数量的 MOV 串联时,试验程序须经供需双方协商。

(2) 避雷器每个元件使用截面尺寸相同的外套。如避雷器由外套设计结构不同的元件组成,即底部元件尺寸较大时,应试验每种设计中最长的元件。

电源的短路容量应足够大,以便当避雷器用阻抗可以忽略不计的连杆短路时,电源的交流分量有效值在 0.2s 不致降到规定值的 75% 以下。试验回路的短路功率因数应不高于 0.1,即回路的电感电阻比 $X/R \geqslant 10$。

试验应在单相回路上进行,空载电压尽可能为避雷器额定电压的 77%～100%。若试验站没有足够的功率能在 77% 额定电压[①]下试验所有的高压避雷器,

---

① 77% 额定电压相应于施加避雷器的额定电压为系统线电压 75%(即位于接地故障因数 1.3 的地点)的系统相电压。

则在 GB 11032 标准的 8.7.2.1 和 8.7.2.2 中,给出进行大电流压力释放试验的两种代替程序。

对于接地故障因数为 1.39 或 1.73 的地点,相电压分别为避雷器额定值的 72% 或 58%。试验应表明符合表 8.33 所示的压力释放电流要求。试品试验时,试验电流至少应通流 0.2s,对于测量预期电流及调整回路来说,试验时间再短一些更合适。

(1) 空载电压等于或大于 77% 额定电压的大电流试验。

首先测量预期电流,试验方法是将避雷器用阻抗可忽略不计的固体连杆旁路。回路参数和开关合闸时间整定为使电流交流分量有效值等于或超过表 8.33 给出的额定压力释放电流,且第一个主波峰值至少为电流交流分量有效值的 2.5 倍。试验时电流的第一波必须为主波。然后去掉固体连杆,并用相同的回路参数和合闸时间对避雷器试品进行试验。

避雷器内部限弧电阻将降低电流的交流分量和峰值。这一点不使试验无效,因为试验至少是用正常运行电压进行的,且对试验电流的影响与运行中发生故障的情况是相同的。试验时若故障电流为避雷器用阻抗可忽略不计的连杆旁路时测得的预期电流交流分量有效值,则认为避雷器通过了试验。

(2) 空载电压低于 77% 额定电压下大电流试验。

当试验所用试验回路大大低于试品额定电压的 77% 时,内部电弧的电阻与试验回路阻抗相比高得不成比例,以致电流的交流分量和峰值不能再认为是避雷器的预期电流值。因此,在低于避雷器额定电压时,避雷器试验电流的第一主波峰值至少应为电流交流分量有效值的 1.7 倍,并且交流分量的有效值至少应等于表 8.33 所选预期电流的有效值。避雷器试验电流第一波必须是主波。

用阻抗可忽略不计的连杆旁路避雷器作预备试验并不是主要的,但在选用试验回路参数时,由于内部电弧电阻随电弧长度和电弧在避雷器外套内受到限制而改变的影响应留有裕度,这就需要增加预期电流,特别是当试验回路的电压显著地低于避雷器额定电压的 77% 时。

2) 小电流压力释放试验

避雷器试品可以是所考虑设计的任何额定值,并且本试验应证明相同设计的所有额定值避雷器均能合格。

试验回路空载电压为试品额定电压的 77%～100%,回路参数应调整到使 800A(有效值)(±10%) 的电流通过试品,电流是在电流开始流通后约 0.1s 时测得的。电流至少需流通到排气发生为止,且试验时电流的降低值不应超过起始测量值的 10%。

如果避雷器在试验时没有释放压力,为了释放内部压力而靠近避雷器时应当小心,因为内部压力即使在冷却时可能还很高。大、小电流压力释放试验典型示波图分别如图 8.42 和图 8.43 所示。

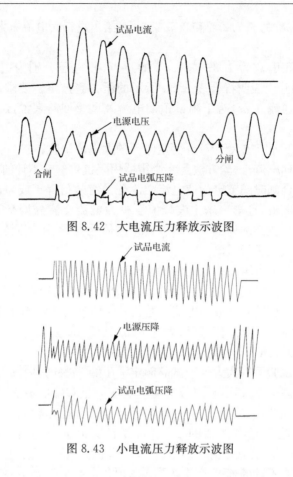

图 8.42　大电流压力释放示波图

图 8.43　小电流压力释放示波图

8.4.6　联合试验

1. 联合试验的目的和特点

　　避雷器常年处在正常的工作电压下,承受着长期的负荷,而在异常情况下它吸收过电压能量之后还应该能恢复到正常的稳定工作状态。所以它的关键性能,都应该能经受住在模拟试验已承受负荷的状态下,再承受外加瞬时负荷条件下的试验考核。即在正常运行负荷条件下,吸收瞬时负荷之后再转到正常负荷状态下的这类试验,这就是所称的联合试验。

　　进行这类试验时往往要动用几套设备仪器,必须做到时间配合严格、控制准确,能应付几种发展趋势。主要试验项目有动作负载试验及工频电压耐受时间特性试验等。原理接线图如图 8.44 所示。

　　各种必要的试验设备与试品都紧密地互相连接在一起,可以同时或顺序地向试品输出各种电压电流,包括工频电压、雷电冲击电流、大冲击电流、线路泄放电

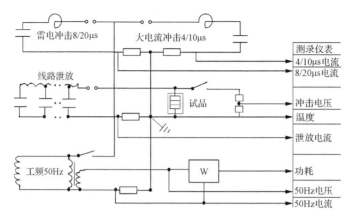

图 8.44　联合试验接线原理图

流。需要测量的对象有施加在试品上的工频电压、电流、功耗、线路泄放电流、冲击电压、冲击电流及试品温度等。

试验中牵涉到热等效比例单元概念,其含义是在热效试验中,比例单元在热性能方面与整只避雷器等效,即具有与完整避雷器等效的暂态和稳态热耗散能力及热容量。在相同的环境条件、相同的负荷下,比例单元中 MOV 原则上应达到与整个避雷器中 MOV 同样的温度。标准规定有两种办法:一是尽量严格按规定截取避雷器有效部分,而在轴向两端用散热很差的未压缩玻璃棉覆盖,防止散热,如图 8.45 所示;二是将整只避雷器或多元件避雷器单位长度装有 MOV 最多的元件置于 20℃±15℃的静止空气中,环境温度应保持在±3℃偏差内。热电偶或光缆技术测温的某种探测装置紧贴在 MOV 上,测量点必须足够多以便计算出平均温度。或者制造厂选择位于距顶部 1/3～1/2 的某一点时,该温度就应是该点值。加热时间不作规定,如果随后加热试验比例单元所用时间大致相同,则根据电源容量,加热时间可选择几分钟到几小时。当达到预定温度时应切断电源,并且确定不少于 2h 的冷却时间曲线,在测量几个点时,应画出平均温度曲线。

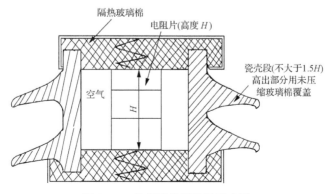

图 8.45　热等效比例单元示意图

随后采用与整只避雷器试验相同的方法和环境条件对比例单元试品进行试验。施加工频电压使比例单元试品与整只避雷器一样加热到比环境温度高的相同温度。电压幅值的选择应使加热时间与整只避雷器加热时间相近。通过测量几片MOV的温度确定平均温度,或者只测位于比例单元顶部 $1/3\sim1/2$ 处一片 MOV 的温度。当比例单元达到预定温度时,应切断电源,并测出不少于 2h 的冷却时间曲线。

比较整只避雷器和比例单元的冷却曲线,都使用平均温度或使用一片 MOV 温度。对较低的曲线用增加环境温度差的方法将冷却曲线调整到相同的环境温度。证明热等价的条件是,比例单元试品在冷却期间各瞬间的温度等于或高于整只避雷器的温度。

2. 雷电冲击动作负载试验

中性点避雷器及额定电压 126V 以下的避雷器只需进行本项动作负载试验;专用于强雷电密度区 20kA 的 $2.4\sim51kV$ 避雷器必须要进行强雷电动作负载试验。其试验序列参看图 8.46(a)和(b)。三只比例单元先进行预备性试验,可以只在 MOV 上于空气中进行。

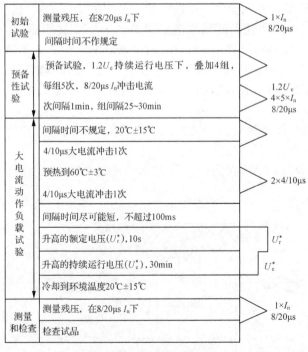

(a) 大电流动作负载试验序列

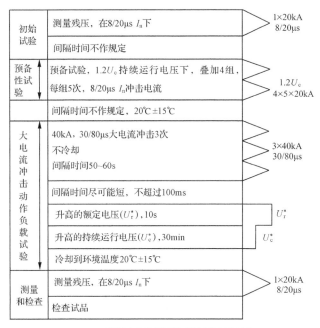

(b) 20kA强雷电负载避雷器序列动作负载试验

图 8.46　大电流与强雷电冲击动作负载试验序列

（1）预备性试验。

预备性试验中,试品应经受 20 次 8/20μs 雷电冲击电流,其峰值等于避雷器标称放电电流。施加冲击电流时,对试品施加 1.2 倍试品持续运行电压的工频电压。施加的 20 次冲击分为 4 组,每组 5 次,两次冲击之间的间隔时间为 50～60s,两组之间的间隔时间为 25～30min。两组冲击之间,试品无需施加工频电压。冲击电流的极性与施加此冲击时的工频电压半波极性相同。并且冲击应在工频电压峰值前 60°±15°内施加。

预备性试验可以在静止空气温度为 20℃±15℃ 的敞开空气中对 MOV 进行。测出的冲击电流峰值,应为规定值的 90％～110％。

（2）施加冲击。

在动作负载试验开始时,比例单元的温度应在 20℃±15℃ 内。

比例单元应耐受表 8.34 规定的峰值和波形的大电流冲击 2 次,强雷电负载避雷器应耐受规定的峰值为 40kA 波形 30/80μs 冲击 3 次。

表 8.34 大电流冲击试验要求

避雷器等级	大电流冲击电流峰值 * /kA
20kA	100
10kA	100(65) **
5kA	65(40)
2.5kA	25
1.5kA	10

* 根据运行条件电流峰值可取其他值(较低或较高)。

** 括号内电流峰值为不推荐值。

两次冲击之间比例单元应在烘箱内预热,使施加第二次冲击时试品的温度为 60℃±3℃。试验应在环境温度为 20℃±15℃下进行。

如果由于严重污秽或非正常运行条件,必须用更高的温度时,则经供需双方协商试验可使用更高的温度。

预备性试验和随后的大电流冲击应施加相同的极性。

在最后一次大电流冲击后,应尽可能快且在不超过 100ms 内向试品施加 10s 升高的额定电压(U_r^*),然后继续施加 30min 升高的持续运行电压(U_c^*),以证明热稳定或热击穿。

为了再现实际系统条件,应该在试品施加电压 U_r^* 时,施加第二次大电流冲击,这是基于实际试验回路限制允许的 100ms。

每次冲击应记录电流波形。同一试品的电流波形不应出现显示试品击穿或闪络的差异。在施加升高的持续运行电压(U_c^*)期间,应连续记录试品电流值。在施加工频电压期间,应监测 MOV 温度、电流阻性分量或功率损耗,以证明热稳定或热崩溃。

在完成整个试验程序且在试品冷却到接近环境温度后,重复试验程序开始时的残压试验。如果达到热稳定,试验前后测得的残压变化不大于 5%,且试验后检查试品,MOV 无击穿、闪络或破碎痕迹,则认为避雷器通过了本试验。

3. 操作冲击动作负载试验

本试验适用于 10kA 线路放电等级为 1 级、2 级和 3 级,20kA 线路放电等级为 4 级和 5 级的避雷器(或并联补偿电容器用避雷器),以及 5kA(额定电压 90kV 及以上电站用)避雷器。完整的试验程序如图 8.47 所示。

在遵循 IEC 60099-4 标准(表 8.34)对大电流冲击要求的前提下,根据我国避雷器的生产、运行情况,增列了(40kA 和 65kA)不推荐值。

本操作冲击动作负载试验前,在环境温度下应分别测定 3 只试品(MOV)在标称放电电流下的雷电冲击残压。试品应做适当的标记,以保证在下述试验中施加

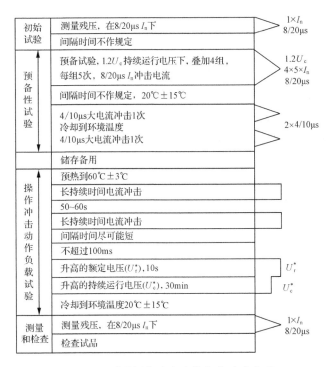

图 8.47　避雷器操作冲击动作负载试验序列

正确的极性。

（1）预备性试验。

预备性试验中的第一部分,试品应经受 20 次峰值等于避雷器标称放电流而波形为 8/20μs 的雷电冲击电流试验。施加冲击时,试品应施加 1.2 倍试品持续运行电压的工频电压。施加的 20 次冲击分为 4 组,每组 5 次。两次冲击间隔时间应为 50～60s,两组之间的间隔时间为 25～30min。在两组间试品无需施加工频电压。冲击电流极性应与施加此冲击时的工频电压半波极性相同,并且冲击应在工频电压峰值前 60°±15° 施加。预备性试验第一部分可以在静止空气温度为 20℃±15℃ 的敞开空气中对 MOV 进行。

预备性试验第二部分是施加 2 次表 8.34 规定的大电流冲击。测出的冲击电流峰值应为规定峰值的 90%～110%。在预备性试验后,试品应储存,以备进行操作冲击动作负载试验时使用。

（2）施加冲击。

在操作冲击动作负载试验开始时,即在施加两次长持续时间电流冲击之前,比例单元的温度应为 60℃±3℃,而环境温度应为 20℃±15℃。

如果由于严重污秽或非正常运行条件,必须用更高温度时,则经供需双方协商,试验可使用更高的温度。

避雷器比例单元要耐受 2 次表 8.34 中相应的线路放电等级所规定的长持续时间电流冲击。两次冲击的间隔时间应为 50～60s。长持续时间电流冲击的极性应与预备性试验中电流冲击的极性相同。在第二次长持续时间电流冲击后,比例单元应与线路脱离,并应尽可能快地(不超过 100ms)与工频电源接通。然后向试品施加按加速老化程序确定的升高的额定电压(U_r^*),再接着施加 30min 升高的持续运行电压(U_c^*),以证明热稳定或热崩溃。

为了再现实际系统条件,应该在试品施加电压 U_r^* 时,施加第二次持续时间电流冲击,鉴于实际试验回路限制允许的 100ms。

在第二次长持续时间电流冲击施加时,应用示波器记录加在试品两端的电压和通过试品的电流。施加第二次操作时试品所耗散的能量应根据示波图中电压和电流来确定,且应把能量值记录在试验报告中。在施加工频电压期间应连续记录电压和电流。

在施加工频电压期间应监测 MOV 的温度、电流阻性分量或功率损耗,以证明热稳定或热崩溃。

在完成整个试验程序且在试品冷却到接近环境温度后,重复试验程序开始时的残压试验。如果达到热稳定,试验前后测得的残压变化不大于 5%,且试验后检查试品,MOV 无击穿、闪络或破碎痕迹时,则认为避雷器通过了本试验。

(3) 动作负载试验中热稳定的评价。

对于各类避雷器在图 8.46(a)、(b)和图 8.47 所示程序中,在施加 U_c^* 的最后 15min 内,如果漏电流的阻性分量峰值、功率损耗或 MOV 的温度稳定地降低,则认为经受动作负载试验的避雷器比例单元是热稳定的,且认为通过了本试验。

施加电压的稳定性和环境温度的变化对漏电流的阻性分量有很大影响。因此,在某些情况下,在施加电压 U_c^* 结束时,仍不能明确地判断避雷器是否热稳定。如果出现这种情况,施加电压 U_c^* 的时间应延长,直到能够确认电流、功率损耗或温度稳定降低为止。如果在施加电压 3h 以后,电流、功率损耗或温度尚未观察到明显增加趋势,则认为比例单元是稳定的。

8.4.7　密封及机械强度试验

根据多项调查结果表明,MOA 因密封不良而造成的事故占高压 MOA 总事故半数以上,其原因多是工艺操作不慎、密封结构及密封件材质性能控制不严等;对密封检验执行不严也是其中很重要的方面。密封不良的 MOA 在运行中因内外温度差变化引起其内部空腔产生类似呼吸的现象,逐渐将空气中的水分吸入内腔,因而使内部的绝缘劣化,泄漏增大。如未及时发现,将会导致事故发生。为避免上述问题的发生,行业制造厂通过多年的实践总结出以下各种检验密封好坏的方法。

1. 氦质谱检漏法密封试验

氦质谱仪本身只是一种仪器,它只能与高真空的空间相连通,并检测出其中氦气(He)的含量。如果与此高真空的空间相邻的空间中含有氦,那么两空间之间存在泄漏路径,氦就会渗漏到高真空的空间被氦质谱检漏仪检出。又因其渗漏的程度不同,检测到氦的多少不同。所以,可在一定程度上判断漏率的大小,从而可以既检测出密封不良,又可以对漏率定量,找出漏点,这是其他方法所做不到的特有功能。漏率是指单位压差下单位时间漏出物质的体积,单位一般用 Pa・L/s 或 W。根据澳大利亚标准 AS 1307.2 介绍,考虑换算关系 1mbar(毫巴)=100Pa,10^{-5}bar・mL/s 的漏率相当于 $1\mu W$ 的漏率。而在压差为 70kPa 的情况下,$1\mu W$ 的漏率相当于 24h 漏气 1.2mL。该标准还规定了新的避雷器出厂试验时漏率应小于 $0.1\mu W$,橡胶密封老化试验结束时漏率应小于 $1\mu W$。我国标准规定 MOA 的漏率应小于 6.65×10^{-5}Pa・L/s。

利用氦质谱仪进行密封试验有两种常用的方式:一种是喷吹法;另一种是钟罩法。其系统连接示意图如图 8.48 所示。喷吹法做试验时要求先从被试避雷器内腔抽真空,达到一定低气压后再接通质谱室。此时向可疑的密封面喷氦,如有密封不良处氦就扩散到被测空间,进而扩散到氦质谱仪中被仪器定量,显示出漏率。因为空气中自然存在的氦只占极小的比例(0.1%以下),所以本底可以较低。此法与压差法同,试品上应有抽气孔,而且随后必须可靠封固,否则就增加了漏点。

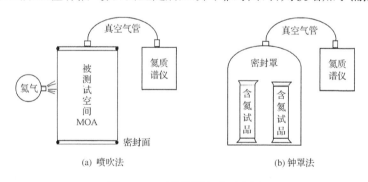

图 8.48　两种检漏方法示意图

钟罩法试验时不需设置抽气孔,而是在封固之前向内腔注入少量氦,封入密封罩内,则可判断有无密封不良的试品。此法适用于一次检验大量体积小的产品。

氦质谱检漏仪一般应配备有标准漏率校核用的标准器,它在相当长的时间内保持一定的氦漏率,每次作业时应利用标漏进行校核以确保测量结果的准确无误。

2. 热水浸泡法密封试验

将密封完好的避雷器(或元件)完全浸入热水中,热水温度与环境温度相差40℃。将被试品放入热水浸泡 2h,取出随即放入冷水中浸泡 12h,取出避雷器进行试验,并对比浸泡前后的数据。在浸泡过程如发现有连续或断续的气泡冒出,则此试品可能密封不良。可通过其他方法进一步考核确定,即使无冒泡现象,也应对比此试品试验前后的直流 U_{1mA} 及漏电流等特性,如发现异常变化,应找出原因。此法可反复进行,但需等试品内部与环境温度重新达到平衡后才能进行测试、判断。

3. 浸水抽气法密封试验

将避雷器(或元件)试品完全浸入常温水中;将容器密封,使水面上部尚余一定空气空间,并将此空间与真空抽气测压系统相连通形成负压(100~200mmHg)。若有连续或断续气泡从试品冒出,即可判断其为密封不良。如有怀疑,可以反复试验,该装置的简图如图 8.49 所示。

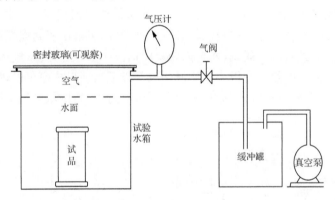

图 8.49　浸水抽气法密封试验原理图

4. 压差法密封试验

上述热水浸泡法及浸水抽气法,在实践上即为压差法,不过本方法是直接造成避雷器内腔与外界存在一定压差,即避雷器上应具有可抽气的孔(也可以向内腔打气),用真空抽气造成内外压差在 59.2~86.6kPa(450~650mmHg)。然后关闭气路,20min 后该避雷器内的气压变化不应超过 0.133kPa(1mmHg)。此项试验需要确保管路各部分无泄漏,试验过程中试品温度不应有明显变化,否则难以判断,尤其是体积大的试品。试验结束后,应及时将抽气孔封固,否则会增加漏点。该系统原理与图 8.49 类似,只是试品直接连接到抽气管上。

5. 机械强度试验

避雷器在运行中经常受到机械负荷,如顶端导线拉力、风力等。导线拉力折算到水平方向的顶部水平拉力,按避雷器的额定电压有 147N 到 1470N 等不同值。而风力只规定了风速,也需根据产品迎风面积折算成作用于顶端的水平力。进行机械强度试验实际上是对避雷器外壳及固定的零部件进行弯曲负荷试验。

试验时,试品的数量按额定电压分为 1 只或 3 只不等。将避雷器按实际运行情况安装,对其顶端施加与避雷器轴线垂直的负荷。避雷器应能承受住顶端集中作用力之和(最大允许水平拉力与风压力)的 2.5 倍负荷而不破坏。具体试验方法应符合 GB/T 775.3 标准的规定。

如果避雷器是由若干元件组成,此试验允许在元件上进行,但必须与整只避雷器等价。

8.4.8　其他试验

有许多试验项目是针对某一类避雷器或特殊结构产品的,如防污秽的、合成绝缘外壳的、密封电器用的等;另有一些项目是针对避雷器附属装置的,如放电计数器、脱离器等。本节加以概述。

1. 人工污秽试验

按国家标准规定,避雷器外套的最小公称爬电比距(爬电距离与系统最高电压有效值的比值),对重污秽地区应达到 25mm/kV 或以上。对这类避雷器应进行污秽试验,其目的是验证其在污秽条件下的耐电能力,包括绝缘耐受能力和热稳定性能。试验在整只避雷器上施行。

试验电压应是近似正弦波的工频电压,即峰值除以 $\sqrt{2}$ 。容量应足够大,试品在规定试验电压下在漏电流波动时,半周波电压降不超过规定值的 5%。试品发生闪络前一周波电压不低于开路电压的 90%,如达不到此要求,试品发生闪络时实际短路电流(有效值)应不小于 10A。

试验时向清洁干燥的 MOA 上喷涂污层,在 3min 内施加一系列的电压多个循环,电压数值及时间按系统电压不同如表 8.35 所示。施压程序如图 8.50 所示,首先快速均匀施加规定的电压 U_1,持续 1min 后快速升到 U_2,持续 t 分钟后快速降到 U_1,这样反复 8 个循环称为一个系列。一个系列完毕后,清洗外套表面,干燥后重新喷涂污层再进行下一系列,直到 4 个系列后,在避雷器上施加电压 U_1,持续 30min。在此期间应监测温度、阻性电流或功耗。如果被监测值逐渐减小或趋于稳定,则认为试品是稳定的;如果整个试验过程中没有发生外部全闪络,经检查 MOV 也没有发生闪络或损坏,则认为人工污秽试验通过。

表 8.35 人工污秽试验电压

系统额定电压/kV	接地方式	污秽试验电压		U_2 持续时间/s
		U_1	U_2	
3~110	非有效	避雷器持续运行电压	避雷器额定电压的90%	10
110~500	有效	避雷器持续运行电压	避雷器额定电压的90%	2

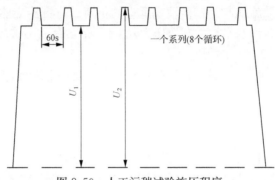

图 8.50 人工污秽试验施压程序

2. 罐式 SF$_6$ 避雷器的绝缘耐受试验

由于罐式 MOA 的带电部分全部密封在金属罐内,且使用高绝缘性能的 SF$_6$ 气体作为绝缘介质,从而大大地缩小了绝缘距离,使这类结构的 MOA 尺寸大幅度减小。然而对高压电极尺寸及其表面状况对承受全部电压的盆式绝缘子沿面耐电特性却提出了极高的要求。加上三相共罐结构中必须考虑相同绝缘的要求,使得对罐式 MOA 试验(以绝缘试验为例)显得异常繁重。其引入高电压的过渡装置,远大于试品避雷器本身。

从执行试验角度考虑,最大难题是如何将外施高电压施加到密封的罐式 MOA 的高压电极上。最理想的条件是试验装置本身就是某种 SF$_6$ 绝缘的设备,且可以与被试避雷器对接。可惜目前除进口的 SF$_6$ 试验变压器和 SF$_6$ 电压互感器这类设备有可能利用工频电压试验外,其他电压类型的试验设备,主要是通用的高压试验设备,只能利用配套的电压引入过渡装置,将外施电压通过适当的套管(过渡罐)装置施加到密封的 MOA 高压电极上,其简单原理如图 8.51 所示。

图中试品为单相单罐式的,用一只相应电压的套管将外施高电压引入过渡罐,再连接到试品的盆形绝缘子中心电极。因为盆形绝缘子只能工作在一定工作压力的 SF$_6$ 介质中,所以此过渡罐内部也如同被试避雷器一样冲入一定压力的 SF$_6$ 气体。同时其内部电极及引线包括套管本身均应能承受住规定的耐电压和气压,而且有较大的裕度,这样就可以进行试验了。如果是三相共罐的 MOA,则需要三只套管,通过过渡罐中三套引线分别连接到盆形绝缘子的 A、B、C 三相 MOA 上。如同侧出线试品的连接一样,高压引线在罐内要折弯,这也增加了装置的难度。

(1) 内绝缘耐受试验。

如同所有其他类型 MOA 一样,SF$_6$ 罐式 MOA 的绝缘应该能承受住规定的工频、冲击、操作电压。因为试验电压远高于 MOA 的持续运行电压 U_c,甚至高于标称电流下的残压值,所以试验时只能除去 MOV 而保留全部均压金属部件及支撑绝缘部件。试验时按照规定内绝缘试验电压值通过过渡装置加到试品上,数值如表 8.32 所示。施加正负 15 次冲击试验时(对自恢复和非自恢复组合绝缘),

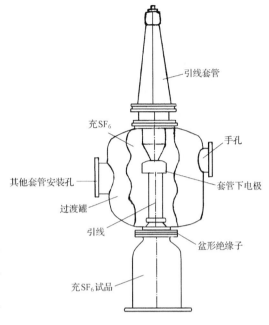

图 8.51　SF$_6$ MOA 试验接线示意图

如果在非自恢复绝缘上(盆式绝缘子)没有发生破坏性放电,而在自恢复绝缘上(SF$_6$ 介质间隙)发生破坏性放电不超过 2 次,则试品被认为通过了试验。试品内部 SF$_6$ 气压保持在规定的最低工作压力下(报警气体)。

(2) 零表压耐压试验。

罐式 MOA 在故障情况下(如内部 SF$_6$ 气压下降到零表压),是否仍能承受住规定的工频电压,需通过零表压耐压试验来证实。用 U_m 代表系统最高工作电压,专业标准规定的 5min 工频耐受电压对应的不同电压等级如下:

66kV 系统 1.2U_m;110kV 系统 1.3$U_m/\sqrt{3}$;220kV 系统 1.3$U_m/\sqrt{3}$;330kV 系统 1.2$U_m/\sqrt{3}$;500kV 系统 1.1$U_m/\sqrt{3}$。

专业标准规定试验应在整只避雷器上进行,但有些试验也在除去 MOV 后施行,这样可与前述内绝缘耐受试验连续进行,即在该项试验前(或试验后)调整试品罐内的 SF$_6$ 气压为零表压。然后施加 5min 工频电压,如果未发生击穿闪络现象,就认为试品满足要求。

如果坚持以整只避雷器进行试验,则试验不能与绝缘耐受试验连续进行,只好另行组装整只避雷器试验了。试验时考虑到空气耐压远低于零表压 SF$_6$ 的耐压,仍有必要利用套管引入外施电压的过渡装置,不过由于试验电压较低,过渡罐内部 SF$_6$ 气压可以相应地减小。

本试验对罐式 MOA 施行,目的是测定其内部所充 SF$_6$ 气体在长时间内的漏率。一般技术条件都规定年漏率不超过 1%。

试验前先按规定气压向被试 MOA 罐内充入 SF_6 气体,然后在各有可能泄漏的密封面之外罩上完整的塑料布,并用胶带纸严密黏贴在筒体上,使有可能漏出的 SF_6 气体不会散失。经过一段时间(24h 或更长)用气嘴穿入塑料布内腔吸取内部气样并测量其中 SF_6 的含量。如果测出了含量,说明有泄漏,可根据其多少计算漏率(折算成罐内容积及气压的年漏率)。此值在出厂前应远小于规定值,并应找出其原因,消除泄漏。详细的试验方法参见 GB 11023—1980《高压开关设备六氟化硫气体密封的方法》标准的规定。

3. 脱离器的试验

如果脱离器与避雷器做成一体或与邻近避雷器的加热有关,则脱离器应与避雷器同时做试验;如果脱离器与避雷器是分离的,则可单独做试验。试样安装时应按制造厂推荐的方式,如没有正式推荐,可以用直径约 5mm 的冷拉铜线(长约 30cm)作连线,而且使脱离器动作时能自由活动。脱离器试验分为两个方面:一方面是耐受与所配避雷器同样的方波电流(包括幅值及次数)及动作负载试验,在做这些试验时 3 只脱离器试样应均不动作;另一方面是脱离器应具有制造厂公布的安秒特性。电流值为:20A、200A 及 800A 有效值(±10%)三个点,每点作 5 个试品,以动作最长的点作包络线定出安秒特性曲线。

试品与避雷器有关的情况下,应该用细导线($\phi 0.08 \sim \phi 0.13$)将被试避雷器 MOV 外侧短路以引起故障电流。如果脱离器只是利用避雷器作为安装固定端,则应用足够粗的导线将 MOV 短路或取代,避免熔断而能维持脱离器内间隙电弧。试验程序与压力释放试验有相似之处。先将试品外部用粗导线短路,合闸工频试验电源使短路电流达到预期值。然后取去短路导体,向试品施加调好的工频短路电流,直到试品动作(脱离)为止。每一电流值作 5 只新试样得 5 个时间点,共作 3 个规定的电流值。合闸的相位应控制在工频电压峰值附近几个电气角内,以产生近似对称短路电流。将所有试验点中按时间最长的结果绘成光滑曲线,就构成该型脱离器的安秒特性曲线,如图 8.52 所示。

但是有些脱离器动作时间有明显的滞后情况,试验方法必须改变,要控制电流持续时间,即求出每级电流下脱离器能 100% 动作的最少持续时间。因此需使用分闸开关断开每次故障电流,而且每个试验电流档内,5 只试品都应该成功动作,如有一次未成功,应再用同样电流值及维持时间加试一次。如加试时全部成功动作,仍算试验通过。判断脱离器是否成功动作,要看是否形成了可见的明显"脱离",但有时对此不能明确判断。可以对试品施加 1min 工频电压,其值为被试脱离器设计中所配用的避雷器中最高额定电压的 1.2 倍。如果流过试品的电流不超过 1mArms,即可认为脱离器成功动作。

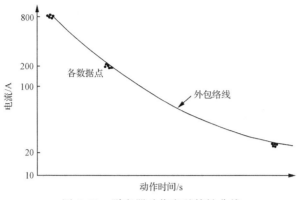

图 8.52　脱离器动作安秒特性曲线

4. 放电计数器的试验

放电计数器正常工作时是串接在避雷器下端与地线之间,它应能承受避雷器所能承受的一切负载而不损坏,当避雷故障损坏时计数器也就损坏了。当有一定幅值和持续时间的脉冲电流通过计数器时它应该正确记录动作一次。因此,计数器试验归结为两类,一种是动作的试验;另一种是不应损坏的试验,即耐受试验。

(1) 计数器的动作性能试验。

本项试验目的是考核计数器在规定的雷电冲击电流 $(8/20\mu s)$ 上、下限电流幅值通过时正确动作的性能,电流幅值如表 8.36 所示。试验下限电流动作性能时,设备产生下限值雷电电流通过计数器。施加正负极性电流 10 次(型式试验)或者5 次(逐个试验,出厂试验)。每次间隔时间 1s(同极性时)。计数器每次均应正确动作,即计数 1 次。

表 8.36　计数器的特性参数

类别	$8/20\mu s$ 动作电流(峰值)		耐受冲击电流(峰值)	
	上限/kA	下限/A	2ms 方波/A	$4/10\mu s$ 大电流/kA
SiC 避雷器	5	100	150	40
	10		600	65
			800	
			1000	
MOA	5	50	200	40
			400	65
			600	65
	10		400	100
			600	
			1000	
			1200	
	20		1500	100
			2000	

上限电流动作性能试验时分为抽样试验和型式试验:抽样试验时按批量 3‰ 抽样,且不少于 3 只,向试品施加正负极性冲击上限电流各一次,试品应准确动作。型式试验时施加正负极性冲击电流各 10 次,间隔 50～60s,每 3 次冲击后冷却到室温,每次冲击都应正确动作。抽样试验中如发现有一只不合格,该批转入逐个试验。如在逐个试验中仍发现有一只产品不合格,则本产品转入为逐个试验的时间要持续一个月,在此期间内如不再出现不合格产品方可转回到抽样试验,否则继续延长一个月,并依此类推。

(2) 计数器的电压耐受试验。

本项目耐受试验虽然与避雷器的试验相同,但按 JB 2440—1991 标准的规定,SiC 避雷器与 MOA 配用的计数器放电及雷电冲击电流耐受次数不同,分别施加 20 次或 18 次。试品只是放电计数器中的非线性 MOV,抽取残压或参考电压最高的 10 片,分 2 组每组 5 片,分别做方波和雷电冲击电流耐受试验,试品不应有击穿、闪络损坏。另外作抽样试验项目,应从每批 MOV 中抽取 5 片做大电流耐受试验。

8.4.9　有机外套无间隙氧化锌避雷器的试验

有机外套无间隙 MOA 目前已在 3～500kV 电力系统使用,其行业标准中试验项目绝大多数均与瓷外壳型的相同。仅就其与瓷套型不同的几个特有项目加以概述,主要是短路电流试验、额定拉伸负荷试验、沸水煮试验、冷热循环试验(热机试验)、有机外套耐电起痕和电腐蚀试验,分述如下。

1. 短路电流试验

按照 JB/T 8952—1999 标准规定,要求避雷器应能耐受预期对称电流 10kA (有效值)的工频大电流短路电流和 100A±50A(有效值)小电流短路电流试验,试品各一只。此项试验是为了证明当避雷器内部故障,引起短路之后,它损坏的后果不波及附近一定距离外的设备。即试验后喷射在围栏之外的物体在 1min 内能自行熄灭;试验外套基本完整,或虽破坏但大部分零件和碎片仍散落在围栏之内,喷射到围栏外的有机软性材料、轻而薄的金属片或塑料等不超过 10 块,其中最重的不超过 25g。也就是说,对外界不引起火灾,也只有轻小碎片飞到外面,不致损坏外围的设备。试品应是每种避雷器的最长者。组装前应使避雷器内的 MOV 全部用熔丝短路,或者在其中心穿入熔丝;如果 MOV 和外套之间有空气间隙,熔丝可以放在 MOV 柱短路。熔丝直径材质应能在短路电流产生后 30°电气角内熔化。熔丝的实际位置应在报告中写明。

大电流短路电流试验是在单相回路上进行,其空载电压为试品额定电压的 77%～107%。并非所有试验站都有足够的功率能在 77%或更高的试品额定电压下试验所有的避雷器,因此有下列两种大电流短路电流试验可供选择。测量回路电流的总持续时间应不小于 0.2s。

第一种,全电压(避雷器额定电压的 77%～107%)大电流短路电流试验。先用阻抗极低的短路杆将试品旁路,测量预期电流。预期电流对称分量有效值应等于或大于规定值。预期第一个半波峰值至少应为预期电流对称分量有效值的 2.6 倍。试验回路阻抗的 X/R 应不小于 10,然后取去短路杆对避雷器进行试验。

第二种,低于短路电流 77% 的大电流短路电流试验。当试验回路电压明显低于试品额定电压 77% 时,应调整回路参数使实际试验电压等于或大于规定值,而且实际试验电流的第一个半波峰值至少等于 2.6 倍对称电流有效值。

小电流短路电流试验的试验回路电压不以限制,但要调整阻抗使短路电流在 ±100A(有效值)之内。此电流应在短路电流流通后约 0.1s 时测量,电流持续时间为 10s。如果被试避雷器配有压力释放装置,短路试验时没发生排气并不影响试验结果的判断。在试验结束后 1min 内任何明火均应自行熄灭。

如果试品没有发生喷气,在接近试品去释放内部压力时应小心。因为即使冷却后,内部压力也可能很高。

2. 热机试验

本项目为型式试验,试品为整只避雷器。试品应经受两次 $-35℃±5℃$ 到 $+50℃±5℃$ 的冷热循环试验。每次循环时间为 48h,最高和最低温度至少连续保持 8h。冷热循环试验前,在室温下 1 只试品施加 50% 的额定拉伸负荷(当悬挂使用时进行),另 1 只试品施加 50% 抗弯负荷(当非悬挂使用时进行),且每隔 24h 改变抗弯负荷方向 1 次,每次改变方向中断时间不超过 1h。该负荷一直保持到试验结束,试验完成后,应在室温下卸除负荷。冷热循环顺序和抗弯负荷方向变化顺序如图 8.53 和图 8.54 所示。

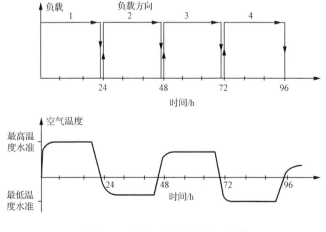

图 8.53　热机试验冷热循环顺序

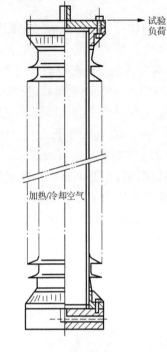

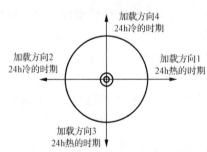

图 8.54　抗弯负荷方向变化顺序

3. 沸水煮试验

将试品放入含有 0.1％NaCl 的水中煮沸 42h,立即放入温度为环境温度的水中浸泡 24h;将试品从水中取出,在环境温度下放置 24h,若表面未干,则继续放置 1～24h,直到表面干燥为止。

上述两项试验完成后,检查试品复合外套部分,不得有开裂和脱落现象。重测的各项目结果变化应在规定范围之内。

4. 密封试验

有机材料外壳 MOA 与其他外壳材料有较大差异,推荐的试验方法是沸水煮法持续一段时间后,测其敏感电气特性的变化。在型式试验时,先经 24h 沸水(含 0.1％NaCl)煮后,测其电气特性的变化;如 $0.75U_{1mA}$ 电压下的漏电流小于 $20\mu A$、局部放电水平变化不大于 10pC,即认为合格。

5. 避雷器复合外套起痕和电蚀试验

取试品 2 只。一只是具有同种设计最小爬电距离最长的电气元件,另一只是上述电气元件取出内部零件的外套,外套两端应密封。该试品的持续运行电压 U_c 值不大于 20kV。

试验是在盐雾条件下经受 1000h 连续试验,对试品施加恒定的工频持续运行电压 U_c。试验用雾室是密封和防锈的,雾室的排气孔应不大于 $80cm^2$,使用具有恒定喷射能力的喷雾装置将水喷成雾状,雾应充满雾室,并且雾不能直接喷向试品。盐水由 NaCl 和去离子水制成,并装入喷雾装置,盐水不能循环使用。

工频试验电压由变压器产生。试验时,当高压侧带有阻性电流 250mArms 的负荷时,试验回路的最大电压降应不大于 5％,回路的保护水平应调整到 1Arms。

试验前,应将试品用去离子水清洗,试品应垂直安装,试品与雾室顶部和墙应有足够的距离,以避免电场的干扰使电场畸变。试验时在向试品喷盐雾的同时,施加恒定电压 U_c,并持续 1000h。在试验期间允许中断 6 次,每次不超过 15min,以便检查试品状况,中断时间不计入总时间内。

如果试验期间每只试品过流跳闸次数不超过 3 次、试品未产生起痕、电蚀未发展到内部、伞裙没有击穿,而且试验前后的直流 1mA 电压变化不超过 5%、漏电流变化不大于 20μA、局放水平变化不大于 10pC,则认为试品通过了此项试验。

有关漏电起痕及电腐蚀的意义按 JB/T 5892—1991 标准的规定如下:

(1) 漏电起痕(tracking)。

由于在绝缘件的表面形成通道发展而成的一种不可逆的劣化现象,这种通道甚至在干燥的条件下也是导电的。起痕可以产生在与气相接触的表面上,也可以产生在不同绝缘材料之间的界面上。

(2) 电腐蚀(erosion)。

由于绝缘材料的腐蚀,在绝缘之表面和界面上一种不可逆且不导电的劣变现象。

8.4.10　氧化锌电阻片主要电气性能测试装备

随着我国 ZnO 电阻片大量生产的发展,30 多年以来,为适应电阻片主要电气性能测试、管理以及出口的需要,已经有多家厂商制造的测试装备在生产厂家应用。本节介绍西安电友科技有限责任公司的测试设备在避泰公司应用的概况。

1. ZnO 电阻片雷电冲击和直流自动测试设备

本设备集成了雷电冲击试验、直流试验和产品喷码功能,可以实现电阻片元件冲击残压、直流参考电压、漏电流的全自动测试,同时可对产品进行自动喷码。本设备共有三套冲击电流发生器和三套直流测试源,试验速度为 1200 片/h,如图 8.55 所示。

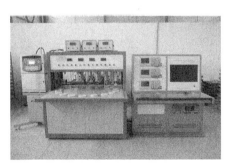

图 8.55　ZnO 电阻片雷电冲击和直流自动测试设备

2. ZnO 电阻片直流自动测试设备

本设备集成了直流试验和产品喷码功能,可以实现电阻片元件直流参考电压、漏电流的全自动测试,同时可对产品进行自动喷码。本设备共有 5 套直流测试源,试验速度为 2000 片/h,如图 8.56 所示。喷码设备可以在电极表面自动喷上电阻片生产厂家的代码、批号、日期以及 U_{1mA}、雷电残压。这些标记不仅有利于生产管理,也有助于用户的查询追踪。特别是有利于出口,给用户带来应用的方便。

图 8.56　ZnO 电阻片直流自动测试设备

3. ZnO 电阻片自动老化试验系统

本设备采用交直流两用高压电源和高温试验箱,利用计算机实现 ZnO 电阻片元件的长时间老化试验数据记录,可以实时记录试验数据,绘制电阻片元件老化试验曲线,实现 ZnO 电阻片老化试验过程无人值守和全自动记录。ZnO 电阻片自动老化试验系统如图 8.57 所示。

图 8.57　ZnO 电阻片自动老化试验系统

4. 10kV 复合外套避雷器杜力顿芯体整体的 1mA 检测装置

如图 8.58(a)和(b)所示,避泰公司作为专业生产电阻片的公司,由于应用了这些装备,不仅提高了电阻片的电气性能和生产效率,并且可以确保电阻片的品质。

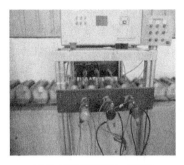

(a) 杜力顿芯体整体1mA检测　　　　(b) 配好组的10kV芯体整体1mA检测

图 8.58　杜力顿芯体整体 1mA 检测装置

8.5　氧化锌避雷器的应用

8.5.1　配电和电站用氧化锌避雷器

我国最早的 MOA 是在 1975 年开始研究 MOV 的基础上,研制应用于 3kV、6kV、10kV 交流配电系统开始的。但是在中性点非直接接地的配电系统,MOA 的使用历程是曲折的。开始时数量较少,事故率较低,问题尚不突出。至 1984 年以后,随着大批生产厂的介入,配电型无间隙 MOA 的产量猛增,损坏事故较多。其原因主要是,早期无间隙 MOA 配电系统的参数选择不当。

我国配电系统一般为中性点非直接接地系统,其优点是断路电流小,当出现单相接地故障时,可带故障继续运行;对通信系统的干扰也小。但是,它对无间隙 MOA 带来的运行条件十分严酷。无间隙 MOA 除持续不断地耐受运行电压作用外,还要经常遭受单相接地后相电压升高到线电压的作用。

按我国规程规定,单相接地时间不得超过 2h,但实际运行中,往往超过 2h,有时甚至高达 24h。尤其严重的是,在单相弧光接地情况下,还将在事故相长时间承受最高达 $3.5U_{xg}$(最大相电压)的过电压。

早期生产的无间隙 MOA,不少厂沿用中性点直接接地用无间隙 MOA 的设计方法来选择产品的直流 1mA 电压,对 10kV 配电系统,因避雷器额定电压为12.5kV,故直流 1mA 电压取 $\sqrt{2} \times 12.5kV = 18kV$。当系统发生单相接地时,健全相的荷电率高达 90%。显然运行时间一长,避雷器就会发生爆炸等故障。加上一些生产厂在 MOV 制作、产品结构及出厂检验等方面把关不严,因而存在不同程度的缺陷,所以出现较高的事故率也就不足为奇了。

后来制造厂总结了这些经验教训,将直流 1mA 电压提高到 21～23kV。单相接地时,健全相的荷电率为 70%～77%,这符合当时 MOV 所能承受的荷电率的水平,所以很少损坏。

另一方面,当时鉴于配电系统无间隙 MOA 的事故率较高,又限于 MOV 制作技术带来的成本和高售价,使得无间隙 MOA 在配电系统的应用前景十分暗淡。所以有些厂转向研制带间隙的 MOA,以图发展。这些带串联间隙的 MOA,大多采用类似 FS 型 SiC 避雷器的结构,由若干平板间隙和 MOV 组成。因为采用了间隙,配电系统出现的操作过电压、工频暂态过电压等对 MOV 均不产生影响,产品的运行可靠性大大提高,受到了不少用户的欢迎。一时间这种 MOA 似乎成为配电系统 MOA 的发展方向,但是这样把 MOV 特有的非线性好等一系列优点都丢掉了。即使有些产品的雷电冲击残压较低,但因带间隙的 MOA 必须考虑其冲击放电特性,所以产品的保护特性并未得到改善。此外,这种产品仍继承着多间隙串联放电电压易受外界条件影响,造成保护特性不稳定的弊病。

为了消除这种弊病,考虑到 MOA 的续流很小,不少厂家采用过用电容瓷环支持的单间隙。采用这种间隙后,虽然淋雨、污秽等外界因素对避雷器的放电电压已无影响,但因间隙的冲击系数较大,MOV 的电容对其产生影响,故在避雷器的工放电压满足要求的情况下,冲击放电电压经常超标,效果并不理想。

进一步的改进是采用线性或非线性电阻环来构成间隙。其原理是取电阻环的阻值与 1mA 下 MOV 的阻值相近。这样在工放电压下 MOV 可以承担一个与间隙接近的电压,使间隙承担的工放电压降低一些,从而缩短了间隙的距离;而在冲击电压下,由于 MOV 的电容较大、阻抗很低,间隙的冲击电压基本上决定了避雷器整体的放电电压。因而使产品可以在满足标准对工放电压要求的同时,大大降低其冲击放电电压,充分发挥 ZnO 阀片非线性特性好、残压低的优点,改善避雷器的保护特性。

合肥盛达实业公司开发了一套 RYC 型串联间隙(高压电阻器),它是由侧面涂有半导体釉的陶瓷环、放电间隙和一对照射电极组成。其阻值(8~21MΩ)和性能设计上与 ZnO MOV 非常匹配,因而高压电阻器能有效分担系统工频过电压。其性能优于平板间隙和高介陶瓷间隙。

1994 年上海电瓷厂开发了一种非线性电阻环构成的单间隙。这种电阻环是在保护气氛下烧成的特种 SiC 压敏陶瓷。其 α 值约为 0.15,而在 1mA 电流下其阻值与 ZnO 阀片的阻值相近。因而它既保持了线性电阻环在避雷器放电时的作用,又减轻了 MOV 在工作电压下的负担,使 MOV 的老化问题可以忽略。采用这种电阻环生产的 10kV MOA 经过试验和运行表明,各种电气性能稳定,保护性能好,运行安全可靠。不仅满足了国内的需要,而且还出口海外。

针对中压(我国称 3~66kV 为中压)中性点非有效接地系统事故率较高的问题,许颖主张采取串联具有非线性的 SiC 陶瓷环间隙的措施,即采用带间隙的新型 MOA。因为这种新型 MOA 具有以下先进性:

(1) 改善了稳态电压分布,提高了承受电网电压的能力,可达 50%。

（2）工频续流极小（0～2A），存在时间极短（工频半周），保证了间隙放电稳定性。

（3）雷电冲击电流（标称放电电流）下残压不高于或低于无间隙 MOA。

（4）因采用的间隙数少，仍保持了无间隙 MOA 陡波响应快的优点。

（5）具有较优的放电电流特性，降低了 MOV 的消耗功率，增大了 MOV 的吸收电流能力。

新型 MOA 最适宜用于中性点非有效接地的中压电力系统。美国 Cooper Power 公司多年来大量生产这种新型 MOA，并得到广泛应用，运行情况良好。国内已有厂家生产这种新型 MOA。

自从引进日立技术以后，MOV 的性能水平有了很大提高，加上配方工艺的不断改进，使我国交流 3～500kV 交流系统用无间隙 MOA 产品的性能达到了 20 世纪 80 年代的先进水平。不仅满足了国标对配电型 MOA 的需要，而且也满足了超高压 500kV 以上交流电站用 MOA 的需要。

2009 年我国已经建成 1000kV 特超高压电站和输电线路，并在晋—南—荆电站线路试运行，这为我国发展这一电压等级的超高压输电线路用避雷器积累经验。预计，今后将是发展特超高压输电线路的大发展时期。

西安高压电瓷厂与西安电瓷研究所合并组建的西电公司避雷器股份责任有限公司，已于 2009 年批量生产梯度为 320V·mm^{-1} 的 ZnO 压敏电阻片，首先用于装配 110kV GIS 型避雷器。这为大大缩小罐式避雷器和线路避雷器的尺寸奠定了基础，而缩小避雷器尺寸也是我国今后发展的方向。

8.5.2　我国超高压交流电力的建设与发展

1990 年，±500kV 葛上直流输电工程建成投产，揭开了我国直流超高压输电工程建设的新篇章。在建的贵广、三广直流输电工程投运后，我国±500kV 直流输电工程总长度将达 4691km，规模之大，居世界前列。

我国对特高压输电技术的研究始于 20 世纪 80 年代，经过 20 多年的努力，取得了一批重要的科研成果。研究表明，发展 1000kV 特高压输电是我国电力工业发展的必然选择。目前，国家电网已建成和在建的特高压交流输变电工程包括：陕北—晋东南—南阳—荆门—武汉的中线工程、淮南—皖南—浙北—上海的东线工程。

目前我国已经建成的超高压输电网是西北电网 750kV 的交流试验工程。首个国内最高电压等级特高压交流示范工程，是我国自主研发、设计和建设的具有自主知识产权的 1000kV 交流输变电工程——晋东南—南阳—荆门特高压交流试验示范工程，全长 640km，纵跨晋—豫—鄂三省，其中还包含黄河和汉江两个大跨越段。线路起自山西 1000kV 晋东南变电站，经河南 1000kV 南阳开关站，止于湖北 1000kV 荆门变电站。2008 年该工程已经投入运行，迄今运行正常。这标志着我国在远距离、大容量、低损耗的特高压核心技术和设备国产化上取得重大突破,对优化能源资源配置,保障国家能源安全和电力可靠供应具有重要意义。

我国特高压输电网的建设,不到 10 年就具备了世界最高水平,创造了一批世界纪录。晋东南—南阳—荆门线路是世界上第一个投入商业运行的特高压交流输变电工程;向家坝—上海特高压直流输电工程则是世界上同类工程中容量最大、距离最远、技术最先进的。我国所取得的成就被国际大电网组织称为"世界电力工业发展史上的重要里程碑"。我国未来将在特高压骨干网的基础上建立全国智能电网,目前在这一方面的投入已经超过了美国。

截至目前,我国内地特高压电网已完成一条特高压交流线路和两条特高压直流线路,共达 4633km;在建的有两条交流线路和两条直流线路,达 6412km。

2015 年 12 月 15 日,世界首条千万千瓦级的特高压直流输电工程——锡盟—泰州±800kV 特高压直流输电工程在兴化开工。该工程是国家大气污染防治行动计划"四交四直"特高压工程的重要组成部分,计划于 2017 年建成投运。

作为国家大气污染防治行动计划 12 条重点输电通道中首批获得核准并率先开工建设的特高压电网工程,跨越淮河、长江的皖电东送即淮南—南京—上海1000kV 特高压交流工程于 2014 年 9 月在江苏省东台市开工建设,并有望提前投入运行。其变电容量 1200 万 kVA,线路全长 759.4km,新建输电线路 2×780km。开工建设"三交一直"的淮南—南京—上海、锡盟—山东、蒙西—天津交流和宁东—浙江直流特高压工程,目前仅有蒙西—天津交流特高压工程未获得核准。同时,已核准酒泉—湖南特高压直流输电工程。

2014 年是特高压线路审批获重大突破的一年,有"三交两直"特高压线路获得批准。为满足我国大型能源基地的外送需求,预计到 2020 年前后,还需要新批约24 条特高压直流输电线路,9 条特高压交流线路。除国家能源局 12 条输电通道外,目前国家电网正在规划新的"五交五直"方案,以保证特高压建设的持续性。

预计到 2020 年,全国发电装机容量将可能超过 9.5 亿 kW,其中水电 2.46 亿 kW(含抽水蓄能 2600 万 kW),煤电 5.62 亿 kW,核电 4000 万 kW,气电 6000 万 kW,新能源发电 4100 万 kW。

目前,国家电网已累计建成"三交四直"特高压工程,在建"四交六直"特高压工程,在运及在建的 17 项特高压工程线路长度超过 28000km,变电(换流)容量超过2.9 亿 kVA(kW),累计送电超过 4300 亿 kWh。依托大电网发展新能源,国家电网新能源并网装机已突破 1.4 亿 kW,成为世界风电并网规模最大、太阳能发电增长最快的电网。为构建更安全、更高效、更坚强的国家电网,保障国家能源安全,适应清洁能源大规模开发和用电多样化需要,满足经济社会发展对电力的需求,国家电网组织深入研究论证,提出了国家电网发展的总体格局:到 2020 年,将西部不同资源类型的电网互联,构建西部电网;将东部主要受电地区电网互联,构建东部电网,形成送、受端结构清晰,交、直流协调发展的两个同步电网。到 2025 年,建设东部、西部电网同步联网工程,使国家电网形成一个同步电网。

世界上电压等级最高、输送容量最大、输电距离最远、技术水平最高的准东—皖南 ±1100kV 特高压直流工程开工建设。准东—皖南工程起于新疆昌吉自治州,止于安徽宣城市,途经新疆、甘肃、宁夏、陕西、河南、安徽 6 省(自治区),新建准东、皖南 2 座换流站,换流容量 2400 万 kW,线路全长 3324km,送端换流站接入 750kV 交流电网,受端换流站分层接入 500kV/1000kV 交流电网。工程投资 407 亿元,计划于 2018 年建成投运。

8.5.3　我国直流输电的发展及新技术应用概况

我国自 20 世纪 50 年代末就开始直流输电技术的研究,60 年代在电科院建立起汞弧阀模拟装置。70 年代在上海完全依靠国内技术力量,利用报废的交流电缆线路,建立起 31kV 直流试验线路,开始了直流输电技术在我国的运用。

1. 已经投运的直流输电工程

(1) 舟山直流输电工程,是我国自己制造的第一项跨海直流输电试验工程,额定电压 100kV,功率 50MW。1987 年 12 月投入试运行,主要用于向舟山群岛供电。

(2) 葛上直流输电工程是我国第一项大型直流工程。该工程的设计、设备制造由瑞士 ABB(瑞士 BBC)公司和德国西门子公司承包。1987 年底建成单极 500kV,输送电力 600MW;1998 年建成双极 ±500kV,输送电力 1200MW。

(3) 天广直流输电工程的额定直流电压 ±500kV,额定输送功率 1800MW。天广直流的建成,使南方电网成为我国第一个交直流并联输电系统。天广线采用的直流输电新技术有直流有源滤波器、直流电流光检测元件、脉冲回声检测以准确定位故障位置、实时多处理控制保护系统(西门子公司的 SINSDYND 系统)、局域网控制系统、运行人员操作工作站和 GPS 技术。

(4) 嵊泗直流输电工程,是我国自己制造的另一项小功率跨海直流输电试验工程。该工程采用双极海水回路,额定直流电压 ±500kV,额定输送功率双极 60MW。2003 年正式投入运行,主要用于向嵊泗岛宝钢矿石码头供电。

(5) 三常直流输电工程,是我国输电容量最大的直流工程之一。该工程从 2000 年开始建设,2002 年底已建成单极 500kV,输送电力 1500MW;2003 年 5 月建成双极 ±500kV,输送电力 3000MW,输电线路全长 890km。采用的技术有实时多处理控制保护系统(瑞典 ABB 公司的 MSRCH2 系统)、光纤通信、运行人员操作工作站的 GPS 技术。

(6) 三广直流输电工程,从 2001 年开始建设,2003 年底建成单极 500kV,输送电力 1500MW;2004 年上半年建成双极 ±500kV,输送电力 3000MW,是华中—南方两大电网联络线。也采用了 ABB 公司的 MSRCH2 实时多处理器控制保护系统、光纤通信和检测、GPS 等多项技术。

(7) 贵广直流输电工程,从 2001 年开始建设,2004 年已建成单极 500kV,输送电力 1500MW;2005 年已建成双极±500kV,输送电力 3000MW,输电线路全长 900km,是南方电网西电东送的第二条直流线路。采用了西门子公司的 SINSDYND 实时多处理器控制保护系统、GPS 直流电流光检测元件和光纤通信等新技术。

(8) 灵宝背靠背直流输电工程将西北与华中联网,该工程从 2003 年开始建设,2005年建成并投入运行,双极性±120kV,输送电力 360MW。该直流工程设备完全国产化。

2. 规划中的直流输电工程

在 2020 年前计划建设的直流输电工程有:①小湾、糯扎渡送广东的 300 万 kW 工程;②奚落渡、向家坝,向华中、华东送电 1600 万 kW 工程;③西南水电送江西、福建的 300 万 kW 项目;④广东与海南用直流电缆联网,输送容量为 100 万 kW。其中,2010 年将投运的工程有:三峡右—练塘,双极±500kV,输电能力 300 万 kW 直流工程;开远—江门,双极±600kV,输电能力 300 万 kW 直流工程;糯扎渡—湛江市,双极±600kV,输电能力 350 万 kW 直流工程;向海南送电是高压直流输电技术在我国电力系统中的运用,集中了当代的电力电子、通信等各个领域的新技术。这些新技术通过在直流输电系统的应用,也得到了不断的完善和发展。另外,±800kV 云广直流输电工程已申报立项,这项工程正在开展前期工作,其关键技术已基本解决,预计2010 年建成。目前世界上还没有±800kV 直流输电线路,这将是世界首条"超级高速"输电线路。与现有的±500kV 直流输电线路相比,±800kV 直流输电线路是一条容量更大、性能更稳定的超级电力高速公路,可大大提高电网的输电能力。这项工程是南方电网"十一五"电力发展规划中确定的西电东送"两直两交"输电通道中的一条,是南方电网云南通往广东的主要输电通道。

8.5.4　线路型氧化锌避雷器

国外线路型避雷器开发应用较早,美国 AEP 和 GE 公司于 1982 年将 75 相138kV 线路型 MOA 加装在电阻为 100Ω 的 25 个杆塔上。投运以后这些杆塔再未出现雷击闪络事故。日本 50% 以上的电力事故是由于雷电输电线路引起的。国际大电网会议以美国、苏联等 12 个国家,电压为 275~500kV、总长为 32700km的输电线路连续运行三年的运行资料指出,雷害事故占总事故的 60%。

日本到 1999 年 1 月已有不同电压等级的 47000 只线路用合成型 MOA 在运行,其中有 99% 是外带串联间隙的。总之,日本已大量采用线路用 MOA 来提高输电线路的耐雷水平,并且取得了很好的运行效果。

合成套与瓷套型相比从根本上消除了外套爆炸的危险,而且具有重量轻、体积小、耐污和散热特性好、制造工艺简单等优点,所以线路型 MOA 均采用复合材料外套。从其结构上可分为带间隙型和无间隙型。带间隙型有一体化间隙结构和分离结构两种。其结构特点如图 8.59 所示,表 8.37 列出了带间隙和无间隙的线路型 MOA 的特性对比。

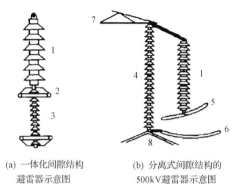

(a) 一体化间隙结构　　　(b) 分离式间隙结构的
　　避雷器示意图　　　　　500kV 避雷器示意图

图 8.59　两种带间隙结构的线路型 MOA 特点的示意图

1—避雷器本体;2—串联间隙环状电极;3—固定间隙距离用的复合外套绝缘子;
4—线路绝缘子串;5—分离间隙的上电极;6—分离间隙的下电极;7—杆塔塔头;8—导线

表 8.37　带间隙和无间隙的线路型 MOA 特性对比

特性	带间隙型	无间隙型
性能劣化	只有在串联间隙放电时才承受工作电压的作用,很少劣化,可延长寿命	长期承受工作电压的作用,寿命会缩短
残压	适当提高荷电率,即减少 MOV 数量,使残压降低;绝缘子串放电必须与间隙放电的配合	比带间隙的残压高,不存在与绝缘子串放电的配合问题
故障安全性	不需要特殊的故障脱离装置	避雷器故障时需要特殊的脱离装置将避雷器与导线分离
其他	原则上有放电时延,容易实现紧凑型设计	无放电时延

随着我国工业和农业的迅速发展,对输电线路供电的可靠性要求越来越高。然而随着电网的迅速扩大,由于雷击输电线路引起的雷击跳闸停电事故日益增多,已成为困扰安全供电的一大难题。国内外的运行统计数据表明,高压输电线路的总跳闸事故中,因雷电引起的次数约占 40%～70%,尤其在土壤电阻率高、地形复杂的多雷地区,雷击输电线路引起的事故率更高。

电力部门为减少线路雷击跳闸率,多年来已采取了许多有效措施,如降低杆塔接地电阻、在杆塔上拉分流引下线、增加绝缘子串中的绝缘子片数、采用耦合地线等,都取得了一定的效果。然而,对于雷电活动频繁、强烈,土壤电阻率高和地形复杂的地区,往往效果不佳。

我国最早将避雷器用于线路防雷是 1989 年在江苏 220kV 谏泰线无避雷线的长江跨江段,安装了 4 相串联防雷避雷器,从 1989～1996 年该 4 相避雷器总共动作 6 相次,线路未发生过闪络。而 1985~1989 年该跨江段遭受雷击,线路曾跳闸 6 次。

近十多年来是我国线路避雷器开发和推广应用最快的时期,由 35~220kV 线路已扩大到 500kV 线路。1997 年最先由西安电瓷研究所与广东电力试验研究院研制的 500kV 线路带间隙的复合外套型 MOA 安装于广东惠—汕线试运行。

国内外经 20 多年的运行经验已经证明,安装 MOA 是防止线路雷击(直击和绕击)最有效的措施,它可以提高线路耐雷水平,降低雷击跳闸率。

从对比中可以看出,采用带有串联间隙的结构具有以下优点:

(1) 线路正常运行时,避雷器不承受持续工作电压,处于"休息"状态,其芯体中 MOV 的荷电率可取得高一些,这样雷电冲击电压可以降低。

(2) 避雷器只有在一定幅值的过电压下串联间隙动作之后,其本体才处于工作状态,因此其外绝缘水平(绝缘外套爬电距离)可以低于无间隙避雷器。

(3) 在正常设计的线路上,有足够的耐受操作过电压的能力,间隙的大小可选择,以避免操作过电压作用时动作,这样大大减轻避雷器动作负载试验的压力。另外,MOV 数量的减少,既可降低造价,也可使避雷器结构紧凑化。

(4) 因串联间隙的作用,即使避雷器劣化,也不至于影响线路的正常运行。因此,带间隙的结构更受电力部门的青睐。

迄今,美国、日本等国家研制的 MOA 串联间隙的结构有两种类型:分离式结构和一体化结构。

分离式的特点是:一个电极安装在 MOA 本体的下端,另一个电极与导线相联结。这种结构必须考虑外界因素的影响,如在风力作用下避雷器及导线的摆动会引起间隙距离的变化。为保持间隙尺寸基本不变,电极的形状必须制作成弧形,造型比较复杂,如图 8.59(b)所示。一体化间隙结构是将 MOA 的主体和串联间隙做成一个整体,即在本体下面安装一段复合外套绝缘子,在绝缘子两端配置环形电极,如图 8.59(a)所示。这种结构的特点是:其间隙距离基本不受外界条件(如风等)的影响,其间隙距离是固定的,我国研制的线路 MOA 多采用这种结构。

从前述对比情况可见,一体化结构能确保间隙距离不变,使间隙的放电电压分散性小,因而保护性能较为可靠。在确定串联间隙距离的设计时应考虑以下三个方面:

(1) 线路绝缘子串与串联间隙的绝缘配合。即在雷电冲击过电压下,串联间隙可靠动作,达到通过 MOA 吸收雷电流能量的目的,而线路绝缘子不发生闪络。

(2) 切断工频续流的能力。串联间隙应能在尽可能短的时间内(如 1~2 个工频周期)可靠地切断工频续流。

(3) 耐受工频和操作过电压特性。一般要求保证在工频和操作过电压作用下,MOA 的串联间隙不闪络,即 MOA 不动作。

根据以上要求考虑,对于 110kV、220kV 和 500kV 的线路,防雷用 MOA 的串联间隙值分别取 500mm、1050mm 和 1800mm($\pm5\%$)。

8.5.5　110～500kV GIS 用罐式氧化锌避雷器

全封闭组合电器(GIS)以其性能稳定、安全可靠、检修周期长、占地面积小等特点,表现出很强的生命力,具有广阔的发展前景,特别是在水电站、核电站等场合,更加受到电力部门的青睐。

我国西安高压电瓷厂在综合引进日立及三菱公司技术的基础上,于 1987 年开始研发 GIS 型避雷器,1991 年以研制成功 110kV、220kV、500kV 罐式 ZnO 避雷器,并相继投入运行。2009 年西电避雷器公司研制出 1000kV GIS 罐式避雷器,迄今运行良好。

这种产品具有以下特点:

(1) 与瓷套式 MOA 的结构完全不同。110kV 罐式 MOA 是将三相芯体装入金属罐体中,罐体内部冲入一定额定压力的 SF_6 气体,利用 SF_6 气体良好的电气绝缘特性,大幅度缩小了相间及相对地的距离,实现了产品小型化。220kV、500kV MOA 为一相一罐式,为了降低芯体高度,MOV 多柱并列布置,电气上呈螺旋式串联联结。

(2) 依靠 MOV 所具有的优异的伏安特性,使得 MOA 的保护特性得到改善,特别是陡波残压的降低对伏秒特性比较平坦的 GIS 保护很有利,而且其具有大的通流能力,可对开关站内设备提供可靠保护。

(3) 因避雷器是无间隙的,所以性能稳定,不受 SF_6 气体压力的影响。

(4) 采用特殊形状的均压屏蔽罩改善电位分布,有效地补偿了金属罐体与芯体间杂散电容对 MOV 电位分布的影响,使其达到较理想的水平。

(5) 罐式 MOA 一般不带压力释放装置,罐体本身的屈服压力有足够的安全裕度,是安全可靠的。也可以根据用户要求装设压力释放装置,其作用在于当罐内压力超过规定值时,防爆装置动作,释放罐内的压力。

(6) 高压端通过盆式绝缘子出线与封闭组合电器相连,低压侧通过密封端子接地。盆式绝缘子为特殊环氧材料浇注而成,具有很高的绝缘性能、机械性能及良好的自密封性能。为了使 GIS 连接方便,110kV、220kV 高压端有顶部出线及侧部出线两种结构,其中 500kV 采用顶部出线。图 8.60 为正在装配的 500kV SF_6 MOA。

图 8.60　装配中的 500kV SF_6 MOA

110～500kV GIS 的技术特性等主要参数如表 8.38 所示。

表 8.38　110～500kV GIS 的技术特性参数

系统电压 /kV	额定电压 /kV	持续运行电压有效值 /kV	标称放电电流峰值 /kV	雷电 10kA 冲击残压峰值/kV	方波通流能力峰值 /A	内绝缘耐受电压	
						工频电压有效值 /kV	雷电冲击峰值 /kV
110	100	73	10	260(250)*	600	230	550
200	200	146	10	520(500)	800	460	1050
330	300	210	10	727(746)	1000	510	1175
500	444	318	10	1015(1105)	1500	740	1675

　＊ 括号内数字为西安开关厂提出的要求值。

8.5.6　设备内藏式氧化锌避雷器

日本明电舍公司于 1978 年完成包括 500kV 级在内的 MOA 系列产品之后,就转向开发设备内藏式 MOA,即将 MOA 与电力设备组合在一起,构成如图 8.61 所示的一个单元。这种组合结构满足了结构简单、经济、环境改善等方面的要求,因而已得到推广应用。以下介绍已经实用化的设备内藏式 MOA 的实例。

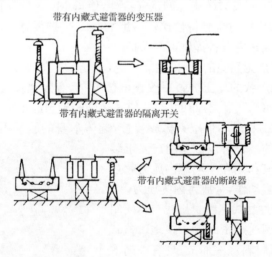

图 8.61　内藏式 MOA 在电力系统设备中的应用

1. 应用于隔离开关

图 8.62 为 84kV 内藏式 MOA 的隔离开关的结构图,它是用一个 84kV、98kV 的 MOA 替代其中一个支撑瓷套的水平式双断口隔离开关。由于隔离开关闭合时避雷

器要承受机械冲击,因而在结构上作了特别考
虑并通过了试验考核。这种内藏式避雷器保护
的隔离开关与传统的布置相比占地面积减少
90%,造价降低 70%。

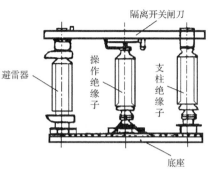

图 8.62　84kV 内藏式 MOA 的
隔离开关的结构

2. 应用于并联电抗器

应用于 154kV 系统并联电抗器(用于线
路及中性点保护)的 MOA 是发展内藏油绝缘
设备中(类似于电力变压器)避雷器的一个事
例。该避雷器于 1980 年 9 月投入运行。

为了保证绝缘油的维护及压力释放结构,
避雷器内部的 MOV 与电抗器的绝缘油是隔
开的。图 8.63 为 154kV 油浸型内藏式 MOA 结构。1973 年明电舍公司与东京电
力公司共同研制了安装在小型变电设备内的 MOA,这种结构将 ZnO MOV 的配置
与主回路断开。

由图可见,灭弧电压 154kV 与分路电抗器用 MOA 的结构特点是:绝缘油安
全和防爆结构可靠;利用绝缘筒使绝缘油与电抗器分离,可使其进一步小型化。

3. 应用于全封闭电器

图 8.64 为新型金属外壳封闭断路器、隔离开关和避雷器组合在一起的 SF_6 气
体绝缘开关装置结构。这种开关用于 77kV 系统气体绝缘电站,称为 A-GIS 型。

这种无间隙 MOA 具有平坦的残压特性,优良的陡波电压响应特性和低压保
护水平,所以该避雷器是气体绝缘电站的重要组成部分。与传统的三相型组合
GIS 相比,其体积减小 38%,重量减轻 68%,安装面积减少 46%,造价降低 85%。

除上述实例外,正在研制中的内藏式 MOA 的产品有:用以保护直流输电系统
的滤波器、电缆以及架空线与充油电缆间接点处的电缆头、配电线路的终端设备
(变压器、开关、断路)等,其他型式的内藏式 MOA 也正在发展之中。

为了推进该类 MOA 的开发和应用,下面对 MOA 与电力设备复合化时所带
来的基本问题进行探讨。

1) 与油或气体的配合

当无间隙 MOA 用于变压器、电抗器以及其他油绝缘设备或气体绝缘电站时,
应考虑 ZnO MOV 的耐油性或耐气性问题,以及火花放电和热的影响。

(1) ZnO MOV 的耐油性及耐气性。

1972 年以来,用人工模拟的方法在各种气氛中进行长期带电试验。如表 8.39
所示,若起始动作电压(U_{1mA})的变化在 ±2% 以内,则可认为 ZnO 阀片不受气体的
影响。

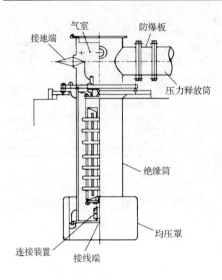

图 8.63　154kV 型油浸
内藏式 MOA 的结构

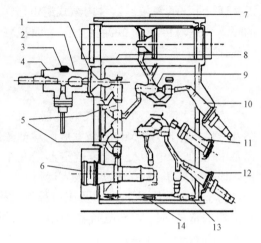

图 8.64　77kV A-GIS 型开关装置的内部结构
1—锥形绝缘体;2—隔离装置;3—吸收剂;4—套管;
5—隔离开关;6—断路器;7—电压变压器;
8—接地开关;9—隔离开关;10—避雷器;
11—电缆终端套管;12—电缆终端开关;
13—带电阻接地开关;14—接地装置

表 8.39　在各种介质中 U_{1mA} 的变化

介质	ΔU_{1mA}	试验条件
空气	$+0.38\% \sim +0.7\%$	温度为室温, 荷电率为 42%~55%, 荷电时间为 90000h
N_2	$+0.2\% \sim +0.3\%$	
SF_6 气体	$+0.4\% \sim +1.0\%$	
绝缘油	$-1.8\% \sim +0.5\%$	

(2) ZnO MOV 在油中或 SF_6 气体中的热稳定性和化学稳定性。

当 MOA 内藏于变压器中,在最高气温达 40℃、油温升至 55℃时,最终温度将可能达到 95℃。为此,进行绝缘油和 SF_6 气体对 MOV 带电劣化影响的试验。表 8.40 为在高温油和 SF_6 气体中 U_{1mA} 的变化,从数据可见,其变化很小。因此,可认为 ZnO MOV 具有良好的热稳定性和化学稳定性。

表 8.40　在高温油和 SF_6 气体中 U_{1mA} 的变化

介质	试验条件	ΔU_{1mA}
绝缘油	120℃,500h	$0 \sim -0.2\%$
SF_6 气体	100℃,500h	$+0.2\% \sim +0.4\%$

(3) 避雷器动作时火花放电的影响。

当 MOA 吸收大的雷电冲击电流时,各片间及其与电极间往往会产生微小的火花放电。这些小的火花放电使油或 SF_6 气体分解产生有害物质。

① 放电对绝缘油的影响。

试验是在额定电压为 196kV 的实际设备的 1/23 模型上测量大冲击电流对绝缘油的影响。

表 8.41 给出了通过各种冲击电流后绝缘油的分析结果,可见绝缘强度几乎不降低。由于可燃性气体发生量很少其绝缘特性无明显变化,因此绝缘油实际上不受放电的影响。

表 8.41 通过冲击电流后对绝缘油的分析结果

试品	No. 1	No. 2	No. 3	No. 4	No. 5
冲击电流及次数	$4/10\mu s$ 20kA,20 次	$4/10\mu s$ 30kA,20 次	$4/10\mu s$ 40kA,20 次	$4/10\mu s$ 100kA,20 次	$8/20\mu s$ 10kA,30 次
可燃性气体 总计/(mL/100mL)	0.0388	0.0747	0.0928	0.1533	0.0021
溶于油中的气体 量/(mL/100mL)	9.47	8.97	9.82	10.30	10.33
绝缘破坏电压 /(kV/25mm)	55	49	55	58	64
体积电阻率 80℃下/(Ω・cm)	1.20×10^{13}	1.00×10^{13}	1.05×10^{13}	1.2×10^{13}	1.65×10^{13}
$\tan\delta$(80℃下)	0.00	0.00	0.00	0.00	0.00
水分/(10^{-6}g)	31.2	33.9	29.3	27.6	23.5

注:3 片 MOV 串联,油量 2L。

② SF_6 气体中放电对 MOV 的影响。

由于火花放电使 SF_6 分解为 SF_4 和 F_2,而 SF_4 可由水进一步分解为 SOF_2 和 HF,而最后变为 HF 和 SO_2。

为了检查上述分解出来的气体对 MOV 的影响,于 1978 年进行了各种气体条件下的长期负荷试验。表 8.42 为各种气体条件下试品 U_{1mA} 的变化情况。

表 8.42 各种气体条件下试品 U_{1mA} 的变化情况

气体条件	有无吸附剂(沸石)	ΔU_{1mA}	试验条件
SF_6	无	$-0.9\%\sim-1.2\%$	
SF_6+SF_4(1%)	无	$-1.7\%\sim-2.0\%$	温度为室温,
SF_6+SF_4(3%)	无	$-1.2\%\sim-8.0\%$	荷电率为 35%,
SF_6+SF_4(1%)	有	-0.5%	荷电时间为 38000h
SF_6+SF_4(3%)	有	-0.5%	

③ 高温油中的寿命特性。

当 MOA 内藏于变压器、电抗器等充油设备中时,变压器或电抗器由于避雷器受到高温影响,因此高温油中 MOA 的寿命将降低。

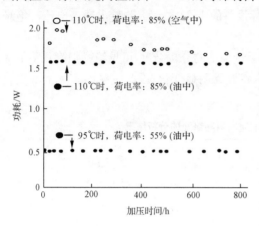

图 8.65　加速寿命试验得到的在油中
和空气中功耗的比较

图 8.65 为加速寿命试验在油和气体中功率损耗变化的比较。油中的功率损耗比气体中的小,并且基本不增大,这是由于油吸热的缘故。因此,可以认为在同样温度下 ZnO 阀片在油中的寿命比在空气中的寿命长。

2) 磁场对 MOV 的影响

内藏于变压器或电抗器等油绝缘设备中的避雷器,会受到安装场所磁场的影响。然而实际上设备内的安装位置受各种条件的限制,通过对避雷器实际使用的研究发现,套管空腔是安装避雷器的最佳位置,可以认为安装在套管空腔内的避雷器几乎不受线圈磁场的影响($1 \times 10^{-4} \sim 2 \times 10^{-4}$ T)。为此,进行了如下试验。

测定了在磁场存在时,避雷器的重要特性,即 MOV 变化较小的 V-I 特性;测定了交直流电场与磁场同向、垂直方向情况下 U_{1mA} 的差别。测量结果如表 8.43 所示。

表 8.43　有、无磁场时小电流特性的试验结果

参数	无磁场	电磁场同向	电磁场垂直
U_{1mA}(DC)/kV	4.48~4.49	4.48~4.50	4.48~4.49
$U_{0.1mA}$(DC)/kV	4.28~4.29	4.28~4.29	4.28~4.29
$U_{0.01mA}$(DC)/kV	3.84~3.86	3.85~3.86	3.85~3.86
U_{1mA}(AC)/kV	4.36~4.37	4.35~4.37	4.36~4.37
$U_{0.1mA}$(AC)/kV	3.15~3.16	3.16~3.17	3.15~3.16

结果证明,通过施加比实际强得多的磁场对 MOV 的交直流小电流进行测量,均未观测到磁场的影响。

3) 振动的影响

当 MOA 内藏于变压器等油绝缘设备时,它们将受到铁芯振动的影响。为此进行了振动试验,将两个 196/8kA 比例元件的避雷器分别垂直和水平放入电抗器中,对其进行三个月的加速振动试验,振幅为 $250\mu m$,频率为 100Hz,以检查其电特性。

上述试验时间相当于在 120Hz 最大振幅 $70\mu m$ 下实际运行 80 年,试验结果如表 8.44 所示。

表 8.44　振动试验结果

测量	试品	起始动作电压		漏电流有效值							
		U_{1mA} /kV	变化率 /%	40% (10.1kV下) /mA	变化率 /%	60% (10.1kV下) /mA	变化率 /%	100% (10.1kV下) /mA	变化率/%
试验前	No.1	42.4		1.95		2.95		5.10	
	No.2	42.6		1.95		2.96		5.11	
试验后	No.1	42.3	−0.2	1.94	−0.5	2.96	+0.3	5.12	+0.4
	No.2	42.6	0	1.95	0	2.96	0	5.12	+0.2

4) 操作冲击的影响

当避雷器用作隔离开关的支撑瓷套时,开关及接地装置动作时所产生的冲击力就作用在避雷器上。为了验证,检测了冲击对避雷器的影响。试验中隔离开关及接地装置均动作 10000 次。表 8.45 列出了测试结果。试验前后测量了漏电流、起始动作电压、起始局部放电电压。试验后解体试品检查其内部变化,试品完好如初。另外,为了检验操作时的机械力,用带有气动装置的开关和接地装置来测量在避雷器瓷套和隔离开关固定触头瓷套上产生的应力。表 8.46 列出了其测量结果,表明避雷器有足够的安全裕度。

表 8.45　开关 10000 次动作前后测量结果

操作特性	开关状态	开关操作试验	
		试验前	试验后
操作时间 /s	闭合	0.97	0.94
	断开	1.54	1.52
平均速度 /(m/s)	闭合	2.77	2.77
	断开	1.63	1.62
最低操作压强 /MPa	闭合	0.29	0.29
	断开	0.29	0.29
手动操作力矩 /(N·m)	闭合	70.6	86.3
	断开	31.4	39.2

表 8.46　隔离开关和接地装置操作产生的应力

装置	操作条件		开关状态	产生应力的安全系数			
	操作压强/MPa	操纵电压/V		避雷器瓷套		隔离开关支柱	
				产生的应力	安全系数*	产生的应力	安全系数*
隔离开关	1.65	125	断开	5.12	3.9	3.02	19.9
	—	—	闭合	1.65	12.1	1.60	27.6
	1.50	100	断开	4.76	4.2	2.49	24.1
	—	—	闭合	1.41	12.1	1.38	45.0
接地装置	1.65	125	断开	4.04	5.0	—	—
	—	—	闭合	0.80	25.0	—	—
	1.50	100	断开	4.04	5.0	—	—
	—	—	闭合	0.80	25.0	—	—

* 安全系数＝破坏应力/产生的应力。其中,避雷器瓷套破坏应力为20MPa,隔离开关支柱破坏应力为60MPa。

总之,实践证明电力设备内藏式避雷器用于以油、SF_6 气体等绝缘的电力设备中,不存在所疑虑的技术问题,在可靠性、经济效益和改善环境方面带来许多优点。例如,可以降低保护水平,使 BIL 降低至 1.2 倍保护水平;还可以提高操作动作负载时避雷器的吸收能量。其应用前景非常广阔。援引上述日本设备内藏式避雷器的相关信息,可能是我国今后研究应用的课题。

8.5.7　线路绝缘子避雷器的开发与应用

输电线路易遭雷击段采用线路型 MOA 作为线路防雷的有效手段,提高线路耐雷水平,降低雷击跳闸率,已逐渐形成共识。在国内外已大量采用,效果相当明显。随着线路避雷器的大量采用,避雷器在杆塔上的安装方式成为制约线路避雷器进一步推广的重要因素,从目前的安装方式来看,除个别杆塔(如转角耐张塔等)外,一般都要在杆塔上加装辅助支架,这样既不方便,也不美观,而且在沿海台风频繁地区有可能影响杆塔的强度,成为强台风来临时的事故隐患。在多次的现场安装和沟通中,线路运行部门提出了一种新的思路:用避雷器来代替绝缘子,使避雷器兼具绝缘子的功能,而且可以直接挂在杆塔下绝缘子的位置,这种避雷器称为绝缘子避雷器。宁波镇海国创公司在已充分掌握复合外套式交流无间隙金属氧化物避雷器和线路型避雷器生产工艺、运行经验的基础上,于 2005 年自主研制开发了该绝缘子避雷器,目前设计、制造、运行已经成熟。已通过鉴定,该产品集避雷器和绝缘子两者的功能为一体,并制订了相应的企业标准,属国内首创。

这种 10~220kV 产品的主要电气性能如表 8.47 所示。

表 8.47　典型绝缘子避雷器的电气参数（单位：kV）

系统电压 有效值	额定电压 有效值	持续运行 电压有效 值	标称放电电流 10kA 等级			
			陡波冲击 电流残压 峰值(≤)	雷电冲击 电流残压 峰值(≤)	操作冲击 电流残压 峰值(500A)	直流 1mA 参考电压 (≥)
10	17	13.6	57.5	50	42.5	25
35	57	45.6	188	180	161	96
110	126	100.8	370	360	317	188
220	252	201.6	740	720	634	376

绝缘子避雷器特点是：

（1）直接取代线路绝缘子，又具有线路避雷器的保护功能。

（2）用避雷器代替绝缘子，安装简单、方便，不影响杆塔的强度和美观。

（3）良好的密封性能。避雷器内部抽真空干燥后，充入高纯度 N_2，使避雷器内部保持微正压，杜绝潮气入侵，获得良好的密封性能。图 8.66 为 35kV 宁慈线安装现场及运行中的情况。

随着我国输电系统电压等级不断地提高，在各级线路上推广使用这种绝缘子避雷器是具有广阔前景的。这种能直接取代线路

图 8.66　在宁慈线运行的 35kV
绝缘子避雷器

绝缘子，又具有线路避雷器保护功能的新型避雷器，实际上也是内藏式避雷器的一种设计方式和使用方法。但是，机械强度必须能够足以确保其运行安全可靠。对于更高电压等级的线路绝缘子避雷器来说，如何确保运行安全，提高机械强度将成为重要的研究课题。

8.5.8　电气化铁道用氧化锌避雷器

我国的电气化铁道建设工作始于 20 世纪 50 年代，经过充分的技术和经济论证，1957 年决定采用单相交流工频 25kV 的牵引供电制式。当时这种制式只在法国刚投入运行，效果明显，可以说起点很高，我国一起步就跨入了世界先进制式的行列。我国第一条电气化铁道宝鸡至凤州段 91km 在 1961 年正式开通。至 1978 年，全国共建成电气化铁道 1033km。"九五"期间，国家电气化铁道建设的规模很大，新线电气化铁道 2000km，如南昆线、西安至安康线、朔县至黄骅线等，共有电气化铁道 4300km。此后又制定了以发展电力牵引为主的技术政策，并积极利用外资，引进了

国外先进技术和设备,扩大基建队伍,大大加快了电气化铁道的建设速度及其技术水平的提高。1978~1996年共建成9000余km电气化铁道,使总营业里程突破了10000km大关,跻身世界四大电气化铁道国家之一。我国铁道电气化率已达18%以上,电气力牵引完成的运量已占全国铁道总运量的25%以上。

"十五"期间是中国电气化铁道建设史上建成开通最多的五年,相继建成了5000多km电气化铁道。其中,中国自主设计、施工建成的秦沈客运专线,试验时速达到了321.5km。"十一五"期间,我国铁道建设总投资将比"十五"期间增加357%,建设新线19800km,其中时速在300km以上的有5457km。2006年全国电气化铁道达到2.4万km,位列世界第二。据铁道部的统计显示,截至2006年9月,我国共建成开通49条电气化铁道。到2020年,全国电气化铁道总里程将达到5万km。

目前,我国铁道电气化率已经达到27%,承担着全铁道43%的货运量,初步形成了布局合理、标准统一的电气化铁道运营网络。到2020年中国铁道客运能力将空前提高,建成省会城市及大中城市间的快速客运通道,建成环渤海地区、长江三角洲地区、珠江三角洲地区三个城际快速客运系统,建设客运专线1.2万km以上。

我国电力机车的生产始于1958年,目前生产的韶山型交直流传动电力机车已基本形成系列型谱,轴式齐全,客货兼备。特别是在1994年已生产出最高时速为160km的SS8型客运电力机车和在1996年研制成功的AC4000型交流传动电力机车,表明我国电力机车生产已达到了一个新的水平。

在我国50多年的电气化铁道建设历程中,经过了学习苏联建设经验、结合国情自力更生和消化吸收引进技术三个阶段,通过广大科技工作者的艰辛奋斗,基本形成了一套兼收各国之长,又有中国特色的技术模式。现在我国已做到建设规范和标准配套、供电方式齐全、设备全部自给、建设能力强、检测手段先进。除了高速电气化铁道我国尚处于起步阶段外,目前从建设能力和技术标准来进行综合评价,已接近了国际先进水平。2006年第六次将客运提速至时速达200~250km。到2020年,铁道建设总投资将超过2万亿元。计划到2020年城际客运高速铁道里程达到4000km以上。

我国电气化铁道的迅速发展,为其电力设备和电力机车过电压保护所需的MOA发展提供了研究和生产机遇和挑战。

电气化铁道的供电一般有三种方式:①直接供电,如宝成线;②吸流变压器-回流方式(BT方式),如石太线;③自耦变压器方式(AT方式),如大秦线。由于这三种方式的相数、接地方式、电压的不同,必须选用不同类型的MOA,如AT方式采用斯科特变压器,其保护必须选用27.5kV级、55kV级、110kV级,10kV及110kV中性点用MOA。

同时,还应考虑在电气化铁道特有的MOA工作条件。因为电气化铁道的电力系统操作十分频繁,当机车与线路脱离时,将出现类似隔离开关切空母线的工作条件,这些工况都是产生操作过电压的潜在因素,因而过电压出现的频率将会很高,当然也必须考虑大气过电压的直击和感应作用。另外,电气化铁道电力系统多采用两线制,MOA 的持续运行电压高于系统的额定电压,而不是常规系统的 $1/\sqrt{3}$。因此,对 MOA 的荷电率要求较高。而且由于铁道沿线污秽较重,所以要求 MOA 具有足够大的爬电比距和良好的耐污秽能力。

自 1986 年西安电瓷研究所大批量生产电气化铁道专用 MOA 以来,很多厂家的 MOA 已在电气化铁道电力系统及机车上全面推广应用。

随着铁道牵引网络的不断扩大,系统操作机构及电力机车的不断增加,牵引网与电力机车的分合(相)频繁,铁道电力系统大量采用真空断路器;加上其特殊的运行条件,如环境恶劣污秽严重、机车导电弓与牵引网处于摩擦接触,导致在操作及暂态过电压的作用下,牵引网和电力机车绝缘子经常发生闪络,引起牵引网屡屡跳闸,如成都铁路局每年跳闸次数高达 800 次以上,严重影响了铁道的安全运行。为降低牵引网跳闸率,提高供电可靠性,1992 年铁道部门与西瓷所联合开发了铁道牵引网过电压限制器。经运行和现场大量测试证明其效果良好。与此同时,又开发了电力机车用的 MOA;再加上原有变电站的 MOA,就构成了对铁道供电系统的立体保护,大大提高了我国电气化铁道运行的安全可靠性。

随着我国经济的发展,高速铁路的建设迎来迅速发展的时期。2005 年 6 月 11 日石太高铁全线开工建设,中国铁路由此拉开了高铁新线建设的序幕,一大批高铁项目陆续开工建设。从 2008 年开始,中国高铁的发展进入收获期,每年都有一批新建高铁投入运营。2008 年 8 月 1 日,我国第一条也是世界第一条运营时速 350km 的高铁——京津城际高铁开通运营,标志着中国高铁技术达到世界一流水平。

2009 年,全国铁路投产新线 5557km,其中客运专线 2319km。一批重点项目建成投产,宁波—台州—温州、温州—福州、福州—厦门等客运专线相继建成通车,特别是世界上里程最长(全长 1068.6km)、时速 350km 的武广高速铁路开通运营,成为中国高铁的又一里程碑。据相关人士透露,目前,包括京沪高铁等在建铁路重点工程有 277 项,开工建设的客运专线及城际铁路项目已超过 40 项,建设规模超过 1 万 km。

据新华社报道,截至 2015 年底,我国高铁运营里程已达到 19000km,居世界第一,占世界高铁总里程的 60% 以上。最新数据显示,迄今我国已经投入运营的高铁里程达到 20000km 以上。

中国高铁近中期发展规划从 2010 年至 2040 年,用 30 年的时间,将全国主要省市区连接起来,形成国家网络大框架。考虑现实,线路东密西疏;照顾西部,站点东疏西密。所有高铁线路的规划和建设,全部由中央政府集中组织实施,建成后的营运,交由中国铁路总公司集中管理。

近 20 年以来,我国一级和二级城市除边远地区以外都建设了直流驱动的地铁,这也带动了满足需要的直流避雷器的开发和生产。

高铁和地铁的迅速发展,带动了电力机车、电站和线路用交直流避雷器的发展。

8.5.9 用氧化锌避雷器限制超高压电网合闸过电压

合闸电阻可以把合闸过电压降低到最低水平,它是限制合闸过电压的一种有效措施。但是,它需依靠操作机构的运动来完成其功能。运动机构较容易发生故障,因而合闸电阻及其机构是断路器中最薄弱的环节。而且断路器本身的故障对电力系统的危害比合闸或重合闸过电压造成的危害要严重得多。虽然我国使用 500kV 断路器的历史不久,但与合闸电阻有关的事故或故障却不少,其中既有国产的,也有进口的。仅湖北省 500kV 系统在 1988 年 5 月到 1991 年 1 月,就发生三次合闸电阻故障;辽宁省 500kV 变电站在 1991~1992 年发生两次合闸电阻故障。带合闸电阻的断路器造价极为昂贵,特别是封闭组合电器中带合闸电阻的分电器使其价格更高。美国等使用 500kV 断路器时间较长的国家,此问题更为突出。因此,国内外都在积极研究取消合闸电阻,改为仅依靠 MOA 限制合闸过电压的可能性。鉴于我国 MOA 的制造技术迅速发展,其优异的性能使得仅用 MOA 限制合闸过电压成为可能。基于安全和节省投资考虑,针对其技术的可行性及可靠性进行了研究。研究结果表明:

(1) 对于不很长的 500kV 线路,可取消合闸电阻,依靠线路两端的 MOA。这样可以把合闸和重合闸过电压限制在允许的范围内,既可以提高运行可靠性,又可节省投资。

(2) 取消合闸电阻后,虽然 MOA 的吸收能量增大,但还远小于允许值,是 MOA 完全能承受的。

(3) 在线路中部加装 MOA 可使沿线过电压水平进一步下降,使取消合闸电阻的合适线路长度进一步增加。

1998 年针对华中电网取消 500kV 断路器合闸电阻对 MOA 工况的影响进行研究的结果证明:双玉I、II回线、葛岗线、五民线、五岗线与岗云线,在仅用 MOA 限制操作过电压时,其吸收能量远低于其通流能力,所以它完全可以满足系统运行的要求,不会导致 MOA 的故障率提高。因此,很多 500kV 断路器取消了传统需要的合闸电阻。

8.5.10 并联和串联补偿电容器的保护

开关重燃是产生高幅值过电压的根本原因,无重燃开关是电容器安全的第一道防线(如日本电容器选择无重燃开关不加保护元件)。由于国产开关还不能做到电容器组完全无重燃,因此有必要选择 MOA 保护电容器组重燃过电压,作为操作过电压保护的第二道防线。试验证明,投切电容器组,开关发生重燃会产生很高的过电压(对地过电压达 5 倍,极间过电压达 3.14 倍)。采用 MOA 保护是限制过电压的有效措施。

随着电力系统电压和输送容量的增大,为解决无功补偿,提高功率因素,安装电容器组已成为最经济效果最好的措施。由于调整电压,要经常投切电容器组,在操作过程中,开关可能出现单相和多相重击穿,为此需要安装并联电容器补偿装置保护用 MOA。西安高压电瓷厂与西安电瓷研究所先后开发了 10kV、35kV 保护电容器用 MOA 系列。

并联 MOA 的接线方式不同,其对过电压保护的效果有很大的不同。研究表明,若选用相同电气特性的 MOA 保护电容器组,当 MOA 采用三星接线、四星接线跨接在电容器两端时,在各种运行操作中,对电感的相—地、相—相,电容的相—地、相—相及电容器中性点出现的最大过电压值限制效果差别很大,MOA 所吸收的能量不相同,MOA 的保护效果也依上下单元参数搭配的不同和距离的不同而异。

研究认为,单相重燃过电压主要作用在相对地绝缘上,两相重燃过电压主要作用在极间绝缘上。这两种过电压常造成设备损坏事故,因此电容器组的极间过电压保护引起人们极大的关注。为此,开发了 CJB-10 型交流系统用并联补偿电容器极间过电压综合保护器。试验证明,该产品结构合理、接线方式独特、保护可靠;既能保护并联补偿电容器组的极间过电压,又限制相间和相对地的过电压。该产品已于 2002 年投入运行。

基于阳城到江苏的送电工程,根据华东实际情况,对串联补偿装置中金属氧化物可变电阻的应用,以及串联补偿装置的动作过程和 MOV 的技术条件,进行了计算研究。结果表明,在目前的系统条件下,阳东线及部分东三线上发生故障时,串联补偿装置的间隙不动作。在靠近三堡侧的大部分东三线上发生故障时,串联间隙必须可靠击穿,以确保 MOV 不至于因过热而损坏。现场试验也证明了理论计算结果。

随着长距离输电线路的增多,串联补偿装置将得到更广泛的应用。串联补偿装置中通常采用 MOA 来保护电容器组,这种串联补偿装装置中的 MOA 应具有以下特点:①吸收能量大;②通过每相各台 MOA 之间电流的差别小;③压力释放的电流,除了系统短路电流外,还要考虑电容器组的放电电流;④每相不同 MOA 间的电流分配要均匀。

采用 MOV 的固定式串联补偿装置在发生区外故障时,应能承受所吸收的能量,无需启动间隙和旁路断路器来旁路电容器组。试验结果和计算结果基本一致。

8.5.11　在静止无功补偿装置中的应用

静止无功补偿装置(SVC)是由可控电抗器支路和电容器支路并联而成,是一种新型动态无功补偿装置。它具有无功功率快速连续调节,提高负荷的功率因数;抑制电压闪变,稳定系统(母线)电压;抑制谐波所造成的公害;改善供电系统的稳定性及平衡三相不对称负载等作用;克服了传统调节电网无功功率方法(如调节发电机励磁、同步调相机、变压器分接头、并联或串联电容器组等)固有的缺点,如响应速度慢、调节性能差、运行维护和管理不便、运行损耗大、自动监控跟踪性能差,以及其对整个电力系统运行效益均不如相控型 SVC 装置。

这种静止无功补偿装置特别适用于无功功率冲击波动较大的场所,如冶金工业中的电弧炉、大型轧机等。由于上述特点,它在电力系统及冶炼工业得到广泛应用,并逐步取代调相机等传统的补偿方式。20 世纪 80 年代后期,西电公司引进原瑞士 BBC 公司技术,自行设计制造了第一套供湖北黄石大冶厂使用的额定容量感性回路 35Mvar、容性回路 38.5Mvar 的 TCR SVC 装置,在该装置上首次采用西安电瓷研究所研制的无间隙 MOA 作为其过电压保护器。此后,西瓷所又于 1994年、1995 年连续供应了江苏沙钢集团 SVC 工程及泰国 SVC 工程全套 MOA。这些工程属较大的冶金工程,不论是容量、保护方式、自动化程度等均不可同论,对MOA 的技术水平要求也上了一个新台阶,特别是保护水平、通流容量及安装方式与产品结构均有非常高的要求。这两套 MOA 至今运行良好,未出现过任何问题。

8.5.12　对超导磁体猝熄保护的应用

当今超导技术已广泛应用于工业、农业、国防、交通、航天航空、教育、卫生等各个领域。超导技术应用的基本元件是超导磁体。对于超导的保护来说,最重要的是在其失超猝熄之后,应尽快使储存的能量尽可能多地排放到超导磁体外部的门电阻器。为了达到此目的,门电阻器的电阻值应该尽量大。然而若电阻过大,高电压就可能超过磁体的绝缘极限。因此,门电阻器值必须选择适当的值,否则不可能使超导磁体放电时间充分短。迄今改善这种状况最好的办法就是采用非线性良好的 ZnO 避雷器取代通常的门电阻器。因为 ZnO 避雷器不论其电流如何,总是产生一个恒定的电压,所以对于超导磁体来说,ZnO 避雷器可以被认为是一种理想的门电阻器。

1991 年日本东京 Seikei 大学 Shigohka 等用实验室小型超导体进行了猝熄保护实验。为了对比,分别采用两条实验线路,一条采用 ZnO 避雷器,另一条采用通常的门电阻器。结果证明以下结论:

(1) MOA 借助自身恒定的残压特性(其电流几乎呈线性衰减,在猝熄期间瞬态电压几乎保持恒定;而在采用传统门电阻器的情况下,电流和电压二者均按指数规律衰减),以及放电时间短的特点,可以在超导磁体失超猝熄时减小超导磁体的热耗散。通过实验确认,减小的耗散热约为传统门电阻器情况的 1/3,即它可提取磁体储存能量的 67%，而传统的门电阻只能提取 54%。

（2）在选用较高端电压的情况下，MOA 的作用就会发挥得更充分，影响就会更明显。

（3）MOA 可以工作在低温条件下（将 ZnO 避雷器分别浸入液氮和液氦中，测定其在低温下的特性，结果表明其性能与室温下的非常接近），这样工作在液氮温度条件下的超导磁体可与其直接连接。

（4）采用 MOA 作为超导磁体的猝熄保护器件，在超导磁体猝熄时，可以缩短超导磁体的放电时间，并减小磁体内的热量耗散。

（5）把 MOA 引入超导磁体的保护系统，也就具备了为超导磁体提供较高工作电压的可能性，既有利于提高超导磁体的励磁速度，也有利于各种绕组形式超导磁体在电力系统的应用。

参 考 文 献

包建强，李汝彪，等. 2002. 高压线路加装避雷器可减少线路雷击跳闸率[J]. 电力设备，3(1)：70-73.

陈继东，蔡汉生，胡丹晖，等. 2000. 华中电网取消 500kV 断路器合闸电阻对 MOA 工况的影响[J]. 电瓷避雷器，(3)：38-40.

段庆成. 1994. 110~500kV GIS 用罐式氧化锌避雷器的研制[J]. 电瓷避雷器，(3)：39-43.

段庆成. 1995. 氧化锌避雷器制造讲义(第二篇)[G]. 西安：西安高压电瓷厂.

谷定，李国兴，罗志宇，等. 1994. 用 MOA 限制 500kV 系统合闸和重合闸过电压的研究[J]. 电瓷避雷器，(1)：3-8.

郭洁，施围，杜斌. 2004. 保护并补电容器用三星与四星接线避雷器运行特性分析[J]. 电瓷避雷器，(6)：17-19.

国家质量技术监督局. 2000. GB 11032—2000. 交流无间隙金属氧化物避雷器[S]. 北京：中国标准出版社.

蒋国雄，邱毓昌. 1989. 避雷器及其高压试验[M]. 西安：西安交通大学出版社.

李学思. 1990. 电气化铁道用避雷器[J]. 电瓷避雷器，(1)：41-44.

李学思. 1998. 500kV 悬挂式避雷器[J]. 电瓷避雷器，(1)：3-9.

李学思，伍本才，李泽，等. 1992. 高压氧化锌避雷器质量调查的结果及分析[J]. 电瓷避雷器，(2)：3-9.

吕怀发. 1994. 铁道牵引网过电压限制器的开发与研制[J]. 电瓷避雷器，(5)：38-43.

吕怀发，田邑安. 1999. 氧化锌避雷器在 SVC 中的应用[J]. 电瓷避雷器，(6)：20-25.

马继岚. 1990. 对电力设备用内藏式无间隙金属氧化物避雷器应用的评价[J]. 电瓷避雷器，(4)：55-62.

宁波镇海国创高压电器公司. 2004. 线路绝缘子避雷器技术条件[S]. 宁波：宁波镇海国创高压电器公司.

欧阳昌宜. 1998. 氧化锌阀片的加速老化试验[C]. 全国第二次氧化锌避雷器学术交流会论文集：82-86.

欧阳昌宜，王振林. 1989. 国产与日立氧化锌阀片加速老化试验及老化后的操作动作负载试验[J]. 电瓷避雷器，(4)：22-28.

彭济南，叶德平，等. 2003. CJB-10 交流系统用并联补偿电容器极间过电压综合保护器[J]. 电瓷避雷器，(1)：28-35.

日本明电舍时报. 1983. 设备内藏用氧化物避雷器[J]. 电瓷避雷器，173：629-631.

苏升新，何金良，等. 2000. 线路用避雷器应用中的几个关键问题[J]. 电瓷避雷器，(4)：3-9.

谭幼谦. 1995. 氧化锌避雷器制造讲义(第三篇)[G]. 西安：西安高压电瓷厂.

汪仁根. 1984. 全国 ZnO 阀片摸底试验结果分析[J]. 电瓷避雷器,(5):1-9.

王金平,巩学海,苏树庚. 1989. 投切电容器组过电压及其保护[J]. 电瓷避雷器,(5):43-47.

魏旭,李长益. 2002. 串联补偿装置中金属氧化物可变电阻的应用[J]. 电瓷避雷器,(3):19-26.

文远芳. 1993. 用 MOA 限制 EHV 电网中合闸过电压[J]. 电瓷避雷器,(4):32-34.

吴维韩,何金良,高玉明. 1998. 金属氧化物非线性电阻特性和应用[M]. 北京:清华大学出版社.

西安高压电瓷厂志编撰办公室. 1991. 西安高压电瓷厂志(1953~1988 年)[G]. 西安:西安高压电瓷厂.

许颖,王秉钧,张大琨,等. 1995. 交流电力系统中的金属氧化物避雷器[C]. 中国电机工程专业委员会、过电
　　压与绝缘配合分专业委员会、全国电力系统研讨会.

许颖. 1995. 金属氧化物避雷器的发展[J]. 电瓷避雷器,(6):3-7.

张家骞,俞国梁,沈嘉禄. 1994. 配电系统金属氧化物避雷器的开发与应用[J]. 电瓷避雷器,(6):3-7.

张庭璇. 1992. 氧化锌避雷器与超导磁体的猝熄保护[J]. 电瓷避雷器,(2):48-51.

周克琼. 1988. 氧化锌避雷器生产运行情况和事故分析[J]. 电瓷避雷器,(6):32-37.

Furukawa S,et al. 1989. Development and application of lightning arresters for transmission lines[J]. IEEE
　　Transactions on Power Delivery,4(4):2121-2129.

Gupta T K. 1990. Application of zinc oxide varistors[J]. J. Am. Ceram. Soc. ,73(7):1817-1840.

Ishida K,et al. 1992. Development of 500kV transmission line arrester and its characteristics[J]. IEEE Trans-
　　actions on Power Delivery,7(3):1265-1274.

Ishigohka T. 1998. Quench Protection of Superconducting Magnet Using ZnO Arrester New Developments in
　　Applied Superconductivity[M]. Singapore:World Scientific.

Ishigohka T,Kushiro Y. 1991. Quench protection of superconducting magnet using ZnO arrester[J]. Cryoge-
　　nics,31(7):562-565.

Ohki Y,Yasufuku S. 1994. Lightening arresters developed for 500kV transmission lines[J]. IEEE Electrical
　　Insulation Magazine,10(4):61-62.

Philipp H R,Levinson L M. 1979. High-temperature behaviour of ZnO-based ceramic varistors[J]. J. Appl.
　　Phys. ,50(1):383-389.